U0179270

仪器科学与技术学科研究生系列教学参考书

现代传感技术与系统

林玉池　曾周末　主　编

机 械 工 业 出 版 社

本书从传感器的基础理论入手，围绕传感技术的应用，介绍现代传感技术的共性知识，通过介绍典型传感技术和实际应用中传感系统的组成、结构，使读者掌握传感器及测试系统的原理、结构和应用的一般规律，以便举一反三，能通过检索、阅读相关资料轻松使用新的传感器。书中内容既有传统传感器，又有近年出现的新传感技术介绍，体现了现代传感技术的发展脉络。

本书内容突出传感领域的共性知识，涉及面宽，实用性强，适合作为仪器仪表、电子信息、自动化、机械工程、物理、材料等学科的研究生教学或自学用书，以及本科生的参考书，也可供相关领域的工程技术和科学研究人员使用。

图书在版编目（CIP）数据

现代传感技术与系统/林玉池，曾周末主编 . —北京：机械工业出版社，2009.6（2023.6重印）

（仪器科学与技术学科研究生系列教学参考书）

ISBN 978-7-111-27236-6

Ⅰ．现… Ⅱ．①林… ②曾… Ⅲ．传感器—研究生—教学参考资料 Ⅳ. TP212

中国版本图书馆 CIP 数据核字（2009）第 082297 号

机械工业出版社（北京市百万庄大街 22 号　　邮政编码 100037）
策划编辑：王小东　贡克勤　责任编辑：王雅新　王　康
版式设计：霍永明　责任校对：张晓蓉
封面设计：马精明　责任印制：郜　敏
北京富资园科技发展有限公司印刷
2023 年 6 月第 1 版·第 7 次印刷
184mm×260mm·30.5 印张·753 千字
标准书号：ISBN 978-7-111-27236-6
定价：69.80 元

电话服务　　　　　　　　网络服务
客服电话：010-88361066　机　工　官　网：www.cmpbook.com
　　　　　010-88379833　机　工　官　博：weibo.com/cmp1952
　　　　　010-68326294　金　书　网：www.golden-book.com
封底无防伪标均为盗版　机工教育服务网：www.cmpedu.com

前　　言

传感技术作为信息的源头技术是现代信息技术的三大支柱之一，以传感器为核心逐渐外延，与物理学、测量学、电子学、光学、机械学、材料学、计算机科学等多门学科密切相关，是一门对高新技术极度敏感，由多种技术相互渗透、相互结合而形成的新技术密集型工程技术学科，是现代科学技术发展的基础。

随着现代科学技术的进步，传感技术学科内涵已发生深刻变化。它正在成为诸多自然科学领域的共性技术，成为多学科交汇点；传感器及其集成技术是信息获取的关键，被众多的产业广泛采用，它与信息科学另外两个部分——信息传输、信息处理正逐渐融为一体，并导致科学知识结构发生深刻变化。

目前，传感器的教材很多，适合不同专业、不同学科领域本科层次的教材不下几十种版本，但适合研究生层次的教材并不多。实际上，目前世界上传感器的种类多达2万多种，而新的传感器还在不断涌现，任何教材也难以穷尽。

本书为满足相关学科研究生教学的需要，力图从传感器的基础理论入手，围绕传感技术的应用，介绍现代传感技术的共性知识，通过介绍典型传感技术和实际应用中传感系统的组成、结构，使读者掌握传感器及测试系统的原理、结构和应用的一般规律，以便举一反三，能通过检索、阅读相关资料轻松使用新的传感器。书中内容既有传统传感器，又有近年出现的新传感技术介绍，体现了现代传感技术的发展脉络。

全书内容分三篇共15章。

第1篇传感基础。主要介绍传感器的共性问题以及所依据的定律、效应，包括传感器的定义、分类、信息与传感、传感器与自然规律、传感器的基础效应、传感器构成论、传感器的基础特性与评价等。

第2篇典型传感技术。针对几种典型的传感技术，从传感原理、方法入手，介绍传感技术应用中的共性内容，包括作用原理、常用典型传感器介绍、应用系统中涉及的辅助系统、部件、器件，以及典型应用实例等。选材突出近年来的新技术成果。

第3篇现代传感系统。主要介绍现场总线、分布式传感系统、多传感器数据融合、智能传感器系统和无线传感器网络等近年新出现的传感应用系统，以便为读者提供测试测量系统的应用范例。

本书第1～4、11章由天津大学林玉池教授编写，第5章由上海交通大学赵辉教授编写，第6章由上海交通大学陶卫副教授编写，第7章由天津大学郏继贵教授编写，第8章由上海交通大学吉小军副教授编写，第9、10章由北京化工大学王建林教授编写，第12.1、12.2节及第15章由北京航空航天大学万江文教授编写，第12.3节由万江文教授和天津大学刘常杰副教授编写，第12.4节由天津大学李健副教授编写，第13章由天津大学曾周末教授编写，第14章由华南理工大学刘桂雄教授编写。天津大学齐永岳博士参加了本书的资料收集和整理工作。全书由林玉池、曾周末组织并统稿。

由于时间仓促，编者水平有限，错误和疏漏之处在所难免，恳请读者批评指正。

编著者

目 录

前言

第1篇 传感基础

第1章 绪论 …………………… 1
1.1 传感器及其分类 …………………… 1
  1.1.1 传感器的定义 ………………… 1
  1.1.2 传感器的分类 ………………… 2
  1.1.3 传感器与传感技术 …………… 4
1.2 信息与传感 …………………… 5
  1.2.1 信息与信息技术 ……………… 5
  1.2.2 信息的基本特征 ……………… 7
  1.2.3 传感技术是信息的源头技术 … 10
  1.2.4 测量系统的信息模型 ………… 12
1.3 传感技术的特点和作用 …………… 17
  1.3.1 传感技术的特点 ……………… 17
  1.3.2 传感技术的地位与作用 ……… 18
1.4 现代传感技术的发展现状与
    趋势 …………………………… 21
  1.4.1 现代传感技术的发展现状 …… 21
  1.4.2 我国传感器产业发展现状及与国外
      的差距 ………………………… 23
  1.4.3 现代传感技术的发展趋势 …… 25
思考题 …………………………………… 27

第2章 传感器的理论基础 ………… 28
2.1 信息获取与信息感知 ……………… 28
  2.1.1 信息获取 …………………… 28
  2.1.2 传感器涉及的基础理论 ……… 29
2.2 自然规律与传感器 ………………… 32
  2.2.1 守恒定律 …………………… 32
  2.2.2 场的定律——关于物质作用的
      定律 …………………………… 33
  2.2.3 物质定律 …………………… 35
  2.2.4 统计物理学法则 ……………… 39
2.3 传感器的基础效应 ………………… 40
  2.3.1 物质效应与物性型传感器 …… 40
  2.3.2 光电效应 …………………… 40
  2.3.3 电光效应 …………………… 44

2.3.4 磁光效应 …………………… 45
2.3.5 磁电效应 …………………… 47
2.3.6 热电效应和热释电效应 ……… 48
2.3.7 压电、压阻和磁致伸缩效应 … 50
2.3.8 约瑟夫逊效应与核磁共振 …… 52
2.3.9 光的多普勒效应和萨古纳克
     效应 …………………………… 54
2.3.10 声音的多普勒效应及声电、声光
      效应 ………………………… 56
2.3.11 与化学有关的效应 ………… 57
2.3.12 纳米效应 …………………… 58
2.4 传感器的新型敏感材料 …………… 61
  2.4.1 敏感材料的工作机理 ………… 61
  2.4.2 敏感材料的类型与特性 ……… 61
  2.4.3 新型敏感材料 ……………… 63
2.5 弹性敏感元件 ……………………… 73
  2.5.1 概述 ………………………… 73
  2.5.2 弹性敏感元件的基本特性 …… 74
  2.5.3 弹性敏感元件的材料 ………… 76
  2.5.4 典型弹性敏感元件 …………… 76
思考题 …………………………………… 78

第3章 传感器构成论 ……………… 79
3.1 传感器的构成方法 ………………… 79
  3.1.1 传感器的基本构成 …………… 79
  3.1.2 传感器的结构类型 …………… 80
3.2 传感器与被测对象的关联 ………… 84
  3.2.1 传感器与固体对象的关联 …… 84
  3.2.2 传感器与流体对象的关联 …… 85
3.3 传感器对信号的选择 ……………… 85
  3.3.1 传感器信号选择机理 ………… 85
  3.3.2 传感器的信号选择方式 ……… 86
3.4 传感器的传递矩阵 ………………… 89
  3.4.1 二端口传感器的一般表达式 … 89
  3.4.2 二端口传感器的传递矩阵 …… 90
  3.4.3 二端口传感器的负载效应 …… 91
  3.4.4 传感器的广义输入、输出特性 …… 92
  3.4.5 负载效应的理论机理及消除方法 … 94

3.5 双向传感器统一理论 ·········· 95

3.6 传感器敏感元件的加工新
技术 ··········· 95

  3.6.1 薄膜技术 ·········· 95

  3.6.2 微细加工技术 ·········· 96

  3.6.3 离子注入技术 ·········· 96

3.7 传感器的性能指标 ·········· 97

  3.7.1 传感器的静态数学模型及其静态
特性指标 ·········· 98

  3.7.2 传感器的动态数学模型及其动态
特性指标 ·········· 102

  3.7.3 传感器的其他性能指标 ·········· 109

3.8 传感器的不失真测量条件 ·········· 114

  3.8.1 输出信号的失真 ·········· 114

  3.8.2 不失真测量条件 ·········· 115

思考题 ·········· 116

第4章 传感器的应用基础 ·········· 117

4.1 测量概述 ·········· 117

  4.1.1 测量与计量 ·········· 117

  4.1.2 测量误差的概念 ·········· 118

  4.1.3 测量精度 ·········· 120

  4.1.4 测量的基本方法 ·········· 122

  4.1.5 测量系统 ·········· 123

4.2 量值的传递与溯源 ·········· 124

  4.2.1 量值的概念 ·········· 124

  4.2.2 量值的传递 ·········· 124

  4.2.3 量值的溯源 ·········· 125

  4.2.4 量值传递与量值溯源的区别 ·········· 126

4.3 传感器的标定与校准 ·········· 127

  4.3.1 标定和校准 ·········· 127

  4.3.2 传感器的静态标定 ·········· 130

  4.3.3 传感器的动态标定 ·········· 130

4.4 传感器的误差与信噪比 ·········· 133

  4.4.1 传感器的误差 ·········· 133

  4.4.2 传感器的信噪比 ·········· 133

4.5 噪声及其抑制 ·········· 135

  4.5.1 干扰与噪声 ·········· 135

  4.5.2 传感器的噪声 ·········· 135

  4.5.3 噪声的耦合方式 ·········· 136

  4.5.4 传感器的低噪化方法 ·········· 137

4.6 传感器中的抗干扰措施 ·········· 138

  4.6.1 屏蔽 ·········· 138

4.6.2 接地 ·········· 141

4.6.3 浮置 ·········· 142

4.6.4 滤波 ·········· 142

4.6.5 光电耦合 ·········· 144

4.6.6 印制电路板的抗干扰 ·········· 144

4.6.7 传感器的抗干扰 ·········· 145

4.7 改善传感器性能的技术途径 ·········· 146

  4.7.1 结构、材料与参数的合理选择 ·· 146

  4.7.2 差动技术 ·········· 146

  4.7.3 平均技术 ·········· 146

  4.7.4 补偿与校正 ·········· 147

  4.7.5 稳定性处理 ·········· 147

  4.7.6 屏蔽、隔离和干扰抑制 ·········· 148

  4.7.7 零示法、微差法与闭环技术 ·········· 148

  4.7.8 集成化与智能化 ·········· 150

4.8 选用传感器的一般原则 ·········· 151

思考题 ·········· 151

第1篇参考文献 ·········· 153

第2篇 典型传感技术

第5章 光电传感技术 ·········· 155

5.1 概述 ·········· 155

  5.1.1 光学基础知识 ·········· 155

  5.1.2 光电式传感器的组成及特点 ·········· 159

5.2 传感器用光源 ·········· 159

  5.2.1 对光源的基本要求 ·········· 160

  5.2.2 常用光源 ·········· 160

5.3 光电探测器件及弱信号探测
技术 ·········· 163

  5.3.1 光电探测器件 ·········· 163

  5.3.2 弱光信号探测 ·········· 167

5.4 激光传感技术 ·········· 172

  5.4.1 激光干涉法 ·········· 172

  5.4.2 激光衍射法 ·········· 173

  5.4.3 激光莫尔法 ·········· 175

  5.4.4 激光扫描法 ·········· 176

  5.4.5 激光准直法 ·········· 177

  5.4.6 激光测距 ·········· 178

  5.4.7 散斑测量 ·········· 179

  5.4.8 全息干涉测量 ·········· 182

5.5 红外传感技术 ·········· 185

  5.5.1 红外辐射的基本知识 ·········· 185

  5.5.2 红外辐射的基本定律 ·········· 185

5.5.3 红外探测器 …………… 187
5.5.4 红外传感系统的组成 …… 188
5.5.5 红外探测的光学系统 …… 189
5.5.6 红外探测的辅助电路 …… 189
5.5.7 红外测温 ………………… 191
5.5.8 红外成像 ………………… 192
5.5.9 红外无损检测 …………… 193
思考题 …………………………… 194

第6章 光纤传感技术 ………… 195
6.1 光纤概述 ……………………… 195
6.1.1 光纤的基本概念 ………… 195
6.1.2 光纤的损耗与色散 ……… 197
6.1.3 光纤的偏振与双折射 …… 198
6.2 光纤用光源和传输连接器件 … 199
6.2.1 光纤用光源 ……………… 199
6.2.2 光纤无源器件 …………… 200
6.3 光纤传感原理 ………………… 205
6.3.1 光纤传感器 ……………… 205
6.3.2 光纤中的光波调制技术 … 206
6.4 光纤光栅传感器 ……………… 209
6.4.1 光纤光栅概述 …………… 209
6.4.2 光纤光栅传感器原理及特点 … 211
6.4.3 光纤光栅的耦合模理论 … 212
6.4.4 光纤光栅传感探测解调技术 … 212
6.4.5 长周期光纤光栅 ………… 216
6.5 光纤传感器的应用 …………… 218
6.5.1 光纤位移传感器 ………… 218
6.5.2 光纤压力传感器 ………… 220
6.5.3 光纤温度传感器 ………… 221
6.5.4 化学溶液浓度的测量 …… 222
6.5.5 船舶结构健康监测系统 … 222
思考题 …………………………… 223

第7章 视觉传感技术 ………… 224
7.1 概述 …………………………… 224
7.1.1 生物视觉与机器视觉 …… 224
7.1.2 Marr 计算机视觉理论 …… 225
7.1.3 视觉传感测量技术的发展 … 226
7.2 图像传感器 …………………… 227
7.2.1 摄像管工作原理 ………… 227
7.2.2 电荷耦合摄像器件工作原理 … 228
7.2.3 CCD 图像传感器 ……… 230
7.2.4 CMOS 图像传感器 …… 231

7.2.5 CCD与CMOS图像传感器的比较 … 233
7.3 3D视觉传感技术 ……………… 234
7.3.1 3D视觉传感原理 ……… 234
7.3.2 摄像机模型及结构参数标定技术 … 235
7.3.3 结构光视觉传感器 …… 237
7.3.4 双目立体视觉传感器 … 239
7.3.5 组合视觉测量系统 …… 240
7.4 智能视觉传感技术 …………… 241
7.4.1 智能视觉传感器及其结构组成 … 241
7.4.2 智能视觉传感器的特点及其发展趋势 … 242
7.4.3 典型的智能视觉传感器 … 243
7.5 视觉传感应用技术 …………… 244
7.5.1 汽车车身视觉检测系统 … 244
7.5.2 钢管直线度、截面尺寸在线视觉测量系统 … 245
7.5.3 三维形貌视觉测量 …… 246
7.5.4 光学数码三维坐标测量 … 247
思考题 …………………………… 248

第8章 声表面波传感技术 …… 249
8.1 概述 …………………………… 249
8.2 声表面波技术基础知识 ……… 251
8.2.1 声波及声表面波 ……… 251
8.2.2 声表面波的主要性质 … 251
8.2.3 声表面波的激发——叉指换能器 … 253
8.3 研究SAW问题的相关基本理论 … 254
8.3.1 压电效应及其本构方程 … 254
8.3.2 压电体内的波动方程 … 254
8.3.3 压电介质中的Christofel方程 … 255
8.3.4 压电基片切型表示 …… 255
8.3.5 张量的坐标转换 ……… 257
8.3.6 声表面波特性的理论分析 … 258
8.4 SAW传感器技术 …………… 259
8.4.1 SAW传感器的结构形式与基本原理 … 259
8.4.2 SAW传感器的信号检测与处理 … 261
8.4.3 SAW传感器的温度补偿 … 264
8.5 典型声表面波传感器简介 …… 267

8.5.1　声表面波压力（应力）传感器 … 267

8.5.2　声表面波气体传感器 …… 269

8.5.3　声表面波标签 …………… 272

思考题 ……………………………… 274

第9章　生物传感技术 …………… 275

9.1　概述 …………………………… 275

9.1.1　生物传感器的工作原理 …… 275

9.1.2　生物传感技术的发展历史 … 276

9.1.3　生物传感器的分类 ……… 276

9.2　生物传感技术的分子识别原理

与技术 ……………………… 277

9.2.1　酶反应 ………………… 277

9.2.2　微生物反应 …………… 279

9.2.3　免疫反应 ……………… 280

9.2.4　膜技术 ………………… 282

9.3　生物传感器仪器技术及其

应用 ………………………… 284

9.3.1　酶传感器 ……………… 284

9.3.2　微生物传感器 ………… 286

9.3.3　免疫传感器 …………… 290

9.3.4　基因传感器 …………… 295

9.3.5　微悬臂梁生物传感器 …… 298

9.3.6　生物芯片技术 ………… 301

思考题 ……………………………… 303

第10章　化学传感技术 ………… 305

10.1　概述 …………………………… 305

10.1.1　化学传感器的工作原理 … 305

10.1.2　化学传感技术的发展历史 … 306

10.1.3　化学传感器的分类 …… 306

10.2　气敏化学传感技术及其应用 … 307

10.2.1　引言 ………………… 307

10.2.2　气敏传感器的主要特性 … 308

10.2.3　半导体气敏传感器 …… 309

10.2.4　固态电解质气敏传感器 … 313

10.2.5　其他气敏传感器 …… 315

10.3　化学离子选择电极及其应用 … 317

10.3.1　引言 ………………… 317

10.3.2　离子敏选择电极的原理及

基本构造 ……………… 318

10.3.3　pH玻璃电极 ………… 320

10.3.4　晶体膜电极 ………… 322

10.3.5　活动载体膜电极 …… 323

10.3.6　离子选择性场效应晶体管 …… 326

10.3.7　离子选择性电极的特点及应用 … 329

思考题 ……………………………… 332

第11章　前沿传感技术 ………… 333

11.1　概述 …………………………… 333

11.2　微机电传感器 ………………… 333

11.2.1　微传感器 …………… 333

11.2.2　微机电传感器的基础理论和

技术基础 ……………… 333

11.2.3　几种典型微机电传感器 … 338

11.3　软测量与软传感器 …………… 343

11.3.1　软测量概述 ………… 343

11.3.2　软测量技术基本原理 … 344

11.3.3　软测量技术的应用 … 347

11.4　模糊传感器 …………………… 349

11.4.1　模糊理论与模糊传感器 … 349

11.4.2　模糊传感器的结构 … 351

11.4.3　模糊传感器的应用 … 353

11.5　混沌测量 ……………………… 356

11.5.1　混沌理论概述 ……… 356

11.5.2　混沌在测量中的应用 … 358

11.6　仿生传感器 …………………… 362

11.6.1　仿生学概述 ………… 362

11.6.2　仿生传感器的工作原理 … 363

11.6.3　电子鼻 ……………… 364

思考题 ……………………………… 367

第2篇参考文献 …………………… 368

第3篇　现代传感系统

第12章　现代传感系统概述 ……… 371

12.1　现代传感系统的组成特点和

发展趋势 …………………… 371

12.1.1　现代传感系统的组成及特点 … 371

12.1.2　现代传感系统的发展趋势 … 372

12.2　分布式测量系统 ……………… 373

12.2.1　分布式测量系统及其特征 … 373

12.2.2　典型分布式测量系统的组成

结构 …………………… 374

12.2.3　分布式测量系统的软件支持 …… 376

12.2.4　分布式测量系统的设计开发 … 376

12.3　现场总线系统 ………………… 377

12.3.1　现场总线系统的体系结构 … 378

12.3.2　典型现场总线协议 ⋯⋯⋯⋯ 379
12.3.3　现场总线仪表 ⋯⋯⋯⋯⋯⋯ 382
12.3.4　现场总线系统的实现 ⋯⋯⋯ 384
12.4　虚拟仪器 ⋯⋯⋯⋯⋯⋯⋯⋯⋯ 386
12.4.1　虚拟仪器的组成与特点 ⋯⋯ 386
12.4.2　虚拟仪器的硬件支持 ⋯⋯⋯ 388
12.4.3　虚拟仪器软件标准与开发环境 ⋯ 389
12.4.4　网络化虚拟仪器 ⋯⋯⋯⋯⋯ 391
12.4.5　虚拟仪器应用设计 ⋯⋯⋯⋯ 393
思考题 ⋯⋯⋯⋯⋯⋯⋯⋯⋯⋯⋯⋯⋯ 396
第13章　多传感器数据融合 ⋯⋯⋯⋯ 397
13.1　多传感器数据融合概述 ⋯⋯⋯ 397
13.1.1　多传感器数据融合过程 ⋯⋯ 397
13.1.2　多传感器数据融合的形式 ⋯ 399
13.2　多传感器数据融合模型 ⋯⋯⋯ 400
13.2.1　多传感器数据融合结构 ⋯⋯ 400
13.2.2　多传感器数据融合模型 ⋯⋯ 402
13.3　多传感器数据融合技术 ⋯⋯⋯ 406
13.3.1　多传感器数据融合算法的
基本类型 ⋯⋯⋯⋯⋯⋯⋯⋯ 406
13.3.2　Kalman滤波 ⋯⋯⋯⋯⋯⋯⋯ 407
13.3.3　基于Bayes理论的数据融合 ⋯ 408
13.3.4　基于神经网络的数据融合 ⋯ 409
13.3.5　基于专家系统的数据融合 ⋯ 411
13.3.6　基于聚类分析的数据融合 ⋯ 412
13.4　多传感器数据融合技术的
应用 ⋯⋯⋯⋯⋯⋯⋯⋯⋯⋯⋯ 413
13.4.1　人体对气温的感受 ⋯⋯⋯⋯ 413
13.4.2　管道泄漏检测中的数据融合 ⋯ 415
13.4.3　医学咨询与诊断专家系统 ⋯ 417
13.4.4　多传感器数据融合技术的
局限性 ⋯⋯⋯⋯⋯⋯⋯⋯⋯ 418
思考题 ⋯⋯⋯⋯⋯⋯⋯⋯⋯⋯⋯⋯⋯ 419
第14章　智能传感技术 ⋯⋯⋯⋯⋯⋯ 420
14.1　智能传感器概述 ⋯⋯⋯⋯⋯⋯ 420
14.1.1　智能传感器 ⋯⋯⋯⋯⋯⋯⋯ 420
14.1.2　智能传感器的结构 ⋯⋯⋯⋯ 420
14.1.3　智能传感器的基本功能 ⋯⋯⋯ 421
14.2　智能传感器的关键技术 ⋯⋯⋯ 421
14.2.1　间接传感 ⋯⋯⋯⋯⋯⋯⋯⋯ 422

14.2.2　线性化校正 ⋯⋯⋯⋯⋯⋯⋯ 423
14.2.3　自诊断 ⋯⋯⋯⋯⋯⋯⋯⋯⋯ 424
14.2.4　动态特性校正 ⋯⋯⋯⋯⋯⋯ 425
14.2.5　自校准与自适应量程 ⋯⋯⋯ 426
14.2.6　电磁兼容性 ⋯⋯⋯⋯⋯⋯⋯ 427
14.3　智能传感器系统的总线标准 ⋯ 428
14.3.1　基于典型芯片级的总线 ⋯⋯ 428
14.3.2　USB总线 ⋯⋯⋯⋯⋯⋯⋯⋯ 437
14.3.3　IEEE 1451智能传感器接口
标准 ⋯⋯⋯⋯⋯⋯⋯⋯⋯⋯ 439
14.4　智能传感器技术新发展 ⋯⋯⋯ 452
14.4.1　嵌入式智能传感器 ⋯⋯⋯⋯ 452
14.4.2　阵列式智能传感器 ⋯⋯⋯⋯ 453
思考题 ⋯⋯⋯⋯⋯⋯⋯⋯⋯⋯⋯⋯⋯ 454
第15章　无线传感器网络 ⋯⋯⋯⋯⋯ 455
15.1　网络组成 ⋯⋯⋯⋯⋯⋯⋯⋯⋯ 455
15.1.1　无线传感器网络的网络结构 ⋯ 455
15.1.2　传感器节点 ⋯⋯⋯⋯⋯⋯⋯ 456
15.1.3　无线传感器网络协议栈 ⋯⋯ 456
15.1.4　无线传感器网络的特点 ⋯⋯ 457
15.2　通信协议 ⋯⋯⋯⋯⋯⋯⋯⋯⋯ 458
15.2.1　物理层 ⋯⋯⋯⋯⋯⋯⋯⋯⋯ 458
15.2.2　MAC协议 ⋯⋯⋯⋯⋯⋯⋯⋯ 458
15.2.3　路由协议 ⋯⋯⋯⋯⋯⋯⋯⋯ 460
15.2.4　时间同步 ⋯⋯⋯⋯⋯⋯⋯⋯ 462
15.2.5　定位 ⋯⋯⋯⋯⋯⋯⋯⋯⋯⋯ 463
15.2.6　拓扑结构控制 ⋯⋯⋯⋯⋯⋯ 465
15.3　硬件平台 ⋯⋯⋯⋯⋯⋯⋯⋯⋯ 466
15.3.1　传感器节点 ⋯⋯⋯⋯⋯⋯⋯ 467
15.3.2　网关节点设计 ⋯⋯⋯⋯⋯⋯ 468
15.3.3　WSN测试平台 ⋯⋯⋯⋯⋯⋯ 470
15.3.4　操作系统 ⋯⋯⋯⋯⋯⋯⋯⋯ 472
15.4　无线传感器网络应用实例 ⋯⋯ 473
15.4.1　军事应用 ⋯⋯⋯⋯⋯⋯⋯⋯ 474
15.4.2　城市生命线 ⋯⋯⋯⋯⋯⋯⋯ 475
15.4.3　健康监测 ⋯⋯⋯⋯⋯⋯⋯⋯ 475
15.4.4　环境监测 ⋯⋯⋯⋯⋯⋯⋯⋯ 476
15.4.5　大型场馆安全监测 ⋯⋯⋯⋯ 476
思考题 ⋯⋯⋯⋯⋯⋯⋯⋯⋯⋯⋯⋯⋯ 476
第3篇参考文献 ⋯⋯⋯⋯⋯⋯⋯⋯⋯ 477

第1篇 传感基础

第1章 绪 论

1.1 传感器及其分类

传感技术、通信技术和计算机技术是现代信息技术的三大支柱，构成信息系统的感官、神经和大脑，实现信息的获取、传递、转换和控制。传感技术是信息技术的基础、传感器的性能、质量和水平直接决定了信息系统的功能和质量。因此，国外一些著名专家评论说"征服了传感器就等于征服了科学技术。"

1.1.1 传感器的定义

人的大脑通过五种感觉器官（人的"五官"——眼、耳、鼻、舌、皮肤分别具有视、听、嗅、味、触觉），对外界的刺激做出反应。人们为了从外界获取信息，必须借助于感觉器官。而单靠人们自身的感觉器官，在研究自然现象和规律以及生产活动中，它们的功能就远远不够了。为了获取更多的信息，人类发明了传感器。人体的感官属于天然的传感器；而人们常说的传感器是人类五官的延伸，是人类的第六感官，也称之为电五官。它是人体"五官"的工程模拟物，是一种能把特定的被测量的信息（包括物理量、化学量、生物量等）按一定规律转换成某种可用信号输出的器件或装置。

国家标准（GB/T7665—1987）对传感器的定义是：能够感受规定的被测量并按照一定规律转换成可用输出信号的器件或装置，通常由敏感元件和转换元件组成。其中敏感元件是指传感器中能直接感受被测量的部分；转换元件是指传感器中能将敏感元件感受或响应的被测量转换成适于传输或测量的电信号。

传感器是一种信息拾取、转换装置，是一种能把物理量或化学量或生物量等按照一定规律转换为与之有确定对应关系的、便于应用的、以满足信息传输、处理、存储、显示、记录和控制等要求的某种物理量的器件或装置。这里包含了以下几方面的意思：①传感器是测量器件或装置，能完成一定的检测任务；②它的输入量是某一被测量，可能是物理量，也可能是化学量、生物量等；③它的输出量是某种物理量，这种量要便于传输、转换、处理、显示和控制等，这种量可以是气、光、磁、电量，也可以是电阻、电容、电感的变化量等；④输出输入有确定的对应关系，且应有一定的精确度。由于电学量（电压、电流、电阻等）便于测量、转换、传输和处理，所以当今的传感器绝大多数都是以电信号输出的，以至于可以简单地认为，传感器是一种能把物理量或化学量或生物量转变成便于利用的电信号的器件或装置，或者说一种把非电量转变成电学量的器件或装置。

国际电工委员会（International Electrotechnical Committee，IEC）把传感器定义为：
"传感器是测量系统中的一种前置部件，它将输入变量转换成可供测量的信号"。德国和俄罗斯学者认为"传感器是包括承载体和电路连接的敏感元件"，传感器应是由两部分组成的，即直接感知被测量信号的敏感元件部分和初始处理信号的电路部分。按照这种理解，传感器还包含了信号初始处理的电路部分。

关于传感器，初期曾出现过许多种名称，如发送器、传送器、变送器、敏感元件等，它们的内涵相同或者相似，近来已逐渐趋向统一，即按国家标准规范使用传感器这一名称。从字面上可以作如下解释：传感器的功用是一感二传，即感受被测信息，并传送出去。

一般来讲传感器由敏感元件和转换元件组成，但由于传感器输出信号较微弱，需要由信号调节与转换电路将其放大或转换为容易传输、处理、记录和显示的信号。随着半导体器件与集成技术在传感器中的应用，传感器的信号调节

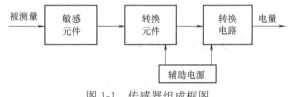

图 1-1　传感器组成框图

与转换电路可能安装在传感器的壳体里或与敏感元件一起集成在同一芯片上。因此，信号调节与转换电路以及所需电源都应作为传感器组成的一部分，其组成如图 1-1 所示。

1.1.2　传感器的分类

传感器的种类繁多，一种被测量可以用不同的传感器来测量，而同一原理的传感器通常又可测量多种被测量，因此分类方法各不相同，目前尚没有统一的分类方法。一般常见的分类方法有以下几种（见表 1-1）：

表 1-1　传感器的典型分类

分 类 方 法	传感器的类型	说　　明
按基本效应分类	物理型、化学型、生物型	分别以效应命名为物理、化学、生物传感器
按构成原理分类	结构型 物性型	以其转换元件结构参数变化实现信号转换 以其转换元件结构物理特性变化实现信号转换
按作用原理分类	应变式、电容式、压电式、热电式等	以传感器对信号转换的作用原理命名
按能量关系分类	能量转换型（自源型） 能量控制型（外源型）	传感器输出量直接由被测量能量转换而得 传感器输出量能量由外源供给但受被测输入量控制
按敏感材料分类	半导体、光纤、陶瓷、高分子材料、复合材料等	以使用的敏感材料命名
按输入量分类	位移、压力、温度、流量、气体、振动、温度、湿度、粘度等	以被测量命名（即按用途分类法）
按输出信号分类	模拟式 数字式	输出量为模拟信号 输出量为数字信号
按与某种高新技术结合分类	集成、智能、机器人、仿生等	按基于的高新技术命名

1) 根据传感器的工作机理，即感知外界信息所依据的基本效应的科学属性，可以将传感器分成三大类：基于物理效应如光、电、声、磁、热等效应进行工作的物理传感器；基于化学效应如化学吸附、离子化学效应等进行工作的化学传感器；基于酶、抗体、激素等分子识别功能的生物传感器。

2) 根据传感器的构成原理，物理传感器分为结构型与物性型两大类。

结构型传感器是遵循物理学中场的定律构成的，包括动力场的运动定律，电磁场的电磁定律等。物理学中的定律一般是以方程式给出的。对于传感器，这些方程式就是许多传感器在工作时的数学模型。这类传感器的特点是，传感器的工作原理是以传感器中元件相对位置变化引起场的变化为基础，而不是以材料特性变化为基础。它的基本特征是以其结构的部分变化引起场的变化来反映被测量（力、位移等）的变化。如电容传感器就是利用静电场定律研制的结构型传感器。

物性型传感器是基于物质定律构成的，如胡克定律、欧姆定律等。物质定律是表示物质某种客观性质的法则。这种法则，大多数是以物质本身的常数形式给出的。这些常数的大小决定了传感器的主要性能。因此，物性型传感器的性能随材料的不同而异。如，光电管，它利用了物质法则中的外光电效应。显然，其特性与涂覆在电极上的材料有着密切的关系。又如，所有半导体传感器，以及所有利用各种环境变化而引起的金属、半导体、陶瓷、合金等性能变化的传感器都属于物性型传感器。如压敏传感器是利用半导体材料的压阻效应制成的物性型传感器。

3) 根据传感器的工作原理，可分为电容式、电感式、电磁式、压电式、热电式、气电式及应变式传感器等。

4) 根据传感器的能量转换情况，可分为能量转换型传感器和能量控制型传感器。能量转换型是由传感器输入量的变化直接引起能量的变化。如热电效应中热电偶，当温度变化时，直接引起输出的电动势改变。基于压电效应、热电效应、光电动势效应等的传感器都属于此类传感器。能量转换型传感器一般不需外部电源或外部电源只起辅助作用，它的输出能量是从被测对象上获取的，所以又称自源型传感器。能量控制型是指其变换的能量是由外部电源供给的，而外界的变化（即传感器输入量的变化）只起到控制的作用，所以又称外源型传感器。如用电桥测量电阻温度的变化时，温度的变化改变了热敏电阻的阻值，热敏电阻阻值的变化使电桥的输出发生变化，这时电桥输出的变化是由电源供给的。基于应变电阻效应、磁阻效应、热阻效应、光电效应、霍尔效应等的传感器也属于此类传感器。

5) 根据传感器使用的敏感材料，可分为半导体传感器、光纤传感器、陶瓷传感器、高分子材料传感器、复合材料传感器等。

6) 根据被测量或输入信息可分为位移、速度、加速度、流速、力、压力、振动、温度、湿度及粘度、浓度传感器等。

有时把被测量进一步归类，物理量分为机械量、热学、电学、光学、声学、磁学、核辐射传感器等，化学量分为气体、离子、湿度传感器等，生物量分为生物、微生物、酶、组织、免疫传感器。

按被测量分类方法体现了传感器的功能、用途，对用户选择传感器有一定的方便之处。

7) 根据传感器输出信号为模拟信号或数字信号，可分为模拟量传感器和数字量（开关量）传感器。

8）根据传感器是否使用外部电源，可分为有源传感器和无源传感器。

9）根据传感器与被测对象的空间关系，可分为接触式传感器和非接触式传感器。

10）根据与某种高新技术结合而得名的传感器，如集成传感器、智能传感器、机器人传感器、仿生传感器等。

上述分类尽管有较大的概括性，但由于传感器是知识密集、技术密集的门类，它与许多学科有关，它的种类十分繁多，至今又不统一，各种分类方法都具有相对的合理性。从学习的角度来看，按传感器的工作原理分类，对理解传感器的工作原理、工作机理很有利；而从使用的角度来看，按被测量（或输入信息）分类，为正确选择传感器提供了方便。

1.1.3 传感器与传感技术

根据定义，传感器是一种能把特定的被测量（包括物理量、化学量、生物量等）的信息按一定规律转换成某种可用信号输出的器件或装置。

随着科学技术的发展，传感器和传感器相关的技术，如传感器设计、材料、制造、应用等相关的技术得到迅速发展，逐渐形成了一门新的独立学科——传感器技术。传感器技术的含义比传感器更为广泛，传感器技术包括传感（检测）原理、传感器件设计制造和开发应用等全部工程技术领域，也被称为传感器工程学。

传感器技术是研究传感器的材料、设计、工艺、性能和应用等的综合技术，是以传感器为核心逐渐外延，与测量学、微电子学、物理学、光学、机械学、材料学、计算机科学等多门学科密切相关，多种技术相互渗透、相互结合而形成一种新技术密集型综合性学科领域——传感技术。

传感技术就是传感器技术，但是在当前信息技术的分类中，往往把信息获取都归入传感技术，传感技术的内涵进一步扩充。

传感技术是关于从自然资源获取信息，并对之进行处理（变换）和识别的一门多学科交叉的现代科学与工程技术。它涉及传感器、信息处理和识别的规划设计、开发、制/建造、测试、应用及评价改进等活动。获取信息靠各类传感器，它们有各种物理量、化学量或生物量的传感器。按照信息论的凸性定理，传感器的功能与品质决定了传感系统获取自然信息的信息量和信息质量，是高品质传感系统构造的第一个关键环节。信息处理包括信号的预处理、后置处理、特征提取与选择等。识别的主要任务是对经过处理信息进行辨识与分类。它利用被识别（或诊断）对象与特征信息间的关联关系模型对输入的特征信息集进行辨识、比较、分类和判断。因此，传感技术是遵循信息论和系统论的，它包含了众多的高新技术、被众多的产业广泛采用。它也是现代科学技术发展的基础条件，因此受到广泛重视。

归纳起来，传感器与传感技术具有如下联系与区别：

1）传感器是获取信息的工具，是一种能把特定的被测量的信息（包括物理量、化学量、生物量等）按一定规律转换成某种可用信号输出的器件或装置。

2）传感技术是关于传感器设计、制造及开发应用的综合技术。

3）传感技术是以传感器为核心逐渐外延，与物理学、测量学、电学、光学、机械学、材料学、计算机科学等多门学科密切相关，多种技术相互渗透、相互结合而形成的一种新技术密集型前沿学科。

4）传感技术是信息获取技术，是信息技术（传感与控制技术、通信技术和计算机技术）

的三大支柱之一。

1.2　信息与传感

1.2.1　信息与信息技术

1. 信息的概念

人类从出现那天起，就生活在信息的海洋中。自古以来，人们就对信息的表达、存储、传递和处理进行了研究。原始人的"结绳记事"也许是最初期的表达、存储和传递信息的方法。我国古代的"烽火告警"是一种最早的快速、远距离传递信息的方式。信息的传递和表达与生产和科学技术的发展是相互促进的，尤其是近百年来，随着生产和科学技术的发展，使信息的处理、传输、存储、提取和利用的方式及手段达到了更新更高的水平。

1950 年至今，计算机技术、微电子技术、传感技术、激光技术、航空航天技术、生物工程、海洋技术、新能源技术和新材料技术等新技术的发展和应用令人眼花缭乱，尤其是近年来以计算机为主体的互联网技术的兴起和发展，它们互相结合、互相促进、以空前的威力推动着人类社会高速进入信息时代。

在当今"信息社会"中，人们在各种生产、科学研究和社会活动中无处不涉及信息的交换和利用。如何迅速获取信息、正确处理信息和充分利用信息，直接影响到科学技术和国民经济的发展，所以信息技术的重要性是不言而喻的。

现代信息论实际上是从 20 世纪 20 年代奈奎斯特（Nyquist. H.）和哈特莱（R. V. L. Hartley）的工作开始的。1924 年奈奎斯特发表了"影响电报速率因素的确定"一文，1928 年哈特莱发表了"信息传输"一文。他们最早研究了通信系统传输信息的能力，并给出了信息度量的方法。

控制论创始人之一，美国科学家维纳（N. Wiener）在 1948 年出版的奠基性著作《控制论——动物和机器中的通信与控制问题》一书中指出："信息就是信息，不是物质，也不是能量。"他的这个论断，在信息与物质和能量之间划了一道界限。后来，他又在《人有人的用处》一书中，提出了新的看法："信息就是人和外界互相作用的过程中互相交换的内容的名称"。

信息论奠基人，美国科学家香农（C. E. Shannon），1948 年在《通信的数学理论》一文中指出："凡是在一种情况下能减少不确定性的任何事物都叫做信息（Information）"。他把信息定义为人们对事物了解的不确定性的消除或减少。

意大利学者朗格（G. Longe）提出用变异度、变异量来度量信息，认为"信息就是差异"，他在 1975 年出版的《信息论：新的趋势与未决问题》一书序言中提出："信息是反映事物的形式、关系和差别的东西。信息是包含于客体间的差别中，而不是客体本身中"。

我国学者钟义信教授在《信息科学原理》一书中说：信息是"事物运动的状态和方式，也就是事物内部结构和外部联系的状态和方式"。

对信息定义的争论从来就没有停止过，人们从各自的角度和学科领域出发，提出了 100 多种定义，其中典型的也有数十种之多，对于信息的定义呈现出多定义而又无定论的局面。这一局面的形成是由于观察事物的多维视野造成的。多维视野是现代自然科学、社会科学、人文科学以及横向科学研究的一个显著特点，因此，不同学科有不同的信息定义，即使是同一学科也可能由于领域和视觉不同，存在很大的差异。自然科学、信息科学、管理科学中所说的信息常常不是一回事，前者多指数据、指令，后者多指消息、情报，但即便如此，同属社会科学的消息、情报与信息也有一定的差距。

我国国家标准《情报与文献工作词汇　基本术语》（GB/T　4894－1985）中，关于"信息"的解释是："信息是物质存在的一种方式、形态或运动状态，也是事物的一种普遍属性，一般指数据、消息中所包含的意义，可以使消息中所描述事件的不定性减少。"

信息是事物运动的状态与方式，是物质的一种属性。在这里，"事物"泛指一切可能的研究对象，包括外部世界的物质客体，也包括主观世界的精神现象；"运动"泛指一切意义上的变化，包括机械运动、化学运动、思维运动和社会运动；"运动方式"是指事物运动在时间上所呈现的过程和规律；"运动状态"则是事物运动在空间上所展示的形状与态势。

这个定义首先明确了信息的本质是物质的属性，而不是物质实体本身。客观存在的一切事物，包括自然界、人体本身和人类社会，都是在不断运动着的，运动的物质，必然会产生相互作用和影响，从而引起物质结构、数量等多方面的变化，事物的这些变化，便成为信息产生的物质基础。因此，信息不是事物本身，而是由事物发出的数据、消息中所包含的意义。

这个定义把信息这一概念放到人类社会以及人类交往中考察，也纠正了控制论信息定义中对信息概念的泛化倾向，继而明确指出信息是物质的属性，而不是事物本身，是由事物发出的消息、指令、数据、信号等所包含的内容，是数据、消息中的意义。

这一定义明确了信息的认知功能，即能减少不确定性的能力，可以说，信息是知识的源泉，知识是对获得信息进行处理并使之系统化的结果。这一功能是信息的基本功能，是人类解释客观世界发展规律的重要途径，知识的积累、科技的发展进步、经济文化的繁荣都离不开信息的这一功能，经过大脑对信息的鉴别、筛选、归纳、提炼和存储，人类对客观世界的认识逐步深入，人类逐步进化、进步、发展。

其次，这一定义明确了信息是指数据与消息中所包含的意义，是数据与消息这样的信息中所包含的内容，区分了信息与消息，使信息的概念更加准确。信息不同于消息，消息只是信息的外壳，信息则是消息的内核；信息不同于信号，信号是信息的载体，信息则是信号所载荷的内容；信息不同于数据，数据是记录信息的一种形式，同样的信息也可以用文字或图像来表述。信息还不同于情报和知识。总之，信息是物质存在的一种方式、形态或运动状态，也是事物的一种普遍属性。

2. 信息技术

信息技术是研究信息的获取、传输和处理的技术，是指有关信息的收集、识别、提取、变换、存储、传递、处理、检索、检测、分析和利用等的技术，是用于管理和处理信息所采用的各种技术的总称。凡是可以扩展人的信息功能的技术，都是信息技术。信息技术的主体内容包括传感技术、通信技术和计算机技术。传感技术主要包括信息的识别、检测、提取、变换以及某些信息处理技术，它是人的感官功能的扩展和延伸；通信技术包含信息的变换、传递、存储、处理以及某些控制与调节技术，它是人的信息传输系统（神经系统）功能的扩展和延长；计算机技术主要包括信息的存贮、检索、处理、分析、产生（决策或称指令信息），以及控制等，它是人的信息处理器官（大脑）功能的延长。传感、通信和计算机技术三者相辅相成的。它们构成了信息技术的核心，又被称为"3C"技术，即信息收集、通信和计算机（Collection，Communication and Computer）技术。

信息技术主要包括以下几方面技术：

（1）感测与识别技术 它包括信息识别、信息提取、信息检测等技术，其作用是扩展人获取信息的感觉器官功能。这类技术的总称是"传感技术"。它几乎可以扩展人类所有感觉器官的传感功能。传感技术、测量技术与通信技术相结合而产生的遥感技术，更使人感知信息的能力得到进一步的加强。

（2）信息传递技术 它的主要功能是实现信息快速、可靠、安全的转移。各种通信技术都属于这个范畴。广播技术也是一种传递信息的技术。由于存储、记录可以看成是从"现在"向"未来"或从"过去"向"现在"传递信息的一种活动，因而也可将它看作是信息传递技术的一种。

（3）信息处理与再生技术 信息处理包括对信息的编码、压缩、加密等。在对信息进行处理的基础上，还可形成一些新的更深层次的决策信息，这称为信息的"再生"。信息的处理与再生都有赖于现代电子计算机的超凡功能。

（4）信息应用技术 是信息过程的最后环节，它包括控制技术、显示技术等。

1.2.2 信息的基本特征

1. 物质、能量和信息三者的关系

现代科学认为：构成客观世界的三大基础是物质、能量和信息。世界是由物质构成的，没有物质，世界便虚无飘渺。宇宙万物无时不在运动，物质运动的动力是能量，能量是物质的属性，是一切物质运动的动力，没有能量，物质就静止呆滞。而信息是物质运动的状态与方式，是物质的一种属性，只要有运动的物质就需要有能量，就会产生各种各样事物运动的状态和方式，也就会产生信息。信息是客观事物和主观认识相结合的产物，没有信息，物质和能量便无从认识。

信息是物质的属性，但不是物质自身。事物运动的状态和方式一旦体现出来，就可以脱离原来的事物而相对独立地负载于别的事物上而被提取、表示、处理、存储和传输。因此，信息不等于它的原事物，也不等于它的载体。信息虽不等于物质本身，但它也不能脱离物质而独立存在，必须以物质为载体，以能量为动力。物质、能量和信息三者相辅相成，缺一不可。

信息总是直接或间接描述客观世界的，但信息不是事物本身，而是事物的表征，是事物发出的信号、消息等所包含的内容是表征事物的运动状态及事物之间的差异或相互关系的一种普遍形式。信息是自然界普遍联系、相互作用的一种形式。

信息与能量息息相关，传输信息或处理信息总需要一定的能量来支持，而控制和利用能量总需要有信息来引导。例如物体受热这一信息，是通过温度上升、红外线辐射强度加大等能量或体积膨胀、形态改变、磁导率和电导率变化等物质形式来表现的，检测其中任一量的变化都可用来判断这一信息。但是信息与能量有本质的区别，信息是事物运动的状态与状态变化方式，能量是事物做功的本领，提供的是动力。

信息既不是物质，也不是能量。在物理学家眼中，信息是一种负熵。它们以物质和能量作为载体，人们通过对物质和能量特征差异性的研究得以了解它们。信息是具体的，并且可

以被人（生物、机器等）所感知、提取、识别，可以被传递、储存、变换、处理、显示检索和利用。信息可以被复制、可以被共享。

在非电量电测量系统中，信息、物质和能量是构成系统的三大要素。其中，信息是系统传输和处理的对象，它载荷于数据、信号之中，并由经过整理的有一定规则的能量流传输。因此，在测量系统中，信息传递的负熵原理的基本内容为：测量信息的运载者是能量，为了将信息送入传感器的输入端并作传送，就必须做功，即注入足够的负熵，如果被测对象完全不能供给能量，那么被测量信息的传递过程就不可能实现。被传送的信息的量并不取决于其能量的绝对值，而是取决于其能量与其他能量流（为干扰）的比值。因此传感器从被测对象索取的能量相对于干扰能量越大，就越能传送信息。也就是测量对象应具有足够的负熵，才能将所需的能量输至传感器。如果测量对象的负熵低于周围背景（即起干扰作用）的负熵，那么无论采用哪种传感器，原则上是无法进行测量的。

当测量某些表征能量值的参数，如力、压力、温度等时，传感器（如压电式传感器、热电偶）从被测对象直接获取能量，这时能量流的方向是与信息传递的方向一致的。当用电容、电感或电阻等参数式传感器测量某些非电量时，能量则由外加电源通过传感器的转换电路传向传感器，而信息则相反，它是由被测对象通过传感器传向转换电路。这种情况下，表面上能量流的方向与信息传递的方向是不一致的，有时是相对的。但实际上由外加电源通过转换电路供给的能量并不载有信息，仅用于激励无源对象，这时进入传感器的信息并不取决于用来激励（如照射）被测对象的外加全部能量流，而仅取决于在被测对象发生变化时所引起的能量流的变化量，例如用雷达测量飞行目标时，雷达发射的电磁波遇到飞行目标将反射，即外加能量流与信息是面对面相迎的，但发射的电磁波（外加的能量流）并不载有飞行目标（信息），仅用于"照射"飞行目标，至于飞行目标的信息则是由飞行目标反射回来的弱电磁波所运载，雷达（传感器）所接收到的是飞行目标所引起的能量流的变化量，而飞行目标的反射能力（即被测量）决定了反射电磁波能量与雷达发射电磁波能量之比。因此，应用参数式传感器进行测量时，携带信息的能量流和信息的传递方向仍然是一致的。这时，传感器并非获取被测对象的能量，而是获取经被测对象信息调制的外加能源的能量。为了使传感器能正常工作，外加电源能量必须稳定。

综上所述，可得如下几点结论：

1）信息是由能量或物质形态表示的；

2）信息是载荷于能量流传输的；

3）信息在传输过程中要消耗能量，维持信息传输必须供给能量；

4）信息传输的方向与携带信息的能量流方向是一致的；

5）测量过程中，被测对象应具有足够的负熵才能保证有效测量。

2. 信息是一种人类生存与发展的重要资源

构成客观世界的三大基础是物质、能量和信息，正像物质和能源是人类生存和发展所必需的资源一样，信息也是一种不可缺少的资源。物质提供各种各样有用的材料；能源提供各种形式的动力；而信息向人们所提供的则是无穷无尽的知识和智慧。

人类生存没有必需的材料和动力不行，没有信息更不行，其他各种生物也是如此。生物进化的一条重要法则是"适者生存"，环境总是不断地变化，任何生物如果不能从变化着的环境中获得对它的生存直接有关的信息——环境有关因素的运动状态和方式，它就不能适应环境的变化，更不能生存下来。如果人类不能获得外部世界变化的信息，他就无法认识世界，当然谈不上有效地改造世界了，没有信息，就没有生存的希望。可见，信息对于人类是一种生存与发展的重要资源。

人类社会的发展需要各种知识，而知识是人类社会实践经验的总结，是人的主观世界对于客观世界的概括和如实反映。信息是知识的源泉，信息经过科学的加工上升为知识，知识是系统化和优化了的信息，是同类信息的高度积聚。知识的获得首先需靠各种各样的信息，没有大量的信息作保证，知识的获得将会成无源之水、无本之木。

信息是决策的依据。决策，就是在充分掌握信息的基础上根据客观形势和实际条件，权衡利弊，确定目标和实施战略的过程。掌握信息乃决策之第一步，"知彼知己，百战不殆"。在人们的社会、生产活动，乃至日常生活中，都需要随时随地做出各种各样的决策，而正确决策的前提是对信息的准确把握和利用。无论是军事还是商业上，信息的军事价值和商业价值是不言而喻的，积极主动地搜集和捕捉准确的信息是抢夺先机、赢得胜利和发展的重要保证。

信息是一种资源，是人类智慧的结晶和财富，是社会进步、经济与科技发展的源泉。钟义信教授把信息的功能归结为八个方面：信息是生存资源；信息是知识的源泉；信息是决策的依据；信息是控制的灵魂；信息是思维的材料；信息是实际的准绳；信息是管理的基础；信息是组织的保证。

人生活在信息的汪洋大海中，人类的活动、发展离不开信息，人与信息有着一种特殊的关系，主要体现在以下几方面：

(1) **人的生命运动和思维活动离不开信息**　人时时刻刻都与外界环境进行物质的、能量的和信息的交换，人对于信息的依赖关系，如同需要空气、阳光、物和水一样，人只有不断从外界环境获得信息才能生存。

(2) **人认识世界离不开信息的作用**　人的信息器官通过对自然界事物所发出的大量信息的收集形成感性认识，并在此基础上经过大量信息的处理形成概念，通过将概念理性化、系统化，优化形成知识。因此人类的知识来自信息，本身又是经过加工处理的系统化的新信息，信息的联系特性又不断地将人们的认识引向深入，不断扩大人类的知识领域。

(3) **信息已成为人类改造世界的有力武器**　人们以优化了的信息，如决策、指令、计划及设计等来控制人类的生产活动、经济活动和社会活动，人们靠信息的传递来相互联系、影响、竞争与合作，不断扩大人类改造自然的能力。人们在改造世界的过程中，大量使用物质，消耗能量，同时也大量地开发和利用信息，并不断产生出新的信息。

人类认识世界和改造世界的全部活动，始终离不开信息。人的一生一直在同信息打交道，把人同信息打交道的本领（主要包括提取信息、传递信息、处理信息和产生信息的本领）称为人的信息功能。然而，人的信息功能主要是由他的一系列信息器官来承担的。信息是伴随着生命的诞生而开始的，通过感觉器官获取信息，通过传导神经网络传递信息，通过思维器官处理和再生信息，通过效应器官使用信息。人的自身信息系统，从古战场的烽火台报警系统到封建社会的驿站传递系统，到当代的电子计算机信息处理系统以及全球覆盖的人造卫星通信系统，经历了漫长的道路，显示出了越来越强的功能。人类对信息的认识和利用的不断提高是人类进步的重要标志。

3. 信息的基本性质

信息来源于物质世界,但不是物质本身;意识是由信息组成的,但信息不同于意识,意识是人脑获取、处理、组织、记录、表达信息的活动,也就是信息在人脑中的运动;信息是物质的普遍属性,是物质运动的状态与方式。信息的物质性决定了它的基本性质,主要包括普遍性、客观性、依附性、时效性(动态性)、可识别性、可转换性(可处理性)以及可传输性、可存储性、可共享性等。

(1) 普遍性 信息是普遍存在的,凡有物质及其运动存在,就有信息产生。无论是自然界还是人类社会,无论是有机界还是无机界,信息无所不在、无时不在。

(2) 客观性 信息是客观的,物质及其状态是不以人的意志为转移的客观存在,所以反映这种客观存在的信息同样具有客观性。即使是认识论信息中的感知信息,一旦记录在载体上,转换成再生信息,就成为一种高层次的客观存在,不再受认识主体的局限。

(3) 依附性 信息是抽象的,必须依附于物质形式的载体而存在,信息的载体可以是多种多样的,如语言、文字、图像、声波、光波、电磁波、纸张、胶片、磁带、磁盘、光盘等。正是借助于这些载体,信息才能被人们感知、接受,加工、存储。信息载体的进步,有力地推动了人类社会的发展。

(4) 时效性(动态性) 信息所反映的总是特定时刻事物的运动状态和方式,信息一旦被提取出来后,就脱离了源物质,不可能反映该事物其后的变化,因此它的效用会随着时间的推移逐渐降低。

(5) 可识别 对于客观存在的信息,人们可以通过自己的感觉器官,或借助各种仪器设备,来感知、接受信息,并进而识别它。信息的可识别性是人类能够认识客观世界的基础。

由于人类感知、接受、识别信息能力总是有限的,因而对信息的识别总是不完全的,认识的不完全,会形成认知"伪信息";信息在传递的过程中会发生各种错误,产生传递"伪信息";也有人出于某种目的,故意制造虚假信息,造成人为"伪信息"。这就是信息的可伪性,信息的可伪性派生于信息的可识别性。

(6) 可转换 信息可以从一种形态转换为另一种形态。如自然信息可转换为语言、文字和图像等形态,也可以转换成计算机代码及广播、电视等电信号,而电信号和代码又可以转换成语言、文字、图像等。

(7) 可传输 人与人之间的信息传递依靠语言、表情、动作;社会信息的传输借助报纸、杂志、广播;工程中的信息则可以借助机械、光、声、电、器件等。

(8) 可存储 人用脑神经细胞存储信息(称作记忆);计算机用内存储器和外存储器存储信息;录音机、录相机用磁带存储信息等。

此外,信息作为一种资源,还具有可共享性、永不枯竭性,即信息经过传播可以成为全人类的财富。信息作为事物运动的状态和方式,是永不枯竭的,只要事物在运动,就有信息存在。由于信息具有这些性质,因此它对于人类和人类社会具有十分重要的意义。

1.2.3 传感技术是信息的源头技术

人类通过大自然发出的信息了解物质世界的属性和规律,获取与诠释这种信息的能力,使人们能够理解宇宙。信息是人类科学活动的基础,在自然科学与工程技术领域,学科的前沿常常止步于难以获取信息的地方。

自然界的许多种物质运动变化，能够通过不同途径直接或间接引起相应电学量的变化，人们通过对相应电荷、电流、电压、电阻、电容、电感、介电常数、导磁率、磁场、磁阻、电信号频率或相移、电脉冲信号的时间间隔或时序变化等参数的测量，可以获得所关心的自然信息，有效地拓展了人类可能认知的自然信息范围。由于电信号能够以极高的速度沿着导线或通过电磁波传播，空间距离从此不再成为获取自然信息的障碍，人类获取自然信息的活动可以到达宇宙空间、大洋深处、原子内部。自然信息转换为电信号之后，可以与各种信号传输、处理系统衔接，构成具有多种功能的反馈控制系统，使以人为主体的多种操作控制系统发展成为由信息获得装置、信号传输处理系统和执行机构共同组成的各类自动化系统，深刻地改变人类在物质资料生产过程和其他许多领域中的活动方式。

20 世纪，电子学的巨大进步进一步增强了人们通过电信号获取自然信息的能力。电子学系统可以充分放大微弱的电信号，能够在背景噪声中识别所需的信息，使人们能够观测自然现象的细微变化和差异，甚至能够获得单个电子或光子的信息。电子学改变了人们通过感觉器官识别电信号的方式，人们可以通过电子束产生的图像，发光二极管、液晶或等离子体辉光构成的数字，以及计算机控制的打印机获得清晰丰富的自然信息，克服了 19 世纪指针式仪表许多固有的缺陷。此外，许多电子器件本身可以成为获取自然信息的器件，例如半导体霍尔元件可以对磁场和电流做出反应，CCD 电荷耦合器件能够以极高的分辨率识别快速变化的光信号，对还原性气体敏感的掺杂 SnO_2 多晶半导体可以发现空气中微量的可燃气体等。光电子学提供的多种光敏器件能够非常方便地使光学信息转换成电学量，进一步扩大了通过电学手段获取自然信息的能力。

电子学使人们能够非常方便地利用波与物质的相互作用，通过分析物体发射的各种波的特性获取自然信息。利用电子学手段很容易激发产生用于获取信息所需的电磁波、超声波和激光，也很容易探测波产生的各种效应。以这种方式获取自然信息，不会扰动被观测对象本身的运动状态，很少消耗被测系统的能量，信息真实度高，没有滞后，可以实现不接触测量。根据波束在不同路径中的传播时间，可以在多种空间尺度下获得物体的三维坐标信息，依据波束被散射或反射之后引起的频率变化，可以获得物体运动的速度信息。化学、核科学和生命科学的进展，不断创造使非电量和非光学参数转换为电量或光学参数的新方法，使很多从前无法获取的信息进入人们的视野。进入 20 世纪时，人类已经能够获取电量、发光强度和放射性的信息，七个基本物理量以及它们的衍生参数都可测量和计量。

基于物理学与相关自然科学的进展，通过电学手段或光学途径获取自然信息已经成为普遍采用的有效方法，人们把那些能够使自然信息转换成相应电信号或光信号的器件与装置称为"传感器"，传感器已经成为人们获取自然信息的重要手段和源头技术。

虽然信息是抽象的，却可以被观察者（包括人、生物以及人造的传感器、仪器设备等）所感知、检测、提取、识别、存储、传输、显示、分析、处理和利用，且为观察者所共享。

在自然界中，有的信息显露于表面，或者说信息反映的运动状态和变化方式比较简单，人们很容易获取，如室内温度、电池电压、心跳速率等；而有的信息却隐藏于深处，或者反映的运动状态及变化方式关系错综复杂，不易简单直接获取，如矿藏信息、气象信息、人体生理信息等。对于人类来说，有的信息形态人体五官可直接感知，如一定范围内的声、光、热、力、味、嗅等，而有的信息形态人体五官不能直接感知，如超声、红外、电磁波等。由于被测对象的信息具有多样性、复杂性，所以传感器的任务是把深埋的信息挖掘、提取出来，或把自然界中人体五官不能感知的信息检拾出来。

获取新的科学信息、发现自然规律，是科学研究永恒的主题。近代科学诞生之后的200年间，自然科学已经形成了自身的传统，任何理论都必须接受实验的检验，理论导出的结果必须与人们用科学手段获得的自然信息一致，准确的自然信息在科学发展中起着决定性作用。

人类活动每迈出新的一步，都会面临获取自然信息的新问题。在自然科学和工程技术领域前沿工作的人们，随时关注着新的科学发现和技术发明，以创造性的智慧努力使它们用于获取更多的信息。

步入20世纪之后，人类获取自然信息的方式发生了微妙的变化。科学家不再满足于被动地观察分析自然界已有的信息，更喜欢创造自然界不曾有过的环境和条件，使大自然泄露自己的秘密。这种"强迫"（激励）大自然产生信息的做法，常常能够获得意外的收获，甚至成为推动学科前进的重要方法。

1.2.4　测量系统的信息模型

1. 信息模型

测量的目的是为了获取被测对象的信息，确定被测量（包括物理量、化学量、生物量等）的值。从本质上讲，测量系统就是一个信息系统，测量对象是信息，测量即为信息获取和加工的过程。因此，测量技术和信息技术有着天然的联系，信息技术和测量技术相互交叉、融合、提高，形成了测量信息论的研究领域。

在工程技术领域，测量过程是从客观事物中提取有关信息的认识过程，因此测试技术属于信息科学范畴。将信息论应用于测量过程，对于帮助人们深入理解和了解测量过程中的各种问题，具有十分重要的意义。

信息是物体和现象属性的反映，信息通过一定的信号反映出来，人们要了解和研究物体和现象的属性，就要把信息和信号检验出来，然后对信号和信息进行各种处理、传输和分析，从而定性和定量地认识客观世界，因此信息和信号的测量理论和技术就成为一门重要的学科。

信息论奠基人、美国科学家香农从理论上阐明了通信的基本问题，提出如图1-2所示的通信系统模型。

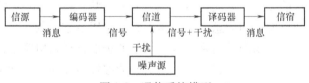

图1-2　通信系统模型

模型是一种逻辑体系或对现实世界的简化，用数学方式来定量或定性地描述现实世界。模型一般注重关键变量，忽略不重要的信息，以求得对现实世界的抽象化和数字化，应该是为理解现实服务的。

图1-2是一个单向通信系统模型，信息从信息源传送到信宿。编码器是把信息变换成物理信号的装置；译码器是编码器的逆变换装置，即把物理信号转换为信宿能够感知的信息的装置；信道是传送物理信号的媒介；信宿是信息传送的对象，即接受的人或机器，这是一个概括性很强的通信系统。

测量系统模型与信息系统模型极为相似，可以用类似的模型描述，如图1-3所示。测量过程中信息运动的路径是从被测对象（信源）经测量仪器到结果输出显示，信息运动过程常常包含着许多子过程，而且在整个信息运动过程中还贯穿着各种信息转换。此外，信息运动过程中还要受到外界和内部的环境的影响，因此，这一信息的运动是一个复杂的过程。用信息科学的方法来分析测量信息的过程，抓住了信息过程各

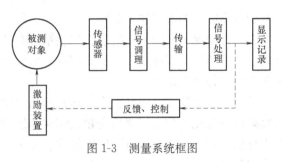

图 1-3　测量系统框图

环节所体现的功能（而不是复杂的具体结构），建立完整的信息模型，就能清晰地了解和把握住测量的工作机制，深入理解测量原理。

（1）被测对象　测量系统模型中的被测对象是被测量的信息，相当于通信系统模型中的信息源，提供被测信息。通常状态下，被测系统的特征参量可以充分地显示出来；而在另外一些状态下却可能没有显示出来，或者显示很不明显，以致难以检测出来。因此在后一种情况下，要测量这些特征参量时，就需要激励该系统，使其处于能够充分显示这些参量特征的状态中，以便有效地检测载有这些信息的信号。

（2）传感器直接作用于被测量　传感器感知被测量的信息，并按一定规律将被测量转换成同种和别种量值输出。这种输出通常是电信号。在测量仪器和系统中，整个测量功能是由感知和识别两大环节组成。感知功能主要由各种传感器或敏感器完成，它们把被测对象的信息变成信号，然后再经若干子环节的电信号变换（信号调理），变成了便于进行比较的规范化信号。测量中是否对被测对象施加激励，视被测对象的情况而定。

信息感知是感知事物运动的状态及其变化方式，感知过程只利用"事物运动状态及其变化方式"的形式方面，例如，电信号的幅度、频率、相位和波形，声音振动的频率和幅度、光波的波长和强度等。它的技术本质是信息（事物运动状态及其变化方式）载体转换，通常是把客体信息的形式特征变换成用某些其他物理量的形式表现出来。信息感知之所以能在实际中实现，归根结底是因为测量要获得的是事物运动的状态及其变化方式，而不是事物本身。信息可以脱离它的源事物而负载于它事物，即信息可以实现载体转移。这是信息可以被感知、被转移、被变换、被获取的根据。

（3）信号调理环节　把来自传感器的信号转换成更适合进一步传输和处理的形式。这时的信号转换，在多数情况下是电信号之间的转换，例如，将幅值放大、将阻抗的变化转换成电压的变化、或将阻抗的变化转化为频率的变化和信号的调制等。

（4）传输　传输是把载有信息的信号从甲地传到乙地，传输的媒介可以是电缆、波导、光纤和无线电波传输空间等。

（5）信号处理环节　接受来自调理环节的信号，主要包括解调和进行各种运算、滤波、分析，将结果输至显示、记录或控制系统。

（6）信号显示、记录环节　将测量的结果显示或存储。

（5）、（6）部分主要担负信息识别任务，由比较、处理、显示等子功能部件完成。比较的目的是根据标准量来对被测量进行定量，给出一个数量的概念。通过比较之后获得量值信息仍是符号信息。处理功能环节除了帮助完成比较外，主要承担把符号信息转换为人类能直观理解的语义信息。显示的基本功能是把人眼不可见的信息转化成为可见的信息，它是测量

信息识别中的一个不可缺少的环节。

在通常情况下，为了使信息在测量系统有效地传递，往往需要对信号进行必要的加工或处理，称为信号的变换。为了还原信息，相应的要进行反变换。若不对信号进行变换，信号可能不便于传输和记录。

信号变换和反变换包括很多，通常包括将幅值放大、将阻抗的变化转换成电压的变化、或将阻抗的变化转化为频率的变化、调制和解调等。在现代测试系统中，要测量的信息形式是多样的，如：温度、压力、三维尺寸、流量、距离等。但大都通过传感器将这些被测量转化为电信号。

以图1-4切削过程中刀具磨损的监控系统为例。信源是刀具磨损状态，信源的输出可以是切削力、切削温度、刀架振动、声发射波等，这些物理量携带着刀具磨损状态的信息，通过传感器〔测力仪、热电偶、加速度计、AE（Acoustic Emission，声发射）传感器等〕转换为易于传输

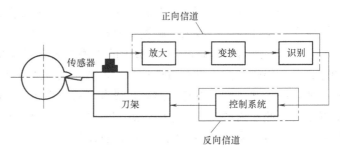

图1-4　切削过程刀具磨损监控系统

和变换的电信号，而刀具系统、传感器、电缆线等是传输信号的通道。利用微机在线信号处理系统，对信号进行分析、识别，获得可控参数，再通过控制环节，调节刀架系统，进行补偿或退刀。显然，这是一个具有正向测量、反向控制的信息流通系统。

图1-5表示金属切削过程振颤的监测、识别与控制系统，这是一个具有多向信息流的系统。信源是切削过程中刀具—工件系统的运动状态，信源的输出是刀具相对于工件的位移或刀具系统的加速度，这些物理量蕴涵着振颤发生过程的信息。通过电涡流式传感器、压电式加速度计转换为电信号，微型机在线信号处理系统对信号分析处理后以图像、文字形式表达出来，由研究者所感知。微型计算机在线识别、控制系统，对信号分析识别以后，去

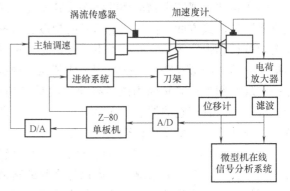

图1-5　切削过程振颤的监测、识别与控制系统

控制主轴调速系统或走刀系统，调节速度或走刀量，以抑制振颤过程的发生。显然，这是一个具有双向信道监测与控制的系统。

由以上分析可知，工程测试系统是一个广义的通信系统，它符合信息转换、传输与分析处理的共同规律。因此，运用广义信息论去认识、分析工程测试领域中的问题，是符合这一客观规律的。

2. 信息传感与能量的关系

在生产和科学研究的计量与测试中，对被测对象不仅要求做出定性的评价，而且要求对被测对象的状态进行定量的描述。例如，某加工轴用卡规已测得为合格品，但为了需要还必

须定量的测量其直径大小、表面粗糙度值和圆度误差等参数。又如，某人身体不适，医生认为他病了，还必须通过测量其体温、血压，检查心、肺，进行各种化验等检查手段来判断他患病这一信息的可靠性及准确量值，即确定患何种疾病及病情轻重程度。因此一个信息中往往包含着多个待测参量或被测量，而这些被测量的处理结果则确定了该信息的可靠性和准确量值。传感器所转换的被测量往往是所传递信息中的一种参量。在拾取信息—测量过程中，传感器与被测对象间的能量关系有如下两种情况：

1) 当被测对象的物理状态与某种形式的能量有关时，从被测对象的状态所获得的信息中，便可确定传感器得到的能量与信息的相互关系。例如，应用热电偶测量温度，将热电偶与被测对象接触，这时热量便从被测对象传向热电偶，直至热平衡，热电偶得到与被测温度有关的热量并将它转换为电动势，通过测量电路，最后显示出温度值。

2) 当被测对象的物理状态与能量无关时，为了测量，则需对被测对象施加一定的能量，根据其响应的情况来获得有关被测对象的信息。例如，采用一般光电式传感器测量物体的位置，它是利用传感器发出的光照射被测物体，根据被测物体的反射光量的变化便可测出物体的位置。这时，传感器的受光能量与发光能量之比便包含着位置的信息。

上述两种情况说明，传感器与被测对象之间的信息授受中总是伴随着能量的授受。应该注意的是，传感器是用来传递变换信息的，它是将输入的一种能量形式转换成另一种能量形式输出，例如热电偶将热能转换成电能，因此传感器就是一种能量变换器，但是其能量变换并不是目的。所以，传感器的能量变换效率不但不重要，而且，为了不致影响被测对象的本来状态，要求从被测对象上获取的能量越小越好。

对于传感器传递信息而言，辛普森（Simpson）采用信息转换效率作为传感器之间的比较标准。信息转换效率 η 可由下式确定

$$\eta = \frac{I_o}{I_i} \tag{1-1}$$

式中，I_o 为传感器的输出信息；I_i 为传感器的输入信息。

由于传感器只能接收、传送和处理信息，不能产生信息，因此传感器的信息转换效率不可能大于 1，但希望它尽可能的高。

3. 被测量与能量变换

(1) 示容变量和示强变量　从能量的角度来看，传感器实质上是一种能量转换器件，是一种把非电量或不易测量的电量转换为便于测量的物理量（一般是电量）的器件或装置。

根据与被测对象有关的物理量的特点，可将被测物理量大致分为示容变量和示强变量两大类。

1) 示容变量（或称流通变量）表示能容纳多少的量或表示物质形态的量，例如长度、面积、体积、质量、位移、速度、电荷等都是与空间的分布成比例，也即容纳多少的量，因此叫示容变量。

2) 示强变量（或称作用变量）表示在某种场合下作用程度的量，如力、压力、温度、电压等都属于示强变量。

(2) 传感器的能量变换　示容变量与示强变量组合之积与某一种能量相对应的。能量等于示容变量与示强变量之积，即

$$W = Xx \tag{1-2}$$

式中，x 为示容变量；X 为示强变量；W 为能量。

例如，力与位移的积是功，力与速度的积是功率，功和功率可以视为力学的能量；压力与体积的乘积是气体力学的能量；温度与熵的积是热能，温差与热流之积是热功率；电压与电荷的乘积是电能，电压与电流之积是电功率等。

如果将传感器输入端的被测量和输出端的输出量用示容变量和示强变量表示，如图 1-6a 所示，那么传感器就是将示容变量与示强变量由一种组合转换成另一种组合。例如，用热电偶测量温度，其输入为温度差，输出为电压，两者均为示强变量，且一一对应，而输入端的热流与输出端的电流则是示容变量，如图 1-6b 所示，因此热电偶就是将热流与温度差的组合转换成电流与电压的组合，这时由被测对象施加于热电偶的能量是热能，热电偶输出的能量是电能，热电偶在变换信号的同时进行了能量变换。

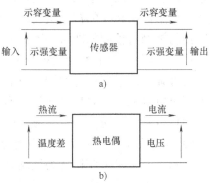

图 1-6　示容变量和示强变量

当传感器输出的电能是由外加电源供给时，如图 1-7a 所示的电阻应变式压力传感器，由于被测压力 P 使弹性膜片产生变形，导致贴在其上的电阻应变片的电阻值发生变化，通过电桥电路转换成电压（或电流）输出。这时，传感器输入端的示强变量为被测压力 P，示容变量是由膜片变形而产生的腔的体积变化 $\mathrm{d}v$，而与输入端相对应的输出端的示强变量和示容变量是电压 $\mathrm{d}U$ 和电流 I，如图 1-7b 所示，因此由被测对象施加于传感器的能量为气体力学能量 $P\mathrm{d}v$，传感器输出的能量是由外加电源供给并受被测压力控制的电能 $I\mathrm{d}U$。

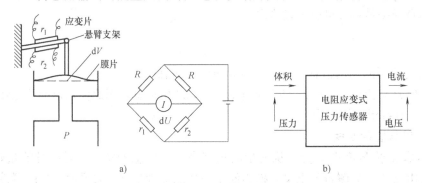

图 1-7　电阻应变式压力传感器及其输入输出变量

a）传感器原理示意图　b）输入输出示强变量与示容变量

由上述可知，传感器输出的能量（电能）无论是从被测对象索取的还是由外加电源供给的，传感器总能将一种非电能量转换成电能量输出，进行能量变换。

4. 能量变换与误差

传感器从被测对象索取能量进行变换时，在某种程度上传感器对被测对象的状态产生影响，导致误差。例如，应用热电偶测量物体温度时，输入的热流是由被测物体向热电偶传输的，如果不满足热电偶的热容量远小于被测物体的热容量，那么传输的热流将使被测物体的温度发生变化，从而产生误差。

传感器输出端的负载从传感器索取能量也是造成系统误差的原因之一。

不同的传感器对测量的影响是不同的，但只要传感器对被测对象影响越小，负载对传感器输出的影响越小，就可实现高精度的测量。

1.3 传感技术的特点和作用

1.3.1 传感技术的特点

传感技术是现代科技的前沿技术，是现代信息技术的三大支柱之一，其水平高低是衡量一个国家科技发展水平的重要标志之一。传感器产业也是国内外公认的具有发展前途的高技术产业，它以其技术含量高、经济效益好、渗透能力强、市场前景广等特点为世人瞩目。

1. 属边缘学科

传感技术机理各异，涉及多门学科与技术，包括测量学、微电子学、物理学、光学、机械学、材料学、计算机科学等。在理论上以物理学中的"效应"、"现象"，化学中的"反应"、生物学中的"机理"作为基础。在技术上涉及电子、机械制造、化学工程、生物工程等学科的技术。它是多种高技术的集合产物，传感器在设计、制造和应用过程中技术的多样性、边缘性、综合性和技艺性呈现出技术密集的特性。

人类很早就懂得"工欲善其事，必先利其器"的道理，新的科学研究成果和发现如信息论、控制论、系统工程理论，微观和宏观世界研究成果及大量高新技术如微弱信号提取技术，计算机软、硬件技术，网络技术，激光技术，超导技术，纳米技术等均成为传感技术发展的重要动力。传感器不仅本身已成为高技术的新产品，而且大量采用新的科研成果和高新技术，利用新原理、新概念、新技术、新材料和新工艺等最新科技成果集成的装置和系统层出不穷。

2. 产品、产业分散，涉及面广

自然界中各种信息（如光、声、热、湿、气等）千差万别，传感器品种繁多，被测参数包括热工量、电工量、化学量、物理量、机械量、生物量、状态量等。应用领域广泛，无论是高新技术，还是传统产业，乃至日常生活，都需要应用大量的传感器。

3. 功能、工艺要求复杂，技术指标不断提高

传感器具有各种作用，既可代替人类五官感觉的功能，也能检测人类五官不能感觉的信息（如超声波、红外线等），称得上是人类五官功能的扩展。

应用要求千差万别，有的量大面广，有的专业性很强；有的要求高精度，有的要求高稳定性，有的要求高可靠性；有的要求耐热、耐振动，有的要求防爆、防磁等。

面对复杂的功能要求，设计制造工艺复杂。如直径为 1mm 微型传感器加工技术，厚度为 $1\mu m$ 以下的硅片超薄加工技术，耐压达几亿帕的大压力传感器密封技术等。生产工艺不同，使工艺复杂化。

就如奥林匹克运动的口号是更高、更快、更强一样，增加传感器的品种，提高传感器的技术指标和增强其功能是永远的追求。以扩大检测范围指标来说，如电压从纳伏至 100 万 V；电阻从超导至 $10^{14}\,\Omega$；谐波测量到 51 次；加速度为 $10^{-4}\sim10^{4}\,g$；频率测量至 $10^{12}\,Hz$；压力测量至 $10^{8}\,Pa$ 等；温度测量从接近绝对零度至 $10^{8}\,^{\circ}C$ 等。以提高测量精度指标来说，工业参数测量提高至 0.02% 以上，航空航天参数测量达到 0.05% 以上。计量精度和科学仪器达到的精度更是与时俱进。以提高测量的灵敏度来说更是向单个粒子、分子、原子级发展。提高测量速度（响应速度），静态 $0.1\sim0.02$ ms，动态为 $1\mu s$。提高可靠性，一般要求为 2 万～5 万 h，高可靠要求 25 万 h。稳定性（年变化）$<\pm0.05\%$（高精度仪器）或 $<\pm0.1\%$（一般仪器）。提高产品环境适应性，根据不同用户的要求，有高温、高湿、高尘、腐蚀、振动、冲击、电磁场、辐射、深水、雨淋、高电压、低气压等条件下的适应性。

4. 性能稳定、测试精确

传感器应具有高稳定性、高可靠性、高重复性、低迟滞、快响应和良好的环境适应性。传感器检测各类信息的量程宽，如温度为 $-273\sim1000$ ℃，湿度为 $10^{-4}\%\sim100\%$RH，精度达 $0.01\%\sim0.1\%$。

5. 基础、应用两头依附，产品、市场相互促进

基础依附是指传感器技术的发展依附于敏感机理、敏感材料、工艺设备和测量技术这四块基石。敏感机理千差万别，敏感材料多种多样，工艺设备各不相同，测量技术大相径庭，没有上述四块基石的支持，传感器技术难以为继。

应用依附是指传感器技术基本上属于应用技术，其开发多依赖于制成检测装置和自动控制系统加以应用，才能真正体现出它的高附加效益并形成现实市场。也即发展传感器技术要以市场为导向，实行需求牵引。

应用渗透到各个产业部门，它的发展既推动各产业的发展，又强烈地依赖于各产业的支撑作用。市场呼唤多品种多规格的传感器，各种新型传感器的开发强烈需要市场的支撑。只有按照市场需求，不断调整产业结构和产品结构，才能实现传感器产业的全面、协调、持续发展。

1.3.2　传感技术的地位与作用

中国仪器仪表学会根据国际发展的潮流和我国的现状，把仪器仪表概括为以下六类：

1）工业自动化仪表、控制系统及相关测控技术；
2）科学仪器及相关测控技术；
3）医疗仪器及相关测控技术；
4）信息技术电测、计量仪器及相关测控技术；
5）各类专用仪器仪表及相关测控技术；
6）相关传感器、元器件、制造工艺和材料及其基础科学技术。

这里的传感器与本书一样是狭义的，若从信息获取的概念出发，传感器作为仪器仪表的前端器件，都可以认为属于测量范畴，属于测量的基本工具。传感器技术与仪器技术一样，不但包括工具，还包括技术、应用等测量相关的全部内容。所以，提起传感技术的地位与作用，是与测量控制与仪器仪表的地位、作用紧紧地联系在一起的。

分析传感技术在现代科学技术、国民经济和社会生活中的地位、作用，可以概括为以下几点：

(1) 感受外界信息的电五官，信息技术的源头　人们往往把传感器与人类五官相比喻，誉为电五官：眼——光敏传感器；鼻——气敏传感器；耳——声敏传感器；嘴——味觉传感器；手——触觉传感器；而把计算机誉为人的大脑；把通信技术作为人的经络。因此通过感官来获取信息（传感器），由大脑（计算机）发出指令，由经络（通信技术）进行传输，现代信息技术缺一不可。

信息技术包括信息获取、信息处理、信息传输三部分内容。其中，信息的获取是靠仪器来实现的。仪器中的传感器、信号采集系统就是完成这一任务的具体器件。如果不能获取信息，或信息获取不准确，那么信息的存储、处理、传输都是毫无意义的。因而，信息获取是信息技术的基础，是信息处理、信息传输的前提。仪器是获取信息的工具，起着不可或缺的信息源的作用，没有仪器，进入信息时代将是不可能的。因而，仪器技术是信息链"信息获取—信息处理—信息传输"中的源头技术，也是信息技术中的关键技术。

（2）获取人类感官无法获得的大量信息　在科学研究和基础研究中，传感器能获取人类感官无法获得的信息，源源不断地向人类提供宏观与微观世界的种种信息，成为人们认识自然、改造自然的有利工具。由于传感器在感知某一种特定信息方面比人类灵敏，如利用传感器和传感技术，可以观察到 10^{-10} cm 的微粒；能测量 10^{-24} s 的时间；一艘宇宙飞船可以看作是一个高性能传感器的集合体，可以捕捉和收集宇宙之中的各种信息；一辆小轿车上所用的传感器有百余种之多，利用传感器可以测量油温、水温、水压、流量、排气量、车速、姿态等，所以传感器可以帮助人类获取人类感官无法获得的大量信息。

（3）工业生产的"倍增器"，科学研究的"先行官"，军事上的"战斗机"，国民活动中的"物化法官"，应用无所不在　著名科学家、两院院士王大珩对仪器仪表的地位作用做了非常精辟的论述："当今世界已进入信息时代，信息技术成为推动科学技术和国民经济发展的关键技术。测量控制与仪器仪表作为对物质世界的信息进行采集、处理、控制的基础手段和设备，是信息产业的源头和重要组成部分。仪器仪表是工业生产的'倍增器'，科学研究的'先行官'，军事上的'战斗机'，国民活动中的'物化法官'，应用无所不在。"

王大珩指出"仪器不是机器，仪器是认识和改造物质世界的工具，而机器只能改造却不能认识物质世界"、"仪器仪表产业是国民经济和科学技术发展'卡脖子'的产业"、"科学技术是第一生产力，而现代仪器设备则是第一生产力的三大要素之一"、"仪器仪表对促进精神文明建设和提高全民科学素质也具有重要的作用"、"中国科学技术要像蛟龙一样腾飞，这条蛟龙的头是信息技术，仪器仪表则是蛟龙的眼睛，要画龙点睛"等。这是王大珩院士为强调仪器仪表在当今社会所具有重要作用和地位而提出的至理名言，也是对仪器学科作用、地位的高度概括。

（4）没有传感器就没有现代科学技术　计算机技术革命被认为是 20 世纪最伟大的科学技术成就，而没有传感技术，计算机将只是一种计算能力很强的计算器，也就没有现代科学技术的辉煌。以传感器为核心的检测系统就像神经和感官一样，把外界信息采集、转换为数字信息传输给计算机，使计算机有了智能，从而发挥出无比的威力。

在基础学科研究中，传感器更具有突出的地位。现代科学技术的发展，进入了许多新领域：例如在宏观上要观察上千光年的茫茫宇宙，微观上要观察小到纳米的粒子世界，纵向上要观察长达数十万年的天体演化，短到秒的瞬间反应。此外，还出现了对深化物质认识、开拓新能源、新材料等具有重要作用的各种极端技术研究，如超高温、超低温、超高压、超高真空、超强磁场、超弱磁场等。显然，要获取大量人类感官无法直接获取的信息，没有相适应的传感器是不可能的。许多基础科学研究的障碍，首先就在于对象信息的获取存在困难，而一些新机理和高灵敏度的检测传感器的出现，往往会导致该领域内的突破。一些传感器的发展，往往是一些边缘学科开发的先驱。没有传感器就没有现代科学技术，现代化将失去基础。

"科学是从测量开始的。"著名科学家门捷列夫这样说。而如今，作为测量系统最前端的传感器已发展成一门较为完整的传感技术学科。任何科学发现和新理论的创立，都是在大量科学实验基础上完成的。所谓科学实验从本质来说需要在受控条件下对某些变量进行测量。

诺贝尔奖设立至今，在物理学奖和化学奖中大约有 1/4 是属于测试方法和仪器创新的。众多获奖者都是借助于先进仪器的诞生才获得重要的科学发现；甚至许多科学家直接因为发明科学仪器而获奖。据统计资料显示，近 80 年来诺贝尔奖获得者同科学仪器有关的达 38 人。2002 年的诺贝尔化学奖更是全部奖给了三名在分析仪器研究领域有杰出贡献的分析化学家；2005 年的诺贝尔物理学奖授予了对极宽频带的高准确计量激光仪发展奠定了重要基础的三名物理学家。这表明，测量是诺贝尔奖等一流科技成果的重要源泉，科学技术重大成就的获得和科学研究新领域的开辟，往往是以检测仪器和技术方法上的突破为先导的。

（5）发展现代传感技术已成为国家的一项战略措施　现代传感的发展水平，反映出国家的文明程度，是国家科技水平和综合国力的重要体现。为此，世界发达国家都高度重视和支持仪器仪表的发展，美、日、欧等发达国家和地区早已制定各自的发展战略并锁定目标，有专门的投入，以加速原创性传感技术的发明、发展、转化和产业化进程。发达国家中的传感技术的发展，已从自发状态转入到有意识、有目标的政府行为上来。

1991 年 3 月，美国总统办公厅指定的"国家关键技术委员会"曾经向当时的布什总统提交报告，列举了 22 项对美国国家经济繁荣和国防安全至为重要的关键技术，其中第 14 项即为传感器技术。美国五角大楼国防研究与工程局吸取海湾战争中以美国为首的多国部队速战速决的经验，以及有感于 20 年内杀伤性武器如弹道导弹、巡航导弹、化学武器、生物武器和核弹等迅速扩散对美国构成的威胁，制定了"国防关键技术计划"，以确保美国武器装备的优势。计划规定在 1992~1997 年间，重点研究和开发 21 项关键性技术，第一项就是传感器技术。与此同时，日本和德国把传感器技术产业列为 21 世纪上半期直接影响经济发展的带头产业，希望以传感器技术带动和推进一系列新兴产业，在工业、医学、军事技术和自然科学研究方面取得持久的技术优势，在高技术世界市场占有尽可能大的份额。

自从 20 世纪 80 年代以来，许多国家纷纷投入大量的人力与物力，把发展包括传感技术在内的高技术列为国家发展战略的重要组成部分。美国提出《战略防御倡议》（SDI），即星球大战计划；欧洲提出"尤里卡"高技术发展规划；日本提出《振兴科技的政策大纲》；韩国提出《国家长远发展构想》；印度提出《新技术政策声明》；我国也制定并执行《国家中长期科学和技术发展规划纲要（2006~2020 年）》、《高技术研究发展计划纲要》，即"863 计划"和《国家重点基础研究发展规划》，即"973 计划"等。

现在，传感技术的地位和作用日益被人们所认识，发展现代传感技术是贯彻落实《国家中长期科学和技术发展规划纲要（2006~2020 年）》的需要和重要举措，已经成为抢占科技战略制高点的必然途径，是发展我国传感及测量仪器民族工业的必然选择，是增强我国在国际贸易中的话语权的重要手段，是增强我国综合国力的战略措施。

1.4 现代传感技术的发展现状与趋势

1.4.1 现代传感技术的发展现状

当今世界发达国家对传感器技术发展极为重视，视为涉及国家安全、经济发展和科技进步的关键技术之一，将其列入国家科技发展战略计划之中。因此，近年来传感技术迅速发展，传感器新原理、新材料和新技术的研究更加深入、广泛，传感器新品种、新结构、新应用不断涌现、层出不穷。

（1）新技术普遍应用 目前普遍采用电子设计自动化（EDA）、计算机辅助制造（CAM）、计算机辅助测试（CAT）、数字信号处理（DSP）、专用集成电路（ASIC）及表面贴装技术（SMT）等技术。

（2）功能日渐完善 随着集成微光、机、电系统技术的迅速发展以及光导、光纤、超导、纳米技术、智能材料等新技术的应用，进一步实现信息的采集与传输、处理集成化、智能化，更多的新型传感器将具有自检自校、量程转换、定标和数据处理等功能，传感器功能得到进一步增强和完善，性能进一步提高，更加灵敏、可靠。

（3）新型传感器开发加快 新型传感器，大致应包括：①采用新原理；②填补传感器空白；③仿生传感器；④新材料开发催生的新材料传感器等诸方面。它们之间是互相联系的。

1）基于 MEMS 技术的新型微传感器。微传感器（尺寸从几微米到几毫米的传感器总称）特别是以 MEMS（微电子机械系统）技术为基础的传感器目前已逐步实用化，这是今后发展的重点之一。

微机械设想早在 1959 年就被提出，其后逐渐显示出采用 MEMS 技术制造各种新型微传感器、执行器和微系统的巨大潜力。这项研究在工业、农业、国防、航空航天、航海、医学、生物工程及交通、家庭服务等各个领域都有着巨大的应用前景。MEMS 技术近十年来的发展令人瞩目，多种新型微传感器已经实用化，微系统研究已处于突破时期，创新的空间很大，已成为竞争研究开发的重点领域。

随着 MEMS 技术的日趋成熟，传感器制作技术进入了一个崭新阶段。微电子技术和微机械技术相结合，器件结构从二维到三维，实现进一步微型化、微功耗，并研究把传感器送入人体，进入血管，研究称分子的重量和 DNA 基因突变的微型传感器等。

2）生物、医学研究急需的新型传感器。21 世纪是生命科学世纪，特别是对人类基因的研究极大促进了对生物学、医学、卫生、食品等学科研究以及对各种新型传感器的研究开发，不仅需要多种生物量传感器，如酶、免疫、微生物、细胞、DNA、RNA、蛋白质、嗅觉、味觉和体液组分等传感器，也需要诸如血压、血流量、脉搏等生理量传感器的出现和实用化。还要进一步实现这些功能的集成化、微型化，研制出微分析芯片，使许多不连续的分析过程连续化、自动化，完成实时、在位分析，实现高效率、快速度、少耗能、低成本、无污染、大批量生产的目标。

3）新型环保化学传感器。保护环境和生态平衡是我国的基本国策之一，实现这一目标就需要测量污水的流量、自动比例采样、pH 值、电导、浊度、COD、BOD、TP、TN 以及矿物油、氰化物、氨氮、总氮、总磷含量和重金属离子浓度等，而这些参量检测的多数传感器目前尚不能实用化，甚至尚未研制。大气监测是环保的重要方面，主要监测内容有风向、风速、温度、湿度、工业粉尘、烟尘、烟气、SO_2、NO、O_3、CO等，这些传感器大多亟待开发。

4）工业过程控制和汽车传感器。我国工业过程控制技术水平还不高，汽车工业也正在迅速发展，为适应这一形势，重点开发新型压力、温度、流量、位移等传感器，尽快为汽车工业解决电喷系统、空调排污系统和自动驾驶系统所需的传感器都是十分迫切的任务。

我国的汽车工业发展很快，2007年中国汽车产量已达888.24万辆，估计到2010年中国将成为世界第一大汽车生产国，市场需求在1000万辆左右，若每辆车用10只传感器，将需1亿只传感器及其配套器材和仪表（见图1-8）。

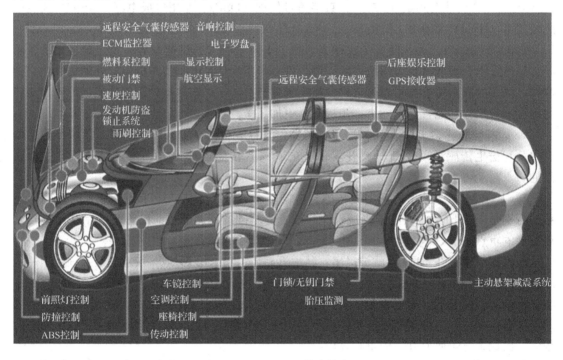

图1-8　汽车中的传感技术

一辆现代高级轿车的电子化控制系统，其水平的高低关键在于采用传感器的水平和数量，通常达30余种，多则达百种，以完成对温度、压力、位置、距离、车速、加速度、流量、湿度、电磁、光电、气体及振动等各种信息进行实时准确测量和控制。随着我国汽车工业的发展，开发和应用汽车传感器、实现汽车传感器国产化势在必行。

（4）创新性更加突出　新型传感器的研究和开发由于开展时间短，往往尚不成熟，因此蕴藏着更多的创新机会，竞争也很激烈，成果也具有更多的知识产权。所以加速新型传感器的研究、开发、应用具有更大意义。

（5）商品化、产业化前景广阔　在新型传感器的研究开发同时，注意新型材料、设计方法、生产工艺、测试技术和配套仪表等基础技术的同步发展，更加注重实用化，从而保证了成果转化和产业化的速度更快。

1.4.2 我国传感器产业发展现状及与国外的差距

我国传感器产业经过"八五"、"九五"、"十五"多年的发展，近年来取得了长足的进步，已经形成了一定的产业基础和发展规模，建立了"传感技术国家重点实验室"、"微米/纳米国家重点实验室"、"国家传感技术工程中心"等研究开发基地；初步建立了敏感元件与传感器产业，2000 年总产量超过 13 亿只，品种规格已有近 6000 种，并已在国民经济各部门和国防建设中得到一定应用。但是存在的主要问题是企业分散、实力不强、市场开拓不力。我国从事传感器研究和生产的单位约 1600 多家，其中从事 MEMS 研制生产的已有 50 多家，居世界第一。

中国传感器的市场近几年一直保持平稳的增长态势，2003 年中国传感器的市场销售额为 186 亿元，同比增长 32.9%。

2003 年中国传感器的四大应用领域是工业及汽车电子产品、通信电子产品、消费电子产品、专用设备，其中工业及汽车电子产品成为传感器最大的应用领域，其市场份额达到 33.5%。工业领域应用的传感器，如工艺控制、工业机械以及传统的自动传感器；各种测量工艺变量（如温度、压力、流量等）传感器；测量电子特性（电流、电压等）和物理量（运动、速度、负载以及强度）的传感器，以及传统的接近/定位传感器发展迅速。同时近年来中国汽车产业呈现持续增长态势，2003 年中国汽车工业产量再创新高，累计生产汽车 444.37 万辆，同比增长 35.2%。中国汽车工业的快速发展正在迅速推动中国汽车电子产品市场的发展，近年来汽车电子在中国整车中的应用比例有了显著的提升。现代高级轿车的电子化控制系统水平的关键就在于采用传感器的数量和水平，目前一辆普通家用轿车上大约安装几十到近百只传感器，而豪华轿车上的传感器数量可多达二百余只，种类通常达 30 余种，多则达百种，对温度、压力、位置、距离、转速、加速度、流量、湿度、电磁、光电、气体及振动等各种信息进行实时准确测量和控制不可缺少。

通信电子产品成为传感器的第二大应用领域，其市场份额达到 25.3%。中国是程控交换机、手机、电话机、传真机等通信电子产品的制造大国，尤其是 2003 年中国手机产量突破 1.7 亿部，同比增长率超过 40%，占全球手机总产量的 25%，手机产量的大幅增长及手机新功能的不断增加给传感器市场带来机遇与挑战，为传感器市场注入了一股强劲的增长动力，使传感器市场需求出现了快速增长，特别是彩屏手机和摄像手机市场份额不断上升增加了传感器在该领域的应用比例。

传感器在消费电子产品中的应用占据整个市场份额的 18.1%，中国是家电产品生产大国，中国的家电产品除了巨大的内需市场外，还大量出口国际市场，由于低廉的生产成本使中国成为全球最大的家电出口国，家用电器对传感器市场需求主要来自空调、冰箱、洗衣机和电饭煲等。

传感器在专用设备中的应用占据整个市场份额的 14.2%，专用设备包括医疗、环保、气象等领域应用的专业电子设备。目前医疗领域是传感器销售量巨大、利润可观的新兴市场，随着家庭护理概念的日益普及，小型化、低成本、便携式的医疗诊断设备逐步走进家庭，医用传感器不断朝着家庭护理医疗仪器领域发展，该领域要求传感器件向小型化、低成本和高可靠性方向发展。为配合此类应用，很多研究院所和公司已经开始进行了更广泛的研究和产品开发。一些长期专注于汽车电子领域的大型公司如 Honeywell、Motorola、Analog

Device、TI 等公司已开始将研发重点转向医疗设备领域，寻求传感器在该领域应用的巨大商机，其中 Honeywell 公司已开发了很多小型传感器，包括小型 SMT 压力传感器、用于便携式注射泵的小型触力传感器及微流量液体传感器等。

未来我国传感器市场将大幅增长，以汽车电子产品为例，汽车电子的研发周期较长，因此它的增长也就更为稳定。预计 2008 年中国的汽车电子市场将可达到 135 亿美元，在 2007 基础上增长 19.4%。

中国汽车电子的从业企业数量经历过两次爆发。第一次是在 2001~2002 年，也就是在进入 WTO 前后。汽车进口关税从 10 年前 200%~220% 下降到当时的 80%~90%，在加入 WTO 后 5 年内最终降到 25%。预计到汽车零部件的火爆市场，许多企业进入汽车电子市场。这一时期，中国的汽车电子企业数量爆发性增长到了 800 家以上。2002 年，中国的汽车电子销售额达到 23 亿美元。

第二次数量爆发是在 2006~2007 年。由于车载信息多媒体应用在前后装（前装：内置，出厂销售前安装；后装：便携，零售配套）市场的兴起，众多的厂商，尤其是一些灵活的消费类多媒体设备厂商，迅速转型转产，扩张海内外市场。到 2007 年年底，相关的工厂企业数量接近 3000 家。其中，提供车载多媒体和导航系统的厂商接近 900 家。这一年，中国的汽车电子销售额达到 113 亿美元。

在中国市场上的汽车电子供应商主要分为三类：外资、合资、本土企业。在近 3000 家企业中，市场上的领先者还是外资企业，例如德国的博世、美国的德尔福等，这些公司数量仅占 4.1%，但他们却赢得了大于 56.4% 的市场份额。随着我国汽车零部件领域取消对外资的股比限制，"外资化"在合资汽车零部件企业中成为趋势。数量最多的是本土企业，占总数的 80.2%，不过从销售额来看他们只能占据 32.3%。

从应用来看，外资企业主要集中在复杂度和安全认证度较高的领域，如动力总成、安全控制、传感器系统等。而本土厂商主要聚集在信息娱乐，也就是车载多媒体和导航系统上。作为外资厂策略的延伸和补充，合资厂的关注点由下向上（从底盘到车身），由内向外（从发动机到座椅门窗）。

但是，我国传感器厂家虽然很多，存在的主要问题是企业分散、实力不强、市场开拓不力，真正形成一定规模的却寥寥无几。多数企业是低水平的重复，处在生产的初级阶段。传感器属于多学科交叉，技术密集的高技术产品，其技术水平决定于科学研究的水平，而我国在传感研究方面科研投资强度偏低，科研设备落后，加之我国存在科研成果的转化，造成了我国传感器产品综合实力较低，阻碍了传感器产业的发展。

世界传感器的种类约有 2 万种，而我国目前生产的也仅有 6000 多种，仍有大量的品种需要我们去开发。国产轿车、石油化工等产业以及国家重大工程中使用的高端传感技术及大量关键传感器仍然依赖进口，一些国防急需的高性能传感器受到人家的禁运。据统计，2001 年世界传感器市场总额约为 790 亿美元，相当于通信产品的 50% 左右，市场巨大。而我国 2001 年传感器产值为 9.2 亿美元，仅相当于我国通信产品的 4%，占世界传感器市场的 1.2%。

我国传感技术产业存在的最关键问题是自主创新能力和规模化生产技术与发达国家相比还存在着相当大的差距。主要表现在：①缺少具有自主知识产权的创新性成果，科研成果向产业转化速度慢，取得显著社会经济效益的项目少；②缺乏大规模生产的企业，高档产品种类少，市场满足率低；③生产工艺装备离国际水平有较大差距；④整体还处于跟踪状态。

在传感器及其装置和系统方面主要存在下列问题：自主创新能力较低。敏感材料、集成化设计与制造、工业设计水平、测试与标定等综合技术水平较落后。与国外的差距主要表现在：①器件品种少，高端产品主要依赖进口；②自动化、智能化水平较低；③模块化、标准化、集成化程度较低；④稳定性较差、可靠性较低；⑤信号检测精度较低；⑥性能价格比低，市场竞争力较弱。国外在传感器网络、无线传感网络的技术、协议标准及产品生产等方面已经逐渐成熟，而我国大多还处在实验室阶段。

虽然我国传感器产业的现状还不能适应国民经济发展的需要，产品技术水平与国外相差10年左右，但是我国已经形成了研究、生产和应用体系、人材队伍和部分传感技术的优势，是进一步发展的基础；已经积累一批先进的研究成果；有一个量大面广的用户市场，所以我国传感器产业发展的前途是非常光明的。

1.4.3　现代传感技术的发展趋势

传感技术的发展出现如下趋势：

（1）**开发新材料、研究新型传感器**　材料是传感器技术的重要基础。随着传感器技术的发展、除了早期使用的材料。如半导体材料、陶瓷材料以外，光导纤维、纳米材料超导材料等相继问世。随着研究的不断深入，人们将进一步探索具有新效应的敏感功能材料；通过微电子、光电子、生物化学及信息处理等各种学科、各种新技术的互相渗透和综合利用，从而研制开发具有新原理、新功能的新型传感器。

（2）**向高精度发展**　随着自动化生产程度的不断提高，对传感器的要求也在不断提高，必须研制出具有灵敏度高、精确度高、响应速度快、互换性好的新型传感器以确保生产自动化的可靠性。目前能生产相对精度在万分之一以上的传感器的厂家为数不多，其产量也远远不能满足要求。

（3）**向高可靠性、宽温度范围发展**　传感器的可靠性直接影响到测量设备的性能，研制高可靠性、抗各种恶劣环境的传感器将是永久性的方向。如提高温度范围，适应自然环境历来是大课题，大部分传感器其工作范围都在$-20\sim70℃$，在军用系统中要求工作温度在$-40\sim85℃$范围，而汽车锅炉等场合要求传感器工作在$-20\sim120℃$，在冶炼、焦化等方面对传感器的温度要求更高；而航天飞机和空间机器人要求的温度在$-80℃$以下，$200℃$以上，甚至更高。因此发展新兴材料（如陶瓷）的传感器将很有前途。

（4）**向微型化发展**　各种测量控制仪器设备的功能越来越多，要求各个部件体积越小越好，因而传感器本身体积也是越小越好，这就要求发展新的敏感材料及微细加工技术。如目前正在开发的微传感器，其敏感元件的尺寸一般为微米级，由微机械加工技术制作，包括光刻、腐蚀、淀积、键合和封装等工艺。利用各向异性腐蚀、牺牲层技术和LIGA工艺，可以制造出层与层之间有很大差别的三维微结构，包括可活动的膜片、悬臂梁、桥以及凹槽、孔隙、锥体等。这些微结构与特殊用途的薄膜和高性能的集成电路相结合。已成功地用于制造各种微传感器乃至多功能的敏感元阵列（如光电探测器等），实现了诸如压力、力、加速度、角速率、应力、应变、温度、流量、成像、磁场、湿度、pH（氢氧离子浓度指数）值、气体成分、离子和分子浓度以及生物传感器等。

（5）**向微功耗及无源化发展**　传感器一般都是非电量向电量的转化，工作时离不开电源，在野外现场或远离电网的地方，往往是用电池供电或用太阳能等供电，开发微功耗的传感器及无源传感器是必然的发展方向，这样既可以节省能源又可以提高系统寿命。目前，低功耗的芯片发展很快，如 AD850x 系列低功耗精密 CMOS 运算放大器，其最大电源电流仅为 $1 \mu A$。

（6）向集成化、多功能化发展　集成化技术包括传感器与 IC 的集成制造技术以及多参量传感器的集成制造技术，缩小了传感器的体积，提高了抗干扰能力。在通常情况下一个传感器只能用来探测一种物理量，但在许多应用领域中，为了能够完美而准确地反映客观事物和环境，往往需要同时测量大量的物理量。由若干种敏感元件组成的多功能传感器则是一种体积小巧而多种功能兼备的新一代探测系统，它可以借助于敏感元件中不同的物理结构或化学物质及其各不相同的表征方式，用单独一个传感器系统来同时实现多种传感器的功能。随着传感器技术和微电子技术的飞速发展，目前已经可以生产出来将若干种敏感元件组装在同一种材料或单独一块芯片上的一体化多功能传感器。

集成化包括进行硬件与软件两方面的集成，它包括：传感器阵列的集成和多功能、多传感参数的复合传感器（如：汽车用的油量、酒精检测和发动机工作性能的复合传感器）；传感系统硬件的集成，如：信息处理与传感器的集成，传感器、处理单元与识别单元的集成等；硬件与软件的集成；数据集成与融合等。

（7）向智能化发展　所谓智能化传感器就是将传感器获取信息的基本功能与专用微处理器的信息分析、处理功能紧密结合在一起，并具有诊断、数字双向通信等新功能的传感器。由于微处理器具有强大的计算和逻辑判断功能，故可方便地对数据进行滤波、变换、校正补偿、存储记忆及输出标准化等；同时实现必要的自诊断、自检测、自校验以及通信与控制等功能。

智能化传感器往往由多个模块组成，其中包括微传感器、微处理器、微执行器和接口电路，它们构成一个闭环微系统，有数字接口与更高一级的计算机控制相连，通过利用专家系统等智能算法对微传感器提供更好的校正与补偿。智能化传感器功能更多，精度和可靠性更高，优点更突出，应用更广泛。

（8）向数字化、网络化发展　随着科技的发展，数字化、网络化传感器应用日益广泛，以其传统方式不可比拟的优势渐渐成为新技术的趋势和主流。

（9）多传感器的集成与融合　由于单传感器不可避免存在不确定或偶然不确定性，缺乏全面性和鲁棒性，所以偶然的故障就会导致系统失效。多传感器集成与融合技术正是解决这些问题的良方。多个传感器不仅可以描述同一环境特征的多个冗余的信息，而且可以描述不同的环境特征。它的特点是冗余性、互补性、及时性和低成本性。

多传感器的集成与融合技术已经成为智能机器与系统领域的一个重要的研究方向。它涉及信息科学的多个领域，是新一代智能信息技术的核心基础之一。从 20 世纪 80 年代初以军事领域的研究为开端，多传感器的集成与融合技术迅速扩展到军事和非军事的各个应用领域，如自动目标识别、自主车辆导航、遥感、生产过程监控、机器人及医疗应用等。

（10）多学科交叉融合，实现无线网络化　无线传感器网络是由大量无处不在的、有无线通信与计算能力的微小传感器节点构成的自组织分布式网络系统，能根据环境自主完成指定任务的"智能"系统。它是涉及微传感器与微机械、通信、自动控制及人工智能等多学科的综合技术，大量传感器通过网络构成分布式、智能化信息处理系统，以协同的方式工作，能够从多种视角、以多种感知模式对事件、现象和环境进行观察和分析，获得丰富的、高分辨率的信息，极大地增强了传感器的探测能力，是近几年来的新的发展方向。其应用已由军事领域扩展到反恐、防爆、环境监测、医疗保健、家居、商业、工业等众多领域，有着广泛的应用前景。

另外传感技术呈现出的发展趋势还有：强调传感技术系统的系统性和传感器处理与识别的协调发展，突破传感器同信息处理与识别技术与系统的研究、开发、生产、应用和改进分离的体制，按照信息论与系统论，应用工程的方法，同计算机技术和通信技术协同发展；利用新的理论、新的效应研究开发工程和科技发展迫切需求的多种新型传感器和传感技术系统；研究与开发特殊环境（指高温、高压、水下、腐蚀和辐射等环境）下的传感器与传感技术系统；彻底改变重研究开发轻应用与改进的局面，实行需求驱动的全过程、全寿命研究开发、生产、使用和改进的系统工程等。

思 考 题

1. 传感器的基本概念是什么？一般情况下由哪几部分组成？
2. 传感器有几种分类形式，各种分类之间有什么不同？
3. 举例说明结构型传感器与物性型传感器的区别。
4. 传感器与传感技术概念有什么不同？
5. 什么叫传感技术？传感技术的特点是什么？
6. 什么是信息？信息的基本特征是什么？
7. 什么是信息技术？什么是 3C 技术？
8. 信息技术包括哪些方面？
9. 传感器与信息有什么关系？
10. 物质、能量和信息三者之间的关系是什么？
11. 简述传感技术在现代科学技术、国民经济和社会生活中的地位与作用。
12. 现代传感器研发呈现的特点是什么？
13. 我国传感器产业发展现状及与国外的差距是什么？如何发展我国的传感器产业？
14. 简述现代传感技术的发展现状与趋势。
15. 举例说明传感技术的应用。

第 2 章   传感器的理论基础

2.1   信息获取与信息感知

2.1.1   信息获取

1. 信息获取的基本概念

信息是事物运动的状态与方式，是物质的一种属性。自然界的一切都在运动着，都在不停地传递着各种各样的信息。人类通过大自然发出的信息了解物质世界的属性和规律，获取与诠释这种信息的能力，使人们能够理解和认识自然界。自然界的许多种物质运动变化，能够通过不同途径直接或间接引起相应电学量的变化，人们通过对相应电荷、电流、电压、电阻、电容、电感、介电常数、磁导率、磁场、磁阻、电信号频率或相移、电脉冲信号的时间间隔或时序变化等参数的测量，可以获得所关心的自然信息，有效地拓展了人类可能认知的自然信息范围。

所谓信息获取是指人类从自然界或潜在的信息源获取信息，经感知、转换、处理、传输、识别、理解、判断、归纳等过程，转化为人们认识信息源运动状态与方式的依据。人类依靠五官获取信息，而传感器作为五官的延伸，成为获取信息的工具。

信息理论是研究信息的产生、获取、度量、变换、传输、处理、识别和应用的一门科学。信息的产生与获取主要依赖于信息源（简称为信源）。按照信息论的分类，信源主要有三类，即自然信源、社会信源和知识信源。自然信源是物理、化学、生物、天体和地学现象产生的自然信息。社会信源包括经济、政治、金融、管理和市场等各种信息。知识信源是古今中外存留下来的知识和专家的经验中包含的大量信息。自然信息的获取主要依赖于传感器或传感检测系统与装备。社会信息主要靠社会调查，并经数学方法处理后获得。知识信息主要靠各种记录媒介和知识工程方法获取。因此，传感技术的内容主要侧重于自然信息的获取、处理和分析方法，部分地涉及社会信息获取，局部地涉及知识信息的获取，如人工智能技术最感兴趣的图像信息的获取。

2. 传感器的任务是信息感知

传感器能够感受规定的被测量并按照一定规律转换成可用输出信号的器件或装置，通常由敏感元件和转换元件组成。敏感元件是感知信源信息的部分；转换元件是指传感器中能将敏感元件感受到的信息转换成适于传输或测量的电信号的部分。所以，传感器的任务是感知信息，是遵循一定的规律将信源的信号转换成便于识别和分析处理的物理量或信号的装置。大多数传感器是将各种自然信息转换成电气量，如电压或电流信号等。

自然界的物质运动变化都遵循各自特定的自然规律，存在着各种各样的因果关系。从理论上讲，这些关系都可以作为设计传感器的依据。传感器是感受特定被测量信息并按照一定规律，如物理定律、物理现象、物理效应、化学效应和生物效应的规律转换成可用输出信号的器件或装置。传感器的工作受这些定律、效应所支配,因此凡是物理、化学、生物理论中不可能实现的关系,传感器也不可能实现。

传感器作为实用的器件,应该满足一些必需的条件:

1) 输出信号与被测对象之间具有唯一确定的因果关系;

2) 输出信号是被测对象参数的单值函数;

3) 输出信号具有尽可能宽的动态范围和良好的响应特性;

4) 输出信号具有足够高的分辨率,可以获得被测对象微小变化的信息;

5) 输出信号具有比较高的信号噪声比;

6) 对被测对象的扰动尽可能小,尽可能不消耗被测系统的能量,不改变被测系统原有的状态;

7) 输出信号能够与电子学系统或光学系统匹配,适于传输和处理;

8) 性能稳定,不受非测量参数因素的影响;

9) 便于加工制造。

在许多情况下要求同一种传感器具有相同的特性,即具有可互换性等。

2.1.2 传感器涉及的基础理论

1. 传感技术正在成为多学科交汇点

传感技术是关于从自然信源获取信息,并对之进行处理(变换)和识别的一门多学科交叉的现代科学与工程技术,它涉及传感器、信息处理和识别的规划设计、开发、制/建造、测试、应用及评价改进等活动。现实世界的信息是通过传感器获得的,与人们的生活息息相关。各种物理量、化学量或生物量的传感器已大举进入工业自动化、汽车工业、航天、生物、医学、军事等应用领域,且在无线通信、消费品、农业等领域亦有广泛的发展空间。传感器种类繁多,涉及物理、化学、电子、计算机、机械、材料、生物、医学、仪器、测量等学科。所以,传感技术几乎涉及现代科技的所有领域的各种理论知识。

2. 自然规律是传感技术的理论依据

在现代社会,获取自然信息已经成为几乎所有自然科学与工程技术领域共同的需求。随着人类活动领域的扩大和探索过程的深化,传感器已经成为基础科学研究与现代技术相互融合的新领域,它汇集和包容多种学科的成果,成为人类探索活动最活跃的部分之一。现代传感器的发展趋势充分体现出这些特点。自然科学基础研究的新成果不断丰富传感器的设计思想,使传感器的探测对象范围扩大,不断超越经典传感器的技术局限,获取更多的信息;不同学科领域的交叉融合,加深了人们对更加复杂的自然现象因果关系的理解,通过多重参数转换获取信息,导致新的传感器出现;传感器探测的空间尺度同时向微观和宏观延伸;传感器的探测阈值降低,动态范围扩大,信噪比提高;仿生传感器引起人们更多的关注;微电子技术和微处理器融入传感器设计,使传感器微型化、智能化;新的材料和工艺使经典传感器出现新的技术特征,等等。

传感器的任务是信息感知,其理论依据是涉及实现感受并转换信息、增强感受信息、提升识别理解信息能力的各种自然规律以及物理、化学、生物、数学等学科中与信息提取相关的定律、定理。它们可以归纳为四个方面:

1) 自然界普遍适用的自然规律;

2）物质相互作用的效应原理；

3）实现效应的功能材料；

4）相关技术学科的前沿技术。

传感技术的核心部件传感器一般包括敏感元件、转换元件以及相应的转换处理电路，本章只讨论涉及与敏感元件、转换元件直接相关的基础理论。

3. 传感理论基础

传感器要正确执行其功能，获得良好的性能，必须遵守和利用多种自然科学规律。凡是不符合自然科学规律的，是不可能制成传感器的。归纳已有传感器的情况，涉及的自然定律和基础理论有：

（1）自然界普遍适用的自然规律

1）守恒定律。它包括能量守恒定律、动量守恒定律、电荷守恒定律等。

2）关于场的定律。它包括动力场的运动定律、电磁场感应定律和光的电磁场干涉定律等。

3）物质定律。它包括力学、热学、梯度流动的传输和量子现象等。

4）统计物理学法则。

（2）物质相互作用的效应原理及功能材料　功能材料是传感器技术的一个重要基础，由于材料科学的进步，在制造各种材料时，人们可以控制它的成分，从而可以设计与制造出各种用于传感器的功能材料。传感器功能材料是指利用物理效应和化学、生物效应原理制作敏感元件的基体材料，是一种结构性的功能材料，其性能与材料组成、晶体结构、显微组织和缺陷密切相关。传感器性能、质量在很大程度上取决于传感器功能材料。物质的各种效应，归根结底都是物质的能量变换的一种方式。传感器就是通过感受这种具体能量变换中释放出来的信息，感知被测对象的运动状态与方式。

传感技术涉及材料的研究开发工作，可以归纳为下述三个方向：

1）在已知的材料中探索新的现象、效应和反应，然后使它们能在传感器技术中得到实际使用。

2）探索新的材料，应用那些已知的现象、效应和反应来改进传感器技术。

3）在研究新型材料的基础上探索新现象、新效应和反应，并在传感器技术中加以具体实施。

（3）测量及误差理论　传感器是一种测量器件，一个理想的传感器我们希望它们具有线性的输入输出关系。但由于敏感元件材料的物理性质缺陷和处理电路噪声等因素的影响，实际传感器输入输出总是存在非线性关系，存在着各式各样的误差。在测量系统中，传感器作为前端器件，其误差将直接影响测量系统的测量精度，所以传感器与测量及误差理论息息相关。

（4）信息论、系统论与控制论　系统论、控制论和信息论是20世纪40年代先后创立并获得迅猛发展的三门系统理论的分支学科。系统论要求把事物当作一个整体或系统来研究，并用数学模型去描述和确定系统的结构和行为。所谓系统，即由相互作用和相互依赖的若干组成部分结合成的、具有特定功能的有机整体；而系统本身又是它所从属的一个更大系统的组成部分。系统论的创始人美籍奥地利生物学家贝塔朗菲旗帜鲜明地提出了系统观点、动态观点和等级观点。指出复杂事物功能远大于某组成因果链中各环节的简单总和，认为一切生命都处于积极运动状态,有机体作为一个系统能够保持动态稳定是系统向环境充分开放,获得物质、信息、能量交换的结果。系统论强调整体与局部、局部与局部、系统本身与外部环境之间互为依存、相互影响和制约的关系,具有目的性、动态性、有序性三大基本特征。

控制论是研究系统的状态、功能、行为方式及变动趋势,控制系统的稳定,揭示不同系统的共同的控制规律,使系统按预定目标运行的技术科学。

信息论是由美国数学家香农创立的,它是用概率论和数理统计方法,从量的方面来研究系统的信息如何获取、加工、处理、传输和控制的一门科学。信息论认为,系统正是通过获取、传递、加工与处理信息而实现其有目的的运动的。信息论能够揭示人类认识活动产生飞跃的实质,有助于探索与研究人们的思维规律,推动与进化人们的思维活动。

系统论是研究系统的模式、性能、行为和规律的一门科学;它为人们认识各种系统的组成、结构、性能、行为和发展规律提供了一般方法论的指导。控制论则为人们对系统的管理和控制提供了一般方法论的指导;它是数学、自动控制、电子技术、数理逻辑、生物科学等学科和技术相互渗透而形成的综合性科学。为了正确地认识并有效地控制系统,必须了解和掌握系统的各种信息的流动与交换,信息论为此提供了一般方法论的指导。

系统理论目前已经显现出几个值得注意的趋势和特点。第一,系统论与控制论、信息论,运筹学、系统工程、电子计算机和现代通信技术等新兴学科相互渗透、紧密结合的趋势;第二,系统论、控制论、信息论,正朝着"三归一"的方向发展,现已明确系统论是其他两论的基础;第三,耗散结构论、协同学、突变论、模糊系统理论等新的科学理论,从各方面丰富发展了系统论的内容,有必要概括出一门系统学作为系统科学的基础科学理论。

传感技术是关于从自然信源获取信息,并对之进行处理(变换)和识别的一门多学科交叉的现代科学与工程技术,它涉及传感器、信息处理和识别的规划设计、开发、制造、测试、应用及评价改进等活动。信息处理包括信号的预处理、后置处理、特征提取与选择等。识别的主要任务是对经过处理信息进行辨识与分类。它利用被识别(或诊断)对象与特征信息间的关系模型对输入的特征信息集进行辨识、比较、分类和判断。传感器应用于测量、控制系统,成为控制系统的核心部件。在系统论、控制论、信息论思想指导下,智能化测控系统、分布式测控系统等新型的测量控制系统不断产生,推动着传感技术推陈出新。

(5)非线性科学理论　非线性科学是一门研究各类系统中非线性现象的共同规律的一门交叉科学。它是自 20 世纪 60 年代以来,在各门以非线性为特征的分支学科的基础上逐步发展起来的综合性学科,被誉为 20 世纪自然科学的"第三次革命"。科学界认为:非线性科学的研究不仅具有重大的科学意义,而且对国计民生的决策和人类生存环境的利用也具有实际意义。由非线性科学所引起的对确定论和随机论、有序与无序、偶然性与必然性等范畴和概念的重新认识,形成了一种新的自然观,将深刻地影响人类的思维方法,并涉及现代科学的逻辑体系的根本性问题。

非线性是相对于线性而言的,线性是指各反应变量之间相互独立、互不影响,如在忽略空气摩擦的前提下计算铅球的抛物线运动轨迹时,重力、下落及前进速度是 3 个独立的变量,它们构成了一个线性方程,研究者通过这个方程即可知道铅球的运动轨道。牛顿著名的 4 个运动方程式即是建立在线性理论上,并极大的促进了科学家们对物理世界的研究工作。

随着人类对自然的研究与认识逐步地深入，人们渐渐地发现自然界存在着很多的无法利用以前所采用的线性理论和方法进行处理和解释的现象，而且这些现象随着认识的深入越来越多，这些现象都具有不可线性叠加性、非决定性、多值性等非线性的特性。事实上，线性是特殊的、相对的，而非线性是普遍的、绝对的，线性的处理都是非线性的一种理想化和近似。但这种近似在很多时候不能满足要求，需要直接的面对非线性问题，寻求解决和处理非线性问题的方法和理论。因而，近些年来众多的专家和学者对非线性的理论和方法进行了广泛的研究，并取得了很大的成功。

非线性科学目前有六个主要研究领域，即：混沌、分形、模式形成、孤立子、元胞自动机和复杂系统，而构筑多种多样学科的共同主题乃是所研究系统的非线性。由于学科的交叉性，非线性科学和一些新学术如突变论、协同论、耗散结构论有相通处，并从中吸取有用的概念理论。但非线性现象很多，实证的非线性科学只考虑那些机制比较清楚、现象可以观测、实验，且通常还有适当的数学描述和分析工具的研究领域。随着科学技术的发展，这个范围将不断扩大。

非线性理论在传感器方面的成功应用体现在混沌传感和模糊传感。

（6）相关学科的定理、方法及其最新成果　传感技术是一个综合性交叉学科，它的应用更是无所不在，所以从物理、化学、生物、数学等基础学科到所有的工程技术学科中涉及信息能量变换、信号处理的理论、定律、方法及其最新发展成果都将影响传感技术的发展。例如现代电子、计算机技术使传感技术发生了革命性的变化。

2.2　自然规律与传感器

传感器是信息的源头技术，传感器之所以能正确传递信息、具有信息转换功能，是因为它利用了自然规律中的各种定律、法则和效应。

2.2.1　守恒定律

守恒定律是自然界最重要也是最基本的定律，它是自然界普遍遵守的定律之一。即某一种物理量，它既不会自己产生，也不会自行消失，其总量守恒。包括：能量守恒定律、质量守恒定律、动量守恒定律、角动量守恒定律、电荷守恒定律及信息守恒定律等。

（1）能量守恒　在自然界里所发生的一切过程中，能量既不会消灭，也不会创生，它只能从一种形式转变为另一种形式或从一个物体转移到另一个物体，而能的总量保持不变。这个规律叫做"能的转化和守恒定律"。或者说，任一封闭系统，无论发生什么变化，其能量的总值保持不变。这一定律包括定性和定量两个方面，在性质上它确定了能量形式的可变性，在数值上肯定了自然界能量总和的守恒性。一种能量的减少，总是伴随某种能量的增加，一减一增，其数值相等。各种不同形式的运动（机械运动、热运动、电磁运动等等）都具有相应的能量，因而这一定律是人类对自然现象长期观察和研究的经验总结。

（2）动量守恒　若质点不受力的作用或作用于质点上的力等于零，则该质点的动量保持不变，这就是质点的动量守恒定律。即当系统所受的合外力为零时，系统的总动量保持不变。

（3）电荷守恒　孤立系统（不与外界交换电荷）的带电量，不论系统中发生何种变化或过程，电荷的代数和不变。也可表述为：电荷既不能被创造，也不能被消灭，它们只能从一个物体转移到另一个物体，或者从物体的一部分转移到另一部分，也就是说，在任何物理过程中电荷的代数和是守恒的。

利用守恒定律可以构成传感器，例如利用差压原理进行流量测量的传感器，其基本测量原理是以能量守恒定律、伯努利方程和流动连续性方程为基础的。

（4）伯努利方程（Bernoulli Equation）　伯努利方程是关于密封管路中无粘性流体流动的能量守恒定律。伯努利方程（定理）指出：流体在忽略粘性损失的流动中，流线上任意两点的压力势能、动能与位势能之和保持不变。流速计（皮托管）、流量计、虹吸管、抽水机等，都是伯努利方程的实际应用。

如图 2-1 所示，理想流体稳定流动时，同一流管两截面（s_1 和 s_2）处的参量——横截面积、速度、压强、高度分别为 s_1、v_1、p_1、h_1 和 s_2、v_2、p_2、h_2，流体的密度为 ρ

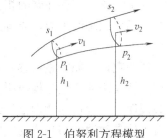

由功能原理可推导出伯努利方程：

$$p_1 + \frac{1}{2}\rho v_1^2 + \rho g h_1 = p_2 + \frac{1}{2}\rho v_2^2 + \rho g h_2 \qquad (2\text{-}1)$$

或
$$p + \frac{1}{2}\rho v^2 + \rho g h = 恒量 \qquad (2\text{-}2)$$

图 2-1　伯努利方程模型

伯努利方程表明：理想流体稳定流动时，同一流管不同截面处，单位体积流体的动能、势能与该处压强之和都是相等的。

（5）皮托管（Poit Tube）　1732 年由法国工程师 H. 皮托首创，至今仍是测量流速的常用仪器。皮托管是用来测量运动流体内任一点流速的仪器，其结构如图 2-2 所示。皮托管由两根流管组成，中心管道的头部开孔 A，用以测量来流的总压力 p，外围管道则在侧壁开有若干小孔 B，用以测量该处的静压力 p_0。两管的尾部分别用软管与斜管液体气压计相连，作为总压力和静压力的测试接头。根据伯努利方程，流速由总压和静压之差即动压计算。

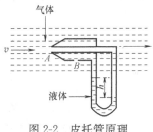

图 2-2　皮托管原理

$$v = \sqrt{\frac{2(p - p_0)}{\rho}} \qquad (2\text{-}3)$$

或
$$v = \sqrt{\frac{2\rho_0 g h}{\rho}} \qquad (2\text{-}4)$$

式中，ρ 为流体密度，单位为 kg/m^3；v 为流速，单位为 m/s；p 为压强，单位为 Pa（N/m^2）；g 为重力加速度，单位为 m/s^2。

2.2.2　场的定律——关于物质作用的定律

物理学上"场"的概念最早是由英国物理学家法拉第和麦克斯韦在电磁场理论的研究中确立的。法拉第首先提出了磁力线和电力线的概念，在电磁感应、电化学以及静电感应的研究中进一步深化和发展了力线思想，并第一次提出场的思想，建立了电场、磁场的概念。其后，经麦克斯韦与赫兹进一步研究，经典电磁场论得到确立。在经典电磁学的建立与发展过程中，形成了电磁场的概念。

现在人们认识到，电磁场是物质存在的一种特殊形式。电荷在其周围产生电场，这个电场又以力作用于其他电荷。磁体和电流在其周围产生磁场，而这个磁场又以力作用于其他磁体和内部有电流的物体。电磁场也具有能量和动量，是传递电磁力的媒介，它弥漫于整个空间。

在物理学其后的发展中，场成了非常基本、非常普遍的概念。在现代物理学中，场的概念已经远远超出了电磁学的范围，成为物质的一种基本的、普遍的存在形式。所谓物理场是指某一空间范围及其各种事物分布状况的总称。磁场、电场、重力场、光电磁场、声场、热场等都是物理场，而物理场是空间中存在的一种物理作用或效应，分布于引起它的场源体周围，两个物体之间存在着的相互作用力，通过每个物体引起的引力场给予另一个物体。比如说重力场可以理解为力，或者力场。光子是物质的基本粒子。而力或者力场是一种作用或者效果。

场的定律，如电磁场感应定律、光电磁场干涉现象、动力场运动定律等，都是关于物质作用的客观规律。这些规律所揭示的是物体在空间排列和分布状态与某一时刻的作用有关的客观规律，一般可用物理方程给出。这些方程就是某些传感器工作的数学模型，而与这些定律有关的参数通常与具体物质的内部结构（如成分、材料）无关，与物质在空间的位置及分布状态与某时刻的作用有关。

例如，电磁感应定律指出：导体回路中感应电动势的大小与穿过回路的磁通量的变化率 $d\varPhi/dt$ 成正比。那么感应电动势 ε 可用以下公式表示

$$\varepsilon = -K\frac{\mathrm{d}\varPhi}{\mathrm{d}t} \tag{2-5}$$

其中，K 为比例常数。当 $d\varPhi$ 的单位用韦伯，时间单位用秒，ε 单位用伏特时，$K=1$。

则

$$\varepsilon = -\frac{\mathrm{d}\varPhi}{\mathrm{d}t} \tag{2-6}$$

当线圈以速度 v 垂直于磁场运动时，由于切割磁力线，在线圈中产生与运动速度成正比的感应电动势

$$\varepsilon = -BlvN \tag{2-7}$$

式中，N 为线圈匝数；l 为每匝线圈平均长度；B 为磁感应强度。

利用电磁感应定律可以构成的磁电感应式（或称电动式）传感器，例如自感式传感器、互感式传感器、感应同步器和电涡流式传感器等，可用来测量位移、运动速度、振动等多种物理量。

利用静电场的有关定律制成电容传感器。静电场中两平行电极板间的电容量 C 为

$$C = \frac{s\varepsilon}{\delta} \tag{2-8}$$

式中，δ 为电极间的距离；s 为有效相对面积（极板面积）；ε 为介电常数。

两极板相对移动 $\Delta\delta$ 时，C 的变化量

$$\Delta C = C\frac{\Delta\delta}{\delta - \Delta\delta} \tag{2-9}$$

当 $\Delta\delta\ll\delta$，可以看成线性的。如果 δ 仅仅改变 $\Delta\delta$，且 $\Delta\delta\ll\delta$，那么 C 就仅仅随之变化一个与 $\Delta\delta$ 成比例的量。这样一来，就可以用来做位移传感器。利用其他物理量与位移量的关系，可以制成测量各种物理量的电容传感器。

波是场的一种运动形态，光波是一种广泛存在的电磁波。利用光电磁场的基本定律，如光的直线传播定律、光波之间的相互作用，如干涉、衍射、偏振现象、光的多普勒效应等，可以制成影像、干涉、衍射、偏振及光栅、光码盘等各式各样的传感器和测量装置。

利用场的定律构成的传感器，其性能由定律决定，与使用材料无关，以差动变压器为例，无论使用坡莫合金或铁氧体做铁芯，还是使用铜线或其他导线做绕组，都是作为差动变压器而工作。这类传感器的形状、尺寸等参数决定了传感器的量程、灵敏度等性能，因此这类传感器统称为结构型传感器。它们具有设计的自由度较大、选择材料的限制较小等优点，但体积一般较大，并且不易集成。

2.2.3　物质定律

物质定律是指各种物质本身内在性质的定律、法则、规律等。它们通常以固有的物理常数加以描述。如胡克定律，欧姆定律，各种效应等。这些定律都含有物质所固有的常数，即定律是定义各种物理常数的公式。一般是近似的，超过某些范围就不成立。

利用各种物质定律构成的传感器统称为物性型传感器。这些传感器的主要性能在很大程度上受相应的物理常数或化学、生物特性所决定，也即与物质的材料密切相关。例如，利用半导体物质具有的压阻、热阻、光阻、湿阻和霍尔等效应，可以分别制成力、压力、温度、光强、湿度和磁场等传感器；利用压电材料所具有的压电效应可制成压电式、声表面波和超声波等传感器；利用生物、化学敏感特性制成的生物、化学传感器等。由于利用物质定律的物性型传感器具有构造简单、体积小、无可动部件及反应快、灵敏度高、稳定性好、易集成等特点，因此是当代传感技术领域中具有广阔发展前景的传感器。

与物质所固有的物理常数有关的各种现象可分为三大类：热平衡现象、传输现象和量子现象。下面分别讨论。

1. 热平衡现象

一个系统在没有外界影响的条件下，即外界对系统既不做功，又不传热的情况下，系统各个部分之间的能量以热量的形式而不是以功的形式进行交换，经过一定的时间后，系统各部分将达到一种宏观性质不随时间变化的状态，这种现象就称为热（动）平衡。处于热平衡状态的系统的宏观物理量具有确定的数值，通常用几何参量、力学参量、电磁参量和化学参量四类状态量来定量描述，而描述系统的冷热程度的温度则是该四类状态量的函数。由此可知，在热平衡状态中，基本的物理量是能量。

描述热平衡状态系统的物理量称为状态量。

如果把这个系统分割成若干个小系统，则状态量可分为两种：

1）与分割方法无关，其性质由其量的大小来决定的状态量，称为强度型状态量，简称示强变量。如温度、压力、电场强度、磁场强度。

2）具有与系统的大小（体积、面积等）成正比性质的状态量，称为容量型状态量，简称示容变量，又叫容量量或广延量。如能量、熵、位移、电极化作用等。

（1）麦克斯韦（Maxwell）关系式　设示容变量为 x_i，对应的示强变量为 X_i，则它们

的积为能量，即 $U=X_i x_i$。如果示容变量的微小变化为 dx_i，那么系统的能量变化为

$$dU=\sum X_i dx_i \tag{2-10}$$

其中，$X_i=(\partial U/\partial x_i)_{xj}$，其下角标 xj 表示除 x_i 以外的示容变量保持固定不变。根据热力学原理（热力学第一定律），系统由能量 U 的热平衡状态变化为 $U+dU$ 的热平衡状态，其变化与所取的微分途径无关，用数学式可表示为

$$\left(\frac{\partial^2 U}{\partial x_i \partial x_j}\right)_{xk}=\left(\frac{\partial^2 U}{\partial x_j \partial x_i}\right)_{xk} \tag{2-11}$$

式中，下角标 xk 表示除 x_i、x_j 以外的示容变量保持固定不变。

由于 $\left(\frac{\partial^2 U}{\partial x_i \partial x_j}\right)_{xk}=\left(\frac{\partial X_i}{\partial x_j}\right)_{xk}$ 和 $\left(\frac{\partial^2 U}{\partial x_j \partial x_i}\right)_{xk}=\left(\frac{\partial X_j}{\partial x_i}\right)_{xk}$

所以上式可写成

$$\left(\frac{\partial X_i}{\partial x_j}\right)_{xk}=\left(\frac{\partial X_j}{\partial x_i}\right)_{xk} \tag{2-12}$$

式（2-12）称为麦克斯韦关系式。

同理，如果有若干个示强变量 X_i 发生微小变化，使系统能量变化时，系统在能量变化前和变化后均处于热平衡状态，则麦克斯韦关系式可写成

$$\left(\frac{\partial x_i}{\partial X_j}\right)_k=\left(\frac{\partial x_j}{\partial X_i}\right)_k \tag{2-13}$$

或

$$\left(\frac{\partial X_i}{\partial X_j}\right)_k=\left(\frac{\partial x_j}{\partial x_i}\right)_k \tag{2-14}$$

式中，下角标 k 表示除 X_i、X_j 以外的示强变量保持固定不变。

因为示强变量易测量，大小也易调整（温度、压力、磁场强度等），所以实践中通常以示强变量作为独立变量予以测量。

（2）**热平衡型一次效应**　麦克斯韦关系式（2-12）、式（2-13）及式（2-14）说明由不同种类能量所构成的关系是可逆的，称为一次效应，即不同种类能量所构成的示强变量与示容变量微分之比 $\partial X_i/\partial x_j$，或示容变量与示强变量微分之比 $\partial x_i/\partial X_j$ 为常量。例如，如果沿压电晶体某方向施加力 F，使其变形，引起体积变化 $V_0\sum$，由于压电效应，则在其表面产生电荷 Q，并显示正负极性，形成电场 E。其中 F、E 为不同种类能量的强度量，分别相对应的 $V_0\sum$、Q 则为不同种类能量的广延量，因此由麦克斯韦关系式可得

$$\frac{\partial V_0\sum}{\partial E}=\frac{\partial Q}{\partial F} \tag{2-15}$$

对于选定材料和尺寸的压电晶体，式（2-15）为常量，它说明压电效应是可逆的，是一次效应，即可将机械量力（F）变换成电量（电荷 Q），也可将电量（电场强度 E）变换为机械量（体积变化 $V_0\sum$）。又例如，利用压磁元件测量力时，在外力 F 作用下，压磁元件材料发生形变，体积随之变化 $V_0\sum$，产生应力，使其磁导率 μ 改变，从而引起磁感应强度 B 的变化；而当压磁元件置于磁场强度为 H 的磁场中，则其产生机械变形 $V_0\sum$，因此 $\partial V_0\sum/\partial H=\partial \mu/\partial F$，即压磁效应是可逆的，是一次效应，而一次效应都是可逆的。

传感器所应用的热平衡型一次效应列于表 2-1。

表 2-1　热平衡型一次效应

状态量名称		输　出　示　容　量			
		位移（体积）	热（熵）	电极化作用	磁极化作用
输入 示强 变量	力（压力）	——	应力发热	正压电效应	压磁效应
	温度	热膨胀	——	热释电效应	减磁
	电压	逆压电效应	电热效应		（还未发现）
	磁场强度	磁致伸缩效应	磁热效应	磁电介效应（待研究）	——

（3）热平衡型二次效应　由同一种类能量的示强变量与示容变量微分之比 $\partial X_i / \partial x_i$，或同一种类能量的示容变量与示强变量微分之比 $\partial x_i / \partial X_i$，不能直接构成传感器。例如，膜盒或膜片等弹性敏感元件在力 F（或压力）作用下产生形变 l；电场电势 U 作用于电容器导电极板产生电荷 Q；温度 T 产生热量 Q 等都是属于同一种类能量的两类状态量（即示强变量与对应的示容变量）。它们的刚度系数 $k = \partial l / \partial F$、电容系数（或称感应系数）$C = \partial Q / \partial U$、热容量 $c = \partial Q / \partial T$ 等均可用 $\partial x_i / \partial X_i$ 表示。这些比例系数虽然不能在传感器中直接利用而将被测量转换成电信号输出，但可以利用其中的状态量与其他状态量之间的关系制成各种传感器。例如，利用弹性元件受力产生变形，其应变与应变片电阻值的关系可制成电阻应变式力或压力传感器；利用物体温度与其辐射光能量之间的关系构成光电比色高温计等。上述这种变换称为二次效应，二次效应没有逆效应。

2. 传输现象

当系统中存在有强度量的差或梯度时，相应的广延量就随时间而变化，即广延量流动，这种现象称为传输现象。例如，导体两端有电位差时，就有电流流动；物体有温度差时，就有热流流动；电容两端有电位差时，就有电荷积累等。这种使相应广延量流动的强度量的差或梯度可视为一种力，称之为亲和力或亲和势。

一种亲和力可以产生一种流，一种流也可以由两种以上的亲和力产生。利用传输现象可以制成某些传感器。例如，由两种导体或半导体闭合构成的热电偶，当其两结点有温度差时，就有热流在两结点间流动，由于塞贝克效应（又称热电效应），则在两结点间产生电动势，回路中就有电流。如果热电偶处于某一环境温度下，并在其回路中通入电流，由于珀耳帖效应（塞贝克效应的逆效应），则在两结点处分别放出和吸收与电流成正比关系的热量，其通入的电流是由电位差产生的，输出的热量是由温度差产生的。由此可知，塞贝克效应是因温度差而产生电流，珀耳帖效应是由电位差而产生热流，它们是可逆的。把这种不同种类的亲和力和流之间的效应称为一次效应，利用一次效应可以直接制成各种传感器。传感器所应用的传输现象的一次效应见表 2-2。

同一种类的亲和力与流之间的关系见表 2-3，它们不能直接用于传感器中，但是利用它们与其他状态量的关系，仍可制成各种传感器，这种现象称为传输现象的二次效应。例如，电阻率是电场强度与其所引起的电流密度之比，是电导率的倒数，若利用它与变形、压力、温度等的关系，则可构成电阻应变式、压敏电阻、热敏电阻等传感器。又如电介质的介电常数是其电容率与真空电容率（$\varepsilon_0 = 8.854 \times 10^{-12} F \cdot m^{-1}$）之比，不能直接构成传感器，但若利用介电常数与温度、湿度、容量等的关系，则可制成电容式温度传感器、电容式湿度传感器、电容式液位传感器等。

表 2-2　传输现象的一次效应

名　称		输　出				
		力学量	热学量	电学量	磁学量	物质量
输入	力学量	（流动）				
	热学量		热传导	塞贝克效应	能斯脱效应	
	电学量	电磁力	珀耳帖效应	霍尔效应		电解
	磁学量					
	物质量			浓差电池		化学效应

表 2-3　同一种类的亲和力与流之间的关系

名　称	定　义	亲和力	流
刚度系数	弹性元件在弹性变形范围内所受外力与其变形量之比	力	变形
热导率	热流密度与温度梯度之比	温度梯度	热流密度
电容率	电介质中的电位移与电场强度之比	电场强度	电位移
电导率	导体中电流密度与相应电场强度之比	电场强度	电流密度
磁化率	磁媒质的磁化强度与其磁场强度之比	磁场强度	磁化密度

3. 量子现象

分子、原子、电子、光子、中子等微观客体遵循的物理学规律是微观规律，它所具有的各种现象，如物质分子和原子的能量是离散跳跃的，核磁共振、隧道效应、核辐射等，称为量子现象。

量子理论的创立是 20 世纪最辉煌的成就之一，它揭示了微观领域物质的结构、性质和运动规律，把人们的视角从宏观领域引入到微观系统。一系列区别于经典系统的现象，如量子尺寸效应，即指当粒子尺寸下降到某一数值时，费米能级附近的电子能级由准连续变为离散能级或者能隙变宽的现象。当能级的变化程度大于热能、光能、电磁能的变化时，导致了纳米微粒磁、光、声、热、电及超导特性与常规材料有显著的不同。

又如材料中的电子接受光量子的冲击从表面释放，在新的能量作用下，形成电位移或电位差，这是一种称之为外部光电效应的量子现象。由于光的照射使得材料内部的电子受到不同程度的激励，结果产生电子空穴对，这是一种称之为内部光电效应的量子现象。

量子现象不仅发生于光电传感器材料，在磁电、热电等各种传感器材料中也比比皆是。对原子、分子施加磁场影响就会加剧材料内部电子的热振，改变了材料原来的能量状态。所以如果使磁场以某一特定频率变化，使之产生共振现象，这种现象称作磁共振，是调整材料内部能量状态的一种重要手段。由于共振频率取决于磁场强度，所以这种量子效应也能用于磁场传感器，也可用于温度传感器。

根据量子效应可设计制作量子电子器件。当半导体超晶格与量子阱微结构的尺寸小于电子的德布罗意波长（50nm）时，电子的量子波动行为就会表现出来，此时可产生出各种量子效应，如量子尺寸效应、量子隧道效应和量子干涉效应等。除隧道二极管之外，有一种超导量子器件，即约瑟夫逊器件，已投入使用，其他种类的器件还有待进一步研究，如利用量子细线中的高电子迁移率效应制作超高速逻辑器件，利用超微细结构中的隧道效应制作多值逻辑器件，利用量子箱结构制作大容量存储器，利用相干电子波的干涉、衍射和反射现象制作高速开关器件以及传感器件，利用有效状态密度的变化制作量子箱和量子点微结构激光器等。量子研究领域的新成果，对半导体技术的发展有着重大影响，各种量子器件前程无量。

2.2.4　统计物理学法则

随机性与确定性一样是客观世界的普遍属性，统计物理和量子力学的创立，揭示了微观粒子运动的随机性，大量微观粒子的运动遵循着另一种规律——统计规律。统计规律又叫统计法则，它是利用统计方法把微观系统与宏观系统联系起来的物理法则。

统计规律是对大量偶然事件整体起作用的规律。它表现了这些事物整体的本质和必然的联系。通过对大量微观粒子运动规律的研究来解释物质的宏观性质，称为统计物理学。通过观测发现，在一定宏观条件下，大量的微观粒子的集体运动遵循着一种规律，人们把这种规律性叫做统计规律性。它不仅对研究热现象有重要的意义，而且在其他自然现象中也是普遍存在的。统计规律是对大量偶然事件整体起作用的规律。它表现了这些事物整体的本质和必然的联系，在这里个别事物的特征和偶然联系退居次要地位。需指出的是，这里所说的个别事物的偶然性是相对于大量事物整体的统计规律而言的，这并不意味着偶然性是无原因的，一切偶然性都有自己的原因。统计规律是以动力学规律为基础的，它不可能脱离由动力学规律所决定的个别事件而存在。但当体系中所包含的粒子数目极多时，就导致在质上全新的运动形式的出现，在这里运动形式发生了从量到质的飞跃，其最重要的特点就是在一定宏观条件下的稳定性，这是由统计规律所制约的。统计规律的另一个特点是永远伴随着涨落现象，统计规律与涨落现象是不可分割的，这正反映了必然性与偶然性之间相互依存的辨证关系。

统计物理学认为，所有宏观上可观测的物理量都是相应微观量的统计平均值，许多看似杂乱无章的微观运动表现出统计规律性，宏观状态与微观状态之间的联系是几率性的。

目前成功利用构成传感器的统计法则是乃奎斯特（Nyquist）定理。由统计物理可知，电子热运动的涨落，在电阻 R 的两端产生热噪声的电位波动。奈奎斯特定理指出，电阻 R 两端的热噪声电压 U_n 的方均值为

$$\overline{U_n^2} = 4kR\Delta fT \tag{2-16}$$

式中，k 为波耳兹曼（Boltzmann）常数，约为 1.38×10^{-23} J/K；T 为热力学温度；Δf 为热噪声或称约翰逊（Johnson）噪声的频带宽度。

可见，利用热噪声和热力学温度的关系可以构成热噪声型热敏电阻。由于热力学温度与热噪声电压之间有确定的关系，因此它可作为标准温度计，用来直接测量热力学温度，而不需要用标准温度计进行校准。热噪声温度传感器的特性与电阻材料无关，具有测温范围宽、可在高温高压下，甚至在原子反应堆的放射线等恶劣环境下使用、不发生时效变化、测温精度高、测量 1500℃ 以下的温度时精度可达 0.1%～0.5% 等优点。但其输出电压极小，例如 $T = 300K$，$R = 100\Omega$，$\Delta f = 100kHz$ 时，输出 U_n 只有 4×10^{-7} V。

由于热噪声的频带宽度不易正确测定，因此目前多采用与基准噪声电压相比较的方法来测量温度，如图 2-3 所示。调节可变电阻 R_r，使基准温度 T_r 和电阻 R_r 所得到的基准噪声电

压 $\overline{U}_n^2$ 与被测温度 T_x 和测温电阻 R 产生的噪声电压 $\overline{U}_r^2$ 相等，则有 $T_n = R_r T_r / R$，就可求得被测热力学温度值。由于电路中采用低噪声放大器和相关放大器，使其等效输入的噪声电阻小于 1Ω，因而大大减小电路噪声所带来的误差。

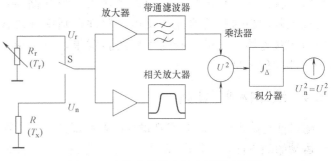

图 2-3　比较法热噪声温度计原理框图

　　近年来由于超导量子干涉器件（SQUID）的问世，使热噪声温度测量已成为可能。它是利用热噪声对约瑟夫逊（Josephson）效应的扰动测量温度。由于约瑟夫逊结辐射的频率与通过结的电压有关，因此当被测温度使结的正常电阻两端产生噪声电压时，此电压的涨落将使结输出的微波频率变化，但其辐射带宽是有限的，因而可以很精确地测量出，而测量噪声电压的精度也可以很高。利用式（2-16），由已知的结的正常电阻和测得的热噪声带宽，即可精确地确定热力学温度 T 的数值。目前已能测出的最低噪声温度为 $75 \times 10^{-3} \mathrm{K}$，按理论分析，可测至 $10^{-6} \mathrm{K}$ 数量级，甚至更低。

2.3　传感器的基础效应

2.3.1　物质效应与物性型传感器

　　物性型传感器是利用某些物质（如半导体、陶瓷、压电晶体、强磁性体和超导体）的物理性质随外界待测量的作用而发生变化的原理制成的。它利用了诸多的效应（包括物理效应、化学效应和生物效应）和物理现象，如利用材料的压阻、湿敏、热敏、光敏、磁敏、气敏等效应，把应变、湿度、温度、位移、磁场、煤气等被测量变换成电量。而新原理、新效应（如约瑟夫逊效应）的发现和利用，新型材料的开发和应用，使传感器得到很大发展，并逐步成为传感器发展的主流。因此，了解传感器所基于的各种效应，对传感器的深入理解、开发和使用是非常必要的。表 2-4 列出了主要物性型传感器所基于的效应及所使用的材料。

2.3.2　光电效应

　　某些物质在光的作用下其电特性发生变化的现象称为光电效应（Photoelectric effect）。光电效应一般分为外光电效应、内光电效应两大类。包括光电子发射、光电导效应和光生伏打效应。前一种现象发生在物体表面，又称外光电效应。后两种现象发生在物体内部，称为内光电效应。

1. 外光电效应（External Photoelectric Effect）

　　在光的照射下，物质内部的电子受到光子的作用，吸收光子能量而从表面释放出来的现象，称为外光电效应，被释放的电子称为光电子，所以又称光电子发射效应。它是 1887 年由德国人赫兹首先发现的。基于外光电效应的光电器件有光电管、光电倍增管等。

表 2-4　物性型传感器的基础效应

检测对象	类型	所利用的效应	输出信号	传感器或敏感元件举例	主要材料
光	量子型	光导效应	电阻	光敏电阻	可见光：CdS；CdSe，$\alpha-Si$；H
					红外：PbS，InSb
		光生伏特效应	电流电压	光敏二极管、光敏三极管、光电池	Si，Ge，InSb（红外）
				肖特基光敏二极管	Pt-Si
		光电子发射效应	电流	光电管，光电倍增管	Ag-O-Cs，Cs-Sb
		约瑟夫逊效应	电压	红外传感器	超导体
	热型	热释电效应	电荷	红外传感器，红外摄像管	$BaTiO_3$
机械量	电阻式	电阻应变效应	电阻	金属应变片	康铜，卡玛合金
		压阻效应		半导体应变片	Si，Ge，Gap，InSb
	压电式	压电效应	电压	压电元件	石英，压电陶瓷，PVDF
		正、逆压电效应	频率	声表面波传感器	石英，ZnO+Si
	压磁式	压磁效应	感抗	压磁元件；力、扭矩、转矩传感器	硅钢片，铁氧体，坡莫合金
	磁电式	霍尔效应	电压	霍尔元件；力、压力、位移传感器	Si，Ge，GaAs，InAs
	光电式	光电效应		各种光电器件；位移、振动、转速传感器	（参见光传感器）
		光弹性效应	折射率	压力、振动传感器	
湿度	热电式	塞贝克效应	电压	热电偶	$Pt-PtRh_{10}$，NiCr-NiCu，Fe-NiCu
		约瑟夫逊效应	噪声电压	绝对温度计	超导体
		热释电效应	电荷	驻极体温敏元件	$PbTiO_3$，PVF_2，TGS，$LiTaO_3$
	压电式	正、逆压电效应	频率	声表面波温度传感器	石英
	热型	热磁效应	电场	Nernst 红外探测器	热敏铁氧体，磁钢
磁	磁电式	霍尔效应	电压	霍尔元件	Si，Ge，GaAs，InAs
				霍尔 IC，MOS 霍尔 IC	Si
		磁阻效应	电阻	磁阻元件	Ni-Co 合金，InSb，InAs
			电流	Pin 二极管，磁敏晶体管	Ge
		约瑟夫逊效应	噪声电压	超导量子干涉器件（SQUID）	Pb，Sn，Nb-Ti
	光电式	磁光法拉第效应	偏振光面偏转	光纤传感器	YAG，EuO，MnBi
		磁光克尔效应			MnBi
放射线	光电式	放射性效应	光强	光纤射线传感器	加钛石英
	量子型	PN 结光生伏特效应	电脉冲	射线敏二极管，pin 二极管	Si，Ge，渗 Li 的 Ge，Si
		肖特基效应	电流	肖特基二极管	Au-Si

光照射物体，可以看成一连串具有一定能量的光子轰击这些物体（金属表面），金属中的电子吸收光子能量后，光子能量 $h\gamma$ 一部分用于克服逸出功 φ，另一部分变成电子的动量 $\frac{1}{2}m_{e}v^{2}$，根据能量守恒定律，该光子的能量等于逸出功加上电子增加的能量，即

$$h\gamma=\frac{1}{2}m_{e}v^{2}+\varphi \tag{2-17}$$

$$\frac{1}{2}m_{e}v^{2}=h\gamma-\varphi \tag{2-18}$$

式中，h 为普朗克常数，$h=6.6261\times10^{-34}$（J·s）；γ 为光的频率，单位为 s^{-1}；m_{e} 为电子质量，$m_{e}=9.1095\times10^{-31}kg$；$v$ 为电子逸出速度，单位为 m·s^{-1}；φ 为逸出功，单位为 J。

上式即为爱因斯坦光电效应方程式。当 $m_{e}v^{2}=0$，则 $\varphi=h\gamma$。此时光电子逸出物体表面时具有的初速度为零，表明这个光子的能量传递给一个电子时仅够逸出的功，这个光子相应的单色光频率就是该物体产生光电效应的最低频率。因此，产生光电效应受最低频率的单色光的限制，这个最低频率称为物体（材料）的"红限"。若光速为 c，那么红限对应的临界波长 $\lambda_{0}=\dfrac{ch}{\varphi}$。

显然，低于某物体"红限"的入射光线，不论它有多强，也不会使该物体发射光电子。因为，光强再大，光的频率低于"红限"，每个光子的能量低，不足以使吸收该光子的电子具有克服逸出功的能量；反之，不论入射光多弱，只要它的频率高于其"红限"，该物体也能发射光电子。当然此时发射的光电子数目较少。

高于"红限"的入射光照射在物体上，通常不是每个光子都能轰击出一个电子来，往往只有接近物体表面的那些电子才有更多的机会逸出物体表面。一定波长入射光的光子射到物体表面上，该表面所发射的光电子平均数，通常用百分数来表示，叫量子效率。它直接反映了在该波长的光照下，该物体光电效应的灵敏度。

2. 内光电效应（Internal Photoelectric Effect）

在光的照射下，物质吸收入射光子的能量，在物质内部激发载流子，但这些载流子仍留在物质内部，从而增加物体的导电性或产生电动势、或产生光电流的现象，称为内光电效应。内光电效应又可分为光电导效应和光生伏特效应两类。

（1）光电导效应（Photoconductive Effect）　某些物体（一般为半导体）受到光照时，其内部原子释放的电子留在内部而使物体的导电性增加、电阻值下降的现象称为光电导效应。绝大多数的高电阻率半导体都具有光电导效应。基于光电导效应的光电器件有光敏电阻（亦称光电导管）等，其常用的材料有硫化镉（CdS）、硫化铅（PsS）、锑化铟（InSb）、非晶硅（α—Si：H）等。

光电导效应的物理过程是：在入射光的作用下，电子吸收光子能量，从价带（价电子所占能带）激发越过禁带（不存在电子所占能带）到达导带（自由电子所占的能带），过渡到自由状态，致使导带的电子和价带的空穴浓度增大，从而使电导率增大（见图 2-4）。

（2）光生伏特效应（Photo Voltage Effect）　物体（一般指半导体）在光的照射下能产生一定方向的电动势的现象称为光生伏特效应。基于该效应的光电器件有光电池、光敏二极管、光敏三极管和半导体位置敏感器件（position sensitive detector，PSD）等。

光生伏特效应根据其产生电势的机理可分为：

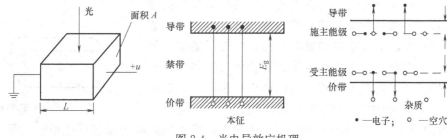

图 2-4 光电导效应机理

1) PN 结光生伏特效应。光照射到距表面很近的半导体 PN 结时，PN 结及附近的半导体吸收光能。若光子能量大于禁带宽度，则价带电子跃迁到导带，成为自由电子，而价带则相应成为自由空穴。这些电子空穴对在 PN 结内部电场的作用下，电子移向 N 区外侧，空穴移向 P 区外侧，结果 P 区带正电，N 区带负电，形成光电动势。

PN 结光生电流与入射光照度成正比，光生伏特与照度对数成正比。

由于光生电子、空穴在扩散过程中会分别与半导体空穴、电子复合，因此载流子的寿命与扩散长度有关。只有使 PN 结距表面厚度小于扩散长度，才能形成光电流，产生光生电动势。在工程上，利用改变 PN 结距表面厚度的大小，可以调整基于 PN 结光生伏特效应的光电器件的频率响应特性、光电流和光生电势大小。

基于此效应的光电器件有光电池、光敏二极管和光敏三极管等。通过设计和制造工艺，使光电池工作在无外接电源下，则以光生伏特效应工作；光敏管工作在反向偏压下，则同时存在光电导效应和光生伏特效应。它们输出的光电流与光照强度均具有线性关系。

2) 侧向光生伏特效应。侧向光生伏特效应又称殿巴（Dember）效应。

若有一轻掺杂的 N 型半导体和一重掺杂的 P^+ 型半导体构成 P^+N 结，当内部载流子扩散和漂移达到平衡时，就建立了一个方向由 N 区指向 P 区的结电场。当有光照射 PN 结时，半导体吸收光子后激发出电子—空穴对，在结电场作用下使空穴进入 P^+ 区，而使电子进入 N 区，从而产生了结光电势，这就是一般所说的内光电效应。但是，如图 2-5 所示，如果入射光仅集中照射在 PN 结光敏面上的某一点 A 点，则光生电子和空穴亦将集中在 A 点。

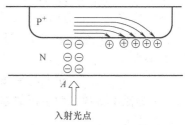

图 2-5 半导体的横向光电效应

由于 P^+ 区的掺杂浓度远大于 N 区，即 P^+ 区的电导率远大于 N 区，因此，进入 P^+ 区的空穴由 A 点迅速扩散到整个 P^+ 区，即 P^+ 区可以近似为等电位。而由于 N 区的电导率较低，进入 N 区的电子将仍集中在 A 点，从而在 PN 结的侧向形成不平衡电势，该不平衡电势将空穴拉回了 N 区，从而在 PN 结侧向建立了一个侧向电场，这就是侧向光生伏特效应。基于该效应工作的光电器件有半导体位置敏感器件（PSD），或称反转光敏二极管。

侧向光生伏特效应的工作机理是，半导体光照部分吸收入射光子的能量产生电子—空穴对，使该部分载流子浓度高于未被光照部分，因而出现了浓度梯度，形成载流子的扩散。由于电子迁移率比空穴的大，因此电子首先向未被光照部分扩散，致使被光照部分带正电，未被光照部分带负电，两部分之间产生光电动势。

3) 光磁电效应（Photo-Magneto-Electric Effects，PME effects）。半导体受强光照射并

在光照垂直方向外加磁场时，垂直于光和磁场的半导体两端面间产生电势的现象称为光磁电效应。如图 2-6 把半导体置于磁场中，用激光辐射线垂直照射其表面，当光子能量足够大时，在表面层内激发出光生载流子，在表面层和体内形成载流子浓度梯度；于是光生载流子就向体内扩散，在扩散的过程中，由于磁场产生的洛伦兹力的作用，电子—空穴对

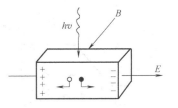

图 2-6　光磁电效应示意

（载流子）偏向两端，产生电荷积累，形成电位差。光磁电效应与霍尔效应相似，但是它们是不同的效应。霍尔效应中载流子的定向运动是由外电场引起的，而光磁电效应是由外磁场引起的，且两类效应的载流子运动方向相反，但形成的电流方向却相同。利用光磁电效应可制成半导体红外探测器。这类半导体材料有 Ge、InSb、InAs、PbS、CdS 等。

4）贝克勒耳效应（Becquerel effect）。贝克勒耳效应是液体中的光生伏特效应。当光照射浸在电解液中的两个相同电极中的任一个电极时，在两个电极间将产生电势的现象称为贝克勒耳效应。基于该效应的有感光电池等。

2.3.3　电光效应

物质的光学特性（如折射率）受外电场的影响而发生变化的现象，如某些各向同性的透明物质在电场作用下其光学特性受外电场影响而发生各向异性变化的现象统称为电光效应（Electro-optical Effect）。电光效应包括泡克耳斯（Pockels）效应和克尔（Kerr）效应。

（1）泡克耳斯效应（Pockels Effect）　1893 年由德国物理学家 F. C. A. 泡克耳斯发现。一些晶体在纵向电场（电场方向与光的传播方向一致）作用下会改变其各向异性性质，产生附加的双折射现象，称为电致双折射。泡克耳斯从实验（图 2-7）证实压电晶体的两个主折射率之差为

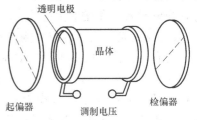

图 2-7　纵向泡克耳斯实验装置

$$n_e - n_0 = rE \tag{2-19}$$

式中，r 为比例常数；两主折射率 n_e、n_0 之差与外电场强度 E 成正比，故泡克耳斯效应亦称线性电光效应。

利用泡克耳斯效应制成电光调制器或电光开关，能以 25×10^9 Hz 的频率调制光束，如调制激光，可制成光纤电压、电场传感器。常用的具有泡克耳斯效应的压电材料有磷酸二氢钾（KH_2PO_4，简称 KDP）等。

（2）克尔效应（Kerr Effect）　1875 年英国物理学家 J. 克尔发现。光照射具有各向同性的透明物质（也可以是液体），在与入射光垂直的方向上加以高电压将发生双折射现象，即一束入射光变成'寻常'和'异常'两束出射光，称这种现象为电光克尔效应，因两个主折射率之差正比于电场强度的平方，故这种效应又称作平方电光效应。实验证明两个主折射率 n_e、n_0 之差 Δn 为

$$\Delta n = n_e - n_0 = KE^2 \tag{2-20}$$

式中，K 为克尔常数；E 为电场强度。

玻璃板在强电场作用下具有双折射性质，后来发现多种液体和气体都能产生克尔效应。电场的极化作用非常迅速，在加电场后不到 10^{-9} s 内就可完成极化过程，撤去电场后在同样

短的时间内重新变为各向同性。克尔效应的这种迅速动作的性质可用来制造几乎无惯性的光开关——光闸，在高速摄影、光纤和激光技术中获得了重要应用。

（3）光弹效应（Photoelastic Effect）　　光弹效应也叫应力双折射效应。某些非晶体物质（如环氧树脂、玻璃）在机械力的作用下，会获得各向异性的性质。如外力或振动作用于弹性体产生形变时，弹性体的折射率发生变化，呈现双折射性质的效应。

光弹效应的双折射是暂时的，应力解除后即消失。光弹效应可用于研究机械零件、建筑构件等物体内部应力的情况。

（4）电致发光效应（Electro Luminescence Effect）　　某些固态晶体如高纯度锗（Ge）、硅（Si）和砷化镓 GaAs 等化合物半导体在光和外加电场作用下发出冷光（指荧光和磷光）的现象，以及某些固态晶体如磷化镓（GaP）、磷化铟（InP）、砷化镓（GaAs）等无需外加激发光而在外加电场作用下即可发光的现象统称为电致发光效应。电致发光是将电能直接转换为光能的过程。基于电致发光效应的器件有发光二极管、半导体激光器等。

（5）电致变色效应（Electrochromic Effect）　　某些材料在交替的高低或正负外电场的作用下，通过注入或抽取电荷（离子或电子），从而在低透射率的致色状态或高透色率的消色状态之间产生可逆变化的一种特殊现象，在外观性能上则表现为颜色及透明度的可逆变化。这种在电流或电场的作用下，材料发生可逆变色的现象，称为电致变色效应。

基于电致变色效应的主要器件有信息显示器件、电致变色灵巧窗、无眩反光镜、电色储存器件、变色太阳镜等。这种器件具有的透光度可以在较大范围内随意调节，多色连续变化，还有存储记忆功能、驱动变色电压低、电源简单、省电、受环境影响小等特性，因此具有十分广阔的应用前景。

2.3.4　磁光效应

置于外磁场的物体，在光和外磁场的作用下，其光学特性（如吸光特性、折射率等）发生变化的现象称为磁光效应（Magneto-optical effect）。它包括法拉第效应、磁光克尔效应、科顿－穆顿效应、塞曼效应和光磁效应等。这些效应均起源于物质的磁化，反映了光与物质磁性间的联系。

（1）法拉第效应（Faraday Effect）　　1845 年由 M. 法拉第（Michal Faraday）发现。平面偏振光（即线偏振光）通过带磁性的透光物体或通过在纵向磁场（磁场方向与光传播方向平行）作用下的非旋光性物质时，其偏振光面发生偏转。它是由于磁场作用使直线偏振光分解成传播速度各异的左旋和右旋两圆偏振光，因此从物质端面出射的合成偏振光将发生偏转。上述现象称为磁光法拉第效应或磁致旋光效应，也称法拉第旋转或磁圆双折射效应。

实验表明，当线偏振光在介质中传播时，若在平行于光的传播方向上加一强磁场，则光振动方向将发生偏转，偏转角度 θ_F 与外磁场强度 H_e 和光穿越介质的长度 l 的乘积成正比，即

$$\theta_F = V H_e l \tag{2-21}$$

式中，V 为磁光效应常数或费尔德常数，与介质性质及光波频率有关，可正可负；H_e 为外磁场强度。

法拉第效应有许多重要的应用，如用来分析碳氢化合物，因每种碳氢化合物有各自的磁致旋光特性；用于光纤通信系统中的磁光隔离器，减少光纤中器件表面反射光对光源的干

扰；利用法拉第效应的弛豫时间不大于 10^{-10} s 量级的特点，可制成磁光调制器和磁光效应磁强计等。

（2）磁光克尔效应　1876 年由英国科学家 J. 克尔发现。入射的线偏振光在已磁化的物质表面反射时，振动面发生旋转的现象，这种现象叫磁光克尔效应。磁光克尔效应分极向、横向和纵向三种（图 2-8），分别

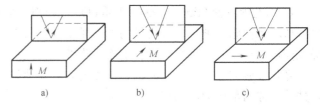

图 2-8　三种磁光克尔效应

对应物质的磁化强度与反射表面垂直、与表面平行而与入射面垂直、与表面和入射面平行三种情形。极向和纵向磁光克尔效应的磁致旋光都正比于磁化强度，一般极向的效应最强，纵向次之，横向则无明显的磁致旋光。磁光克尔效应的最重要应用是观察铁磁体的磁畴。不同的磁畴有不同的自发磁化方向，引起反射光振动面的不同旋转，通过偏振片观察反射光时，将观察到与各磁畴对应的明暗不同的区域。用此方法还可对磁畴变化作动态观察。

（3）科顿—穆顿效应（Cotton-Mouton Effect）　1907 年 A. 科顿和 H. 穆顿首先在液体中发现。当光的传播方向与磁场垂直时，平行于磁场方向的线偏振光的相速不同于垂直于磁场方向的线偏振光的相速而产生双折射现象，称为科顿—穆顿效应，或磁致双折射效应。实验证实，处在外磁场内的媒质的两主折射率之差正比于磁感应强度 H 的平方

$$n_e - n_0 = C'\lambda H^2 \tag{2-22}$$

式中，C' 为科顿—穆顿常数，它与光波波长 λ 和温度有关，与磁场强度无关。

W. 佛克脱在气体中也发现了同样效应，称佛克脱效应，它比前者要弱得多。当介质对两种互相垂直的振动有不同吸收系数时，就表现出二向色性的性质，称为磁二向色性效应。

（4）塞曼效应（Zeeman Effect）　1896 年荷兰物理学家 P. 塞曼发现。塞曼效应是当光源放在足够强的磁场中时，光源发出的每条光谱线，都分裂成若干条偏振化的光谱线，分裂的谱线条数随能级的类别而不同的现象。塞曼效应是继法拉第效应和克尔效应之后被发现的第三个磁光效应。塞曼效应证实了原子磁矩的空间量子化，为研究原子结构提供了重要途径，被认为是 19 世纪末 20 世纪初物理学最重要的发现之一。利用塞曼效应可以测量电子的荷质比。在天体物理中，塞曼效应可以用来测量天体的磁场。

光谱线在磁场中会发生分裂。是由于外磁场对电子的轨道磁矩和自旋磁矩的作用，或使能级分裂才产生的。其中谱线分裂为 2 条（顺磁场方向观察）或 3 条（垂直于磁场方向观察）的叫正常塞曼效应；3 条以上的叫反常塞曼效应。在定强度的磁场中，分裂后谱线的间隔与磁场强度成正比；谱线成分沿磁场方向观察是左、右圆偏振光，而沿垂直磁场方向观察是互相垂直的两种线偏振光。塞曼效应的经典理论解释是 H. A. 洛伦兹首先提出的。历史上将符合洛伦兹理论的谱线分裂现象称为正常塞曼效应，而将其他不符合洛伦兹理论的谱线分裂现象称为反常塞曼效应。量子力学理论能够全面地解释塞曼效应。

（5）光磁效应（Magneto-optical Effect）　光磁效应是磁光效应的逆效应。在光辐射情况下，物质的磁性（如磁化率、磁晶各向异性、磁滞回线等）发生变化的现象称为光磁效应，亦称光诱导磁效应。

早在 1931 年就有光照引起磁化率变化的报道，但直到 1967 年 R. W. 蒂尔等人在掺硅的钇铁石榴石（YIG）中发现红外光照射引起磁晶各向异性变化之后才引起人们的重视。这些

效应多与非三价离子的代换有关，这种代换使亚铁磁材料中出现了二价铁离子，光照使电子在二、三价铁离子间转移，从而引起磁性的变化。因此，光磁效应是光感生的磁性变化，也称光感效应。这个效应的许多应用正在研究之中。

2.3.5　磁电效应

将材质均匀的金属或半导体通电并置于磁场中产生各种物理变化，这些变化统称为磁电效应（Magnetoelectric Effect）。它包括电流磁效应和狭义的磁电效应。电流磁效应是指磁场对通有电流的物体引起的电效应，如磁阻效应和霍尔效应；狭义的磁电效应是指物体由电场作用产生的磁化效应或由磁场作用产生的电极化效应，前者称作电致磁电效应，后者称作磁致磁电效应。

（1）霍尔效应（Hall Effect）　1879 年由德国物理学家 E. H. 霍尔首先发现。当电流垂直于外磁场的方向通过导体或半导体薄片时，在薄片垂直于电流和磁场方向的两侧表面之间产生电位差的现象，称为霍尔效应。如图 2-9 所示，霍尔元件的 x 轴方向通过控制电流 I_s，z 轴方向通过磁感应强度为 B 的磁场。则载流子受垂直于 I_s 和 B 的洛伦

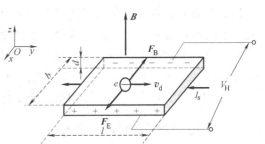

图 2-9　N 型半导体霍尔效应原理图

兹力的作用向 y 轴方向偏转，电场方向上的半导体厚度为 d，使霍尔元件垂直于 y 轴方向的两侧面间产生电位差 V_H。那么，霍尔电压 V_H 为

$$V_H = \frac{R_H}{d} I_s B \tag{2-23}$$

式中，R_H 为霍尔系数。

根据霍尔效应，人们用半导体材料制成霍尔元件，它具有对磁场敏感、结构简单、体积小、频率响应宽、输出电压变化大和使用寿命长等优点，因此，在测量、自动化、计算机和信息技术等领域得到广泛的应用。

（2）磁阻效应（Magneto-resistive Effect）　1857 年英国物理学家威廉·汤姆森发现。当通以电流的半导体或金属薄片置于与电流垂直或平行的外磁场中，其电阻随外加磁场变化而变化的现象，称为磁阻效应。

同霍尔效应一样，磁阻效应也是由于载流子在磁场中受到洛伦兹力而产生的。在达到稳态时，某一速度的载流子所受到的电场力与洛伦兹力相等，载流子在两端聚集产生霍尔电场，比该速度慢的载流子将向电场力方向偏转，比该速度快的载流子则向洛伦兹力方向偏转。这种偏转导致载流子的漂移路径增加。或者说，沿外加电场方向运动的载流子数减少，从而使电阻增加。这种现象称为磁阻效应。若外加磁场与外加电场垂直，称为横向磁阻效应；若外加磁场与外加电场平行，称为纵向磁阻效应。一般情况下，载流子的有效质量的驰豫时间与方向无关，则纵向磁感强度不引起载流子偏移，因而无纵向磁阻效应。

目前，从一般磁阻开始，磁阻发展经历了巨磁阻（GMR）、庞磁阻（CMR）、穿隧磁阻（TMR）、直冲磁阻（BMR）和异常磁阻（EMR）。磁阻器件由于灵敏度高、抗干扰能力强等优点广泛用于磁传感、磁力计、电子罗盘、位置和角度传感器、车辆探测、GPS 导航、

仪器仪表、磁存储（磁卡、硬盘）等领域。

（3）**巨磁阻效应**（Giant Magneto-Resistive，GMR） 法国科学家阿尔贝·费尔和德国科学家彼得·格林贝格尔于1988年分别独立发现巨磁阻效应而共同获得2007年诺贝尔物理学奖。

所谓巨磁阻效应，是指磁性材料的电阻率在有外磁场作用时较之无外磁场作用时存在巨大变化的现象。巨磁阻是一种量子力学效应，它产生于层状的磁性薄膜结构。这种结构是由铁磁材料和非铁磁材料薄层交替叠合而成。当铁磁层的磁矩相互平行时，载流子与自旋有关的散射最小，材料有最小的电阻。当铁磁层的磁矩为反平行时，与自旋有关的散射最强，材料的电阻最大。上下两层为铁磁材料，中间夹层是非铁磁材料。铁磁材料磁矩的方向是由加到材料的外磁场控制的，因而较小的磁场也可以得到较大电阻变化。

巨磁阻效应自从发现以来就被用于硬磁盘的体积小而灵敏的数据读出头，使得存储单字节数据所需的磁性材料尺寸大为减少，从而使得磁盘的存储能力得到大幅度的提高，造就了计算机硬盘存储密度提高50倍的奇迹。巨磁阻效应同样可应用于测量位移、角度等传感器中，可广泛地应用于数控机床、汽车导航、非接触开关和旋转编码器中，与光电等传感器相比，具有功耗小、可靠性高、体积小、能工作于恶劣的工作条件等优点。

2.3.6 热电效应和热释电效应

1. 热电效应（Thermoelectric Effect）

热电效应是温差电效应的俗称。它是温差转换成电的物理效应，通常指塞贝克效应，其逆效应有珀耳帖效应和汤姆逊效应。

（1）**塞贝克效应**（Seebeck Effect） 德国物理学家托马斯·约翰·塞贝克于1921年发现。塞贝克效应又称作第一热电效应，是指由于温差而产生的热电现象。如图2-10所示，在两种金属A和B组成的回路中，如果使两个接触点的温度不同，则在回路中将出现电流，称为热电流，或温差电流，产生电流的电动势称为温差电动势，其数值与导体或半导体的性质及两结点的温差有关。这种现象称为塞贝克效应，也称为温差电效应或热电效应。温差电动势亦称为塞贝克电动势。它由两部分电势组成：

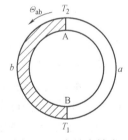

图 2-10 塞贝克效应

1）两种导体的接触电势，称珀耳帖电势；

2）单一导体的温差电势，称汤姆逊电势。

两种金属导体接触时，自由电子由密度大的导体向密度小的导体扩散，直至动态平衡而形成，在接触处两侧失去电子而带正电，得到电子的带负电，从而得到稳定的接触电势。

单一导体的温差电势是由于自由电子在高温端具有较大的动能，向低温端扩散而形成的。高温端失去电子而带正电，低温端得到电子而带负电。

因此，两种金属导体A、B组成的闭合回路，当结点温度分别为T_2、T_1时，温差电效应产生的电动势为

$$E_{AB}\ (T_2,\ T_1) = \frac{k}{e}\ (T_2-T_1)\ \ln\frac{n_A}{n_B} + \int_{T_0}^{T} (\sigma_A-\sigma_B)\ \mathrm{d}T \tag{2-24}$$

式中，k为波尔兹曼（Boltzmann）常数，$k=1.38\times10^{-23}$ J/k；e为电子电荷量，$e=1.602\times$

10^{-19} C；n_A，n_B 为金属材料 A、B 的自由电子密度；σ_A，σ_B 为金属 A、B 的汤姆逊系数。

在一定温度范围内，温差电动势 E 为

$$E = \alpha(T_2 - T_1) \tag{2-25}$$

式中，α 为塞贝克系数；T_1，T_2 为闭合回路两结点的温度。

金属的塞贝克系数 α 约为 $0 \sim 80\mu V/K$，温差电效应较小，可制成热电偶，用于测温等。两种不同半导体连接回路两端保持不同温度，其 α 约为 $50 \sim 100\mu V/K$，可制成温差发电器。

（2）珀耳帖效应（Peltier Effect）　又称作热电第二效应，由法国科学家珀耳帖于 1834 年首先发现。当电流流过两种导体组成的闭合回路时（图 2-11），一结点处变热（吸热），另一结点处变冷（放热），或当电流以不同方向通过金属与导体相接触处时，其接触处或发热或吸热，这种现象称为珀耳帖效应，所放出或吸收的热量，称为珀耳帖热量。珀耳帖效应是塞贝克效应的逆效应。

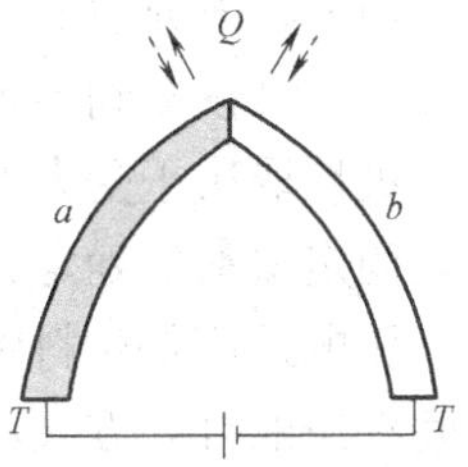

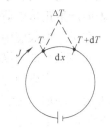

图 2-11　珀耳帖效应

如果通过的电流为 I，则吸收或放出的热量 Q_P 为

$$Q_P = \beta I \tag{2-26}$$

式中，β 为珀耳帖系数。β 的大小取决于所用的两种金属的种类和环境温度。它与塞贝克系数之间的关系为

$$\beta = \alpha T \tag{2-27}$$

式中，T 为环境的热力学温度。

利用珀耳帖效应可以制作半导体电子致冷元件。

（3）汤姆逊效应（Thomson Effect）　又称为第三热电效应，是导体两端有温差时产生电势的现象。同一种金属组成闭合回路或一种半导体（见图 2-12），保持回路两侧或半导体两端有一定的温度差 ΔT，并通以电流 I 时，回路的温度转折处（或半导体整体）产生比例于 $I\Delta T$ 的吸热或发热，这种现象叫汤姆逊效应。由汤姆逊效应产生的热流量，称汤姆逊热，用符号 Q_T 表示

图 2-12　汤姆逊效应

$$Q_T = \mu I \Delta T \tag{2-28}$$

式中，μ 为汤姆逊系数；ΔT 为温差。

μ 的符号取决于电流的方向，当电流从高温处流向低温处为正，效应呈发热状态；反之为负，效应呈吸热状态。

汤姆逊系数与塞贝克系数之间的关系是

$$\frac{\mu}{T} = \frac{d\alpha}{dT} \tag{2-29}$$

2. 热释电效应（Pyroelectric Effect）

晶体受热产生温度变化时，其原子排列将发生变化，晶体自然极化，在其两表面产生电荷的现象。这种由于热变化而产生的电极化现象称为热释电效应。

热释电效应产生的电荷 $\Delta\theta$ 与温度 T 的关系为

$$\Delta\theta = \lambda A \Delta T \tag{2-30}$$

式中，λ 为热释电系数，其大小取决于晶体的材料；A 为晶体受热表面积。

能产生热释电效应的晶体称为热释电体，又称为热电元件。热电元件常用的材料有单晶

（LiTaO₃ 等）、压电陶瓷（PZT 等）及高分子薄膜（PVF₂ 等）。工业上可用作红外探测器件，广泛地用于辐射和非接触式温度测量、红外光谱测量、激光参数测量、工业自动控制、空间技术及红外摄像中。

2.3.7 压电、压阻和磁致伸缩效应

1. 压电效应（Piezoelectric Effect）

当某些电介质沿一定方向受外力作用时，在其一定的两个表面上产生异号电荷；当外力去掉后，又恢复到不带电的状态。这种现象称为压电效应。其中电荷大小与外力大小成正比，极性取决于受力方向，即变形是压缩还是伸长；比例系数为压电常数，它与形变方向有关，固定材料的确定方向上为常量。

压电效应是材料中一种机械能与电能互换的现象。压电材料的这种性质是因为晶格内原子间特殊的排列方式，使得材料有应力场与电场耦合的效应。压电效应有两种，正压电效应和逆压电效应。压电效应是指某些介质在施加外力造成本体变形而产生带电状态或施加电场而产生变形的双向物理现象，是正压电效应和逆压电效应的总称，一般习惯上压电效应指正压电效应。

（1）**正压电效应** 正压电效应是一种机械能转变为电能的效应。

当对压电材料施以外力，比如压力时，材料体内的电偶极矩会因压缩而变短，此时压电材料为抵抗这一变化会在材料表面产生正负电荷，以保持原状，如图 2-13 所示。

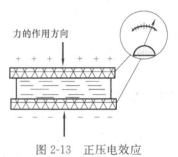

图 2-13 正压电效应

在正压电效应中，如果所生成的电位差方向与压力或拉力方向一致，即为纵向压电效应，如果所生成的电位差方向与压力或拉力方向垂直时，即为横向压电效应，如果在一定的方向上施加的是切应力，而在某方向上会生成电位差，则称为切向压电效应。

（2）**逆压电效应** 逆压电效应是一种电能转变为机械能的效应。

当在电介质的极化方向施加电场时，某些电介质在一定方向上将产生机械变形或机械应力，当外电场撤去后，变形或应力也随之消失，这种物理现象称为逆压电效应，其应变的大小与电场强度的大小成正比，方向随电场方向变化而变化。

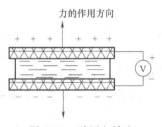

图 2-14 逆压电效应

当在压电材料表面施加电场时，因电场作用时材料体内的电偶极矩会被拉长，压电材料为抵抗这一变化会沿电场方向拉伸，如图 2-14 所示。

具有明显压电效应的材料称为压电材料，常用的有石英晶体、铌酸锂（LiNbO₃），镓酸锂（LiGaO₃），锗酸铋（Bi₁₂GeO₂₀）等单晶体和经极化处理后的多晶体如钛酸钡压电陶瓷、锆钛酸铅系压电陶瓷（PZT）。新型压电材料有高分子压电薄膜（如聚偏二氟乙烯（PVDF））和压电半导体（如 ZnO，CdS）。

利用压电效应可以制成压电传感器、压电超声波探头、压电表面波（SAW）传感器及压电陀螺等。利用正压电效应可将力、压力、振动、加速度等非电量转换为电量，利用逆压电效应可将电能转换为机械波，制成超声波发生器、声发射传感器、频率高度稳定的晶体振

荡器等。

2. 电致伸缩效应（Electrostriction Effect）

电介质材料在电场作用下，都会发生与电场强度的平方（或极化强度的平方）成比例的应变现象，只是强弱不同而已。这种物理效应称为电致伸缩效应。一些铁电陶瓷材料具有较强的电致伸缩效应。利用这种效应做成微位移计在精密机械、光学显微镜、天文望远镜和自动控制等方面有重要用途。

电致伸缩效应与逆压电效应都是电能转换成机械能的效应，但电致伸缩效应与电场方向无关，其应变大小与电场强度的平方成正比，而逆压电效应则与电场方向有关，其应变与电场强度成正比，当外加电场反向时，产生的应变也同时反向。

3. 压阻效应（Piezoresistance Effect）

半导体材料（如硅、锗）受到外力或应力作用时，其电阻率发生变化的现象称为压阻效应。

半导体材料的压阻效应是由于在外力的作用下，原子点阵排列发生变化，即其晶格间距改变，禁带宽度变化，导致载流子迁移率及载流子浓度的变化，从而引起电阻率的变化。

压阻效应与材料类型、晶体取向、掺杂浓度及温度有关。电阻（或电阻率）的相对变化率等于沿某晶向的压阻系数与沿该晶向应力的积，即等于压阻系数乘应变材料的弹性模量。

$$\frac{\Delta R}{R} = \frac{\Delta \rho}{\rho} = \pi_\mathrm{L} \sigma = \pi_\mathrm{L} E \varepsilon \tag{2-31}$$

式中，ρ、$\Delta \rho$ 为电阻率和电阻率的变化量；E 为材料的弹性模量；π_L 为沿某晶向 L 的电阻系数；σ、ε 为晶向 L 的应力、应变。

利用压阻效应可制成压阻式传感器，可用于压力、加速度、重量、应变、拉力、流量、真空度等测量。

4. 磁致伸缩效应

（1）**磁致伸缩效应**（Magnetostrictive Effect）　某些铁磁体、合金及铁氧体，其磁场与机械变形相互转换的种种现象称为磁致伸缩效应。

磁致伸缩是指一切伴随着强磁性物质的磁化状态变化而产生的长度和体积的变化。由于物体的磁化状态是其中原子间距离的函数，当磁化状态发生改变时，原子间距离也会发生变化，这就是对磁致伸缩效应的简单理解，实际材料的磁致伸缩表现是相当复杂的。磁致伸缩可分为两种，一种叫线性磁致伸缩，另一种称为体积磁致伸缩。但通常情况下，提到磁致伸缩都是指线性磁致伸缩而言。

基于磁致伸缩效应可制成电声器件、超声波发生器、光纤式传感器、应力传感器和转矩传感器等。

1）线性磁致伸缩是指磁体在磁场中磁化时，在磁化方向伸长或缩短。对于长度为 L 的磁体，其伸长或缩短的量为 ΔL，则比值 $\Delta L/L$（也就是应变）便是磁致伸缩的值，常用 A 表示。一般材料的 A 值随磁化场的增加而增加直到饱和，称为饱和磁致伸缩，以 A_s 表示。在磁化方向伸长的材料，$A>0$，称为正磁致伸缩；在磁化方向缩短的材料，$A<0$，称为负磁致伸缩。

单晶体的磁致伸缩是各向异性的，在不同方向的磁致伸缩的饱和值 A 是不同的。对于多晶体来说，如果试样中含有足够多的晶粒，并且各个晶粒的方向是无规则取向的，也就是说在理想多晶体的情况下，其在任何方向的饱和磁致伸缩值应等于各个晶粒的不同方向的饱和磁致伸缩的平均值 A_s。产生线性磁致伸缩的物理原因，通常认为是由于自旋和轨道的相互耦合造成。

2）由外加磁场的磁化而引起铁磁体的体积变化，称为磁致体积效应。在较弱磁场下铁磁体发生线性磁致伸缩，例如对于正磁致伸缩材料，在平行于磁化方向伸长而在垂直于磁化方向缩短，而磁体的体积是几乎不变的。但是在很强的磁化场中，也就是顺磁磁化过程时，会发生体积的变化，这种变化是近似各向同性的。

（2）逆磁致伸缩效应　磁致伸缩材料在外力（或应力、应变）作用下，引起内部发生形变，产生应力，使各磁畴之间的界限发生移动，磁畴磁化强度矢量转动，从而使材料的磁化强度和磁导率发生相应的变化。这种由于应力使磁性材料性质变化的现象称为压磁效应，也称逆磁致伸缩效应。

一个具有正磁致伸缩的铁磁棒，当沿其长度方向施加一弹性张力时，则试样的磁导率升高，反之，一个负磁致伸缩的磁棒在受到拉力时其磁导率下降。其原因是由于试样内各磁畴中存在磁致伸缩应变，在外力作用下，为使应力和磁致伸缩作用的弹性能为最小，磁畴中的磁化方向也随之改变，从而改变了磁化状态。

（3）威德曼效应（Wiedemann Effect）　给铁磁杆同时施加纵向磁场和环形磁场（即通以纵向电流时），杆件除长度发生变化外，还同时产生扭曲现象，称为威德曼效应。它是磁致伸缩效应的一个特例。

当给铁磁杆通以纵向电流时（置于环状磁场中），并使杆件拉伸、压缩或扭曲，则会产生纵向磁化现象，在杆的圆周方向上的线圈内会有电流产生，此种由于杆件扭曲或受到纵向力而产生输出电压的现象称为逆威德曼效应。

利用威德曼效应可制作扭矩传感器和力传感器。

2.3.8　约瑟夫逊效应与核磁共振

约瑟夫逊效应（Josephson Effect）是超导体的一种量子干涉效应。在两块超导体之间放置厚度约为 10^{-9} m 的极薄的绝缘层，组成约瑟夫结或称超导隧道结，如图 2-15 所示。由于绝缘层厚度远比超导电子相干长度（可达 10^{-6} m）小得多，所以绝缘层两侧超导电子间就会发生耦合，呈现出超导电流的量子干涉现象，即约瑟夫逊效应。它包括直流约瑟夫逊效应和交流约瑟夫逊效应。而在两块超导体弱连接的条件下，也存在类似约瑟夫逊隧道的直流和交流效应。

约瑟夫逊效应是超导体的隧道效应。为了便于理解，下面先讨论正常导体的隧道效应。

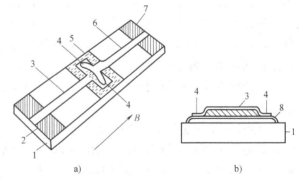

图 2-15　约瑟夫逊器件

a）结构示意图　　b）断面图

1—基片　2、7—端子电极　3、6—超导锡膜
4—约瑟夫逊结　5—绝缘物　8—氧化物

1. 隧道效应（Tunnel Effect）

在两金属片之间夹有极薄（约为

10^{-9}m）的绝缘层（如氧化膜），当两端施加直流电压时，回路就有电流产生，即有电流通过绝缘层，这种现象称为隧道效应。它可用量子力学理论予以解释。由于电子除具有粒子性外还具有波动性，在绝缘层边缘，粒子的波函数并不突然下降为零，而是进入绝缘层并按指数衰减，因此通过极薄的绝缘层后仍有一定的幅度，也就是说，有一定概率的电子穿透绝缘层（势垒）。无外加电压时，绝缘层两侧电子穿透概率相同，所以没有电流。当两金属外侧间加电压后，一侧金属的电子能量提高，有更多的电子穿过绝缘层到另一侧，因此回路产生电流。

2. 直流约瑟夫逊效应

约瑟夫逊结，在不外加电压或磁场时，有直流电流通过绝缘层，即超导电流能无电阻地通过极薄的绝缘层，这种现象称为直流约瑟夫逊效应。它是由于超导体中的部分电子因超导状态而形成具有超导性的凝聚电子对（称为库柏对），库柏对传输构成超导电流，而绝缘层又极薄，具有隧道效应，因而库柏对进入绝缘层，使绝缘层也具有弱超导性，有电流流过。在传输过程中，库柏对虽不断受到电子散射，但其总动量守恒，因而保持电流不变，所以超导电流无电阻。

当约瑟夫逊结外加平行于结平面的磁场时，由于库柏对通过的绝缘层面积较大，超导电流的相位受到磁场明显的调制作用，因而超导电流和磁场 B 的关系出现类似夫琅和费衍射图样，如图 2-16 所示。

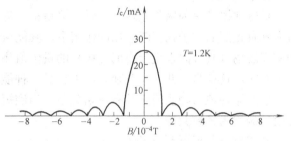

图 2-16　外加磁场的直流约瑟夫逊效应

利用直流约瑟夫逊效应制成的超导体环，即超导量子干涉器件 SQUID，可测量如人体心脏和脑活动所产生的微小磁场变化，分辨力可达 10^{-13}T，甚至更高。

3. 交流约瑟夫逊效应

约瑟夫逊结能够吸收和发射电磁波的现象，统称为交流约瑟夫逊效应。

（1）加以直流电压辐射电磁波　给约瑟夫逊结加以直流电压时，约瑟夫逊结会产生频率与所加电压 U 成正比的高频超导电流，并向外辐射电磁波，电磁波频率为

$$v = \frac{2e}{h}U \tag{2-32}$$

式中，e 为电子电荷量，$e = 1.602 \times 10^{-19}$C；$h$ 为普朗克常量，$h = 6.625 \times 10^{-3}$J·s。

当外加直流电压为微伏量级时，交变超导电流频率（称为约瑟夫逊频率）属于微波范围，辐射微波。当外加直流电压为毫伏量级时，约瑟夫逊频率属于远红外范围，则辐射远红外波。

利用上述交流约瑟夫逊效应可制成 V-F 变换器，其精度可达 10^{-8}，且稳定性极高，不受环境温度、振动等影响，无漂移无老化。

（2）加以直流和交流电压输出直流电流（压）　给约瑟夫逊结加以直流电压，同时施加一交流射频电压或用一定频率的电磁波作用于结上，则当由直流电压引起的高频电流频率与外加交流射频电压频率相等，或与外加电磁波频率相等，或者是它们的整数倍时，将有直流成分的超导电流流过绝缘层，输出直流电压

$$U = \frac{h}{2e} nf \qquad (2\text{-}33)$$

式中，n 为整数；f 为外加电压频率或外作用电磁波频率。

利用上述交流约瑟夫逊效应，可制成远红外高速高灵敏光传感器、温度传感器（测温范围为 $10^{-6} \sim 10\mathrm{K}$）及量子型高精度高灵敏度（$10^{-19}\mathrm{V}$）电压传感器，也可以光频为基准作为电压标准。

由于基本物理常数 e 和 h 不随时间、地点、参考系、速度等因素而变，频率 f 的测量准确度可达 10^{-13} 数量级。因此，约瑟夫逊电压具有很高的复现性，可达 $10^{-9} \sim 10^{-11}$ 数量级。1988 年第 18 届国际电学咨询委员会综合了各国（包括我国）的测量结果，决定约瑟夫逊常量为

$$K_{\mathrm{j}} = \frac{2e}{h} = 483597.9\,\mathrm{MHz/V} \qquad (2\text{-}34)$$

并决定从 1990 年 1 月 1 日起在世界范围内统一启用这个常量值，因而实现了从频率导出、约瑟夫逊电压所复现的国际单位制的电压单位。这是电磁领域第一个实现的自然基准。

4. 核磁共振（Nuclear Magnetic Resonance）

核磁共振是一种磁共振现象。磁共振是指与物质磁性和磁场有关的共振现象，即磁性物质内具有磁矩的粒子在直流磁场的作用下，其能级将发生分裂，当能级间的能量差正好与外加交变磁场（其方向垂直于直流磁场）的量子值相同时，物质将强烈吸收交变磁场的能量并产生共振，这就是磁共振。它在本质上也是一种能级间跃迁的量子效应。

磁共振现象与物质的磁性有密切关系。当磁矩来源于顺磁物质原子中的原子核时，则这种磁共振称为核磁共振。

利用核磁共振可制成磁传感器。采用 $\mathrm{KCIO_3}$（氯酸钾）结晶中的 $\mathrm{CI^{35}}$ 原子核在核四极矩共振现象中，共振吸收频率与温度的关系构成超精密温度传感器，分辨力可达 0.001K，测温范围为 $90 \sim 400\mathrm{K}$。

2.3.9 光的多普勒效应和萨古纳克效应

1. 光的多普勒效应（Optical Doppler Effect）

当光波源或观察者（光接收器）相对于介质（或散射体、反射器）运动时，观察者所接收到的光波频率不同于光波源的频率，两者相接近时，接收到的频率增大，反之，则减小。这种现象称为光的多普勒效应。由于多普勒效应而引起的频率变化数值称为多普勒频移。

设观察者、光波源与介质之间相对运动的方向在同一条直线上，光波源的频率为 v_{s}。当观察者以速度 v 相对于介质运动而接近或远离光波源时，则在光速为 c（$c \gg v$）的情况下，观察者所接收到的光波频率 v 为

$$v = v_{\mathrm{s}} \left(1 \pm \frac{v}{c} \right) \qquad (2\text{-}35)$$

式中，当观察者接近光源时取"$+$"，远离时取"$-$"。当观察者（接收器）静止不动，光波源以速度 v_{s} 相对于介质运动而接近或远离接收器时，接收到的光波频率为 $v = v_{\mathrm{s}} / \left(1 \mp \frac{v_{\mathrm{s}}}{c} \right)$，略去高次项后，则与式（2－35）相同。当观察者和光波源同时相对介质运动，且运动速度 $v = v_{\mathrm{s}} = V$ 时，则接收到的光的频率 v 经历了两次多普勒频移，v 为

$$\nu=\nu_s\frac{\left(1\pm\dfrac{v}{c}\right)}{\left(1\mp\dfrac{v_s}{c}\right)}=\nu_s\left(1\pm\frac{2V}{c}\right) \tag{2-36}$$

式中，观察者和光源互相靠近时取"＋"（则分子取"＋"、分母取"－"），远离时取"－"（则分子取"－"、分母取"＋"）。

若观察者或光波源的运动方向和它们的连线间有夹角 θ，则接收的光波频率 ν 为

$$\nu=\nu_s\left(1\mp\frac{v}{c}\cos\theta\right) \tag{2-37}$$

当接收器和光源相对静止，介质（如运动散射体）运动速度为 v 时，若它们之间的位置、速度关系如图 2-17 所示，则接收器接收到的光波频率 ν 为

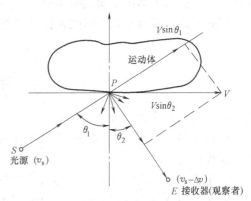

图 2-17 运动散射体的多普勒效应

$$\nu=\nu_s\left(1-\frac{V}{c}\sin\theta_1\right)\left(1+\frac{V}{c}\sin\theta_2\right) \tag{2-38}$$

略去高次项，可得

$$\nu=\nu_s\left[1-\frac{V}{c}\left(\sin\theta_1-\sin\theta_2\right)\right] \tag{2-39}$$

相对于运动介质，光源和接收器位置不同，频移值也将不同，可写成通式为

$$\begin{cases}\nu=\nu_s\pm\Delta\nu\\[2mm]\Delta\nu=\dfrac{\nu_s V}{c}\left(\sin\theta_1\pm\sin\theta_2\right)\end{cases} \tag{2-40}$$

式中，光线入射方向和接收方向位于运动速度方向的法线同侧时，θ_2 取"＋"，异侧时取"－"。运动速度在入射光方向的投影分量指向光源时 $\Delta\nu$ 取"＋"，反之取"－"。

利用多普勒效应可以进行速度、流速、流量等测量，例如光纤式血液流速测量，激光多普勒超低速（1cm/h）、超音速测量等。

2. 萨古纳克效应（Sagnac Effect）

同一光源同一光路，两束对向传播光之间的光程差或相位差与其光学系统相对于惯性空间旋转的角速度成正比的现象，称为萨古纳克效应。

萨古纳克效应的严格推导需用相对论知识，其简化证明可用图 2-18 所示的示意图进行。图中光源 A 发出的光由 B 点分为两束，一束为顺时针传播的光束，另一束为反时针传播的光束。当系统角速度 $\Omega=0$ 时，顺、反光

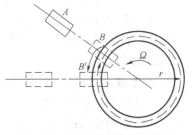

图 2-18 萨古纳克效应示意图

束由 B 点开始传播均又回到 B 点，路程为 $L=2\pi r$，所需时间为 $\tau=L/c$，其中 c 为光速，故两束光之间无光程差。当系统以 Ω 角速度相对惯性空间反时针旋转时，从 B 点出发的反时针传播光束到达 B' 所需时间与顺时针传播光束由 B 点到 B' 点所需时间之差为

$$\Delta t=\frac{L}{c-r\Omega}-\frac{L}{c+r\Omega}$$

因光速 $c \gg r\Omega$，所以

$$\Delta t = \frac{2Lr\Omega}{c^2} = \frac{4A}{c^2}\Omega$$

式中，A 为圆形光学系统围成的面积。

因此，顺、反两光束之间的光程差和相位差分别为

$$\Delta L = c\Delta t = \frac{4A}{c}\Omega \tag{2-41}$$

$$\Delta\theta = \frac{2\pi c}{\lambda_0}\Delta t = \frac{8\pi A}{\lambda_0 C}\Omega \tag{2-42}$$

式中，λ_0 为真空中光的波长。

可以证明，式（2-40）和式（2-41）同样适用于任意形状的光路，且萨古纳克效应与光的传播媒质无关。

利用萨古纳克效应可制成环形激光陀螺和性能更优的光纤陀螺，用来测量角度或角速度。在光纤陀螺（陀螺式传感器）中，用 N 匝光纤可以提高其灵敏度，灵敏度可高达 10^{-8} rad/s。

2.3.10 声音的多普勒效应及声电、声光效应

1. 声音的多普勒效应（Acoustical Doppler Effect）

声音的多普勒效应与光的多普勒效应相类似。当声源和观察者（或声接收器）在连续介质中有相对运动时，观察者接收到的声波频率与声源发生的频率不同，两者靠近时频率升高，远离时频率降低，这种现象称为声音的多普勒效应。

当声源和观察者分别以速度 v_s 和 v_0 运动时，并且运动方向在同一条直线上，则观察者接收到的声波频率 f 为

$$f = \frac{v \pm v_0}{v \mp v_s}f_s \tag{2-43}$$

式中，f_s 为声源的振动频率；v 为介质中的声速；当观察者向着声源运动时，v_0 取"＋"，反之取"－"；声源向着观察者运动时，v_s 取"－"，反之取"＋"。

由于声波是球面波，当观察者与声源相接近时，波面间距离逐渐变密，因而其频率逐渐提高，观察者听到声音显得高而尖，反之，波面间距离逐渐变疏，声音显得低而沉。

利用声音的多普勒效应可以制成超声波传感器，用以检查人体活动器官（如心脏、血管）的活动等。

2. 声电效应（Acousto-electric Effect）

在半导体中，超声（或声子）与自由载流子（电子或空穴）相互作用所产生的多种物理效应，如声波的衰减或放大（声子的吸收或发射），大振幅超声对半导体电压电流特性的影响等，统称为声电效应。

在压电半导体中，声电效应表现为声子使自由载流子重新分布，从而在半导体两端之间出现电场，它是研究半导体材料性质的重要途径，可用以超声的直接放大，或做成 10^9 Hz 量级的声电振荡器。主要材料有 CdS、ZnO、GaAs 等。

3. 声光效应（Acoustooptic Effect）

某些介质在声波作用下，其光学特性（如折射率）发生改变的现象称为声光效应。其中

超声波的声光效应尤为显著，当光通过处在超声波作用下的透明物质时会产生衍射现象。它是由于透明介质在超声波作用下引起弹性应变，其密度会产生空间周期性的疏密变化，从而使介质折射率发生相应变化，影响了光在介质中的传播特性。当光束宽度比超声波波长大得多时，这种折射率的空间周期变化起着相位光栅的作用，使通过的光线产生衍射。因此称声光效应所形成的"光栅"为声光栅，其光栅常数为超声波波长。

当外加超声波频率较低时，产生多级衍射光谱，称为喇曼-纳斯（Raman-Nath）衍射。外加超声波频率较高时，则产生强的一级衍射光。光波被声波衍射，使光束发生偏转、频移和强度变化。利用声光效应就是利用衍射光束的这些性质，可以制成声光器件，如声光偏转器、光调制器、声光 Q 开关、光纤式声传感器等。

4. 磁声效应（Magnetoacoustic Effect）

这是一种强磁体中磁化状态与声振动之间相互影响和相互转换的效应。

2.3.11　与化学有关的效应

1. 科顿效应（Cotton Effect）

能够使左、右旋圆偏振光传输速度相异的旋光性物质，在合成的直线偏振光入射并透过时，会产生偏转 α 角的偏转现象，称为科顿效应。旋光性物质又称为光学活性物质，如芳香族化合物。由于直线偏振光是左、右旋圆偏振光的合成，因此当它入射旋光性物质时，左、右旋偏振光因传播速度不同，而使其折射率各不相同。又因圆偏振光每前进一个波长距离就有一次旋转，故此左、右旋偏振光透过厚度为 d 的旋光性物质后形成偏转角 α 可表达为

$$\alpha = \frac{1}{2}(\varphi_l - \varphi_r) = \frac{\pi d(n_l - n_r)}{\lambda} \tag{2-44}$$

$$\varphi_l = 2\pi d/\lambda_l = 2\pi d n_l/\lambda \tag{2-45}$$

$$\varphi_r = 2\pi d/\lambda_r = 2\pi d n_r/\lambda \tag{2-46}$$

式中，φ_l、φ_r 为左、右旋偏振光透过旋光性物质时的旋转角度；n_l、n_r 为左、右旋偏振光在旋光性物质中的折射率；λ-入射光的波长。

2. 中性盐效应（Neutral Salt Effect）

在化学反应系统中，加入中性盐后，系统的离子强度发生变化，从而影响系统的反应速度，这种现象称为中性盐效应。所谓中性盐是指其水溶液呈中性，即非碱性亦非酸性的盐类。它们加入化学反应系统中后使系统的离子浓度发生变化，从而引起反应速度的变化。

中性盐效应包括一次中性盐效应和二次中性盐效应。一次中性盐效应是指中性盐加入后改变离子浓度而使反应离子的活化系数改变的现象。二次中性盐效应是指活化系数的变化影响系统反应的离子离解平衡，进而改变反应离子的浓度，引起中性盐本身反应速度改变的现象。

3. 电泳效应（Electrophoretic Effect）

电泳是溶液中带电粒子（离子）在电场中移动的现象。当水溶液（如食盐水）电解时，溶液中离子向电极方向移动，因溶液流动而阻碍离子移动，使其迁移率降低的现象，称之为电泳效应。因为离子的迁移率同溶液中的电解质浓度、种类、颗粒形状及大小有关，所以利用这一效应可以分析蛋白质。

4. 彼德效应（Budde Effect）

是指光照射卤族元素的蒸气使其发生膨胀的现象。其机制是光的照射使卤族元素（如氟、氯、溴、碘）原子结合而放热，从而使其蒸气升温，体积膨胀。

5. 贝克·纳赞效应（Baker·Nathan Effect）

丙烯（C_3H_6）等化合物在吸附不饱和碳原子甲基族（CH_3）物质后放出比物理效应更多的电子的现象，称为贝克·纳赞效应。

6. 饱和效应（Saturation Effect）

在高分子核磁共振吸收过程中，随入射电磁波振幅的增大，高分子吸收电磁波的能量逐渐减少的现象，称为饱和效应。它是由于高分子核自旋吸收能量较多后来不及转移而形成的。核自旋因磁场作用而能级分离，当它吸收外加电磁波能量使其能级上升发生核磁共振时，其吸收的能量一方面通过各个核自旋的相互作用而扩散为均一能量状态，另一方面向晶格转移，从而使核自旋能连续吸收电磁波能量。但能量的转移需要一定的时间，当外加电磁波的振幅较大时，核自旋吸收的能量也较多，但由于转移不及，而使继续吸收的能量减少，产生饱和效应。

7. 努森效应（Knudsen Effect）

通常气体与固体相互作用，气体都要吸附于固体之上。当用吸附测量装置测量此吸附量时，如果该气体压力较低并且吸附测量装置的管内壁与气体的平均自由行程大体相等时，则可产生因温度不同造成的压差，这种现象称为努森效应。

此外，化学传感器的制作还利用了多种气敏和化学离子敏选择性原理，可以在有关专著中查阅。

2.3.12　纳米效应

纳米是一个长度计量单位，符号为 nm。1 纳米是 1 米的十亿分之一（10^{-9} m），相当于 45 个原子排列起来的长度。假设一根头发的直径为 0.05mm，把它径向平均剖成 5 万根，每根的厚度即约为 1nm。就像毫米、微米一样，纳米是一个尺度概念，并没有物理内涵。当物质到纳米尺度以后，大约是在 1~100nm 这个范围空间，物质的性能就会发生突变，出现特殊性能。

纳米效应（nm effect）就是指纳米材料具有传统材料所不具备的奇异或反常的物理、化学特性，如原本导电的铜到某一纳米级界限就不导电，原来绝缘的二氧化硅、晶体等，在某一纳米级界限时开始导电。这是由于纳米材料具有颗粒尺寸小、比表面积（1g 固体所占有的总表面积为该物质的比表面积 S（Specific Surface Area，m^2/g））大、表面能高、表面原子所占比例大等特点。由于纳米材料的特殊结构，使之产生四大效应，即表面效应和界面效应、小尺寸效应、量子尺寸效应和宏观量子隧道效应，从而具有传统材料所不具备的物理、化学性能。

1. 表面效应与界面效应

纳米材料的表面效应（Surface Effect）是指纳米粒子的表面原子数与总原子数之比随粒径的变小而急剧增大后所引起的性质上的变化。球形颗粒的表面积与直径的平方成正比，其体积与直径的立方成正比，故其比表面积（表面积/体积）与直径成反比。随着颗粒直径的变小比表面积将会显著地增加。例如粒径为 10nm 时，比表面积为 $90m^2/g$；粒径为 5nm 时，

比表面积为 $180m^2/g$；粒径下降到 2nm 时，比表面积猛增到 $450m^2/g$。粒子直径减小到纳米级，不仅引起表面原子数的迅速增加，而且纳米粒子的表面积、表面能都会迅速增加。这主要是因为处于表面的原子数较多，表面原子的晶场环境和结合能与内部原子不同所引起的。表面原子周围缺少相邻的原子，有许多悬空键，具有不饱和性质，易与其他原子相结合而稳定下来，故具有很大的化学活性，晶体微粒化伴有这种活性表面原子的增多，其表面能大大增加。这种表面原子的活性不但引起纳米粒子表面原子输送和构型变化，同时也引起表面电子自旋构象和电子能谱的变化。

纳米材料具有非常大的界面。界面的原子排列是相当混乱的，原子在外力变形的条件下很容易迁移，因此表现出很好的韧性与一定的延展性，使材料具有新奇的界面效应。研究表明：人的牙齿之所以具有很高的强度，是因为它是由磷酸钙等纳米材料构成的。

2. 小尺寸效应（Small Size Effect）

随着颗粒尺寸的量变，在一定条件下会引起颗粒性质的质变。由于颗粒尺寸变小所引起的宏观物理性质的变化称为小尺寸效应。对纳米颗粒而言，尺寸变小，同时其比表面积亦显著增加，从而磁性、内压、光吸收、热阻、化学活性、催化性及熔点等都较普通粒子发生了很大的变化，产生一系列新奇的性质。

（1）**特殊的光学性质**　当黄金被细分到小于光波波长的尺寸时，即失去了原有的富贵光泽而呈黑色。事实上，所有的金属在超微颗粒状态都呈现为黑色。尺寸越小，颜色愈黑，银白色的铂（白金）变成铂黑，金属铬变成铬黑。由此可见，金属超微颗粒对光的反射率很低，通常可低于 1%，大约几微米的厚度就能完全消光。利用这个特性可以作为高效率的光热、光电等转换材料，可以高效率地将太阳能转变为热能、电能。此外又有可能应用于红外敏感元件、红外隐身技术等。

（2）**特殊的热学性质**　固态物质在其形态为大尺寸时，其熔点是固定的，超细微化后却发现其熔点将显著降低，当颗粒小于 10nm 量级时尤为显著。例如，金的常规熔点为 1064℃，当颗粒尺寸减小到 2nm 尺寸时的熔点仅为 327℃左右；银的常规熔点为 670℃，而超微银颗粒的熔点可低于 100℃。因此，超细银粉制成的导电浆料可以进行低温烧结，此时元件的基片不必采用耐高温的陶瓷材料，甚至可用塑料。采用超细银粉浆料，可使膜厚均匀，覆盖面积大，既省料又具高质量。日本川崎制铁公司采用 $0.1 \sim 1\mu m$ 的铜、镍超微颗粒制成导电浆料可代替钯与银等贵金属。超微颗粒熔点下降的性质对粉末冶金工业具有一定的吸引力。例如，在钨颗粒中附加 $0.1\% \sim 0.5\%$ 重量比的超微镍颗粒后，可使烧结温度从 3000℃降低到 $1200 \sim 1300$℃，以至可在较低的温度下烧制成大功率半导体管的基片。

（3）**特殊的磁学性质**　人们发现鸽子、海豚、蝴蝶、蜜蜂以及生活在水中的趋磁细菌等生物体中存在超微的磁性颗粒，使这类生物在地磁场导航下能辨别方向，具有回归的本领。磁性超微颗粒实质上是一个生物磁罗盘，生活在水中的趋磁细菌依靠它游向营养丰富的水底。通过电子显微镜的研究表明，在趋磁细菌体内通常含有直径约为 $2 \times 10^{-2}\mu m$ 的磁性氧化物颗粒。小尺寸的超微颗粒磁性与大块材料显著不同，大块的纯铁矫顽力约为 80A/m，而当颗粒尺寸减小到 $2 \times 10^{-2}\mu m$ 以下时，其矫顽力可增加 1 千倍，若进一步减小其尺寸，大约小于 $6 \times 10^{-3}\mu m$ 时，其矫顽力反而降低到零，呈现出超顺磁性。利用磁性超微颗粒具有高矫顽力的特性，已做成高储存密度的磁记录磁粉，大量应用于磁带、磁盘、磁卡以及磁性钥匙等。利用超顺磁性，人们已将磁性超微颗粒制成用途广泛的磁性液体。

（4）特殊的力学性质　陶瓷材料在通常情况下呈脆性，然而由纳米超微颗粒压制成的纳米陶瓷材料却具有良好的韧性。因为纳米材料具有大的界面，界面的原子排列是相当混乱的，原子在外力变形的条件下很容易迁移，因此表现出甚佳的韧性与一定的延展性，使陶瓷材料具有新奇的力学性质。美国学者报道氟化钙纳米材料在室温下可以大幅度弯曲而不断裂。研究表明，人的牙齿之所以具有很高的强度，是因为它是由磷酸钙等纳米材料构成的。呈纳米晶粒的金属要比传统的粗晶粒金属硬 3～5 倍。至于金属-陶瓷等复合纳米材料则可在更大的范围内改变材料的力学性质，其应用前景十分宽广。超微颗粒的小尺寸效应还表现在超导电性、介电性能、声学特性以及化学性能等方面。

3. 量子尺寸效应（The Quantum Size Effec）

各种元素原子具有特定的光谱线。由无数的原子构成固体时，单独原子的能级就并合成能带，由于电子数目很多，能带中能级的间距很小，因此可以看作是连续的，从能带理论出发成功地解释了大块金属、半导体、绝缘体之间的联系与区别，对介于原子、分子与大块固体之间的超微颗粒而言，大块材料中连续的能带将分裂为分立的能级；能级间的间距随颗粒尺寸减小而增大。

当热能、电场能或者磁场能比平均的能级间距还小时，就会呈现一系列与宏观物体截然不同的反常特性，称之为量子尺寸效应。例如，导电的金属在超微颗粒时可以变成绝缘体，磁矩的大小和颗粒中电子是奇数还是偶数有关，比热容亦会反常变化，光谱线会产生向短波长方向的移动，这就是量子尺寸效应的宏观表现。因此，对超微颗粒在低温条件下必须考虑量子效应，原有宏观规律已不再成立。

所谓量子尺寸效应是指当粒子尺寸下降到最低值时，费米能级附近的电子能级由准连续变为离散能级的现象。当能级间距大于热能、磁能、静电能、光子能或超导态的凝聚能时，会出现纳米材料的量子尺寸效应，从而使其磁、光、声、热、电、超导电性能与宏观材料显著不同。如纳米金属微粒在低温条件下会出现电绝缘性和吸光性。

4. 宏观量子隧道效应（Macroscopic Quantum Tunneling Effect，MQT）

宏观量子隧道效应是基本的量子现象之一，即当微观粒子的总能量小于势垒高度时，该粒子仍能穿越这一势垒，微观粒子具有贯穿势垒的能力称为隧道效应。近年来，人们发现一些宏观量，例如微颗粒的磁化强度、量子相干器件中的磁通量以及电荷等亦具有隧道效应，它们可以穿越宏观系统的势垒而产生变化，故称为宏观量子隧道效应。这一效应与量子尺寸效应一起，确定了微电子器件进一步微型化的极限，也限定了采用磁带磁盘进行信息储存的最短时间。

近年来人们发现 Fe-Ni 薄膜中畴壁运动速度在低于某一临界温度时基本上与温度无关。于是，有人提出量子理想的零点震动可以在低温起着类似热起伏的效应。从而使零温度附近微颗粒磁化矢量重取向，保持有限的驰豫时间，即在热力学温度零度仍然存在非零的磁化反转率。宏观量子隧道效应的研究对基础研究及实用都有着重要的意义，它限定了磁带、磁盘进行信息储存的时间极限。量子尺寸效应、隧道效应将会是未来电子器件的基础，或者它确立了现存微电子器件进一步微型化的极限。当电子器件进一步细微化时，必须要考虑上述的量子效应。

电子具有粒子性又具有波动性，因此存在隧道效应。近年来，人们发现一些宏观物理量，如微颗粒的磁化强度、量子相干器件中的磁通量等亦显示出隧道效应，称之为宏观的量子隧道效应。量子尺寸效应、宏观量子隧道效应将会是未来微电子、光电子器件的基础，或者它确立了现存微电子器件进一步微型化的极限，当微电子器件进一步微型化时必须要考虑上述的量子效应。例如，在制造半导体集成电路时，当电路的尺寸接近电子波长时，电子就通过隧道效应而溢出器件，使器件无法正常工作，经典电路的极限尺寸大概在 $0.25\mu m$。目前研制的量子共振隧穿晶体管就是利用量子效应制成的新一代器件。

2.4　传感器的新型敏感材料

2.4.1　敏感材料的工作机理

传感器的敏感机理是自然规律中各种定律、法则和效应，而传感器的具体实现则是依靠一些能有效表现这些规律、现象的各种功能材料以及它们的装置。传感器的进步不但依靠新的定律、法则和效应的发现，更依赖于新材料、新装置、新工艺的不断推陈出新。

传感器是将被测量转换为可用输出信号的器件或装置，敏感元件是其中的核心器件。它的作用是通过敏感材料的固有特性及相应的物理、化学、生物效应，将被测量转换为便于利用的量（大多为电量）。

敏感元件品种繁多，就其感知外界信息的原理来讲，可分为①物理类，基于力、热、光、电、磁和声等物理效应；②化学类，基于化学反应的原理；③生物类，基于酶、抗体和激素等分子识别功能。通常根据敏感材料基本感知功能可分为热敏元件、光敏元件、气敏元件、力敏元件、磁敏元件、湿敏元件、声敏元件、放射线敏感元件、色敏元件和味敏元件等类型。

另外，相当一部分传感器作用原理是把被测量转换为其他中间量，再把中间量转换为电量，如利用热平衡和热传输现象二次效应的传感器。弹性敏感元件是其中应用很广的一类转换器件，它通过物体弹性变形这一特性，把力、力矩或压力转换成为相应的应变或位移，然后配合其他形式的传感元件，将被测力、力矩或压力转换成电量。

因此，利用材料科学的新进展，不断开发新型的敏感材料，设计出各种新型结构，是发展传感技术的重要途径之一。

2.4.2　敏感材料的类型与特性

1. 敏感材料的分类

传感器的敏感材料是用来制作敏感元件的基体材料，是对电、光、声、力、热、磁、气体分布、酶等物理、化学、生物待测量的微小变化而表现出性能明显改变的功能材料。

传感器敏感材料的主要功能是从被测对象接收其所能反应的光、声、电、热、磁、机械、化学等形式的能量信号，并转换成电信号。具有这样功能的材料有光电、压电、热电、电化学、电磁等功能转换材料。敏感材料的问题十分错综复杂，种类繁多，性能各异，敏感材料的定义和分类至今没有统一和标准化。

传感器的敏感材料的物理、化学等性能与材料组成、晶体结构、显微组织和缺陷密切相关。敏感材料按结晶状态可分为单晶、多晶、非晶和微晶等类；按电子结构和化学键可分为金属、陶瓷和聚合物三大类；按物理性质又可分为超导体、导电体、半导体、介电体、铁电体、压电体、铁磁体、铁弹体、磁弹体等几种；按形态分，有掺杂、微粉、薄膜、块状（带、片）、纤维等形态；按功能不同可分为力敏、压敏、光敏、色敏、声敏、磁敏、气敏、湿敏、味敏、化学敏、生物敏、射线敏等十几类；按材料功能分，有导电材料、介电材料、压电材料、热电材料、光电材料、磁性材料、透光和导光材料、发光材料、激光材料、非线性光学材料、光调制用材料、红外材料、隐身材料、梯度功能材料、机敏材料和智能材料、纳米材料、仿生材料等；按材料成分分，一般可分为金属材料、无机材料和有机材料三大类。金属材料包括单质金属和合金。无机材料大多指的是陶瓷材料，由于随着半导体技术的发展，特别是氧化物或其他化合物半导体在传感器材料中日益显现的重要作用，故常被从无机材料中划出专门的一类。同样由于生物传感器的崛起，也被从有机材料中划出，另立一类。表 2-5 给出了各类材料在传感器中的应用情况。

表 2-5　各类材料在传感器中的应用情况

分　类	举　　例
半导体	单晶硅，InSb，GaAs，InP，GaAsP，Hg，Cd，Te，Ⅱ-Ⅵ族及Ⅲ-Ⅴ族化合物，Ta_2O_5氧化物，金属硫化物等
无机材料	石英晶体，$BaTiO_3$，$NaSO_4$，$LiTaO_3$，$BiGe_3O_2$，$PbZrO_3-PbTiO_3$，金属氧化物等
金属材料	（合金）钨镍合金，铂钼合金，钽、碲、铋合金以及铁-硅、铝合金等（单体）Pt，Mo，Ni，Au等
金属化合物	Nb_3Ge（锗化铌），SbCs（铯化锑）等
有机高分子材料	PVDF（聚二氯乙烯），多阴离子树脂，多氧离子树脂，聚苯乙烯，向列液晶等
生化酶	葡萄糖氧化酶，脲基氧化酶，尿酸酶等
复合材料	导电微粒与氨基酸树脂合成等
其他	微生物等

2. 敏感材料的基本特性

（1）敏感材料的功能

1）感知功能。能够检测并且可以识别外界（或者内部）的刺激强度，如电、光、声、热、磁、应力、应变、化学、核辐射等。

2）响应功能。能够根据外界环境和内部条件变化，适时动态地作出相应的反应，并且反应灵敏、及时和恰当。

3）信息识别与积累功能。能够识别传感网络得到的各类信息并将其积累起来。

4）恢复功能。当外部刺激消除后，能够迅速恢复到原始状态。

5）智能功能。部分材料还具有自诊断、自修复、自调节等智能功能。

（2）敏感材料的特征

1）敏感性好。包括灵敏系数高、响应速度快、适用范围宽、检测精度高、动态特性好、输出特性易于调整和补偿、选择性好等。

2）可靠性好。包括耐热、耐磨损、耐腐蚀、耐振动、耐过载等。

3）加工性好。包括易成型、批量生产实现集成化、尺寸稳定、互换性好等。

4）经济性好。包括成本低、成品率高、性能/价格比高等。

能同时满足所有上述要求的材料在客观上是难以实现的，也是不必要的。因此应根据不同用途和具体使用条件来确定对材料的要求，选用合适的敏感材料是设计高性能传感器的关键。目前世界各国功能材料的研究极为活跃，充满了机遇和挑战，新技术、新材料层出不穷，对传感技术的发展起着重要的推动和支撑作用。下面列举几种常用的敏感材料。

2.4.3 新型敏感材料

1. 半导体敏感材料

导电能力介于导体与绝缘体之间的物质称为半导体。半导体材料是一类具有半导体性能、可用来制作半导体器件和集成电路的电子材料，其电导率在 $10^{-3} \sim 10^{-9} \Omega/cm$ 范围内。半导体材料的电学性质对光、热、电、磁等外界因素的变化十分敏感，在半导体材料中掺入少量杂质可以控制这类材料的电导率。正是利用半导体材料的这些性质，才制造出功能多样的半导体器件。与金属依靠自由电子导电不同，半导体的导电是借助于载流子（电子和空穴）的迁移来实现的。

半导体材料按化学成分和内部结构，大致可分为以下几类：

（1）元素半导体　主要有锗、硅、硒、硼、碲、锑等。20 世纪 50 年代，锗在半导体中占主导地位，但锗半导体器件的耐高温和抗辐射性能较差，到 60 年代后期逐渐被硅材料取代。用硅制造的半导体器件，耐高温和抗辐射性能较好，特别适宜制作大功率器件。因此，硅已成为应用最多的一种半导体材料，目前的集成电路大多数是用硅材料制造的。

（2）化合物半导体　由两种或两种以上的元素化合而成的半导体材料。它的种类很多，重要的有砷化镓、磷化铟、锑化铟、碳化硅、硫化镉及镓砷硅等。其中砷化镓是制造微波器件和集成电路的重要材料。碳化硅由于其抗辐射能力强、耐高温和化学稳定性好，在航天技术领域等有着广泛的应用。

（3）无定形半导体材料　用作半导体的玻璃是一种非晶体无定形半导体材料，分为氧化物玻璃和非氧化物玻璃两种。这类材料具有良好的开关和记忆特性，并具有很强的抗辐射能力，主要用来制造阈值开关、记忆开关和固体显示器件。

（4）有机半导体材料　已知的有机半导体材料有几十种，包括萘、蒽、聚丙烯腈、酞菁和一些芳香族化合物等。有机半导体材料和器件的应用研究与产业化正在蓬勃进行中，有可能在有机电致发光、有机光电转化、有机场效应管、太阳能电池以及信息存储器件等领域得到广泛应用。

半导体敏感材料在传感器技术中具有较大的技术优势，在今后相当长时间内仍占主导地位。如半导体硅制作的力敏、热敏、光敏、磁敏、气敏、离子敏及其他敏感元件，用途广泛。

硅是迄今为止产量最大、应用最广的半导体材料。硅原子依据不同的结晶方式，可分为单晶硅、多晶硅及非晶硅。单晶硅的组成原子均按照一定的规则，周期性的排列，它的制作方法是把高纯度硅（纯度为 99.999999999%，11 个 9）熔融于石英坩埚中，然后把晶种插入液面，以每分钟 2～20 转的速率旋转，同时以每分钟 0.3～10mm 的速度缓慢的往上拉引，如此即可形成一直径 4～8in 单晶硅碇（柴氏长晶法）。用单晶硅制成的太阳能电池，效率高且性能稳定，目前已广泛应用于航天和野外等领域。

多晶硅的硅原子堆积方式不只一种，它是由多种不同排列方向的单晶所组成。多晶硅是以熔融的硅铸造固化制成，因其制程简单，所以成本较低。目前由多晶硅所制作出的太阳能电池产量，已经逐渐超越单晶硅的太阳能电池。

非晶硅是指硅原子的排列非常紊乱，没有规则可循。一般非晶硅是以电浆式化学气相沉积法在玻璃等基板上成长厚度约 $1\mu m$ 左右的非晶硅薄膜，因为非晶硅对光的吸收性比硅强约 500 倍，所以对非晶硅而言只需要薄薄的一层就可以把光子的能量有效的吸收。而且不需要使用价格昂贵的结晶硅基板，采用价格较便宜的玻璃、陶瓷或是金属等基板，具有低成本、制作容易、可大面积制造等优点，但稳定性较差。用非晶硅材料制作的太阳能电池在强烈的光线照射下，将会产生缺陷而导致电流下降，发生供电不稳定的问题。

蓝宝石上外延生长单晶硅膜是单晶硅用于敏感元件的典型应用。由于绝缘衬底蓝宝石是良好的弹性材料，而在其上异质结外延生长的单晶硅是制作敏感元件的半导体材料，故用这种材料研制的传感器具有无需结隔离、耐高温、高频响、寿命长、可靠性好等优点，可以制作磁敏、热敏、离子敏、力敏等敏感元件。

2. 智能材料

智能材料是 20 世纪后期迅速发展起来的一类新型复合材料，是继天然材料、人造材料、精细材料之后的第四代功能材料。智能材料目前还没有统一的定义，不过，现有的智能材料的多种定义仍然是大同小异。大体来说，智能材料就是指具有感知环境（包括内环境和外环境）刺激，对之进行分析，处理，判断，并采取一定的措施进行适度响应的智能特征的材料。近几十年来，科学家们一直致力于把高技术传感器或敏感元件与传统的结构材料和功能材料结合在一起，赋予材料崭新的性能，兼具传感、调节驱动、处理执行的功能，使它们能随着环境的变化而改变自己的性能或形状，使自身功能处于最佳状态，仿佛具有智能一般。所以智能材料是传感技术与材料科学、信息处理与控制相融合的产物。

因为现在可用于智能材料的材料种类不断扩大，所以智能材料的分类也只能是粗浅的，分类方法也有多种。一般若按功能来分可以分为光导纤维、形状记忆合金、压电、电流变体和电（磁）致伸缩材料等。若按来源来分，智能材料可以分为金属系智能材料、无机非金属系智能材料和高分子系智能材料。目前研究开发的金属系智能材料主要有形状记忆合金和形状记忆复合材料两大类；无机非金属系智能材料在电流变体、压电陶瓷、光致变色和电致变色材料等方面发展较快；高分子系智能材料的范围很广泛，作为智能材料的刺激响应性高分子凝胶的研究和开发非常活跃，其次还有智能高分子膜材、智能高分子粘合剂、智能型药物释放体系和智能高分子基复合材料等。

（1）智能材料的特征　因为设计智能材料的两个指导思想是材料的多功能复合和材料的仿生设计，所以智能材料系统具有或部分具有如下的智能功能和生命特征：

1）传感功能。能够感知外界或自身所处的环境条件，如负载、应力、应变、振动、热、光、电、磁、化学、核辐射等的强度及其变化。

2）反馈功能。可通过传感网络，对系统输入与输出信息进行对比，并将其结果提供给控制系统。

3）信息识别与积累功能。能够识别传感网络得到的各类信息并将其积累起来。

4）思考功能和预见功能。能在过去经验的基础上，对来自传感网络的各种信息进行分析，并可预见未来将出现的情况。

5）响应功能。能够根据外界环境和内部条件变化，适时动态地做出相应的反应，并采取必要行动。

6）自诊断能力。能通过分析比较系统目前的状况与过去的情况，对诸如系统故障与判断失误等问题进行自诊断并予以校正。

7）自修复能力。能通过自繁殖、自生长、原位复合等再生机制，来修补某些局部损伤或破坏。

8）自调节能力。对不断变化的外部环境和条件，能及时地自动调整自身结构和功能，并相应地改变自己的状态和行为，从而使材料系统始终以一种优化方式对外界变化做出恰如其分的响应。

（2）智能材料的构成　一般来说智能材料由基体材料、敏感材料、驱动材料和信息处理器四部分构成。

1）基体材料。基体材料担负着承载的作用，一般宜选用轻质材料。一般基体材料首选高分子材料，因为其重量轻、耐腐蚀，尤其具有粘弹性的非线性特征。其次也可选用金属材料，以轻质有色合金为主。

2）敏感材料。敏感材料担负着传感的任务，其主要作用是感知环境变化（包括压力、应力、温度、电磁场、pH 值等）。常用敏感材料如形状记忆材料、压电材料、光纤材料、磁致伸缩材料、电致变色材料、电流变体、磁流变体和液晶材料等。

3）驱动材料。因为在一定条件下驱动材料可产生较大的应变和应力，所以它担负着响应和控制的任务。常用有效驱动材料如形状记忆材料、压电材料、电流变体和磁致伸缩材料等。可以看出，这些材料既是驱动材料又是敏感材料，显然起到了身兼二职的作用，这也是智能材料设计时可采用的一种思路。

（3）智能材料的种类

1）形状记忆材料；

2）电流变体和磁流变体材料；

3）磁致伸缩材料；

4）压电陶瓷；

5）电致伸缩陶瓷；

6）智能材料系统；

7）光致变色玻璃；

8）电致变色材料。

3. 陶瓷敏感材料

"陶瓷"一词就其传统上来说，是将粘土一类的物料经过高温烧结处理变成坚硬有用的多晶材料，很少与传感器相联系。而现代陶瓷实际上泛指半导体以外的所有无机非金属材料。它是用天然或人工合成的粉状化合物，经过成形和高温烧结制成的，由金属和非金属元素的无机化合物构成的多晶固体材料。

"功能陶瓷"是现代陶瓷发展的新成果，常被称为先进陶瓷。它是在长期认识的基础上，根据实际需要进行特定的材料设计，使用人工合成或提纯原料，采用先进的成型和烧结工艺、先进的检测和分析手段，实现过程控制，使材料的性能得到开发。功能陶瓷利用材料的电、光、磁、声、热和力等性能及其耦合效应，成为对温度、压力、磁性和光强变化等外界条件特别敏感的材料。陶瓷敏感材料是采用化学、物理及热性能稳定的金属氧化物经高温烧结而成的，具有耐热、耐磨、耐腐蚀等优良特性，而且适宜用在条件苛刻的环境中。在传感技术领域中，使用陶瓷材料的敏感元件占有重要地位，从现有的品种和数量上看，比例相当大，从开发新材料、新器件这一角度来看，潜力更大。这主要是因为陶瓷敏感材料具有以下特点：

1）陶瓷是用无机粉末作原材料，经过混合成形、烧结等工艺制成的一种材料。通过改变无机粉末的组成，可以制成性能不同的各种陶瓷敏感材料。其次，陶瓷材料的微结构——晶粒、晶界、气孔等对材料的性能影响很大，这些微结构受制造工艺的影响。因此，不仅通过改变配方可以改变陶瓷的特性，而且控制工艺也可以改变陶瓷的特性，这就为满足各种敏感元件的要求带来了方便。

2）由于陶瓷材料是经过混合、成形、高温烧结等简单工艺制成的，所以容易实现批量生产，同时价格低廉。

3）陶瓷材料是非金属无机质固体，不燃烧、耐腐蚀、耐磨损，这些性能都是制造可靠性高的敏感元件所必需的。对于敏感元件来说，某些功能特性稍低还可以通过电路补偿，而性能不可靠将会导致决策错误，后果十分严重。

4）可通过和其他材料复合改进性能。还可利用陶瓷的多功能性，实现用单一陶瓷片制成多功能敏感元件。

从 20 世纪 90 年代开始出现的所谓纳米陶瓷，采用的原料的粒度和显微结构及所体现的特性都是纳米量级的，并具有纳米效应。纳米陶瓷的出现将引起陶瓷工艺、陶瓷科学、陶瓷材料的性能和应用的变革性发展。当制作陶瓷的颗粒和陶瓷中的晶粒、晶界、气孔和缺陷等都降到纳米级水平，由于表面与界面非常大，形成了纳米材料特有的小尺寸效应、表面效应和量子效应，使得陶瓷材料从工艺到理论、从性能到应用都提高到了一个崭新的阶段，也为新的传感材料的发展提供了有力支持。

陶瓷的种类很多，具有电功能的陶瓷又叫电子陶瓷。电子陶瓷可分为绝缘陶瓷、压电陶瓷、介电陶瓷、热电陶瓷、光电陶瓷和半导体陶瓷。这些陶瓷在工业测量方面都有广泛的应用。其中以压电陶瓷、半导体陶瓷应用最为广泛。

半导体陶瓷是传感器应用的常用材料，其尤以热敏、湿敏、气敏、电压敏最为突出。热敏陶瓷的主要发展方向是高温陶瓷，如填加不同成分的 $BaTiO_3$、ZrO_2、$Mg(Al-CrFe)_2O_4$ 和 $ZnO-TiO_2-NiO_2$ 等，湿敏材料的主要发展方向是不需要加热清洗的材料，气敏陶瓷的主要发展方向是不使用催化剂的低温材料和高温材料，电压敏陶瓷材料的发展方向是低压用材料和高压用材料，如 $ZnO-TiO_2$ 为低压用材料，而 $ZnO-Sb_2O_2$ 为高压用材料。

陶瓷敏感材料的发展趋势是继续探索新材料，发展新品种，向高稳定性、高精度、长寿命和小型化、薄膜化、集成化和多功能化方向发展。

4. 压电材料

压电材料主要有三种：压电晶体，压电陶瓷和有机压电材料。

压电晶体是受到压力作用时会在两端面间出现电压的晶体材料。1880 年，法国物理学家 P. 居里和 J. 居里兄弟发现，把重物放在石英晶体上，晶体某些表面会产生电荷，电荷量与压力成比例。这一现象被称为压电效应。随即，居里兄弟又发现了逆压电效应，即在外电场作用下压电体会产生形变。压电效应的机理是：具有压电性的晶体对称性较低，当受到外力作用发生形变时，晶胞中正负离子的相对位移使正负电荷中心不再重合，导致晶体发生宏观极化，而晶体表面电荷面密度等于极化强度在表面法向上的投影，所以压电材料受压力作用形变时两端面会出现异号电荷。反之,压电材料在电场中发生极化时,会因电荷中心的位移导致材料变形。利用压电材料的这些特性可实现机械振动(声波)和交流电的互相转换。

压电晶体的种类很多,如石英、酒石酸钾钠、电气石、磷酸铵(ADP)、硫酸锂等。其中,石英晶体是压电传感器中常用的一种性能优良的压电材料。

石英晶体在 XYZ 直角坐标中,沿不同方位进行切割,可得到不同的几何切型,而不同切型的晶片其压电常数、弹性常数、介电常数、温度特性等参数都不一样。石英晶体的切型很多,如 xy(即 X0°)切型,表示晶体的厚度方向平行于 x 轴,晶片面与 X 轴垂直,不绕任何坐标轴旋转,简称 X 切,如图

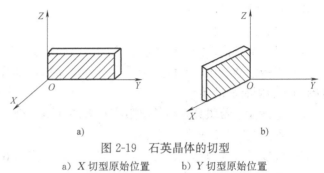

图 2-19 石英晶体的切型
a) X 切型原始位置   b) Y 切型原始位置

2-19a所示。又如 yx(即 Y0°)切型,表示晶片的厚度方向与 Y 轴平行,晶片面与 Y 轴垂直,不绕任何坐标轴旋转,简称 Y 切,如图 2-19b 所示,等等。设计传感器时可根据需要,适当选择切型。

石英晶体的突出优点是性能非常稳定。它不需要人工极化处理,没有热释电效应,介电常数和压电常数的温度稳定性好,在常温范围内,这两个参数几乎不随温度变化。在 20～200℃温度范围内,温度每升高 1℃,压电常数仅减小 0.061%,温度上升到 400℃,压电常数 d_{11} 只减小 5%。但当温度超过 500℃时,d_{11} 值急剧下降,当温度达到 573℃(居里点温度)时,石英晶体就完全失去压电特性。此外,它还具有自振频率高、动态响应好、机械强度高、绝缘性能好、迟滞小、重复性好、线性范围宽等优点。

石英晶体的缺点是压电常数较小,因此,它大多只在标准传感器、高精度传感器或使用温度较高的传感器中用作压电元件。而在一般要求测量用的压电式传感器中,则基本上采用压电陶瓷。

压电陶瓷是陶瓷敏感材料的一种,由几种氧化物或碳酸盐在烧结过程中发生固相反应而形成,其制造工艺与普通的电子陶瓷相似。烧结出来的陶瓷体是多晶体,其自发极化是紊乱取向的,主要成分是铁电体,因此称铁电陶瓷,没有压电性能。对这样的陶瓷体施加强的直流电场进行极化处理,原来混乱取向的自发极化就沿电场方向择优取向。去除电场后,陶瓷体仍保留着一定的总体剩余极化,遂使陶瓷体有了压电性能。

常用的一种压电陶瓷是钛酸钡,它的压电常数 d_{33} 要比石英晶体的压电常数 d_{11} 大几十倍,且介电常数和体电阻率也都比较高。但其温度稳定性、长时期稳定性以及机械强度都不如石英,而且工作温度最高只有 80℃左右。

另一种著名的压电陶瓷是锆钛酸铅(PZT)压电陶瓷,它是由钛酸铅和锆酸铅组成的固熔体。它具有很高的介电常数,工作温度可达 250℃,各项机电参数随温度和时间等外界因素的变化较小。由于锆钛酸铅压电陶瓷在压电性能和温度稳定性等方面都远远优于钛酸钡压电陶瓷,因此,它是目前最普遍使用的一种压电材料。

与压电单晶材料相比,压电陶瓷的特点是制造容易,可做成各种形状;可任意选择极化

轴方向；易于改变瓷料的组分而得到具有各种性能的瓷料；成本低，适于大量生产。但由于是多晶材料，所以使用频率受到限制。

有机压电材料是新近研究开发出来的新型压电材料，如聚氯乙烯（PVC）、聚氟乙烯（PVF）、聚二氟乙烯（PVF$_2$）等，它具有柔软、不易破碎的特点。

目前最常用的压电陶瓷有钛酸钡、钛酸铅、锆钛酸铅、三元系压电陶瓷、透明铁电陶瓷以及铌酸盐系陶瓷等。

对压电材料的要求有：

1）机—电转换性能。应具有较大的压电常数。

2）机械性能。压电元件作为受力元件，希望它的强度高，刚度大，以期获得宽的线性范围和高的固有振动频率。

3）电性能。希望具有高的电阻率和大的介电常数，以期减弱外部分布电容的影响和减小电荷泄漏并获得良好的低频特性。

4）温度和湿度稳定性良好。具有较高的居里点（在此温度时，压电材料的压电能被破坏），以期得到较宽的工作温度范围。

5）时间稳定性。压电特性不随时间蜕变。

5. 磁致伸缩材料

目前磁致伸缩智能材料的主流是稀土磁致伸缩材料，稀土超磁致伸缩材料是近期才发展起来的一种新型功能材料。这种材料在电磁场的作用下可以产生微变形或声能，也可以将微变形或声能转化为电磁能。在国防、航空航天和高技术领域应用极为广泛，如声纳与水声对抗换能器、线性马达、微位移驱动（如飞机机翼和机器人的自动调控系统）、噪声与振动控制系统、海洋勘探与水下通信、超声技术（医疗、化工、制药、焊接等）、燃油喷射系统等领域。它具有磁致伸缩值大、机械响应速度快和功率密度高等特点。

磁致伸缩智能材料的主要用途是：

1）由于稀土超大磁致伸缩材料比传统材料在性能上有了惊人的提高，所以在电器、家电、通信器材、电脑等生产领域，稀土磁致伸缩材料逐渐取代了传统的磁致伸缩材料和电致伸缩材料，使产品升级和更新换代更加容易。

2）由于稀土超大磁致伸缩材料的独特性能，特别是在应用领域里呈现出的重要使用价值，越来越受到人们的普遍关注，可被用于开发新一代的元器件，如广泛应用于精密控制系统（如油料控制、伺服仪、导弹发射控制装置等），声光发射系统（如信号处理、声纳扫描、超声、水声等），以及换能器、驱动器等等的开发。

对于磁致伸缩智能材料的应用，目前，美国位居各国之首，其成功标志在于开发出了一系列用于军事目的的尖端产品，如美国已成功地将其应用于舰艇水下声纳探测系统以及导弹发射控制装置等。我国对磁致伸缩智能材料新产品的开发还处于起步阶段，但也已呈现出良好的发展势头。如中国长江水利委员会应用这种材料，开发出了大功率岩体声波探测器，应用于三峡工程和地球物理勘探；辽河油田应用这种材料，开发出了井下物理法采油装量。

6. 形状记忆材料

形状记忆材料是智能材料的一种，被誉为"神奇的功能材料"。它是指具有形状记忆效应（Shape Memory Effect，简称 SME）的材料。形状记忆效应是指将材料在一定条件下进行一定限度以内的变形后，再对材料施加适当的外界条件，材料的变形随之消失而回复到变形前的形状的现象。

形状记忆效应最先在金属材料中发现。早在 20 世纪 50 年代初，美国的 T. A. Read 等就发现 Au-Cd 和 In-Ti 合金中的形状记忆现象，20 世纪 60 年代，美国海军装备实验室的科学家系统地研究了近代原子比的 Ti-Ni 合金的形状记忆现象，奠定了记忆合金的重要地位。20 世纪 80 年代科学家发现在一些陶瓷和高分子材料中也存在 SME 现象，由于其巨大的应用前景，科技和产业界对形状记忆效应的基础理论、材料制备以及应用进行了大量的研究，发展成一类重要的功能材料。

形状记忆材料已有大量成功的应用范例：如用记忆合金制作人造卫星上庞大的天线，金属材料自愈合，临床医疗中的人造骨骼、牙科正畸器、各类腔内支架、栓塞器、心脏修补器、血栓过滤器、介入导丝和手术缝合线等。

（1）形状恢复形式　按形状恢复形式，形状记忆效应分为三类：

1）不可逆形状记忆效应。经受力变形，加热时恢复高温相形状，冷却时不恢复低温相形状的现象。亦称为单程形状记忆效应。

2）可逆形状记忆效应。加热时恢复高温相状态，冷却时恢复低温相形状，即通过温度升降自发地、可逆地反复恢复高低温相形状的现象。亦称为双程形状记忆效应。

3）全程形状记忆效应。加热时恢复高温相形状，冷却时变为形状相同而取向相反的高温相形状的现象，是一种特殊的双程形状记忆效应。

（2）形状记忆材料的种类　形状记忆材料的种类大体可分为形状记忆合金（Shape Memory Alloys，SMA）、形状记忆陶瓷（Shape Memory Ceramic，SMC）和形状记忆高分子（Shape Memory Polymer，SMP）等。

1）形状记忆合金（SMA）。通常将有形状记忆效应的金属材料称为形状记忆合金（Shape Memory Alloys，简称 SMA），在高温下处理成一定形状的金属急冷下来，在低温相状态下经塑性变形为另一种形状，然后加热到高温相成为稳定状态的温度时，通过马氏体逆相变恢复到低温塑性变形前的形状的现象称为形状记忆效应。具有这种效应的金属，通常是由两种以上的金属元素构成的合金，故称为形状记忆合金（SMA）。形状记忆效应是由马氏体相变导致的。参与马氏体相的高温相和低温相分别称为母相和马氏体相。形状恢复的推动力是在加热温度下母相和马氏体相的自由能之差。为了使形状恢复完全，马氏体相变必须是晶体学上可逆的热弹性马氏体相变，所以通常把进行热弹性马氏体相变的合金看作形状记忆合金。

2）形状记忆陶瓷（SMC）。在无机物和陶瓷化合物中同样存在着位移和马氏体相变，在相变过程中伴随着体积的变化，产生形状记忆效应。陶瓷材料形状记忆效应的产生可以归结为粘弹性恢复机理和可逆马氏体相变恢复机理。其中的马氏体可以是热诱发的、应力诱发的，或外电场诱发的。

近年来的研究表明，二氧化锆（ZrO_2）陶瓷中，由于相变塑性和韧性的存在，都能激发四方晶（t）向单斜晶（m）转变，而且是可逆变化。这意味着马氏体形状记忆效应的出现。

在陶瓷中借助相变产生形状记忆效应的除以 ZrO_2 材料为代表的应力诱发（或热诱发）相变类型外，陶瓷介电材料如钛酸钡（$BaTiO_3$）还有可能通过铁电相变产生形状记忆效应，属于电场诱发相变。近年来发现钙钛矿类氧化物在电场的作用下也可以发生较大的形变，同时具有诱发形状记忆效应。由于电场改变速度和范围比温度大得多，因而响应速度快，使用范围宽。陶瓷材料由于性质硬脆，因而限制了它的许多应用。若它具有形状记忆特性，则可能成为能量储存执行元件和特种功能材料。

形状记忆陶瓷材料可以用于自适应结构，例如空间光学望远镜的自适应调整，图 2-20 示出镜面调整示意图，它应用于哈伯望远镜、日冕仪等。需要指出的是陶瓷的形状记忆效应与合金相比还有如下一些主要差别：陶瓷的形状记忆变形的量较小，而且每次记忆循环中都有较大的不可恢复变形，随着循环次数的增加，累积变形增加，最终导致裂纹出现；它没有双程记忆效应。

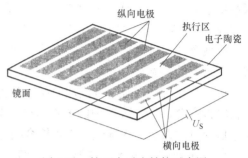

图 2-20　镜面自适应结构示意图

3）形状记忆高分子材料（SMP）。形状记忆高分子材料就是运用现代高分子物理学和高分子合成及改性技术，对通用高分子材料进行分子组合和改性。如对聚乙烯、聚酯、聚异戊二烯、聚氨酯等高分子材料进行分子组合及分子结构调整，使它们同时具备塑料和橡胶的共性，在常温范围内具有塑料的性质，即硬性、形状稳定恢复性，同时在一定温度（所谓记忆温度）下具有橡胶的特性，主要表现为材料的可变形性和形状恢复性，也就是材料的记忆功能，即"记忆初始态→固定变形→恢复起始态"的循环。

与其他形状记忆功能材料相比，形状记忆高分子材料（SMP）具有明显特点：①变形量大、赋形容易；②绝缘性能好、耐锈蚀；③易着色、可印刷、加工容易，易制成结构复杂的异型品；④原料充足，品种多，形状记忆回复温度范围宽；⑤重量轻，易包装和运输；⑥价格低廉等特点。

形状记忆高分子材料（SMP）品种繁多，根据形状回复原理可分为四类：①热致形状记忆高分子材料；②电致形状记忆高分子材料；③光致形状记忆高分子材料；④化学感应型形状记忆高分子材料。常见的化学感应方式有 pH 值变化、平衡离子置换、螯合反应、相转变反应和氧化还原反应等，这类物质有部分皂化的聚丙烯酰胺、聚乙烯醇和聚丙烯酸混合物薄膜等。

形状记忆高分子材料大部分使用的高分子是树脂，因此被称为形状记忆树脂，它的形状记忆功能是由其特殊的内部结构决定的。形状记忆树脂由两种物态组成：①保持成品形状的固定相，可用来记忆最初成型时的形状；②随温度变化而发生软化—硬化的可逆变化的可逆相，它能够保证成品可以改变形状。由于固定相和可逆相都有自己的软化温度，因此调节和改变温度是使形状记忆树脂转变为固定相或可逆相的关键。

形状记忆高分子材料种类很多，其中热收缩管和膜是目前工业产量最大、应用领域最广泛的一类。它包括聚氯乙烯、聚烯烃类、聚酯类、氟塑料类等，其中聚氯乙烯主要优点是价格便宜且性能也不错，因而应用较广。聚烯烃类就其性能又可分为通用型和阻燃型两大类，通用型价格便宜、使用面广，可大量应用于包装工业；阻燃型则大多用于国防尖端技术，如导弹、火箭、飞机等工业。聚酯类有着良好的电学性能及极好的机械物理性能，所以广泛应用用于电器工业的包封材料。氟塑料类则由于它们的耐高温、耐老化、耐化学腐蚀及优异的电学性能，因而这一类收缩材料的应用领域主要是国防军事工业及尖端工业。

形状记忆高分子材料因其记忆效应大、恢复温度在室温范围内（25～55℃）、价廉、易加工成形、适应范围广、生物可降解性等优点，应用前景大好。

7. 纳米材料

（1）纳米材料及分类 纳米材料是指三维空间尺度至少有一维处于纳米量级（1～100nm）的材料，它是由尺寸介于原子、分子和宏观体系之间的纳米粒子所组成的新一代材料。由于其组成单元的尺度小，界面占用相当大的成分。因此，纳米材料具有多种特点，这就导致由纳米微粒构成的体系出现了不同于通常的大块宏观材料体系的许多特殊性质。纳米体系使人们认识自然又进入一个新的层次，它是联系原子、分子和宏观体系的中间环节，是人们过去从未探索过的新领域，实际上由纳米粒子组成的材料向宏观体系演变过程中，在结构上有序度的变化，在状态上的非平衡性质，使体系的性质产生很大的差别。对纳米材料的研究将使人们从微观到宏观的过渡有更深入的认识。由于纳米材料的尺寸非常小，与体材料相比，其化学、物理特性以及行为表现有很大的不同。它将显示出许多奇异特性，即它的光学、热学、电学、磁学、力学以及化学方面的性质和大块固体有显著不同。

目前，国际上将处于1～100nm尺度范围内的超微颗粒及其致密的聚集体，以及由纳米微晶所构成的材料，统称为纳米材料，包括金属、非金属、有机、无机和生物等多种粉末材料。

纳米材料按其结构可以分为四类：具有原子簇和原子束结构的称为零维纳米材料；具有纤维结构的称为一维纳米材料；具有层状结构的称为二维纳米材料；晶粒尺寸至少一个方向在几个纳米范围内的称为三维纳米材料；还有就是以上各种形式的复合材料。

按化学组分，可分为纳米金属、纳米晶体、纳米陶瓷、纳米玻璃、纳米高分子和纳米复合材料。

按材料物性，可分为纳米半导体、纳米磁性材料、纳米非线性光学材料、纳米铁电体、纳米超导材料、纳米热电材料等。

按应用，可分为纳米电子材料、纳米光电子材料、纳米生物医用材料、纳米敏感材料、纳米储能材料等。

纳米材料还可以按以下方式分类：

1）从材料的结构分：纳米超微粉末、纳米多层薄膜、纳米结构。

2）从材料的性质分：纳米金属材料、纳米陶瓷材料、纳米复合高分子材料（纳米塑料、纳米橡胶、纳米胶粘剂、纳米涂料、纳米纤维）。

3）从力学性能来分：纳米增强陶瓷材料、纳米改性高分子材料、纳米耐磨及润滑材料、超精细研磨材料等。

4）从表面活性来分：纳米催化材料、吸附材料、防污环境材料。

5）以光学性能来分：纳米吸波（隐身）材料、光过滤材料、光导电材料、感光或发光材料、纳米改性颜料、抗紫外线材料等。

6）以电子性能来分：纳米半导体传感器材料、纳米超纯电子浆。

7）以性能来分：高密度磁记录介质材料、磁流体、纳米磁性吸波材料、纳米磁性药物、纳米微晶永磁或软磁材料、室温磁制冷材料等。

8）以热学性能来分：纳米热交换材料、低温烧结材料、低温焊料、特种非平衡合金等。

9）以生物和医用性能来分：纳米药物、纳米骨和齿修复材料、纳米抗菌材料。

（2）纳米材料的特性　由于纳米材料晶粒极小，比表面积特大，在晶粒表面无序排列的原子分数远远大于晶态材料表面原子所占的百分数，导致了纳米材料具有传统固体所不具备的许多特殊基本性质，如体积效应、表面效应、量子尺寸效应、宏观量子隧道效应和介电限域效应等，从而使纳米材料具有微波吸收性能、高表面活性、强氧化性、超顺磁性及吸收光谱表现明显的蓝移或红移现象等。除上述的基本特性，纳米材料还具有特殊的光学性质、催化性质、光催化性质、光电化学性质、化学反应性质、化学反应动力学性质和特殊的物理机械性质。

纳米材料高度的弥散性和大量的界面为原子提供了短程扩散途径，导致了高扩散率，它对蠕变、超塑性有显著影响，并使有限固溶体的固溶性增强、烧结温度降低、化学活性增大、耐腐蚀性增强。因此纳米材料所表现的力、热、声、光、电磁等性质，往往不同于该物质在粗晶状态时表现出的性质。与传统晶体材料相比，纳米材料具有高强度——硬度、高扩散性、高塑性——韧性、低密度、低弹性模量、高电阻、高比热容、高热膨胀系数、低热导率及强软磁性能。这些特殊性能使纳米材料可广泛地用于高力学性能环境、光热吸收、非线性光学、磁记录、特殊导体、分子筛、超微复合材料、催化剂、热交换材料、敏感元件、烧结助剂及润滑剂等领域。

（3）典型纳米材料

1）碳纳材料。在纳米材料中，包括碳纳米管、碳纳米纤维在内的碳纳米材料一直是近来国际科学研究的前沿之一。仅碳纳米管而言，碳纳米管韧性极高，兼具金属性和半导体性，强度比钢高100倍，比重只有钢的1/6。因为性能奇特，它被科学家称为未来的"超级纤维"。性能颇佳的加强材料，理想的储氢材料。它使壁挂电视将来可能代替硅芯片，从而引发计算机行业革命。

碳纳米管可制成极好的微细探针和导线，其特性之一是能够通过"功能化"或者定制设计来吸引某些分子。另一特性是其表面积非常大，但却缩拢在非常小的空间中。这些特性非常适合于传感应用，在现有的传感器中集成纳米材料可以提高设备的灵敏度、选择性以及响应速度。而且，大面积和小体积特性非常有利于传感器的小型化。

剑桥大学研究人员研制出一种新型碳纤维（图2-21），可织成用于军事和执法方面配备的超级防弹背心（图2-22）。研究人员称，他们的这种新材料比目前用来制造防弹背心的纤维更强，更结实。这种很轻的纤维由数以千计的小碳纳米管组成，现在已经开始显示出令人兴奋的功能。

图 2-22　新型碳纤维
超级防弹背心

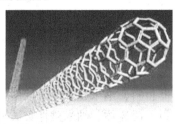

图 2-21　碳纳米管结构

2）纳米陶瓷。以纳米陶瓷粉为代表的纳米硬粉具有很高的硬度和较好的耐高温能力。纳米陶瓷被认为是陶瓷研发的第三个台阶，也就是说从现代的具有纳米级尺度的先进陶瓷将步入到具有纳米级尺度陶瓷的研究阶段。新的烧结技术的发展也使纳米陶瓷的实现成为可能。高温等静压技术使纳米陶瓷的烧结可以在更低的温度和更短的时间内达到致密化。具有高性能或新性能的纳米陶瓷在应用上必将扩展到新的领域，为材料的应用于定位与纳米自动化奠定了基础。

纳米定位与纳米自动化全套关键技术包括：从精密加工技术、数字与模拟控制电路技术到亚纳米电容传感器、PICMA 陶瓷元件及压电促动器技术。其应用于计量、显微、生命科技、激光技术、半导体技术、数据存储技术、精密加工技术及光电子/光纤、天文等。压电促动器由陶瓷固体材料制成，可将电能转换为机械运动。

图 2-23 为利用纳米陶瓷制作的 P-239 型压电促动器，其参数指标见表 2-6。产品可以做到亚纳米分辨率；零摩擦，零静态阻力；无空回、高刚性；超短定位时间（毫秒及毫秒以下）；可集成位置传感器形成闭环控制；真空兼容，高温或低温操作；机械结构可根据应用要求进行选择，可带螺纹，球形头，硬化头等。

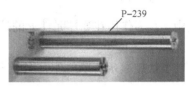

图 2-23　P-239 型压电促动器示意图

表 2-6　P-239 型压电促动器参数指标

型号/系列	行程/μm[①]	开环分辨率/nm	闭环分辨率/nm	谐振频率（无载）/kHz	刚性/N/μm	最大推力/N	尺寸（直径×长度）/mm
P-239	5—180（HV）	<0.05—1.8	<0.4—3.6	12—2	850—35	4500	25×36—184

①低压型 LV：0—100V　高压型 HV：0—1000V

2.5　弹性敏感元件

2.5.1　概述

物体在外力作用下而改变原来尺寸或形状的现象称为变形，而当外力去掉后物体又能完全恢复其原来的尺寸和形状，那么这种变形称为弹性变形。具有弹性变形特性的物体称为弹性元件。

传感器是把被测物理量转换为电量的器件或装置，其中相当一部分传感器作用原理是把被测量转换为其他中间量，再把中间量转换为电量。在中间量转换器件中，弹性元件占有极其重要的地位。它将把力、力矩或压力等非电量变换成相应的应变、应力或挠度等易变成电量的非电量，然后由各种形式的转换元件，将应变、应力或挠度等变换成电量。

根据弹性元件在传感器中的作用，它基本上可以分为两种类型——弹性敏感元件和弹性支承。前者感受力、力矩、压力等被测参数，并通过它将被测量变换为应变、位移等，也就是通过它把被测参数由一种物理状态变换为另一种所需的相应物理状态，它直接起到测量的作用，故称为弹性敏感元件；后者常常作为传感器中活动部分的支承，起支承导向作用，因而要求有内摩擦力小、弹性变形大等特点，以便保证传感器的活动部分得到良好的运动精度。本节主要讨论弹性敏感元件的基本特性和典型弹性敏感元件结构形式及应用。

2.5.2　弹性敏感元件的基本特性

物体在外力作用下改变原来的尺寸或形状的现象称为变形，如果外力去掉后能够完全恢复原来的尺寸和形状，那么这种变形称为弹性变形。作用在弹性敏感元件上的外力与引起弹性敏感元件的相应变形（应变、位移或转角）之间的关系称为弹性元件的特性，一般通过刚度、灵敏度、弹性滞后、弹性后效、固有振动频率等来表示。

1. 刚度

刚度是弹性敏感元件在外力作用下抵抗变形的能力，一般用 k 表示，定义为

$$k = \lim_{\Delta x \to 0} \left(\frac{\Delta F}{\Delta x} \right) = \frac{\mathrm{d}F}{\mathrm{d}x} \tag{2-47}$$

式中，F 为作用在弹性元件上的外力；x 为弹性元件产生的变形。

2. 灵敏度

灵敏度表示在单位外力作用下产生变形的大小，灵敏度是刚度的倒数，一般用 S 表示

$$S = \frac{1}{k} = \frac{\mathrm{d}x}{\mathrm{d}F} \tag{2-48}$$

在传感器中，有时会遇到多个弹性元件串联或并联使用的情况。当弹性敏感元件串联使用时，系统灵敏度为

$$S_n = \sum_{i=1}^{m} S_{n_i} \tag{2-49}$$

并联使用时，系统灵敏度为

$$S_n = \frac{1}{\sum\limits_{i=1}^{m} \dfrac{1}{S_{n_i}}} \tag{2-50}$$

式中，m 为串联或并联弹性敏感元件的数目；S_{n_i} 为第 i 个弹性敏感元件的灵敏度。

3. 弹性滞后

弹性滞后是指弹性敏感元件在弹性变形范围内，加载、卸载时正反行程曲线不重合的现象，如图 2-24 所示。当作用在弹性元件上的力由 0 增加至 F' 时，弹性元件的弹性特性曲线如曲线 1 所示。而当作用力由 F' 减小到 0 时，弹性特性曲线如曲线 2 所示。作用力由 0 增加到一定值 F 和由大于 F 的作用力减小到 0 时，弹性变形之差 Δx 叫做弹性敏感元件的滞后误差。这种滞后误差将会给测量带来误差。曲线 1、2 所包围的范围称为滞环。引起弹性滞后的原因，主要是由于弹性敏感元件在工作时其材料分子间存在内摩擦。

4. 弹性后效

弹性敏感元件不仅随载荷变化，而且与时间有关，当所加载荷改变时，不是立即完成相应变形，而是在一定时间间隔中逐渐完成变形，这一现象称为弹性后效，如图 2-25 所示。当作用到弹性敏感元件上的力由 0 突然增加到 F_0 时，其变形首先由 0 迅速增加至 x_1，然后在荷载不变情况下，弹性敏感元件继续变形，直到变形增大到 x_0 为止。反之当作用力由 F_0 突然减至 0 时，其变形也是先由 x_0 迅速减至 x_2，然后继续减小变形，直到变形为 0 止。由于弹性后效的存在，弹性敏感元件的变形不能迅速地随作用力的改变而改变，使测量造成误差。在动态测量中，这种现象更加严重。

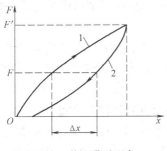

图 2-24　弹性滞后现象

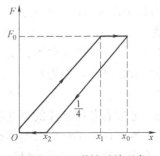

图 2-25　弹性后效现象

5. 固有振动频率

任何物体，基于不同材质、结构、体积等因素，都有其自身的振动频率，称为物体的固有振动频率。施加外力使它振动的频率叫策动频率，属于受迫振动。当策动频率等于固有频率时，物体产生谐振，到达最大振幅。弹性敏感元件特性中的弹性滞后现象，与它的固有振动频率有关。一般来说，固有频率越高，动态弹性越好。固有频率的理论计算比较复杂，实际中常常通过实验来确定，也可用下式进行估算

$$f=\frac{1}{2\pi}\sqrt{\frac{k}{m_e}} \tag{2-51}$$

式中，k 为弹性敏感元件的刚度；m_e 为弹性敏感元件的等效振动质量。

在实际设计弹性敏感元件时，常常遇到线性度、灵敏度和固有频率之间相互矛盾的问题。提高灵敏度，会使线性变差，固有频率低，这就不能满足测量动态量的要求；相反，固有频率提高了，灵敏度却下降了。因此，必须根据测试对象和具体要求，加以综合考虑。

6. 温度特性

环境温度的变化会引起弹性敏感元件的热膨胀现象，通常用线膨胀系数 a_t 表示。若用 l_0 表示温度为 t_0 时的长度，有

$$l=l_0[1+a_t(t-t_0)] \tag{2-52}$$

温度的变化也会引起弹性敏感元件材料的弹性模量 E 的变化。一般来说，弹性模量随温度的升高而降低，变化的大小用弹性模量温度系数 β_t（为负值）表示，若 E_0 表示温度为 t_0 时的弹性模量，有

$$E=E_0[1+\beta_t(t-t_0)] \tag{2-53}$$

弹性敏感元件的几何尺寸和弹性模量随温度的变化，必然会引起测量误差，设计传感器时必须加以考虑，甚至采取补偿措施。

7. 机械品质因数

对于作周期振动的弹性敏感元件，由于阻尼的存在，每一个振动周期都伴有能量消耗。机械品质因数表示在振动转换时材料内部能量消耗的程度。机械品质因数越大，能量的损耗越小，产生损耗的原因在于内摩擦。机械品质因数定义为每一个振动周期存储的能量与由阻尼等消耗的能量之比，即

$$Q=\frac{E_S}{E_C} \tag{2-54}$$

式中，E_s 为每个振动周期存储的弹性应变能量；E_c 为每个振动周期由阻尼等消耗的能量。

8. 蠕变

弹性敏感元件在长期受载下，金属弹性敏感元件将产生长期稳定性误差，产生的变化随时间延长而增加的现象，称为蠕变。为了减小这种误差，所有金属弹性敏感元件都必须经过稳定性处理。

由石英、蓝宝石和硅制成的弹性敏感元件，几乎不存在弹性滞后和蠕变误差。

测量用弹性元件，不允许产生塑性变形，元件抗微塑变形的能力用材料的弹性极限来表示。工作应力比弹性极限越小，材料出现微塑变形越小，弹性元件的精确度也越高，因而，传感器弹性敏感元件的安全系数可用下式确定

$$n = \frac{\sigma_p}{\sigma_{\max}} = \frac{\text{弹性极限}}{\text{最大工作应力}} \tag{2-55}$$

所需要的安全系数，应根据所要求的弹性元件的可靠性、工作条件和寿命等因素考虑决定，一般在 2～5 范围内变化。

2.5.3 弹性敏感元件的材料

弹性敏感元件在传感器中直接参与变换和测量，因此材料的选用十分重要。不同的传感器对弹性敏感元件的要求是不同的，但在任何情况下，它应保证具有良好的弹性、足够的精度和稳定性。对弹性敏感元件的基本要求如下：

1）弹性极限和强度高；

2）弹性滞后和弹性后效小；

3）弹性模量的温度系数小且稳定；

4）热膨胀系数小且稳定；

5）具有高的抗氧化和抗腐蚀性能；

6）具有良好的机械加工和热处理性能。

通常使用的材料为合金钢、铜合金、铝合金等。其中 35CrMnSiA，40Cr 是常用的材料，尤其 35CrMnSiA 合金钢适合制作高精度的弹性敏感元件。50CrMnA 铬锰弹簧钢和 50CrVA 铬钒弹簧钢具有优良的机械性能，可用于制作承受交变载荷的重要弹性敏感元件。黄铜（由铜和锌所组成的合金）可用于制造受力不大的弹簧及膜片。德银（以铜镍合金为基，加入锌配制的合金，也称锌白铜）用于制造抗腐蚀的弹性元件。锡磷青铜（一种合金铜，具有良好的导电性能，不易发热，确保安全同时具备很强的抗疲劳性，有更高的耐蚀性、耐磨损，冲击时不发生火花）用于制造一般的弹性元件或抗腐蚀性能好的弹性元件。铍青铜（力学，物理，化学综合性能良好的一种铜合金）用于制造精度高、强度好的弹性敏感元件。不锈钢（耐空气、蒸汽、水等弱腐蚀介质和酸、碱、盐等化学浸蚀性介质腐蚀的钢，又称不锈耐酸钢）用于制造高强度、耐腐蚀性好的弹性敏感元件。

2.5.4 典型弹性敏感元件

由于转换的对象不同，弹性敏感元件的结构形式五花八门，图 2-26 列出了一些弹性敏感元件的结构形式。

图 2-26　一些弹性敏感元件的结构形式

思 考 题

1. 传感器所依据的自然定律、规律有哪些?

2. 物理型传感器所依据的物理定律、物理现象、物理效应主要可归纳为哪几类?

3. 举例说明传感器与守恒定律、场的定律、统计法则和物质定律的关系。

4. 什么是热平衡型一次效应和二次效应?写出热平衡现象中的三个麦克斯韦关系式,举例说明它们在传感器中的应用。

5. 什么叫传输现象?什么叫传输现象的一次效应?举例说明传输现象一次效应在传感器中的应用。

6. 简述各类基础效应的含义以及与传感器的关系。

7. 什么是传感器的敏感材料?传感器敏感材料有哪些类型?它的基本特性是什么?

8. 按材料成分进行分类,敏感材料可以分为哪几种?敏感材料按照高分子功能材料分,可以分为哪几种?

9. 目前,已经实用化的生物传感器所用的高分子敏感材料主要有哪几种?

10. 光纤有哪些类型?考察光纤性能的主要参数是什么?

11. 什么是功能陶瓷?它的特点是什么?

12. 形状记忆材料有哪几类?它们有什么用途?

13. 什么是智能材料?智能材料的特征和基本组成是什么?

14. 弹性元件在传感器中的作用是什么?用什么参数考察弹性元件的基本特性?举例说明传感器中常用的典型弹性元件的结构形式。

第3章 传感器构成论

3.1 传感器的构成方法

3.1.1 传感器的基本构成

传感器是以一定的精确度把被测量（物理量、生物量、化学量）转换为与之确定关系的便于处理应用的某种物理量（如电量、光学量）的测量部件或装置。传感器通常由敏感元件、转换元件和转换电路组成（见图3-1）。在现有技术条件下，因为电量最容易被使用，所以传感器的输出物理量一般是电量。

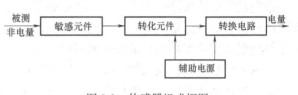

图 3-1 传感器组成框图

1. 敏感元件

直接感受被测量（一般为被测量），以确定的关系输出某一物理量（包括电学量）的元件。如膜片和波纹管可以把被测压力变成位移量。

2. 转化元件

将敏感元件输出的非电物理量（如位移、应变、应力等）转换为电学量（包括电路参数量），如光敏电阻和热敏电阻等。

3. 转换电路

将转换元件输出的电信号（如电阻、电容、电感）量转换成便于测量（显示、记录、控制和处理）的电量（如电压、电流、频率等）。

传感器的上述三部分不一定齐全，根据敏感与转换的需要，有的只有敏感元件，有的有敏感元件和转化元件，有的则三者兼备。

敏感元件如果直接输出电量就同时兼为转换元件了，如热电偶感受被测温差时直接输出电动势，压阻式和谐振式压力传感器、差动变压器式位移传感器等的敏感元件和转化元件完全合为一体。敏感元件输出的虽然是电量，但不是电流、电压之类的容易直接使用的，而是电阻、电容、电感之类的中间量，则必须由转换电路转换为电流、电压。如电容式位移传感器，由敏感元件和转换电路组成。

转换元件也可以不直接感受被测量，而只感受与被测量成确定关系的其他非电量。例如，差动变压器式压力传感器，并不直接感受压力，只是感受与被测压力成确定关系的衔铁位移量，然后输出电量。有些传感器，转换元件不止一个，要经若干次转换才输出信号。

由于传感器的输出信号一般都很微弱，常需要有信号调理与转换电路对其进行放大、运算调制等，转换电路的类型视传感器的工作原理和转换元件的类型而定，如电桥电路、高阻输入电路，维持振荡的激振电路等。

3.1.2 传感器的结构类型

传感器的具体构成方法，根据被测对象、转换原理、使用环境及性能要求等具体情况不同，有很大差异。从不同角度，可以有不同的分类方法。

从能量的角度，典型的传感器构成方法有三种，这就是自源型、辅助能源（带激励源）型和外源型。前二者属于能量转换型传感器，也称为有源传感器；后者是能量控制型传感器，也称为无源传感器。

自源型是最简单、最基本的传感器构成型式，只含有转换元件。自源型传感器的特点是不需要外能源，其转换元件能从被测对象直接吸取能量，并转换成电量输出，但输出电量较弱。例如，热电偶、压电器件等都属于这类自源型传感器。

带激励源型传感器由转换元件和辅助能源两部分组成，辅助能源起激励作用，可以是电源或磁源。它的特点是，不需要变换电路，即可有较大的电量输出。例如，磁电式传感器、霍尔等电磁式传感器都属于带激励源型传感器。

外源型传感器由转换元件、变换电路和外加电源组成，"变换电路"是指信号调理与转换电路，把转换元件输出的电信号，调理成便于显示、记录、处理和控制的可用信号，例如电桥、放大器、振荡器、阻抗变换器及脉冲调宽电路等。可见，外源型传感器必须通过带外电源的变换电路，才能获得有用的电量输出，这与前面介绍的属于能量转换型的自源型、带激励源型传感器显著不同，外源型传感器是一种能量控制型传感器。

实际使用中的传感器，其特性要受到环境变化的影响。为消除环境干扰的影响，目前广泛采用的线路补偿法有三种构成形式，即相同传感器的补偿型、差动结构补偿型和不同传感器的补偿型。相同传感器的补偿型采用两个完全相同的转换元件，并置于同一环境中，其中一个转换元件接受输入信号和环境影响，另一个只接受环境影响，然后，通过线路，使后者消除前者环境干扰的影响。

从传感器的结构形式来划分，可将传感器按其构成方法分为以下几类：通用型、参比型、差动型、反馈型四种类型。

1. 通用型

传感器是以敏感元件为主体，加上输入输出及辅助单元而构成的，单独的敏感元件未必是实用的传感器。对物性型传感器而言，一般可由敏感元件单独构成，即可直接实现"被测非电量—有用电量"的转换；而对结构型传感器来说，通常必须通过前置敏感元件预转换后，再由转换元件进行二次转换才能完成，即只能间接实现"被测非电量—有用非电量（或电量）—有用电量"的转换。

通用型传感器是传感器组成的基本形式，它由单个传感器组成。根据该传感器的能量供给和结构的复杂情况，又可进一步分为：能量变换基本型、能量控制基本型、有源变换型、电路参数型和多级变换型五种类型。

（1）能量变换基本型 结构如图 3-2 所示，能量变换基本型最简单、最基本的传感器构成形式，只由敏感元件单独组成，输出量一般是电学量。

这种构成形式的特点是，敏感元件能从被测对象直接获得能量，并转换成电量，不需外能源，也称自源型。不过一般输出能量较弱，如热电偶传感器、压电传感器等。它是利用热平衡现象或传输现象中的一次效应制成，由于一次效应存在逆效应，当敏感元件输入信号时，其输出将产生逆效应而影响输入，因此对被测对象有一定负荷效应，输出端输出的能量不可能大于被测对象的能量。

（2）能量变换特殊型（辅助能源型）　结构如图 3-3 所示，由某些敏感元件组成的自源型传感器。它的敏感元件同样从被测对象直接获得能量，并转换成电量，但是增加了辅助能源。辅助能源是为了增加抗干扰能力，或者为了提高稳定性或取出信号，也有为了原理所需要而使用。它既可以是电源，也可以是磁源。如光电管、光电倍增管、光敏二极管、CCD 传感器、磁电感应式传感器、霍尔式传感器等。

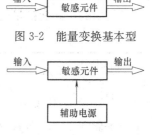

图 3-2　能量变换基本型

图 3-3　能量变换特殊型

能量变换特殊型的明显特点是虽然由自源型敏感元件组成，能量从被测对象获得，属能量变换型，但为了功能上的需要，必须加辅助能源。

（3）能量控制基本型　结构如图 3-4 所示，它也只由敏感元件组成，但是必须加电源才能将被测非电量转换成电压等电量输出。其典型例子有变压式位移传感器、感应同步器、核辐射探测器、电解电池（电化学传感器）、离子能场效应晶体管等。

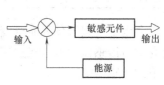

图 3-4　能量控制基本型

能量控制基本型的特点是由敏感元件组成，需外加电源，输出能量可大于被测对象具有的能量，不需要变换电路即可有较大的电量输出。

（4）电路参数型（由敏感元件、包含该敏感元件在内的转换电路组成）　结构如图 3-5 所示，它由敏感元件、包括该敏感元件在内的转换电路及电源组

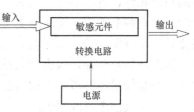

图 3-5　电路参数型

成。它的敏感元件能实现对输入信号的阻抗变换，由辅助电源向它提供能量，将被测非电量转换成电压等电量输出。常用的变换电路有电桥、放大器、振荡器、阻抗变换器和脉宽调制电路等。属于这种构成法的传感器有电阻应变式、电感位移式、电涡流位移式以及气敏电阻、湿敏电阻、热敏电阻等传感器。

其特点是敏感元件对输入非电信号进行阻抗变换，转换电路含有该敏感元件，电源向转换电路提供能量从而输出电量，属于能量控制型。输出能量远大于输入能量，利用热平衡现象或传输现象中的二次效应都属于此类传感器。

（5）多级变换型　传感器的输出一般采取电量的形式，但是把输入的物理量直接变换为电量有时不那么容易，而是先转换成为可利用的中间变换量，再通过转换元件。有的还需要转换电路，转换成为便于利用的电量输出（图 3-6）。

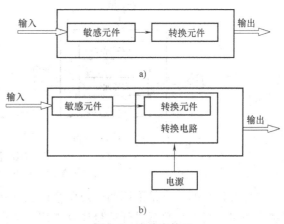

图 3-6　多级变换型

a）能量变换型　b）能量控制型

在多数情况下，采取两极或两极以上的变换，这样增加了传感器设计的自由度，并使之适应各种条件。

可利用的中间变换量是指那些容易转换成电学量的物理量，见表 3-1。

表 3-1　可利用的中间变换量

中间变换量	被　测　量	转　换　元　件
位移	力、压力、热、加速度、扭矩、温度（双金属片）、湿度（高分子材料碳粒）、流速	电容、电感、应变片、压阻、霍尔元件
光量	位移、转数、浓度、气体成分、湿度、维生素等	光电器件
热（温度）	湿度、真空度、流速、尿素等	热电偶、热敏电阻
复合物（化学物质）	生物量、化学物质、离子浓度、pH 值、O_2、葡萄糖	电化学器件（各类电极）

多级变换型可分为能量变换型和能量控制型两类。前者如压电式加速度传感器，后者如应变式力传感器、电容式加速度传感器、霍尔式压力传感器、光纤式加速度传感器、酶热敏电阻式传感器等。

2. 参比补偿型

为了消除环境条件变化（如温度变化、电源电压波动等）的影响。采用两个性能完全一致的敏感元件，将其中之一接输入信号，而另外一个置于相同环境中，作为补偿用，环境条件的改变对两个敏感元件性能变化相同，以此达到消除环境干扰的目的，这种组合形式称为参比补偿型（图 3-7）。如压电式压力传感器、当环境温度变化影响被测压力变化的测量时，采用温度环境补偿片，构成参比补偿型传感器，可减小环境温度的影响。参比补偿型也有能量变换型和能量控制型，不过以能量控制型为多见。又如，电阻应变式传感器构成的参比补偿型时，将其两个（或两个以上）敏感元件（一个为工作片，另一个为补偿片）同时接到电桥电路的相邻两臂，就能对温度、电源电压等的波动影响起到补偿或消除作用。因此参比补偿型传感器有利于提供测量精度。

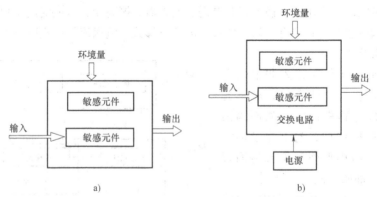

图 3-7　参比补偿型

a) 能量变换型　b) 能量控制型

参比补偿型的特点是采用两个或两个以上性能完全相同的敏感元件。其中一个感受被测量和环境量，另一个只感受环境量作补偿用，能消除环境和条件变化干扰（如温度、电源电压变化）的影响。

3. 差动结构型

结构如图 3-8 所示,采用两个(或两个以上)性能完全相同的敏感元件,同时感受相同的环境影响量和方向相反的被测量。测量时输入信号是同时加到原理相同、性能一致的两个敏感元件上的,但对于输入信号,两个敏感元件的参数变化是成相反方向的;而对于环境变化,两个敏感元件的变化则是成相同方向的,通过变换(测量)电路,使有用输出量增加,干扰量相减便可以消除环境变动的影响。如差动变压器、差动式电容传感器、差动电阻式传感器、差动电感式传感器等。

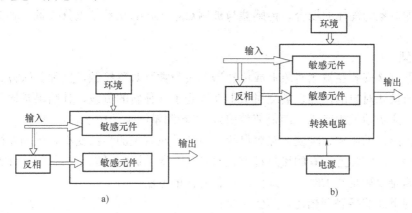

图 3-8 差动结构型
a)能量变换型 b)能量控制型

差动结构型的特点是采用两个(或两个以上)性能完全相同的敏感元件,同时感受相同的环境影响量和方向相反的被测量,输出信号提高一倍,提高灵敏度、线性度,减小或消除环境因素的影响。

4. 反馈型

反馈型传感器是一种闭环系统,其特点是传感器敏感元件(或转换元件)同时兼做反馈元件,使传感器输入处于平衡状态,因此亦称为平衡式传感器(见图 3-9)。目前主要有力反馈型(包括位移反馈型)和热反馈型两类,如差动电容力平衡式加速度传感器、热线热反馈型流速传感器等。反馈型传感器结构复杂,应用于特殊场合,如高精度微差压的测量、高流速的测量等。

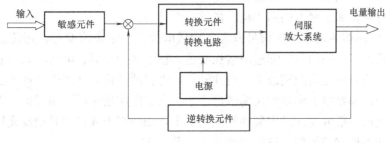

图 3-9 反馈型

反馈型传感器是闭环系统,它的特点是敏感元件(或转换元件)同时兼作反馈元件,传感器输入处于平衡状态,故又称为平衡式传感器,结构较复杂,一般用于特殊场合。

3.2 传感器与被测对象的关联

传感器的被测对象可以是固体、液体或气体，传感器与被测对象之间的关联方式可以根据被测对象的不同分为固体与流体两种情况来研究。

3.2.1 传感器与固体对象的关联

对于被测对象为固体的场合，传感器与被测对象之间的联系可以分接触型和非接触型两种情况。

1. 接触型

把传感器直接安装在被测对象上或传感器测头与被测对象接触，这种关联方式称为接触型。传感器与被测对象的接触，被测对象上就承受了某种新的负载，其结果是被测对象的状态或特性不可避免地发生变化（即负荷效应），影响测量结果的精度。

如果将传感器的体积、刚度、热容量等与负荷效应有关的参数变小，则加在被测对象上的负荷就减轻了。实际上，有的接触型方式对被测对象的影响可以小到忽略不计的程度。当上述这些措施难以满足要求时，必须谋求某种补偿的办法。

接触型与下述非接触型相比，其优点是：

1）由于传感器直接与被测对象接触，可以把它看成是被测对象的一部分，受环境变动的影响相同，有利于直接获得与被测对象相对应的输出信号。

2）标定方法、装置与具体被测对象无关。接触型传感器可事先标定，在考虑温度等环境条件的情况下，可在实验室进行标定。标定后的结果对不同的被测对象都可立即使用，无需现场再次标定。

2. 非接触型

传感器与固体对象的关联方式或因高温或高速回转等环境条件的限制、或因被测对象很小等安装条件的限制、或由于传感器工作机理的因素，必须做到不与被测对象接触就能将信号取出，即使用非接触型传感器。

用非接触型传感器从被测对象上获得信息有以下两种方法：

1）接受由被测对象发出的光或电磁波、辐射热等，由此而得到所需的测量信号。例如光电传感器、红外探测器等。又如接收从高温物体发出的辐射热，由此而得知被测物体的温度；遥感测量方法，如卫星上的照相机、微波高度计等。

2）从传感器向被测对象发射信号或与之构成电位差、距离改变等，用传感器接收相应的响应，从而获得必要的信号。如超声波探测器、核辐射探测器、电涡流式传感器等。又如使定向极板与被测对象之间距离改变，由此转换成电容的变化，就属于这种方法。

一般情况下，非接触型测量的负荷效应很小，在实际应用中可不加考虑。但有一种非接触型传感器，它的一部分零部件安装在被测对象上，如激光干涉仪就是把反光镜片装在被测物体上，用来测得位移信号的。这时就须考虑负荷效应。

另一方面，非接触型检测也存在以下缺点：被测对象的放射性，被测对象与传感器之间的介质特性，或者在传感器附近的其他物体等都有可能使输出受到影响。对于辐射温度传感器来说，如果对被测对象的辐射率不清楚，则温度就无法知道；对于电容型位移传感器，如果极板间介质的介电常数发生变化，则传感器的输出也势必发生变化。另外，传感器与被测对象间的距离变动，也会使传感器的输出发生变化。

诚然，非接触型传感器的安装位置在某种程度上是任意的，但是，若安装位置不固定，往往就不能进行标定，因此，非接触型传感器不能象接触型传感器那样事先标定，必须在使用现场进行标定；而且非接触型传感器的标定不仅取决于传感器的安装位置，而且还与被测对象的形状、尺寸以及环境等因素有关。

尽管如此，非接触型传感器因负荷效应极小、安装限制少、使用方便、可远距离检测等优势，得到迅速的发展，就其数量、品种来说，已经超出接触型传感器。

接触型与非接触型传感器有各自的优缺点，所以必须根据具体的使用目的及使用场合而做出相应的选择，见表 3-2。

表 3-2　接触型与非接触型传感器比较

项　目	接 触 型	非接触型
负荷效应	大	小
环境影响	不容易影响	易受影响
安装位置	固定	可以移动
标定	预先	现场
分布检测	困难	容易

3.2.2　传感器与流体对象的关联

利用传感器测量流体的某些参数（如流速、温度、流量、浓度等）时，传感器必须安装在盛有流体的容器里或有流体流动的管道中，因此传感器对原有流体的状态将不可避免地产生影响。为了减小其负荷效应，要求传感器与被测对象之间的能量交换越小越好，这将导致传感器的输入信号很弱，为了获得一定的输出电信号，要求传感器必须具有较高的灵敏度。

例如，测量流体的流速，既可如皮托管那样，插入管道的流体中，又可像电磁流量计那样，把传感器作为管道的一部分，前者因只能检测流体的一部分的流速，所以称为局部传感器；而后者因可检测全部流体流速平均值，所以称其为积分式传感器。

3.3　传感器对信号的选择

传感器的基本功能是信号采集与变换，为了能正确地进行信号采集，必须使传感器具有只采集有用信号，同时能阻止或剔除无用信号的能力，即传感器必须具备正确选择信号的能力。

3.3.1　传感器信号选择机理

设输入变量（自变量）为 x_1，x_2，$\cdots x_n$，传感器内部变量（参变量）为 u_1，u_2，$\cdots$，u_r，输出变量（输出量）为 y_1，$y_2 \cdots$，y_m，则传感器的输出变量与输入变量的一般数学表达式为

$$y_i = f_i(x_1,\ x_2,\ \cdots,\ x_n,\ u_1,\ u_2,\ \cdots,\ u_r) \tag{3-1}$$

式中，$i = 1$，2，$\cdots$，m。

如果被测信号为 x_1，与之对应的输出信号为 y_1，则

$$y_1 = f_1(x_1,\ x_2,\ \cdots,\ x_n,\ u_1,\ u_2,\ \cdots,\ u_r) \tag{3-2}$$

因为输入与输出必须是一一对应的，所以必须考虑使 x_1 以外的其他变量最好固定不变，或即使有变化，对 y_1 也不产生影响或影响很小，可以忽略。

例如，热电偶型传感器，设电动势用 y_1 表示，被测温度用 x_1 表示，基准结点的温度为 x_2，两种材质的纯度为 u_1，u_2，它们随时间的变化量为 $\dot{u}_1$、$\dot{u}_2$，可见 x_2、$\dot{u}_1$ 和 $\dot{u}_2$ 等都对变换精度有影响参变量，如果仅用简单的单变量的静态模型：

$$y_1 = f_1(x_1) \tag{3-3}$$

显然是不准确的。

为此，在传感器设计中要附加信号选择功能，并进行各种各样的信号处理。当信号选择功能不充分时，式（3-3）变换中的 x_1 与 y_1 便不能一一对应，这就会产生测量误差。在传感器或变换器的设计中，将信号选择功能以结构的形式使之具体化是最重要的任务之一。如果仅用传感器的结构不能实现信号选择的话，可使测试仪器或系统具备这种信号选择功能，以达到信号选择的目的。

以金属导线的电阻变化为例，电阻是金属的种类、纯度、尺寸、温度、应力等的函数，如果只选择根据温度而变化的方案时，便是电阻温度计；或者如果只选择根据尺寸或应力而变化时，便成为应变计。将两种构造对比，可以看出，在温度计中有防止变形影响的结构，而在应变计中则有防止温度影响的结构，用以支配仪器的性能。

3.3.2 传感器的信号选择方式

下面讨论几种常见的传感器对信号的选择方式。

1. 固定式

固定式是把被测量以外的变量固定为一定值或者是采用某种控制手段使其为固定值的传感器信号选择方式。以热电偶（图 3-10）为例，被测温度 x_1 以外的变量都固定；把基准结点温度 x_2 确定为水的三相点，材料的纯度严格控制，成分 u_1、u_2 固定，把成分随时间的变化 $\dot{u}_1$、$\dot{u}_2$ 定为零，并将热电偶放

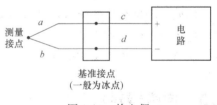

图 3-10　热电偶

入保护管中使用，这就避免了环境条件的影响，而使 x_1 的量保持定值。又如位移型传感器，只须是一个方向可变形，而其他方向的刚度足够大，而且位移传递部分不允许有变形和翘曲。

2. 补偿式

把被测量 x_1 和干扰量 x_2 共同作用的函数量称为第一函数量，把只有干扰量 x_2 作用的函数量称为第二函数量。补偿方式就是利用第一函数量和第二函数量之差或之比来消除干扰量影响的一种方式，与 3.1.2 节介绍的传感器构成方法中的参比补偿型相对应。

相对于被测量，如果干扰的作用效果是相加，则取其差进行补偿；如果是相乘，则须取其比进行补偿。

设 x_1 为被测量，x_2 为干扰量，把 x_1、x_2 作用的第一函数量用 $f(x_1, x_2)$ 函数表示。若加上 x_1 的微小变化 Δx_1、x_2 的微小变化 Δx_2 时，则函数为 $f(x_1 + \Delta x_1, x_2 + \Delta x_2)$。若 x_1 的变化 Δx_1 不起作用，只有 x_2 的变化 Δx_2 起作用，则有第二个函数量为 $f(x_1, x_2 + \Delta x_2)$。将它们分别在 x_1，x_2 的附近进行泰勒级数展开（取至二次项为止），于是有

$$f(x_1+\Delta x_1,\ x_2+\Delta x_2)=f(x_1,\ x_2)+\frac{\partial f}{\partial x_1}\Delta x_1+\frac{\partial f}{\partial x_2}\Delta x_2+$$

$$\frac{1}{2!}\left\{\frac{\partial^2 f}{\partial x_1^2}(\Delta x_1)^2+2\frac{\partial^2 f}{\partial x_1\cdot\partial x_2}(\Delta x_1\cdot\Delta x_2)+\frac{\partial^2 f}{\partial x_2^2}(\Delta x_2^2)\right\} \quad (3\text{-}4)$$

$$f(x_1,\ x_2+\Delta x_2)=f(x_1,\ x_2)+\frac{\partial f}{\partial x_2}\Delta x_2+\frac{1}{2!}\frac{\partial^2 f}{\partial x_2^2}(\Delta x_2^2) \quad (3\text{-}5)$$

如果函数 $f(x_1,\ x_2)$ 是 $f_1(x_1)$ 和 $f_2(x_2)$ 之和，则取上两式之差，可得

$$f(x_1+\Delta x_1,\ x_2+\Delta x_2)-f(x_1,\ x_2+\Delta x_2)$$

$$=\frac{\partial f}{\partial x_1}\Delta x_1+\frac{1}{2!}\frac{\partial^2 f}{\partial x_1^2}(\Delta x_1^2)+\frac{2}{2!}\frac{\partial^2 f}{\partial x_1\partial x_2}(\Delta x_1\cdot\Delta x_2) \quad (3\text{-}6)$$

式 (3-6) 的第一项是 Δx_1 的一次响应，即是原来的输出信号；Δx_2 的一次项，由于式 (3-4) 与式 (3-5) 两式相减时被消去；Δx_1 的二次项是输入与输出间非线性项，$\Delta x_1\cdot\Delta x_2$ 项是不能进行补偿的 Δx_2 的影响项。

(1) 如果函数 $f(x_1,\ x_2)$ 是 x_1 和 x_2 的线性组合，例如

$$f(x_1,\ x_2)=a_1 f_1(x_1)+a_2 f_2(x_2) \quad (3\text{-}7)$$

此时

$$\frac{\partial^2 f}{\partial x_1\partial x_2}(\Delta x_1\cdot\Delta x_2)=0$$

则两式之差为

$$\frac{\partial f}{\partial x_1}\Delta x_1+\frac{1}{2!}\frac{\partial^2 f}{\partial x_1^2}(\Delta x_1^2)$$

x_2 的影响在输出中被消除了，也就是达到全补偿的目的。

(2) 如果函数 $f(x_1,x_2)$ 是 $f_1(x_1)$ 和 $f_2(x_2)$ 之积。例如 $f(x_1,\ x_2)=af_1(x_1)\cdot f_2(x_2)$，则取上两式之比，它们的输出为

$$f(x_1+\Delta x_1,\ x_2+\Delta x_2)=af_1(x_1+\Delta x_1)\cdot f_2(x_2+\Delta x_2) \quad (3\text{-}8)$$

$$f(x_1,\ x_2+\Delta x_2)=af_1(x_1)\cdot f_2(x_2+\Delta x_2) \quad (3\text{-}9)$$

将式 (3-8) 与式 (3-9) 相除，则得

$$\frac{f(x_1+\Delta x_1,\ x_2+\Delta x_2)}{f(x_1,\ x_2+\Delta x_2)}=\frac{f_1(x_1+\Delta x_1)}{f_1(x_1)} \quad (3\text{-}10)$$

消除了干扰量 x_2 的影响，得到了完全补偿。

3. 差动方式

使传感器以两个相反（即一个增大，另一个减小）的方向，感受同一被测量，而且以两个相同方向感受干扰量；也就是被测量朝两个方向对称变化，而作为影响量的参变量则朝一个方向变化，取两个函数之差作为输出，从而选择被测量的一种方式。

设被测量为 x_1，干扰量为 x_2，则差动式作用函数分别为

$$f(x_1+\Delta x_1,\ x_2+\Delta x_2),\ f(x_1-\Delta x_1,\ x_2+\Delta x_2)$$

用多项式展开，忽略两次以上的高阶量，并求差得

$$f(x_1+\Delta x_1,\ x_2+\Delta x_2)=f(x_1,\ x_2)+\frac{\partial f}{\partial x_1}\Delta x_1+\frac{\partial f}{\partial x_2}\Delta x_2+$$

$$\frac{1}{2}\left\{\frac{\partial^2 f}{\partial x_1^2}(\Delta x_1)^2+2\frac{\partial^2 f}{\partial x_1\cdot\partial x_2}(\Delta x_1\cdot\Delta x_2)+\frac{\partial^2 f}{\partial x_2^2}(\Delta x_2^2)\right\} \quad (3\text{-}11)$$

$$f(x_{1-}\Delta x_1,\ x_2+\Delta x_2)=f(x_1,\ x_2)-\frac{\partial f}{\partial x_1}\Delta x_1+\frac{\partial f}{\partial x_2}\Delta x_2+$$

$$\frac{1}{2}\left\{\frac{\partial^2 f}{\partial x_1^2}(\Delta x_1)^2-2\frac{\partial^2 f}{\partial x_1\cdot\partial x_2}(\Delta x_1\cdot\Delta x_2)+\frac{\partial^2 f}{\partial x_2^2}(\Delta x_2^2)\right\} \tag{3-12}$$

$$f(x_1+\Delta x_1,\ x_2+\Delta x_2)-f(x_1-\Delta x_1,\ x_2+\Delta x_2)=2\frac{\partial f}{\partial x_1}(\Delta x_1)+2\frac{\partial^2 f}{\partial x_1\partial x_2}(\Delta x_1\cdot\Delta x_2)$$

$$\tag{3-13}$$

可见与补偿法相比,灵敏度提高了一倍,消除了非线性的二次项$(\Delta x_2)^2$,改善了传感器的非线性。当 x_1,x_2 为算术迭加时,则 $\dfrac{\partial^2 f}{\partial x_1\partial x_2}=0$,即干扰量 x_2 的影响可以完全消除。

采用差动结构形式的传感器有差动式电容、电感、变压器式传感器以及利用传播时间差原理的超声波流速仪、应变式电桥传感器等。

4. 频率域及时间域的选择

补偿方式和差动方式是利用被测量与干扰量的静态特性与空间特性,将信号与噪声分开的一种手段。如果对被测量与干扰量的动态特性清楚的话,利用它们在频率域和时间域的特性,也能有效地进行信号选择。

被测量与干扰量的动态特性是在时间域或频率域中描述的。对于频率域干扰,可以通过滤波加以排除。如果被测量(信号)与干扰量(噪声)的频带不相同,可利用滤波器将它们分开。通常使用的滤波方法有机械滤波与电子滤波,一般它们多用在信号处理系统中。如在传感器上装有防振橡胶时,就能遮断混入到传感器中的机械振动噪声。这种方法就属于机械滤波。另外,当信号与噪声的频带相重合时,通过对信号调频的办法,将被测量信号移到噪声信号的频率范围之外,从而使信号与噪声分开。如采用包含直流信号的调频放大和采用微弱光的遮光器(如用扇形板法)使其变为断续光等放大的方式,就是基于上述思想的产物。

对于时域干扰,可采用"时间窗"的方法来加以消除。当信号的存在时间与噪声的存在时间不同时,可采用只有当信号存在时才能将信号窗打开读入信号的方式。对周期信号,可以取出特定的相位成分。如同步检波和同步加法,就是利用时间特性,将看起来分离困难的混在噪声中的信号检测出来的信号处理方式。

(1) 同步检波　当被测信号比干扰信号小,即被测信号夹杂并淹没在干扰信号中时,如果已知信号频率或者周期时,可采用简单有效的同步检波法来选择信号。

同步检波器是一种乘法器(图 3-11)。设被测信号为 $S(t)\cos(\omega t)$,取与信号同频率的标准信号为 $R\cos(\omega t+\varphi)$,把他们同时输入到同步检波器中,则输出信号为

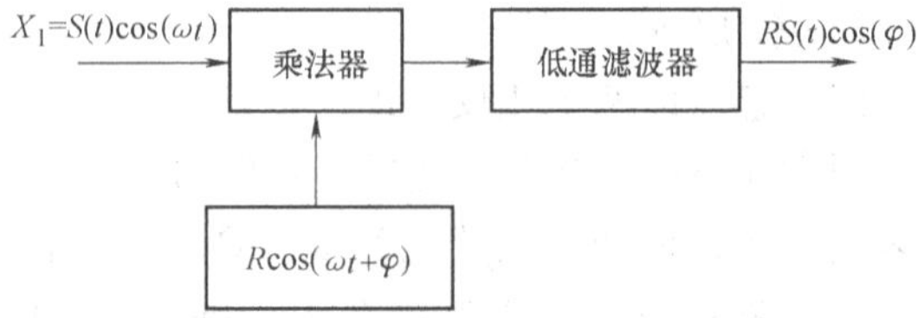

图 3-11　同步检波法原理

$$RS(t)\cos(\omega t)\cos(\omega t+\varphi)$$

$$=\frac{1}{2}RS(t)\left[\cos(\omega t+\omega t+\varphi)\cos(\omega t+\varphi-\omega t)\right] \tag{3-14}$$

$$=\frac{1}{2}RS(t)\left[\cos(2\omega t+\varphi)+\cos(\varphi)\right]$$

再通过低通滤波器滤除 2ω 交流分量后，就可以得到 $RS(t)\cos\varphi$ 信号。调整标准信号的相位 φ，可使输出达到最大，即当 $\varphi=0$ 时，输出为最大。若干扰信号不规则或不同于被测信号，由于三角函数具有正交性，用低通滤波器仍可以将它们去除，而使输出基本不受影响。

（2）同步迭加平均　同步迭加平均又称为平均响应法，它可以看成是利用信号的自相关原理进行信号检测的一种方法，适用于已知信号的周期的规则信号。同步迭加平均法的原理如图 3-12，在时间轴上按被测信号的周期分段，并以相同起始点，进行 N 次相加，即将信号波形以周期 T_1，T_2，…，T_N 取出，对应相加取平均值。这样，信号便被放大了 N 倍，另一方面，干扰信号因其随机性则放大 $\sqrt{N}$ 倍，噪声被平均了，功率变为 $\sqrt{N}$ 倍，信噪比 (S/N) 却得到了 $\sqrt{N}$ 倍的改善。图 3-13 为用同步迭加的方法，使埋入不规则噪声中的信号浮现出来的例子。图中从下至上，信号埋没在噪声中很难辨别，随着 10 次、50 次相加，信号便检测出来。

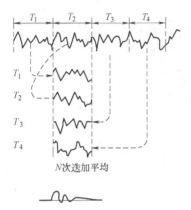

图 3-12　同步迭加平均法原理

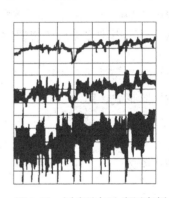

图 3-13　同步迭加法应用实例

3.4　传感器的传递矩阵

传感器在测量系统中与相关联的部件的关系，或者一个复杂的传感器系统中各环节之间的关系，可以应用两通道网络概念来进行分析。其方法是将传感器看成一个两通道网络，或将一复杂的传感器化成若干个简单环节，每一简单环节相当于一个两通道网络，用一个矩阵表示，然后将这些矩阵级联起来，可得到描述传感器的总矩阵表示式，以便于描述传感器的共同特性和分析各类传感器的性能。

3.4.1　二端口传感器的一般表达式

传感器是一个二端口系统，有两个输入端，两个输出端，如图 3-14a。图中 X_1、X_2 分别为输入端、输出端的示强变量；x_1、x_2 分别为输入端、输出端的示容变量。

当传感器在线性范围内工作时。二端

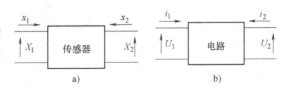

图 3-14　二端口网络图
a）传感器　b）电路

口传感器与二端口电路（见图 3-14b）的固有特性相似。因此可比照二端电路的分析方法分析二端口传感器的固有特性。

1. 二端口电路固有特性的表达式

由二端口网络理论可知，二端口电路固有特性可用短路导纳和短路转移导纳表示。

由二端口网络理论，二端口电路表达式为

$$\begin{cases} i_1 = Y_{11}U_1 + Y_{12}U_2 \\ i_2 = Y_{21}U_1 + Y_{22}U_2 \end{cases} \tag{3-15}$$

式中，Y_{11} 为输出端短路时的输入导纳，$Y_{11} = \dfrac{i_1}{U_1}\Big|_{U_2=0}$；$Y_{22}$ 为输入端短路时的输出导纳，

$Y_{22} = \dfrac{i_2}{U_2}\Big|_{U_1=0}$；$Y_{12}$ 为输入端短路时的短路转移导纳，$Y_{12} = \dfrac{i_1}{U_2}\Big|_{U_1=0}$；$Y_{21}$ 为输出端短路时的

短路转移导纳，$Y_{21} = \dfrac{i_2}{U_1}\Big|_{U_2=0}$。

2. 二端口传感器固有特性一般表达式

比较图 3-14a、b 可见，只要将电路中的电流 i 换成传感器的 x，电路中的电压 U 换成传感器的 X，就可得到二端口传感器固有特性一般表达式，即

$$\begin{cases} x_1 = Y_{11}X_1 + Y_{12}X_2 \\ x_2 = Y_{21}X_1 + Y_{22}X_2 \end{cases} \tag{3-16}$$

写成矩阵形式，即

$$\begin{bmatrix} x_1 \\ x_2 \end{bmatrix} = \begin{pmatrix} Y_{11} & Y_{12} \\ Y_{21} & Y_{22} \end{pmatrix} \begin{bmatrix} X_1 \\ X_2 \end{bmatrix} \tag{3-17}$$

导纳矩阵为

$$\begin{pmatrix} Y_{11} & Y_{12} \\ Y_{21} & Y_{22} \end{pmatrix} \tag{3-18}$$

3.4.2　二端口传感器的传递矩阵

1. 传递矩阵

因为传感器后续电路是其负载，而高阶传感器的前一环节的输出是后一环节的输入，后一环节又是前一环节的负载，因此图 3-14a 所示二端口网络考虑负载后，其输出端的示容变量 x_2 是流向负载的，用"$-x_2$"表示，则式（3-16）变为

$$\begin{cases} x_1 = Y_{11}X_1 + Y_{12}X_2 \\ -x_2 = Y_{21}X_1 + Y_{22}X_2 \end{cases} \tag{3-19}$$

解得

$$X_1 = -\frac{Y_{22}}{Y_{21}}X_2 - \frac{1}{Y_{21}}(-x_2)$$

$$x_1 = \frac{Y_{12}Y_{21} - Y_{11}Y_{22}}{Y_{21}}X_2 - \frac{Y_{11}}{Y_{21}}(-x_2)$$

令

$$A = -\frac{Y_{22}}{Y_{21}}, \quad B = -\frac{1}{Y_{21}}, \quad C = \frac{Y_{12}Y_{21} - Y_{11}Y_{22}}{Y_{21}}, \quad D = -\frac{Y_{11}}{Y_{21}}$$

则有

$$\begin{cases} X_1 = AX_2 + B(-x_2) \\ x_1 = CX_2 + D(-x_2) \end{cases} \tag{3-20}$$

写成矩阵形式为

$$\begin{bmatrix} X_1 \\ x_1 \end{bmatrix} = \begin{pmatrix} A & B \\ C & D \end{pmatrix} \begin{bmatrix} X_2 \\ -x_2 \end{bmatrix} \tag{3-21}$$

式中，$\begin{pmatrix} A & B \\ C & D \end{pmatrix}$ 称为连接矩阵或 $\boldsymbol{F}$ 矩阵，它表示传感器的固有特征。

2. 二端口传感器的固有特征

1）当输入、输出均为示强变量时，A 为传感器频率特性的倒数，即 $A = 1/(1 + j\omega)$；

2）当输入为示容变量，输出为示强变量时，C 为传感器频率特性的倒数，即 $C = 1/(1 + j\omega)$；

3）传感器的输入阻抗为 A/C；

4）对于能量变换器型传感器，$x_1 X_1 = x_2 X_2$，$Y_{12} = Y_{21}$，则有 $AD - BC = 0$；

5）对于具有偏置磁场的传感器，因输出端示容变量 x_2 是流向传感器的，所以取"＋"号，即 x_2 取正，则有 $AD - BC = -1$。

3.4.3 二端口传感器的负载效应

若将被测对象视为传感器的信号源 E，其内阻为 Z_i，传感器的负载为 Z_0，则传感器二端口网络如图 3-15 所示。

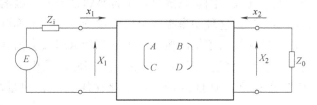

图 3-15 实际传感器二端口网络图

由图中的输入回路和输出回路，可求得输入示强变量和输出示强变量分别为

$$\begin{cases} X_1 = E - Z_i x_1 \\ X_2 = -Z_0 x_2 \end{cases} \tag{3-22}$$

解以上联立式（3-20）和式（3-22），得

$$y = X_2 = \frac{Z_0}{(A + CZ_i)\,Z_0 + B + DZ_i} \cdot E \tag{3-23}$$

1. 理想情况下

$$Z_i = 0, \ Z_0 = \infty$$

则式（3-23）变为

$$y_1 = \frac{E}{A} \tag{3-24}$$

2. 负载效应（负载误差）

负载效应 Δy 因负载自身作用引起的误差。由式（3-23）和式（3-24），得

$$\Delta y = y - y_1 = \frac{Z_0 E}{(A + C Z_i) Z_0 + B + D Z_i} - \frac{E}{A} \qquad (3\text{-}25)$$

1) 对于外加电源的能量控制型传感器（或输入阻抗为无穷大的理想放大器），从能量角度，它们对被测对象不产生负载效应，即由于 $Z_i = \infty$，$x_1 = 0$，$Y_{11} = Y_{12} = 0$，因此，$C = D = 0$，若负载影响也小，则误差可忽略。

2) 对于输出阻抗 $Z_0 = 0$，增益 $k = 1$ 的理想阻尼器（或跟随器），其 $X_2 / x_2 = 0$，即 $Y_{22} = Y_{21} = 0$，则 $A = 1$，$B = C = D = 0$，故 $\Delta y = -E/A$。

3) 对于理想的示强变量—示容变量变换器（或电压—电流变换器），$X_1 = B(-x_2)$，则 $A = C = D = 0$，所以有 $\Delta y = \dfrac{E(A Z_0 - B)}{AB}$。

3.4.4　传感器的广义输入、输出特性

1. 传感器广义输入特性

被测量的广义输出阻抗（包括物理、化学、电学方面的阻抗），决定了传感器的输入阻抗。传感器的广义输入特性用来衡量传感器对被测对象影响的程度（称负载效应）。例如，当利用温度传感器测量某个电子元器件的温度时，由于传感器与被测量元件的相互接触，如果被测量元件本身的质量与传感器相当，则可能由于相互接触所产生的热传导，导致比较大的测量误差。再如，用加速度传感器测量某运动物体的振动状态时，由于加速度传感器必须安装在被测物体上，其所带来的质量增加必然会对被测物体的振动状态产生影响。

前面所说的传感器静态特性与动态特性都不足以反映这种"传感器—被测对象"所构成组合的真实性能。一般来说，在设计测量系统时，很容易忽视的一个因素就是传感器要从被测对象中提取某种形式的功率。当这种功率提取足以使被测变量产生不可容忍的变更时，便被视为存在加载误差。借用广义输入阻抗的概念，可确定什么时候会出现加载误差。

当对一个量 x_1 进行测量时，总是涉及另一个量 x_2。因此，乘积 $x_1 x_2$ 具有功率的量纲。例如，在测量力时，总存在速度；测量流量时，总存在压力差；测量电流时，存在电压差等。

若非机械变量是在空间中的两点或两个区域之间进行测量，则定义其为作用变量（如电压、压力、温度）；而若它们是在空间中的某一点或某个区域处进行测量，则定义其为流动变量（如电流、体积流、热流）。对于机械变量，采用相反的定义，即在某一点上的测量为作用变量（如力、力矩），而在两点之间的测量为流动变量（线速度、角速度）。

传感器的输入特性常用广义输入阻抗 Z_i 来衡量，其定义为

$$Z_i = \frac{X}{x} \qquad (3\text{-}26)$$

式中，X 为示强变量；x 为示容变量。

由于示强变量与同一种能量（包含与时间有关的功率）中的示容变量的乘积是能量，即

$$W = X \cdot x \qquad (3\text{-}27)$$

由式（3-26），有 $X = Z_i x$ 代入上式，得

$$W = Z_i x^2 \quad （对于示容变量） \qquad (3\text{-}28)$$

$$W = \frac{X^2}{Z_i} \quad \text{（对于示强变量）} \tag{3-29}$$

可见：

1）当输入被测量为示强变量 X（如力，压力，温度等）时，由式（3-29），有 $W = \frac{X^2}{Z_i}\bigg|_{X=常数}$，则传感器的广义输入阻抗 Z_i 越大，传感器从被测对象吸收的能量 W 就越小，则对被测对象的影响就越小，由此产生的负载误差也就越小。

2）当输入被测量为示容变量 x（如速度、位移等）时，由式（3-28），有 $W = Z_i x^2\big|_{x=常数}$，则传感器的广义输入阻抗 Z_i 越小，传感器从被测对象吸收的能量 W 就越小，则对被测对象的影响就越小，由此产生的负载误差也就越小。

3）有些传感器如力传感器，当用于测量静态力时，由于是处于平衡状态，所以传感器受力点的速度为零（这时示容变量 $x=0$），所以造成广义输入（机械）阻抗（$Z_i = \frac{X}{x} \to \infty$）为无穷大，在这种情况下需用静态刚度来表示输入特性，静态刚度定义为

$$k = \frac{F}{S} \tag{3-30}$$

式中，F 为作用力；S 为位移。

此时，被测力所做的功为

$$W = FS = \frac{F^2}{k} \tag{3-31}$$

由式（3-31）可见，在力恒定时传感器刚度 k 越大，从被测对象获得的能量 W 就越小，负荷效应也就越小。

2. 传感器的广义输出特性

传感器的输出特性是指与测量电路之间的阻抗匹配特性，其主要参数为输出阻抗 Z_0，定义为

$$Z_0 = \frac{\text{输出开路电压}}{\text{输出短路电流}} \tag{3-32}$$

输出阻抗是衡量传感器带负载能力大小的一个重要参数，一般要求它越小越好。但从功率输出考虑，则要求输出阻抗与负载阻抗相等，这样才能获得最大的功率输出。

传感器的输出阻抗决定了后续接口电路所需的输入阻抗。如图 3-16a 所示，传感器的输出为电压信号时，要求接口电路有高的输入阻抗，以便使检测电压

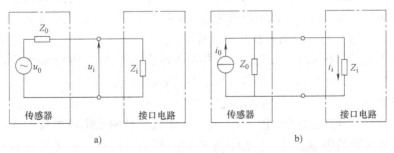

图 3-16　传感器输出信号的形式与接口电路的阻抗

$$u_i = u_0 \frac{Z_i}{Z_i + Z_0} \tag{3-33}$$

接近传感器的输出电压。相反，如传感器的输出为电流信号（图 3-16b），则要求接口电路有低的输入阻抗，以便使输入电流

$$i_i = i_0 \frac{Z_0}{Z_i + Z_0} \tag{3-34}$$

接近传感器的输出电流。

3.4.5 负载效应的理论机理及消除方法

在实际测量工作中，测量系统和被测对象之间，测量系统内部各环节相互连接必然产生相互作用。接入的测量装置，构成被测对象的负载；后接环节成为前面环节的负载。彼此间存在能量交换和相互影响，以致系统的传递函数不再是各组成环节传递函数的叠加（并联）或连乘（串联）。为了进一步了解传感器的负载效应产生的原因及其消除的方法，利用矩阵理论作分析，可使高阶传感器各环节间的互联问题简单化。

设传感器由两个环节组成，它们的特征参数分别为 A_1，B_1，C_1，D_1 和 A_2，B_2，C_2，D_2，则其连接矩阵为

$$\begin{pmatrix} A & B \\ C & D \end{pmatrix} = \begin{bmatrix} A_1 & B_1 \\ C_1 & D_1 \end{bmatrix} \begin{bmatrix} A_2 & B_2 \\ C_2 & D_2 \end{bmatrix} = \begin{bmatrix} A_1A_2+B_1C_2, & A_1B_2+B_1D_2 \\ C_1A_2+D_1C_2, & C_1B_2+D_1D_2 \end{bmatrix} \tag{3-35}$$

由式（3-34）可知，由两个环节组成的高阶传感器的元素 $A \neq A_1A_2$，而是 $A = A_1A_2 + B_1C_2$，则多了一项 B_1C_2，它就是由于两个环节相结合而产生的负载效应。

由矩阵理论可知，要在两个环节中间加入一个理想阻尼器 $\begin{pmatrix} 1 & 0 \\ 0 & 0 \end{pmatrix}$，再组成一个高阶传感器，则其连接矩阵为

$$\begin{pmatrix} A & B \\ C & D \end{pmatrix} = \begin{bmatrix} A_1 & B_1 \\ C_1 & D_1 \end{bmatrix} \begin{pmatrix} 1 & 0 \\ 0 & 0 \end{pmatrix} \begin{bmatrix} A_2 & B_2 \\ C_2 & D_2 \end{bmatrix} = \begin{bmatrix} A_1A_2, & A_1B_2 \\ C_1A_2, & C_1B_2 \end{bmatrix} \tag{3-36}$$

由式（3-36）可知，这时 $A = A_1A_2$，清除了负载影响。

因此，由若干个环节（元件）组合成的传感器，只要中间接入理想阻尼器，则传感器的传递函数就为各环节的传递函数之积。

如果考虑环境（温度、加速度、振动、噪声等）对传感器的影响，使传感器的输出只与被测量有关，而与环境量无关，从而改善传感器的特性如灵敏度、线性度等，则可将传感器当作 $2n$（$n>1$）对端口进行分析，在此不再赘述。

总之，在组成测量系统时，要充分考虑各组成环节之间连接时的负载效应，尽可能地减小负载效应的影响。归纳起来，减小负载效应误差的措施有：

1）提高后续环节（负载）的输入阻抗。

2）在原来两个相连接的环节中，插入高输入阻抗，低输出阻抗的放大器，以便一方面减少从前一环节吸取的能量，另一方面在承受后一环节（负载）后又能减小电压输出的变化，从而减轻总的负载效应。

3）使用反馈或零点测量原理，使后面环节几乎不从前面环节吸取能量。

3.5 双向传感器统一理论

在传感器中，有一大部分具有可逆特性。如磁电式传感器、压电式传感器、静电式传感器、电感式传感器。它们是按照可逆物理定律工作的，称为双向传感器。这类传感器，当输入为机械量时，可以通过它将机械量转换为电量；反之，输入为电量时，也可以通过它将电量转换为机械量。给磁电式传感器输入机械量（如动态力或速度）时，其输出量是电量（电压或电流），这种情况下，它是一个速度传感器，可以直接测量各种机械振动速度，如配上微积分电路，还可测量振动加速度和位移；如果在这种传感器负载电阻的位置上加上电压源或电流源，则输出为机械量（如力、速度等），此时它就成了一个力发生器。

在线性电路中用数学表达式描述电参量间的关系，输出对输入的响应也是用微分方程来描述的。同样，在线性机械系统中也是用同样的数学方法。具有相同类型的微分方程的不同物理系统，尽管微分方程的解所代表的物理含义不同，但其解的数学形式并不依赖于方程所代表的物理系统。因此，只要系统是用同一微分方程来描述，则它们对相同激励函数的响应特性也是相同的。

当两个系统能用同一类型的微分方程描述，系统间存在着某些共有属性或特征时，这对系统呈现出某种程度的相似性，这些共有属性或特征称为相似特性，系统间的整体相似称为系统相似。例如一个由电阻、电容、电感组成的电系统可以和一个由阻尼器、质量、弹簧组成的机械系统相似。

在研究机械系统时，可以充分利用相似特性进行机电模拟，这样将带来许多好处。首先可以将复杂的机械系统变成便于分析系统状态的电路图和符号。只要确定了相似的电系统的电路图和参数，就可以充分利用电路的理论，利用阻抗概念及网络理论来分析计算实际的机械系统。再者，由于电系统的电路元件易于更换，测量电压、电流都较容易，这将为模拟和试验提供很大的方便。建立线性机械系统和电系统之间的相似性，对于处理电和机相互联系的机电系统就显得更有价值。所以上一节介绍的两通道网络分析法完全可以用于双向机电传感器，详细例子请见参考资料（李科杰主编．新编传感器技术手册，北京：国防工业出版社，2002.1.）。

3.6 传感器敏感元件的加工新技术

敏感元件的性能除由其材料决定外，还与其加工技术有关。一般采用各种半导体制造技术和微机电制造技术，如集成技术、薄膜技术、厚膜技术、超微细加工技术、离子注入技术、静电封接技术等，能制作出质地均匀、性能稳定、可靠性高、体积小、重量轻、成本低、易集成化的敏感元件。敏感元件的加工技术五花八门，下面仅举几种说明。

3.6.1 薄膜技术

薄膜是一种特殊的物质形态，是一种在衬底表面上添加材料的工艺。由于其在表面添加厚度这一特定方向上尺寸很小，只是微观可测的量，而且在厚度方向上由于表面、界面的存在，使物质连续性发生中断，由此使得薄膜材料产生了与块状材料不同的独特性能。薄膜的制备方法很多，如气相生长法、液相生长法（或气、液相外延法）、氧化法、扩散与涂布法、电镀法等等，而每一种制膜方法中又可分为若干种方法。薄膜技术涉及的范围很广，它包括以物理气相沉积和化学气相沉积为代表的成膜技术，以离子束刻蚀为代表的微细加工技术，成膜、刻蚀过程的监控技术，薄膜分析、评价与检测技术等等。现在薄膜技术在电子元器件、集成光学、电子技术、红外技术、激光技术以及航天技术和光学仪器等各个领域都得到了广泛的应用，它们不仅成为一门独立的应用技术，而且成为材料表面改性和提高某些工艺水平的重要手段。

在一定的衬底上，用真空蒸发、溅射、化学气相淀积（Chemical Vapor Deposition，CVD）、等离子 CVD、外延、电镀等工艺技术，制成金属、合金、半导体、化合物半导体等材料的薄膜，薄膜厚度约为零点几微米至几微米，这种加工技术称为薄膜技术。薄膜技术可制作力敏、光敏、磁敏、气敏、湿敏、放射线敏、热敏、化学敏、生物敏等薄膜敏感元件。它们的成品率高、参数一致性好、性能优良、成本低廉。

每种薄膜沉积工艺都具有特定的沉积属性，不同的敏感元件所使用的薄膜工艺是不同的，即使是同种敏感元件也可采用不同的薄膜工艺来制造，以得到不完全相同的性能，因此应根据不同的要求选择不同的薄膜工艺。

3.6.2 微细加工技术

微细加工起源于半导体制造工艺，原来指加工尺度约在微米级范围的加工方式。在微机械研究领域中，它是微米级、亚微米级乃至毫微米级微细加工的通称。可以进一步分为微米级微细加工，亚微米级微细加工和纳米级微细加工等。广义上的微细加工，其方式十分丰富，几乎涉及了各种现代特种加工、高能束等加工方式。从基本加工类型看，微细加工可大致分四类：分离加工——将材料的某一部分分离出去的加工方式，如分解、蒸发、溅射、破碎等；接合加工——同种或不同材料的附和加工或相互结合加工，如蒸镀、淀积、掺入、生长、粘结等；变形加工——使材料形状发生改变的加工方式，如塑性变形加工、流体变形加工等；材料处理或改性，如一些热处理或表面改性等。从狭义的角度来讲，微细加工主要是指半导体集成电路制造技术，因为微细加工和超微细加工是在半导体集成电路制造技术的基础上发展的，是大规模集成电路和计算机技术的技术基础，也是制造传感器的重要技术之一。（请参见 10.2 微机电传感器一节）

3.6.3 离子注入技术

离子注入是在其容器内，把所需元素的原子电离成离子，并将其加速几十至几百千电子伏的能量后，注入工件表面上，达到材料改性的一种技术。从而使材料的表面性质发生特殊的变化，使材料的磨擦、磨损、疲劳、腐蚀、催化、粘结、抗氧化等方面均能得到明显改善。

离子注入是在一种叫做离子注入机的设备上进行的。离子注入机是由于半导体材料的掺杂需要而于 20 世纪 60 年代问世。虽然有一些不同的类型，但它们一般都由以下几个主要部分组成：①离子源，用于产生和引出某种元素的离子束，这是离子注入机的源头；②加速器，对离子源引出的离子束进行加速，使其达到所需的能量；③离子束的质量分析（离子种类的选择）；④离子束的约束与控制；⑤靶室；⑥真空系统。

作为一种材料表面工程技术，离子注入技术具有以下一些其他常规表面处理技术难以达到的独特优点：①纯净掺杂，离子注入是在真空系统中进行的，同时使用高分辨率的质量分析器，保证掺杂离子具有极高的纯度。②掺杂离子浓度不受平衡固溶度的限制。原则上各种元素均可成为掺杂元素，并可以达到常规方法所无法达到的掺杂浓度。对于那些常规方法不能掺杂的元素，离子注入技术也并不难实现。③注入离子的浓度和深度分布精确可控。注入的离子数决定于积累的束流，深度分布则由加速电压控制，这两个参量可以由外界系统精确测量、严格控制。④注入离子时衬底温度可自由选择。根据需要既可以在高温下掺杂，也可以在室温或低温条件下掺杂。这在实际应用中是很有价值的。⑤大面积均匀注入。离子注入系统中的束流扫描装置可以保证在很大的面积上具有很高的掺杂均匀性。⑥离子注入掺杂深度小。一般在 $1\mu m$ 以内。例如对于 100keV 离子的平均射程的典型值约为 $0.1\mu m$。

离子注入首先是作为一种半导体材料的掺杂技术发展起来的，它所取得的成功是其优越性的最好例证。低温掺杂、精确的剂量控制、掩蔽容易、均匀性好这些优点，使得经离子注入掺杂所制成的几十种半导体器件和集成电路具有速度快、功耗低、稳定性好、成品率高等特点。对于大规模、超大规模集成电路来说，离子注入更是一种理想的掺杂工艺。如前所述，离子注入层是极薄的，同时，离子束的直进性保证注入的离子几乎是垂直地向内掺杂，横向扩散极其微小，这样就有可能使电路的线条更加纤细，线条间距进一步缩短，从而大大提高集成度。此外，离子注入技术的高精度和高均匀性，可以大幅度提高集成电路的成品率。随着工艺上和理论上的日益完善，离子注入已经成为半导体器件、集成电路和敏感器件生产的关键工艺之一。

非半导体材料离子注入表面改性研究对离子注入机提出了一些新的要求。半导体材料的离子注入所需的剂量（即单位面积上打进去了多少离子，单位是：离子/平方厘米）比较低，而所要求的纯度很高。非半导体材料离子注入表面改性研究所需的剂量很高（比半导体材料离子注入高 1000 倍以上），而纯度不要求像半导体那么高。

在非半导体材料离子注入表面改性研究的初始阶段，主要是沿用半导体离子注入机所产生的氮离子束来进行。这主要是因为氮等气体离子在适用于半导体离子注入的设备上容易获得比较高的离子束流。氮离子注入在金属、硬质合金、陶瓷和高分子聚合物等的表面改性的研究与应用中取得了引人注目的成功。因此这个阶段被称为氮离子注入阶段。

金属离子注入是新一代的材料表面处理高技术。它利用具有很高能量的某种金属元素的离子束打入固体材料所引起的一系列物理的与化学的变化，来改善固体材料的某些表面性能。研究结果表明，金属离子注入在非半导体材料离子注入表面改性研究与应用中效果更加显著，应用范围更加广泛，许多氮离子注入无法实现的，金属离子注入可以很好地实现。

3.7　传感器的性能指标

传感器的输出—输入特性是传感器的最基本特性，传感器的各种性能指标都是根据传感器的输出和输入的对应关系来描述的。研究传感器的特性，以便用理论指导其设计、制造、校准和使用。

传感器所测量的被测量基本上有两种形式。一种是稳态（静态或准静态）的形式，这种信号不随时间变化（或变化很缓慢）；另一种是动态（周期变化或瞬态）的形式，这种信号是随着时间变化而变化的。由于输入被测量不同，传感器所表现出来的输出—输入特性也不同，因此存在所谓静态特性和动态特性。

3.7.1 传感器的静态数学模型及其静态特性指标

1. 传感器的静态模型

（1）数学模型 传感器的静态模型是指在稳态（静态）信号作用下（即输入量对时间 t 的各阶导数等于零），其输出—输入关系的数学模型。如果不考虑滞后、蠕变效应，传感器静态模型一般可用 n 次代数方程来表示，即

$$y = a_0 + a_1 x + a_2 x^2 + \cdots + a_n x^n \tag{3-37}$$

式中，x 为输入量；y 为输出量；a_0 为零位输出；a_1 为传感器线性灵敏度；a_2，a_3，$\cdots$，a_n 为非线性项的待定常数。

上述静态模型有三种特殊形式：

1）线性特性。线性传感器有两种情况：

①若 $a_2 = a_3 \cdots = a_n = 0$，$y = a_1 x + a_0$。特性曲线是一条不过零的直线。

②若 $a_0 = a_2 = a_3 \cdots = a_n = 0$。特性曲线是一条过零的直线，这是理想的传感器应具有的特性，只有具备这样特性才能正确无误地反映被测量的真值。

$$y = a_1 x \tag{3-38}$$

2）仅有偶次非线性项。因为它没有对称性，所以线性范围较窄。其输出—输入特性方程为

$$y = a_0 + a_2 x^2 + a_4 x^4 \cdots + a_n x^n \tag{3-39}$$
$$(n = 2, 4, 6, \cdots)$$

3）仅有奇次非线性项。具有这样特性的传感器一般输入量 x 在相当大的范围内具有较宽的准线性，这是较接近理想线性的非线性特性。它相对坐标原点是对称的，即 $y(x) = -y(-x)$，所以它具有相当宽的近似线性范围。其输出—输入特性方程为

$$y = a_0 + a_1 x + a_3 x^3 + a_5 x^5 \cdots \tag{3-40}$$
$$(n = 1, 3, 5, 7, \cdots)$$

对于传感器的非线性，应当采取适当的线性补偿措施。

（2）特性曲线 表示传感器输出—输入关系的曲线，称为传感器的特性曲线。代数方程式（3-37）～式（3-40）可分别用特性曲线描述为图 3-17 的 a、b、c 和 d 四种情况（图中

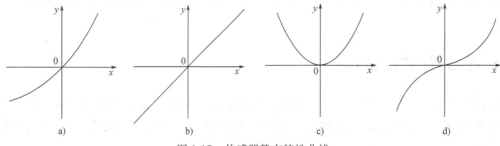

图 3-17 传感器静态特性曲线

设 $a_0=0$）。从图中可以看出，图 3-17b 为理想特性曲线，其他的图 3-17a、c、d 都出现了非线性的情况，图 3-17d 在相当大的输入范围内有较宽的准线性。

2. 传感器的静态特性指标

传感器的静态特性指标主要有量程与测量范围、线性度、滞后、重复性、灵敏度、分辨力、阈值、稳定性、漂移及精度等。

（1）量程与测量范围　传感器在规定的测量特性和精确度范围内所测量的被测变量的范围。传感器所能测量的最大被测量（即输入量）的数值称为测量上限，最小的被测量则称为测量下限。用测量下限和测量上限表示的测量区间称为测量范围。测量范围有单向的（只有正向或负向）、双向对称的、双向不对称的和无零值的。从测量范围可以知道传感器的测量下限和测量上限。

测量上限和测量下限的代数差称为量程。通过量程可以知道传感器的满量程输入值及所对应的满量程输出值，这是决定传感器性能的重要参数之一。

在实际应用中，传感器的量程选择是一个简单却需要特别注意的问题。一般的传感器产品所给出的精度都是针对满量程的相对值，如 0.1%FS（full span，FS，满量程），因此实际使用时越接近满量程，其测量准确度越高。

（2）线性度　线性度又称非线性，是表征传感器输出—输入校准曲线与理论拟合直线之间吻合或偏离程度的指标，称为该传感器的"非线性误差"或"线性度"，也称"非线性度"。通常用相对误差表示其大小

$$e_L = \pm \frac{\Delta_{max}}{Y_{F.S.}} \times 100\% \tag{3-41}$$

式中，e_L 为非线性误差（线性度）；Δ_{max} 为校准曲线与理想拟合直线间的最大偏差；Y_{FS} 为传感器满量程输出值，如图 3-18 所示。

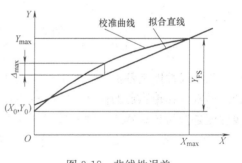

非线性误差大小是以一拟合直线或理想直线作为基准直线计算出来的，由于拟合直线确定方法的不同，用非线性误差表示的线性度数值也不同。目前常用的有理论线性度、端基线性度、独立线性度、最小二乘法线性度等（见图 3-19）。

图 3-18　非线性误差

1）理论线性法（绝对线性法）。拟合直线为通过原点至满量程的理论直线，即传感器的理论特性曲线，如图 3-19a。理论线性度与实际测试点无关，由于参考直线是事先确定好的，反映的是一种线性精度，与下述几种线性度在性质上有很大的不同。在几种线性度的要求中，理论线性度的要求是最严格的，如果要求传感器具有良好的互换性，就应当要求其理论线性度在一定范围内。

2）端点直线法。以校准曲线的零点输出和满量程输出值（即两端点间）连成的直线为拟合直线，由此所得的线性度称为端基线性度，如图 3-19b 所示。

3）最小二乘直线法。以与各实际标定点的输出值对应偏差平方和为最小的基准直线，即最小二乘法拟合的直线为基准直线。该直线能保证传感器校准数据的残差平方和为最小，如图 3-19c 所示。由此所得的线性度称为最小二乘线性度。

4）最佳直线法。以最佳直线作为基准直线。而最佳直线则定义为在传感器量程范围内，

位于既相互最靠近而又能包容所有校准点的两条平行线中间位置的一条直线。该直线能保证传感器正、反行程校准曲线对它的正、负偏差相等并且最小，如图 3-19d 所示。由此所得的线性度称为"独立线性度"。显然，这种方法的拟合精度最高。最佳直线只能用图解法或通过计算机处理来获得。

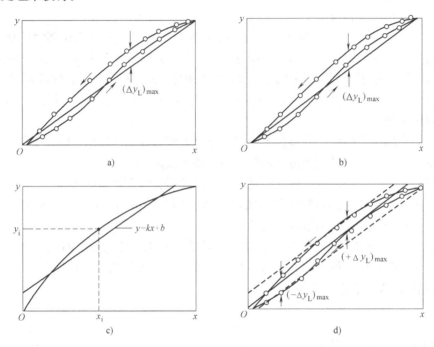

图 3-19　几种不同的直线拟合方法
a）理论直线法　b）端点直线法　c）最小二乘直线法　d）最佳直线法

独立线性度是各种线性度中可以达到的最高的线性度，也是获得优良的其他线性度的基础。通常，在传感器的标称性能指标中，如无特别说明，所列线性度便指独立线性度。独立线性度是衡量传感器线性度的最客观标准。

（3）灵敏度　灵敏度是指传感器在稳态下输出增量与被测输入变化量之比，即

$$s=\frac{\Delta y}{\Delta x}=\frac{\mathrm{d}y}{\mathrm{d}x} \tag{3-42}$$

对于线性系统，传感器的灵敏度就是其静态特性系统的斜率；对于一般传感器，传感器的灵敏度为一变量，通常用其拟合直线的斜率来表示；对于非线性误差较大的传感器，则用 $\mathrm{d}y/\mathrm{d}x$ 表示，或用某一较小输入量区域的拟合直线斜率表示。

（4）分辨力　分辨力是指在规定测量范围内所能显示出的被测输入量的最小变化量。当传感器的输入量缓慢变化时，只有在超出某一输入增量后传感器输出显示装置中才显示出变化，这个输入增量称为传感器的分辨力。

传感器分辨力常常也以百分数表示，即在传感器额定全部工作范围内都能观测的输出量变化对应的最小输入量变化，以满量程输入值之百分数表示：

$$R_x=\frac{|\Delta x_{i,\min}|_{\max}}{x_{\max}-x_{\min}}\times100\% \tag{3-43}$$

式中，$|\Delta x_{i,\min}|_{\max}$ 是取在全部工作范围内测得的各最小输入量变化中之最大者。

分辨力表示传感器对被测量的测量分辨能力，即最小可测出的输入量的变化。数字式显示的传感器的分辨力为末位数字的一个数码。分辨力高可以降低读数误差，从而减小由于读数误差引起的对测量结果的影响。

(5) 阈值　阈值通常称为灵敏度界限（灵敏限）或门槛灵敏度、灵敏阈、失灵区、死区等。它实际上是传感器在正行程时的零点分辨力。有的传感器在零位附近有严重的非线性，形成所谓"死区"，则将"死区"的大小作为阈值；更多情况下，阈值主要取决于传感器噪声的大小，因而，有的传感器只给出噪声电平。零位附近对输出量的变化往往不敏感，所以实际上阈值反映的是指传感器零点附近的分辨能力。

(6) 迟滞（回差，滞后）　迟滞特性是反映传感器正（输入量增大）反（输入量减小）行程期间，输出—输入曲线的不重合程度。也就是说，传感器在正行程时的输出量明显地、有规律地不同于其在反行程时在同一输入量下的输出量，这一现象称为迟滞。造成迟滞的原因有多种，诸如磁性材料的磁滞、弹性材料的内摩擦及间隙等。

迟滞的大小一般通过实验方法确定。实际评价方法用正反行程输出的最大偏差$(\Delta H)_{max}$与满量程输出 y_{FS} 之比的百分数来表示，即

$$\delta_H = \pm \frac{(\Delta H)_{max}}{y_{FS}} \times 100\% \tag{3-44}$$

传感器滞后现象的存在，使得传感器当前的输出值不仅取决于当前的输入值，而且与过去的输入值有关。在实际测量中，输入信号的变化情况很难预测，因此采用一般的数字拟合方法很难对传感器的滞后进行补偿。对于物理量传感器而言，滞后一般是由塑性变形或磁滞现象所引起，可通过敏感元件的优化设计加以改善。对于以分子间相互作用为基础的化学量传感器来说，由于分子间的结合与脱开均很难做到完全彻底，传感器的滞后特性就显得尤为重要。一般的化学量传感器均会给出这一指标。

(7) 重复性　重复性是衡量传感器在同一条件下，输入量按同一方向作全量程多次测试时所得特性曲线不一致性程度（见图 3-20）。若各条曲线越靠近，重复性越好。重复性的好坏与许多因素有关，与产生迟滞现象有类似的原因。

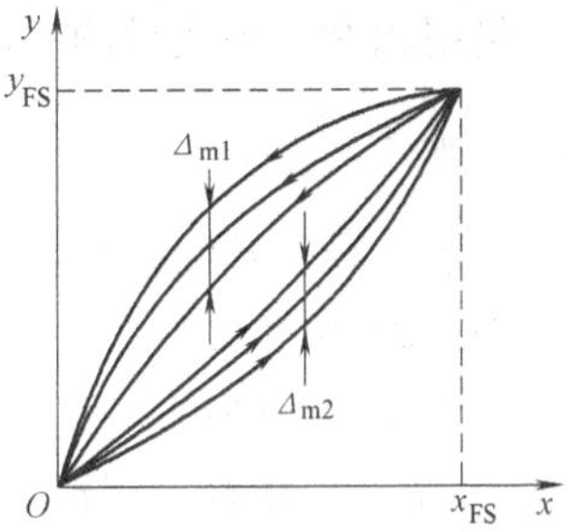

重复性指标一般采用输出最大不重复性误差 Δ_{max} 与满量程输出 y_{FS} 的百分比表示

$$e_R = \pm \frac{\Delta_{max}}{y_{FS}} \times 100\% \tag{3-45}$$

重复性误差属于随机误差，按上述方法计算不甚合理。因此，重复性误差 e_R 应根据标准偏差计算，即

图 3-20　重复性示意

$$e_R = \pm \frac{(2 \sim 3)\, \sigma_{max}}{y_{FS}} \times 100\% \tag{3-46}$$

式中，σ_{max} 为各校正点正、反行程输出值的标准偏差的最大值。

(8) 稳定性　稳定性是指传感器的特性随时间不发生变化的能力。稳定性有短期稳定性和长期稳定性之分。对于传感器，常用长期稳定性来描述其稳定性，即传感器在相当长的时间内仍保持其原性能的能力。传感器的稳定性是指在室温条件下，经过规定的时间间隔后传感器的输出与起始标定时的输出之间的差异来表示。有时，也用标定的有效期来表示传感

器的稳定性程度。

（9）漂移　传感器的漂移是指在一定的时间间隔内，传感器的输出存在着与输入量无关的变化。传感器的漂移大小是传感器性能稳定性的重要指标。漂移包括零点漂移和灵敏度漂移。零点漂移和灵敏度漂移又可分为时间漂移（时漂）和温度漂移（温漂）。时漂是指在规定条件下，零点或灵敏度随时间的缓慢变化；温漂是指周围温度变化引起的零点或灵敏度漂移。

（10）静态误差　静态误差是评价传感器静态性能的综合性指标，是指传感器在满量程内任一点输出值相对其理论值的可能偏离（逼近）程度。它表示采用该传感器进行静态测量时所得数值的不确定度。传感器的静态误差常被称为传感器的精度，严格地说应是传感器的静态准确度。

静态误差 e_S 的计算方法国内外尚不统一，目前常用的方法有：

1）将非线性、迟滞、重复性误差按几何法或代数法综合，即

$$e_S = \pm \sqrt{e_L^2 + e_H^2 + e_R^2} \tag{3-47}$$

或

$$e_S = \pm (e_L + e_H + e_R) \tag{3-48}$$

式中，e_L 为传感器的非线性误差；e_H 为传感器的迟滞误差；e_R 为传感器的重复性误差。

2）将全部标准数据相对拟合直线的残差看成随机分布，求出标准偏差 σ，然后取 2σ 或 3σ 作为静态误差，这时

$$\sigma = \sqrt{\frac{\sum_{i=1}^{p} (\Delta y_i)^2}{p-1}} \tag{3-49}$$

式中，Δy_i 为各测试点的残差；p 为所有测试循环中总的测试点数。例如正反行程共有 m 个测试点，每测试点重复测量 n 次，则 $p = m \cdot n$。

仍用相对误差表示静态误差，则有

$$e_S = \pm \frac{(2 \sim 3)\sigma}{y_{FS}} \times 100\% \tag{3-50}$$

由于非线性及回差可反映为系统误差，但它们的最大值并不一定出现在同一位置，而重复性则反映为随机误差，故按式（3-48）计算所得的静态误差偏大；而按式（3-47）及式（3-50）计算则偏小。

3）由于非线性、迟滞可反映为系统误差，而重复性反映为随机误差，将系统误差和随机误差分开考虑更为合理，计算公式为

$$e_S = \pm \frac{|(\Delta y)_{max}| + a\sigma}{y_{FS}} \tag{3-51}$$

式中，$(\Delta y)_{max}$ 为校准曲线相对拟合直线的最大偏差，即系统误差的极限值；σ 为按极差法计算所得的标准偏差；a 为根据所需置信概率确定的置信系数。美国国家标准局推荐该法，并规定按 t 分布确定 a，当置信概率为 90%、重复试验 5 个循环（即 $n=5$）时，$a=2.13185$。

3.7.2　传感器的动态数学模型及其动态特性指标

传感器的动态特性是传感器在测量中非常重要的特性。它是指传感器对于随时间变化的输入量的响应特性，是传感器的输出值能够真实地再现变化着的输入量能力的反映。动态特

性好的传感器，其输出量随时间变化的规律（输出变化曲线）与相应输入量随同一时间变化
的规律（输入变化曲线）曲线相同或近似，即输出—输入具有相同类型的时间函数，因此可
以实时反映被测量的变化情况。但实际上，输出信号不会与输入信号具有完全相同的时间函
数，这种输入与输出间的差异称为动态误差。

以测量水温的实验为例。用一个恒温水槽，使其
中水温保持在 T 不变，其环境温度为 T_0，把一支热电
偶放于此环境中一定时间，那么热电偶反映出来的温
度应为 T_0（不考虑其他因素造成的误差）。设 $T > T_0$，
现在将热电偶迅速插到恒温水槽的热水中（插入时间
忽略不计），这时热电偶测量的温度参数发生一个突
变，即从 T_0 突然变化到 T，我们马上看一下热电偶输
出的指示值，是否在这一瞬间从原来的 T_0 立刻上升到

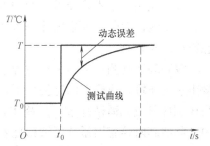

图 3-21 热电偶测温过程曲线

T 呢？显然不会。它是从 T_0 逐渐上升到 T 的，热电偶指示出来温度从 T_0 上升到 T，历经了
时间从 t_0 到 t 的过渡过程，如图 3-21 所示。而从 $t_0 \rightarrow t$ 的过程中，测试曲线始终与温度从 T_0
跳变到 T 的阶跃波形存在差值，这个差值就称为动态误差，从记录波形看，测试具有一定
失真。

为研究传感器的动态特性，可建立其动态数学模型，用数学中的逻辑推理和运算方法，
分析传感器在动态变化的输入量作用下，输出量如何随时间改变。实际中，输入信号随时间
的变化形式多种多样，无法统一研究。通常采用分析传感器在标准输入信号作用下的输出，
或用实验手段研究传感器的动态特性，即给传感器输入一个标准信号，测出其输出随时间的
变化关系，进而得到其各项动态特性技术指标。

影响传感器的动态特性的根本因素在于系统中各部分存在能量梯度和储能元件，如惯性
元件（质量、电感）、电容、热容元件等。

1. 传感器的动态数学模型

动态数学模型是指传感器在动态信号作用下，其输出和输入信号的一种数学关系。动态
模型通常采用微分方程和传递函数来描述。

（1）微分方程　在研究传感器的动态响应特性时，一般都忽略传感器的非线性及随机
变化等因素，而把传感器看成是一个线性的定常系统来考虑，即用线性常系数微分方程来描
述传感器输出量 y（t）与输入量 x（t）的动态关系，其通式为

$$
\begin{aligned}
a_n \frac{\mathrm{d}^n y}{\mathrm{d}t^n} + a_{n-1} \frac{\mathrm{d}^{n-1} y}{\mathrm{d}t^{n-1}} + \cdots + a_1 \frac{\mathrm{d}y}{\mathrm{d}t} + a_0 y \\
= b_m \frac{\mathrm{d}^m x}{\mathrm{d}t^m} + b_{m-1} \frac{\mathrm{d}^{m-1} x}{\mathrm{d}t^{m-1}} + \cdots + b_1 \frac{\mathrm{d}x}{\mathrm{d}t} + b_0 x
\end{aligned}
\tag{3-52}
$$

这是一个 n 阶的线性常系数微分方程，式中，a_0、a_1、$\cdots$、a_n，b_0、b_1、$\cdots$、b_m 是取决
于传感器结构参数的常数。对于传感器，除 $b_0 \neq 0$ 外，一般 $b_1 = b_2 = \cdots = b_m = 0$。

对于常见的传感器，其动态模型通常忽略高阶（$n = 3$ 以上），而用零阶（$n = 0$）、一阶
（$n = 1$）或二阶（$n = 2$）的常微分方程来描述，分别称为零阶环节、一阶环节和二阶环节，
其方程如下

零阶环节 $\qquad\qquad\qquad\qquad\qquad a_0 y = b_0 x \qquad\qquad\qquad\qquad\qquad$ (3-53)

一阶环节 $$a_1 \frac{\mathrm{d}y}{\mathrm{d}t} + a_0 y = b_0 x \tag{3-54}$$

二阶环节 $$a_2 \frac{\mathrm{d}^2 y}{\mathrm{d}t^2} + a_1 \frac{\mathrm{d}y}{\mathrm{d}t} + a_0 y = b_0 x \tag{3-55}$$

凡是能用一个零阶线性微分方程来描述的传感器就称为零阶传感器。依此类推，能用一、二阶线性微分方程来描述的传感器就称为一、二阶传感器。一般阶数愈高，传感器的动态特性就越复杂。

零阶环节在测量上是个理想环节，即无论输入量 $x = x(t)$ 随时间怎样变化，传感器的输出总是与输入成确定的比例关系，在时间上也无滞后，是一种与频率无关的环节，故又称为比例环节或无惯性环节。严格来讲，这种零阶传感器是不存在的，只有在一定工作范围内，某些高阶传感器系统可近似地看成是零阶环节。

在实际中，经常遇到的是一阶和二阶环节的传感器。

（2）传递函数 如果 $y(t)$ 是时间变量 t 的函数，在 $t \leqslant 0$ 时，有 $y(t) = 0$，则函数 $y(t)$ 的拉普拉斯变换可定义为

$$Y(s) = \int_0^\infty y(t) \mathrm{e}^{-st} \mathrm{d}t$$

式中，$s = \sigma + \mathrm{j}\omega$，$\sigma > 0$。

对式（3-52）两边取拉普拉斯变换得

$$Y(s)(a_n s^n + a_{n-1} s^{n-1} + \cdots + a_0) = X(s)(b_m s^m + b_{m-1} s^{m-1} + \cdots + b_0)$$

在输入 $x(t)$ 和输出 $y(t)$ 及它们的各阶时间导数的初始值（$t = 0$ 时）为零条件下，输出 $y(t)$ 的拉普拉斯变换 $Y(s)$ 与输入 $x(t)$ 的拉普拉斯变换 $X(s)$ 之比为传感器的传递函数，常用 $H(s)$ 来表示。即

$$H(s) = \frac{Y(s)}{X(s)} = \frac{b_m s^m + b_{m-1} s^{m-1} + \cdots + b_1 s + b_0}{a_n s^n + a_{n-1} s^{n-1} + \cdots + a_1 s + a_0} \tag{3-56}$$

式中，$s = \sigma + \mathrm{j}\omega$ 是个复数，称为拉普拉斯变换的自变量；$X(s)$ 是传感器输入的拉普拉斯变换；$Y(s)$ 是传感器输出的拉普拉斯变换；则 $H(s)$ 称为传感器的传递函数。

用传递函数 $H(s)$ 作为动态模型来描述传感器的动态响应特性具有下列特点：

1）传递函数 $H(s)$ 反映的是传感器系统本身的特性，只与系统结构参数 a_i、b_i 有关，而与输入量 $x(t)$ 无关。因此，用传递函数 $H(s)$ 可以简单而恰当地描述传感器的输入—输出关系。

2）对于传递函数 $H(s)$ 描述的传感器系统，只要知道 $X(s)$、$y(s)$、$H(s)$ 三者中任意两者，就可方便地求出第三者。只要给系统一个激励信号 $x(t)$，便可得到系统的响应 $y(t)$，系统的特性就可被确定，而无需了解复杂系统的具体内容。

3）同一个传递函数可能表征着两个或多个完全不同的物理系统，说明它们具有相似的传递特性。但不同的物理系统有不同的系数量纲，即通过系数 a_i 和 b_j（$i = 0$，1，$\cdots$，n；$j = 0$，1，$\cdots$，m）反映出来的。

4）对于多环节串、并联组成的传感器系统，如各环节的阻抗匹配适当，可忽略相互之间的影响，则传感器的等效传递函数可按代数方程求解而得。

由 n 个环节串联而成的传感器系统，如图 3-22 所示，其等效传递函数为

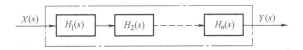

图 3-22　多环节串联的传感器系统

$$H(s) = \prod_{i=1}^{n} H_i(s) = H_1(s) * H_2(s) * \cdots * H_n(s) \qquad (3\text{-}57)$$

由 n 个环节并联而成的传感器系统，如图 3-23 所示，其等效传递函数为

$$H(s) = \prod_{i=1}^{n} H_i(s) = H_1(s) + H_2(s) + \cdots + H_n(s)$$

$$(3\text{-}58)$$

式中，$H_i(s)$ 为各环节的传递函数。

由此可见，对于多环节的传感器测量系统，用传递函数来描述其输入—输出关系，很容易看清各环节对系统的影响，便于对测量系统进行改进。

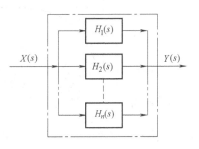

图 3-23　多环节并联的传感器系统

5）当传感器比较复杂或传感器的基本参数未知时，可通过实验求出传递函数。

2. 传感器的动态特性指标

尽管大多数传感器的动态特性可近似用一阶或二阶系统来描述（仅仅是近似的描述而已），实际的传感器往往比简化的数学模型要复杂。因此，传感器的动态响应特性一般并不是直接给出其微分方程或传递函数，而是通过实验给出传感器的动态特性指标，通过这些动态特性指标来反映传感器的动态响应特性。

研究传感器的动态特性主要是为了分析测量时产生动态误差的原因，传感器的动态误差包括两部分：一是输出量达到稳定状态后与理想输出量之间的差别；二是当输入量跃变时，输出量由一个稳态到另一个稳态之间的过渡状态中的误差。研究传感器的动态响应特性，实际上就是分析传感器的这两种动态误差。

要分析动态误差，首先要给出输入量，在实际测试中，输入量总是千变万化的，往往事先并不知道，那么，在这种输入量未知的情况下，如何分析传感器的动态误差，并给出传感器的动态特性指标呢？在工程上，解决的办法是，选定几种最典型、最简单的输入函数，我们称为标准信号，将其代入传感器的典型环节中来研究传感器的响应特性。常用的输入标准信号有阶跃函数、正弦函数、指数函数及冲击函数（δ 函数）等。其中，阶跃函数和正弦函数既易于实现，又便于求解，因此，是研究传感器动态特性时最常用的输入信号。

以阶跃信号函数作为输入信号研究传感器动态特性的方法，称为阶跃响应法，也叫时域的瞬态响应法；而采用正弦信号作为输入信号研究传感器的动态特性的方法，称为频率响应法，即从时域和频域两方面来分析传感器的动态误差，给出其动态特性指标。传感器动态特性的分析及标定都以这两种输入为依据。当采用正弦输入作为评价依据时，一般使用幅频特性与相频特性进行描述，评价指标为频带宽度，简称带宽，即传感器输出增益变化不超出某一规定分贝值的频率范围。相应的方法称为频率响应法。当采用阶跃输入为评价依据时，常用上升时间、响应时间、过调量等参数来综合描述。相应的方法称为阶跃响应法。

（1）阶跃响应及时域性能指标　给一个起始静止的传感器输入一个单位阶跃函数信号

$$x(y) = \begin{cases} 0 & t \leqslant 0 \\ 1 & t > 0 \end{cases} \tag{3-59}$$

时，传感器的输出特性称为阶跃响应特性。其响应曲线如图 3-24 所示。衡量阶跃响应的指标主要有：

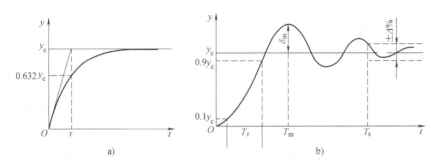

图 3-24　传感器的阶跃响应特性

a) 一阶环节的阶跃响应　b) 二阶环节的阶跃响应

1）时间常数 τ。输出值由零上升到稳定值 $y(\infty)$ 的 63.2% 所需的时间；它越短，表示传感器响应越快。

2）上升时间 T_r。输出值从稳态值 $y(\infty)$ 的 10% 上升到 90% 所需的时间。

3）响应时间 T_s。响应曲线衰减到与稳态值之差不超过 $\pm\Delta\%$（2% 或 5%）所需的时间。

4）超调量 δ_m。响应曲线第一次超过稳态值之峰高；即 $\delta_m = y_{max} - y_C$，或用相对值 $\delta = [(y_{max} - y_C)/y_C] \times 100\%$。

5）峰值时间 T_P。响应超过稳态值，达到第一个峰值所需的时间。

6）延滞时间 T_d。响应曲线达到稳态值 50% 所需的时间。

7）衰减率 ψ。相邻两个波峰（或波谷）高度下降的百分数

$$\psi = [(a_n - a_{n+2})/a_n] \times 100\%$$

8）稳态误差。无限长时间后传感器的稳态输出值与目标值之间的偏差 δ_{ss} 的相对值

$$e_{ss} = (\delta_{ss}/y_c) \times 100\%$$

上述一阶、二阶传感器时域响应的主要指标，对具体传感器并非每一个指标都要给出，往往只要给出被认为是重要的性能指标就可以了。

（2）频域响应及频域性能指标　将各种频率不同而幅值相等的正弦信号输入传感器，其输出正弦信号的幅值、相位与频率之间关系称为频率（或频域）响应特性。

设输入幅值为 X、角频率为 ω 的正弦量

$$x = X\sin \omega t \tag{3-60}$$

则获得输出量为

$$y = Y\sin(\omega t + \varphi) \tag{3-61}$$

式中，Y、φ 分别为输出量的幅值和初相角。

将 x、y 的各阶导数代入动态模型的微分方程式（3-56），经拉普拉斯变换，则可得到传递函数的另一形式

$$H(j\omega)=\frac{Y(j\omega)}{X(j\omega)}=\frac{b_m\ (j\omega)^m+b_{m-1}(j\omega)^{m-1}+\cdots+b_1(j\omega)+b_0}{a_n\ (j\omega)^n+a_{n-1}(j\omega)^{n-1}+\cdots+a_1(j\omega)+a_0} \tag{3-62}$$

式中，$H(j\omega)$ 称为传感器的频率响应函数。它将传感器的动态响应从时域转换到频域，表示输出信号与输入信号之间的关系随着信号频率而变化的特性，故称为传感器的频率响应特性，简称频率特性或频响特性。它的物理意义是：当正弦信号作用于传感器时，在稳定状态下的输出量与输入量之复数比。在形式上它相当于将传感器传递函数模型式（3-57）中的 s 置换成（$j\omega$），因而又称为频率传递函数。

频率响应函数 $H(j\omega)$ 是一个复函数，它可以用指数形式表示为

$$H(j\omega)=\frac{Y(j\omega)}{X(j\omega)}=\frac{Ye^{j(\omega t+\varphi)}}{Xe^{j\omega t}}=\frac{Y}{X}e^{j\varphi}=A(\omega)e^{j\omega} \tag{3-63}$$

式中，$A(\omega)=\left|H(j\omega)=\frac{Y}{X}\right|$，称为传感器的增益，或称动态灵敏度，表示传感器的输出与输入幅值比随频率 ω 而变化的关系，所以 $A(\omega)$ 又称为传感器的幅频特性。

以 $\mathrm{Re}\left[\frac{Y(j\omega)}{X(j\omega)}\right]$ 和 $\mathrm{Im}\left[\frac{Y(j\omega)}{X(j\omega)}\right]$ 分别表示 $A(\omega)$ 的实部和虚部，则频率响应函数 $H(j\omega)$ 的相位角 $\varphi(\omega)$ 为

$$\varphi(\omega)=\arctan\left\{\frac{\mathrm{Im}\left[\frac{Y(j\omega)}{X(j\omega)}\right]}{\mathrm{Re}\left[\frac{Y(j\omega)}{X(j\omega)}\right]}\right\} \tag{3-64}$$

正值代表输出超前于输入的角度。对传感器而言，φ 通常为负值，即输出滞后于输入。$\varphi(\omega)$ 表示 φ 随 ω 而变，称之为相频特性。

传感器的种类和形式很多，但它们一般可以简化为一阶和二阶系统，下面分析他们的动态特性。

1）一阶传感器的频率响应。一阶传感器的微分方程为

$$a_1\frac{dy(t)}{dt}+a_0y(t)=b_0x(t) \tag{3-65}$$

可以改写为

$$\frac{a_1}{a_0}\frac{dy(t)}{dt}+y(t)=\frac{b_0}{a_0}x(t) \tag{3-66}$$

式中，a_1/a_0 为传感器的时间常数（具有时间量纲），一般记为 τ；b_0/a_0 为传感器的灵敏度 s_n。

由于线性传感器中灵敏度 s_n 为常数，在动态分析中，s_n 只起着使输出量增加 s_n 倍的作用。因此，为了方便起见，在讨论任意阶传感器时，都采用

$$s_n=\frac{b_0}{a_0}=1 \tag{3-67}$$

这样，灵敏度归一化后，式（3-66）可改写为

$$\frac{a_1}{a_0}\frac{dy(t)}{dt}+y(t)=x(t) \tag{3-68}$$

这类传感器的传递函数、频率响应特性、幅频特性和相频特性如下：

传递函数　　　　　　　　　$$H(s)=\frac{1}{\dfrac{a_1}{a_0}+1}=\frac{1}{\tau s+1} \tag{3-69}$$

频率响应特性
$$H(j\omega)=\frac{1}{\tau(j\omega)+1} \qquad (3-70)$$

幅频特性
$$A(\omega)=\frac{1}{\sqrt{1+(\omega\tau)^2}} \qquad (3-71)$$

相频特性
$$\varphi(\omega)=-\arctan(\omega\tau) \qquad (3-72)$$

图 3-25 为一阶传感器的频率响应特性曲线。从式（3-71）及式（3-72）和图 3-25 看出，时间常数 τ 越小，此时 $A(\omega)$ 越接近于常数 1，$\varphi(\omega)$ 越接近于 0，因此，频率响应特性越好。当 $\omega\tau\ll1$ 时，$A(\omega)\approx1$，输出与输入的幅值几乎相等，它表明传感器输出与输入为线性关系。$\varphi(\omega)$ 很小，$\tan(\varphi)=\varphi$，$\varphi(\omega)\approx\omega\tau$，相位差与频率 ω 成线性关系。这时保证了测试是无失真的，输出 $y(t)$ 真实地反映了输入 $x(t)$ 的变化规律。

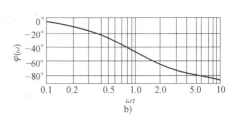

2）二阶传感器的频率响应。典型的二阶传感器的微分方程（同样令传感器的静态灵敏度为 1，即 $x(t)$ 的系数 $b_0=a_0$）为

$$a_2\frac{d^2y(t)}{dt^2}+a_1\frac{dy(t)}{dt}+a_0y(t)=a_0x(t) \qquad (3-73)$$

图 3-25　一阶传感器的频率特性
a）幅频特性　b）相频特性

其传递函数、频率响应特性、幅频特性和相频特性如下。

传递函数
$$H(s)=\frac{\omega_n^2}{s^2+2\xi\omega_n s+\omega_n^2} \qquad (3-74)$$

频率响应特性
$$H(j\omega)=\frac{1}{[1-(\frac{\omega}{\omega_n})^2 b]+2j\xi(\frac{\omega}{\omega_n})} \qquad (3-75)$$

幅频特性
$$A(\omega)=\left\{[1-(\frac{\omega}{\omega_n})^2]^2+4\xi^2(\frac{\omega}{\omega_n})^2\right\}^{-\frac{1}{2}} \qquad (3-76)$$

相频特性
$$\varphi(\omega)=-\arctan\frac{2\xi(\frac{\omega}{\omega_n})}{1-(\frac{\omega}{\omega_n})^2} \qquad (3-77)$$

式中，ω_n 为传感器的固有角频率，$\omega_n=\sqrt{\frac{a_0}{a_2}}$；$\xi$ 为传感器的阻尼系数；$\xi=\frac{a_1}{2\sqrt{a_0a_2}}$。

图 3-26 为二阶传感器的频率响应特性曲线。从式（3-76）及式（3-77）和图 3-25 看出，传感器的频率响应特性好坏主要取决于传感器的固有角频率 ω_n 和阻尼系数 ξ。

当 $\xi<1$，$\omega_n\gg\omega$ 时，$A(\omega)\approx1$（常数），$\varphi(\omega)$ 很小，$\varphi(\omega)\approx\omega\tau$，相位差与频率 ω 成线性关系，此时，系统的输出 $y(t)$ 真实准确地再现输入 $x(t)$ 的波形。

在 $\omega=\omega_n$ 附近，系统发生共振，频率特性受阻尼系数影响极大，实际测量时应避免此情况。

通过上面的分析可以得出结论：为了使测试结果能精确地再现被测信号的波形，在传感器设计时，必须使其阻尼系数 $\xi<1$，固有角频率 ω_n 至少应大于被测信号频率 ω 的 $3\sim5$ 倍，即 $\omega_n\geqslant(3\sim5)\omega$。

3）频域性能指标。由于相频特性与幅频特性之间有一定的内在关系，因此表示传感器的频响特性及频域性能指标时主要用幅频特性。

频域特性指标一般为：①截止频率、通频带和工作频带。幅频特性曲线越出确定的公差带所对应的频率，分别称为下截止频率和上截止频率，相应的频率区间称为传感器的通频带。一般规定对数幅频特性曲线上幅值衰减 3dB 时所对应的频率范围，作为通频带。这对传感器来说显得过大，一般取幅值误差为 $\pm5\%\sim\pm10\%$ 时所对应的频率范围，称为工作频带。②谐振频率和固有频率。幅

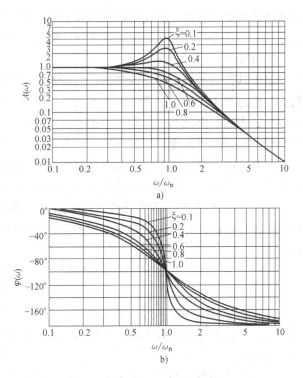

图 3-26　二阶传感器的频率特性
a) 幅频特性　b) 相频特性

频特性曲线在某一频率处有峰值，这个工作频率就是谐振频率 ω_r。固有频率 ω_0 是指在无阻尼时，传感器的自由振荡频率。ω_r 表征瞬态响应的速度，ω_r 的值越大，时间响应速度越快。③幅值频率误差 δ 和相位频率误差 φ。当传感器测量随时间变化的周期信号时，则必须求出传感器所能测量周期信号的最高频率 ω_p，以保证在 ω_p 范围内，幅值频率误差 δ 和相位频率误差不超过给定数值 φ。

3.7.3　传感器的其他性能指标

1. 传感器的互换性

在许多情况下，传感器在系统中只是一个器件或部件，损坏时往往不是修理它，而是更换它；或者传感器工作一段时间后，发现性能下降，由于其标定与校准不是件容易的事，最简便的办法也是更换它。这就要求传感器具有互换性。

传感器的互换性是指一个传感器可以完全代替另一个传感器，而它的机械尺寸、各项性能指标不需重新校准就可满足使用要求，更换后的误差不会超过原来的范围；即传感器的功能、尺寸具有完全的互换能力。

为了传感器的互换性，批量生产的传感器的各项性能指标应完全一致。由于同一种传感器的制造工艺和所采用的材料是相同的，需要重点保证的通常是输出特性的一致性。传感器的零位电平通常可调，需要控制的指标就变成灵敏度 $\Delta y/\Delta x$（对线性传感器）或 $\mathrm{d}y/\mathrm{d}x$（对非线性传感器）的一致性的控制。

有些传感器由于激励源和后续电路的原因，还需要对输入、输出阻抗进行控制。对于两

只或两只以上传感器并联使用时尤其要重视。因为输入量变化时，各传感器的输入、输出阻抗往往会产生不同的变化，引起输出值的附加变化，其值常常不可忽略。

2. 可靠性

对于具体的传感器使用者来讲，传感器的可靠性是一个非常重要也是经常容易被忽略的指标。传感器不仅是测量系统的关键部件，而且在具体应用过程中的使用环境往往是整个系统中最恶劣的，因此其可靠性指标更是至关重要。对于一个具体的传感器或测量系统，可靠性指标一般包括可靠度、失效率、平均寿命等。

可靠性的经典定义为：产品在规定条件下和规定时间内，完成规定功能的能力。具体到传感器，其可靠性的评价主要包括两方面的内容。

(1) 耐环境能力　指传感器耐受如高温、冲击等恶劣环境因素的能力。此指标一般研究故障在产品的什么部位，以什么形式发生，并进而以物理、化学等方面进行失效机理分析得到。

(2) 寿命评估　指采用概率论模型得到的传感器发生故障与使用时间之间的对应统计关系。

传感器只有在规定条件和规定期间内无故障地工作，才能认为是可靠的。从统计学的角度来看，高可靠性意味着按要求工作的概率接近于1。即在所考虑的时间周期内，该传感器几乎不失效。

一般的传感器产品往往会给出一个可靠性寿命指标。由于寿命评估是通过统计方法得到的指标，因此具体统计方法及计算依据不同，所得出的指标也会有所区别，甚至相差很大。目前一般推荐采用失效率或可靠度代替寿命指标。

所谓失效率是指工作到某时刻尚未失效的产品，在该时刻后单位时间内发生失效的概率。一般记为 $\lambda(t)$，称为失效率函数，有时也称为故障率函数或风险函数。

在实际进行失效率评估时，一般假定失效率维持不变，因此可用某一产品每单位寿命测度（时间、周期）内的失效数与保持完好的产品数之比来测算。假定在时刻 t 时，N 个产品中 $N_s(t)$ 个产品保持完好，在时间间隔 $(t, t+dt)$ 内，有 $dN_f(t)$ 个产品失效，则失效率为

$$\lambda(t) = \frac{1}{N_s(t)} \frac{dN_f(t)}{dt} \qquad (3\text{-}78)$$

在任意时刻 t 的可靠工作的概率表示为

$$R(t) = \lim_{N \to \infty} \frac{N_s(t)}{N} \qquad (3\text{-}79)$$

由于实际评估时的 N 始终是有限值，因此 $R(t)$ 只能是估计值。由于在 $t=0$ 与随后任意时刻 t 之间的任何时间间隔内，该产品或者保持完好或者是失效，因此

$$N = N_s(T) + N_f(t) \qquad (3\text{-}80)$$

代入式（3-79）进行微分，并应用式（3-78），则

$$\frac{dR(t)}{dt} = -\frac{1}{N} \frac{dN_f(t)}{dt} = -\frac{\lambda(t) N_s(t)}{N} = -\lambda(t) R(t) \qquad (3\text{-}81)$$

对 $R(t)$ 求解，得到

$$R(t) = e^{-\int \lambda(t) dt} \qquad (3\text{-}82)$$

因此，产品的可靠性可根据失效率来计算。如认为失效率为常数，则该产品的可靠度符合指数分布

$$R(t)=\mathrm{e}^{-\lambda t} \tag{3-83}$$

在市场上某些传感器产品所给出的可靠性指标为平均寿命，一般用 MTTF（mean time to failure，平均寿命时间）或 MTBF（mean time between failure，平均无故障工作时间）形式给出。前者是针对一旦失效则不可修复的产品，而后者则是针对失效后经过修复还可再利用的传感器。对于符合指数分布的产品，其 MTBF 即为失效率的倒数

$$\mathrm{MTBF}=\theta=\frac{1}{\lambda} \tag{3-84}$$

例如，在 1000 小时内对 50 台给定的某种传感器进行测试，在测量周期内有 2 台失效。若假定失效率恒定不变，即传感器寿命符合指数分布，则失效率为

$$\lambda=\frac{1}{50}\times\frac{2}{1000}=\frac{40}{10^6}（次故障/小时） \tag{3-85}$$

$$\theta=\frac{10^6}{40}=25000（小时） \tag{3-86}$$

值得注意的是，由于平均无故障时间是一个统计指标，其数学上的意义为产品寿命的数学期望，因此在采用这一指标时需要同时考虑具体的寿命分布形式。平均寿命指标相同的传感器，如寿命分布不同，则同一时间的可靠度不同。换句话说，用平均寿命来衡量不同寿命分布的传感器寿命无可比性。

此外，由于 MTBF 或 MTTF 单位为时间单位，容易让人误解成在该时间长度内，产品几乎不会发生失效。例如，某传感器产品寿命分布符合指数分布模型：

$$F(T\leqslant t)=1-\mathrm{e}^{-\lambda t}=1-\mathrm{e}^{-t/\theta}$$

其可靠度函数

$$R(t)=\mathrm{e}^{-\lambda t}=\mathrm{e}^{-t/\theta}$$

可靠寿命

$$t(R)=\frac{1}{\lambda}\ln\frac{1}{R}$$

失效率函数

$$\lambda(t)=\frac{\mathrm{d}F(t)/\mathrm{d}t}{R(t)}=\lambda=1/\theta$$

平均无故障工作时间 MTBF

$$T(\mathrm{e}^{-1})=1/\lambda=\theta$$

如传感器的 MTBF 指标为 1 年，则传感器工作到 1 年时，有

$$F_{(1年)}=1-\mathrm{e}^{-1/\theta}=0.632$$

可靠度为

$$R_{(1年)}=\mathrm{e}^{-1/\theta}=0.368$$

即该传感器在规定条件下 1 年内正常工作的概率仅为 0.368。而可靠度为 0.99 的可靠寿命为

$$t_{(0.99)}=\theta\ln\frac{1}{0.99}=0.01（年）$$

反过来，如希望 $R_{(1年)}=0.99$，则

$$\theta=-\frac{1}{\ln 0.99}=99(年)$$

如希望 $R_{(1年)}=0.90$，则

$$\theta=-\frac{1}{\ln 0.90}=9.49(年)$$

鉴于如上例子，目前评价传感器的可靠性一般不采用 MTBF 指标。由于寿命指标容易理解，所以有些专家呼吁采用可靠寿命指标来代替 MTBF。

实际上，任何工业产品，其失效率不可能在整个生命周期内均保持稳定，而是符合如图 3-27 所示的失效率曲线，有时形象地将其称为浴盆曲线。从图中可以看出，失效率随时间变化可分为三段时期。

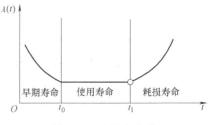

图 3-27　失效率曲线

1）早期寿命期，失效率曲线为递减型。传感器投入使用的早期，失效率较高而下降很快。主要由于设计、制造、储存、运输等形成的缺陷，以及调试、磨合、起动不当等人为因素所造成的。当这些所谓先天不良的失效出现后，失效率就趋于稳定，到 t_0 时失效率曲线已开始变平。t_0 以前称为早期寿命期。一般而言，这一段可通过传感器出厂前的老化筛选等手段进行过渡。

2）使用寿命期，失效率曲线为恒定型，即 t_0 到 t_1 间的失效率近似为常数。失效主要由非预期的过载、误操作、意外的天灾以及一些尚不清楚的偶然因素所造成。由于失效原因多属偶然，故也称为偶然失效期。偶然失效期是能有效工作的时期，这段时间称为有效寿命。

3）耗损寿命期，失效率是递增型。在 t_1 以后失效率上升较快，这是由于传感器已经老化的原因所引起的，故也称为耗损失效期。一般而言，传感器使用到这一阶段，采用简单报废的手段可有效保障系统的正常运行。

3. 电磁兼容（EMC）

传感器是电类或机电类产品，它易受到电磁干扰，而且工作时会引起电磁辐射形成电磁干扰。当传感器用在系统中，多个传感器之间、仪器仪表、总线系统、计算机、控制系统等电气设备之间会产生电磁干扰，相互影响，所以传感器的电磁兼容性问题日益受到广泛关注。

电磁兼容性是指电子设备在电磁环境中正常工作的能力。电磁干扰是对电子设备工作性能有害的电磁变化现象。电磁干扰不仅影响电子设备的正常工作，甚至造成电子设备中的某些元件损害。因此对电子设备的电磁兼容技术要给予充分的重视。既要注意电子设备不受周围电磁干扰而能正常工作，又要注意电子设备本身不对周围其他设备产生电磁干扰，影响其他设备正常运行。

电磁兼容性（Electromagnetic Compatibility，EMC）一词，在中国国家标准 GB/4763-1995《电磁兼容术语》中的定义是"设备或系统在其电磁环境中能正常工作，且不对该环境中的任何事物构成不能承受的电磁骚扰的能力"。

该定义说明，对设备的电磁兼容性，除了要求设备有一定的抗干扰能力，以及要求设备工作时本身所产生的电磁骚扰要限制在一定水平下之外，还要注意到"事物"这个词的广义

性，这里的事物实际上还应当理解成包含在同一电磁环境里的人、动物和植物，要保障他们的生存安全。由此可见，电磁兼容除保证设备本身的可靠性以外，还和生态环境及国家的安全联系在一起。

电磁兼容性（EMC）是指设备或系统在其电磁环境中符合要求运行并不对其环境中的任何设备产生无法忍受的电磁干扰的能力。EMC 包括 EMI（Electro Magnetic Interference，电磁干扰）及 EMS（Electro Magnetic Susceptibility，电磁耐受性）两部分，所谓 EMI 电磁干扰，乃为机器本身在执行应有功能的过程中需限制所产生不利于其他系统的电磁噪声，即设备在正常运行过程中对所在环境产生的电磁干扰不能超过一定的限值；而 EMS 乃指机器在执行应有功能的过程中不受周围电磁环境影响的能力，即对所在环境中存在的电磁干扰具有一定程度的抗扰度，即电磁敏感性。传感器品种繁多，要求不同，所以应根据所属种类，根据国家标准检测相应的项目（见表 3-3）。

表 3-3　电磁兼容（EMC）测试项目

电磁发射（EMI）	电磁抗扰度（EMS）
传导	静电
骚扰功率	辐射抗扰度
喀呖声	脉冲群
磁场辐射	浪涌
电场辐射	传导抗扰度
插入损耗	工频磁场
谐波电流	电压跌落
电压闪烁	谐波抗扰度

近来，电磁兼容性已由事后处理发展到预先分析、预测和设计。电磁兼容已成为现代工程设计中的重要组成部分。电磁兼容性达标认证已由一个国家范围向全球地区发展，使电磁兼容性与安全性、环境适应性处于同等重要的地位。例如，欧共体将产品的电磁兼容性要求纳入技术法规，强制执行 89/336/EEC 指令，规定从 1996 年 1 月 1 日起电气和电子产品必须符合电磁兼容性要求，并加贴 CE 标志后才能在市场销售。

为了与国际接轨，我国外经部和国家出入境检验局于 1999 年 1 月起对个人计算机、显示器、打印机、开关电源、电视机和音响设备实施电磁兼容性强制检测。电磁能量通过对人体组织的物理化学作用会产生有害的生理效应。因此，为了人身和某些特殊材料的安全，GJB786 中还规定，电子设备的电磁辐射量连续波的平均功率密度不允许超过 $4mW/cm^2$，脉冲波的平均功率密度不允许超过 $2mW/cm^2$。

为了提高电子设备的电磁兼容能力，必须从开始设计时就给予电磁兼容性以足够的重视。电磁兼容的设计思路可以从电磁兼容的三要素，即电磁干扰源、电磁干扰可能传播的路径及易接收电磁干扰的电磁敏感电路和器件入手。

1）要充分分析电子设备可能存在的电磁干扰源及其性质，尽量消除或降低电磁干扰源的参数。

2）要充分了解电磁干扰可能传播的路径，尽量切断其路径，或降低与电磁干扰耦合的能力。

3）要充分认识易接收电磁干扰的电磁敏感电路和器件，尽量杜绝其接收电磁干扰的可能性。

据此，在设计时应采取相应对策，消除或部分消除可能出现的电磁干扰，以减轻调试工作的压力。在调试中，针对具体出现的电磁干扰，以及接收电磁干扰的电路和元器件的表现进行分析，以确定电磁干扰源所在及电磁干扰可能传播的路径，再采取相应的解决办法。

4. 传感器的性能指标一览

在具体工程应用中，被检测的对象多种多样，具体操作环境也各不相同，在选择传感器与测量系统时还需要考虑各方面的具体因素。例如，在管道流量测量时，流量传感器的介入一般都会引起对被测管道中流体状态的影响，必须予以认真考虑以避免引起严重误差。

表 3-4 给出了在具体选择传感器时应考虑的一些因素。

表 3-4　选择传感器时应考虑的一些因素

基本特性	输出特性	电源	环境	其他
量程指标：量程范围，过载能力等 **灵敏度指标**：分辨力，灵敏度，满量程输出等 **精度指标**：精度（误差），非线性，滞后，重复性，稳定性，漂移等 **动态性能指标**：固有频率，阻尼比，时间常数，频率响应范围，频率特性，临界频率，稳定时间等 **可靠性指标**：工作寿命，平均无故障时间，疲劳性能等	灵敏度 信噪比 信号形式 连线形式 绝缘电阻 若为数字输出，需考虑编码及带宽等	电压，电流 有效功率 频率（交流电源） 电源稳定度 电压波动（交流电源） 抗强电干扰能力等	温度，热冲击 湿度 振动，冲击 化学试剂，抗腐蚀 爆炸危险 灰尘 浸渍 电磁环境，静电放电，电离辐射，抗电磁干扰 传感器的安装方式、位置等	过载保护 购置费用 重量、外形尺寸，壳体材质 电缆敷设要求 装配要求 故障的可测性 可维护性 校准与测试费用 维护费用 更换费用等

3.8　传感器的不失真测量条件

传感器的不失真测量条件是指传感器的输出应该真实反映输入的变化，但由于传感器可能存在的非线性、静态特性的变化和动态特性的影响，使得输出和输入之间产生一定的差异，当该差异超过了允许的范围就是测量失真。输出信号失真按产生的原因不同，可以分为非线性失真、幅值失真和相位失真几种。为了使传感器的输出变化能够不失真地复现输入变化，这就要求传感器的信号波形变化的频率（周期）、幅值和相位角完全相同。

3.8.1　输出信号的失真

输出信号的失真按产生的原因不同，可分为以下几种：

1. 非线性失真

非线性失真是由于测量装置中某个环节的工作曲线非线性而引起的。非线性失真的特征是输出信号中产生新的频率分量，即产生以输入信号的单频分量为基波分量的高次谐波分量。因此，要使输出不产生非线性失真就要求测量系统的工作曲线是线性的，如果测量系统由多个环节组成，则要求系统中各环节的工作曲线或系统综合特性曲线具有良好的线性特性。

2. 幅值失真

幅值失真是由于测量环节对输入信号 $x(t)$ 所包含的各谐波分量具有不同的幅值比或放大倍数而引起的一种失真。例如，对周期方波信号输入，假定由于系统的幅频特性不是一水平直线，使得 4 次谐波被放大了 4 倍，而其他各次谐波都被放大了 1 倍，则叠加后的波形就会产生幅值失真。

3. 相位失真

相位失真是由于测量系统对于输入信号 $x(t)$ 所包含的各谐波分量引起不协调的相位移而引起的一种失真。例如，对周期方波信号输入，假定由于系统的相频特性不是一直线，使得 4 次谐波相位移为 $-\pi/2$，而其他各次谐波的相位移为零，则叠加后的波形就会产生相位失真。

3.8.2　不失真测量条件

设传感器输出 $y(t)$ 和输入 $x(t)$ 满足下列关系

$$y(t) = A_0 x(t - \tau_0) \tag{3-87}$$

式中，A_0 和 τ_0 都是常数，表明该传感器的输出波形精确地与输入波形相似。只不过瞬时幅值放大了 A_0 倍和时间滞后了 τ_0，输出的频谱（幅值谱和相位谱）和输入的频谱完全相似。如果输出的频谱和输入的频谱不同，说明输出信号中产生了新的频率分量，即产生以输入信号的单频分量为基波分量的高次谐波分量，也就是输出产生了非线性失真。

对式（3-87）作傅里叶变换，则

$$y(j\omega) = A_0 e^{-j\tau_0 \omega} X(j\omega) \tag{3-88}$$

可见，若输出波形要无失真地复现输入波形，则传感器的频率响应 $H(j\omega)$ 应当满足

$$H(j\omega) = \frac{Y(j\omega)}{X(j\omega)} = A_0 e^{-j\omega\tau_0} \tag{3-89}$$

即要求

$$A(\omega) = A_0 = 常数 \tag{3-90}$$

$$\varphi(\omega) = -\tau_0 \omega \tag{3-91}$$

$A(\omega)$ 不等于常量引起的失真称为幅值失真，$\varphi(\omega)$ 与 ω 之间的非线性关系引起的失真称为相位失真。

要实现理论上的不失真测量是不可能的，因为任何一个测量系统都不可能同时满足以上三个不失真测量条件所要求的静态、动态特性。因此，必须弄清楚所选用的传感器在什么样的条件下，输入多大幅值、多宽频率范围内可以满足三个不失真条件。

如满足式（3-90）、式（3-91）后，传感器的输出仍滞后于输入一段时间 τ。如果测试的目的是精确地测出输入波形，那么上述条件完全可以满足要求；但如果要用来作为反馈控制信号，则上述条件还是不够充分的，因为输出对输入时间的滞后有可能破坏系统的稳定性。这时，$\varphi(\omega) = 0$ 才是理想的。

从实现测试波形不失真条件和其他工作性能综合来看，对一阶传感器而言，时间常数 τ 愈小，则传感器的响应愈快；对斜坡函数的响应，其时间滞后和稳态误差将变小，对正弦输

入的幅值放大倍数增大。所以传感器的时间常数 τ 原则上愈小愈好。

对于二阶传感器来说,其特性曲线中有两段值得注意。一般而言,在范围 $\omega < 0.3\omega_n$ 内的误差较小,且 $\varphi(\omega) - \omega$ 特性曲线接近直线。在该范围内相应的变化不超过 10%,可望作不失真的波形输出。在 $\omega > (2.5 \sim 3)\omega_n$ 范围内,$\varphi(\omega)$ 接近 180°,且相应误差甚小,如在实测数据处理中用减去固定相位差值或把测试信号反相 180° 的方法,则也接近于可以不失真地恢复被测的原波形。若输入信号的频率范围在上述两者之间,则因为传感器的频率特性受阻尼比 ξ 的影响较大而需作具体分析。分析表明,ξ 愈小,传感器对斜波输入响应的稳态误差 $2\xi/\xi_n$ 愈小。但是对阶跃输入的响应,随着 ξ 的减小,瞬态振荡的次数增多,超调量增大,回调时间增长。在 $\xi = 0.6 \sim 0.7$ 时,可以获得较为合适的综合特性。对于正弦输入来说,从图 3-26 可以看出,当 $\xi = 0.6 \sim 0.7$ 时,幅值比在比较宽的范围内保持不变,计算表明,当 $\xi = 0.7$ 时,在 $(0 \sim 0.58)\omega_n$ 的频率范围内,幅频特性 $A(\omega)$ 的变化不超过 5%,同时在一定程度上可以认为在 $\omega < \omega_n$ 的范围内,传感器的相频特性 $\varphi(\omega)$ 也接近于直线,因而产生的相位失真很小。

思 考 题

1. 传感器一般包括哪些部分,各部分的作用是什么?

2. 从传感器的结构形式来划分,可将传感器按其构成方法分为哪几类?各类型的特点是什么?并画出各类型的结构简图。

3. 传感器与被测对象之间有哪些关联形式?

4. 传感器的输出数学模型是什么?简述传感器对信号的选择方式。

5. 什么是示容变量和示强变量?

6. 什么是传感器负载效应?如何消除负载效应的影响?

7. 传感器的静态特性是什么?由哪些性能指标描述?

8. 传感器的动态特性主要技术指标有哪些?它们的意义是什么?

9. 传感器的静态特性与动态特性的区别何在?

10. 一阶传感器的传递函数和频率响应函数是什么?

11. 传感器的线性度是如何确定的?确定拟合直线有哪些方法?

12. 已知某传感器的静态特性方程为 $y = \sqrt{1+x}$,试分别用切线法、端点直线法、最小二乘法在 $0 < x \leqslant 0.5$ 范围内拟合刻度直线方程,并求出相应的线性度。

第4章 传感器的应用基础

4.1 测量概述

4.1.1 测量与计量

测量是以确定被测量值为目的的一系列操作，是人们对客观事物取得定量认识的一种手段。测量是个比较过程：将被测量同已知量相比较，以确定被测量与选定单位的比值。这个比值（数值）同测量单位结合在一起称量值。量值是物理量的表征。

计量是规范测量的测量。计量依法监督测量工具的准确性与测量行为的规范性。使用有溯源性的标准与测量仪器，按照规程，由资格被确认的人员进行的以判别测量器具合格性为目的的测量是计量。建立基准，即复现单位，建立各级计量标准与量值传递网，定期检定测量工具，进行量值统一是计量的基本任务。计量依法行事。计量分为科学计量、工程计量和法制计量3类，分别代表计量的基础性、应用性和公益性三个方面。计量的特点是：准确性、一致性、溯源性、法制性。

测量与计量的具体工作对象不同。测量的直接目的是得到测得值。计量的目的是保证测量的准确。回顾汉语使用习惯，"测量"就是为获取量值信息的活动；"计量"不仅要获取量值信息，而且要实现量值信息的传递或溯源。"测量"作为一类操作，其对象很广泛；"计量"作为一类操作，其对象就是测量仪器。"测量"可以是孤立的；"计量"则存在于量值传递或溯源的系统中。"测量"的英文为"Measurement"，"计量"的英文为"Metrology"。

测量与计量的划分，以测量工具的作用为界。测量是用测量工具认识物理量，相信的是测量工具，目的是得到被测量的量值；计量的目的是检查测量工具的合格性，相信的是标准。简言之，相信测量工具的是测量；检查测量工具的是计量。

在计量与测量的关系上，有两点值得我们探讨。第一点：计量通常是测量的逆操作。测量是用测量工具去考察、认识未知量值，相信的是测量工具；计量是拿标准（已知的量值）来用测量工具测量，以考察测量工具是否准确，相信的是标准。例如，用卡尺量钢棍的长度和截面直径是测量，是普通的操作；而以卡尺测量量块（长度标准），以考察卡尺的误差，则是计量，是专业人员的事。第二点：计量之所以有必要，其技术原因是通常的测量都存在系统误差。测量用工具、量具或测量仪器，需经检定，即履行计量手续，以保证其准确。测量者自身经多次测量可以发现并减小随机误差，但通常不能发现系统误差。计量中所使用标准的量值，对被检仪器来说相当于真值，有真值才能求得被检仪器的系统误差。否定真值，否定准确度，也就从根本上否定了计量存在的必要。

测试是与测量经常混淆的术语，测试是具有试验性质的测量，也可理解为测量和试验的综合。测量可以提供有关物理量和过程的现实状态的定量信息，是认识客观世界的工具。测量是对任何理论或设计的最终检验，是一切研究、设计和开发的基础；测量也是任何控制过程的一个基本要素，控制过程中要求测量出实际的和所希望的性能间存在的差别，系统的控制部分才能对差别的大小和方向做出明智的反应。

要使测量有用，测量必须是可靠的。具有不正确的信息要比不具有任何信息更具有潜在的破坏性。在科学上永远没有完美的答案，也没有完美的度量。我们永远得不到被测量的真值，任何测量必定存在一定的误差，即存在一定的测量不确定度。

4.1.2 测量误差的概念

1. 测量误差

所谓测量误差就是测得值与被测量的真值之间的差值，可用下式表示：

$$误差＝测得值－真值$$

即测量误差 Δ 等于被测量的测得值 x 与其真值 x_0 之差

$$\Delta = x - x_0 \tag{4-1}$$

由于真值是不可能确切获得的，因而上述测量误差的定义也是理想的概念。在实际工作中往往将比被测量值的可信度（精度）更高的值，作为其当前测量值的"真值"。

测量误差反映测量质量的好坏，测量误差可用绝对误差表示，也可用相对误差表示。

（1）绝对误差   某量值的测得值和真值之差为绝对误差，通常简称为误差，即

$$绝对误差＝测得值－真值 \tag{4-2}$$

由式（4-2）可知，绝对误差可能是正值，也可能是负值。

所谓真值是指在观测一个量时，该量本身所具有的真实大小。量的真值是一个理想的概念，一般是不知道的。但在某些特定情况下，真值又是可知的。例如：三角形三个内角之和为 $180°$；一个整圆周角为 $360°$；按定义规定的国际千克基准的值可认为真值是 1kg 等。为了使用上的需要，在实际测量中，常用被测的量的实际值或算术平均值来代替真值，而实际值的定义是满足规定精确度的用来代替真值使用的量值。

（2）相对误差   绝对误差与被测量的真值之比值称为相对误差。因测得值与真值接近，故也可近似用绝对误差与测得值之比值作为相对误差，即

$$相对误差＝\frac{绝对误差}{真值} \approx \frac{绝对误差}{测得值} \tag{4-3}$$

由于绝对误差可能为正值或负值，因此相对误差也可能为正值或负值。相对误差是无量纲数，通常以百分数（%）来表示。

（3）引用误差   所谓引用误差指的是一种简化和实用方便的仪器仪表示值的相对误差，它是以仪器仪表某一刻度点的示值误差为分子，以测量范围上限值或全量程为分母，所得的比值称为引用误差，即

$$引用误差＝\frac{示值误差}{测量范围上限} \tag{4-4}$$

例如测量范围上限为 19600N 的工作测力计（拉力表），在标定示值为 14700N 处的实际作用力为 14778.4N，则此测力计在该刻度点的引用误差为

$$\frac{14700-14778.4}{19600} = \frac{-78.4}{19600} = -0.4\%$$

2. 测量误差的来源

在测量过程中，误差产生的原因可归纳为以下几个方面：

(1) **测量装置误差**　测量装置误差包括传感器和测量仪器仪表的误差、标准件的误差以及装卡附件的误差。传感器和测量仪器仪表的误差如设计、制造误差，标准件的误差如标准量块、标准线纹尺、标准电池、标准电阻、标准砝码等所体现量值的误差，装卡附件的误差如装卡定位等造成的误差。

(2) **测量方法误差**　由于测量方法不完善或测量依据的理论公式本身的近似性所引起的误差，如采用近似的测量方法而造成的误差。如间接测量法中因采用近似的函数关系原理而产生的误差或多个数据经过计算后的误差累积。

(3) **环境误差**　由于各种环境因素与规定的标准状态不一致而引起的测量装置和被测量本身的变化所造成的误差，如温度、湿度、气压（引起空气各部分的扰动）、振动（外界条件及测量人员引起的振动）、照明（引起视差）、重力加速度、电磁场等所引起的误差。

(4) **人员误差**　测量人员因工作疲劳、固有习惯、技术能力等因素引起的误差主要有视差、估读误差、调整误差等，它的大小取决于测量人员的操作技术和其他主观因素。

3. 误差分类

测量误差按其产生的原因、出现的规律及其对测量结果的影响，可以分为系统误差、随机误差（也称偶然误差）和粗大误差。

(1) **系统误差**　在同一条件下，多次测量同一量值时，绝对值和符号保持不变，或在条件改变时，按一定规律变化的误差称为系统误差，如标准量值的不准确、传感器的分度值不准确等引起的误差。系统误差按对误差掌握的程度可分为：已定系统误差（指误差绝对值和符号已经确定的系统误差）和未定系统误差（指误差绝对值和符号未能确定的系统误差，但通常可估计出误差范围）；按误差出现规律分为不变系统误差（指误差绝对值和符号固定的系统误差）和变化系统误差（指误差绝对值和符号变化的系统误差）；按其变化规律，又可分为线性系统误差、周期性系统误差和复杂规律系统误差等。

(2) **随机误差**　在同一测量条件下，多次测量同一量值时，绝对值和符号以不可预定方式变化的误差称为随机误差。随机误差的特点是它出现的随机性。例如仪器仪表中传动部件的间隙和摩擦、连接件的弹性变形等引起的示值不稳定。

就某一次测量而言，随机误差的出现无规律可循，因而无法消除。但若进行多次等精度重复测量，则与其他随机事件一样具有统计规律的基本特性，可以通过分析，估算出随机误差值的范围。随机误差主要由温度波动、测量力变化、测量器具传动机构不稳、视差等各种随机因素造成，虽然无法消除，但只要认真、仔细地分析产生的原因，还是能减少其对测量结果的影响。

在相同条件下，对同一物理量做多次测量，随机误差较小的数据比误差较大的数据出现的概率要大得多；在多次测量中绝对值相同的正误差或负误差出现的机会是相等的，全部的误差总和趋于零。因此增加测量次数，可以减少随机误差。

(3) **粗大误差**　明显超出规定条件下预期的误差，称为粗大误差。粗大误差是由某种非正常的原因造成的。如读数错误、温度的突然大幅度变动、记录错误以及在测量时因操作不细心而引起的过失性误差等。该误差值较大，明显歪曲测量结果，可根据误差理论，按一定规则予以剔除。

上面虽将误差分为三类，但必须注意各类误差之间在一定条件下可以相互转化。对某项具体误差，在此条件下为系统误差，而在另一条件下可为随机误差，反之亦然。如按一定基本尺寸制造的量块，存在着制造误差，对某一块量块的制造误差是确定数值，可认为是系统误差，但对一批量块而言，制造误差是变化的，又成为随机误差。在使用某一量块时，没有检定出该量块的尺寸偏差，而按基本尺寸使用，则制造误差属随机误差；若检定出量块的尺寸偏差，按实际尺寸使用，则制造误差属系统误差。掌握误差转化的特点，可将系统误差转化为随机误差，用数据统计处理方法减小误差的影响；或将随机误差转化为系统误差，用修正方法减小其影响。

总之，系统误差和随机误差之间并不存在绝对的界限。随着对误差性质认识的深化和测试技术的发展，有可能把过去作为随机误差的某些误差分离出来作为系统误差处理，或把某些系统误差当作随机误差来处理。

4.1.3　测量精度

1. 测量准确度、精密度和精确度

反映测量结果与真值接近程度的量，称为精度，而误差的大小反映了测得值与真值差异的大小。显然精度与误差的大小相对应，可用误差大小来表示精度的高低。即所谓误差小，表明测得值接近真值，则精度高；反之误差大表明测得值远离真值，则精度低。精度可分为

（1）准确度　它反映测量结果中系统误差的影响程度。

（2）精密度　它反映测量结果中随机误差的影响程度。

（3）精确度　它反映测量结果中系统误差和随机误差综合的影响程度，其定量特征可用测量的不确定度（或极限误差）来表示。

2. 测量不确定度

测量不确定度是评定测量结果质量高低的一个重要指标。它是与测量结果相联系的参数，表征合理地赋予被测量之值的分散性，测量不确定度从词义上理解，意味着对测量结果可信性、有效性的怀疑程度或不肯定程度，是定量说明测量结果的质量的一个参数。实际上由于测量不完善和人们的认识不足，所得的被测量值具有分散性，即每次测得的结果不是同一值，而是以一定的概率分散在某个区域内的许多个值。虽然客观存在的系统误差是一个不变值，但由于我们不能完全认知或掌握，只能认为它是以某种概率分布存在于某个区域内，而这种概率分布本身也具有分散性，测量不确定度就是说明被测量之值分散性的参数。

1980 年国际计量局（BIPM）在大量前期工作的基础上提出了《实验不确定度建议书 INC－1》，建议用不确定度（Uncertainty）取代误差（Error）来表示实验结果。1986 年由国际标准化组织（ISO）、国际计量局（BIPM）等七个国际组织共同组成了国际不确定度工作组，制定了《测量不确定度表示指南》，简称"指南 GUM"；1993 年，指南 GUM 由国际标准化组织颁布实施。我国于 1991 年制订了 JJG（中华人民共和国计量检定规程）1027-1991《测量误差及数据处理技术规范（试行）》，并于 1999 年制订了 JJF（中华人民共和国计量技术规范）1059-1999《测量不确定度评定与表示》。测量不确定度得到广泛的执行和应用。

测量不确定度的定义表明，一个完整的测量结果应包含被测量值的估计与分散性参数两部分。例如被测量 y 的测量结果为 $y \pm U$，其中 y 是被测量值的估计，它具有的测量不确定度为 U。显然，在测量不确定度的定义下，被测量的测量结果所表示的并非为一个确定的值，而是分散的无限个可能值所处于的一个区间。

对于一个实际测量过程，影响测量结果的精度有多方面因素，因此测量不确定度一般包含若干个分量，各不确定度分量不论其性质如何，皆可用两类方法进行评定，即 A 类评定与 B 类评定。其中一些分量由一系列观测数据的统计分析来评定，称为 A 类评定；另一些分量不是用一系列观测数据的统计分析法，而是基于经验或其他信息所认定的概率分布来评定，称为 B 类评定。所有的不确定度分量均用标准差表征，它们或是由随机误差而引起，或是由系统误差而引起，都对测量结果的分散性产生相应的影响。

3. 测量不确定度与误差的联系与区别

测量不确定度和误差是误差理论中两个重要概念，它们具有相同点，都是评价测量结果质量高低的重要指标，都可作为测量结果的精度评定参数。但它们又有明显的区别，必须正确认识和区分，以防混淆和误用（见表 4-1）。

表 4-1　测量不确定度与误差的比较

测 量 误 差	测量不确定度
客观存在，但不能准确得到，是一个定性概念	表示测量结果的分散程度，可根据试验、资料等信息定量评定
误差是不以人的认识程度而改变的	与人们对被测量和影响量及测量过程的认识有关
随机误差、系统误差是两种不同性质的误差	A 类或 B 类不确定度是两种不同的评价方法，与随机误差、系统误差之间不存在简单的对应关系
须进行异常数据判别并剔除	剔除异常数据后再评定不确定度
在最后测量结果中应修正确定的系统误差	在测量不确定度中不包括已确定的修正值，但应考虑修正不完善引入的不确定分量
"误差传播定律"可用于间接测量时对误差进行定性分析	不确定度传播律更科学，用于定量评定测量结果的合成不确定度

从定义上讲，按照误差的定义式（4-1），误差是测量结果与真值之差，真值是一个理想的概念，一般说来真值是不知道的，难以定量表示；在实际测量中常用准确度高的实际值来作为约定真值，才能计算测量误差；因此测量误差也是一个理想概念。而测量不确定度是表示对测得值不能肯定程度的分散性参数，反映了人们对测量认识不足的程度，是可以利用成熟的统计方法，完成对测量结果质量的评定，是可以定量计算的。

在分类上，误差按自身特征和性质分为系统误差、随机误差和粗大误差，并可采取不同的措施来减小或消除各类误差对测量的影响。但由于各类误差之间并不存在绝对界限，故在分类判别和误差计算时不易准确掌握；测量不确定度不按性质分类，而是按评定方法分为 A 类评定和 B 类评定，两类评定方法不分优劣，按实际情况的可能性加以选用。由于不确定度的评定不考虑影响不确定度因素的来源和性质，只考虑其影响结果的评定方法，从而简化了分类，便于评定与计算。

不确定度与误差有区别，也有联系。误差是不确定度的基础，研究不确定度首先需研究误差，只有对误差的性质、分布规律、相互联系及对测量结果的误差传递关系等有了充分的认识和了解，才能更好地估计各不确定度分量，正确得到测量结果的不确定度。用测量不确定度代替误差表示测量结果，易于理解、便于评定，具有合理性和实用性。

4.1.4 测量的基本方法

测量方法是指实现被测量与标准量比较得出差值的方法。根据不同测量对象和测量任务进行具体分析，选择合适的测量仪器（设备、系统）和测量方法，对测量工作是至关重要的。测量按照被测量与标准量相比较的方式、方法，从不同观点、角度，可以有不同的分类方法。常见的分类方法有以下几种：

（1）直接测量和间接测量　直接测量是将被测量直接与标准量进行比较，或用标定好的仪器进行测量就能直接得到测量结果。它是不必测量与被测量有函数关系的其他量，而能直接得到被测值的测量方法。例如用卡尺测量工件的长度，用万用表测量电阻的阻值等。

间接测量是通过直接测量与被测量有确定函数关系的其他量，然后由此函数关系求得被测量的方法。在直接测量方法难于实现，或根本无法实现，以及直接测量法的精度达不到要求时，就需要采用间接测量法。例如在直流电路中，直接测出负载的电流 I 和电压 U，然后根据功率 $P=IU$ 的函数关系求出负载消耗的电功率的方法，属于间接测量法。

（2）接触测量和非接触测量　接触测量是传感器或测量器具的敏感元件（测量头）在一定测量力的作用下，与被测物体直接接触的测量法。这种测量方式稳定可靠，但存在接触形式和测量力所带来的影响。

非接触测量是传感器或测量器具的敏感元件与被测对象不发生机械接触的测量。如光电影像、干涉等都是非接触测量。非接触测量一般没有负载效应，对被测对象影响较小。

（3）绝对测量与相对测量　绝对测量是将被测量与标准量直接进行比较，而得到测量结果的测量。如用标准砝码称量物体的质量，用光波干涉法测量位移、长度等。

相对测量是将被测量同与它只有微小差别的同类标准量进行比较，从而得出被测量值的测量方法，故又称比较测量法。例如把被测电池与已知的标准电池相比较，得出它们电动势的差值，从而获得被测电池电动势的方法。又如，通过测量与量块（标准量）的差值，从而获得物体长度的方法等。

相对测量测得的是微差，所以往往测量仪器装置结构简单，便于采用各种原理进行放大，而获得高的测量精度。同时由于直接与标准量比较，所以对测量条件的要求也可以适当放宽些。

（4）等精度测量和不等精度测量　等精度测量是指在相同的测量条件下的测量。相同条件指的是测量仪器设备、测量人员、测量方法、测量环境条件等均相同，故所得到的标准差、权、准确度都相同，因此称为等精度测量。对等精度测量所得的各结果，进行数据处理时，将同等看待。

不等精度测量是指在不同的测量条件下的测量。不同条件指的是测量仪器设备、测量人员、测量方法、测量次数、测量环境条件等不完全相同，故所得到的标准差、权、准确度不尽相同，因此称为不等精度测量。

（5）单项测量和综合测量　单项测量是对多参数的被测件的单项参数所进行的测量。综合测量是对被测件的综合参数或综合影响进行的测量。例如用测量器具分别测出螺纹的中径、半角及螺距属单项测量；而用螺纹量规的通端检测螺纹则属综合测量。

（6）静态测量和动态测量　静态测量是指在测量期间其量值是恒定的量的测量。这里的静态是指被测量不随时间发生变化。

动态测量是为确定随时间变化的被测量瞬时值而进行的测量。如在激光动态丝杠检查仪上对丝杠螺旋线误差的测量。动态测量能更真实地反映零件的使用质量，但均需要较复杂的专用仪器进行测量。

（7）被动测量和主动测量　产品加工完成后的测量为被动测量；正在加工过程中的测量为主动测量。被动测量只能发现和挑出不合格品。而主动测量可通过其测得值的反馈，控制设备的加工过程，预防和杜绝不合格品的产生。

4.1.5　测量系统

测量系统是指用于特定测量目的，由全套测量仪器和有关的其他设备组合起来所形成的整体。大多数的测量系统的组成可以归纳为如图 4-1 所示的三级结构。

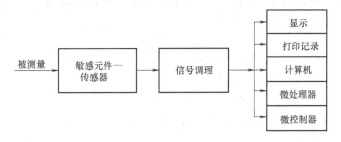

图 4-1　测量系统组成

（1）测量信息传感级　第一级包括传感器、敏感元件或装置、测量头等，其主要功能是检测和敏感被测量。它输入被测量，输出大多为电学模拟量。

在理想情况下，该级只敏感被测量，而对任何其他的可能输入不敏感。例如，若是一个压力传感器，它应该对加速度不敏感；如果是一个应变片，那它应该对温度不敏感等等。但实际上很难找到一种具有完全选择性的测量装置，往往我们不希望的信号夹杂在被测量中，造成测量的误差或困难。

（2）信号调理级　第二级的目的是调理传感所得的测量信号，将测量传感所得的信号进行整理，转变为适合于最后一级使用的形式。根据需要通常增加信号的幅值、能量，转换信号形式（如脉冲、微分、积分、模数转换、数模转换等，其中模数、数模转换也可能在第三级），信号传输（遥感、遥测、分布式测量等），滤除噪声（选择性滤波、剔除各种干扰信号），使信号满足下一级的需要。

（3）读出记录级　第三级是测量系统的输出级，把测量所得的信息显示或记录打印。其形式根据需要可以是结果显示，或记录打印，或数据由计算机（处理器、控制器）采集，作进一步处理或控制某一对象。

如图 4-2 所示的测速系统示意图，第一级装置为一加速度传感器，它提供一个比例于加速度的电压值。第二级包括前置滤波、积分和放大等部分，它把第一级传感所得的信号经前置放大滤波，有选择地衰减不需要的高频噪声分量，通过将模拟信号对时间积分，把加速度—时间关系信号转变为速度—时间关系信号，再把信号放大到下一级所需的电平。第三级包括计算机和打印机，由计算机获取数据，处理后生成图表显示和打印。

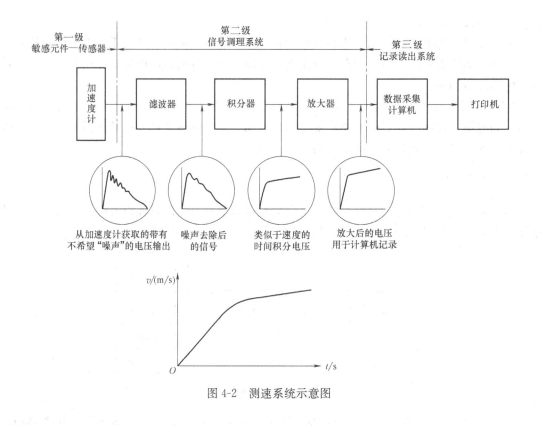

图 4-2　测速系统示意图

4.2　量值的传递与溯源

测量是一个比较的过程，因此，不管采用什么样的测量方法，都必须使用一个比较的基准，即测量标准量。那么，标准量从哪来？标准量的准确程度如何？这直接关系到测量结果的可信程度。

4.2.1　量值的概念

量是现象、物体或物质的可以定性区别和定量确定的一种属性。计量学中的量，都是指可以测量的量。一般意义的量，如长度、温度、电流；特定的量，如某根木棒的长度通过某条导线的电流。凡可相互比较并按大小排序的量，称为同种量，若干同种量合在一起可称为同类量，如功、热、能。

在同一类量中，如选出某一特定的量作为参考量，用以量度同类量的大小，这个参考量称为测量单位。在不会发生混淆时可简称为单位，如量度长度的米，量度电流的安培等。

量值一般是由一个数乘以测量单位所表示的特定量的大小。

4.2.2　量值的传递

将国家计量基准所复现的计量单位量值，通过检定（或其他传递方式）传递给下一等级的计量标准，并依次逐级传递到工作计量器具，以保证被计量的对象的量值准确一致，称为量值传递。

任何计量器具，由于种种原因，都具有不同程度的误差。计量器具的误差只在允许的范围内才能应用，否则将带来错误的计量结果。对于新制的或修理后的计量器具，必须用适当等级的计量标准来确定其计量特性是否合格；对于使用中的计量器具，必须用适当等级的计量标准对其进行周期检定；另外，有些计量器具必须借助适当等级的计量标准来确定其示值和其他计量性能。因此，量值传递的必要性是显而易见的。

国家计量检定系统（过去曾称为量值传递系统），是由国务院计量行政部门组织制定的全国性技术法规，其中用图表结合文字的形式，明确地规定由国家计量基准到各级计量标准直到普通计量器具的量值传递程序，包括名称、计量范围、准确度、不确定度、允许误差和传递方法等。

量值传递体系，是国家根据经济合理分工、协作的原则，以城市为中心，就地就近组织的量值传递网，中国量值传递体系图如图 4-3 所示。

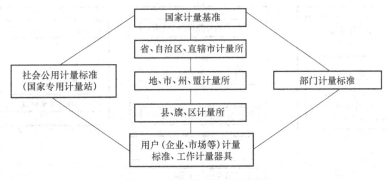

图 4-3 中国量值传递体系图

4.2.3 量值的溯源

通过一条具有规定不确定度的不间断的比较链，使测量结果或测量标准的值能够与规定的参考标准（通常是国家计量标准或国际计量标准）联系起来的特性，称为量值溯源性（见图 4-4）。这种特性使所有的同种量值，都可以按这条比较链通过校准向测量的源头追溯，即溯源到同一个测量基准（国家基准或国际基准），这样才能确保计量单位统一，量值准确可靠，才具有可比性、可重复性和可复现性，而其途径就是按比较链，向计量基准的追溯。溯源性是国际计量界广泛使用的术语，就其技术内容而言，类似于我国以前常用的术语"量值传递"，通过不间断的比较链构成的溯源体系类似于"检定系统"。但从管理方式来看却有重大差异。溯源性的概念是量值传递概念的逆过程。量值溯源是从下而上，企业可根据测量准确度的要求，自主地寻求具有较佳不确定度的参考标准进行测量设备的校准，甚至可以跨地区、跨国界与国家的或国际的计量基准进行比对或校准，因而可以比较合理地满足使用要求。量值传递则是自上而下的，尤其对属于强制检定的计量器具一直实行定点、定周期检定，难免会形成计量检定机构的重复设置，且传递环节增多，从而会损失一些测量准确度。为了与国际惯例接轨和适应市场经济发展的需要，应多提倡量值溯源。

标准物质是实现准确一致的测量，保证量值有效传递的计量标准，在实际测量中，通过使用不同等级的标准物质，使准确度由低到高，逐级进行量值的追溯，直到国际单位，这一过程称为量值的"溯源过程"。相反的，从国际单位到不同等级的标准物质由高至低进行量值传递，最终至实际测量现场的过程，被称为量值的"传递过程"。在这个溯源链中，标准物质起着复现量值、传递测量不确定度和实现测量准确一致的至关重要的作用。

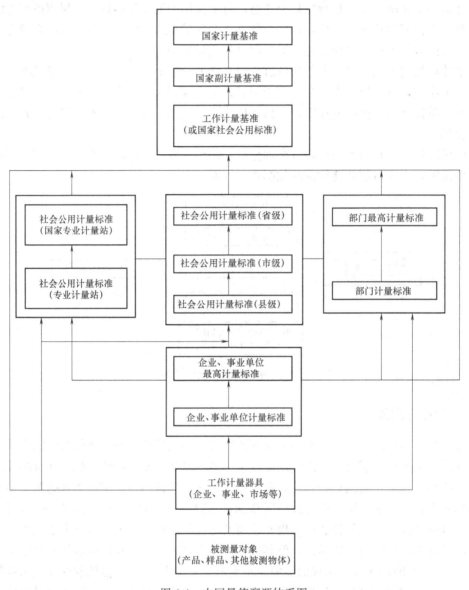

图 4-4　中国量值溯源体系图

4.2.4　量值传递与量值溯源的区别

量值传递和量值溯源是两个互逆的过程，它们具有很多不同的特点（见表 4-2）。

量值溯源要求实验室对自己检测标准的相关量值，主动与上一级检定机构取得联系，追溯高于自己准确度（一般遵循 1/10 或 1/3 法则）的量值与之比较，确定自己的准确性。而量值传递是上一级检定部门将自身的量值传递给低于其准确等级的部门，主要是指国家强制性检定的内容。溯源与传递的主要区别在于溯源是自下而上的活动，带有主动性；量值传递是自上而下的活动，带有强制性。

表 4-2 量值传递和量值溯源比较表

比 较 项 目	量 值 传 递	量 值 溯 源
执行力	法制性、强制性	自觉性、主动性
执行机构	各级计量行政部门、国防计量管理部门	实验室，往往是企业
作用对象	企业、次级计量行政部门	企业可根据测量准确度的要求，自主地寻求具有较佳不确定度的参考标准进行测量设备的校准
执行方式	按照国家检定系统表的规定自上而下逐级传递	可以越级也可以逐级溯源，自下而上主动地寻找计量标准，是自下而上的追溯
中间环节	严格的等级划分、层次多、中间环节多	不按严格的等级传递、中间环节少
误差和准确度	容易造成准确度损失	可以减少逐级传递造成的误差
内 容 和 范围	检定周期、检定项目和测量范围都是按照国家、部门和地方的有关技术法规或规范进行的。检定系统由文字和框图构成，其内容包括国家计量基准、各等级计量标准、工作计量器具的名称、测量范围、不确定度或允许误差极限和检定方法等	打破地区或等级的界限，实行就地就近的原则。方式不限于检定、标准和比对方式，还允许采用信号传输，计量保证方案等多种量值溯源方法

4.3 传感器的标定与校准

4.3.1 标定和校准

1. 计量基准与计量标准

计量基准器具简称计量基准，是指用以复现和保存计量单位量值，经国家计量主管部门批准，作为统一全国量值最高依据的计量器具。通常计量基准分为国家计量基准（主基准）、国家副计量基准和工作计量基准三类。国家计量基准是一个国家内量值溯源的终点，也是量值传递的起点，具有最高的计量学特性。国家的计量基准是用以代替国家计量基准的日常使用和验证国家计量基准的变化，一旦国家计量基准损坏，国家副计量基准可用来代替国家计量基准。工作计量基准主要是用以代替国家副计量基准的日常使用。

计量标准是计量标准器具的简称，指准确度低于计量基准，用于检定其他计量标准或工作计量器具的计量器具。包括社会公用计量标准、部门计量标准和企事业单位计量标准。计量标准在量值传递中起着承上启下的作用。即将计量基准所复现的单位量值，通过检定逐级传递到工作计量器具，从而确保工作计量器具量值的准确可靠，确保全国测量活动达到统一。为了使各项计量标准能在正常的技术状态进行工作，保证量值的溯源性，计量法规定凡建立计量标准，都要依法考核合格，才有资格进行量值传递。计量基准器具的地位，国家以法律形式予以确定。计量标准还可以包括用以保证测量结果统一和准确的标准物质、标准方法和标准条件。

计量标准可按精度、组成结构、适用范围、工作性质和工作原理进行分类。①按精度等级可分为在某特定领域内具有最高计量学特性的基准和通过与基准比较来定值的副基准，或具有不同精度的各等级标准。②按组成结构可分为单个的标准器，或由一组相同的标准器组成的、通过联合使用而起标准器作用的集合标准器，或由一组具有不同特定值的标准器组成的、通过单个地或组合地提供给定范围内的一系列量值的标准器组。③按适用范围可分为经国际协议承认、在国际上用以对有关量的其他标准器定值的国际标准器，或经国家官方决定，承认在国内用以对有关量的其他标准器定值的国家标准器，或具有在给定地点所能得到的最高计量学特性的参考标准器。④按工作性质可分为日常用以校准或检定测量器具的工作标准器，或用作中介物以比较计量标准或测量器具的传递标准器，或有时具有特殊结构、可供运输的搬运式标准器。⑤按工作原理可分为由物质成分、尺寸等来确定其量值的实物标准或由物理规律确定其量值的自然标准。上述分类不是排他性的，例如，一个计量标准可以同时是基准，是单个的标准器，是国家标准器，是工作标准器，又是自然标准。

计量标准的主要指标是其溯源性，即可以通过连续的比较链，把它与国际标准器或国家标准器联系起来的性能。当然，准确度、稳定度、灵敏度、可靠性、超然性和响应特性等，也都是它的重要指标。

2. 标定和校准的概念

标定，又称定标、定度，是用标准量来定义被测量的过程。所谓标准，是为了定义、实现、保存或复现量的单位或一个、多个量值，用作参考的实物量具、测量仪器、参考物质或测量系统。它是按国家规定的准确度等级，作为检定依据用的计量器具或标准物质。

新研制的或生产制作的传感器需要利用已知基准或标准器（指传感器、仪器或设备）对其技术性能进行全面的检定和定度，建立其输出量与输入量之间的关系，并确定其基本的静、动态特性，包括灵敏度、重复性、非线性、迟滞、精度和固有频率等。这种利用标准器具对传感器性能进行定度的过程，称为**标定**。传感器的标定，就是通过试验确立输入量与输出量之间的关系。新传感器不进行标定，只是一种重复性良好的装置。

传感器使用一段时间以后或经过修理，需要利用标准器具对其性能指标重新进行确认，看其是否可以继续使用或仍符合原先技术指标所规定的要求，这一性能复测过程称为**校准**。**校准**指在规定条件下，为确定测量装置或测量系统所指示的量值，或实物量具或参考物质所代表的量值，与对应的由标准所复现的量值之间关系的一组操作。校准主要确定测量仪器的示值误差，是自愿溯源行为，不具法制性。对修理的传感器有时需要重新确定其输出量与输入量之间的关系，则必须重新进行标定。

标定与校准的概念类似，标定是在制造传感器时进行，而校准是在过程中进行的一种性能复测。由于随时间变化的因素是不可逆的，预测也困难，须定期对传感器进行校准。校准同样是在规定的条件下，为确定传感器的量值与标准所复现的量值之间关系的一组操作。校准结果既可给出被测量的示值，又可确定示值的修正值。

标定和校准在许多情况下是相同的，但标定必须严格采取基准或精度高一级的标准器进行，而校准在没有基准或高一级的标准器时，则可以使用同等精度的同类合格传感器，采取**比对**的方法对原性能是否变化做出判断。**比对**属于无法直接实现量值溯源时的一种计量行为，是对不同计量器具进行的同参数、同量程的相互比对。

3. 传感器标定原则

1) 传感器标定有产品计量标定和非产品标定之分。产品标定必须遵照国家计量法，按照国家量传体系进行，保证量值的准确传递，确保标定结果的合法性和准确性。非产品标定结果往往是供自己使用，或在小范围内使用，对标定设备及操作人员不要求资质，标定结果自然也就没有传播、传递的合法性。

2) 量值传递体系，是为量值的准确传递，由国家根据经济合理，分工协作的原则，以城市为中心，就地就近组织的量值传递网，中国量传体系图如图 4-3。

3) 为了保证各种物理量量值的一致准确，国际上多提倡量值溯源体系。量值溯源是从下而上，企业可根据测量准确度的要求，自主地寻求具有较佳不确定度的参考标准进行测量设备的校准，甚至可以跨地区、跨国界与国家的或国际的计量基准进行比对或校准，因而可以比较合理地满足使用要求。

4) 传感器标定用的标准量因被测量不同而异，但它们必须是长期稳定的、高精度基准，如砝码、块规等实物基准；如铂铑－铂热电偶等标准传感器；如分析传感器用的标准物质等。

5) 由于各种传感器的原理、结构各不相同，即使是同种传感器，它们的精度和使用条件等也各不相同，所以标定方法也不一样。传感器标定的基本方法是利用已知的基准或标准器（指传感器，仪器或设备）产生已知标准量代替输入，得到输入输出关系，确定传感器性能参数（一般为灵敏度、线性度、频率响应等）。而传感器的定期校准则是利用已知标准量作为输入，对传感器的输出值进行校验。

对于不同的被测量，传感器标定所采用的基准是不同的：

1) 被测量为长度、角度、力和质量等，标定所用的基准量则是与被测量的形式相同，且稳定易保持，如测力砝码、线纹尺、块规、度盘等。若在由传感器组成的仪器或系统内装有标定用的基准器，特别是内装微处理机的，就更容易实现自动标定，例如激光干涉测长，就是利用激光波长进行自动标定的。

2) 被测量为温度、流速、湿度和气体浓度等，由于这些量的基准量难以保持，也不可能实现自动标定，因此通常采用标准传感器、标准仪器或高精度传感器等来进行标定，如用标准铂电阻温度计、基准光电高温比较仪、标准压力计、麦氏真空计等对温度、压力传感器进行静态标定，用振动台、激波管等对传感器进行动态标定。

3) 高精度传感器的标定，通常采用高一级精度的基准器来实现，或用同精度等级的同类仪器进行比对。

4) 对成分分析传感器的标定，采用标准物质作为基准。

5) 有的传感器内部装有标定用基准器，特别是嵌入微处理器的传感器，可以实现自动标定功能。

4. 标定的基本方法与系统组成

所谓传感器标定，就是把已知的输入量输入传感器，测量传感器相应的输出量，并进而得到传感器输入—输出关系的过程。标定的基本方法是利用标准设备或装置产生已知的标准量（一般为非电量，如标准力、标准位移等），作为输入量输入到待标定的传感器，然后将得到的传感器输出量与输入的标准量作比较，从而得到一系列的标定数据或曲线。有时输入的标准量是利用标准传感器产生，这时的标定实质是待标定传感器与标准传感器之间的比对。传感器的标定系统一般由以下三部分组成：

1）被测量的标准发生器，如恒温源、测力机等；

2）被测量的标准测试系统，如标准力传感器、标准温度计、高精度位移计等；

3）待标定传感器所配接的信号检测设备，如信号调节器、显示器、记录仪等。因为所配接的检测仪器是作为标准测试设备来使用的，因此其精度应是已知的。

标定过程实质上是待标定传感器与标准量发生设备之间的比较过程，为了保证各种量值的准确一致，应该遵守标定原则，用上一级标准装置检定下一级传感器及配套仪器；另外环境条件（温、湿度，电、磁场等）、被标定传感器与配用测试仪器设备及引线等可能引入的噪声，都将可能影响标定结果，在高精度标定时必须给予特别关注。

4.3.2　传感器的静态标定

静态标定的目的是确定传感器静态特性指标，如线性度、滞后、重复性、灵敏度、分辨力等，标定的关键工作是通过试验找到传感器输出—输入实际特性曲线。

1. 静态标准条件

传感器的静态特性是在静态条件下进行标定的，而静态的标准条件是指没有加速度、振动、冲击（除非这些参数本身就是被测物理量）及环境温度一般为室温（20±5℃）、相对湿度不大于 85％，大气压力为（101.3±8）kPa 时的情况。

2. 标定仪器设备的精度等级的确定

对传感器进行标定，是根据试验数据确定传感器的各项性能指标，实际上也是确定传感器的测量精度等级。所以在标定传感器时，所用的测量仪器的精度至少要比被标定的传感器的精度高一个等级。这样，标定确定的传感器静态性能指标才是可靠的，所确定的精度才是可信的。

3. 静态标定的方法步骤

对传感器的静态标定，首先是创造一个静态条件，其次是选择与被标定传感器的精度要求相适应的一定等级的标定用的仪器设备，然后才能开始对传感器进行静态标定。静态标定的步骤如下：

1）把传感器、检测设备连接，搭建标定系统；

2）将传感器全量程（测量范围）分成为若干等分点；

3）根据传感器量程分点情况，由小到大依次一点一点地输入标准量值，并记录下与各输入值相对应的输出值，直至量程满为止；

4）按照分点，并以相反的顺序，测试并记录反行程的输入值与对应的输出值；

5）按 3）、4）所述过程，对传感器进行正、反行程往复多次测试，得到输出—输入测试数据表或输出—输入曲线；

6）对测试数据进行必要的处理，可得到被测传感器的线性度、滞后、重复性、灵敏度等静态特性指标；

7）对量程、分辨力等余下的指标按要求进行标定。

4.3.3　传感器的动态标定

传感器的动态标定主要用于检验、测试传感器的动态特性，如动态灵敏度、频率响应和固有频率等。对传感器进行动态标定，需要对它输入一个标准激励信号，常用的标准激励信号有两类：一是周期函数，如正弦波、三角波等，以正弦波为常用；二是瞬态函数，如阶跃波、半正弦波等，以阶跃波最为常用。

传感器的动态特性可用传递函数描述，已知传递函数，便可知传感器的阶跃响应和频率响应特性。因此传感器动态特性的测试（或标定）实质上是传感器传递函数的确定。

与静态标定相比，对传感器进行动态标定比较困难。因为产生、测量标准的非电量动态信号需要专门的仪器设备，而这些设备大都比较昂贵。

传感器的动态标定，实质上就是通过实验得到传感器动态性能指标的具体数值。下面讨论动态特性的实验确定法。确定方法常常因传感器的形式（如电的、机械的、气动的等）不同而不完全一样，但从原理上一般可分为阶跃信号响应法、正弦信号响应法、随机信号响应法和脉冲信号响应法等。

应该指出，标定系统中所用标准设备的时间常数应比待标定传感器的小得多，而固有频率则应高得多。这样它们的动态误差才可忽略不计。

下面简单介绍阶跃信号和正弦信号两种激励方式。

1. 阶跃信号响应法

（1）一阶传感器时间常数 τ 的确定　一阶传感器输出 y 与被测量 x 之间的关系为

$$a_1 \mathrm{d}y/\mathrm{d}t + a_0 y = b_0 x \tag{4-5}$$

当输入 x 是幅值为 A 的阶跃函数时，可以解得

$$y(t) = kA\left[1 - \exp\left(-t/\tau\right)\right] \tag{4-6}$$

式中，τ 为时间常数，$\tau = a_1/a_0$；k 为静态灵敏度，$k = b_0/a_0$。

在传感器阶跃响应曲线上，取输出值达到其稳态值的 63.2% 处所经过的时间作为其时间常数 τ。但这样确定 τ 值实际上没有涉及响应的全过程，测量结果的可靠性仅仅取决于某些个别的瞬时值。采用下述方法，可获得较为可靠的 τ 值。根据式（4-6）得

$$1 - y(t)/(kA) = \exp\left(-t/\tau\right) \tag{4-7}$$

令 $Z = -t/\tau$，可见 Z 与 t 成线性关系，而且

$$Z = \ln\left[1 - y(t)/(kA)\right] \tag{4-8}$$

因此，根据测得的输出信号 $y(t)$ 做出 Z-t 曲线，则 $r = -\Delta t/\Delta z$。这种方法考虑了瞬态响应的全过程，并可以根据 Z-t 曲线与直线的符合程度来判断传感器接近一阶系统的程度。

（2）二阶传感器阻尼比 ξ 和固有频率 ω_0 的确定　二阶传感器一般都设计成 $\xi = 0.7\sim 0.8$ 的欠阻尼系统，则测得的传感器阶跃响应输出曲线如图 3-24b 所示，在其上可以获得曲线振荡频率 ω_d、稳态值 $y(\infty)$、最大超调量 δ_m 与其发生的时间 t_m。并可以推导出

$$\xi = \sqrt{\dfrac{1}{1 + \{\pi/\ln\left[\delta_\mathrm{m}/y(\infty)\right]\}^2}} \tag{4-9}$$

$$\omega_0 = \dfrac{\omega_\mathrm{d}}{\sqrt{1-\xi^2}} = \dfrac{\pi}{t_\mathrm{m}\sqrt{1-\xi^2}} \tag{4-10}$$

由上面两式可确定出 ξ 和 ω_0。

也可以利用任意两个超调量来确定 ξ，设第 i 个超调量 δ_{mi} 和第 $i+n$ 个超调量 $\delta_{m(i+n)}$ 之间相隔整数 n 个周期，它们分别对应的时间是 t_i 和 t_{i+n}，则有

$$t_{i+n} = t_i + (2\pi n)/\omega_d \tag{4-11}$$

令

$$\delta_n = \ln(\delta_m/\delta_{m(i+n)}) \tag{4-12}$$

和

$$\xi = \sqrt{\frac{1}{1 + 4\pi^2 n^2 / [\ln(\delta_{mi}/\delta_{m(i+n)})]^2}} \tag{4-13}$$

那么，从传感器阶跃响应曲线上，测取相隔 n 个周期的任意两个超调量 δ_{mi} 和 $\delta_{m(i+n)}$，然后代入式（4-13）便可确定出 ξ。

该方法由于采用比值 $\delta_{mi}/\delta_{m(i+n)}$，因而消除了信号幅值不理想的影响。若传感器是二阶的，则取任何正整数 n，求得的 ξ 值都相同；反之，就表明传感器不是二阶的。所以，该方法还可以判断传感器与二阶系统的符合程度。

2. 正弦信号响应法

测量传感器正弦稳态响应的幅值和相角，然后得到稳态正弦输入输出的幅值比和相位差。逐渐改变输入正弦信号的频率，重复前述过程，即可得到幅频和相频特性曲线。

（1）一阶传感器时间常数 τ 的确定   将一阶传感器的频率特性曲线绘成伯德图，则其对数幅频曲线下降 3dB 所测取的角频率 $\omega = 1/\tau$，由此可确定一阶传感器的时间常数 τ。

（2）二阶传感器阻尼比 ξ 和固有频率 ω_0 的确定   二阶传感器的幅频特性曲线如图 3-26a所示。在欠阻尼情况下，从曲线上可以测得三个特征量，即零频增益 k_0、共振频率增益 k_r 和共振角频率 ω_r。由公式（3-75）通过求极值可推导出

$$\frac{k_r}{k_0} = \frac{1}{2\xi\sqrt{1-\xi^2}} \tag{4-14}$$

$$\omega_0 = \frac{\omega_r}{\sqrt{1-2\xi^2}} \tag{4-15}$$

即可确定 ξ 和 ω_0。

虽然从理论上来讲，也可通过传感器相频特性曲线确定 ξ 和 ω_0，但是一般来说准确的相角测试比较困难，所以很少使用相频特性曲线。

3. 其他方法

如果用功率谱密度为常数 C 的随机白噪声作为待标定传感器的标准输入量，则传感器输出信号功率谱密度为 $Y(\omega) = C|H(\omega)|^2$，所以传感器的幅频特性 $A(\omega)$ 为

$$A(\omega) = \frac{1}{\sqrt{C}}\sqrt{Y(\omega)} \tag{4-16}$$

由此得到传感器频率特性的方法称为随机信号校验法，它可消除干扰信号对标定结果的影响。

如果用冲击信号作为传感器的输入量，则传感器的系统传递函数为其输出信号的拉普拉斯变换，由此可确定传感器的传递函数。

如果传感器属三阶以上的系统，则需分别求出传感器输入和输出的拉普拉斯变换，或通过其他方法确定传感器的传递函数，或直接通过正弦响应法确定传感器的频率特性；再进行因式分解将传感器等效成多个一阶和二阶环节的串并联，进而分别确定它们的动态特性，最后以其中最差的作为传感器的动态特性标定结果。

不同的传感器需要不同的标定设备，同一传感器在要求不同时，其标定设备也不相同。

4.4　传感器的误差与信噪比

4.4.1　传感器的误差

传感器的误差是指传感器的输出值与理论输出值之差。传感器误差包括原理性误差、动态误差、环境噪声干扰误差、测量定标误差、接入系统时的负载误差、人员操作误差等。

如果传感器误差是按特定规律变化的，则称为系统误差，如原理误差，它在原则上是可以修正或消除的。但要完全消除传感器内部产生的噪声和由外部混入传感器中的噪声是不可能的。因此传感器的噪声不为零，而且是随机变化的，它使传感器对应于某个输入量不可能有唯一确定的输出，从而产生误差。设传感器的输入为 x，输出为 y，其理想方程为 $y=Sx$，其中 S 为静态灵敏度，考虑到环境条件、时间因素对输出的影响，其输出输入关系可表示为

$$y=[S_0+s(x, q, t)] x+n(q, t) \tag{4-17}$$

式中，S_0 为传感器设计或标定的静态灵敏度；$s(x, g, t)$ 为传感器灵敏度变量；q, t 是影响灵敏度的环境变量和时间变量；$n(q, t)$ 是与输入无关而与环境和时间有关的输出噪声量。

传感器经标定后，其输出输入关系变为

$$x^{'}=C[S_0+s(x, q, t)] x+\eta(q, t) \tag{4-18}$$

式中，$x^{'}$ 为与输入相同单位的输出值；C 为标定系数；$\eta(q, t)$ 是与输入相同单位的输出噪声量。如果传感器的静态误差用 $\Delta x=x^{'}-x$ 表示，并使 $CS_0=1$，则

$$\Delta x=Cs(x, q, t)x+\eta(q, t) \tag{4-19}$$

上式中，$s(x, q, t)$ 包含了非线性误差、迟滞误差以及灵敏度随环境和时间的变化；η 为各种噪声引起的传感器输出，而且越靠近输入端的元件所产生的噪声在输出端的影响越大，$s(x, q, t)$ 与 $\eta(q, t)$ 是随时间而随机变化的，它或大或小，有正有负，有一定的统计规律；当 s 的时间平均值偏离零时，S_0 也将发生变化，所以在偏离并不太大时就需重新进行标定。

如果传感器的输入量是随时间而变化，且变化的频率是在传感器的工作频率范围之内，这时传感器的输出输入关系可表示为

$$y(\omega)=S(j\omega)x(\omega) \tag{4-20}$$

传感器的动态误差 $\Delta y(\omega)$ 则为

$$\Delta y(\omega)=[S(j\omega)-S(0)] x(\omega)+n(\omega) \tag{4-21}$$

式中，$S(j\omega)$、$S(0)$ 分别为传感器的动态灵敏度和静态灵敏度；$n(\omega)$ 为与输入无关的传感器输出量，即噪声量。

由上式可知，传感器应在 $[S(j\omega)-S(0)]$ 变化不大的频率范围内使用，并将 $n(\omega)$ 控制在一定范围内，否则将有较大的动态误差。为了正确评价传感器的误差，可采用实验方法对传感器进行统计分析。

4.4.2　传感器的信噪比

信噪比（Signal-to-noise Ratio，SNR 或 S/N）是指信号能量与噪声能量之比，常用分

贝数（decibels，dB）表示。传感器的信噪比是指其信号功率 SP 与噪声功率 NP 之比，是表示传感器检测微弱信号能力的一项指标。SNR 越高，说明信号超过噪声越多，使信号更容易检测。

例如，有用信号功率为 P_s、电压为 U_s，噪声功率为 P_n、电压为 U_n，则用贝尔（B）为单位表示的信噪比 S/N 为

$$S/N = \lg \frac{P_s}{P_n} (\text{B}) \tag{4-22}$$

由于贝尔单位太大，所以常用分贝（dB）为单位表示信噪比，其表达式为

$$S/N = 10\lg \frac{P_s}{P_n} (\text{dB}) = 20\lg \frac{U_s}{U_n} (\text{dB}) \tag{4-23}$$

由上式可知，信噪比越大，表示噪声对有用信号的影响越小。

传感器的输入信噪比与输出信噪比之比称为噪声系数 F，它同样也是衡量传感器检测微弱信号能力的一项指标，噪声系数是越低越好，即

$$F = \frac{SNR_i}{SNR_0} = \frac{\left(\dfrac{SP}{NP}\right)_i}{\left(\dfrac{SP}{NP}\right)_0} \tag{4-24}$$

为了检测被测量的微小变化，必须提高传感器的灵敏度和减小其噪声量。传感器的信噪比则是表示传感器检测微弱信号能力的一种指标。

设信号与噪声互不相关，则式（4-17）可写成

$$y = S_0 x + n(q, t) \tag{4-25}$$

由于噪声是随机信号，其功率按统计规律处理，因此上式可用均方值表示为

$$\bar{y}^2 = S_0^2 \bar{x}^2 + \bar{n}^2 \tag{4-26}$$

如果传感器输入噪声为 n_i，则其噪声系数为

$$F = \frac{\dfrac{\bar{x}^2}{\bar{n}^2}}{\dfrac{S_0^2 \bar{x}^2}{\bar{n}^2}} = \frac{\bar{n}^2}{S_0^2 \bar{n}_i^2} \tag{4-27}$$

由上式可知：①当传感器内部噪声为 0，即 $\bar{n}^2 = S_0^2 \bar{n}_i^2$，则 $F = 1$；②当传感器内部噪声不为 0 时，一般情况下 $\bar{n}^2 > S_0^2 \bar{n}_i^2$，则 $F > 1$；③当传感器的频带与输入噪声频谱相比非常窄时，传感器起一定滤波作用，这时 $F < 1$。

传感器检测弱信号的能力用 X_m 表示，它是指输出信噪比为 1 时输入的大小，则

$$\bar{x}_m^2 = \frac{\bar{n}^2}{S_0^2} = \bar{n}_i^2 F \tag{4-28}$$

在一定的噪声输入时，X_m 越小，传感器的噪声系数 F 也越小，因此表明该传感器检测弱信号的能力越强。当传感器 F 值一定时，则必须抑制由输入端混入的噪声，以降低其 X_m 值，提高检测弱信号的能力。当传感器的频带较宽，无滤波效果时，应尽量减小其内部噪声，使 F 接近 1，或者在满足所需精确度传递信号的条件下，使传感器的频带尽量变窄，以得到较高的输出信噪比。当输出的噪声较大不可忽略时，可采用平均法，即在较小的时间间隔（应小于输出最小变化周期）内取输出的平均值，来得到较高的输出信噪比。

噪声存在于宽广的频带范围内，而传感器的测量信号通常为窄频带。所以，若只让窄频

域的测量信号通过，而其他带域的信号利用滤波器不让其通过，那么信噪比将获得改善。着重处理来自传感器的电信号，可以提高传感器的信噪比。

4.5　噪声及其抑制

4.5.1　干扰与噪声

1. 干扰与噪声的区别

噪声是绝对的，它的产生或存在不受接收者的影响，是独立的，与有用信号无关。干扰是相对有用信号而言的，只有噪声达到一定数值，并和有用信号一起进入仪器并影响其正常工作才形成干扰。

噪声与干扰是因果关系，噪声是干扰之因，干扰是噪声之果，是一个量变到质变的过程。

干扰在满足一定条件时，可以消除。噪声在一般情况下，难以消除，只能减弱。

2. 形成干扰的三个要素

噪声形成干扰必须具备三个条件，即三要素。这三要素是噪声源、对噪声敏感的接受电路和噪声源到接收电路之间的耦合通道。三要素之间联系如图 4-5 所示。

图 4-5　干扰三要素

（1）干扰源　产生干扰信号的设备被称为干扰源，如变压器、继电器、微波设备、电机、无绳电话和高压电线等都可以产生空中电磁信号等。

（2）传播途径　传播途径是指干扰信号的传播路径。

（3）接收载体　接收载体是指受影响的设备的某个环节，该环节吸收了干扰信号，并转化为对系统造成影响的电器参数。

4.5.2　传感器的噪声

传感器系统中除了被测信号等有用信号外出现的一切不需要的信号，即不希望有的动态分量，统称为传感器噪声。传感器噪声表现形式一般是不规则和随机的，但也有规则的，如电源纹波、放大器自激振荡等。

传感器噪声的来源和种类比较复杂，按产生原因可分机械的、音响的、光的、热的、电磁的、化学的等。

（1）机械噪声　机械噪声是指由于机械的振动或冲击，使传感器系统的敏感和转换元件发生振动、变形，使连接导线发生位移等，这些都将影响传感器系统的正常工作。例如电磁测振弹簧（质量惯性系统），其固有频率与外振频率一致时产生共振，甚至可能损坏元件。对于机械干扰，主要是采取减振措施来解决。

（2）热噪声　设备和元件在工作时产生的热量所引起的温度波动和环境温度的变化等会引起传感器系统的电路元件参数发生变化，或产生附加的热电势等，从而影响了传感器系统的正常工作。对于热干扰，工程上通常采取的抑制方法有热屏蔽、恒温措施、对称平衡结构、温度补偿技术等。

（3）光噪声　在传感器系统中广泛地使用着各种半导体元器件，而半导体材料在光线的作用下会激发出电子空穴对，使半导体元器件产生电势或引起电阻值的变化，从而影响传感器系统的正常工作。对于光的干扰，可以对半导体元器件采用光屏蔽来抑制。

（4）音响噪声　声音噪声不但干扰人们生活、学习和工作，而且对某些传感器产生影响。不过大多情况其频谱宽但强度不高，通常影响不大。噪声的防护技术可用消音、隔音器材隔离，或放在真空容器中，或远离声源，或改变噪声指向等。

（5）湿度噪声　环境湿度的增大会使绝缘电阻下降、漏电流增加；会使电介质的介电常数增加；会使吸潮的线圈膨胀等。这样就会使电路参数变化，而影响传感器系统正常工作。对于湿度变化的影响，通常需要采取防潮措施，如浸漆、环氧树脂或硅橡胶封灌等。

（6）化学噪声　化学物品，如酸、碱、盐及腐蚀性气体等，对传感器系统有两方面的影响，一是通过化学腐蚀作用损坏元件或部件，另一方面会与金属导体形成化学电势。抑制化学干扰，一般采用的措施是密封和保持传感器的清洁。

（7）电磁噪声　电和磁可以通过路和场两个路径对传感器系统形成干扰，电磁噪声分静电感应和电磁感应两类，这种干扰是最普遍和严重的干扰。

电磁噪声从产生的来源上说，有来自传感器内部和外部两种。由器件内部物理特性的无规则变化而形成的固有噪声，如器件的热噪声、散粒噪声和接触噪声等；外部的有由各种电器设备产生的噪声，如工频噪声、射频噪声以及电子开关等产生的脉冲冲击等；有自然和人为的各种放电噪声；有由各种器件、线路之间的静电感应和电磁感应引起的各种噪声。

电磁噪声一般通过屏蔽、隔离、使用双绞线、正确且良好的接地等方式来减小和抑制。

（8）射线辐射噪声　射线会使气体电离、半导体激发出电子空穴对，金属逸出电子等，从而使传感器系统的正常工作受到影响。射线辐射干扰的抑制，主要是进行射线防护。

（9）电路噪声　电路中的噪声有电阻、晶体管等器件产生的随机噪声，电火花放电、开关元件等产生的脉冲噪声等。

4.5.3　噪声的耦合方式

干扰源通过一定的耦合形式对设备形成干扰通道，研究干扰的耦合途径以切断干扰通道，是抑制干扰最有效的措施。

1. 共阻抗耦合

共阻抗耦合是由于几个电路之间有公共阻抗，当一个电路中有电流流过时，在公共阻抗上产生一个压降，这一压降对其他与公共阻抗相连的电路形成干扰。这种干扰耦合形式主要产生在下述几种情况：

1）电源内阻共阻抗耦合。当用一个电源对几个电子线路或传感器供电时，电源内阻抗产生共阻抗耦合。

2）公共地线的耦合。在传感器系统的公共地线上，有各种信号电流流过。由于地线本身具有一定的阻抗，在其上必然形成压降，该压降就形成对有关电路的干扰电压。

3）信号输出电路的相互干扰。当传感器系统的信号电路有几路负载时，任何一个负载的变化都会通过输出阻抗的共阻抗耦合而影响其他输出电路。

4）模拟系统与数字系统共地耦合干扰。通常数字系统的入地电流比模拟系统大得多，并且有较大的波动噪声，数字电路和模拟电路共地时尤为严重。

消除或减小电阻耦合的方法是采用单点供电与单点接地，在相当多的电路中难免使用公共电源线和地线，此时应尽量将公共线缩短、加粗。

2. 容性（电场）耦合

电容性耦合称静电耦合，它是由于两个电路之间存在寄生电容，使得一个电路的电荷变化影响到另一个电路。由于寄生电容在电路中是普遍存在的，如两平行导线间，直导线与平面间、同轴电缆间等场合都存在寄生电容，电容性耦合是普遍存在的。

容性耦合在信号电路引起的干扰电压与干扰源频率 ω、耦合电容 C 和信号电路的输入阻抗 Z_s 成正比关系。频率越高，耦合电容越大，输入阻抗越高，干扰越大。但是频率和输入阻抗在许多场合受到应用要求的制约，因此减小耦合电容 C 是抑制干扰的必要措施。

3. 感性（磁场）耦合

感性耦合又称互感耦合或电磁耦合，它是由于两个电路之间存在互感，当干扰源是以电流形式出现时，此电流所产生的磁场通过互感耦合对邻近信号形成干扰，使得当一个电路的电流变化时，通过磁交链影响到另一个电路。

这种干扰耦合方式，多发生在两根导线在较长一段区间平行架设，动力线或强信号线成为干扰源；在传感器系统内部的线圈或变压器漏磁也成为邻近电路的干扰源。减弱感性耦合的主要途径是减小互感 M 值。

4. 漏电耦合

由于两部分电路之间绝缘不良，高电位电路通过绝缘电阻向低电平电路漏电，这种漏电电流对低电平电路造成干扰。漏电耦合形成干扰，经常发生在以下一些场合：

1）检测较高的直流电压时，被测电压通过绝缘电阻向检测器输入电路漏电；

2）在传感器系统附近有较高的直流电源，电压源通过绝缘电阻向传感器输入电路漏电；

3）有高输入阻抗的直流放大器，因为输入阻抗取值很大，其引入的干扰电压的数值就大。

5. 传导耦合

传导耦合是指经导线检拾到噪声，再经它传输到噪声接收电路而形成干扰的噪声耦合方式。最常见的是电源线经噪声环境，它把交变电磁场感应到电源回路中而形成感应电势，再经这条电源线传送到各处进入电子装置，造成干扰。这种干扰不易被发现，且易被人们忽视。

6. 辐射电磁场耦合

大功率的高频电气设备，周围的广播、电视、通信发射台等，不断地向外发射电磁波。传感器系统若置于这种发射场中就会感应到与发射电磁场成正比的感应电势，这种感应电势进入电路就形成干扰。

4.5.4 传感器的低噪化方法

对于噪声干扰的抑制是基于对干扰的确切分析。分析的内容应包括干扰的来源、性质、传播途径、耦合方式以及进入传感器电路的形式、接收干扰的电路等。抑制干扰的基本方法是从形成干扰的"三要素"出发，在噪声源、耦合通道和干扰接收电路方面采取措施。

1. 消除或抑制噪声源

消除或抑制噪声源是最积极主动的措施，因为它能从根本上消除或减小干扰。在实际工作中，只有一部分在设计者管理权限范围内的噪声源可以消除或抑制；而大多数噪声源是独立存在的，是无法消除或抑制的，如自然噪声源、周围工厂的电器设备产生的噪声等。还有这种情况，本传感器系统视为噪声，而对另一设备则是有用信号，对这类信号就不能进行抑制。总之，消除或抑制噪声源的方法是有一定限度的。

2. 破坏干扰的耦合通道

干扰的耦合通道，即传递方式可分为两大类，一种是以"路"的形式，另一种是以"场"的形式。对不同传递形式的干扰，可采用不同的对策。

（1）对于以"路"的形式侵入的干扰，可以采用阻截或给予低阻通路的办法，使干扰不能进入接收电路。例如提高绝缘电阻以抑制漏电干扰；采用隔离技术来切断地环路干扰；采用滤波、屏蔽、接地等技术给干扰以低阻通路，将干扰引开；采用整形、限幅等措施切断数字信号干扰的途径等。

（2）对于以"场"的形式侵入的干扰，一般采用屏蔽措施并兼用"路"的抑制干扰措施，使干扰受到阻截并难以以"路"的形式侵入电路。

3. 消除接收电路对干扰的敏感性

不同的电路结构形式对干扰的敏感程度（即灵敏度）不同。一般高输入阻抗电路比低输入阻抗电路易接收干扰；模拟电路比数字电路易于接收干扰；布局松散的电子装置比结构紧凑的易于接收干扰。为削弱电路对干扰的敏感性，可以采用滤波、选频、双绞线、对称电路和负反馈等措施。

4. 采用软件抑制干扰

对于有些已进入电路的干扰，用硬件措施又不易实现或不易奏效，可以考虑在采用微处理器的智能传感器系统中，通过编入一定的程序进行信号处理和分析判断，达到抑制干扰的目的。

4.6　传感器中的抗干扰措施

传感器的噪声给系统工作造成很大的干扰。为了能使系统正常工作，采用抗干扰措施是非常必要的，尤其对于测量微弱信号的传感器测量系统，抗干扰技术显得更加突出。传感器的输出中总不可避免地混杂着各种噪声与干扰，它们来自系统的外部和内部。来自外部的干扰有市电干扰、温度变化、机械振动、电磁感应与辐射等，来自内部的噪声有热运动产生的白噪声、表面状态引起的闪烁噪声等。限于篇幅，这里只讨论对外部干扰采用的屏蔽、接地、浮置、滤波、光电耦合等措施。

4.6.1　屏蔽

屏蔽是将整个系统或部分单元用导电或导磁的材料包围起来构成屏蔽层，再将屏蔽层接地的技术。这样做可将外部电磁场屏蔽在系统之外而不致形成干扰。屏蔽抗干扰的一般原则是：为了得到满意的屏蔽效果，必须针对不同的干扰源采用不同的保护措施。在采用一种屏蔽保护措施的同时要注意使该措施不能破坏另一种屏蔽保护措施收到的屏蔽效果；根据干扰源的性质确定屏蔽材料；根据检测系统的浮地要求确定需屏蔽的对象，确定屏蔽的连接和接地。

屏蔽的作用是隔断"场"的耦合，抑制各种场的干扰。因此它只适合防止两种类型的外部干扰：一是由大气噪声、星际干扰、雷电、天体辐射、大功率电气设备、高压设备等引起的电磁辐射干扰；二是通过静电感应引入的静电电磁干扰。在工业现场中不可避免地存在大量、甚至很强的电磁干扰，因此屏蔽也是电子系统必备的基本抗干扰措施之一。

屏蔽可分为以下几类。

1. 静电屏蔽

由静电学知道，处于静电平衡状态下的导体内部各点等电位，即导体内部无电力线。利用金属导体的这一性质，并加上接地措施，则静电场的电力线就在接地的金属导体处中断，起到隔离电场的作用。

静电屏蔽能防止静电场的影响，用它可消除或削弱两电路之间由于寄生分布电容耦合而产生的干扰。在电源变压器的一次与二次线圈之间插入一个梳齿形导体，并将它接地，以此来防止两绕组间的静电耦合，就是静电屏蔽的范例。在传感器有关电路布线时，如果在两导线之间敷设一条接地导线，则两导线之间的静电耦合将明显减弱。若将具有静电耦合的两个导体，在间隔保持不变的条件下靠近大地，其耦合也将减弱。

2. 电磁屏蔽

所谓电磁屏蔽，是指采用导电良好的金属材料做成屏蔽层，利用高频电磁场对屏蔽金属的作用，在屏蔽金属内产生涡流，由涡流产生的磁场抵消或减弱干扰磁场的影响，从而达到屏蔽的效果。一般所谓的屏蔽，多数是指电磁屏蔽。电磁屏蔽主要用来防止高频电磁场的影响，其对低频电磁场干扰的屏蔽效果是非常小的。

基于涡流反磁场作用的电磁屏蔽，在原理上与屏蔽体是否接地无关，但在一般应用时，屏蔽体都是接地的，这样又同时起到静电屏蔽作用。

电磁屏蔽依靠涡流产生作用，因此必须用良导体如铜、铝等做屏蔽层。考虑到高频集肤效应，高频涡流仅流过屏蔽层的表面一层，因此屏蔽层的厚度只需考虑机械强度就可以了。当必须在屏蔽层上开孔或开槽时，必须注意孔和槽的位置与方向应不影响或尽量少影响涡流的作用，以免影响屏蔽效果。

3. 低频磁屏蔽

电磁屏蔽对低频磁通干扰的屏蔽效果是很差的，因此当存在低频磁通干扰时，要采用高导磁材料作屏蔽层，以便将干扰磁通限制在磁阻很小的磁屏蔽体的内部，防止其干扰作用。为了有效地进行低频磁屏蔽，屏蔽层材料要选用诸如坡莫合金之类对低磁密度有高导磁率的铁磁材料，同时要有一定的厚度，以减小磁阻。

4. 驱动屏蔽

驱动屏蔽就是用被屏蔽导体的电位，通过1∶1电压跟随器来驱动屏蔽层导体的电位，其原理如图4-6所示。若1∶1电压跟随器是理想的，即在工作中导体 B 与屏蔽层 C 之间的绝缘电阻为无穷大，并且等电位。那么，在 B 导体之外与屏蔽层内侧之间的空间无电力线，各点等电位。这

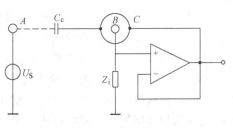

图 4-6　驱动屏蔽

说明，导体 A 的电场影响不到导体 B。这时，尽管导体 B 与屏蔽层 C 之间有寄生电容存在，但是，因 B 与 C 等电位，故此寄生电容也不起作用。因此，驱动屏蔽能有效地抑制通过寄生电容的耦合干扰。应指出的是，在驱动屏蔽中所采用的 1∶1 电压跟随器，不仅要求其输出电压与输入电压的幅值相同，而且要求两者之间的相移为零。另一方面，此电压跟随器的输入阻抗与 Z_i 相并联。为减小其并联作用，则要求跟随器的输入阻抗无穷大。采用高质量的线性集成电路，这些要求可以在很大程度上得到满足。

在实际使用传感器时，应准确判断是静电耦合干扰、高频电磁场干扰、低频磁通干扰，还是寄生电容干扰。应针对不同的干扰，采用不同的屏蔽对策。同时，要根据不同类型的传感器，采用不同的屏蔽措施。例如，为了克服寄生电容的干扰，对一般传感器将其放置在金属壳体内，并将壳体接地；采用屏蔽线作为引出线，将屏蔽线的屏蔽层与壳体相连，使其良好接地。但对于电容式传感器，仍然存在"电缆寄生电容"干扰问题，这曾是长期以来难于解决的棘手的技术问题。随着微电子技术的发展，已为解决这个问题创造了良好的技术条件。其中一种解决方案是将电容式传感器测量电路的前级或全部与传感元件组装在一起，构成整体式或有源式传感器；另一种解决方案就是依据上面介绍的驱动屏蔽原理，采用驱动屏蔽。

5. 信号的屏蔽传输

对于传感器和测控系统的输出信号应采用屏蔽线传输，屏蔽线可抑制静电感应干扰。对于一般信号的传输可采用双绞线，以抑制电磁感应。在要求较高的场合应采用双绞屏蔽线。对放大器、屏蔽线接地的总体要求是一点接地，避免形成地线回路产生串模干扰，如图 4-7 所示。

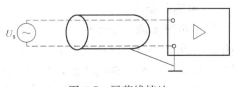

图 4-7　屏蔽线接地

6. 屏蔽与接地

屏蔽只有在接地正确、良好的前提下，才能发挥作用；而不合理的屏蔽接地反而会增加干扰。屏蔽接地应注意以下基本原则：

1）屏蔽外壳的接地要与系统信号的参考点相接，而且只能在一处相接。

2）所有具有相同参考点的电路单元必须全部置入同一个屏蔽层内，其引出线应采用屏蔽线。

3）接地参考点不同的单元应当分别屏蔽，不可置于同一个屏蔽层内。

在实际工程中屏蔽不仅与接地有直接的关系，而且还与信号线的选用、机箱内外信号、控制和电源等电缆的敷设等问题密切相关，对此需要参考更详细的技术资料并严格遵守有关规范和要求，才能达到屏蔽接地的总体抗干扰效果。

目前，研究和应用较多的电磁屏蔽材料主要包括表面导电材料和导电复合材料两大类。前者是使塑料表面金属化来反射电磁波；后者则通过在塑料中填充导电材料，形成导电网络，达到屏蔽效果。表面导电材料：这类屏蔽材料通常采用光学镀金、真空喷镀、贴金属箔以及金属熔射等技术，使绝缘的塑料表面覆盖一层导电层，从而达到屏蔽电磁波干扰的目的。导电复合材料：将无机导电材料填充到合成树脂中，通过混炼造粒并采用注射成型、挤出成型或压塑成型等方法便可制成导电复合材料。其中导电材料一般选用导电性能优良的纤维状或片状金属，以及镀金属的碳纤维、石墨纤维和云母片等。常用的合成树脂主要有

ABS、聚丙烯（PP）、聚碳酸酯（PC）、尼龙（PA）、聚苯醚（PPO）以及热塑性聚酯（PBT）。导电复合材料是继表面导电材料之后发展起来的新型电磁屏蔽材料，目前已广泛用作电子计算机及其他电子设备的壳体材料。

4.6.2 接地

接地是一种技术措施，它起源于强电技术。对于强电，由于电压高、功率大，容易危及人身安全，为此，有必要将电网的零线和各种电气设备的外壳通过接地导线与大地相连。使之与地等电位，以保证人身和设备的安全。传感器外壳或导线屏蔽层等接大地是着眼于静电屏蔽的需要，即通过接大地给高频干扰电压形成低阻通路，以防止其对传感器的干扰。由于习惯的原因，在电子技术中把电信号的基准电位点也称之为"地"，因此在传感器测量系统中的接地，一般就是接电信号的基准电位。

1. 地线的种类

通常，有如下几种地线：

（1）保护地线　出于安全防护的目的将电子测量装置的外壳屏蔽层接地用的地线叫做保护地线。

（2）信号地线　电子装置中的地线，除特别说明接大地的以外，一般都是指作为电信号的基准电位的信号地线。电子装置的接地是涉及抑制干扰，保证电路工作性能稳定、可靠的关键问题。信号地线既是各级电路中静、动态电流的通道，又是各级电路通过某些共同的接地阻抗而相互耦合，从而引起内部干扰的薄弱环节。信号地线可分为两种：

一种是模拟信号地线（AGND），它是模拟信号的零信号电位公共线。

另一种是数字信号地线（DGND），它是数字信号的零电平公共线。数字信号处于脉冲工作状态，动态脉冲电流在杂散的接地阻抗上产生的干扰电压，即使尚未达到足以影响数字电路正常工作的程度，但对于微弱的模拟信号来说，往往已成为严重的干扰源，为了避免模拟信号地线与数字信号地线之间的相互干扰，二者一定要分开设置。

（3）信号源地线　传感器可看作是测量装置的信号源。通常传感器安装在生产现场，而显示、记录等测量装置则安装在离现场有一定距离的控制室内。在接地要求上二者不同，有差别。信号源地线乃是传感器本身的零信号电位基准公共线。

（4）负载地线　负载的电流一般较前级信号电流大得多，负载地线上的电流在地线中产生的干扰作用也大，因此对负载地线和测量放大器的信号地线也有不同的要求。有时，二者在电气上是相互绝缘的，它们之间可通过磁耦合或光耦合传输信号。

（5）屏蔽层地线（或称机壳地线）　它是为防止静电干扰或电磁干扰而设置的地线。

在传感器测量系统中，上述五种地线一般应分别设置。在电位需要连通时，可选择合适的位置作一点相连，以消除各地线之间的相互干扰。

2. 地线的处理原则

对于弱电，接地的目的是抑制干扰，但是地线如果处理不对，不但不能抑制干扰，反而加大某些干扰。各种地线，在实际系统中一般遵循下面原则：

（1）低频电路的一点接地原则　所谓"一点接地"就是把多个接地点用导线把它们汇集到一点，再从这点接地。采用一点接地，可以有效地克服地电位差的影响和共用地线的共阻抗引起的干扰。

（2）高频电路的多点接地原则　对于高频电路，地线上因具有电感而增加了地线阻抗，同时各地线间又产生互感耦合。当地线长度等于1/4波长的奇数倍时，地线阻抗就会变得很高，这时地线变成了天线，而向外辐射噪声。为了防止辐射干扰，地线长度应小于信号波长的1/20，这时也同时降低了地线阻抗，在这种情况下，可采用一点接地。如果地线长度超过信号波长的1/20，则应采用多点接地。

（3）强电地线与信号地线分开设置　所谓强电地线，主要是指电源地线、大功率负载地线等，它上边流过的电流大，在地线电阻上会产生毫伏或伏级电压降。若这种地线与信号地线共用，就会产生很强的干扰。因此，信号地线与强电地线分开设置。

（4）模拟信号地线与数字信号地线分开设置　数字信号一般比较强，而且是交变的脉冲，流过它的地线电流也呈脉冲，模拟信号一般比较弱。如果两种信号共用一条地线，数字信号就会通过地线电阻对模拟信号构成干扰，所以这两种地线应分开设置。

4.6.3　浮置

浮置又称为浮空、浮接，它指的是测量仪表的输入信号放大器公共地（即模拟信号地）不接机壳或大地。对于被浮置的测量系统，测量电路与机壳或大地之间无直流联系。

屏蔽接地的目的是将干扰电流从信号电路引开，即不让干扰电流流经信号线，而是让干扰电流流经屏蔽层到大地。浮置与屏蔽接地相反，屏蔽接地的目的是将干扰电流从信号电路引开，即不让干扰电流流经信号线，而是让干扰电流流经机壳或屏蔽层到大地；浮置是阻断干扰电流的通路，测量系统被浮置后，明显地加大了系统的信号放大器公共线与大地（或外壳）之间的阻抗，因此浮置能大大减小共模干扰电流，可以提高共模干扰抑制能力。图4-11所示为浮置的桥式传感器测量系统。

图4-8中的测量电路有两层屏蔽，因测量电路与内层屏蔽罩不相连，因此是浮置输入。其内层屏蔽罩通过信号线的屏蔽层在信号源处接地，外层屏蔽（外壳）接大地。

浮置不是绝对的，不可能做到"完全浮空"。其原因是，测量电路（或输入信号放大器）公共线与大地（或外壳）之间虽然电阻值很大（是绝缘电阻级），可以大大减小电阻性

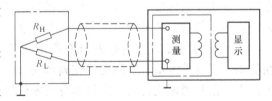

图4-8　浮置的桥式传感器测量系统

漏电流干扰，但是它们之间仍然存在寄生电容，即电容性漏电流干扰仍然存在。

4.6.4　滤波

滤波是抑制噪声干扰的最有效手段之一，特别是对抑制由导线传导耦合到电路中的噪声干扰，它是一种被广泛采用的技术手段。无论是抑制干扰源和消除耦合或提高系统的抗干扰能力，都可以采用滤波技术。任何使用交流电源的电子设备，噪声会通过电源线传导耦合到电路中，形成干扰，为了抑制这种干扰，在测试系统的交流电源进线端使用滤波器是十分必要的，也是常用的抗干扰方法。

1. 交流电源进线的对称滤波器

任何使用交流电源的电子测量仪表，噪声经电源线传导耦合到测量电路中去，必然对其

工作造成干扰。为了抑制这种噪声干扰，在交流电源进入端子前加装滤波器是十分必要的。图 4-9 所示是高频干扰电压对称滤波器，它对于抑制频率为中波段的高频噪声干扰很有效。图 4-10 则是低频干扰电压滤波电路，此电路对抑制因电源波形失真而含有较多高频谐波的干扰是很有效的。

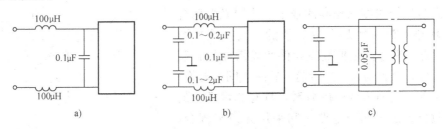

图 4-9　高频干扰电压对称滤波器
a）形式 1　b）形式 2　c）形式 3

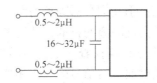

图 4-10　低频干扰电压滤波电路

2. 直流电源输出的滤波器

直流电源往往是几个电路公用的。为了削弱公用电源在电路间形成的噪声耦合，对直流电源输出需加对高频或低频进行滤波的滤波器，如图 4-11 所示。

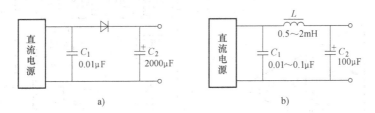

图 4-11　高低频电压滤波电路
a）低频滤波　b）高频滤波

3. 去耦滤波器

当一个直流电源对几个电路同时供电时，为了避免通过电源内阻造成几个电路之间互相干扰，应在每个电路的直流电源进线与地之间加装去耦滤波器，如图 4-12 所示。智能传感器中还采用软件的方法实现数字滤波，能有效地抑制随机噪声干扰。

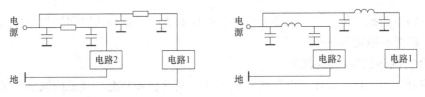

图 4-12　去耦滤波器

4.6.5 光电耦合

干扰信号常常会叠加在各种不平衡输入和输出信号上，或通过系统的供电线路窜入系统，对付这些干扰信号的办法通常是采用隔离技术，即将噪声源与信号线相互隔离的技术。使用光电耦合器切断地环路电流干扰是十分有效的，其原理如图4-13所示。光电耦合器是把发光元件和光敏元件封装在一起的组件，以光为媒介进行前、后级之间的转换，完全隔离了前、后通道的电磁联系，具有非常理想的电磁隔离效果。由于两个电路之间采用光束来耦合，因此能把两个电路的地电位完全隔离开，这样两电路的地电位即使不同也不会造成干扰。

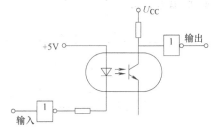

图 4-13 光电耦合器

应用光电隔离技术时需要注意：①光耦合器隔离的前、后通道必须分别使用互相隔离的电源，这样才能达到将前、后通道完全隔离的目的；②需考虑光耦合器的响应速度。从灭到亮、从亮到灭，光耦合器在传输信号时存在着一定的滞后效应，对高频信号应注意响应频率；③在设计具体电路时，需要注意前、后信号的传输相位、发光侧是常灭还是常亮（从提高光耦合器使用寿命的角度应为常灭）、接收端电平是常高还是常低等细节问题。这些都需根据具体情况设定的；④图4-13光电耦合器只适合数字电路，对于模拟信号则采用如图4-14所示的线性光耦合器件。

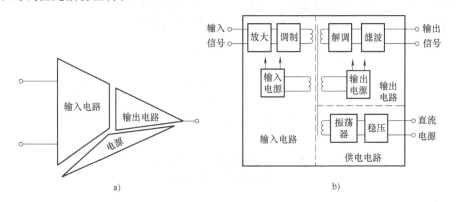

图 4-14 线性光耦合器件
a）示意图   b）原理图

4.6.6 印制电路板的抗干扰

印制电路板的抗干扰措施，主要有合理分配印制管脚、合理布置印制板上的连线和在板上采用一定的屏蔽措施等三个方面。

1. 合理分配印制电路板插脚

为了抑制线间干扰，对印制电路板的插脚必须进行合理分配，其原则同多线插座。

2. 印制电路板合理布线

印制电路板的合理布线，可以考虑以下几点：

1）印制板是一个平面，不能交叉配线。但是，若在板上出现十分曲折的路径时，可以考虑通过元件跨接的方法。

2）配线不要做成环路，特别是不要沿印制板周围做成环路。

3）不要有长段的窄条并行，不得已而并行时，窄条间要再设置隔离用的窄条。

4）旁路电容的引线不能长，尤其是高频旁路电容，应该考虑不用引线直接接地。

5）地线的宽度通常要选大一些，但要注意避免增大电路和地之间的寄生电容。

6）单元电路的输入线和输出线，应分开设置，通常用地线隔开，以避免通过分布电容而引起寄生耦合。

3. 印制电路板的屏蔽

（1）屏蔽线　为了减小外界作用于电路板的或电路板内部导线或元件之间出现的电容性干扰，可以在两个电流回路的导线之间另设一根导线，并将它与有关的基准电位相连，就可以发挥屏蔽作用。

这种导线屏蔽主要用于极限频率高、上升时间短的系统，因为此时耦合电容虽小，但作用大。

（2）屏蔽环　屏蔽环是一条导电通路，它在印制电路板的边缘围绕着该电路板，并只在某一点与基准电位相连。它可以对外部作用于电路板的电容性干扰起屏蔽作用。

如果屏蔽环的起点和终点在电路板上相连，或通过插头连接，则将形成一个短路环，这将使穿过其中的磁场削弱，对感性干扰起抑制作用。这种屏蔽环不允许作为基准电位线使用。

（3）屏蔽板　在印制电路板上设置屏蔽板，将受干扰部分与无干扰部分加以隔离，分置于两个空间中。

（4）基板涂覆　一般印制电路板设计时，除了所需的线条之外，其他所有的基底材料均用腐蚀法除去。而基板涂覆法，则是将导电线条之间的涂覆层尽量多地予以保留，并将它与基准电位相连，这样，它就形成了屏蔽层。如果焊接工艺不允许有大面积的导电平面，可以将其做成网孔状。

4.6.7　传感器的抗干扰

传感器直接接触或接近被测对象而获取信息。传感器与被测对象同时都处于被干扰的环境中，不可避免地受到外界的干扰。传感器采取的抗干扰措施依据传感器的结构、种类和特性而异。

1. 微弱信号检测用传感器的抗干扰

对于检测出的信号微弱而输出阻抗又很高这样的传感器（如压电、电容式等），抗干扰问题尤为突出，需要考虑的问题有：

1）传感器本身要采取屏蔽措施，防止电磁干扰。同时要考虑分布电容的影响。

2）由于传感器的输出信号微弱、输出阻抗很高，必须解决传感器的绝缘问题，包括印制电路板的绝缘电阻都必须满足要求。

3）与传感器相连的前置电路必须与传感器相适应，即输入阻抗要足够高，并选用低噪声器件。

4）信号的传输线，需要考虑信号的衰减和传输电缆分布电容的影响，必要时可考虑采用驱动屏蔽。

2. 传感器结构的改进

改进传感器的结构，在一定程度上可避免干扰的引入，可有如下途径：

1）将信号处理电路与传感器的敏感元件做成一个整体，即一体化。这样，需传输的信号增强，提高了抗干扰能力。同时，因为是一体化的，也就减少了干扰的引入。

2）集成化传感器具有结构紧凑、功能强的特点，有利于提高抗干扰能力。

3）智能化传感器可以从多方面在软件上采取抗干扰措施，如数字滤波、定时自校、特性补偿等措施。

3. 抗共模干扰措施

抗共模干扰的措施主要有以下三项：

1）对于由敏感元件组成桥路的传感器，为减小供电电源所引起的共模干扰，可采用正负对称的电源供电，使电桥输出端形成的共模干扰电压接近于0。

2）测量电路采用输入端对称电路或用差分放大器，来提高抑制共模干扰能力。

3）采用合理的接地系统，减少共模干扰形成的干扰电流流入测量电路。

4. 抗差模干扰措施

抗差模干扰的措施如下：

1）合理设计传感器结构并采用完全屏蔽措施，防止外界进入和内部寄生耦合干扰。

2）信号传输采取抗干扰措施，如用双绞线、屏蔽电缆、信号线滤波等。

3）采用电流或数字量进行信号传送。

4.7 改善传感器性能的技术途径

4.7.1 结构、材料与参数的合理选择

传感器的性能指标包含的方面很广，要使一个传感器的各个指标都优良，不仅设计制造很困难，而且在实用上也没有必要。因此，我们应根据实际的需要与可能，对传感器的结构、材料与参数做出合理的选择。

选择的原则是：根据实际需要，确保主要指标，放宽次要指标，以求得高的性能价格比。具体地说，对从事传感器研究和生产的部门来说，应形成满足不同使用要求的系列产品，供用户选择；而对用户而言，则应按实际需要，恰如其分地选用能满足使用要求的产品，即使对主要的参数也切忌盲目追求高指标。

4.7.2 差动技术

根据第3章第1节的介绍，差动技术可以改善传感器的非线性，并提高灵敏度。

差动技术是传感器中普遍采用的技术。它的应用可显著地减小温度变化、电源波动、外界干扰等对传感器精度的影响，抵消了共模误差，减小非线性误差等。不少传感器由于采用了差动技术，还可使灵敏度增大。

4.7.3 平均技术

采用平均技术的目的是产生平均效应，减小测量时的随机误差，常用的方法有两种，即

误差平均效应和数据平均处理。

1. 误差平均效应

误差平均效应的原理是利用 n 个相同的传感器单元同时感受被测量，因而其输出将是这 n 个单元输出的总和。若将每个单元可能带来的误差 δ_0 均可看作随机误差且服从正态分布，根据误差理论，对 n 个单元来说，总的误差将减小为

$$\delta = \pm \frac{\delta_0}{\sqrt{n}} \tag{4-29}$$

假设同时感受被测量的传感器单元数 $n=10$，误差 δ 减小为 δ_0 的 31.6%；若 $n=500$，误差 δ 减小为 δ_0 的 4.5%。

误差平均效应在光栅、磁栅、容栅等栅状传感器中取得了明显的效果，测量精度很高。

2. 数据平均处理

数据平均处理的方法是：将相同条件下的测量重复 n 次，或进行 n 次采样，然后将数据进行平均处理，这样，随机误差也将减小 $\sqrt{n}$ 倍。

因此，凡被测对象允许进行多次重复测量时，都可以采用数据平均处理技术减小随机误差，提高测量精度。

上述介绍的平均技术，在传感器设计和使用中都可采纳。测量时，将整个测量系统看成对象，采用多点测量和多次采样平均的方法，不仅可减小随机误差，且可增大信号量，即增大传感器灵敏度，提高测量精度。

4.7.4　补偿与校正

当传感器或测试系统的系统误差变化规律过于复杂时，可找出误差的方向和数值，采用修正的方法（包括修正曲线或公式）加以补偿和校正。

补偿与修正技术的运用大致针对两种情况：一是针对传感器特性，找出误差的变化规律，或者测出其大小和方向，采用适当的方法加以补偿或修正；二是针对传感器工作条件或外界环境进行误差补偿，也是提高传感器精度的有力技术措施。不少传感器对温度敏感，由于温度变化引起的误差十分可观。为了解决这个问题，必要时可以控制温度，搞恒温装置，但往往费用太高，或使用现场不允许。而在传感器内引入温度误差补偿又常常是可行的。这时应找出温度对测量值影响的规律，然后引入温度补偿措施。

补偿与修正，可以利用电子线路（硬件）来解决，也可以采用微型计算机通过软件来实现。

4.7.5　稳定性处理

传感器作为长期测量或反复使用的器件，其稳定性显得特别重要，其重要性甚至胜过精度指标，尤其是对那些很难或无法定期标定的场合。造成传感器性能不稳定的主要原因是，随着时间和环境条件的变化，构成传感器的各种材料和元器件性能发生了变化。因此，为提高传感器性能的稳定性，应对材料、元器件和传感器整体进行必要的稳定性处理。稳定性处理的方法针对不同的材料采用不同的措施，如：对结构材料进行时效处理、低温处理，对永磁材料进行时间老化、温度老化、机械老化及交流稳磁处理，对使用的电气元件进行老化和筛选。若性能要求较高，必要时也应对附加的调整元件、后续电路的关键元器件进行老化

处理。

4.7.6 屏蔽、隔离和干扰抑制

传感器可看成一个复杂的输入系统，除了主输入端输入的被测量信号 $x(t)$ 外，许多外界影响因素 $x_1(t)$、$x_2(t)$、…、$x_n(t)$ 通过辅助输入端也作用在传感器上，造成传感器输出端信号 $y(t)$ 的测量误差增大。

为了减小误差，就要削弱或消除外界影响因素对传感器的作用，方法可归纳为两种：从传感器的角度，要减小传感器对影响因素的灵敏度；从外界影响因素的角度，要降低它对传感器的实际作用功率。我们所采取的各种抗干扰措施都是基于这两种思路。由于传感器一般为电器、电子系统，所以抗干扰措施主要采用屏蔽、隔离及电路措施。

1. 屏蔽

屏蔽包括电场屏蔽、电磁屏蔽和磁屏蔽。

电场屏蔽是为了防止电场间的相互影响，将导电性能良好的屏蔽层（导电板、网）与大地相连接，隔离两部分电力线，达到防止干扰的目的。例如，低噪声同轴电缆，在使用时需将其屏蔽金属网接地，以达到电场屏蔽的作用。

电磁屏蔽是为防止高频外磁场的干扰，将导电性能良好的材料作屏蔽层，利用楞次定律，即高频干扰电磁场在屏蔽金属层内产生涡流，涡流磁场将抵消原高频干扰磁场的影响，电磁屏蔽层妥善接地后，将具有电场屏蔽和电磁屏蔽两种功能。

磁屏蔽是采用高导磁材料作屏蔽层，将干扰磁力线限制在很小的屏蔽体内部，以避免干扰磁力线对其他部分的影响。磁屏蔽层妥善接地后，亦具有电屏蔽的功能。

在现场测试中，根据噪声源的不同采用不同的屏蔽措施，其中，对传感器输出信号线的屏蔽和保护方法是尽量采用专用的同轴电缆。

2. 隔离

由于传感器是感受非电量的器件，环境因素将对被测量产生影响，如温度、湿度、机械振动、气压、声压、辐射、气流等。为此，应采取相应的隔离措施，以减小这些外界因素的影响，这些措施包括隔热、隔振、密封等。

3. 电路措施

为抑制噪声干扰而采取的电路措施很多，电子线路中的去噪降噪措施都可应用。如正确选用滤波器、加去耦电容和正确接地等措施。

4.7.7 零示法、微差法与闭环技术

采用零示法、微差法与闭环技术以消除或削弱系统误差。

1. 零示法

被测量对指示仪表的作用与已知的标准量对仪表的作用相互平衡，即指示仪表的指示为零，这时被测量就等于已知的标准量。零示法最简单的例子是机械天平，被称物的质量等于标准砝码的质量。零示法可消除仪表不准而造成的误差。

2. 微差法

零示法要求被测量与标准量完全相等，因而要求标准量连续可变，这往往不易做到。在零示法基础上发展出的微差法，是利用标准量与被测量的差别减小到一定程度后，由于相互

抵消的作用，使指示仪表误差的影响大大削弱。

微差法相对于零示法，不需要标准量连续可调，同时，可以在指示仪表上直接读出被测量的数值。

3. 闭环技术

传感器是由敏感元件、转换元件与测量电路等环节构成的一个开环测量系统。由于各环节之间相互串联（图 4-15），所以系统总的灵敏度为

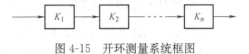

图 4-15　开环测量系统框图

各环节灵敏度之积（$K=\prod\limits_{i=1}^{n}K_i$），系统总的相对误差为各环节相对误差之和（$\delta=\sum\limits_{i=1}^{n}\delta_i$）。系统每个环节的相对误差对系统总相对误差的影响是等权的，要保证系统的总精度，必须降低每一环节的误差，若串联环节越多，分配给每一环节的允许误差就越小，要求也越严。

利用反馈技术与传感器相结合，构成闭环的反馈—测量系统，可提高传感器测量系统的性能。如图 4-16 所示，闭环系统与开环系统相比较，增加了"反馈环节"，其中的比较与平衡方式有力和力矩平衡、电压（流）平衡、热平衡等。在力平衡形式中，反向传感器是力发生器。在这样的闭环系统中，传感器和放大电路是前向环节，反向传感器是反馈环节，因此可简化为图 4-17 所示。

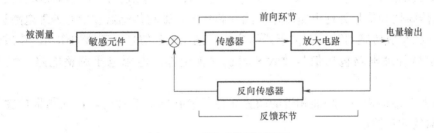

图 4-16　反馈系统原理框图

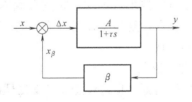

图 4-17　闭环系统框图

假设前向环节的传递函数为

$$A(s)=\frac{a}{1+\tau s} \tag{4-30}$$

式中，A 为静态传递函数；τ 为时间常数。

闭环系统的传递函数为

$$H(s)=\frac{A(s)}{1+\beta A(s)} \tag{4-31}$$

式中，β 为反馈环节的反馈系数。

则

$$H(s)=\frac{\dfrac{A}{1+\tau s}}{1+\beta\dfrac{A}{1+\tau s}}=\frac{\dfrac{A}{1+A\beta}}{1+\dfrac{\tau s}{1+A\beta}}=\frac{A'}{1+\tau' s} \tag{4-32}$$

式中，A' 是闭环静态传递函数，$A'=\dfrac{A}{1+A\beta}$；τ' 是闭环时间常数，$\tau'=\dfrac{\tau}{1+A\beta}$。

由此可见，闭环系统具有以下特点：

1）精度高、稳定性好。当前向环节为高增益，满足 $A\beta\gg1$ 时，则闭环静态传递函数 $A'\approx\dfrac{1}{\beta}$，与前向环节无关。因此，前向环节增益的波动对闭环传感器测量系统的精度和稳定性影响很小，主要取决于反向传感器的精度和稳定性。

2）动态特性好。闭环系统的时间常数 τ' 比开环系统的时间常数 τ 减小了（$1+A\beta$）倍，即 $\tau'\ll\tau$，因此，闭环传感器的动态特性将大大改善。

4.7.8 集成化与智能化

1. 传感器的集成化

随着集成电路技术的发展，集成化传感器应运而生，集成传感器包括几层含义：

1）将传感器和信号处理电路制作在同一芯片上，即将传感器和信号处理电路进行集成，因此，这样的集成传感器既具有传感器的功能，也能实现信号处理器的作用。集成传感器中所集成的信号处理电路包括信号放大和阻抗变换电路、电源电压调整电路、温度补偿电路等。

2）将多个结构相似、功能相近的敏感元件集成在同一芯片上，保证测量精度的提高和扩大传感器的测量范围。

3）将多个相同或不同的敏感元件集成在同一芯片上，可同时进行多参数测量。

由于集成传感器采用了集成电路技术，因此，它具有成本低、体积小型化、性能改善、可靠性提高、接口灵活性增加等特点，是传感器发展方向之一，目前，已有多种类型的光、磁、温度、力和化学集成传感器出现。

2. 传感器的智能化及智能化传感器

传感器的智能化及智能化传感器都是指将传感器与微处理机相结合，但严格地说，它们是两个不同的概念，即在将传感器与微处理机结合的途径方面不同。

传感器的智能化途径是将传感器的输出信号经处理和转换后，由接口送入微处理机进行运算处理。这里，传感器与微处理机为两个独立部分，只是采用微机来强化和提高传统传感器的功能。

智能化传感器则是借助于半导体技术，将传感器、信号处理电路、输入输出接口、微处理器等制作在同一块芯片上，成为大规模集成电路智能传感器。这类传感器具有多功能、一体化、精度高、适宜于大批量生产、体积小和使用方便等优点，是传感器发展的必然趋势，它的实现将取决于半导体集成化工艺水平的提高与发展。

就目前来看，智能化传感器作为产品投入市场的还很少，在我国，智能传感器的开发研究正在起步，广泛需要的是尽快提高与完善传统传感器的功能，即在传感器的应用中采用先进的微机系统，使之达到智能化水平。

4.8　选用传感器的一般原则

现代传感器在原理与结构上千差万别，即使是测量同一物理量，也有多种原理的传感器可供选用，如何合理地选用传感器，是在其应用时首先要解决的问题。传感器的选择应根据测量对象与测量环境，从测试条件与目的、传感器的性能指标、传感器的使用条件、数据采集和辅助设备配套情况，以及价格和备件售后服务等多种因素综合考虑。

1. 根据测量目的、对象与测量环境确定传感器的类型

1）测试目的。直接提取被测量，作为过程控制量还是其他目的。

2）测试对象为固体，还是流体；采用接触式还是非接触式传感器；静态还是动态测试；有无负荷效应及对被测量的影响；被测位置对传感器有无体积要求等。

3）测试环境。安装现场条件，环境条件（温度、湿度、振动等），过载保护，信号传输距离、与传感器连接的数据系统的负荷阻抗情况等。

4）需求量。只需单件、小批还是大批量。

2. 根据传感器的性能指标确定传感器的种类

1）传感器的性能指标一般根据需要考虑以下指标：①静态与动态；②灵敏度；③稳定性；④精度；⑤量程与线性范围；⑥频率响应特性；⑦信噪比；⑧输出信号类型（数字或模拟）；⑨标定方式与方法；⑩工作寿命和安全性能指标等。

2）根据实际需要，确保主要指标，放宽次要指标，以求得高的性能价格比，不可样样追求高指标。

3. 根据测试系统要求确定传感器的种类

1）系统要求的信号形式，如实时与否；数字还是模拟等。

2）与传感器连接的负荷阻抗特性。

3）传输、连接（接口）、存储方式等。

4. 传感器的商品环境

1）传感器的货源情况，是否有稳定的供应渠道；国产还是进口；备件是否充足。

2）售后服务。

3）性能价格比。

5. 购买与自制

传感器的选用对某些特殊使用场合，无法选到合适的传感器，则需自行或委托设计制造所需的传感器。

思 考 题

1. 传感器与测量系统有什么关系？

2. 什么叫测量？什么叫计量？它们之间有什么异同？

3. 什么叫量值传递和量值溯源？

4. 传感器的误差主要有哪些？产生的原因是什么？

5. 简述传感器线性化的主要方法及其原理。

6. 说明差动技术的原理及技术环节。

7. 举例说明误差平均效应的原理。

8. 相对于开环测量系统，说明闭环技术的原理和特点。

9. 说明传感器标定与校准的概念及标定的基本方法。

10. 常见的传感器噪声有哪些？如何抑制这些噪声？

11. 接地设计应注意哪些问题？

12. 屏蔽的作用是什么？有哪几种屏蔽方法？

13. 滤波的方法有哪些？选择滤波器的类型时一般应考虑哪些因素？

14. 在实际应用中如何改善传感器的技术性能？

15. 选择传感器时应注意哪些问题？

第 1 篇参考文献

[1] 王大珩. 现代仪器仪表技术与设计 [M]. 北京：科学出版社，2002.

[2] 金篆芷，王明时. 现代传感技术 [M]. 北京：电子工业出版社，1995.

[3] 林玉池. 测量控制与仪器仪表工程师资格认证培训教材——测量控制与仪器仪表前沿技术及发展趋势 [M]. 2 版. 天津：天津大学出版社，2008.

[4] 李科杰. 新编传感器技术手册 [M]. 北京：国防工业出版社，2002.

[5] 张开逊. 现代传感技术在信息科学中的地位 [J]. 工业计量，2006，16 (1)：19-22.

[6] 中国科学技术协会，中国仪器仪表学会. 仪器科学与技术学科发展报告 [M]. 北京：中国科学技术出版社，2007.

[7] 傅祖芸. 信息论——基础理论与应用 [M]. 北京：电子工业出版社，2002.

[8] 钟义信. 信息科学原理 [M]. 北京：北京邮电大学出版社，2002.

[9] 郭永青，胡彬. 信息技术基础教程 [M]. 北京：清华大学出版社，2006.

[10] 林玉池，毕玉玲，马凤鸣. 测控技术与仪器实践能力训练教程 [M]. 2 版. 北京：机械工业出版社，2009.

[11] 林宗涵. 热力学与统计物理学 [M]. 北京：北京大学出版社，2007.

[12] 胡承正. 统计物理学 [M]. 武汉：武汉大学出版社，2004.

[13] 刘迎春，叶湘滨. 传感器原理设计与应用 [M]. 4 版. 长沙：国防科技大学出版社，2002.

[14] 孙宝元，杨宝清. 传感器及其应用手册 [M]. 北京：机械工业出版社，2004.

[15] 高晓蓉. 传感器技术 [M]. 成都：西南交通大学出版社，2003.

[16] 栾桂冬，张金铎，金欢阳. 传感器及其应用 [M]. 西安：西安电子科技大学出版社，2002.

[17] 刘笃仁，韩保君. 传感器原理及应用技术 [M]. 西安：西安电子科技大学出版社，2003.

[18] 强锡富. 传感器 [M]. 3 版. 北京：机械工业出版社，2005.

[19] 郭培源，付扬. 光电检测技术与应用 [M]. 北京：北京航空航天大学出版社，2006.

[20] 安毓英，曾晓东. 光电探测原理 [M]. 西安：西安电子科技大学出版社，2004.

[21] 杨宝清. 现代传感器技术基础 [M]. 北京：中国铁道出版社，2001.

[22] 高晓蓉. 传感器技术 [M]. 成都：西南交通大学出版社，2003.

[23] 孟立凡，郑宾. 传感器原理及技术 [M]. 北京：国防工业出版社，2005.

[24] 朱蕴璞，孔德仁，王芳. 传感器原理及应用 [M]. 北京：国防工业出版社，2005.

[25] 贾伯年，俞朴. 传感器技术 [M]. 修订版. 南京：东南大学出版社，2000.

[26] 贾伯年，俞朴，宋爱国. 传感器技术 [M]. 3 版. 南京：东南大学出版社，2007.

[27] 张洪润，张亚凡. 传感器原理及实验——传感器件外形、标定与实验 [M]. 北京：清华大学出版社，2005.

[28] 丁镇生. 传感器及传感器技术应用 [M]. 北京：电子工业出版社，1998.

[29] 刘迎春，叶湘滨. 现代新型传感器原理与应用 [M]. 长沙：国防科技大学出版社，1998.

[30] 刘亮，等. 先进传感器及其应用 [M]. 北京：化学工业出版社，2005.

[31] 何希才. 传感器技术及应用 [M]. 北京：北京航空航天大学出版社，2005.

[32] 李晓莹. 传感器与测试技术 [M]. 北京：高等教育出版社，2004.

[33] 彭军. 传感器与检测技术 [M]. 西安：西安电子科技大学出版社，2003.

[34] 周继明，江世明. 传感技术与应用 [M]. 长沙：中南大学出版社，2005.

[35] 胡向东，刘京诚. 传感技术 [M]. 重庆：重庆大学出版社，2006.

[36] Thomas G Beckwith, Roy D Marangoni, John H Lienhard V. 机械量测量 [M]. 5 版. 王伯雄，译. 北京：电子工业出版社，2004.

［37］国家质量技术监督局计量司.通用计量术语及定义解释［M］.北京：中国计量出版社，2001.

［38］鲁绍曾.计量学辞典［M］.北京：中国计量出版社，1995.

［39］董永贵.传感器技术与系统［M］.北京：清华大学出版社，2006.

［40］单成详，牛彦文，张春.传感器原理及应用［M］.北京：国防工业出版社，2006.

［41］费业泰.误差理论与数据处理［M］.5版.北京：机械工业出版社，2004.

［42］曾光宇，杨湖，李博，王浩全.现代传感器技术与应用基础［M］.北京：北京理工大学出版社，2006.

［43］周旭.现代传感器技术［M］.北京：国防工业出版社，2007.

［44］姚康德，成国祥.智能材料［M］.北京：化学工业出版社，2002.

［45］师昌绪，李恒德，周廉.材料科学与工程手册［M］.北京：化学工业出版社，2004.

［46］徐祖耀，等.形状记忆材料［M］.上海：上海交通大学出版社，2000.

［47］朱光明.形状记忆聚合物及其运用［M］.北京：化学工业出版社，2002.

［48］倪星元，张志华.传感器敏感功能材料及应用［M］.北京：化学工业出版社，2005.

［49］朱敏.功能材料［M］.北京：机械工业出版社，2002.

［50］陈莉.智能高分子材料［M］.北京：化学工业出版社，2005.

［51］谢双维.传感器技术［M］.北京：中国计量出版社，2005.

［52］王昌明，孔德仁，何云峰.传感与测试技术［M］.北京：北京航空航天大学出版社，2005.

［53］刘爱华，满宝元.传感器原理与应用技术［M］.北京：人民邮电出版社，2006.

［54］何希才.传感器及其应用［M］.北京：国防工业出版社，2001.

［55］吴兴惠，王彩君.传感器与信号处理［M］.北京：电子工业出版社，1998.

［56］梁威，智能传感器与信息系统［M］.北京：北京航空航天大学出版社，2004.

［57］古天祥，王厚军，习友宝，詹惠琴，等.电子测量原理［M］.北京：机械工业出版社，2004.

［58］陈裕泉，葛文勋.现代传感器原理及应用［M］.北京：科学出版社，2007.

［59］赵天池.传感器和探测器的物理原理和应用［M］.北京：科学出版社，2008.

［60］黄元庆.现代传感技术［M］.北京：机械工业出版社，2008.

［61］李晓莹.传感器与测试技术［M］.北京：高等教育出版社，2004.

第2篇 典型传感技术

第5章 光电传感技术

光电传感器是以光为测量媒介、以光电器件为转换元件的传感器,它具有非接触、响应快、性能可靠等卓越特性。近年来,随着各种新型光电器件的不断涌现,特别是激光技术和图像技术的迅猛发展,光电传感器已经成为传感器领域的重要角色,在非接触测量领域占据绝对的统治地位。目前,光电传感器已经在国民经济和科学技术各个领域得到广泛的应用,并发挥着越来越重要的作用。

5.1 概述

5.1.1 光学基础知识

光就其本质而言是一种电磁波,既有粒子性,又有波动性。在研究和应用光的知识时,通常把光学分成几何光学、物理光学两部分。几何光学是光学中以光的直线传播性质及光的反射和折射规律为基础的学科。它研究一般光学仪器(如透镜、棱镜、显微镜、望远镜、照相机)的成像与消除像差的问题,以及专用光学仪器(如摄谱仪、测距仪等)的设计原理。严格说来,光的传播是一种波动现象,因而只有在仪器的尺度远大于所用的光的波长时,光的直线传播的概念才足够精确。由于几何光学在处理成像问题上比较简单而在大多数情况下足够精确,所以它是设计光学仪器的基础。物理光学是从光的波动性出发来研究光在传播过程中所发生的现象的学科,所以也称为波动光学。它可以比较方便的研究光的干涉、光的衍射、光的偏振,以及光在各向异性的媒质中传播时所表现出的现象。

1. 几何光学的四个定律

几何光学把光经过介质传播问题归结为四个基本定律:直线传播定律、独立传播定律、反射定律和折射定律。

(1) 光的直线传播 在均匀介质中,光沿直线传播。这就是光的"直线传播定律"。在非均匀介质中,光线将因折射而弯曲,这种现象经常发生在大气中,比如海市蜃楼现象,就是由于光线在密度不均匀的大气中折射而引起的。

(2) 光的独立传播 不同光源发出的光在空间某点相遇时,彼此互不影响,各光束独立传播。在各光束的同一交汇点上,光的强度是各光束强度的简单叠加,离开交汇点后,仍按原来的方向传播。独立传播定律没有考虑光的波动性质,当两束光是由同一光源发出,经过不同途径传播后在空间某点交汇时,交汇点处光的强度将不再是二束光强度的简单叠加，而是根据两束光所走路程的不同，有可能加强，也有可能减弱。这就是光的"干涉"现象。

（3）光的反射   光的反射取决于物体的表面性质。如果物体表面（反射面）是均匀的，类似镜面一样（称为理想的反射面），那么就是全反射，也称"镜面反射"，如图5-1a所示。

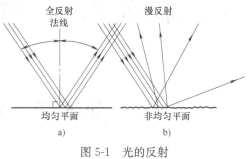

图 5-1   光的反射
a) 全反射   b) 漫反射

假设入射光线和反射光线与界面法线在同一平面里，所形成的夹角分别称为入射角 i 和反射角 i'。全反射时，光线将遵循下列的反射定律，即反射角等于入射角。

$$i'=i \qquad (5-1)$$

对于理想的反射面而言，镜面表面亮度取决于视点，观察角度不同，表面亮度也不同。当反射面不均匀时，将发生漫反射，如图5-1b所示。其特点是入射光线与反射光线不满足反射定律。一个理想的漫射面将入射光线在各个方向做均匀反射，其亮度与视点无关，是个常量。

（4）光的折射   当光线从一种介质（比如空气）以某个角度（垂直情形除外）入射到另外一种具有不同光学性质的介质（比如玻璃镜片）中时，传播方向在界面处发生改变，这就是光线的折射现象，如图5-2所示。光的折射是由于光在不同介质的传播速度不同而引起的。

光线折射满足下列折射定律：入射角的正弦与折射角的正弦之比与两个角度无关，仅取决于两种不同介质的性质和光的波长：

$$n_1 \sin i = n_2 \sin r \qquad (5-2)$$

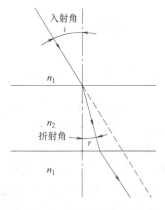

图 5-2   光的折射定律

任何介质相对于真空的折射率，称为该介质的绝对折射率，简称折射率。公式中 n_1 和 n_2 分别表示两种介质的折射率。

折射率反映的是光在该介质中传播速度的高低。一种介质的绝对折射率为：

$$n = c/v \qquad (5-3)$$

式中，c 为真空中光的速度；v 为该介质中光的速度。

光在两种介质中的传播速度之比为

$$v_1/v_2 = n_2/n_1 \qquad (5-4)$$

光线入射到两种介质的分界面时，会发生折射或发射。当光线是从光密介质向光疏介质入射，而且入射角大于临界角时，入射到介质上的光会将全部发射回原介质中，而没有折射发生，这种现象称为光的全反射现象。

2. 物理光学现象

（1）光的衍射   在光的传播过程中，当光线遇到障碍物时，它将偏离直线传播，这就是所谓光的衍射。光的衍射证明了光具有波动性。衍射时产生的明暗条纹或光环，叫衍射图样（参见图5-3）。

　　任何障碍物都可以使光发生衍射现象，但发生明显衍射现象的条件是"苛刻"的：小孔或障碍物的尺寸比光波的波长小，或者跟波长差不多时，光才能发生明显的衍射现象。光源和观察点距障碍物为无限远，即平行光的衍射称为夫琅和费衍射。

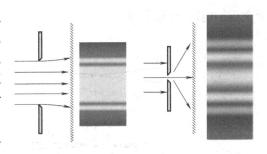

图 5-3　光的衍射

　　1) 单缝衍射如图 5-4 所示，衍射条纹是平行于单缝的一组直条纹，中央明纹最亮，而且宽度是其他明纹的两倍。

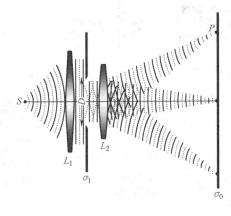

a)

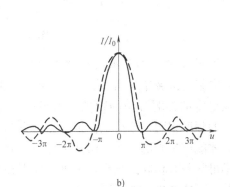

b)

图 5-4　单缝衍射

a) 衍射图　b) 光强分布

　　2) 圆孔衍射如图 5-5 所示，夫琅和费圆孔衍射图样是一组同心圆，中央亮斑又大又亮称为爱里斑。爱里斑的半角宽度为

$$\Delta\theta = 1.22\frac{\lambda}{D} \tag{5-5}$$

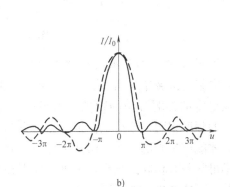

图 5-5　圆孔衍射

　　3) 瑞利判据如图 5-6 所示，如果一个像点的爱里斑的中心刚好与另一像点衍射图样的第一级暗纹相重合，就认为这两个物点恰好能为这个光学系统所分辨。这个最小分辨角为爱里斑的半角宽度。

$$\Delta\theta = 1.22\frac{\lambda}{D} \tag{5-6}$$

式中，D 为圆孔直径；λ 为入射光的波长。可见波长 λ 越小（如电子显微镜）、D 越大（如天文望远镜），分辨率越大。

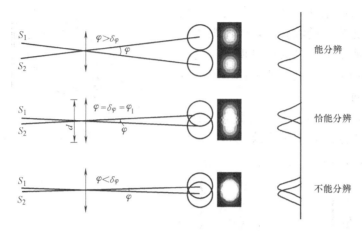

图 5-6 瑞利判据

（2）光的干涉 两列或几列光波在空间相遇时相互叠加，在某些区域始终加强，在另一些区域则始终削弱，形成稳定的强弱分布的现象（参见图 5-7）。只有两列光波的频率相同，位相差恒定，振动方向一致的相干光源，才能产生光的干涉。由两个普通独立光源发出的光，不可能具有相同的频率，更不可能存在固定的相差，因此，不能产生干涉现象。

获得相干光的基本原理是：把一个光源的一点发出的光束设法分为两束，然后再使它们相遇。

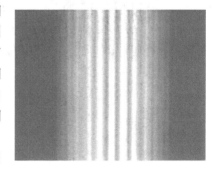

图 5-7 干涉条纹图

常采用两种基本方法获得相干光：分波阵面法（如杨氏双缝干涉、洛埃镜、菲涅尔双面镜以及菲涅尔双棱镜）和分振幅法（如薄膜干涉、劈尖干涉、牛顿环和迈克尔逊干涉仪）。

（3）光的辐射与吸收 原子状态是经常变动的。一般有两种方式：与实物粒子的碰撞和与光子（场）的作用。而与光子的作用可产生三种跃迁，即自发辐射、受激吸收和受激辐射。

1）自发辐射。原子在没有外界干预的情况下，电子会由处于激发态的高能级 E_2 自动跃迁至低能级 E_1，如图 5-8a，这种跃迁称为自发跃迁。白炽灯、日光灯等普通光源，它们的发光过程就是上述的自发辐射，频率、振动方向、相位都不固定相同，因而不是相干光。

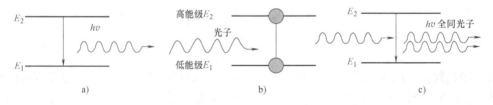

图 5-8 光的辐射与吸收

a）自发辐射 b）光吸收 c）受激辐射

2）光吸收（受激吸收）。当原子中的电子处于低能级时，吸收光子的能量后，从低能级 E_1 跃迁到高能级 E_2——光吸收，参见图 5-8b。

3）受激辐射。当原子中的电子处于高能级 E_2 时，若外来光子的频率恰好满足：电子会在外来光子的诱发下向低能级 E_1 跃迁，并发出与外来光子一样特征的光子——受激辐射，参见图 5-8c。实验表明，受激辐射产生的光子与外来光子具有相同的频率、相位和偏振方向。

在受激辐射中通过一个光的作用，得到两个特征完全相同的光子，如果这两个光子再引起其他原子产生受激辐射，就能得到更多的特征完全相同的光子，从而产生光放大作用。这种光称为激光，英文 LASER，是 Light Amplification by Stimulated Emission of Radiation 的缩写，是受激辐射光放大的意思。

5.1.2　光电式传感器的组成及特点

光电传感器，通常称为光电器件，是各种光电检测系统中实现光电转换的关键元件，它是把光信号（红外、可见及紫外光辐射）转变成为电信号的器件。光电式传感器是以光电器件作为转换元件的传感器。它可用于检测直接引起光量变化的非电量，如光强、光照度、辐射测温、气体成分分析等；也可用来检测能转换成光量变化的其他非电量，如零件直径、表面粗糙度、应变、位移、振动、速度、加速度以及物体的形状、工作状态的识别等。光电式传感器具有非接触、响应快、性能可靠、体积小、重量轻、价格低廉、灵敏度高等特点，因此在工业测量、工业自动化装置和机器人中获得广泛应用。近年来，新的光电器件不断涌现，特别是 CCD 图像传感器的诞生，为光电传感器的进一步应用开创了新的一页。

光电式传感器的一般组成形式如图 5-9 所示，主要包括光源、光通道、光电器件和测量电路四个部分。光电器件是光电传感器的最关键环节，是光能转换为电能的核心器件。光源是光电传感器必不可缺的组成部分，是光能的提供者，良好的光源是保障光电传感器性能的重要前提。光通路的作用主要是光能量的会聚收集、平行准直、图像的放大与缩小及光学滤波等。测量电路的作用，主要是对光电器件输出的电信号进行放大或转换，从而达到便于输出和处理的目的。不同的光电器件应选用不同的测量电路。

图 5-9　光电式传感器的组成

光电传感器既可以测量光信号，也可以测量其他非光信号，只要这些信号最终能引起到达光电器件的光的变化。根据被测量引起光变化的方式和途径的不同，光电传感器的工作方式可以分为两种形式：一种是被测量直接引起光源的变化（如图 5-9 中的 x_1），改变了光源的强弱或有无，从而实现对被测量的测量；另一种是被测量对光通路产生作用（如图 5-9 中的 x_2），从而影响到达光电器件的光的强弱或有无，同样可以实现对被测量的测量。

5.2　传感器用光源

光是光电传感器的测量媒介，因此光的质量好坏对测量结果具有决定性的影响。因此，无论对于哪一种光电传感器而言，都必须仔细考虑光源的选用问题。

5.2.1 对光源的基本要求

一般而言，对传感器用光源具有如下几方面的基本要求：

（1）光源必须具有足够的照度　光源发出的光必须具有足够的照度，保证被测目标具有足够的亮度和光通路具有足够的光通量，将有利于获得更高的灵敏度和信噪比，有利于提高测量精度和可靠性。光源照度不足，将影响测量稳定性，甚至导致测量失败。另一方面，光源的照度还应当稳定，尽可能减小能量变化和方向漂移。

（2）光源应保证均匀、无遮挡或阴影　在很多场合下，光电传感器所测量的光应当保证亮度均匀、无遮光、无阴影，否则将会传输额外的系统误差或随即误差。因此，光源的均匀性也是比较重要的一个指标。

（3）光源的照射方式应符合传感器的测量要求　为了实现对特定被测量的测量，传感器一般会要求光源发出的光具有一定的方向或角度，从而构成反射光、投射光、透射光、漫反射光、散射光、结构光等。此时，光源的系统设计显得尤为重要，对测量结果的影响较大。

（4）光源的发热量应尽可能小　一般各种光源都存在不同程度的发热，因而对测量结果可能产生不同程度的影响。因此，尽可能采用发热量较小的冷光源，例如发光二极管（LED）、光纤等光源。或者将发热较大的光源进行散热处理，并远离敏感单元。

（5）光源发出的光必须具有适合的光谱范围　光是电磁波谱中的一员，不同波长光的分布如图 5-10 所示。其中，光电传感器主要使用的光的波长范围处在紫外至红外之间的区域，一般多用可见光和近红外光。

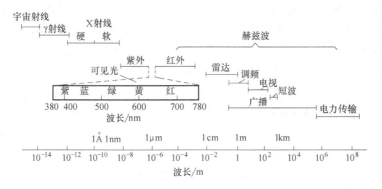

图 5-10　电磁波谱图

需要说明的是，光源光谱的选择必须同光电器件的光谱一同考虑，避免出现二者无法对应的情形。一般地，选择较大的光源光谱范围，保证包含光电器件的光谱范围（主要是峰值点）在内即可。

5.2.2 常用光源

1. 热辐射光源

热物体都会向空间发出一定的光辐射，基于这种原理的光源称为热辐射光源。物体温度越高，辐射能量越大，辐射光谱的峰值波长也就越短。白炽灯就是一种典型的热辐射光源。钨丝密封在玻璃泡内，泡内充以惰性气体或者保持真空，钨丝被电加热到白炽状态而发光。

白炽灯的寿命取决于很多因素，包括供电电压等，在经济成本下寿命可以达到几千小时。

卤钨灯是一种特殊的白炽灯，灯泡用石英玻璃制作，能够耐 3500K 的高温，灯泡内充以卤素元素，通常是碘，卤素元素能够与沉积在灯泡内壁上的钨发生化学反应，形成卤化钨，卤化钨扩散到钨丝附近，由于温度高而分解，钨原子重新沉积到钨丝上，这样弥补了灯丝的蒸发，大大延长了灯泡的寿命，同时也解决了灯泡因钨的沉积而发黑的问题，光通量在整个寿命期中始终能够保持相对稳定。

白炽灯为可见光源，但它的能量只有 15％左右落在可见光区域，它的峰值波长在近红外区域，约 1～1.5mm，因此可用作近红外光源。对于更远的红外区域，可选用其他热辐射光源，例如硅碳棒或者能斯脱灯等，它们工作在较低的温度下，峰值波长更长。

热辐射光源输出功率大，具有较宽的光谱，适应性强。但对电源的响应速度慢，调制频率一般低于 1kHz，不能用于快速的正弦和脉冲调制。

2. 气体放电光源

气体放电光源是通过气体分子受激发后，产生放电而发光的。气体放电光源光辐射的持续，不仅要维持其温度，而且有赖于气体的原子或分子的激发过程。原子辐射光谱呈现许多分离的明线条，称为线光谱。分子辐射光谱是一段段的带，称为带光谱。线光谱和带光谱的结构与气体成分有关。

气体放电光源主要又有碳弧灯、水银灯、钠弧灯、氙弧灯等。这些灯的光色接近日光，而且发光效率高。另一种常用的气体放电光源就是荧光灯，它是在原有的气体放电基础上，加入荧光粉，从而使得光强更高，波长更长。由于荧光灯的光谱和色温接近日光，因此被称为日光灯。荧光灯效率高、省电，因此也被称为节能灯，而且可以制成各种各样的形状。

气体放电光源的特点是：效率高，省电，功率大，光色接近日光，紫外线丰富。此外，气体放电光源有一定的辐射，其废弃物含有汞，容易污染环境，玻璃易碎，发光频率较低，对人眼有损害。

气体放电光源一般应用于有强光要求的场合，适于色温要求接近日光的情形。

3. 发光二极管

（1）发光二极管的种类 发光二极管（light emitting diode，LED）是一种电致发光的半导体器件，它有多种分类方法：

1）按发光管发光颜色，可分成红色、橙色、绿色（又细分黄绿、标准绿和纯绿）、蓝光等。另外，有的发光二极管中包含二种或三种颜色的芯片。根据发光二极管出光处掺或不掺散射剂、有色还是无色，上述各种颜色的发光二极管还可分成有色透明、无色透明、有色散射和无色散射四种类型。散射型发光二极管适合于做指示灯用。

2）按发光管出光面特征，可分圆灯、方灯、矩形、面发光管、侧向管、表面安装用微型管等。

3）按发光二极管的结构，可分全环氧包封、金属底座环氧封装、陶瓷底座环氧封装及玻璃封装等结构。

4）按发光强度和工作电流分，有普通亮度的 LED（发光强度＜10mcd）；超高亮度的 LED（发光强度＞100mcd）；把发光强度在 10～100mcd 间的叫高亮度发光二极管。

一般 LED 的工作电流在十几毫安至几十毫安，而低电流 LED 的工作电流在 2mA 以下（亮度与普通发光管相同）。

（2）发光二极管的特点　同热辐射光源和气体放电光源相比，发光二极管具有极为突出的特点：①体积小，可平面封装，属于固体光源，耐振动；②无辐射，无污染，是真正的绿色光源；③功耗低，仅为白炽灯的1/8，荧光灯的1/2，发热少，是典型的冷光源；④寿命长，一般可达10万小时，是荧光灯的数十倍；⑤响应快，一般点亮只需1ms，适于快速通断或光开关；⑥供电电压低，易于数字控制，与电路和计算机系统连接方便；⑦在达到相同照度的前提下，发光二极管价格较白炽灯贵，单只发光二极管的功率低，亮度小。

由于LED具有的突出优点，是新一代绿色环保光源，所以在传感系统中得到广泛的应用。

4. 激光光源

激光（LASER）是20世纪60年代发明的一种光源。LASER是英文的Light Amplification by Stimulated Emission of Radiation "（受激放射光放大）"的首字母缩写，激光器即是能够产生光受激辐射的装置。某些物质的分子、原子、离子吸收外界特定能量（如特定频率的辐射），从低能级跃迁到高能级上（受激吸收），如果处于高能级的粒子数大于低能级上的粒子数，就形成了粒子数反转，在特定频率的光子激发下，高能粒子集中地跃迁到低能级上，发射出与激发光子频率相同的光子（受激发射）。由于单位时间受激发射光子数远大于激发光子数，因此上述现象称为光的受激辐射放大。具有光的受激辐射放大功能的器件称为激光器。激光器的突出优点是单色性好、方向性好和亮度高，不同激光器在这些特点上又各有不同的侧重。

激光器的种类繁多，按工作物质来分，激光器可以分为固体激光器（例如红宝石激光器）、气体激光器（例如氦-氖气体激光器、二氧化碳激光器）、半导体激光器（例如砷化镓激光器）、液体激光器等。

（1）固体激光器　工作介质是掺0.5%铬的氧化铝（即红宝石），激光器采用强光灯作泵浦，红宝石吸收其中的蓝光和绿光，形成粒子数反转，受激发出深红色的激光（波长约694nm）。红宝石激光器除了在遥测和测距外已很少用作光电传感器的光源。

（2）气体激光器　在光电传感器中比较常见的气体激光器主要有氦-氖激光器、氩离子激光器、氪离子激光器，以及二氧化碳激光器、准分子激光器等，它们的波长覆盖了从紫外到远红外的频谱区域。氦-氖激光器是实验室常见的激光器，具有连续输出激光的能力。它能够输出从红外的3.3mm到可见光等一系列谱线，其中632.8nm谱线在光电传感器中应用最广，该谱线的相干性和方向性都很好，输出功率通常小于1mW，可以满足很多光电传感器的要求。

（3）半导体激光器　除了具有一般激光器的特点外，半导体激光器还具有体积小、能量高的特点，特别是它对供电电源的要求极其简单，使之在很多科技领域得到了广泛应用。

半导体激光器虽然也是固体激光器，但是同红宝石、Nd：YAG和其他固体激光器相比，半导体的能级宽得多，更类似于发光二极管，但谱线却比发光二极管窄得多。半导体激光器的特征是通过掺加一定的杂质改变半导体的性质，杂质能够增加导带的电子数目或者增加价带的空穴数目，当半导体接正向电压时，载流子很容易通过PN结，多余的载流子参加复合过程，能量被释放发出激光。目前半导体激光器可以选择的波长主要局限在红光和红外。

半导体激光器的输出波长和功率是供电电流和温度的函数，这给半导体激光器用于干涉测量带来不少问题，但是改变供电电流或者温度可以实现对波长在一定范围内的调制，使之成为可调谐激光器。

5.3 光电探测器件及弱信号探测技术

5.3.1 光电探测器件

光电探测器件是光电传感器的重要环节，对传感器的性能影响很大。由于光电器件都是基于各种光电效应工作的，因此光电器件的种类很多（表 5-1）。所谓光电效应，是指物体吸收了光能后转换为该物体中某些电子的能量而产生的电效应，简单地讲，就是光致电效应。

表 5-1 典型光电探测器件工作特性的比较

	波长响应范围/nm			输入光强范围/cm	最大灵敏度	输出电流	光电特性直线性	动态特性		外加电压/V	受光面积	稳定性	外形尺寸	价格	主要特点
	短波	峰值	长波					频率响应	上升时间						
光电管	紫外		红外	$10^{-9}\sim1$ mW	20~50 mA/W	10mA（小）	好	2MHz（好）	0.1μs	50~400	大	良	大	高	微光测量
光电倍增管	紫外		红外	$10^{-9}\sim1$ mW	10^9 A/W	10mA（小）	最好	10MHz（最好）	0.1μs	600~2800	大	良	大	最高	快速、精密微光测量
CdS光敏电阻	400	640	900	1μW~70mW	1A/lm·V	10mA~1A（大）	差	1kHz（差）	0.2~1ms	100~400	大	一般	中	低	多元阵列光开关
CdSe光敏电阻	300	750	1220	同上	同上	同上	差	1kHz（差）	0.2~10ms	200	大	一般	中	低	输出电流大
☆Si光电池	400	800	1200	1μW~1W	0.3~0.65 A/W	1A（最大）	好	50kHz（良）	0.5~100μs	不要	最大	最好	中	中	象限光电池输出功率大
Se光电池	350	550	700	0.1~70mW		150mA（中）	好	5kHz（差）	1ms	不要	最大	一般	中	中	光谱接近人的视觉范围
☆Si光敏二极管	400	750	1000	1μW~200mW	0.3~0.65 A/W	1mA以下（最小）	好	200kHz~10MHz（最好）	2μs以下	100~200	小	最好	最小	低	高灵敏度、小型、高速传感器
☆Si光敏晶体管	同上			0.1μW~100mW	0.1~2A/W	1~50mA（小）	较好	100kHz（良）	2~100μs	50	小	良	小	低	有电流放大小型传感器

☆应用最典型

1. 基于外光电效应的探测器件

基于外光电效应的器件主要有光电管和光电倍增管。

光电管是一个装有光阴极和阳极的真空玻璃管，如图5-11所示。光阴极有多种形式，既可以使涂有阴极涂料的柱面形成极板，也可以在玻璃管内壁上直接涂上阴极材料而成。

光电管的工作原理如下：光电管的阳极和阴极上电之后，将在阴极与阳极形成一个电场。当光电管的阴极受到适当光照后，开始发射光电子。这些光电子被具有一定电位的样机所吸引，在电场的作用下奔向阳极，从而在光电管内形成空间光电流。如果在光电管外部接上适当的电阻，则该电阻上将产生与光电流成正比的电压降，其大小与入射光的光强构成一定的函数关系，由此可以实现对光强和有无的测量。

为了提高测量灵敏度，常常在光电管内部充入惰性气体（如氩、氖等），构成充气光电管。由于光电子对惰性气体进行轰击，可使其电离，并产生更多的自由电子，由此可以提高光电灵敏度。

光电管的主要特点是：结构简单，灵敏度较高（可达$20\sim200\mu A/lm$），暗电流小（最低可达$10^{-14}A$），但体积比较大，工作电压高达百伏到数千伏，玻壳容易破碎等。

光电倍增管的结构如图5-12所示，在玻璃管内，除了装有光阴极和光阳极之外，还装有若干个光电倍增极。在光电倍增极上涂有在电子轰击下能发射更多电子的材料，光电倍增极的形状和位置设置得正好能使前一级倍增管发射的电子继续轰击后一级倍增极。在每个倍增极之间依次加大电压，使得连续发生电子轰击，形成雪崩效应，从而极大地提高灵敏度。假设每一级的倍增率为δ，一共有n级，则光电倍增管的电流倍增率为

$$N=\delta^n \tag{5-7}$$

式中，δ为单极倍增率（$3\sim6$）；n为倍增级数（$4\sim14$）。

光电倍增管的主要特点是：光电流大，灵敏度高。

2. 基于光电导效应的光电器件

基于这种效应的光电器件有光敏电阻（光电导型）和反向工作的光敏二极管、光敏三极管（光电结型）。

（1）光电导型　光电导型的光电器件称为光敏电阻（Light Dependent Resistor，LDR），也叫光导管。

光敏电阻是一种电阻器件，其工作原理如图5-13所示。在使用中，既可以加载直流电压，也可以加载交流电压。

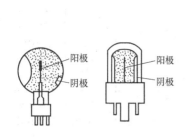

图 5-11　光电管

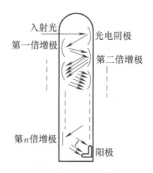

图 5-12　光电倍增管

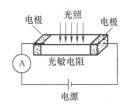

图 5-13　光敏电阻

为了提高光敏电阻的灵敏度，应尽可能减小极间距离。对于面积较大的光敏电阻，通常采用在光敏电阻上面蒸镀金属形成梳状电极，如图 5-14 所示。为了减小湿度对灵敏度的影响，光敏电阻必须有严密的外壳密封，如图 5-15 所示。

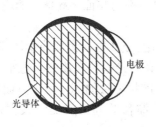

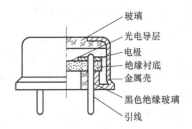

<table>
<tr><td>图 5-14　光敏电阻梳状电极</td><td>图 5-15　金属封装的光敏电阻</td></tr>
</table>

光敏电阻灵敏度高，体积小，重量轻，性能稳定，价格便宜，因此在自动化领域中得到广泛应用。

（2）光电结型探测器　光电结型探测器主要有光敏二极管探测器和光敏三极管探测器两种。其中，光敏二极管探测器最为常用，又可分为普通光敏二极管和雪崩二极管等，光敏二极管按结构不同又可分为 PN 结光敏二极管和 PIN 结光敏二极管。光敏二极管、光敏三极管是一种光电转换器件，所以又叫光电二极管、光电三极管。

1）光敏二极管（photo diode，PD）如图 5-16 所示，处于反向偏置的 PN 结，在无光照的条件下具有高阻特性，反向电流很小。当有光照时，结区产生电子空穴对。在电场的作用下，电子向 N 区运动，空穴向 P 区运动，从而形成光电流，其方向与反向电流一致。光的照度越大，光电流越大。由于无光照时反向电流很小，一般为纳安量级，因此光照射时的反向电流基本上与光强成正比。

2）光敏三极管（Optical Transistor）可以看作是一个 bc 结为光敏二极管的三极管，其原理和等效电路见图 5-17。在光照下，光敏二极管将光信号转换成电信号，该信号被三极管放大。因此，光敏三极管的光电流要比光敏二极管大许多倍。

光敏二极管和光敏三极管统称为光敏晶体管，其材料一般为硅或锗。由于硅器件的暗电流小、温度系数小，又便于用平面工艺大量生产，尺寸易于精确控制，因此硅光敏器件比锗光敏器件更为普遍。

另外，光敏二极管和光敏三极管在使用时需要注意与光源保持一定角度。因为只要在光敏晶体管轴线与入射光方向接近的某一方位（如图 5-18 所示），入射光恰好聚焦在管芯所在的区域，光敏晶体管的灵敏度才最大。同时，为了保持灵敏度不变，在使用过程中应力求保持光源与光敏晶体管的相对位置不变。

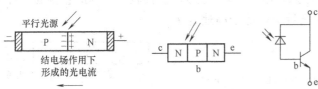

<table>
<tr><td>图 5-16　光敏二极管</td><td>图 5-17　光敏三极管</td><td>图 5-18　光敏晶体管的入射光方向</td></tr>
</table>

（3）**高速光敏器件**　随着光通信和光学信息处理技术的提高，一批高速光敏器件应运而生。

1）PIN 结光敏二极管（PIN-PD）是以 PIN 结代替 PN 结的光敏二极管。其结构原理如图 5-19 所示，是在 PN 结中间设置一层较厚的 I 层（高电阻率的本征半导体）而成，故此简称 PIN-PD。

PIN-PD 与普通 PD 的不同之处在于，入射光照射在很厚的 I 层，大部分能量都被 I 层吸收，并激发产生载流子，因此 PIN-PD 比普通 PD 具有更高的光电转换效率。此外，PIN-PD 可以加载很高的反向偏置电压，这样一方面可以使得 I 层的耗尽层加宽，另一方面可以大大加强结电场，使得载流子在结电场中运动加速，减少了漂移时间，从而大大提高了响应速度。

PIN-PD 具有响应速度快，灵敏度高，线性较好等特点，适用于光纤通信和光测量领域。

2）雪崩光敏二极管（Avalanche Photo Diode，APD）是在 PN 结的 P 型区一侧再设置一层掺杂浓度极高的 P^+ 层而成。在使用时，在元件两端加上接近于击穿的反向偏压，如图 5-20 所示。这种结构和强大的反向偏压，能够在以 P 层为中心的结构两侧及其附近形成极强的内部加速电场（可达 10^5 V/cm 以上）。当器件受到光照时，在内部电场作用下，P^+ 层受光子能量激发跃迁至导带的电子高速通过 P 层，使 P 层产生碰撞电离，从而产生大量的新生电子空穴对。这些新生的电子空穴对也从强大的电场获得能量，并与从 P^+ 层激发来的电子一样再次碰撞 P 层中其他电子，又产生新的电子空穴对。这样，当所加反向电压足够强时，会不断产生二次电子发射，使得载流子产生"雪崩"式倍增，从而形成强大的光电流。

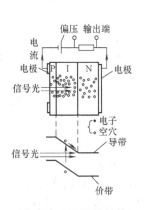

图 5-19　PIN-PD 结构

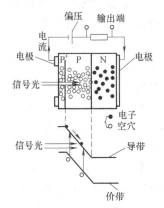

图 5-20　雪崩式光敏二极管

雪崩式光敏二极管具有极高的灵敏度和响应速度，但输出线性较差，因此它特别适合于光通信中脉冲编码的工作方式。在光测量中，适于高速开关测量。

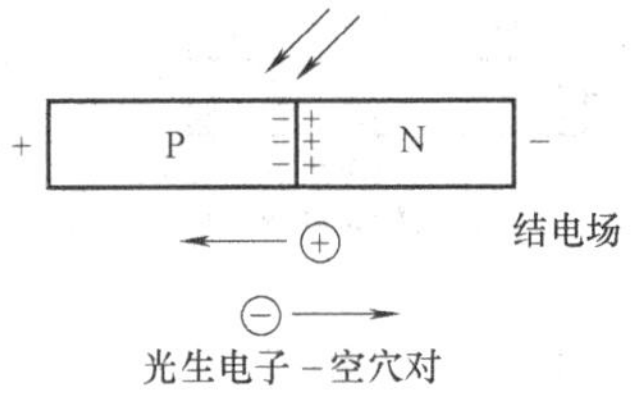

3. 基于光生伏特效应的探测器件

光生伏特效应是光照引起 PN 结两端产生电动势的效应。当 PN 结两端没有外加电场的条件下，在 PN 结势垒区内仍然存在着内建结电场，其反向是从 N 区指向 P 区，如图 5-21 所

图 5-21　光生伏特效应

示。当光照射到结区时，光照产生的电子空穴对在结电场作用下，电子推向 N 区并在 N 区积累，空穴推向 P 区并在 P 区积累，从而使得 PN 结两端的电位发生变化，PN 结两端出现一个因光照而产生的电动势，这一现象称为光生伏特效应。由于这种器件可以像电池那样提供能量，因此常常称为光电池。

光电池与外接电路的连接方式有两种（见图5-22）：一种是把 PN 结两端通过外接导线短接，形成通过外电路的电流输出。这个电流成为光电池的短路输出电流，其大小与光强成正比。另一种是开路电压输出形式，负载输入阻抗近似无穷大，开路电压与光照之间呈非线性关系。当光照度较大时（例如 1000lx），光电池呈现饱和特性。因此，根据需要选择光电池的工作形式。

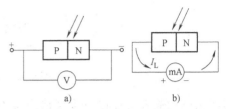

图 5-22　光电池的输出形式
a）开路电压输出　b）短路电流输出

光电池大都采用硅制作，所以又常称为硅光电池。硅光电池一般采用单晶硅制作，在一块 N 型硅片上，用扩散的方法渗入一些 P 型杂质，从而形成一个大面积的 PN 结，P 层极薄，能够使光线穿透照射到 PN 结上。

硅光电池转换效率较低，适宜在可见光波段工作，因此称为太阳能电池。它轻便、简单，不会产生气体污染和热污染，特别适合用作宇宙飞船的仪器仪表电源。

5.3.2　弱光信号探测

光信号测量中常常会出现背景噪声或干扰很大而待测信号却十分微弱、几乎被噪声淹没的情况。例如，对于空间物体的检测，常常伴随着强烈的背景辐射；在光谱学测量中特别是吸收光谱的弱谱线更是容易被环境辐射或检测器件的内部噪声所淹没。这样就使得通过光电探测器转换后得到的光电信号的信噪比（S/N）很小，这时要设法将淹没信号的噪声尽量的减小，以便从噪声中将信号或信号所携带的信息提取出来，需要采取一些特殊的从噪声中提取、恢复和增强被测信号的技术。常用的弱光信号处理可分为下列几种方式：锁相放大器、取样积分器和光子计数器。

1. 锁相放大器

锁相放大器是一种对交变信号进行相敏检波的放大器。它利用和被测信号有相同频率和相位关系的参考信号作为比较基准，只对被测信号本身和哪些与参考信号同频（或倍频）、同相的噪声分量有响应。因此，能大幅度抑制无用噪声，改善检测信噪比。此外，锁相放大器有很高的检测灵敏度，信号处理比较简单，因此是弱光信号检测的一种有效方法。利用锁相放大器可以检测出噪声比信号大 $10^4 \sim 10^6$ 倍的微弱光电信号。

（1）锁相放大原理　图 5-23 给出了锁相放大器的基本组成。它由三个主要部分组成：信号通道、参考通道和相敏检波。信号通道对混有噪声的初始信号进行选频放大，对噪声作初步的窄带滤波；参考通道通过锁相和移相提供一个与被测信号同频同相的参考电压；相敏检波由混频乘法器和低通滤波器组成。输入信号 U_s 与参考信号 U_r 在相敏检波器中混频，得到一个与频差有关的输出信号 U_o。U_o 经过低通滤波器后得到与一个输入信号幅度成比例的直流输出分量 U_o'。

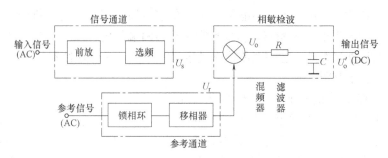

图 5-23 锁相放大器的组成方框图

设乘法器的输入信号 U_s 和参考信号 U_r 分别有下列形式

$$U_s = U_{sm} \cos \left[(\omega_0 + \Delta\omega)t + \theta \right] \tag{5-8}$$

$$U_r = U_{rm} \cos \omega_0 t \tag{5-9}$$

则混频器输出信号 U_o 为

$$U_o = U_s \cdot U_r = \frac{1}{2} U_{sm} U_{rm} \{ \cos (\theta + \Delta\omega t) + \cos \left[(2\omega_0 + \Delta\omega)t + \theta \right] \} \tag{5-10}$$

式中，$\Delta\omega$ 是 U_s 和 U_r 的频率差；θ 为相位差。

由式（5-10）可见，通过输入信号和参考信号的相关运算后，输出信号的频谱由 ω_0 变换到差频 $\Delta\omega$ 与和频 $2\omega_0$ 的频段上。这种频谱变换的意义在于可以利用低通滤波器得到窄带的差频信号。同时，和频信号分量 $2\omega_0$ 被低通滤波器滤除，于是，输出信号 U_o' 变为

$$U_o' = \frac{1}{2} U_{sm} U_{rm} \cos (\theta + \Delta\omega t) \tag{5-11}$$

上式表明：输入信号中只有那些与参考电压同频率的分量才使差频信号 $\Delta\omega = 0$。此时，输出信号是直流信号，它的幅值取决于输入信号幅值并与参考信号和输入信号相位差有关，并有

$$U_o' = \frac{1}{2} U_{sm} U_{rm} \cos \theta \tag{5-12}$$

当 $\theta = 0$ 时，$U_o' = \frac{1}{2} U_{sm} U_{rm}$；$\theta = \frac{\pi}{2}$ 时，$U_o' = 0$；也就是说，在输入信号中由于只有被测信号本身和参考信号有同频锁相关系，因此能得到最大的直流输出。其他的噪声和干扰信号或者由于频率不同，造成 $\Delta\omega \neq 0$ 的交流分量被后接的低通滤波器滤除；或者由于相位不同而被相敏检波器截止。虽然那些与参考信号同频率同相位的噪声分量也能够输出直流信号并与被测信号相叠加，但是这种几率是很小的，这种信号只占白噪声的极小部分。因此，锁相放大能以极高的信噪比从噪声中提取出有用信号来。

（2）弱光检测系统　将光通量测量方法和锁相放大器相结合，能组成各种类型的弱光检测系统。

图 5-24 给出了采用锁相放大器的补偿法双通道测量光透过率的装置示意图。该系统具有自动补偿光源强度波动的源补偿能力。图中还给出了光束斩波器的形状及锁相放大器的输入波形。输出直流电压控制伺服电机带动可变衰减器运动，当系统平衡时，读出可变衰减器的透过率就等于被测样品的透射率。

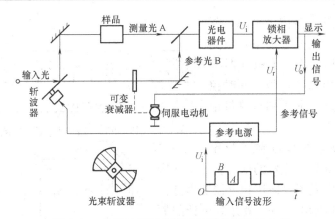

图 5-24 补偿法双通道测光装置的锁相放大器

2. 取样积分器

取样积分器是测量噪声中微弱的周期性重复信号的一种有力工具，是利用取样和平均化技术测定深埋在噪声中的周期性信号的测量装置。在微弱信号检测中，往往希望得到消除了噪声影响后的原始信号波形，而不仅仅是某段时间内信号的平均值、幅值等。取样积分器利用一个与信号重复频率一致的参考信号，对含有噪声的信号进行取样处理。利用相关原理，信号经过多次重复提取，使噪声的统计平均趋于零，获得"干净"的无噪声的信号。

如果取样脉冲和输入信号延迟固定，则取样积分器检测信号波形上某固定点的瞬时值；如果逐渐改变取样点的延迟时间，并对整个波形进行扫描，则可监测整个波形。这种方法称为 Boxcar 方法，因此取样积分器又称为 Boxcar 积分器。

（1）取样积分原理 取样积分器抑制噪声的基础是取样平均原理。设输入信号 $F(t)$ 由有用信号 $S(t)$ 和噪声 $N(t)$ 组成。其中 $S(t)$ 为周期重复信号，即

$$F(t)=S(t)+N(t) \tag{5-13}$$

$$S(t)=S(t+nT)(n=1,2,\cdots) \tag{5-14}$$

其中，T 为信号重复周期，噪声 $N(t)$ 为随机量，其大小由二级统计平均的均方值给出，即

$$N(t)=\sqrt{\overline{N^2(t)}} \tag{5-15}$$

当对输入信号 $F(t)$ 进行 m 次采样并叠加，总累积值将为

$$F_0=\sum_{n=1}^{m}F(t+nT)=\sum_{n=1}^{m}S(t+nT)+\sum_{n=1}^{m}N(t+nT)=mS(t)+\sqrt{m}N(t) \tag{5-16}$$

其中对 $N(t+nT)$ 的求积为二级统计求和，即

$$\sum_{n=1}^{m}N(t+nT)=\sqrt{\overline{N^2}(t+T)+\overline{N^2}(t+2T)+\cdots}=\sqrt{m\,\overline{N^2}(t)}=\sqrt{m}N(t) \tag{5-17}$$

计算信噪改善比

$$SNIR=\frac{SNR_o}{SNR_i}=\frac{mS(t)}{\sqrt{m}N(t)}\cdot\frac{N(t)}{S(t)}=\sqrt{m} \tag{5-18}$$

式中，SNR_i 为输入信号的信噪比；SNR_o 为输出信号的信噪比。

可见输出端信噪比已经得到了改善，其改善程度与取样平均次数的平方根 $\sqrt{m}$ 的大小成比例。

（2）弱光检测系统 图 5-25 是利用取样积分器组成的测量发光二极管余辉的装置示意

图，图中采用脉冲发生器作激励源，驱动发光二极管工作。用光电倍增管或其他检测器接收，进而用取样积分器测量。脉冲发生器给出参考信号，同时控制积分器的取样时间，通过扫描测量记录余辉的消失。

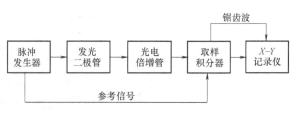

图 5-25　取样积分器组成测光系统

单路取样积分器的缺点在于效率低，而且不利于低重复率信号的恢复。为了适应不同的应用需要还发展了双通道积分器和多点信号平均器。图 5-26 给出了一个激光分析计的原理图。它用来测量超导螺线管中的样品透过率随磁场变化的函数。图中脉冲激光器用脉冲发生器触发，同时提供一个触发信号给取样积分器。当激光器工作时，激光光束通过单色器改善光束单色性。为了消除激光能量起伏的影响，选用双通道测量。激光束分束后一束由 B 检测器直接接收，另一束通过置于超导螺旋管中的样品由 A 检测器接收。A、B 通道信号由双通道取样积分

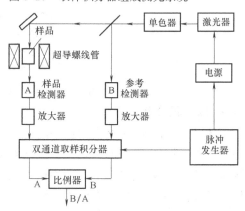

图 5-26　使用双通道取样积分器的激光分析计

器检测后，经比例器输出，可得到相对于激光强度的归一化样品透射率。

近年来，一种多点数字取样积分器也得到了发展。采用许多并联的存储单元代替扫描开关，将输入波形各点的瞬时值依次写入到各存储单元中去，从而可以再现输入波形，根据需要再将这些数据依次读出。在低频光信号处理的情况下，这种方法比取样积分器的测量时间要短。在数字式取样积分器中，RC 单元的平均化作用由数字处理代替，可以进行随机寻址存储，并且能长时间保存。这些装置在激光器光脉冲、磷光效应、荧光寿命以及发光二极管的余辉等的测试中得到应用。

3. 光子计数器

弱光检测中，当光微弱到一定程度时，光的量子特征便开始突显。高质量的光电倍增管具有较高的增益、较宽的通频带、低噪声和高量子效率。当可见光的辐射功率低于 $10^{-12}\,\mathrm{W}$，即光子速率限制在 $10^9/\mathrm{s}$ 以下时，光电倍增管的光电阴极发射出的光电子就不再是连续的。因此，在倍增管的输出端会产生有光电子形式的离散的信号脉冲。可借助于电子计数的方法检测到入射光子数，实现极弱光强或光通量的测量。根据对外部扰动的补偿方式，光子计数系统可分为三种类型：基本型、辐射源补偿型和背景补偿型。

（1）**基本的光子计数系统**　图 5-27 给出了基本的光子计数系统示意图。入射到光电倍增管阴极上的光子引起输出信号脉冲，经放大器输送到一个脉冲高度鉴别器上。由放大器输出的信号除有用光子脉冲

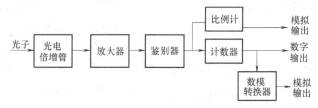

图 5-27　基本光子计数系统原理图

之外还包括器件噪声和多光子脉冲。后者是由时间上不能分辨的连续光子集合而成的大幅度脉冲。峰值鉴别器的作用是从中分离出单光子脉冲，再用计数器计数光子脉冲数，计算出在一定的时间间隔内的计数值，以数字和模拟信号的形式输出。比例计用于给出正比于计数脉冲速率的连续模拟信号。

（2）辐射源补偿的光子计数系统　在光子计数系统中，为了补偿辐射源变化的影响，采用了如图 5-28 所示的双通道系统。在参考通道中用同样的放大鉴别器测量辐射源的光强，输出计数率 f_C 只由光源变化决定。如果在计数器中用源输出 f_C 去除信号输出 f_A，将得到源补偿信号 f_A/f_C，为此采用如图 5-29 所示的比例输出电路。参考通道的源补偿信号 f_C 作为外部时钟输入，当源强度增减时，f_A 和 f_C 随之同步增减，这样在计数器 A 的输出计数值中有

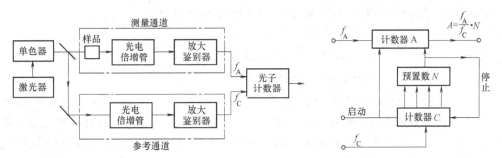

图 5-28　辐射源补偿的光子计数系统　　　　图 5-29　辐射源补偿用光子计数器

$$A = f_A \cdot t = f_A \cdot N/f_C = \frac{f_A}{f_C} \cdot N \tag{5-19}$$

比例因子 f_A/f_C 仅由被测样品透过率决定而与源强度变化无关。可见，比例技术提供了一个简单而有效的辐射源补偿方法。

（3）背景补偿的光子计数系统　当光子计数系统中的光电倍增管受杂散光或温度的影响引起比较大的背景计数率时，应该把背景计数率从每次测量中扣除。为此采用了如图 5-30 的背景补偿光子计数系统。这是一种利用斩光器的同步计数方式。斩光器用来通断光束，分别产生交变的"信号＋背景"和"背景"的光子计数率，同时为光子计数器 A、B 提供选通信号。当斩光器叶片挡住输入光线时，放大鉴别器输出的是背景噪声 N，这些噪声脉冲在定时电路的作用下由计数器 B 收集。当斩光器叶片允许入射光通向倍增管时，鉴别器的输出包含了信号脉冲和背景噪声（S＋N），它们被计数器 A 收集。这样在一定的测量时间内，经多次斩光后计算电路给出了两个输出量，即信号脉冲为

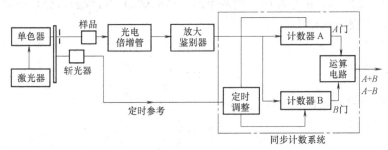

图 5-30　背景补偿的光子计数系统

$$A-B=(S+N)-N=S \tag{5-20}$$

总脉冲为

$$A+B=(S+N)+N \tag{5-21}$$

对于光电倍增管，随机噪声满足泊松分布，其标准偏差为

$$\sigma=\sqrt{A+B} \tag{5-22}$$

于是信噪比即为

$$SNR=\frac{信号}{\sqrt{总计数}}=\frac{A-B}{\sqrt{A+B}} \tag{5-23}$$

根据式（5-20）～式（5-23），可以计算出检测的光子数和测量系统的信噪比。例如：在 $t=10\mathrm{s}$ 时间内，若分别测得 $A=10^6$ 和 $B=4.4\times10^5$，则可计算为

被测光子数 $S=A-B=5.6\times10^5$

标准偏差 $\sigma=\sqrt{A+B}=\sqrt{1.44\times10^6}=1.2\times10^3$

信噪比 $SNR=S/\sigma=5.6\times10^5/1.2\times10^3\cong467$

光子计数法只适合于极弱光的测量，光子的速率限制在大约 $10^9/\mathrm{s}$，相当于 1nW 的功率，不能测量包含许多光子的短脉冲强度。而且不论是连续的、斩光的或者脉冲的光信号都可以使用，能取得良好的信噪比。在荧光、磷光测量、喇曼散射测量、夜视测量和生物细胞分析等微弱光测量中都得到了广泛应用。

5.4　激光传感技术

激光具有单色性、方向性、相干性好及亮度高四大优点，因此广泛应用于传感领域，如激光干涉、衍射、扫描、全息等测量技术，可以实现许多常规传感器无法实现的功能，包括大距离、纳米级微小尺寸、高精度、非接触测量等，而且传感器性能稳定可靠。本节将通过实例对这些技术进行介绍。

5.4.1　激光干涉法

激光干涉法以激光干涉测量平晶楔角为例进行介绍。如图 5-31 所示，由激光器发出的光束经会聚透镜聚焦在观察屏的小孔之处，成发散光束，该光束经待检平晶前、后两个面反射形成观察屏上干涉条纹，干涉条纹的中心为 O，测出 OS 的距离就知道平晶的楔角。它的工作原理如图 5-32 所示，由平晶前、后两个面反射的球面波可以看作分别由 S_1 和 S_2 两个虚像发出，因此，当楔角 α_p 很小时，有

$$SS_1=2D \tag{5-24}$$

$$SS_2=2D+\frac{2d}{\eta} \tag{5-25}$$

两球面波在 O 点的光程差为 S_1S_2，即

$$S_1S_2\approx\frac{2d}{\eta} \tag{5-26}$$

从图 5-32 也可看出，当楔角 α_p 很小时，可以证明

$$\beta=\eta\alpha_\mathrm{p} \tag{5-27}$$

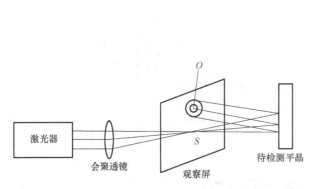

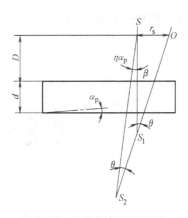

图 5-31　测量平晶楔角的激光干涉系统　　　　图 5-32　平晶楔角测量原理

从而有

$$\theta' = \frac{2D\eta\alpha_p}{S_1S_2} = \frac{D\eta^2\alpha_p}{d} \tag{5-28}$$

$$\theta = (\theta' + \eta\alpha_p) = \left(\frac{\eta D}{d} + 1\right)\eta\alpha_p \tag{5-29}$$

当 $\eta D \gg d$ 时，式（5-29）化简为

$$\theta = \frac{\eta^2 D}{d}\alpha_p \tag{5-30}$$

所以，条纹中心与小孔的距离 $OS = r_s$，它可以由下式求出，即

$$r_s = \frac{2D^2\eta^2\alpha_p}{d} \tag{5-31}$$

或者

$$\alpha_p = \frac{r_s d}{2D^2\eta^2} \tag{5-32}$$

式中，D 为小孔 S 离待检平晶的距离；d 为平晶厚度；η 为平晶折射率。

由式（5-32）知道，当平晶厚度 d、折射率 η 以及观察屏与平晶距离 D 都已知时，只要测量条纹中心离小孔的距离 r_s，就可以计算出平晶楔角 α_p。

上述干涉装置稍加改动以后，还可以测量大型外径千分尺两工作端面的不平行度，以及测量地球表面倾角的变化，它可以同时测出倾角的大小和方向。

5.4.2　激光衍射法

对于微小尺寸（$500\mu m$ 以下）的各种细丝、狭缝、微小位移、微小孔等的测量，如果采用几何光学放大成像法测量，会由于光的衍射效应导致测量误差增大。激光衍射技术可以实现非接触动态测量，能够解决这一问题，下面介绍它的基本工作原理和测试方法。

1. 细丝直径测量

细丝（如漆包线等）直径的测量系统构成如图 5-33 所示。单色平行光垂直照射被测细丝，经细丝衍射后，在成像物镜的焦平面上形成衍射图样。根据夫琅和费衍射理论和巴比涅互补原理，直径为 d 的细丝和缝宽为 d 的狭缝具有相同的衍射图样。根据夫琅和费衍射理

论，衍射图样的光强分布为

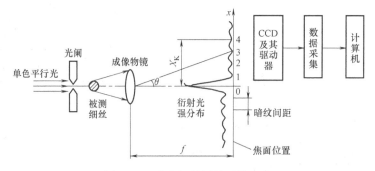

图 5-33　激光衍射测量系统组成

$$I = I_0 \left[\frac{\sin\ (\pi d \sin\theta/\lambda)}{\pi d \sin\theta/\lambda} \right]^2 \tag{5-33}$$

式中，d 为被测细丝直径；λ 为激光光源波长；θ 为衍射角，即被测细丝到第 K 级暗纹的连线和光线主轴的交角。

形成暗纹（$I=0$）的条件为：$d\sin\theta = K\lambda$，其中 K 为衍射图样的暗纹级数（$K = \pm 1$，± 2，…）。当 θ 很小（即 f 足够大）时，可以得到

$$d = \lambda \frac{f}{h} \tag{5-34}$$

因此，测出 h 即可计算出细丝直径 d。

线阵 CCD 器件放在成像透镜的后焦面上，细丝衍射条纹成像到 CCD 上，光强分布转换成按时序分布的电压信号。该信号经低通滤波和放大处理，再利用施密特电路变成方波输出，见图 5-34。以像素 N 为 x 轴，以信号电压为 y 轴时，利用时钟脉冲对各方波的宽度进行计数，可以得到 N_0，N_1，N_2，…，其中 N_1，N_3，N_5，…为各级暗条纹宽度的计数值，取其 1/2 作为暗条纹宽度的中点值，相邻两暗点的间距的平均值 h 为

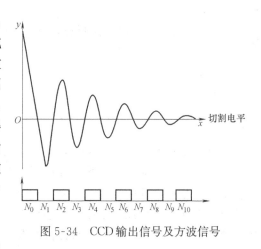

图 5-34　CCD 输出信号及方波信号

$$h = \left(\frac{1}{2}N_1 + N_2 + \cdots + N_{2k} + \frac{1}{2}N_{2k+1} \right) \frac{S_0}{M} \tag{5-35}$$

式中，M 为暗点间距的倍数或级数；S_0 为 CCD 像元的中心距。

将 h 代入式（5-34）即可求得细丝直径 d。

2. 薄带宽度测量

钟表工业中的游丝以及电子工业中用到的各种金属薄带（宽度在 1mm 以下），也可以和细丝一样用激光衍射法测量它的宽度或宽度变化。薄带除了尺寸小、用普通方法难于实现生产过程测量外，由于它有很大宽度和厚度比 b/t，进一步增加了测量时的困难和误差。

图 5-35a 表示用 CCD 动态测量钟表游丝的工作原理。激光光源照射到游丝上形成衍射图样成像到 CCD 器件上，经过信号处理装置可以计算出衍射条纹间距。图中二象限光电池

用于控制游丝倾角。测量中的游丝处于图 5-35b 所示的位置。可以看出，游丝两棱缘 A 和 A′ 构成偏移距离 z 的狭缝，暗条纹位置和缝宽的关系应满足式（5-34），因此计算方法与其相同。

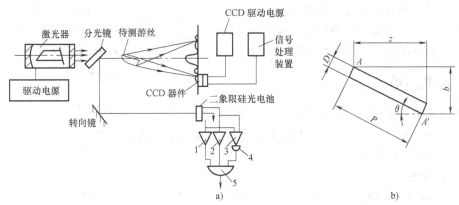

图 5-35 激光衍射钟表游丝动态测量系统
a）测量原理图 b）游丝位置参数
1，2—放大器 3—差分放大器 4—反向器 5—"与"门

5.4.3 激光莫尔法

激光莫尔法的主要功能是可以实现板材的板形测量，通常应用于轧钢领域。该方法首先由日本新日铁（株）生产技术研究所的北村公一等人开发并用于热轧带钢板形测量。测量原理是利用相同级次的莫尔条纹代表钢板在相同高度的位移，如图 5-36 所示。受点光源照射，被测带钢上方设置一格栅 G，距格栅高 L 处设置点光源 S，这时被测带钢上会留下格栅的影像。若在与点光源 S 同水平高度距离为 d 的 T 点，通过格栅 G 观察钢板变形后的格栅影像，就可观察到由变形格栅与格栅的空间位置周期变化而产生的莫尔条纹，观察到的这些条纹的级次 N，依次为 1，2，…，N。

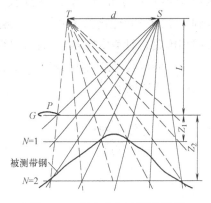

图 5-36 激光莫尔法测量原理

格栅由耐热材料制成，宽为 2m，长为 1m，节距 P 为 1～1.5mm，直线型。格栅置于被测带钢上方 1.2m 处。为了使亮条纹表示距格栅的等高条件成立，点光源 S 与观察点 T 必需距格栅相等高度。若 Z_N 表示被测带钢上亮条纹位置距格栅的距离，则在被测带钢上的第 N 次亮条纹可表示为

$$Z_N = N \cdot L / (d/P - N) \tag{5-36}$$

由式（5-36）可知，两亮条纹间隔 $\Delta Z_N = Z_N - Z_{N-1}$ 随 N 变化。当测量范围不太大时，ΔZ_N 可视为不变。图 5-37 为实际测量系统组成图。光源是脉冲发光式 YAG 激光器（532nm），脉冲频率为 10Hz，每次发光时间为 20ns，发光能量最大为 350MJ/P（脉冲），激光束经扩束后照射耐热（1000℃以上）格栅，产生的莫尔条纹由 CCD 摄像机拾取，并送入计算机进行数据处理，并在线观察莫尔条纹。该测量系统用于板形实际测量证明，当被测

带钢温度高于 1000℃ 时，仍能获得清晰的莫尔条纹图像，采用脉冲发光式 YAG 激光器作光源，对运动速度在 10m/s 以上的带钢仍能拍摄到几乎静止的莫尔条纹。该方法的优点是可以测量运动中带钢的真实形状，可以实现检测莫尔条纹级次的快速自动检测，是目前应用最多的板形测量方法之一。

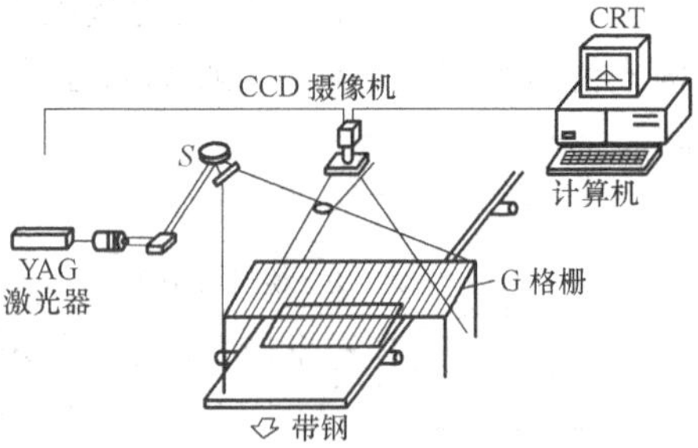

图 5-37   激光莫尔板形测量系统组成

5.4.4   激光扫描法

激光扫描法是直径测量最常用的方法，有人称之为 Laser Shadow Gauge。1975 年推出了第一台仪器并申请了专利。这种方法使用至今，现在已经有很多不同型号的仪器产品。

1. 测量原理

图 5-38 是激光扫描法的原理图。激光束经过透镜 1 后被反射镜反射，由于同步位相马达的转动而形成扫描光束。扫描光束经过透镜 1 后变成平行的扫描光束，平行扫描光在扫描过程中被工件遮挡，光束经过透镜 2 后被位于焦平面上的探测器 D 接收，

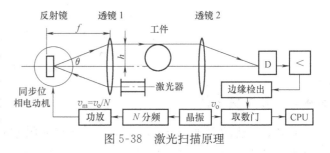

图 5-38   激光扫描原理

得到一个随时间变化的光电信号。再经过后续的信号处理电路（主要包括信号放大电路、边缘检出电路、计数电路等），就可以得出工件直径的测量值。

由于同步马达是匀速转动的，转速为 ω_m，所以平行扫描光束的扫描角速度为 $\omega_L = 2\omega_m$，则光扫描的线速度为

$$V = \omega_L f = 2\omega_m f = 4\pi\nu_m f \tag{5-37}$$

式中，f 为透镜 1 的焦距。

若在扫描光束被遮挡的时间 t 内计数器的计数为 n，晶振的时钟频率为 ν_0，分频数为 N，则被测工件直径的计算式为

$$d = Vt = 4\pi\nu_m f n \frac{1}{\nu_0} = n \frac{4\pi f}{N} \tag{5-38}$$

这样，根据计数器记录的工件挡光时间内的时钟脉冲数，就可以求得工件的直径。激光扫描法的优点是：非接触测量、可测运动物体。缺点是量程受透镜尺寸的限制，且存在非线性的原理误差，需要校正或采用特殊设计的 $f(\theta)$ 透镜来补偿。

2. 非线性补偿

由图 5-39 可以看出

$$h = f \tan\theta \tag{5-39}$$

显然，h、θ 是非线性关系，所以当同步马达匀速转动时，扫描光束并非是匀速的，即

$$V = \frac{\mathrm{d}h}{\mathrm{d}t} \neq \mathrm{const} \tag{5-40}$$

为了校正这一非线性关系引起的原理误差，设计一种切向校正透镜——$f(\theta)$ 透镜，

使得

$$h = f\theta k \equiv K\theta \tag{5-41}$$

其中，K 和 k 为常数。此时，h、θ 是线性关系，因而扫描光束是匀速的。

3. 分辨力提高

从式（5-38）可以看出，直径测量的脉冲当量为

$$\frac{d}{n} = \frac{4\pi f}{N} = 4\pi \frac{\nu_m}{\nu_0} f \tag{5-42}$$

此脉冲当量就代表了测量分辨力，脉冲当量越小，分辨率越高。可以采用下面几种提高分辨率的方法：

1）减小透镜焦距 f，但是这样会使量程随之变小，像差变大；

2）提高时钟频率 ν_0，但是这同时对后续电路的频率响应提出了更高的要求；

3）减小马达的频率 ν_m，但马达的转速受轴承摩擦力制约。

4. 量程扩展

图 5-38 所示装置的测量范围受到透镜尺寸的限制。为了进一步扩展其量程，需要特别设计测量系统的光路结构。图 5-39 就是一种为扩展量程而设计的典型的光路结构。只需要测量工件两边沿的大小，即测量出 d_1 和 d_2 的值，再与预先标定好的 d_0 相加，便可得出工件的直径。所以，图 5-39 所示装置的测径公式为

$$d = d_0 + d_1 + d_2 \tag{5-43}$$

式中，d_0 为常数，需要通过标定得到；d_1 和 d_2 可以从探测器 D 探测到的信号经过处理、计算而得到。

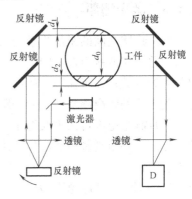

图 5-39 激光扫描测径量程扩展方法

5.4.5 激光准直法

激光准直法通常在长距离直线度测量仪器中采用，不但具有拉钢丝的直观性、简单性，而且具有光学准直仪的高精度，同时还可以实现全自动测量。激光准直测量技术为许多领域中的直线度测量提供了一种较理想的手段。

直线度是指一系列的点列或连续表面对于几何直线的偏离程度。直线度测量是平面度、平行度、垂直度等几何量测量的基础，而激光准直技术是直线度测量的关键技术。激光准直的方法主要有两种。

1. 利用激光的方向性准直

如图 5-40 所示，利用高斯光束的中心线作直线基准。常用 He-Ne 激光器作为光源，它的发散角为 1mrad，远处的光斑直径为 50cm，采用准直望远镜后，可以将发散角压缩至 0.1mrad。高斯光束的中心线是一条直线，可以用来作为基准直线。用四象限光电池作为接收器，当准直点偏离中心时，光电池就会输出与偏差量成正比的

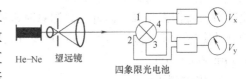

图 5-40 利用激光的方向性准直的示意图

电压信号 V_x 和 V_y。采用这种方法进行准直，在 20m 内的准直精度可达 0.05mm。70m 内的准直精度可达 0.2mm。这种方法可用于飞机、舰船、机床直线度的检测等。

2. 利用激光的相干性准直

如图 5-41 所示，采用方形菲涅耳波带片来提高激光准直仪的对准精度，称为波带片准
直法。当激光束通过望远镜发射出来以后，均
匀地照射在波带片上，并使其充满整个波带
片。这样，在光轴的某一个位置会出现一个很
细的十字叉。当用一个观察屏放在此处，可以
看到清晰的十字亮线。调节望远镜的焦距，十
字叉就会出现在光轴的不同位置。这些十字叉

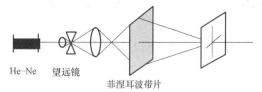

图 5-41　利用激光相干性准直的示意图

的交点的连线为一直线，可以用来作为直线基准来进行准直测量。十字叉中心的探测可以用
光电探测器，这样可提高准直精度。采用这种方法进行准直，在 3km 以内的准直精度达
$25\mu m$，可以用于大型建筑的施工、开凿隧道等场合。

5.4.6　激光测距

两个物体之间的距离测量是人们日常生活、工农业生产、大地测绘和军事武器等经常遇
到的问题，如两城市之间的距离、河流的宽度和深度、山的高度等是由两个空间代表位置间
的距离确定的；而机械零件的加工、土地的丈量、武器的瞄准和跟踪同样涉及参考位置和目
标位置之间的距离测量。激光测距不仅可以用于天文学上的大距离测量，如地球到月亮的距
离，而且测量范围可按需要选定，从纳米、微米级微小尺寸范围一直到米、几十米、几公里
的长度，各种范围都有相应的测距传感器满足要求。根据测量原理，激光测距主要有以下两
种方法：

1. 脉冲（时间）测距法

脉冲测距法是利用光速不变的基本原理，由激光器向被测目标发出一个激光短脉冲信
号，该信号经目标反射后返回，如果激光从发出脉冲到接收返回信号的时间间隔为 t，则被
测距离可表示为

$$L=\frac{1}{2}c_0 t \qquad (5-44)$$

式中，c_0 为光速，$c_0 = 2.997924580 \times 10^8 m/s$。

这种测距方法十分简单、容易实现，测量精度主要取决于时间间隔的测量精度。但在实
施时，会遇到光传播路径中周围介质如大气中的气体成分、温度、湿度、气流、气压等的影
响。因此通常采用高强度、脉冲宽度超窄的激光脉冲作为光源来提高信噪比和定时精度，以
达到提高测量距离分辨力的目的。远距离测量时通常采用输出功率较大的固体激光器或二氧
化碳激光器作为光源，而近距离测量时常采用砷化镓半导体激光器作为光源。如当激光脉冲
的脉冲宽度达到皮秒（10^{-12} s）乃至飞秒（10^{-15} s）量级时，对应的距离分辨力分别为
$300\mu m$ 和 $0.3\mu m$。

2. 相位测距法

几米、几十米及至几公里的大范围或大量程测距和几米以下的小范围测距都可以用相位
测距的方法。相位测距方法又可分为调幅波相位测距法和干涉相位测距法。通常情况下，前
者被用于大范围中，后者被用于小范围内测距。

（1）调幅波相位测距法　光波的频率很高，如波长 $\lambda = 0.6328\mu m$ 的 He-Ne 气体激光

器，频率 $\nu=4.44\times10^{14}\,\mathrm{Hz}$。如果不加调制直接用光源发射的光波测量距离，根据相位测距原理得

$$D=\frac{\lambda}{2}\cdot\frac{\Phi}{2\pi}=L_\mathrm{s}\frac{\Phi}{2\pi}=L_\mathrm{s}\left(N+\frac{\Delta\Phi}{2\pi}\right)=L_\mathrm{s}(N+\Delta N) \tag{5-45}$$

式中，L_s 为半波长，又称为距离测量中的测尺，$L_\mathrm{s}=\frac{\lambda}{2}$；$\Phi$ 为总相位；$\Delta\Phi$ 为小于 2π 的位相变化；N 为位相变化中的 2π 的整数倍率；ΔN 为位相变化中的 2π 分数。

　　由于 λ 值太小或测尺太短，导致大范围测量时 N 大到计数器无法实现的程度，如对应 3km 的距离，它的记数值就达到 10^9，也就是 8 个十进制的计数器单元，30 个二进制位，它不但需要大容量计数器，而且延长了测量时间。所以通常情况下，对光进行幅值调制，形成幅值以低得多的频率变化的调幅波。如某激光测距仪的调制频率为 $f_1=15\mathrm{MHz}$，$f_2=150\mathrm{kHz}$，则对应的测尺分别为 $L_{s1}=10\mathrm{m}$ 和 $L_{s2}=1000\mathrm{m}$。若每个测尺用 3 个十进制单元计数，或实现 10^{-3} 的计数分辨率（ΔN 最小值为 10^{-3}），那么该测距仪最终的技术指标为测量范围 1000m，最小可分辨距离为 1cm。

　　（2）干涉相位测距法　干涉相位测距法利用的就是光的干涉原理，即两个光波场叠加后形成的光波场，将满足一定的振幅和相位关系。如果设两个光波场的振幅分别为 A_1 和 A_2，那么叠加后的光波场振幅 A 将满足

$$A^2=A_1^2+A_2^2+2A_1A_2\cos(\Phi_1-\Phi_2) \tag{5-46}$$

式中，Φ_1 和 Φ_2 分别为两个光波场的相位角。

　　由于光波的强度与振幅平方成正比，所以得出叠加光波场的光强 I 表达式为

$$I=I_1+I_2+2\sqrt{I_1I_2}\cos\delta \tag{5-47}$$

式中，δ 为相角差，$\delta=\Phi_1-\Phi_2$。

　　当 $I_1=I_2$ 时，化简为

$$I=4I_1\cos^2\frac{\delta}{2} \tag{5-48}$$

或

$$\delta=2\arccos\left(\frac{I}{4I_1}\right)^{\frac{1}{2}} \tag{5-49}$$

δ 与两空间点的距离 L 存在如下关系

$$\delta=\frac{4\pi}{\lambda}\eta L \tag{5-50}$$

式中，λ 为介质中的光波长；η 为介质折射率。

　　可见只要测出干涉场的强度 I，就能通过计算，最后确定两空间点的距离 L，这就是干涉测距法的基本工作原理。

5.4.7　散斑测量

　　粗糙表面或许多颗粒会引起激光散射，由于这些散射光彼此不规则的位相关系可产生干涉的斑纹，称之为散斑。大气层使星光闪烁，电离层的扰动使电波强度产生变化，海面或树木可造成雷达盲区，都是基于这一原理。

　　由于激光的相干性好以及亮度高，所以很容易观察到激光散斑。散斑是图像的组成部

分，在不影响图像信息的情况下消除散斑是不可能的。激光散斑分为衍射散斑（出现在散射光中）和像散斑（重叠出现在图像上）。

散斑的特点是：①在空间呈三维分布，各处的反差较高。②斑点大小与波长成正比。在衍射散斑中与照射光束的直径成反比，在像散斑中与成像透镜的口径成反比，与光源的位置和透镜的像差无关。③当扩散面移动时，散斑也移动，同时产生变形。散斑的移动依赖于照射在扩散面上的激光波面的曲率半径、扩散面的变形、观察面的位置。为了进行定量分析，需要对观察面上强度分布的几率、自相关函数和互相关函数分别进行计算和测量。可以认为，散斑是能任意调节其大小的无规则图像，可以看作是与扩散面一起移动的一种自然标记。

散斑的应用领域十分广泛，可以测量焦距位置、表面粗糙度、位移、应变、振动轨迹、透镜偏差、折射率分布及表面形状等，下面简单介绍几种典型应用。

1. 用多张散斑图测量空间位移

利用矢量的投影变换，通过测量面内位移来计算空间位移，并把位移矢量的投影变换关系用矩阵方程表示，便于构成计算机程序作快速计算。实验光路如图5-42所示，二次曝光散斑图底片经显影、定影和漂白处理后，在透镜的后焦面上翻拍成干涉条纹图样，用以测出条纹间距Δt和条纹相对于Y轴的取向角θ，再分别测定$R_{2x}^{(1)}$、$R_{2y}^{(1)}$、$R_{2z}^{(1)}$及$R_{2x}^{(2)}$、$R_{2y}^{(2)}$、$R_{2z}^{(2)}$。物距和像距的值由下面两个式子确定：

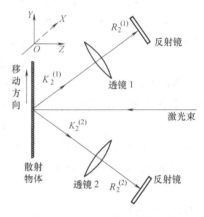

图 5-42　用多张散斑图测量空间位移的光路原理图

$$\frac{1}{u}+\frac{1}{v}=\frac{1}{f},\ u^{(i)}+v^{(i)}=R_2^{(i)}(i=1,\ 2)$$

这种测量位移、应变的方法与全息干涉法相比，主要特点是装置简单，对激光的相干性要求较低，能使用低分辨率的记录材料。上述方法用于测试颅面的微小变位场，可以为口腔正畸医学提供有用的数据。用于研究地质构造相似模型裂缝分布规律，从建立产气层顶面的三维位移场出发，可以预测张性裂缝发育的有利区域，为有效地勘探和开发油气田提供一定的实验依据。

2. 用散斑照相研究位相物体

常用的方法有两种：①基于测量由散射光通过透明介质产生折射而引起的散斑表观位移；②测量由夹杂在透明介质中的细小散射粒子的运动而引起的散斑位移。以方法①为例，讨论用二次曝光散斑照片测定透明固体和液体的折射率、厚度及其非均匀性的原理和方法。

（1）**透明固体折射率和厚度的测定**　光路布置如图5-43所示，激光束经扩束准直后，通过半漫透射片照明适当倾斜放置的待测透明体。这时，对在底片H上形成散斑图样有贡献的光场，由于在透明介质分界面上发生两次折射，它经过透明介质后将平移一个量d（如图5-44所示），这将使每个散斑从原来没有透明介质时的位置也产生位移d。如果在待测透明物体放入光路前后拍摄二次曝光散斑图，那么，经显影、定影和漂白处理后，对散斑底片应用逐点分析法就可确定散斑位移，进而按下面的公式计算出待测物体的折射率和厚度。

$$D=\frac{d}{\sin\theta-\dfrac{\sin\theta\cos\theta}{\sqrt{n^2-\sin^2\theta}}} \tag{5-51}$$

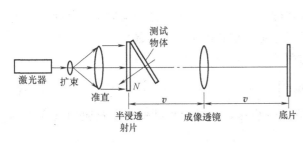

图 5-43　激光散斑法测量固体折射率和厚度

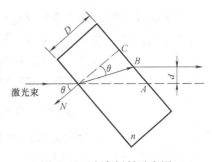

图 5-44　光束折射示意图

$$n=\sqrt{\left(\frac{D\sin\theta\cos\theta}{D\sin\theta-d}\right)^2+\sin^2\theta} \tag{5-52}$$

（2）测透明液体的折射率　此时假设有某种介质（例如水）的折射率为已知，而求另外一种介质的折射率，故称这种测试方法为内标法。实验光路与图5-43 相同，其测试原理如图 5-45 所示。在一扁平状容器内先注入水，进行第一次曝光，然后放掉水再注入待测液体（例如酒精）进行第二次曝光。入射激光束通过容器时，先后被两种液体折射。设 D 为容器内液体厚度，θ 为入射角，θ'、θ'' 及 n'、n'' 分别是水和

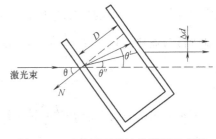

图 5-45　光束被两种液体折射示意图

酒精的折射角与折射率，d_1、d_2 各是激光束通过容器中的水和酒精时相应的平移量，则

$$d_1=D(\tan\theta-\tan\theta')\cos\theta, \quad d_2=D(\tan\theta-\tan\theta'')\cos\theta \tag{5-53}$$

因此有

$$\Delta d=d_2-d_1=D(\tan\theta'-\tan\theta'')\cos\theta$$
$$=D\left(\frac{\sin\theta}{\sqrt{n'^2-\sin^2\theta}}-\frac{\sin\theta}{\sqrt{n''^2-\sin^2\theta}}\right)\cos\theta \tag{5-54}$$

由此解得

$$n''=\left[\left[\frac{\sin\theta}{\dfrac{\sin\theta}{\sqrt{n'^2-\sin^2\theta}}-\dfrac{|\Delta d|}{D\cos\theta}}\right]^2+\sin^2\theta\right]^{1/2} \quad n''>n' \tag{5-55}$$

或者

$$n''=\left[\left[\frac{\sin\theta}{\dfrac{\sin\theta}{\sqrt{n'^2-\sin^2\theta}}+\dfrac{|\Delta d|}{D\cos\theta}}\right]^2+\sin^2\theta\right]^{1/2} \quad (n''<n') \tag{5-56}$$

式中，Δd 按杨氏双孔公式求得。上列两式就是测定液体折射率的公式。

3. 用时间平均散斑图分析振动

设 $D(x,y)$ 表示二维散射物体上的散斑强度，则像面上记录的成像散斑的强度为 $D(x,y)*\delta(x,y)$，其中，＊号代表卷积运算，$\delta(x,y)$ 是 Diracδ 函数。假定物体在其自身平面内作简谐振动 $y(t)=a\sin\omega t$，则在时间平均散斑图上记录的成像散斑的强度为

$$<D>=\frac{1}{T}D(x,y)*\int_{-T/2}^{T/2}\delta[x,y-My(t)]dt \tag{5-57}$$

式中，T 为振动周期；M 为成像透镜的放大率。

当物体振动时，像中的散斑被拉长成一条线。这样记录的散斑图样与散斑在其轨道上度过的相对时间有关。显然，在振动过程中的两个极端位置停留的时间最长。

底片经显影、定影处理后，其振幅透过率为

$$\tau(x,\ y)=\alpha+\beta D(x,\ y)*\int_{-T/2}^{T/2}\delta\ [x,\ y-My(t)]\mathrm{d}t \tag{5-58}$$

式中，α、β 为常数。若对散斑图底片采用逐点分析法，通过傅里叶变换以及应用贝塞尔函数进行积分展开分析，则可以得到

$$\int_{-T/2}^{T/2}\mathrm{e}^{-ikvMa\sin(\omega t)/z_0}\mathrm{d}t=J_0\left(\frac{kvMa}{z_0}\right)\int_{-T/2}^{T/2}\mathrm{d}t+2\sum_{n=1}^{\infty}\left\{J_{2n}\left(\frac{kvMa}{z_0}\right)\int_{-T/2}^{T/2}\cos\ (2n\omega t)\ \mathrm{d}t\right\}$$
$$-2i\sum_{n=1}^{\infty}\left\{J_{2n+1}\left(\frac{kvMa}{z_0}\right)\int_{-T/2}^{T/2}\sin[(2n+1)\omega t]\mathrm{d}t\right\} \tag{5-59}$$

式中右端第二、三项的积分均为零。故散斑底片在观察面上的频谱比例于零阶贝塞尔函数，而其强度分布则比例于 $J_0^2\left(\dfrac{kvMa}{z_0}\right)$，即

$$I(u,\ v)=\beta^2\ |\ \overline{D}(u,\ v)\ |^2 J_0^2\left(\frac{kvMa}{z_0}\right) \tag{5-60}$$

当贝塞尔函数的宗量 $\psi=\dfrac{kvMa}{z_0}=0$ 时，函数取最大值。因而不运动的区域将产生高纯度的散斑图。暗条纹的位置由零阶贝塞尔函数的根给出。第一条暗条纹出现在 $\dfrac{kvMa}{z_0}=2.40$ 处，即

$$\tan\beta_1=\frac{v}{z_0}=\frac{2.40}{kMa}=0.38\lambda/aM \tag{5-61}$$

式中，β_1 为第一暗环的张角。由此便可求 a 值。

此外，激光散斑还可以进行干涉测量，散斑干涉是指被测物体表面散射光所产生的散斑与另一参考光相干涉。参考光可以是平面波或球面波，也可以是由另一散射表面产生的散斑。当物体发生运动（位移或形变）时，干涉条纹将发生变化，由此可测量物体的运动或变化情况。这种技术可以直接显示出位移导数的等值线，故特别适合于作应变分析。由于篇幅限制，这里不作介绍，读者可以自行参阅相关文献。

5.4.8　全息干涉测量

全息干涉测量将常用的干涉计量与全息技术结合，具有以下优点：①它能够对任意形状和粗糙表面的三维物体轮廓进行测量，精度达到光波长量级；②全息干涉术测量的结果相当于一般干涉计量多次观察后获得的结果；③它可以比较同一物体在两个不同时刻的状态，因而能测出物体在一段时间内的变化。

1. 全息的基本原理

全息术是由英藉匈牙利物理学家伽博（Dennie Gabor，1900—1997）于 1948 年发明的，为此，他获得了 1971 年的诺贝尔物理学奖。全息术即全息照相术，是记录波动（包括机械波、电磁波和光波）干扰的振幅和位相分布，以及使之再现的专门技术。"全息"意思是全部的信息，即不仅是振幅信息，还包含位相信息在内。

以平面波作为参考波拍摄物体全息像的原理如图 5-46 所示。激光器出射光束被分光器

分成参考光束和照明光束两部分。参考光束通过转向反光镜、扩束器成为平面波直接射到全息底片上。照明光束通过扩束器成为平面波照射到被摄物体，然后，物体表面的漫散射光射到全息底片上与参考光叠加。由于激光具有良好的空间和时间相干

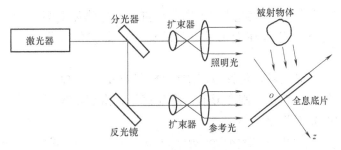

图 5-46　平面参考波拍摄全息像的光学原理

性，所以能产生干涉，在全息底片上留下全息像，经过跟普通摄影类似的对全息底片作显影、定影处理后，就得到一张反映物体表面轮廓全部信息的全息底片。要从全息底片观察到原被摄物的像，必须把全息底片放回到原来照相时的位置，这时已移去被摄物体，同时让参考光束以与摄像时相同的角度照射底片，那么在被照射底片的背后就能观察到原物体的立体像。拍摄全息像的过程称为全息记录过程，显像过程称为全息重现过程。

2. 实时法全息干涉术

实时法全息干涉术指再现时，不取走原物体。这时，原物由于外界原因，如受应力、热膨胀或温度变化等因素影响，而使它发生微小位移或变形，那么再现的初始物光波与变形或位移后的物光波，因为彼此存在光程差而产生干涉现象，从而在观察再现像时，不仅可以看到物体本身，而且可以看到物体上面复杂的干涉条纹。改变外界条件，光程差发生变化，干涉条纹也会随着移动。这样，就可以通过改变应力、温度，观察条纹的变化情况来研究物体的变化趋势，从而探测和检查物体的内部缺陷。

假定物体只有位移，那么物体上的条纹分布是均匀的。另外，如果物体只有变形，那么物体上变形大的地方条纹就密集而且条纹数多，变形小的地方条纹稀疏而且少。假定加载时，物体内部有缺陷，缺陷处外表面的变形与其他地方不同，因此，该处会显现密集的圆环簇，通过观察圆环簇的大小和位置，就能判别物体内部缺陷情况。又因为相邻亮（或暗）条纹意味着该两个空间位置间有 $\lambda/2$ 的位移，所以只要数出观察位置间的干涉条纹数目，就能定量地求出该位置变形值的相对大小。当物体同时存在位移和变形时，情况变得复杂，但是通过观察均匀分布条纹上重叠的不均匀环状或其他形状条纹，还是能确定物体的变形情况。所以，可以用实时法干涉计量对工件作探伤和检验处理。

该方法不足之处是要求就地处理（包括显影、定影）全息干板，并且有严格的定位精度要求，稍有定位变化就会掩盖物体的真实变化；另外，它还必须保留原物体，对它作实地观察，这也带来工作上的不方便。为了克服这些缺点，发展了两次曝光全息干涉术。

3. 两次曝光全息干涉术

在两次曝光全息干涉术中，全息底板的制作与实时法不同。它采用两步操作，第一步摄取变形前物体的全息像与实时法相同；但在第二步操作时，它并不先对干板作显、定影处理，而是在同一位置，相同的未处理干板上，对变形后物体进行第二次全息记录过程，换言之，在同一块全息干板上连续摄下变形前、后两次的物光波干涉记录，然后，再作干板的显、定影处理，这样，全息底片处记录了两个不同状态的物体全息图。当再现时，也能看到由变形或位移而引起的干涉条纹。

图 5-47 表示从干涉条纹的观察计算出物体变形量大小的原理。OP 和 $O'P'$ 是照明光方向，

PQ 和 $P'Q'$ 是观察光出射方向，P 和 P' 对应物体上同一观察点分别在变形前、后的位置，真实位移量为 d。

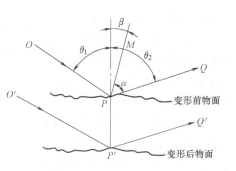

图 5-47 判别物体上一点的变形值原理

一般地讲，位移方向 PP' 分别与 OP 和 PQ 的夹角为 θ_1 和 θ_2，则变形前、后观察处，由变形量引起的光程差为

$$\Delta = d(\cos\theta_1 + \cos\theta_2) \tag{5-62}$$

作角 OPQ 的平分线 PM，并取 $\alpha = (\theta_1 + \theta_2)/2$，则角平分线与位移方向夹角为

$$\beta = \alpha - \theta_1 = (\theta_2 - \theta_1)/2 \tag{5-63}$$

于是式（5-62）可化为

$$\Delta = 2d\cos\alpha \cdot \cos\beta \tag{5-64}$$

根据入射光和观察光的方向，能确定 α 值。

设 $d' = d\cos\beta$，则式（5-64）可改写成

$$\Delta = 2d'\cos\alpha \tag{5-65}$$

尽管从已测出的 Δ 和 α 值，可以计算出 d'，但由于通过一次观察无法确定 β 值，所以还不能确定真实变形 d，要知道真实变形 d，必须沿三个不在同一平面内的不同方向进行观察才能得出。如果已知 d 是在某两次观察所决定的平面内，则测量过程减少到两次。

如图 5-48 所示，观察方向分为 1、2 两个方向，则按式（5-65）可列出每次观察时表观位移值 d'_1 和 d'_2 分别为

$$d' = \frac{\Delta_1}{2\cos\alpha_1} = \frac{m_1\lambda}{2\cos\alpha_1} \tag{5-66}$$

$$d' = \frac{m_2\lambda}{2\cos\alpha_2} \tag{5-67}$$

以上两式中，m_1、m_2 分别表示两个方向观察同一点 P 产生的干涉条纹数。

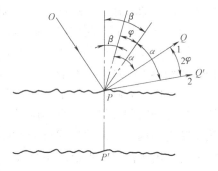

图 5-48 两次观察平面内的真实位移

因为两次观察时，位移方向不变且在两方向构成的同一平面内，所以有

$$\beta_2 - \beta_1 = \alpha_2 - \alpha_1 = \varphi \tag{5-68}$$

则由简单的几何关系可以推出

$$d'_2 = d\cos\beta_2 = d\cos\beta_1 \cdot \cos\varphi - d\sin\beta_1 \cdot \sin\varphi$$
$$= d'_1\cos\varphi - \sqrt{d^2 - (d'_1)^2}\sin\varphi \tag{5-69}$$

由式（5-69）可得

$$d = \pm\sqrt{\frac{(d'_1\cos\varphi - d'_2)^2}{\sin\varphi} + (d'_1)^2} \tag{5-70}$$

用上述方法可以确定在两观察方法构成的平面内位移，也能确定任一空间方向的真实位移，就是把真实位移看成水平位移和沿铅垂面内位移的矢量和。那么分别计算出这两个面内的位移 $d_{/\!/}$ 和 $d_\perp$ 后，利用下式得出任一空间方向的真实位移为

$$d = \pm\sqrt{d_{/\!/}^2 + d_\perp^2} \tag{5-71}$$

不过这个过程至少需要三个方向观察才能实现。

目前，两次曝光法已被用来研究许多材料的特性，如检查材料内部的缺陷，由外界条件变化产生材料形变然后测出材料性能参数，以及不同时刻材料或物体的变化等。

最后应当指出，全息干涉计量适应的位移或形变不能太大或太小。如果太大，干涉条纹过分密集，人眼无法分辨；太小，条纹过分稀疏也无法正确测量。因而选择合适的状态变化或该状态变化是否适合于全息干涉计量必须事先给予考虑。另外，光波频率变化也直接影响到相位差，从而也影响到条纹变化测量的准确性。因此，要提高测量精度也应严格控制激光器输出光波频率的稳定性。

5.5　红外传感技术

5.5.1　红外辐射的基本知识

红外辐射俗称红外线或红外光，在真空中的红外光传播速度与光速相同。红外光的本质与可见光或电磁波性质一样，具有反射、折射、散射、干涉、吸收等特性，红外辐射在介质中传播时，由于介质的吸收和散射作用，其能量会发生衰减。

大气对物体的辐射有吸收、散射、折射等物理过程，对物体的辐射强度会有衰减作用，我们称之为消光。大气的消光作用与波长相关，有明显的选择性。红外在大气中有三个波段区间能基本完全透过，我们称之为大气窗口，分为近红外（$0.76 \sim 1.1 \mu m$），中红外（$3 \sim 5 \mu m$），远红外（$8 \sim 14 \mu m$）。

红外线不具有像无线电遥控那样穿过遮挡物去控制被控对象的能力，红外线的辐射距离一般为几米到几十米或更远一点。

红外线有如下特点：①红外线易于产生，容易接收；②采用红外发光二极管，结构简单，易于小型化，且成本低；③红外线调制简单，依靠调制信号编码可实现多路控制；④红外线不能通过遮挡物，不会产生信号串扰等误动作；⑤功率消耗小，反应速度快；⑥对环境无污染，对人、物无损害；⑦抗干扰能力强。

红外技术是研究红外辐射的产生、传播、转化、测量及其应用的技术科学。

红外传感系统是用红外线为介质的测量系统，按照功能可分成五类：①辐射计，用于辐射和光谱测量；②搜索和跟踪系统，用于搜索和跟踪红外目标，确定其空间位置并对它的运动进行跟踪；③热成像系统，可产生整个目标红外辐射的分布图像；④红外测距和通信系统；⑤混合系统，是指以上各类系统中的两个或者多个的组合。

5.5.2　红外辐射的基本定律

红外基本原理：自然界中的一切物体，只要它的温度高于绝对温度（$-273℃$）就存在分子和原子无规则的运动，其表面就不断地辐射红外线。红外线是一种电磁波，它的波长范围为 $0.78 \sim 1000 \mu m$，不为人眼所见。红外成像设备就是探测这种物体表面辐射的不为人眼所见的红外线的设备。它反映物体表面的红外辐射场，即温度场。

1. 红外辐射的发射及其规律

黑体的红外辐射规律：所谓黑体，简单讲就是在任何情况下对一切波长的入射辐射吸收率都等于 1 的物体，也就是说全吸收。显然，因为自然界中实际存在的任何物体对不同波长的入射辐射都有一定的反射（吸收率不等于 1），所以，黑体只是人们抽象出来的一种理想化的物体模型。但黑体热辐射的基本规律是红外研究及应用的基础，它揭示了黑体发射的红外热辐射随温度及波长变化的定量关系。

2. 红外辐射的三个基本定律

（1）**基尔霍夫定律**　基尔霍夫定律指出一个物体向周围辐射热能的同时也吸收周围物体的辐射能。如果几个物体处于同一温度场中，各物体的热发射本领正比于它的吸收本领，这就是基尔霍夫定律。可用下面公式表示

$$E_r = aE_0 \tag{5-72}$$

式中，E_r 为物体在单位面积和单位时间内发射出来的辐射能；a 为该物体对辐射能的吸收系数；E_0 为等价于黑体在相同温度下发射的能量，它是常数。

黑体是在任何温度下全部吸收任何波长辐射的物体，黑体的吸收本领与波长和温度无关，即 $a=1$。黑体吸收本领最大，加热后，它的发射热辐射也比任何物体都要大。

（2）**斯忒藩—玻尔兹曼定律**　物体温度越高，它辐射出来的能量越大。可用下面公式表示

$$E = \sigma \varepsilon T^4 \tag{5-73}$$

式中，E 为某物体在温度 T 时单位面积和单位时间的红外辐射总能量；σ 为斯忒藩—玻尔兹曼常数，$\sigma = 5.6697 \times 10^{-12} \, \text{W/cm}^2 \text{K}^4$；$\varepsilon$ 为比辐射率，即物体表面辐射本领与黑体辐射本领之比值，黑体的 $\varepsilon = 1$；T 为物体的绝对温度。

该定律表明，物体红外辐射的能量与它自身的绝对温度的四次方成正比，并与 ε 成正比。物体温度越高，其表面所辐射的能量就越大。

（3）**维恩位移定律**　热辐射发射的电磁波中包含着各种波长。实验证明，物体峰值辐射波长 λ_m 与物体的自身的绝对温度 T 成反比。即

$$\lambda_m = \frac{2897}{T} (\mu \text{m}) \tag{5-74}$$

上式称为维恩位移定律。图 5-49 给出了分谱辐射出射度 M_λ 与波长 λ 的分布与温度的关系。从图所示曲线可知，峰值辐射波长随温度升高向短波方向偏移。当温度不很高时，峰值辐射波长在红外区域。

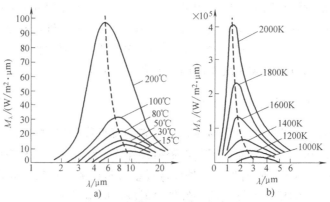

图 5-49　物体峰值辐射波长与温度的关系曲线

a）15～200℃　b）1000～2000K

5.5.3　红外探测器

红外探测器是红外传感器的核心。红外探测器是一种辐射能转换器，主要用于将接收到的红外辐射能转换为便于测量或观察的电能、热能等其他形式的能量。根据能量转换方式，红外探测器可分为热探测器和光子探测器两大类。

1. 热探测器

热探测器也通称为能量探测器，其原理是利用辐射的热效应，其换能过程包括：热阻效应、热伏效应、热气动效应和热释电效应，通过热电变换来探测辐射。入射到探测器光敏面的辐射被吸收后，引起响应元的温度升高，响应元材料的某一物理量随之而发生变化。利用不同物理效应可设计出不同类型的热探测器，主要有四类：热释电型、热敏电阻型、热电阻型和气体型。其中最常用的有电阻温度效应（热敏电阻）、温差电效应（热电偶，热电堆）和热释电效应。

由于各种热探测器都是先将辐射转化为热并产生温升，而这一过程通常很慢，热探测器的时间常数要比光子探测器大得多。热探测器性能也不像光子探测器那样有些已接近背景极限。即使在低频下，它的探测率要比室温背景极限值低一个数量级，高频下的差别就更大了。因此，热探测器不适合用于快速、高灵敏度的探测。热探测器的最大优点是光谱响应范围较宽且较平坦。严格地说，利用辐射热效应而引起电阻变化的热探测器应称之为测热辐射计（Bolometer），俗称热敏电阻。

2. 光子探测器

光子探测器是最有用的红外探测器，它的工作机理是光子与探测器材料直接作用，产生内光电效应，其换能过程包括：光生伏特效应、光电导效应、光电磁效应和光发射效应。它基于入射光子流与探测材料相互作用产生的光电效应，具体表现为探测器响应元自由载流子（即电子和/或空穴）数目的变化。由于这种变化是由入射光子数的变化引起的，光子探测器的响应正比于吸收的光子数。而热探测器的响应正比与所吸收的能量，因此，光子探测器的探测率一般比热探测器要大 1~2 个数量级，其响应时间为微秒或纳秒级。光子探测器的光谱响应特性与热探测器完全不同，通常需要制冷至较低温度才能正常工作。

3. 红外探测器的基本参数

各种光子探测器、热探测器的作用机理虽然各有不同，但其基本特性都可用等效噪声功率或探测率、响应率、光谱响应、响应时间等参数来描述。红外探测器主要技术参数有下列几项：

（1）响应率　所谓红外探测器的响应率就是其输出电压与输入的红外辐射功率之比

$$r=\frac{U_0}{P} \tag{5-75}$$

式中，r 为响应率（V/W）；U_0 为输出电压（V）；P 为红外辐射功率（W）。

（2）响应波长范围　红外探测器的响应率与入射辐射的波长有一定的关系，如图 5-50 所示。曲线①为热敏探测器的特性。热敏红外探测器响应率 r 与波长 λ 无关。

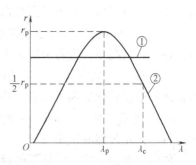

图 5-50　光电探测器分谱响应曲线

光电探测器的分谱响应如图中曲线②所示。

λ_p对应响应峰值r_p，$r_p/2$对应截止波长λ_c。

（3）噪声等效功率（NEP）　若投射到探测器上的红外辐射功率所产生的输出电压正好等于探测器本身的噪声电压，这个辐射功率就叫做噪声等效功率（NEP）。噪声等效功率是一个可测量的量。

设入射辐射的功率为P，测得的输出电压为U_0，然后除去辐射源，测得探测器的噪声电压为U_N，则按比例计算，要使$U_0=U_N$的辐射功率为

$$\text{NEP}=\frac{P}{\dfrac{U_0}{U_N}}=\frac{U_N}{r} \tag{5-76}$$

（4）探测率　经过分析，发现 NEP 与检测元件的面积S和放大器带宽Δf乘积的平方根成正比，比例系数的倒数称为探测率D^*。即

$$D^*=\frac{\sqrt{S\Delta f}}{\text{NEP}}=\frac{r}{U_N}\sqrt{S\Delta f}\,(\text{cm}\,\sqrt{\text{Hz}}/\text{W}) \tag{5-77}$$

D^*实质上就是当探测器的敏感元件具有单位面积、放大器的带宽为 1Hz 时的辐射所获得的信噪比。

（5）响应时间　红外探测器的响应时间就是加入或去掉辐射源的响应速度响应时间，而且加入或去掉辐射源的响应速度响应时间相等。红外探测器的响应时间是比较短的。

5.5.4　红外传感系统的组成

红外传感系统主要由以下八个部分组成：

（1）待测目标　根据待测目标的红外辐射特性可进行红外系统的设定。

（2）大气衰减　待测目标的红外辐射通过地球大气层时，由于气体分子和各种气体以及各种溶胶粒的散射和吸收，将使得红外源发出的红外辐射发生衰减。

（3）光学接收器　它接收目标的部分红外辐射并传输给红外传感器。相当于雷达天线，常用是物镜。

（4）辐射调制器　对来自待测目标的辐射调制成交变的辐射光，提供目标方位信息，并可滤除大面积的干扰信号。又称调制盘和斩波器，它具有多种结构。

（5）红外探测器　这是红外系统的核心。它是利用红外辐射与物质相互作用所呈现出来的物理效应探测红外辐射的传感器，多数情况下是利用这种相互作用所呈现出的电学效应。此类探测器可分为光子探测器和热敏感探测器两大类型。

（6）探测器制冷器　由于某些探测器必须要在低温下工作，所以相应的系统必须有制冷设备。经过制冷，设备可以缩短响应时间，提高探测灵敏度。

（7）信号处理系统　将探测的信号进行放大、滤波，并从这些信号中提取出信息。然后将此类信息转化成为所需的格式，最后输送到控制设备或者显示器中。

（8）显示设备　这是红外设备的终端设备。常用的显示器有示波器、显像管、红外感光材料、指示仪器和记录仪等。

依照上面的流程，红外系统就可以完成相应的物理量的测量。红外系统的核心是红外探测器，按照探测的机理不同，可以分为热探测器和光子探测器两大类。下面以热探测器为例

子来分析探测器的原理。

5.5.5　红外探测的光学系统

　　一般在红外传感器的敏感元件前装有光学部件（或称光学系统），用来获取被测目标的红外辐射，并将其聚焦于敏感元件表面上。光学系统一般由光学系统、检测元件、前置放大器和调制器组成。

　　按光学系统的结构形式不同，可分为透射式和反射式两类。图 5-51 为透射式光学系统的红外探测器的结构示意图。图 5-52 为两种形式的反射式光学系统的红外探测器的结构示意图。系统主反射镜和次反射镜都是用金属反射膜敷于其

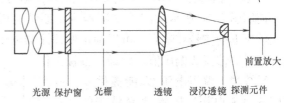

图 5-51　透射式红外探测器光路图

正面，这样首先能消除像差，其次能保证在红外区域中很宽波段内获得高反射系数。采用反射光学系统的主要原因是由于要获得透射红外波段的光学材料比较困难。此外，反射系统还可做成大口径的镜子。但是，总的来看，反射式在加工方面比透射式要困难些。

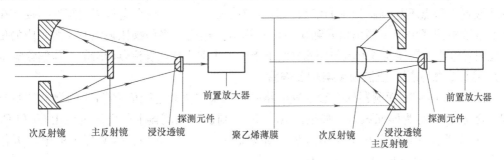

图 5-52　反射式红外探测器光路图

5.5.6　红外探测的辅助电路

　　红外传感器的输出信号一般很微弱，若要有效地利用这种信号，必须对传感器采取适当的偏置并且将信号放大。所谓传感器的偏置是指通过偏置电路对传感器加上一定的偏置电压或电流，使传感器在正常的状态下工作，发挥出最好的性能。所谓信号放大，是指将一偏置状态下的传感器与前置放大器耦合，以便将微弱信号电压幅度或功率予以放大。

　　例如，热敏电阻型探测器、外光电探测器和光电导探测器，需要外加偏置电源，这几种探测器需要通过外加电流或电压。而热电偶、热释电探测器、光生伏特探测器和光磁电探测器是自生偏压探测器，它们不需外加偏置电源，在红外线照射下，可以自生光信号电流或电压，然后通过一定的耦合方式与前置放大器耦合，实现对光信号的有效放大。应该指出，光生伏特探测器是 PN 结构成的，受红外线照射后有光生电压或电流，可以不加偏置电源工作，也可以加反向偏置电压工作。

1. 一般直流偏置电路与最佳偏置工作点

　　电阻型红外探测器（热敏电阻型探测器、光电导探测器等）的一般直流偏置电路如图 5-53 所示。图中 R_0 为探测器的电阻，R_L 为负载电阻，U_B 为直流偏置电源电压。

当红外辐射照射到探测器上后，R_0 阻值发生变化，导致 R_0 与 R_L 的分压情况发生变化，由此而形成红外光电信号，由 R_0、R_L 的连接点 A 耦合至前置放大器输入端。C 为隔直流电容，对交流可视为短路。由于探测器与负载电阻均产生噪声，同时入射红外辐射中还含有背景光子噪声，所以在信号中会夹杂着噪声。当无红外辐射到探测器上时，A 点的输出即为噪声。

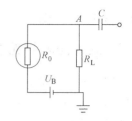

图 5-53　电阻型红外探测器的一般直流偏置电路

使用图 5-54 所示的红外探测器测试系统可以测得各种偏流或偏压下的信号和噪声，可以确定使探测器输出信噪比达到最大值时的偏流或偏压值，即最佳偏置工作点。系统中，偏压电源 U_B 能提供 $0 \sim 500\text{V}$ 范围的直流电压；R_L 是一套精密的（1%）低噪声电阻。测试时，$R_L = R_0$，这种情况下的负载电阻 R_L 称为匹配电阻。前置放大器噪声应该很低，使其在噪声输出中可以忽

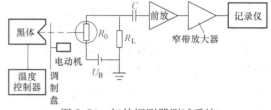

图 5-54　红外探测器测试系统

略不计。调制应能提供所测探测器有效工作的调制频率，这个调制频率不必精确地选择，因为最佳偏置工作点不是调制频率的函数，但窄带放大器的中心频率应与调制频率一致。在一系列的偏置电流或电压下测出信号和噪声，并算出信噪比。当信噪比最大时，所对应的偏流为最佳偏置电流，最佳偏置电流与探测器暗电阻的乘积即为加在探测器两端的最佳偏置电压。

2. 直流匹配偏置、恒流偏置与恒压偏置

在图 5-53 所示的探测器的一般偏置电路中，如果取负载电阻值 R_L 等于探测器的暗电阻值 R_0，这种偏置称为匹配偏置。如果使 $R_L \gg R_0$，则加在探测器上的电压近似由 U_B 和 R_L 决定，与 R_0 无关。这种偏置称为恒流偏置。如果取 $R_L \ll R_0$，则加在探测器上的电压近似为 U_B，与 R_L 无关，这种偏置称为恒压偏置。

3. 交流偏置与微波偏压偏置

当目标的红外辐射信号为缓变信号，又不进行光调制的情况下，为了能利用性能稳定的交流放大器，可以对电阻性红外探测器加交流偏压，称为交流偏置，如图 5-55 所示。这里的交流偏置电路接成桥路形式，变压器一次侧接正弦波振荡器，二次侧

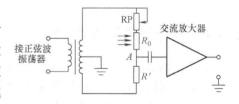

图 5-55　红外探测交流偏压电路

中心抽头接地，R_0 为探测器的电阻，R' 为温度补偿用的相同探测器（不受目标辐射）的电阻，RP 为调节电桥平衡电位器。在不接受目标辐射时，电桥平衡，A 点电位为零，无信号输出。当接受目标红外辐射时，R_0 变化，交流电桥失去平衡，A 点有交流信号输出。使用这种偏置方法，要求 R_0、R' 的温度特性一致，否则会导致一定测量误差。交流偏置的优点是不需要光调制装置，探测器无过剩噪声，性能稳定。

如果将交流偏置源的频率提高到微波波段，并将其功率导入微波谐振腔，对置于微波谐振腔的高电场区域的光电导探测器进行偏置，则此偏置称为微波偏压偏置。其典型装置如图 5-56 所示。

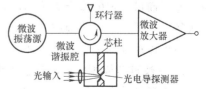

图 5-56　光电导探测器件微波偏压框图

微波偏压技术是 20 世纪 60 年代以来，红外探测技术领域出现的一项新技术，它将红外技术与微波技术的许多特点结合起来，提高了光电导探测器的性能。与直流偏压相比，它可使光电导探测器的内电流增益远远大于 1，使噪声更低，而灵敏度提高两个数量级，增益-带宽积可达$10^9 \sim 10^{10}$Hz。微波偏压这项新技术还需要进一步研究，应用中还存在许多问题未得到解决。由于篇幅所限，这里不深入讨论。如若需要请参阅有关专著。

5.5.7　红外测温

1. 红外测温的特点

温度是表示物体冷热程度的物理量，它是物质分子运动平均动能大小的主要标志。温度与物质的许多物理现象和化学性质有关的重要热工量，温度测量与控制，在科学研究与工农业生产中，有重要实用意义。

与传统温度测量方法相比，红外测温主要有以下特点：

1）红外测温可远距离和非接触测温。它特别适合于高速运动物体、带电体、高压及高温物体的温度测量。

2）红外测温反应速度快。它不需要与物体达到热平衡的过程，只要接收到目标的红外辐射即可测量目标的温度。测量时间一般为毫秒级甚至微秒级。

3）红外测温灵敏度高。因为物体的辐射能量与温度的四次方成正比，物体温度微小的变化，就会引起辐射能量较大的变化，红外探测器即可迅速地检测出来。

4）红外测温准确度高。由于是非接触测量，不会影响物体温度分布状况与运动状态，因此测出的温度比较真实。其测量准确度可达到 0.1℃以内。

5）红外测温范围广泛。可测摄氏零下几千度到零上几千度的温度范围。红外测温几乎可以使用在所有温度测量场合。

2. 红外测温原理

红外测温主要应用的是全辐射测温，即通过测量物体所辐射出来的全波段辐射能量来确定物体的温度。它是应用斯蒂芬—玻耳兹曼定律

$$W = \varepsilon \delta T^4 \tag{5-78}$$

式中，W 为物体的全波辐射出射度，即单位面积所发射的辐射功率；ε 为物体表面的法向比辐射率；σ 为斯蒂芬—玻耳兹曼常数；T 为物体的绝对温度。

一般物体的 ε 总是在 0 与 1 之间，$\varepsilon = 1$ 的物体称为黑体。式（5-78）表明，辐射功率与物体温度的四次方成比例。只要知道了物体的温度和它的比辐射率，就可算出它所发射的辐射功率。反之，如果测量出物体所发射的辐射功率，就可以确定物体的温度。

3. 红外测温仪

红外测温仪一般用于探测目标的红外辐射和测定其辐射强度，确定目标的温度。采用分离出所需波段的滤光片，可使仪器工作在任意红外波段。

常见的红外测温仪的组成如图 5-57 所示。它的光学系统是一个固定焦距的透射系统，物镜一般为锗透镜，有效通光口径即作为系统的孔径光栏。滤光片一般采用只允许 8～14μm 的红外辐射能通过的材料。红外探测器一般为（钽酸锂）热释电探测器，安装时保证其光敏面落在透镜的焦点上。步进电机带动调制盘转动对入射的红外辐射进行斩光，将恒定或缓变的红外辐射变换为交变辐射。被测目标的红外辐射通过透镜聚焦在红外探测器上，变

换为电信号输出,经过前置放大器进行阻抗转换及信号放大,最后送入信号处理器进行处理。

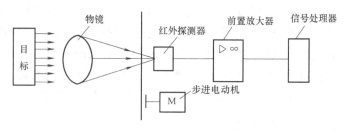

图 5-57　红外测温系统组成

除了采用这种透射式结构外,还可以采用反射式的光学系统。透射式光学系统的透镜是用红外光学材料制造的,根据红外波长选择光学材料。一般测量高温(700℃以上)的仪器,有用波段主要在 $0.76\sim3\mu m$ 的近红外区,可选用的光学材料有光学玻璃、石英等。测量中温(100~700℃)的仪器,有用波段主要在 $3\sim5\mu m$ 的中红外区,常采用氟化镁、氧化镁等热压光学材料。测量低温(100℃以下)的仪器,有用波段主要在 $5\sim14\mu m$ 的中远红外波段,常采用锗、硅、热压硫化锌等材料。一般要在镜片表面蒸镀红外增透层,一方面增大有用波段的透过率;另一方面可滤掉不需要的波段。反射式光学系统中多用玻璃反射镜、表面镀金、铝、镍铬等在红外波段反射率很高的材料。

5.5.8　红外成像

许多场合下,不仅需要知道物体表面的平均温度,还需要了解物体的温度分布情况,以便分析、研究物体结构,探测物体内部情况,因此需要采用红外成像技术,将物体的温度分布以图像形式直观的表示出来。常用的红外成像器件有红外变像管、红外摄像管及红外电荷耦合器件,可以组成各种形式的红外摄像仪,图 5-58 所示是一种热像仪的工作原理。

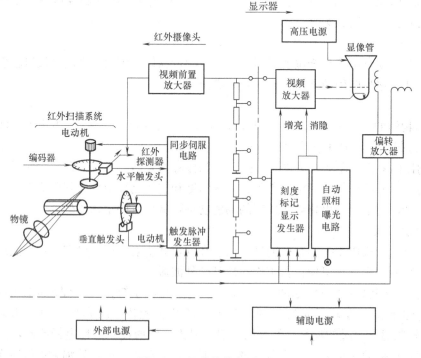

图 5-58　红外热像仪原理图

热像仪的光学系统为全折射式。物镜材料为单晶硅,通过更换物镜可对不同距离和大小的物体扫描成像。光学系统中垂直扫描和水平扫描均采用具有高折射串的多面平行棱镜,扫描棱镜由电动机带动旋转,扫描速度和相位由扫描触发器、脉冲发生器和有关控制电路控制。

前置放大器的工作原理如图 5-59 所示。红外探测器输出的微弱信号送入前置放大器进行放大。温度补偿电路输出信号也同时输入前置放大器,以抵消目标温度随环境温度变化而引起的测量值的误差。前置放大器的增益可通过调整反馈电阻进行控制。

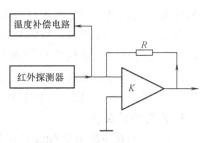

图 5-59　前置放大电路原理

前置放大器的输出信号,经视频放大器放大,再去控制显像管屏上射线的强弱。由于红外探测器输出的信号大小与其所接收的辐照度成比例,因而显像荧屏上射线的强弱也随探测器所接收的幅照度成比例变化。

5.5.9　红外无损检测

红外无损检测是通过测量热流或热量来鉴定金属或非金属材料质量、探测内部缺陷的。对于某些采用 X 射线、超声波等无法探测的局部缺陷,用红外无损探测可取得较好的效果。

红外无损检测分主动式和被动式两类。主动式是人为地在被测物体上注入(或移出)固定热量,探测物体表面热量或热流变化规律,并以此分析判断物体的质量。被动式则是用物体自身的热辐射作为辐射源,探测其辐射的强弱或分布情况,判断物体内部有无缺陷。

1. 焊接缺陷的无损检测

焊口表面起伏不平,采用 X 射线、超声波、涡流等方法难于发现缺陷。红外无损检测则不受表面形状限制,能方便和快速地发现焊接区域的各种缺陷。

图 5-60 所示为两块焊接的金属板,其中图 5-60a 焊接区无缺陷,图 5-60b 焊接区有一气孔。若将一交流电压加在焊接区的两端,在焊口上会有交流电流通过。由于电流的集肤效应,靠近表面的电流密度将比下层大。由于电流的作用,焊口将产生一定的热量,热量的大小

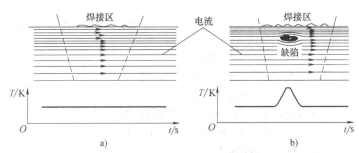

图 5-60　焊接缺陷检测表面电流情况
a) 无焊接缺陷　b) 有焊接缺陷

正比于材料的电阻率和电流密度的平方。在没有缺陷的焊接区内,电流分布是均匀的,各处产生的热量大致相等,焊接区的表面温度分布是均匀的。而存在缺陷的焊接区,由于缺陷(气孔)的电阻很大,使这一区域损耗增加,温度升高。应用红外测温设备即可清楚地测量出热点,由此可断定热点下面存在着焊接缺陷。

采用交流电加热的好处是可通过改变电源频率来控制电流的透入深度。低频电流透入较深,对发现内部深处缺陷有利;高频电流集肤效应强,表面温度特性比较明显。但表面电流

密度增加后，材料可能达到饱和状态，它可变更电流沿深度方向分布，使近表面产生的电流密度趋向均匀，给探测造成不利。

2. 焊件内部缺陷探测

有些精密铸件内部非常复杂，采用传统的无损探伤方法不能准确地发现内部缺点，用红外无损探测就能很方便地解决这些问题。

当用红外无损探测时，只需在铸件内部通以液态氟利昂冷却，使冷却通道内有最好的冷却效果。然后利用红外热像仪快速扫描铸件整个表面，如果通道内有残余型芯或者壁厚不匀，在热图中即可明显地看出。冷却通道畅通，冷却效果良好，热图上显示出一系列均匀的白色条纹；假如通道阻塞，冷却液体受阻，则在阻塞处显示出黑色条纹。

3. 疲劳裂纹探测

图 5-61 为对飞机或导弹蒙皮进行疲劳裂纹探测示意图。为了探测出疲劳裂纹位置，采用一个点辐射源在蒙皮表面一个小面积上注入能量，然后，用红外辐射温度计测量表面温度。如果在蒙皮表面或表面附近存在疲劳裂纹，则热传导受到影响，在裂纹附近热量不能很快传输出去，使裂纹附近表面温度很快升高。如图 5-62 所示，图中虚线表示裂纹两边理论上的温度分布曲线。即当辐射源分别移到裂纹两边时，由于裂纹不让热流通过，因而两边温度都很高。当热源移到裂纹上时，表面温度下降到正常温度。然而在实际测量中，由于受辐射源尺寸的限制，辐射源和红外探测器位置的影响，以及高速扫描速度的影响，从而使湿度曲线呈现出实线的形状。

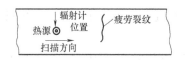

图 5-61　疲劳裂纹探测样品扫描示意图

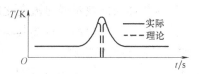

图 5-62　样品表面温度分布曲线

思 考 题

1. 简述几何光学的四个定律。

2. 什么叫光的干涉、衍射、辐射与吸收？

3. 简述光电式传感器的组成及特点。

4. 传感器用光源有什么特点？常用哪些光源？

5. 简述光电探测器的原理、特点和基本类型。

6. 简述弱信号探测方法。

7. 简述激光传感技术的原理、方法。

8. 什么叫红外线、大气窗口？红外线是什么？

9. 简述红外辐射的基本定律。

10. 简述红外探测器的原理、种类、特点及应用。

11. 举例说明光电传感器的应用。

第6章 光纤传感技术

6.1 光纤概述

6.1.1 光纤的基本概念

1. 光纤的基本结构

光纤（Optic fiber）是光导纤维的简称，它能够将进入光纤一端的光线传送到光纤的另一端。光纤是一种多层介质结构的对称柱体光学纤维，它一般由纤芯、包层、涂敷层与护套构成，如图 6-1 所示。

纤芯与包层是光纤的主体，对光波的传播起着决定性作用。纤芯多为石英玻璃，直径一般为 $5 \sim 75 \mu m$，材料主体为二氧化硅，其中掺杂其他微量元素，以提高纤芯的折射率。包层直径很小，一般约为 $100 \sim 200 \mu m$，其材料主体也为二氧化硅，但折射率略低于纤芯。实际上，纤芯和包层的折射率差并不需要很大，大约 1‰ 就可以了。

不同类型光纤的纤芯和包层的几何尺寸差别很大。用于高清晰度传像光纤的芯径小、包层薄，传输高功率的照明光纤一般有更粗的纤芯和细薄的包层。相比较而言，用于通信的光纤则是厚包层和小芯径的。通信光纤的标准包层直径是 $125 \mu m$。

涂敷层的材料一般为硅酮或丙烯酸盐，直径约为 $250 \mu m$，主要用于隔离杂光，保护光纤内部的玻璃表面，防止划伤或其他机械损伤。护套的材料一般为尼龙或其他有机材料，用于提高光纤的机械强度，保护光纤。在一些特殊场合下，可以没有涂敷层和护套，称之为裸纤。多根光纤以一定的结构形式组合在一起就构成了光纤光缆，其结构如图 6-2 所示。

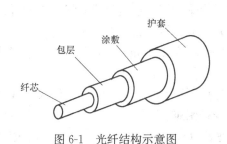

图 6-1 光纤结构示意图

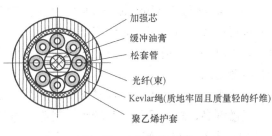

图 6-2 光纤光缆结构

2. 光线在光纤中的传播

光线在光纤中的传播遵循全反射和菲涅耳折射定律，如图 6-3 所示。

假设纤芯的折射率为 n_1，包层的折射率为 n_2，由折射定律可知，在纤芯与包层分界处，入射角 θ_1 与折射角 θ_2 存在如下关系：

$$n_1 \sin\theta_1 = n_2 \sin\theta_2 \qquad (6-1)$$

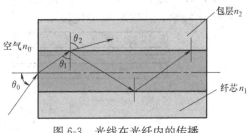

图 6-3 光线在光纤内的传播

由于纤芯折射率大于包层折射率，即 $n_1 > n_2$，因此折射角大于入射角，即 $\theta_2 > \theta_1$。随着入射角 θ_1 的增大，折射角 θ_2 随之增大。当折射角 $\theta_2 = 90℃$ 时，折射消失，入射光线全部被反射，从而发生全反射现象。根据折射定律，满足全反射条件的最小入射角 θ_c 为

$$\sin\theta_c = n_2 / n_1 \qquad (6\text{-}2)$$

当入射角 $\theta_1 > \theta_c$ 时，光线不再进入包层，而是在光纤内不断反射并向前传播，直至从光纤另一端射出，这就是光纤的传光原理。

由图 6-3 可知，光线从外界介质（例如空气，折射率为 n_0）射入纤芯后能够实现全反射的最大入射角 θ_0 应满足

$$n_0 \sin\theta_0 = n_1 \sin\theta' = n_1 \cos\theta_c = n_1 \sqrt{1 - \sin^2\theta_c} = \sqrt{n_1^2 - n_2^2} \qquad (6\text{-}3)$$

式中，$n_0 \sin\theta_0$ 称为数值孔径，用 NA 表示，与之对应的最大入射角 θ_0 称为张角。

数值孔径是衡量光纤集光性能的主要参数，其表征的含义在于：无论光源发射功率多大，只有入射角处于张角 θ_0 内的光线才能被光纤接收，并在光纤内部连续发生全反射，最终传播到光纤另一端。数值孔径 NA 越大，表示光纤的集光能力越强。产品光纤通常不给出折射率，而只给出数值孔径 NA，例如石英光纤的数值孔径为 $NA = 0.2 \sim 0.4$，对应的张角为 $11.5° \sim 23.6°$。

由于光纤具有一定的柔韧性，实际工作时光纤可能弯曲，从而使光线"转弯"。但是只要仍满足全反射条件，光线仍然能够继续前进，并到达光纤另一端。

3. 光纤的模式

光纤中传播的模式就是光纤中存在的电磁场场形，或者说是光场场形（HE）。各种场形都是光波导中经过多次的反射和干涉的结果。各种模式是不连续的离散的。由于驻波才能在光纤中稳定的存在。它的存在反映在光纤横截面上就是各种形状的光场，即各种光斑。若是一个光斑，我们称这种光纤为单模光纤，若为两个以上光斑，我们称之为多模光纤。

也可以说，光波在光纤中的传播途径和方式称为光纤模式。对于不同入射角的光线，在界面反射的次数是不同的，传递的光波间的干涉也是不同的，这就是传播模式不同。一般总希望光纤信号的模式数量要少，以减小信号畸变的可能。

（1）单模光纤（Single-Mode） 由于单模光纤只传输主模，也就是说光线只沿光纤的内芯进行传输。由于完全避免了模式色散，使得单模光纤的传输频带很宽，因而适用于大容量，长距离的光纤通信。单模光纤使用的光波长为 1310nm 或 1550nm。如图 6-4a 为单模光纤光线轨迹图。

单模光纤直径较小，只能传输一种模式。其优点是：信号畸变小、信息容量大、线性好、灵敏度高；缺点是：纤芯较小，制造、连接、耦合较困难。

（2）多模光纤（Multi-Mode） 在一定的工作波长（850~1300nm）下，有多个模式在光纤中传输，这种光纤称之为多模光纤。由于色散或像差，因此，这种光纤的传输性能较差，频带比较窄，传输容量也比较小，距离比较短。图 6-4b 为多模光纤光线轨迹图。

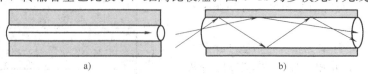

a) b)

图 6-4 单模/多模光纤光线轨迹图

a) 单模光纤 b) 多模光纤

多模光纤直径较大，传输模式不只一种，其缺点是：性能较差。优点是：纤芯面积较大，制造、连接、耦合容易。

4. 光纤的分类

光纤的分类可以分别从原材料、传输模式、折射率分布、工作波长和制造方法几方面考虑，具体分类方法如下：

（1）按原材料分类　石英玻璃、多成分玻璃、塑料、复合材料（如塑料包层、液体纤芯等）、红外材料等。按被覆材料还可分为无机材料（碳等）、金属材料（铜、镍等）和塑料等。

（2）按传输模式分类　单模光纤（含偏振保持光纤、非偏振保持光纤）、多模光纤。单模光纤只能传输一种模式，但这种模式可以按两种相互正交的偏振状态出现。多模光纤能传输多达几百至几千种模式。

（3）按折射率分布分类　阶跃（SI）型、近阶跃型、渐变（GI）型、其他（如三角型、W 型、凹陷型等）。

（4）按工作波长分类　紫外光纤、可观光纤、近红外光纤、红外光纤（$0.85\mu m$、$1.3\mu m$、$1.55\mu m$）。短波长光纤是指 $0.8\sim0.9\mu m$ 的光纤；长波长光纤是指 $1.0\sim1.7\mu m$ 的光纤；而超长波长光纤则是指 $2\mu m$ 以上的光纤。

（5）按制造方法分类　预塑法有汽相轴向沉积（VAD）、化学汽相沉积（CVD）等，拉丝法有管律法（Rodintube）和双坩锅法等。

5. 光纤的特性

（1）物理特性　在计算机网络中均采用两根光纤（作用于不同传输方向）组成传输系统。按波长范围（近红外范围内）可分为 3 种：$0.85\mu m$ 短波长区（$0.8\sim0.9\mu m$）、$1.3\mu m$ 长波长区（$1.25\sim1.35\mu m$）和 $1.55\mu m$ 长波长区（$1.53\sim1.58\mu m$）。不同的波长范围光纤损耗特性也不同，其中 $0.85\mu m$ 波长区为多模光纤通信方式，$1.55\mu m$ 波长区为单模光纤通信方式，$1.3\mu m$ 波长区有多模和单模两种方式。

（2）传输特性　光纤通过内部的全反射来传输一束经过编码的光信号，内部的全反射可以在任何折射指数高于包层媒体折射指数的透明媒体中进行。光纤的数据传输率可达每秒 Gb 级，信号损耗和衰减非常小，传输距离可达数十米，是长距离传输的理想传输介质。

（3）连通性　光纤普遍用于点到点的链路。由于光纤功率损失和衰减小的特性，以及有较大的带宽潜力，因此一段光纤能够支持的分接头数比双绞线或同轴电缆多得多。

（4）传输范围　从目前的技术来看，光纤可以在 $6\sim8km$ 的距离内不用中继器传输，因此光纤适合于在几个建筑物之间通过点到点的链路连接局域网络。

（5）抗干扰性　光纤具有不受电磁干扰和噪声影响的独有特征，适宜在长距离内保持高数据传输率，而且能够提供很好的安全性。

6.1.2　光纤的损耗与色散

1. 光纤的损耗

光纤损耗大致可分为光纤具有的固有损耗以及光纤制成后由使用条件造成的附加损耗。固有损耗包括散射损耗、吸收损耗和因光纤结构不完善引起的损耗；附加损耗则包括微弯损耗、弯曲损耗和接续损耗。

其中，附加损耗是在光纤的铺设过程中人为造成的。在实际应用中，不可避免地要将光纤一根接一根地接起来，光纤连接会产生损耗。光纤微小弯曲、挤压、拉伸受力也会引起损耗。这些都是光纤使用条件引起的损耗。究其主要原因是在这些条件下，光纤纤芯中的传输模式发生了变化。附加损耗是可以尽量避免的。

固有损耗中，散射损耗和吸收损耗是由光纤材料本身的特性决定的，在不同的工作波长下引起的固有损耗也不同。搞清楚产生损耗的机理，定量地分析各种因素引起的损耗的大小，对于研制低损耗光纤，合理使用光纤有着极其重要的意义。

2. 光纤的色散

凡是与波速、波长变化有关的物理现象，通常称作色散。光纤的色散是指光脉冲在光纤中传播时，由于各波长光波的群速度不同而产生的脉冲展宽现象。光纤的色散主要由两方面引起：一是光源发出的并不是单色光；二是调制信号有一定的带宽。实际光源发出的光不是单色的，而是有一定的波长范围。这个范围就是光源的带宽。

光纤的色散可以分为下列三类：

（1）模式色散 在多模光纤中，即使是同一波长，不同模式的光由于传播速度的不同而引起的色散称为模式色散。

（2）色度色散 是指光源光谱中不同波长在光纤中的群延时差所引起的光脉冲展宽现象。

（3）偏振模色散 单模光纤中实际存在偏振方向相互正交的两个基模。当光纤存在双折射时，这两个模式的传输速度不同而引起的色散称为偏振模色散。

6.1.3 光纤的偏振与双折射

单模光纤仅传播 HE_{11} 一种模式。在理想情况下（即假设光纤为圆截面，笔直无弯曲，材料纯净无杂质），HE_{11} 模式为垂直于光纤轴线的线偏光。实际上这种线偏光是二重简并的，可以分解为彼此独立、互不影响的两个正交偏振分量 HE_{11}^x 和 HE_{11}^y，它们的传播常数相等，即 $\beta_x = \beta_y$，在传播过程中始终保持相位相同，简并后线偏方向不变。

实际上，上述理想条件是很难达到的。实际的光纤总含有一些非对称因素，使两个本来简并的模式 HE_{11}^x 和 HE_{11}^y 的传播常数出现差异，即 $\beta_x - \beta_y \neq 0$，线偏态沿光纤不再保持不变而发生连续变化，这种现象称为光纤的双折射效应。这种双折射效应可用归一化双折射系数 B 或拍长 Λ 来表示。

$$B \equiv \frac{\Delta\beta}{\beta_{av}} = \frac{n_x - n_y}{n_{av}} \tag{6-4}$$

式中，n_{av} 为单模光纤的平均折射率；β_{av} 为单模光纤的平均传播常数。

$$\Lambda = \frac{2\pi}{\Delta\beta} = \frac{2\pi}{\beta_{av}B} \tag{6-5}$$

通常拍长 Λ 在 $0.1 \sim 2m$ 之间。

对某些应用，希望光纤在传输光波时不改变它的偏振态，这种光纤称为保偏光纤，又称高双折射光纤，其 B 值可达 $10^{-4} \sim 10^{-3}$ 量级，相当于光纤拍长 Λ 在毫米量级。几种典型的保偏光纤的结构如图 6-5 所示。

与高折射光纤相对应的是，当归一化双折射系数 B 降低到 10^{-7} 量级以下，相应的拍长 Λ 达到 100m 以上的单模光纤，称之为低双折射率光纤。这两种低双折射单模光纤都是按其生产工艺的特性命名的。

椭圆芯　　椭圆包层　　熊猫型　　领结型

图 6-5　保偏光纤横截面结构

上述单模光纤实际上都存在着两个彼此独立的正交模态，为双模态工作。如果在制造光纤时，有意地使单模光纤的两个模态具有不同的衰减率，即一个为高损耗模态，另一个为低损耗模态，二者的消光比达到 50dB 以上，则其中的高损耗模态实际上已经截止，光纤中只剩下一个偏振模在传输了，这种光纤才是真正纯粹的单模光纤。纯单模光纤的一个重要特征是输入任何偏振态的光都只有线偏光输出，因此也称起偏光纤。

6.2　光纤用光源和传输连接器件

6.2.1　光纤用光源

光纤传感器对光源的要求是体积小、便于耦合，光源的频谱特性应与光纤波导的传输频响特性匹配，以减少传输过程中的能量损耗，在工作波长下输出光通量应最大，特定条件下要求光源的相干性好。此外，还要求光源稳定性好、室温下能够连续长期工作，信噪比高、使用方便等。按照光的相干性可以把光源分为相干光源和非相干光源，各类光源的概述见第五章"传感器用光源"一节，光纤用光源，大体情况如下：

1. 非相干光源

（1）热光源　考虑光源的稳定性和调制速率的限制，实际光纤传感器的设计中一般不提倡选用此种光源。

（2）气体放电光源　气体放电光源有两个显著的特点：高强度和短波长，正因为此，使得其在光纤传感方面有了独特的用处。比如，用气体放电光源发出的高强度短波长的光来激发待测物质，使其发射荧光，可用来检测物质的温度、含量等。

（3）发光二极管　发光二极管具有可靠性较高，室温下连续工作时间长、光功率—电流线性度好等显著优点，而且技术比较成熟，价格非常便宜，常用在一些简易的光纤传感器中。但是 LED 的发光机理决定了它存在着很多的不足，如输出功率小、发射角大、谱线宽、响应速度低等。在一些需要功率高、调制速率快、单色性好的光源的传感器设计中，需选用其他更高性能的光源。

2. 相干光源

相干光源主要是各种类型的激光器，常见有下列几种。

（1）固体激光器　激光物质为固体的激光器，具有输出能量大、峰值功率高、器件结构紧凑、便于光纤耦合、使用寿命长和单元技术成熟等优点，体积也较气体激光器要小，价格适中，在光纤传感领域有一定的应用，可以用于测量吸收光谱。

（2）液体激光器　激光工作物质是液体的激光器，在光纤传感领域很少使用。

（3）气体激光器　激光工作物质是气体或金属蒸气的激光器。其最大的特点就是可以产生很高的连续功率，气体的吸收谱线很窄，而且采用电激励，非常适合在光纤传感器中使用。在分布式光纤传感器系统中，由于传输距离较长，而且必须保证返回的光信息能够达到探测的量级，因此在光源方面就必须提供足够大的光功率，所以它一般选用气体激光器，其中氩离子激光器就是一种非常好的选择。

（4）半导体激光二极管　半导体激光二极管效率高、体积小，波长范围较宽，价格低，在光纤传感中使用非常方便，特别是在光纤混合传感器中，经常采用较大功率的激光二极管作为光源，通过光电转换后给传感器探头提供电功率，是光纤传感系统中应用非常广泛的一种光源。

半导体激光二极管最致命的弱点在于工作一定时间后其性能将逐渐退化，有些特性将变质，而且这些变化是不可逆转的，最终导致激光管不能使用。这个缺陷在很大程度上影响其在一些必须长期使用、不便更换的光纤传感器中的使用。

（5）面发射激光器　是一种光从垂直于半导体衬底表面的方向射出的半导体激光器。具有众多优点，如体积小、门限电流低且对温度不敏感、寿命长、电光效应高、响应速度快、与光纤结合容易、可大规模生产、可做成密集排列的二维激光阵列、可应用到层叠光集成电路上等。密集排列二维激光阵列可以使利用光纤传感进行小面积内同时多点测量得以实现；层叠式集成可以使一个庞大的传感器系统微小化变为可能。

（6）光纤激光器　是指用掺稀土元素玻璃光纤作为增益介质的激光器。根据掺杂离子的不同以及两端起反射镜功能机理的不同，光纤激光器可以分为掺稀土光纤激光器、光纤光栅激光器、非线性效应光纤激光器及单晶光纤激光器等。光纤激光器主要优点在于容易使低泵浦实现连续工作；其阈值低、增益高、热效应低；利用定向耦合和 Bragg 反射，可制作窄线宽、可调谐光纤激光器；能很好地与光纤耦合，与现有的光纤器件完全兼容，能进行全光纤测试，可传输系统光源，这在任何光系统、光器件的设计中都是极其珍贵也极其重要的。因此，光纤激光器在下一代的光纤传感器中的应用具有非常好的前景。

（7）ASE 光源　ASE（Amplified Spontaneous Emission，放大自发辐射）光源是光纤传感中最常用的一种高稳定、高功率输出的宽带光源。光源主体部分是增益介质掺铒光纤和高性能的泵浦激光器，广泛应用于光纤无源器件的生产与测试，在光纤光栅、DWDM（Dense Wavelength Division Multiplexing，密集波分复用）薄膜滤波器、CWDM（Coarse Wavelength Division Multiplexing，稀疏波分复用）薄膜滤波器、AWG（Arrayed Waveguide Grating，陈列波导光栅）等器件的测试中采用 ASE 光源与采用白光源或可调谐激光器扫描相比，可提高功效达 10 倍以上，而且操作简单、测试精度高。此外，ASE 光源也广泛应用于其他光纤器件如：耦合器、隔离器、环形器等的光谱特性测量。它是一种对光纤光栅传感器系统和光纤元器件测试的理想光源。

根据光谱覆盖范围可分为 C 和 C+L 波段两种，而 C 波段的 ASE 光源又可分为加 GFF 与不加 GFF 两种。

6.2.2　光纤无源器件

1. 传输连接器件

在光纤领域大致有六类产品：光纤、光缆、有源器件、无源器件、光端机和测试仪器。由于光端机、测试仪器需要用有源器件，所以它们可以和有源器件一起称为有源类产品；光纤、光缆和无源器件则称为无源类产品。

光纤无源器件是为光纤传输系统提供媒介、连接及固定等作用（见表 6-1）。光纤无源器件通常包括光纤适配器、光纤活动连接器、光纤配线架、光纤衰减器、光分路器及光波分复用器、光纤光缆等。

表 6-1 光纤传感器常用器件

名　称	用　途	名　称	用　途
连接器	用于光纤与光纤之间的连接	自聚焦透镜	在 FOS 中做光的连接、耦合或敏感元件
耦合器	用于光纤与光源、探测器之间的耦合	光纤面板	在 FOS 中做图像转换或敏感体
X 型分路器	用于光纤光路分解	光栅	改变对入射光强的分布，或应用在干涉型 FOS 中
Y 型分路器	用于光路分束	普通光学透镜	改变 FOS 的视场与检测距离
星型耦合器	用于多路光的分解与耦合	棱镜	改变光路方向
光隔离器	用于光纤中入射光与沿原路反射光的隔离	锗透镜	隔离可见光，提高红外透过率
光电耦合器	在传感器中主要是光电隔离	石英晶体	做温度或频率测量
光开关	对输入光高速切换	方解石	作为双折射材料，做低温测量
电光调制器	在电场下实现对光量的调制作用	铌酸锂	用于典型光波导材料、光开关及 FOS 中敏感元件
磁光调制器	在磁场下实现对光量的调制作用	光放大器	在 FOS 回路中实现微光的放大作用
声光调制器	在声场下实现对光量的调制作用	滤光片	抑制某些波长的透过率
磁致伸缩器件	在电磁场中能产生微形变，导致光纤微弯曲	反射镜	使需要的波段反射或转换光路
编码器	用于高速运动物体动态定点测量		

注：光纤传感器英文全称为 Fiber Optic Sensor，简称 FOS。

2. 光纤连接器

在安装任何光纤系统时，都必须考虑以低损耗的方法把光纤或光缆相互连接起来，以实现光链路的接续。光纤链路的接续，又可以分为永久性的和活动性的两种。永久性的接续，大多采用熔接法、粘接法或固定连接器来实现；活动性的接续，一般采用活动连接器来实现。

光纤活动连接器，俗称活接头，一般称为光纤连接器，是用于连接两根光纤或光缆形成连续光通路的可以重复使用的无源器件，已经广泛应用在光纤传输线路、光纤配线架和光纤测试仪器、仪表中，是目前使用数量最多的光无源器件。

（1）光纤连接器的一般结构 目前，大多数的光纤连接器是由三个部分组成的：两个配合插头和一个耦合管。两个插头装进两根光纤尾端；耦合管起对准套管的作用。另外，耦合管多配有金属或非金属法兰，以便于连接器的安装固定。

光纤连接器的种类众多，结构各异（见图 6-6）。但细究起来，各种类型的光纤连接器的基本结构却是一致的，即绝大多数的光纤连接器采用高精密组件（由两个插针和一个耦合管共三个部分组成）实现光纤的对准连接。

这种方法是将光纤穿入并固定在插针中，并将插针表面进行抛光处理后，在耦合管中实现对准。插针的外组件采用金属或非金属的材料制作。插针的对接端必须进行研磨处理，另一端通常采用弯曲限制构件来支撑光纤或光纤软缆以释放应力。耦合管一般是由陶瓷或青铜等材料制成的两半合成的、紧固的圆筒形构件做成，多配有金属或塑料的法兰盘，以便于连接器的安装固定。为尽量精确地对准光纤，对插针和耦合管的加工精度要求很高。

（2）光纤连接器的性能　光纤连接器的性能，首先是光学性能，此外还要考虑光纤连接器的互换性、重复性、抗拉强度、温度和插拔次数等。

1）光学性能。对于光纤连接器的光性能方面的要求，主要是插入损耗和回波损耗这两个最基本的参数。插入损耗即连接损耗，是指因连接器的导入而引起的链路有效光功率的损耗。插入损耗越小越好，一般要求应不大于 0.5dB。回波损耗是指连接器对链路光功率反射的抑制能力，其典型值应不小于 25dB。实际应用的连接器，插针表面经过了专门的抛光处理，可以使回波损耗更大，一般不低于 45dB。

2）互换性、重复性。光纤连接器是通用的无源器件，对于同一类型的光纤连接器，一般都可以任意组合使用、并可以重复多次使用，由此而导入的附加损耗一般都在小于 0.2dB 的范围内。

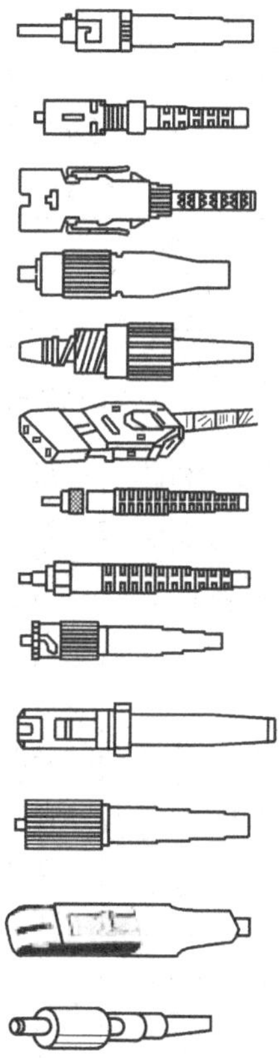

图 6-6　光纤连接器

3）抗拉强度。对于做好的光纤连接器，一般要求其抗拉强度应不低于 90N。

4）温度。一般要求，光纤连接器必须在 -40~70℃ 的温度下能够正常使用。

5）插拔次数。目前使用的光纤连接器一般都可以插拔 1000 次以上。

（3）部分常见光纤连接器　按照不同的分类方法，光纤连接器可以分为不同的种类，按传输媒介的不同可分为单模光纤连接器和多模光纤连接器；按结构的不同可分为 FC、SC、ST、D4、DIN、Biconic、MU、LC、MT 等各种型式；按连接器的插针端面可分为 FC、PC（UPC）和 APC；按光纤芯数分还有单芯、多芯之分。

3. 光纤耦合器

（1）耦合器概述　光纤耦合器，又称分歧器，是将光信号从一条光纤中分至多条光纤中的元件，属于光被动元件领域。光纤耦合器可分标准耦合器（双分支，单位 1×2，亦即将光信号分成两个功率）、星状/树状耦合器、以及波长多工器（WDM，若波长属高密度分出，即波长间距窄，则属于 DWDM），制作方式则有烧结（Fuse）、微光学式（Micro Optics）、光波导式（Wave Guide）三种，而以烧结式方法生产占多数（约有 90%）。烧结方式的制作法，是将两条光纤并在一起烧融拉伸，使核芯聚合一起，以达光耦合作用。

耦合器用于在两根或多根光纤之间重新分配能量，是一种用于传送和分配光信号的无源器件。耦合器将输入信号分成两路或更多路输出，或将两路或更多路输入合并成一路输出。光信号在每条支路中的分配比例可以相同，也可以不同。因此，光耦合器可以用来减少系统中的光纤用量以及光纤连接器的数量，也可用作节点互连与信号混合。在光时域反射仪中，光耦合器起着输入耦合与输出分离的双重作用。在光纤传感器的干涉仪中，光耦合器起着分束与混合光信号的双重作用，使光干涉得以实现。在光纤放大器中，光耦合器则用来将泵浦光耦合到增量光纤中或将放大的光信号耦合到光纤干线中。在光纤通信的局域网或用户网中也需要用到大量的光耦合器。

在光纤耦合器的使用过程中，需要考虑以下几方面因素：①输入端口和输出端口的数量；②信号的衰减和分束；③光传输的方向性（光穿过耦合器的方式）；④波长选择性；⑤光纤类型，即单模或多模；⑥偏振敏感和偏振相关损耗。

目前应用较多的耦合器大部分都是对光的方向敏感。如图 6-7 所示，从左边端口 1 进入的光在图中右边的两个端口之间分开。然而，由于耦合器的几何特性，如果光从右上边的端口 2 输入，理论上讲，所有的光都将进入左边的端口 1，而不会进入右边下面的端口 3。大多数耦合器实际上是双向的，也就是说，它们可以沿两个方向中的任一个方向传输光。这就是光纤耦合器的方向性和双向性。方向性就是指光从一端入射，只能从另一端出射；而双向性是指光从哪边端口入射都可以。

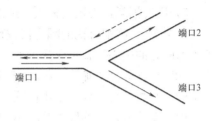

图 6-7 定向耦合器工作原理

（2）耦合器的分类 耦合器的基本功能就是要把一个光纤信号通道（信道）的光信号传送到另一个信道。因此，依据耦合器传送信号的方式可将其分为如下几种：

1）透射型 $M \times N$ 耦合器如图 6-8a 所示，由输入一侧 M 个端口中任何一个端口进入的光信号都将按一定比例分配至输出一侧 N 个端口输出，输入一侧的各端口之间则是相互隔离的。显然，这种耦合器是可逆的，即输入侧与输出侧可以相互交换而不影响器件特性。

2）反射型 $I \times N$ 耦合器如图 6-8b 所示，由 N 个端口中任何一个端口输入的光信号都将按一定比例分配至其他所有端口输出。

3）透反型 $M \times N$ 耦合器如图 6-8c 所示，它实际上兼有透射型和反射型两种耦合器的功能，即当由 N 个端口中的某个端口输入时，将从所有其他端口输出（反射型）；当由 M 个端口中的某个端口输入时，将只从另一侧 N 个端口输出，而同侧端口之间相互隔离（透射型）。

上述三种耦合器的光纤结构参数都是相同的，由一根光纤输入的光信号总是均匀地（或按比例）分配给多根光纤输出，且具有双向对称性，故又称之为对称耦合器。有时在光纤系统中需要将多个端口的输入信号耦合到一个端口输出

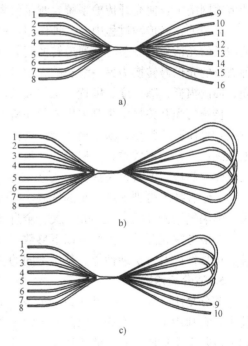

图 6-8 光纤耦合器类型
a) 8×8 透射型耦合器
b) 1×8 反射型耦合器
c) 2×8 透反型耦合器

（信号混合），这就需要用到非对称耦合器。非对称耦合器中的各端口光纤的结构参数是不相同的，而且一般讲，需要各输入光纤中的光信号具有不同的传播特性，才能实现信号混合。非对称耦合器可用作波分复用系统中的复用器。

（3）耦合器的主要参数　光纤耦合器主要有五个参数：

1）耦合比：表示由输入信道（i）耦合到指定输出信道（j）功率的大小；

2）附加损耗：表示由耦合器带来的总损耗；

3）信道插入损耗：表示由输入信道至输出信道的功率的大小；

4）隔离比：表示透射式耦合器中同侧端口之间的隔离程度；

5）回波损耗：表示由输入信道返回功率的大小。

一个 50：50 耦合比的耦合器被称为 3dB 耦合器。如果光源通过 3dB 耦合器后，被分成若干路的光的中心波长仍保持不变。

3dB 的数量含义就是$-10\lg0.5$，即一半的对数化。我们通常描述某一物理量下降到其一半时，对数意义上就是 3 dB（分贝）的概念。3dB 光纤耦合器通常指 1×2 或 2×2 的形式，即一端输入，另两段平分输出，这是指将入射光光功率均分开来的意思，如果不涉及偏振，应该就是一个单纯的分路器，在现代光网的局域网或城域网中得到大量应用。

4. 光开关

光开关是一种光路控制器件，起着切换光路的作用，在光纤传输网络和各种光交换系统中，可由微机控制实现分光交换，实现各终端之间、终端与中心之间信息的分配与交换智能化；在普通的光传输系统中，可用于主备用光路的切换，也可用于光纤、光器件的测试及光纤传感网络中，使光纤传输系统，测量仪表或传感系统工作稳定可靠，使用方便。

光开关在光传输过程中有三种作用：一是将某一光纤通道的光信号切断或开通；二是将某波长的光信号由一条光纤通道转换到另一条光纤通道去；其三是在同一条光纤通道中将一种波长的光信号转换为另一波长的光信号（波长转换器）。光开关的特性参数主要有插入损耗、回波损耗、隔离度、串扰、工作波长、消光比和开关时间等。

传统的光开关技术主要采用波导和机械两种技术。波导开关的开关速度在微秒到亚毫秒量级，且体积非常小、易于集成为大规模的矩阵开关阵列，但其插损、隔离度、消光比、偏振敏感性等指标都较差；光机械开关虽然有比较低的插入损耗和串音效果，以及成本较低、设计配置简单，但其设备庞大、可扩展性一般，不适用于大规模的开关矩阵及 OXC 应用。目前，原有技术得到了进一步的发展，同时也涌现了很多新技术，主要包括微光电子机械开关、喷墨气泡光开关、液晶光开关、全息光栅开关等。

一般考察光开关，主要有以下参数：开关速度、开关矩阵规模、损耗、串扰、偏振敏感性、可靠性以及可扩展性等。基于不同的应用，各种技术的发展也不尽相同。

5. 波分复用器

波分复用（Wavelength Division Multiplexing，WDM）是光纤通信中特有的一种传输技术，它利用了一根光纤可以同时传输多个不同波长的光载波的特点，将光纤的低损耗窗口划分成若干个波段，每个波段用作一个独立的通道传输一种预定波长的光信号。

光波分复用的基本原理是在发送端将不同波长的光信号组合起来（复用），并耦合进光缆线路上同一根光纤中进行传输，在接收端将组合波长的光信号进行分离（解复用），并作进一步处理后恢复出原信号送入不同终端（见图 6-9）。

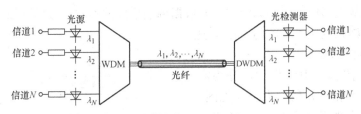

图 6-9　波分复用技术原理

根据分光原理的不同，波分复用器又可分为棱镜型、干涉模型和衍射光栅型三种，目前市场上的产品大多数是衍射光栅型。波分复用器的主要指标有插入损耗、串音损耗、波长间隔和复用路数等。插入损耗是指因使用波分复用器而带来的光功率损耗，一般在 1～5dB 左右。串音损耗表示波分复用器对各波长的分隔程度。串音损耗越大越好，应大于 20dB。

光波分复用的技术特点与优势如下：

1）充分利用光纤的低损耗波段，增加光纤的传输容量，使一根光纤传送信息的物理限度增加一倍至数倍。目前我们只是利用了光纤低损耗谱（1310～1550nm）极少一部分，波分复用可以充分利用单模光纤的巨大带宽约 25THz，传输带宽充足。

2）具有在同一根光纤中，传送两个或数个非同步信号的能力，有利于数字信号和模拟信号的兼容，与数据速率和调制方式无关，在线路中间可以灵活取出或加入信道。

3）对已建光纤系统，尤其早期铺设的芯数不多的光缆，只要原系统有功率余量，可进一步增容，实现多个单向信号或双向信号的传送而不用对原系统作大改动，具有较强的灵活性。

4）由于减少了光纤的使用量，大大降低了建设成本。由于光纤数量少，当出现故障时，恢复起来也迅速方便。

5）有源光设备的共享性，对多个信号的传送或新业务的增加降低了成本。

6）系统中有源设备得到大幅减少，这样就提高了系统的可靠性。目前，由于多路载波的光波分复用对光发射机、光接收机等设备要求较高，技术实施有一定难度，同时多纤芯光缆的应用对于传统广播电视传输业务未出现特别紧缺的局面，因而 WDM 的实际应用还不多。但是，随着有线电视综合业务的开展，对网络带宽需求的日益增长，各类选择性服务的实施、网络升级改造经济费用的考虑等，WDM 的特点和优势在 CATV 传输系统中逐渐显现出来，表现出广阔的应用前景，甚至将影响 CATV 网络的发展格局。

6.3　光纤传感原理

6.3.1　光纤传感器

1. 光纤传感

光在传输过程中，光纤易受到外界环境的影响，如温度、压力等，从而导致传输光的强度、相位、频率、偏振态等光波量发生变化。通过监测这些量的变化可以获得相应的物理量。研究光纤传感器原理实际上是研究光在调制区与外界被测参数的相互作用，即研究光被外界参量调制的原理。外界信号可能引起光的强度、波长（颜色）、频率、相位、偏振态等性质发生变化，从而形成不同的调制方法。根据调制手段的不同，分别有强度调制、相位调制、频率调制、波长调制等不同的工作原理。

2. 光纤传感器的分类

根据光纤在传感器中的作用，分为：功能型、非功能型和拾光型三大类（见图6-10）。根据光受被测对象的调制形式，分为：强度调制、偏振调制、频率调制及相位调制。

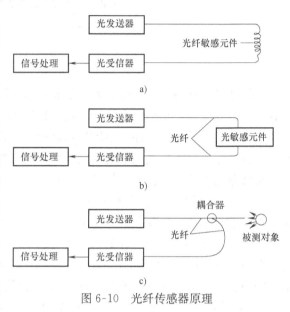

图 6-10　光纤传感器原理

（1）功能型（全光纤型/传感型）光纤传感器　利用对外界信息具有敏感能力和检测能力的光纤（或特殊光纤）作传感元件，将"传"和"感"合为一体的传感器。光纤不仅起传光作用，而且还利用光纤在外界因素（弯曲、相变）的作用下，其光学特性（光强、相位、偏振态等）的变化来实现"传"和"感"的功能。因此，传感器中光纤是连续的。由于光纤连续，增加其长度，可提高灵敏度。

（2）非功能型（或称传光型）光纤传感器　光纤仅起导光作用，只"传"不"感"，对外界信息的"感觉"功能依靠其他物理性质的功能元件完成。光纤不连续。此类光纤传感器无需特殊光纤及其他特殊技术，比较容易实现，成本低。但灵敏度也较低，用于对灵敏度要求不太高的场合。

（3）拾光型光纤传感器　用光纤作为探头，接收由被测对象辐射的光或被其反射、散射的光。其典型例子如光纤激光多普勒速度计、辐射式光纤温度传感器等。

3. 光纤传感器的特点

光纤传感器与各类传统的电传感器相比有一系列的优点：灵敏度高、耐腐蚀、电绝缘好、防爆性能好、光路可弯曲、宽频带、结构简单、体积小、重量轻、耗电少、抗电磁干扰、可工作于恶劣环境、传输距离远、使用寿命长、便于复用、便于成网等。

6.3.2　光纤中的光波调制技术

根据光受被测对象的调制形式，可分为：强度调制、偏振调制、频率调制、相位调制。

1. 强度调制

强度调制主要是指外界物理量通过传感元件使光纤中光强发生相应变化的过程，其原理如图6-11所示。恒定光源 S 发出的光波 I_{in} 注入调制区，在外加信号 I_s 的作用下，输出光波的强度被调制，

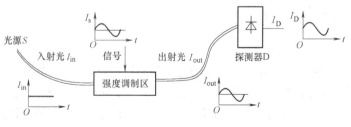

图 6-11　强度调制原理

载有外加信号信息的 I_{out} 的包络线与 I_s 形状一样。光电探测器的输出电流（或电压）也同样被调制。

　　强度调制还可以采用其他的方法实现，如利用小的线性位移或角位移来进行强度调制、利用光闸进行强度调制、反射式强度调制、利用光纤微弯产生的损耗进行强度调制、利用折射率的变化进行强度调制、利用光纤的吸收特性进行强度调制、光纤模斑斑图的强度调制、利用电压或表面声波衍射进行强度调制以及利用数字编码技术进行强度调制等。

　　图 6-12 是双光路强度检测示意图。He-Ne 激光经分光器 B 分为两路后分别送入测量光纤传感器 f_m 和参考光纤传感器 f_r，测量光信号和参考光信号分别经光电探测器 D_m 和 D_r 以及信号处理电路转换、处理后变成测量电压信号 V_m 和参考

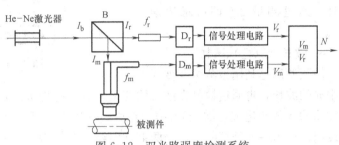

图 6-12　双光路强度检测系统

电压信号 V_r，两电压信号相除得到无量纲输出值 N。由于设置了参考光路，测量结果不受入射激光功率波动的影响，由此即可求出被测物理量。

　　强度调制是光纤传感器最常用的调制方法，其优点是结构简单、容易实现、成本低，缺点是受光源强度的波动和连接器损耗变化等因素的影响较大。

2. 相位调制

　　相位调制是指当传感光纤受到外界机械或温度场的作用时，外界信号通过光纤的力应变效应、热应变效应、弹光效应及热光效应使传感光纤的几何尺寸和折射率等参数发生变化，从而导致光纤中的光相位变化。

　　由于目前的光探测器不能直接探测或读出光的相位差值，故通常采用干涉法将光的相位差信号转换成为相应的干涉条纹光强变化。典型的干涉型光纤传感器系统如图 6-13 所示。激光器发出

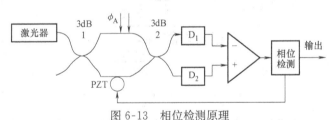

图 6-13　相位检测原理

的单色相干光注入光纤后经 3dB 耦合器 1 分为两束：一束通过干涉仪的参考臂，一束通过信号臂。然后，由 3dB 耦合器 2 合二为一后，再分两束射出。探测器 D_1、D_2 将接收的光强变换为电压信号，送入差分放大器进行相位检测，检测系统接收差分放大器输出，产生一反馈信号经压电元件 PZT 作用于参考臂，且其输出为信号调制的相位 ϕ_A。

3. 频率调制

　　外界物理量通过传感元件，使光纤中光的频率发生相应变化的过程称为频率调制。如利用运动物体反射光和散射光的多普勒效应的光纤速度、流速、振动、压力、加速度传感器；利用物质受强光照射时的喇曼散射构成的测量气体浓度或监测大气污染的气体传感器；以及利用光致发光的温度传感器等。

　　图 6-14 是一种光纤多普勒探头的示意图。激光源产生频率为 f_0 的光经分束器分成两束，其中被声光调制器（布喇格盒）调制成 $f_0 - f_1$ 的一束光入射到探测器（f_1 是声光调制

频率）。另一束频率为 f_0 的光经光纤入射到被测的血液。由于血液里的红血球以速度 v 运动，根据多普勒效应，接收反射光的频率为 f_0 $\pm\Delta f$。它与 f_0-f_1 的光在光电探测器中混频后形成 $f_1\pm\Delta f$ 的振荡信号，通过测量 Δf 即可求出速度 v。

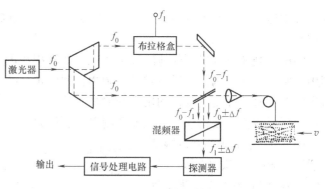

图 6-14　光纤多普勒探头

4. 波长（颜色）调制

波长调制是利用被测量改变光纤中光的波长，再通过检测光波长的变化来测量各种被测量。图 6-15 所示为一种利用热变色物质的颜色变化进行波长调制的原理。60W 钨丝灯发出的光经过光纤进入热变色溶液，其反射光被另一光纤接收后，分两束分别经过波长为 650nm 和 800nm 的滤光片，最后由光电探测器接收。光强与温度的关系如图 6-16 所示，20℃时，在 500nm 处有个吸收峰，溶液呈绿色。当温度升到 75℃时，在 650nm 处也有一个吸收峰，溶液呈绿色。波长为 650nm 时，光强随温度变化最灵敏。波长为 800nm 时，光强与温度无关。因此选择这两个波长进行检测即双波长检测就能确定温度。

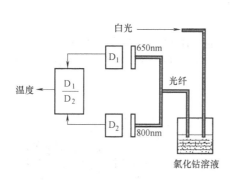

图 6-15　波长调制原理

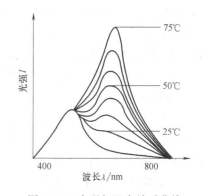

图 6-16　光强与温度关系曲线

波长调制的优点是它对引起光纤或连接器的某些器件的稳定性不敏感，因此被广泛应用于液体浓度的化学分析、磷光和荧光现象分析、黑体辐射分析及法布里-珀罗等光学滤波器上。其缺点是解调技术较复杂。但采用光学滤波或双波长检测技术后，可使解调技术简化。

5. 时分调制

外界物理量通过不同传感元件，使光纤中光的基带频谱的延迟时间及幅度发生相应变化的过程称为时分调制。时分调制原理如图 6-17 所示，光脉冲被耦合器耦合到各测量点，被测量被调制后返回（或耦合）到输入端（或检测端），通过检测返回脉冲位置的变化就能知道外界物理量，如位移、压力、温度等。

与前面讨论的强度、相位等调制方法相比，时分调制不仅能测量外界物理量随时间的变化，同时也能测量它们的空间分布。因此，这一方法是构成分布式传感器的基础。

6. 偏振态调制

偏振态调制是利用光偏振态变化来传递被测对象信息。如利用光在磁场中媒质内传播的

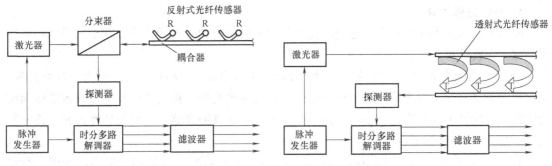

图 6-17　时分调制原理

法拉第效应做成的电流、磁场传感器；利用光在电场中的压电晶体内传播的泡尔效应做成的电场、电压传感器；利用物质的光弹效应构成的压力、振动或声传感器；以及利用光纤的双折射性构成温度、压力、振动等传感器。这类传感器可以避免光源强度变化的影响，因此灵敏度高。

如图 6-18 是光纤电流传感器的光波偏振态检测系统原理。激光器发出的单色光经过起偏器 F 变换为线偏振光，由透镜 L 将光波耦合到单模光纤中。高压载流导体 B 通有电流 I，光纤缠绕在载流导体上，这一段光纤将产生磁光效应。因此，应采用低双折射光纤，这时光纤中的偏振光的偏

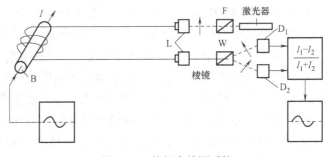

图 6-18　偏振态检测系统

振面旋转 θ 角。出射光由透镜 L 耦合到渥拉斯顿棱镜 W，棱镜将输入光分成振动方向相互垂直的两束偏振光并分别送到光探测器 D_1、D_2，经过信号处理电路即能获得外界被测电流。该系统能测量高达 1000A 的大电流，其测量弱磁场量级理论上约为 10^{-4}G。

6.4　光纤光栅传感器

6.4.1　光纤光栅概述

光纤光栅是利用光纤材料的光敏性，在单模光纤的纤芯内形成空间相位光栅，其作用实质上是在纤芯内形成一个窄带的（透射或反射）滤波或反射镜。所谓光敏性是外界入射光子和纤芯内锗离子相互作用引起折射率的永久性变化的材料属性。对光纤材料的光敏性而言，则是指折射率、吸收谱、内部应力、密度和非线性极化率等多方面的特性发生永久性改变。

光纤光栅具有体积小、波长选择性好、不受非线性效应影响、极化不敏感、易于与光纤系统连接、便于使用和维护、带宽范围大、附加损耗小、器件微型化、耦合性好、可与其他光纤器件融成一体等特性，而且光纤光栅制作工艺比较成熟，易于形成规模生产，成本低，因此它具有良好的实用性，其优越性是其他许多器件无法替代的。利用它可组成多种新型光电子器件，在光通信和传感、光计算和光信息处理等领域具有广阔的应用前景。

1. 光纤光栅的分类

根据不同法分类标准，可以把光纤光栅分成不同的类别。光纤光栅按其空间周期和折射率系数分布特性可分为：

（1）均匀周期光纤布拉格光栅(Fiber Bragg Grating，FBG)　通常称为布拉格光栅，是最早发展起来的一种光栅，也是目前应用最广的一种光栅。折射率调制深度和栅格周期均为常数，光栅波矢方向跟光纤轴向一致。此类光栅在光纤激光器、光纤传感器、光纤波分复用/解复用等领域有重要应用价值。

（2）啁啾光栅(Chirped Fiber Bragg Grating，CFBG)　栅格间距不等的光栅。有线性啁啾和分段啁啾光栅，主要用来做色散补偿和光纤放大器的增益平坦。

（3）长周期光栅(Long Period Fiber Grating，LPFG)　栅格周期远大于一般的光纤光栅，与普通光栅不同，它不是将某个波长的光反射，而是耦合到包层中去，目前主要用于 EDFA（Erbium-doped Optical Fiber Amplifer，掺铒光纤放大器）的增益平坦和光纤传感。

（4）闪耀光栅(Balzed Grating)　当光栅制作时，紫外侧写光束与光纤轴不垂直时，造成其折射率的空间分布与光纤轴有一个小角度，形成闪耀光栅。

（5）相移光栅　在普通光栅的某些点上，光栅折射率空间分布不连续而得到的。它可以看作是两个光栅的不连续连接。它能够在周期性光栅光谱阻带内打开一个透射窗口，使得光栅对某一波长有更高的选择度。可以用来构造多通道滤波器件。

此外还有 Tapered 光纤光栅、取样光纤光栅、Tophat 光栅、超结构光栅等。

光纤光栅的种类很多，主要分两大类：一是 Bragg 光栅（也称为反射或短周期光栅）；二是透射光栅（也称为长周期光栅）。光纤光栅从结构上可分为周期性结构和非周期性结构，从功能上还可分为滤波型光栅和色散补偿型光栅，色散补偿型光栅是非周期光栅，又称为啁啾光栅（chirp 光栅）。目前光纤光栅的应用主要集中在光纤通信领域和光纤传感器领域。

2. 光纤光栅的光学特性

光纤光栅纵向折射率的变化将引起不同光波模式间的耦合，并可通过将一个模式的功率部分或完全转移到另一个模式中而改变入射光的频谱。在一根单模光纤中，纤芯中的入射基模既可以被耦合成后向传输模式，也可以被耦合成前向包层模式，决定条件由下式表述

$$\beta_1 - \beta_2 = 2\pi/\Lambda \tag{6-6}$$

式中，Λ 为光栅周期；β_1 和 β_2 分别为模式 1、模式 2 的传播常数。

当一个前向传输的基模被耦合成后向传输的基模时，满足下列条件

$$2\pi/\Lambda = \beta_1 - \beta_2 = \beta_{01} - (-\beta_{01}) = 2\beta_{01} \tag{6-7}$$

β_{01} 为单模光纤中传输模式的传播常数。这种情况下的光栅周期较小（$\Lambda < 1\mu m$），这种短周期光纤光栅被称为光纤布拉格光栅，其基本特性表现为一个反射式的光学滤波器，反射峰值波长成为布拉格波长，记做 $\lambda_B = 2n_{eff}\Lambda$。

当一个前向传输的模式较强地被耦合到向前传输的包层模式时，β_1 和 β_2 同号，因此 Λ 较大（一般为数百微米），这样所得的光栅成为长周期光纤光栅（LPFG），其基本特征表现为一个带阻滤波器，阻带宽度一般为十几到几十纳米。

6.4.2　光纤光栅传感器原理及特点

1. 光纤光栅传感器原理

光纤光栅的反射或透射峰的波长与光栅的折射率调制周期以及纤芯折射率有关，从而引起光纤光栅的反射或透射峰波长的变化，这就是光纤光栅传感器的基本工作原理。因此，温度和应变是光纤光栅能够直接传感测量的两个最基本的物理量，它们构成了其他各种物理量传感的基础，其他各种物理量的传感均以光纤光栅的应变温度传感为基础间接衍生出来的。

我们知道，光栅的 Bragg 波长 λ_B 由下式决定

$$\lambda_B = 2n\Lambda \tag{6-8}$$

式中，n 为芯模有效折射率；Λ 为光栅周期。

当光纤光栅所处环境的温度、应力、应变或其他物理量发生变化时，光栅的周期或纤芯折射率将发生变化，从而使反射光的波长发生变化，通过测量物理量变化前后反射光波长的变化，就可以获得待测物理量的变化情况。如利用磁场诱导的左右旋极化波的折射率变化不同，可实现对磁场的直接测量。此外，通过特定的技术，可实现对应力和温度的分别测量，也可同时测量。通过在光栅上涂敷特定的功能材料（如压电材料），还可实现对电场等物理量的间接测量。

（1）啁啾光纤光栅传感器的工作原理　上面介绍的光栅传感器系统，光栅的几何结构是均匀的，对单参数的定点测量很有效，但在需要同时测量应变和温度或者测量应变或温度沿光栅长度的分布时，就显得力不从心。一种较好的方法就是采用啁啾光纤光栅传感器。

啁啾光纤光栅由于其优异的色散补偿能力而应用在高比特远程通信系统中。与光纤 Bragg 光栅传感器的工作原理基本相同，在外界物理量的作用下啁啾光纤光栅除了 $\Delta\lambda_B$ 的变化外，还会引起光谱的展宽。这种传感器在应变和温度均存在的场合是非常有用的，啁啾光纤光栅由于应变的影响导致了反射信号的拓宽和峰值波长的位移，而温度的变化则由于折射率的温度依赖性（dn/dT），仅影响重心的位置。通过同时测量光谱位移和展宽，就可以同时测量应变和温度。

（2）长周期光纤光栅(LPFG)传感器的工作原理　长周期光纤光栅（LPFG）的周期一般认为有数百微米，LPFG 在特定的波长上把纤芯的光耦合进包层：

$$\lambda_i = (n_0 - n_{iclad})\Lambda$$

式中，n_0 为纤芯的折射率；n_{iclad} 为 i 阶轴对称包层模的有效折射率。

光在包层中将由于包层/空气界面的损耗而迅速衰减，留下一串损耗带。一个独立的 LPFG 可能在一个很宽的波长范围上有许多的共振，LPFG 共振的中心波长主要取决于芯和包层的折射率差，由应变、温度或外部折射率变化而产生的任何变化都能在共振中产生大的波长位移，通过检测 $\Delta\lambda_i$，就可获得外界物理量变化的信息。LPFG 在给定波长上的共振带的响应通常有不同的幅度，因而 LPFG 适用于多参数传感器。

2. 光纤光栅传感器的特点

同传统的电传感器相比，光纤光栅传感器在传感网络应用中具有非常明显的技术优势。

1）可靠性好、抗干扰能力强。由于光纤光栅对被感测信息用波长编码，而波长是一种绝对参量，它不受光源功率波动以及光纤弯曲等因素引起的系统损耗的影响，因而光纤光栅传感器具有非常好的可靠性和稳定性。

2）传感头结构简单、尺寸小，适于各种应用场合，尤其适合于埋入材料内部构成所谓的智能材料或结构。

3）抗电磁干扰、抗腐蚀，能在恶劣的化学环境下工作。

4）可复用性强，采用多个光纤光栅传感器，可以构成分布式光纤传感网络。

3. 光纤光栅传感器的光源

光源性能的好坏决定着整个系统所送光信号的好坏。在光纤光栅传感中，由于传感量是对波长编码，光源必须有较宽的带宽和较强的输出功率与稳定性，以满足分布式传感系统中多点多参量测量的需要。光纤光栅传感系统常用的光源是 ASE 宽带光源。

6.4.3　光纤光栅的耦合模理论

光纤光栅的形成基于光纤的光敏性，不同的曝光条件、不同类型的光纤可产生多种不同折射率分布的光纤光栅。光纤芯区折射率周期变化造成光纤波导条件的改变，导致一定波长的光波发生相应的模式耦合。对于整个光纤曝光区域，可以由下列表达式给出折射率分布较为一般的描述：

$$n(r,\ \varphi,\ z)=\begin{cases} n_1[1+F(r,\ \varphi,\ z)] & |r| \leqslant a_1 \\ n_2 & a_1 \leqslant |r| \leqslant a_2 \\ n_3 & |r| \geqslant a_2 \end{cases} \tag{6-9}$$

式中，a_1 为光纤纤芯半径；a_2 为光纤包层半径；n_1 为纤芯初始折射率；n_2 为包层折射率；$F(r,\ \varphi,\ z)$ 为光致折射率变化函数，在光纤曝光区，其最大值为 $|F(r,\ \varphi,\ z)|_{max} = \Delta n_{max}/n_1$；$\Delta n_{max}$ 为折射率变化最大值。

图 6-19 表示了光纤光栅区域的折射率分布情况，其中 Λ 为均匀光栅的周期。

光纤光栅区域的光场满足模式耦合方程

$$\left. \begin{aligned} \frac{\mathrm{d}A(z)}{\mathrm{d}z} &= k(z)B(z)\exp\left[-i\int_0^z q(z)\mathrm{d}z\right] \\ \frac{\mathrm{d}B(z)}{\mathrm{d}z} &= k(z)A(z)\exp\left[i\int_0^z q(z)\mathrm{d}z\right] \end{aligned} \right\} \tag{6-10}$$

式中，$A(z)$、$B(z)$ 分别为光纤光栅区域中的前向波、后向波；$k(z)$ 为耦合系数；$g(z)$ 与光栅周期以及传播常数 β 有关。

利用此方程和光纤光栅的折射率分布、结构参量及边界条件，并借助于四阶 Runge-Kutta 数值算法，可求出光纤光栅的光谱特性。光纤光栅的不同光谱特性呈现出不同的传输或调制特性，因而可构成不同功能的光纤器件。

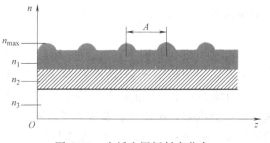

图 6-19　光纤光栅折射率分布

6.4.4　光纤光栅传感探测解调技术

信号检测是传感系统中的关键技术之一，传感解调系统的实质是一个信息（能量）转换和传递的检测系统，它能准确、迅速地测量出信号幅度的大小并无失真地再现被测信号随时间的变化过程，从解调的光波信号来看，光纤光栅传感信号的解调方案包括强度解调、相位解调、频率解调、偏振解调和波长解调等。

在光纤光栅传感系统中，信号解调一部分为光信号处理，完成光信号波长信息到电参量的转换；另一部分为电信号处理，完成对电参量的运算处理，提取外界信息，并以人们熟悉的方式显示出来。其中，光信号处理，即传感器的中心反射波长的跟踪分析是解调的关键。光纤光栅传感器中心反射波长最直接的检测仪器是光谱仪。这种方法的优点是结构简单、使用方便。缺点是精度低、价格高、体积大，而且，不能直接输出对应于波长变化的电信号。因此，不能满足实用化自动控制的需要。为此，人们研究并提出了多种解调方法，以实现信号的快速、精确提取。可分为滤波法、干涉法、可调窄带光源法和色散法等。下面例举几种给予简单介绍。

1. 匹配光栅检测法

在检测端设置一参考光栅，其光栅常数与传感光栅相同。参考光栅贴于一压电陶瓷片（PZT）上，PZT 由一外加扫描电压控制，如图 6-20 所示。

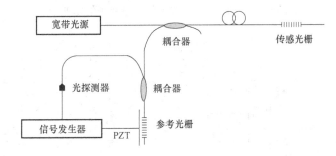

图 6-20　可调谐光纤 Bragg 光栅滤波器检测单个传感光栅的跟踪模式

当传感光栅 λ_S 处于自由态时，参考光栅 λ_R 的反射光最强，光探测器输出信号幅度最高。这时控制扫描信号发生器使之固定输出为零电平，当传感光栅感应外界温度和应变时，λ_S 发生移位，使参考光栅的反射光强下降，信号发生器工作，使参考光栅的输出重新达到原有值，这时的扫描电压对应一定的外界物理量。图中，参考光栅可采用并联或串联的形式检测传感光栅阵列。

匹配光栅检测的优点是：消除了双折射所引起的随机噪声，即对光纤内光的偏振、相位等易变量都不敏感，而且对最终检测的反射光强也无绝对要求，所以各类强度噪声都不会对输出结果有影响。但该方案的不足之处是：系统的光损耗较大；系统的检测灵敏度由 PZT 的位移灵敏度决定，和光纤光栅的高灵敏度不匹配；PZT 的非线性会影响输出结果；PZT 的响应速度有限，使这种方法只适合于测量静态或低频变化的物理量。

匹配光栅检测法对多个参考光栅进行波长扫描可构成波分复用光纤传感网，如图 6-21。传感光栅的 Bragg 波长移位由闭合控制系统自动跟踪，可检测的最小应变为 $4.12\mu\varepsilon$。当光栅带宽窄到 $0.05\mathrm{nm}$ 时，应变的最小分辨率改进为 $1\mu\varepsilon$；但是，如前所述，光栅的带宽变窄，反射回来的信号也会减弱。

2. 波分复用（WDM）光纤耦合器解调法

图 6-22 为一个应用 WDM 光纤耦合器解调波长信息的压力传感系统的原理图。FBG 探头返回的窄带波长信号经过 3dB 耦合器后进入分光比与波长相关的耦合器，在 3dB 耦合器

连接光源的光路上置有光隔离器，以防止光源被返回光成分影响。在波分复用耦合器的两个输出口输出的光直接进入光探测器将其强度信号转化为电压信号，并经过如图 6-23 所示的模拟信号运算，其输出即为正比于 FBG 探头所受应力大小。

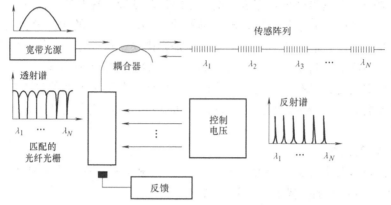

图 6-21　透射匹配光栅检测传感光栅的原理

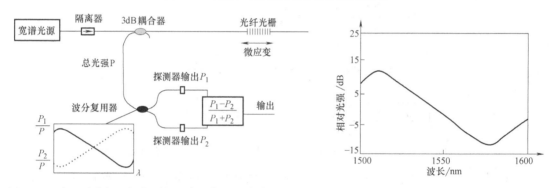

图 6-22　应用波分复用耦合器解调波长信息的传感系统原理　　图 6-23　波分复用耦合器传输曲线

由于该方法采用全光纤器件连接，降低了反射和连接损耗，提高了系统的分辨力和稳定性。但是由于 WDM 光纤耦合器的偏振特性，此种方法测量波长的精度不高。

3. 非平衡 Mach—Zehnder 干涉解调法

如图 6-24 所示就是 A. D. Kersey 提出的非平衡干涉波长解调方法在 FBG 应力传感系统中的应用。从宽谱光源发出的光经过一个 2×2 耦合器后传输给 FBG 探头元，FBG 的返回光再次进入耦合器然后作为有效输入光进入非平衡 Mach—Zehnder 干涉仪。

FBG 探头部分的扰动产生的波长移动类似于一个经过波长（光学频率）调制的光源，非平衡干涉仪表现为一个传输特性为余弦平方函数的光滤波器，与输入光相关的干涉仪的输出光强度

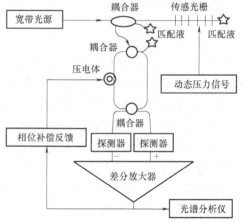

图 6-24　应用非平衡 Mach—Zehnder 干涉
　　　　解调的 FBG 传感系统

可以表示为

$$I(\lambda) = A|1 + k\cos[\Psi(\lambda) + \Phi]| \tag{6-11}$$

式中，$\Psi(\lambda) = 2n\pi d/\lambda$；$A$ 与输入光强度和系统光损失成正比；d 为干涉仪两光纤臂之间的长度不平衡度；n 为光纤纤芯的有效折射率；λ 为 FBG 传感器探头返回光的中心波长；Φ 为 Mach—Zehnder 干涉仪的相位偏移（对于一个和环境隔离的干涉仪，它是一个缓慢变化的随机参数）。

这种概念曾广泛地应用于通过直接调制激光发射管的反射频率（波长）来产生相位载波信号，该信号在光纤干涉传感器中可以作为相位解调的手段。

在这里，我们反向地应用了这种概念，使用非平衡干涉仪作为波长甄别器来探测受力应变的光栅单元产生波长移动。对于光栅单元处动态应力变化进行如图 6-24 所示的反射光波长调制 $\Delta\lambda\sin\omega t$，相位移动 $\Delta\Psi(t)$ 为

$$\Delta\Psi(t) I(\lambda) = \frac{2\pi nd}{\lambda^2}\Delta\lambda\sin\omega t = \frac{2\pi nd}{\lambda^2}\gamma\Delta\varepsilon\sin\omega t \tag{6-12}$$

式中，$\Delta\varepsilon$ 为作用于光栅单元的动态应力；λ 为光栅的应力——波长移动响应度。对于干涉仪两光纤臂之间的长度不平衡度 d 为 10mm，光纤纤芯的有效折射率 n 为 1.46，光栅的应力—波长移动响应度 λ 为 1.15 pm/$\mu\varepsilon$，响应 1.55μm 的波长，系统的灵敏度 $\Delta\Psi/\Delta\varepsilon$ 为 0.045rad/$\mu\varepsilon$。在这个灵敏度下，结合高分辨力动态相位移动检测（$\approx 10^{-6}$ rad/$\sqrt{\text{Hz}}$，干涉传感器能达到的典型值），可能使系统检测动态应力的分辨力达 $20 \times 10^{-10}\varepsilon \sqrt{\text{Hz}}$。

该装置虽然有带宽、高解析度的解调能力，但随机相移使得该方法局限于测量动态应变，不适于对绝对应变的测量，且干涉仪相位变化范围决定其测量范围非常有限，并会出现绝对波长测量的损耗。

4. 斜光纤光栅（TFBG）解调法

这种解调方法应用了斜光栅能将特定波长的光从包层导出的原理。斜光栅是一种特殊的光纤光栅，它和普通光栅一样，在轴向具有周期性的折射率的变化，与普通光栅不同的是，它的折射率变化的分界面和光纤横截面具有一定的角度，这就使它具有了普通光栅所没有的特性。斜光栅可以有效地将光纤纤芯中特定波长的导波模耦合到光纤包层成为导波模或逆向导波模，或者耦合到外界环境成为辐射模。

基于斜光栅的 FBG 信号解调原理如图 6-25 所示。传感 FBG 的光通过光环流器进入线性啁啾的斜光栅，斜光栅就会将特定范围的光耦合到包层外介质成为辐射光，通过检测从斜光栅侧面出射辐射光的强度，从而可以测得光纤中传导光信号的强度随波长分布情况。检测光强可以采用光电探测器的线性阵列，也可采用 CCD 器件。

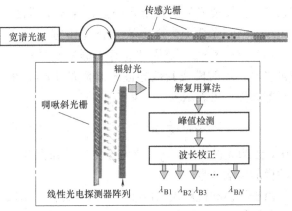

图 6-25　采用光电探测器阵列的 FBG 信号解调装置

5. 基于波长选择性探测器的解调法

波长选择性探测器能同时鉴别波长和进行光学探测，因此，可以将波长选择性探测器用于 FBG 信号的解调。

如图 6-26 所示，波长选择性 PD 用 InGaAsP 多量子阱技术制成。从宽带光源出射的光通过光环流器首先进入 FBG 探测单元，宽带光源由两个单一的 EDFA 组成，出射功率为 11.4dBm，在 1543～1555 nm 范围有波动小于 1dB 的平台。从返回的经由光环流器进入光耦合器按 95：5 的比例分成两束，5％的那一束光进入普通 PD，95％的光进入波长选择性探测器（WSD），应用非 1：1 的光耦合器是为了补偿不同的光测器的不同响应。

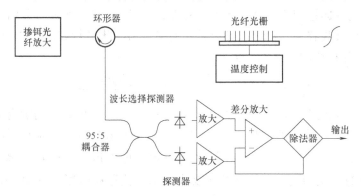

图 6-26　基于波长选择性探测器的解调法用于温度测量

6.4.5　长周期光纤光栅

1. 长周期光纤光栅

长周期光纤光栅（Long Period Fiber Grating, LPFG）是指栅格周期大于 $100\mu m$ 的光纤光栅，结构如图 6-27 所示。长周期光纤光栅是一种透射型光栅，其功能是将光纤中传播的特定波长的光波耦合到包层中损耗掉。长周期光纤光栅由于性能独特，已发展成为一种重要的全光纤光子器件，在光纤通信和光纤传感领域亦有着广泛的应用。

（1）耦合特性　长周期光纤光栅满足导波模与包层模、辐射模或其他导波模之间的 Bragg 相位匹配条件，可表示为

$$\beta_{01} - \beta = \Delta\beta = \frac{2\pi}{\Lambda} \qquad (6-13)$$

式中，Λ 为光栅周期；β_{01}、β 为导波基模和耦合产生的模的传输常数。

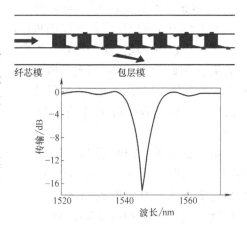

图 6-27　长周期光纤光栅的折射率
调制原理及其传输谱

由于导模和包层模的传播常数都是波长的函数，所以在长周期光纤光栅中，导模可以和几个包层模在不同波长处满足相位匹配条件，从而使得光波可以从导模被耦合到几个包层模，而耦合到包层模的功率将很快衰减掉。在宽带光源入射的条件下，输出光谱上将出现以

相位匹配波长，又称耦合波长为中心的多个吸收峰。由上面的相位匹配关系式可以推得耦合峰中心波长的计算公式

$$\lambda_{LP} = (n_{co} - n_{cl}) \Lambda \tag{6-14}$$

式中，λ_{LP} 为 LPFG 基模与包层模耦合时的谐振波长；n_{co}、n_{cl} 分别为基模和包层模的有效折射率。

长周期光纤光栅，是将纤芯中前向传播模式耦合到包层的前向传播模式，其耦合系数 K 值较小，为几百微米，它的基本特性就是将波导中某频段的光耦合到包层中而损耗掉，给定周期的光栅可使基模与包层内几个不同阶次的模耦合，造成传输谱在不同波长处的损耗凹陷（图 6-28）。

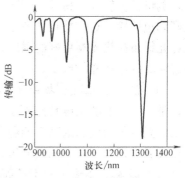

图 6-28　更宽波长范围内 LPFG 的传输谱

（2）长周期光纤光栅的折射率传感机理　长周期光纤光栅用于传感主要是以其耦合谐振峰中心波长随外界参数变化而移动为基础的。可能对光栅输出带来影响的外界条件包括环境温度、应力、环境折射率、光栅弯曲等，这些条件的改变可能引起纤芯和包层折射率以及纤芯和包层半径的变化，从而对光纤中的传输模式（导模和包层模的传播常数和模场分布）带来影响，外界条件的变化也可能改变光栅的周期。这些将导致导模和包层模之间耦合的相位匹配波长及耦合系数的改变，并最终表现为光栅吸收峰中心波长和强度的变化。

由谐振峰中心波长计算式（6-14）可推得其移动量随外界折射率的变化关系式如下：

$$\frac{\Delta\lambda_{LP}}{\lambda_{LP}} = \left[\frac{1}{n_{co} - n_{cl}} \frac{d(n_{co} - n_{cl})}{dn_{ex}} + \frac{1}{\Lambda} \frac{d\Lambda}{dn_{ex}} \right] \Delta n_{ex} \tag{6-15}$$

式中，Δn_{ex} 为外界折射率变化量；$\Delta\lambda_{LP}$ 为 LPFG 耦合谐振峰中心波长的移动量；其他参数与上同。

2. 长周期光纤光栅传感器的特性

对 LPFG 而言，其发生共振的中心波长取决于纤芯和包层的折射率差和光栅周期 Λ，外界条件包括环境温度、对光纤施加的应力、环境折射率、光栅弯曲等的改变都会引起纤芯和包层折射率的变化以及光栅周期 Λ 的变化。这些将导致导模和包层模之间耦合的相位匹配波长及耦合系数的改变，并最终表现为光栅吸收峰中心波长和强度的变化。另外，LPFG 的中心波长不仅与纤芯的参数有关，而且还与包层的折射率有关。可以通过选择合适的包层参数，解决光纤光栅传感器的交叉敏感问题。这些特性使得 LPFG 适用于多参数传感器。

从长周期光纤光栅的传感机理可知，长周期光纤光栅的温度和应变灵敏度不仅与纤芯的参数有关，而且还与包层的参数有关，因此，这就导致了长周期光纤光栅在传感方面的两个重要特性。

1）当包层的有效弹光系数 p_{cl} 与纤芯的有效弹光系数 p_{co} 相同时，长周期光纤光栅的应变灵敏度几乎为零；而当包层的热光系数 ξ_{cl} 与纤芯的热光系数 ξ_{co} 相同时，长周期光纤光栅的温度灵敏度也几乎为零。利用该特点，选择合适的包层参数，可制成对温度或应变不敏感的长周期光纤光栅传感器，从而从物理层解决光纤光栅传感器的温度和应变的交叉敏感问题，这对光纤光栅传感器的实际应用是十分有意义的。

2) 对不同的包层模，其有效折射率是不同的，因而温度和应变灵敏度也不同。利用该特性，通过监测两个不同包层模的吸收波长的移位，可在一个长周期光纤光栅传感器上实现温度和应变的同时测量。

3. 长周期光纤光栅传感应用

长周期光纤光栅是一种透射型光纤光栅，无后向反射，在传感测量系统中不需要隔离器，测量精度较高。另外，LPFG 的周期相对较长，满足相位匹配条件的是同向传播的纤芯基模和包层模。这一特点导致了 LPFG 的谐振波长和峰值对外界环境的变化非常敏感，具有比光纤布拉格光栅更好的温度、应变、弯曲、扭曲、横向负载、浓度和折射率灵敏度，在传感领域的应用非常广泛。

（1）温度、应变、扭曲等单参数测量   长周期光纤光栅谐振波长随温度变化而线性漂移，是一种很好的温度传感器。H. Georges 等人发现用电弧法写入的长周期光纤光栅在高温段的温度灵敏度远远高于低温段，中间有明显的过渡段，因此这种长周期光纤光栅适合于制作高温（1000℃）下的温度传感器。

（2）多参数测量   利用长周期光纤光栅有多个损耗峰的特性，可以用一个长周期光纤光栅实现对多参数的测量。由于不同衍射级次的包层模具有不同的温度敏感性，因此可以利用不同衍射级次的谐振峰实现多参数的同时测量。

与光纤布拉格光栅传感器一样，长周期光纤光栅传感器在应用中一直存在温度、应变、折射率、弯曲等物理量之间的交叉敏感问题，即当长周期光纤光栅传感器用于测量其中一个物理量时，由于外界环境的变化可能使其他物理量发生变化，进而导致光栅的耦合条件发生变化，而长周期光纤光栅本身不可能分辨出被测物理量与其他物理量所分别引起的光栅谐振波长的变化，从而使测量精度大大降低。如此，长周期光纤光栅具有比光纤布拉格光栅更好的灵敏度的优点却成了其在实际测量中的缺点。因此，解决长周期光纤光栅测量过程中的交叉敏感问题尤其重要。至今人们已提出了多种解决传感应用中交叉敏感问题的方案，它们各有各的特点。

6.5 光纤传感器的应用

6.5.1 光纤位移传感器

1. 强度调制型光纤位移传感器

强度调制型光纤传感器是最早使用的调制方法，其特点是技术简单、工作可靠、价格低，可采用多模光纤，光纤的连接器和耦合器已经实现了商品化。光源可采用输出稳定的 LED 或高强度白炽灯等非相干光源。探测器一般用光敏二极管（VD）、PIN 和光电池等。

（1）反射式强度调制型光纤位移传感器   其工作原理是基于光反射系数的变化，如图 6-29a 所示。从光源发出的光束经过入射光纤射向被测表面，经被测物表面直接或间接反射，反射光强经过接收光纤后由光敏元件接收。传导到光敏元件上的光量随反射面相对光纤端面的位移 d 变化，其关系如图 6-29b 所示。这种传感器的测量位移范围最大为 10mm 左右，测量分辨力可达 $0.05\mu m$，精度最高 $0.1\mu m$ 左右。

（2）基于辐射损耗的光纤位移传感器   光线经过不同包层材料的光纤所发生的吸收损

失是不相同的，基于辐射损耗的光纤位移传感器就是基于这一原理制成的，图 6-30 给出了其工作原理。将光纤的一部分去掉包层，此时，光纤包层的折射率可以视为空气的折射率。当液位没接触光纤时，可认为没有辐射损耗（此时，仍然满足光的全内反射条件）。当位移变化引起液位的上升时，由于液体的折射率较大，破坏了光的全内反射条件而使光在传输过程中产生一定的辐射损耗。这样，就可以从接收的光强变化量，来获得相应的位移变化量。

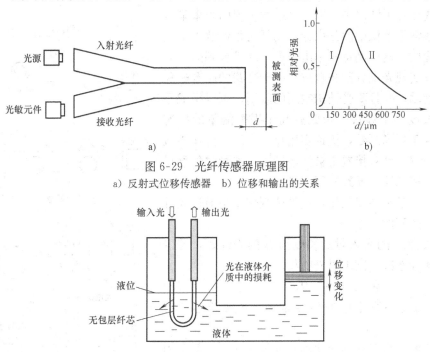

图 6-29　光纤传感器原理图

a）反射式位移传感器　b）位移和输出的关系

图 6-30　辐射损耗光纤传感器测量位移

（3）基于光弹效应的强度调制型光纤位移传感器　利用光弹材料在外界应力的作用下对于入射光呈现双折射而引入的位相差，可以测量压力的大小，进而可得到与压力相应的位移量。如图 6-31 所示，信号光源发出的光由入射光纤经过起偏器射入透明光弹材料中，加在光弹材料上的压力使其发生双折射，从而产生调制。被调制后的光信号经过检偏器后再由接收光纤接收，送至光电探测器，感应位移信息。

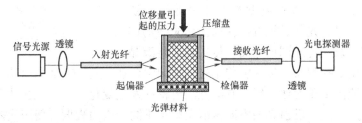

图 6-31　基于光弹效应的光纤位移传感器

2. 相位调制型光纤位移传感器

相位调制型光纤传感器利用干涉技术检测相位变化，在结构上比强度调制型光纤传感器复杂，由光源、光纤敏感头、光纤干涉仪及光探测器和相位检测等单元组成。常用的迈克尔逊（Michelson）干涉仪、马赫-泽德（Mach-Zehnder）干涉仪、萨古纳克（Sagnac）干涉仪和法布里-珀罗（Fabry-Pérot）干涉仪等都能制成全光纤型干涉仪，在干涉仪中引入光纤能使干涉仪双臂安装调试变得容易，且提高了相位调制对环境参数的灵敏度，因此可简单的采用增加信号臂光纤的光程长度的办法，合理设计光纤干涉仪，使其成为紧凑实用的测量仪器。图 6-32 给出了它们的原理图。

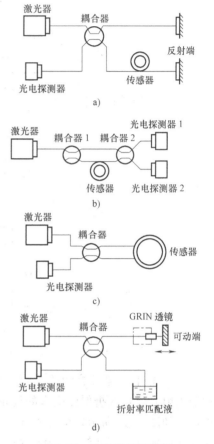

在这些光纤干涉仪中，以一个或两个定向光束耦合器取代了通常干涉仪中的分束器，光纤光程代替了空气光程，它能按一定比例将光束由一束光纤耦合到另一束光纤中，以实现光束分割和合成。由于光路的闭合避免了空气的扰动，并且不受结构空间的限制，可以组成千米数量级长度的干涉仪，因此有利于提高测量的稳定性，更适合于现场测量，接近实用化。光纤本身作为被测参量的敏感元件直接置于被测环境中，被测的位移量作用于光纤传感器，导致光纤中光相位的变化或光的相位调制。与光学干涉仪相比，这种调制作用是通过光纤的内在性能达到的。

当波长为 λ_0 的光入射到长度为 L 的光纤时，若以其入射端面为基准，则出射光的相位为

$$\phi = 2\pi L/\lambda_0 = K_0 nL \tag{6-16}$$

式中，K_0 为光在真空中的传播常数；n 为纤芯的折射率。

可见，纤芯折射率的变化和光纤长度的变化都会引起光波相位的变化，即

$$\Delta\phi = K_0 \, (\Delta nL + \Delta Ln) \tag{6-17}$$

6.5.2 光纤压力传感器

光纤压力传感器主要有强度调制型、相位调制型和偏振调制型三类。强度调制型光纤压力传感器是最常用的一种。图 6-33a 所示强度调制型光纤压力测量系统中，受力元件为液晶，光纤承担着传入和传出光线的作用，传入光纤将入射光传递到液晶面，传出光纤将液晶面反射的光线传出到探测器，传入、传出光纤均匀混合在一起，在液晶面端，光纤的受光面

图 6-32 几种光纤干涉仪
a) 迈克尔逊光纤干涉仪
b) 马赫-泽德光纤干涉仪
c) 萨古纳克光纤干涉仪
d) 法布里-珀罗光纤干涉仪

与液晶相对。当液晶受压力作用后，它的光散射特性发生变化，若输入光功率一定，使反射光的光通量改变。因此，反射光的不同量值反映出不同的受力程度。使用光探测器接收反射光并转换为电信号，即可得到相对应的电压或电流输出。

图 6-33b 中，使用薄膜片代替了液晶，压力作用于薄膜片使其产生位移。因为传入光纤的位置一定，薄膜片位置的改变会导致反射光的角度改变，使传出光纤接收的光通量发生变化。在小压力下，经精确设计，能使反射光强度近似正比于膜片两边的压力差。也就是说，压力的大小由反射光的强弱来代表。同样，在接收光纤的末端加上光电检测器，压力的变化

就可以由电信号的形式体现出来。薄膜片式压力传感器在医学上可以用来测量血压。

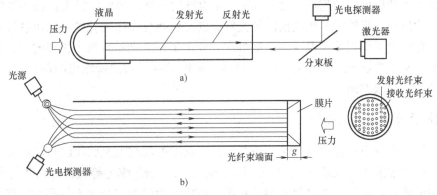

图 6-33　光纤压力传感器原理
a）液晶式　b）膜片式

6.5.3　光纤温度传感器

光纤温度传感器的种类很多，有功能型的，也有传光型的。图 6-34 为典型的相位调制型光纤温度传感器。图 6-34a 所示为马赫-泽德光纤温度传感器结构，包括氦氖激光器、扩束器、分束器、两个显微物镜、两根单模光纤（其中一根做参考臂，一根做测量臂）及光电探测器等。当测量臂光纤受到温度场的作用后，产生相位移的变化，从而引起干涉条纹的移动，干涉条纹移动的数量将反映出被测温度的变化。

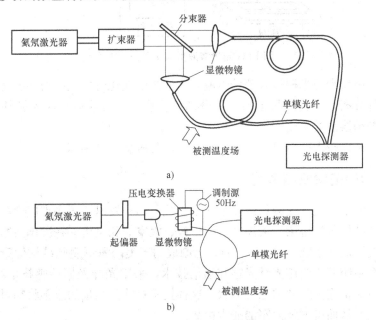

图 6-34　相位调制型光纤温度传感器
a）马赫-泽德光纤温度传感器　b）法布里-珀罗光纤温度传感器

图 6-34b 所示为法布里-珀罗光纤温度传感器结构，包括氦氖激光器、起偏器、显微物镜（20×）、压电变换器（PZT）、光电探测器、记录仪以及一根 F-P 单模光纤等。F-P 光纤

的一部分绕在加有 50Hz 正弦电压的 PZT 上，因而光纤的长度受到调制。只有在产生干涉的各光束通过光纤后出现的相位差 $\Delta\varphi = m\pi$（m 为整数）时，输出才最大，探测器获得周期性的连续脉冲信号。当外界的被测温度使光纤中的光波相位发生变化时，输出脉冲峰值的位置将发生变化。为了识别被测温度的增减方向，要求氦氖激光器有两个纵模输出，其频率差为 640MHz，两模的输出强度比为 5 : 1。这样，根据对应于两模所输出的两峰的先后顺序，即可判断外界的增减方向。

6.5.4　化学溶液浓度的测量

对于外界折射率小于包层折射率的情况，较为典型的研究就是将 LPFG（长周期光纤光栅）应用到化学溶液浓度的测量上面来。Heather J. Patrick 博士等人也做过类似的关于防冻剂溶液测量研究，我们这里将要介绍的是国内燕山大学的李志全等人一些的研究成果。他们提出一种 LPFG 用于化学溶液传感的实验方案，系统配置如下：室温下，两个中心波长为 1300nm 和 1500nm 的 LED 构成一对宽带光源，经过宽带耦合器耦合输入光纤，光纤中光栅由夹持件固定于一块铝板上以避免弯曲、应变的影响，浸入浓度可调的蔗糖溶液，用光谱分析仪分析长周期光纤光栅的透射谱特性（见图 6-35）。

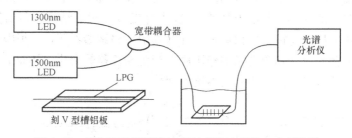

图 6-35　用 LPFG 测量溶液折射率及浓度的实验系统图

实验中将长周期光纤光栅浸入蔗糖溶液，溶液浓度变化时导致折射率变化，使光栅谱特性出现谐振双峰分离，通过测量谐振双峰分离的宽度，便可获得相应光栅外部溶液的折射率，从而获得蔗糖溶液的浓度。

这种传感器可以较大范围测量溶液的浓度，而且敏感程度相当高。

6.5.5　船舶结构健康监测系统

美国海军实验室对光纤光栅传感技术非常重视，已开发出用于多点应力测量的光纤光栅传感技术，这些结构包括桥梁、大坝、船体甲板、太空船和飞机。在美国海军的资助下，开发有船舶结构健康监测系统（见图 6-36），已制成用于美国海军舰队结构健康监测的低成本光纤网络。这个系统基于商用光纤光栅和通信技术，采用光纤光栅传感技术和混合空间/波分复用技术实时测量拖拽阵列的三维形状。这种技术对阵列测量的改善将超过现有阵列估算技术一个数量级，从而可增强海军的战术优势。

1999 年春，美国海军研究实验室（Naval Research Laboratory，NRL）光纤灵巧结构部的 Michael Todd 等人用光纤传感系统对 KNM Skjold 快速巡逻艇进行智能监测。

1. 56 个光纤光栅传感器 (FBG)
2. 安装在内壳和喷水推进器上
3. 实时局部应变监测和整船负载量的监测

a)

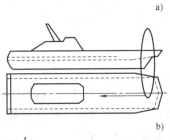

1. 分辨力高，无电磁干扰
2. 保持原有结构不被破坏
3. 同时实现自动的遥感遥测

b)

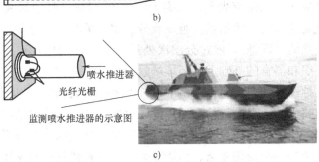

喷水推进器

光纤光栅

监测喷水推进器的示意图

c)

图 6-36　船舶结构健康监测系统

思 考 题

1. 什么叫光纤的模式？什么叫单模光纤？什么叫多模光纤？
2. 简述光纤的分类。
3. 光在光纤中传输，会有哪些损耗？
4. 简述光纤用光源的特点和种类？
5. 光纤连接用到哪些器件，各有什么特点？
6. 光纤传感器分几类？各有什么特点？
7. 简述光纤中的光波调制技术。
8. 什么叫光纤光栅？如何分类？
9. 简述光纤光栅传感中的解调技术。
10. 什么叫长周期光纤光栅？有什么特点？
11. 举例说明光纤传感的应用。
12. 举例说明光纤光栅传感的应用。

第7章　视觉传感技术

7.1　概述

7.1.1　生物视觉与机器视觉

视觉源于生物界获取外部环境信息的一种方式，是自然界生物获取信息的最有效手段，是生物智能的核心组成之一。研究表明，人类 80％的外部信息是通过视觉途径获取的。所谓视觉，直观理解就是通过对环境场景（组成成分、空间关系、质地质感等）成像，一次性得到包含大量场景信息的"图像"，经过分层次处理，最终达到理解和表达的目的。生物视觉功能建立在生物组织和器官的基础上。环境场景通过成像器官（眼睛）成像，视觉神经感受到亮度信号，形成神经脉动，进而传输至中枢神经系统（大脑），上述路径构成视觉通路。已经证明，在视觉通路中，信息的传输和处理是同时进行的，涉及的组织器官大都同时具有传输和处理功能，视觉信息的传输过程和处理过程是紧密耦合的，并且系统结构具有自组织的特点，生物视觉系统是一个结构复杂、功能强大、高度智能的信息系统。

鉴于生物视觉系统的强大功能，模拟并构造与生物视觉通路相对应的人工视觉系统，实现类似生物视觉功能一直是研究者努力追求的目标。借助于信息处理理论、电子器件和计算机技术的进步，人们试图用摄像机获取环境场景图像，转化为计算机处理的数字信号，由计算机平台进行视觉信息处理，由此诞生一门新兴学科——计算机视觉。必须指出，生物视觉系统极其复杂，模拟仿真生物视觉系统，即使是其中极小部分都非常困难，一个重要因素是生物视觉系统包含有理解和认知内容，它们构成了视觉信息处理的一部分，并且和信息的传输、处理相互作用。迄今为止，已经有很多研究工作关注于生物视觉，人们从神经生物学、解剖学、心理学和认知科学等不同角度研究生物视觉的组织结构和处理机制，也取得了卓有成效的结果，但这些工作基本停留在揭示生物视觉主要处理流程的阶段，对于更深层次本质问题的认识还远远不够，运用计算机视觉刻意模仿生物视觉还存在巨大困难。

出于工程应用目的，在计算机视觉中可以将视觉传感（信息获取）、视觉信息处理、理解和认知等环节分开考虑，一方面简化了类生物视觉系统复杂的相互作用体系结构，同时便于现有计算机平台的实现。将计算机视觉用于工程应用，产生了一门新的学科——机器视觉。严格意义上，机器视觉和计算机视觉的研究对象和研究方法是不同的，计算机视觉试图揭示生物视觉机理，属人工智能领域，是基础研究；而机器视觉是应用计算机视觉研究的部分成果，是数字成像技术、图像处理技术和计算机技术的集成应用技术，着重于对获取图像利用计算机强大的数据处理能力进行自动分析处理，提供一个可供机器或自动化设备识别和利用的结果。

机器视觉应用背景广泛，在农业生产、工业制造、医疗仪器、智能交通、航空航天等诸多领域，机器视觉都发挥着越来越重要的作用，如农产品分拣分类、制造过程中的测量与质量控制、自动化设备（机器人）的视觉自动引导、零件及产品缺陷检测、交通监测与管理、跟踪与自导等。本章主要结合现代制造过程中的几何量测量问题，讲述采用机器视觉的解决方法，即视觉传感测量技术。

7.1.2　Marr 计算机视觉理论

20 世纪 70 年代中后期，D. Marr 教授在美国麻省理工学院创建了一个视觉理论研究小组，逐步形成了较系统的视觉计算理论，该理论从信息处理的角度，综合了当时图像处理、心理物理学、神经生理学及临床精神病学等方面的研究成果，提出了一个较为完善的人工视觉系统架构。Marr 的视觉计算理论虽然在细节上甚至在主导思想上还不完备，但却是视觉研究中最为完善的理论，并且为大多数计算机视觉研究者所接收，它为计算机视觉的研究建立了一个明确的体系，大大推动了相关研究的发展。

Marr 的计算视觉理论把视觉过程看作信息处理过程，对该过程的研究分为三个不同的层次，即计算理论层次、表达与算法层次、硬件实现层次。计算理论层次要回答的是计算目的与策略问题，即视觉过程的输入、输出是什么？两者之间满足何种约束条件。表达与算法层次则是进一步回答如何实现上述计算理论的问题，包括输入、输出的信息表达方式（数据结构），实现规定计算目标采用的算法。算法和表达是相关的，不同的表达对应不同的算法，Marr 认为，算法和表达比计算理论层次低，不同的表达和算法，在计算理论层次上可以相同。最后，硬件实现层次是回答如何在物理（硬件）上实现上述表示表达和算法的问题。区别三个不同层次，对于深刻理解生物视觉系统和计算机视觉系统以及它们之间的关系十分有益。已经知道，生物视觉和计算机视觉在"硬件实现"的层次上是完全不同的，前者借助由大量神经元组成的庞大神经网络实现，后者由半导体微处理器实现。如果二者在实现某一功能时，采用了相同的表达和算法，则它们在"计算理论"和"表达和算法"层次上可以完全相同，而如果它们仅实现了相同的功能，但所用的表达和算法不同，则它们依然可以在"计算理论"层次上相同。

按照 Marr 的理论，视觉的基本功能是通过感知到的二维图像，提取三维环境场景信息，该信息是指场景中三维物体的形状和空间位置的定量信息。Marr 将视觉过程区分为三个阶段：图像→要素图→2.5 维图→三维表示。第一阶段，称为早期视觉，由输入二维图像获得要素图。要素图由图像中的边缘点、线段、拐点、纹理等基本几何元素或图像特征组成，目的是从原始二维图像数据中抽取重要信息，减少数据量；第二阶段，称为中期视觉，由要素图获取 2.5 维图。所谓 2.5 维图是一个形象的说法，意指不完整的三维信息描述，是指在以观测者为中心的坐标系下的三维形状和位置，当人眼观测环境场景时，观测者对三维物体的描述是在其自身坐标系中进行的，且这种观测角度是部分的，非全周视角的，观测的结果虽然包含了深度信息，但还不是真正意义上的三维表示，称之 2.5 维图；第三阶段，称为后期视觉，由输入图像、要素图和 2.5 维图获得环境场景的三维表示。真正的三维表示是在以物体为中心的坐标系中进行的，是完整的、全周视角的。

在 Marr 视觉计算理论的指导下，计算机视觉的研究有了明确的思路和具体的内容，对于推动计算机视觉研究的发展做出了重要贡献，取得了很大成功，同时也暴露了一些缺陷。按 Marr 理论，视觉过程被看作是物理成像过程的逆过程，物理成像过程是三维场景到二维图像的投影变换过程，这是一个复杂的过程，诸多因素的参与会对最终二维图像产生影响，使得相同的三维场景会产生截然不同的二维图像，主要的因素包括：①物理成像过程在数学上是一个透视投影过程，深度和被视线遮挡的信息被丢弃了，使得相同场景在不同视角下得到的二维图像是完全不同的，并且因为必然的视线遮挡，部分场景内容无法反映在二维图像中；②二维图像是依靠图像灰度（亮度）来反映视觉信息的，在成像过程中，图像灰度不仅仅由三维场景中的物体的位置、姿态、相互关系等有用信息决定，场景中的照明条件、获取图像的摄像机特性（光谱、分辨率、畸变、噪声等）等很多无关因素（部分还是不确定性的）都会和有用信息综合在一起生成二维图像。视觉过程作为物理成像过程的逆过程，必须从受到多种因素作用的最终二维图像中，提取还原三维场景中的有用信息，将是非常困难的，特别是在定量分析时，难度更大。

7.1.3 视觉传感测量技术的发展

视觉传感与测量源于计算机视觉，但并不等同计算机视觉，Marr 的视觉计算理论是通过三维场景映射到的二维图像来研究和感知场景三维物理结构的理论，强调的是识别和理解功能，侧重于基本理论研究，而视觉传感测量，尤其是几何量测量则是从工程应用的角度出发，研究定量提取三维空间内有用信息的理论和方法。在计算机视觉研究中，包含场景信息的二维图像除了含有场景三维结构信息外，还涉及其他复杂因素，诸如几何关系、光照条件、景物表面光学反射特性、光学成像系统特性等，所有这些因素都参与成像过程，因此从二维图像（且包含噪声、畸变）中恢复景物的三维结构（尺寸）信息是一个困难的问题，尤其是：成像过程是三维空间到二维空间的映射，丢失了一维信息，是不可逆的，理论上不能直接用于恢复三维结构，因此由图像信息恢复三维场景（Shape from X）问题是计算机视觉的一个基本问题。在 D. Marr 计算视觉理论的指导下，研究人员在此领域做了大量卓有成效的工作，理论算法取得了令人瞩目的成果，但与此相反，Shape from X 在解决实际问题时遇到很大困难，主要表现在：运用计算视觉理论解决 Shape from X 问题时，隐含了一个前提——二维图像中的特征识别、分割问题已经解决，但工程问题中这是不成立的，工程应用中三维场景总是复杂的，且伴随着不良的光照条件和图像噪声，对图像景物特征的识别处理本身就是巨大的挑战，尚无有效的方法，以此为前提的"纯粹"计算视觉自然无法有效解决实际应用问题。

视觉传感测量还要解决另一个问题——精度问题，和一般的定性问题不同，传感测量问题必须满足一定的精度指标。传统的计算机视觉研究，侧重于定性的三维场景识别和理解，定量的精度分析不涉及或很少涉及。视觉传感测量则是以计算机视觉为理论基础，结合精密测量、测试理论，解决工程应用领域内的测量问题，要求在满足一定的精度前提下，实现被测对象的可靠测量。一般而言，有实用价值的测量方法必须满足两个基本条件：首先，具备高可靠性和可用性，具有良好的环境适应性，对工作环境不能有过多限制和苛刻要求；其次，具备精度保证手段，要有系统的误差分析设计方法和精度传递（溯源）手段，从理论和量值传递两方面保证测量的科学性。

视觉传感应用于测量是多方面的，一个主要的应用领域就是几何量测量，即视觉精密测量。视觉测量技术从 20 世纪 70 年代出现，就被认为是解决工业制造中测量问题的最具前途的技术之一，迄今为止视觉测量技术在成像器件（视觉像机）、理论分析方法、关键技术及工程应用等方面都取得了长足的进步，已显示出了巨大的发展空间。视觉像机是视觉测量的基础，从模拟视频像机到数字相机；从小尺寸图像传感器（CCD、CMOS）到全画幅、高填充率图像传感器；从仅有成像功能的普通相机到具有图像处理能力的智能相机，视觉像机技术一直在迅速发展，成本不断降低，为高性能视觉测量系统的开发和普及应用奠定了坚实的基础。

　　早期视觉测量的分析方法主要来源于计算视觉方法，运用矩阵变换建立分析模型。由于计算机视觉的重点是解决识别和理解问题，没有着重关注测量数据的误差特性，模型简单，精度低，主要应用在精度要求不高的一些背景场合。随着应用需求扩大、测量精度提高、像机性能改善，视觉测量的分析方法也发生了显著的变化。首先，在像机的成像模型中考虑了更多的误差因素，以校正各种物理畸变，采用多参数的非线性模型代替简单的线性模型，并从数学角度研究了很多误差补偿措施，大大提高了模型精度；其次，将精密测量领域内的标定方法、设备和技术，引入到计算机视觉中，为补偿和修正各种误差提供了更加专业的解决方法，有效提高了测量精度；再次，近景摄影测量理论和计算视觉的结合大大推动了视觉测量技术的发展。近景摄影测量的平差理论、共线理论、像差校正技术、控制场技术及定向技术等完善的理论方法为视觉测量研究和应用的不断拓展提供了良好的理论支持，这种理论上的支持对于高精度的大空间视觉测量尤为重要。此外，图像处理、模式识别理论及技术的发展也大大改善着视觉测量系统的性能。

　　视觉测量的应用范围也在不断扩大，早期的视觉测量受到图像传感器和图像处理软硬件技术的限制，成本高昂、性能指标较低，主要用于特定的、有非接触要求的场合，现今视觉测量的硬件成本显著降低，具备了大规模推广应用的条件，同时性能得到了极大提升，可以满足绝大多数工业测量需求。以三维空间尺寸测量为例，视觉测量已能稳定实现优于 0.02mm/m 的测量精度，基本满足了工业制造对测量精度的要求。此外，在现代制造技术的快速发展过程中，出现了很多新型测量问题，传统测量手段很难解决，客观上也推动着视觉测量研究的发展和应用范围不断扩大。

7.2　图像传感器

7.2.1　摄像管工作原理

　　摄像管有许多种，但主要工作原理基本相同。典型的光电摄像管包含三个基本部分，镶嵌板、集电环和电子枪。镶嵌板由一块涂了一层绝缘物质的金属板制成，在绝缘物质的表面，嵌着成千上万个银制的小球（即一些小银圆点），其上镀一层特别的物质，例如铯（光电材料），每一个银点的作用就像一个小光电管一样。当光线照在光电管上，电子被打出而离开，光线越强，失去的电子越多，因电子带负电荷，光电管失去电子后，自己就带正电荷，任何投影在镶嵌板上的图像，将变成一幅正电荷的分布图。小光电管所放出的电子，由集电环收集，移出光电摄像管。电子枪由电灯丝及带小孔的金属片组成，灯丝用于发射电子，从灯丝发出的电子有一部分穿过小孔，成为电子束，电子束被互相垂直的两套金属极板控制，第一对金属极板上施加适当的交变电压，使电子束沿上下方向扫描，第二对金属极板上施加适当的交变电压使电子束左右扫描。电子束从镶嵌板上的左上角开始扫起，从左到右，自上而下地扫过整个镶嵌板。扫描时，由电子枪发射的电子束补充了光电管上因为光线照射损失的电子，形成一电脉冲，电脉冲与照射到光电管的光线强度成正比，当电子束逐个扫描镶嵌板上的各光电管时，便形成一系列电脉冲。这些电脉冲被增强后用来调制电视载波，合成的电视信号在电视接收机中引起电子运动，使显像管中扫描电子束的强弱发生变化，当它打到电视显像管机的屏幕上时，就使荧光屏再现出电视图像。

7.2.2 电荷耦合摄像器件工作原理

电荷耦合器件 CCD（Charge Coupled Device）传感器是由许多感光单元组成，通常以百万像素为单位，它使用一种高感光度的半导体材料制成，能够把光信号转变成电荷信号。当 CCD 表面受到光线照射时，每个感光单元会将入射光强的大小以电荷数量的多少反映出来，这样所有感光单元所产生的信号叠加在一起，构成了一幅完整的图像。CCD 不同于大多数以电流或电压为信号的器件，它是以电荷作为信号载体，CCD 基本功能表现为信号电荷的产生、存储、传输和检出（即输出）。

1. 光电荷的产生

光电荷产生的方法主要分为光注入和电注入两类，通常的 CCD 传感器一般采用光注入方式。当光照射到 CCD 硅片上时，会在栅极附近的半导体体内产生电子空穴对，其多数载流子被栅极电压所排斥，少数载流子则被收集在势阱中形成信号电荷。

2. 电荷的存储

CCD 的基本单元是 MOS（金属-氧化物-半导体）结构，其作用是将产生的光电荷进行存储。图 7-1a 中，栅极 G 电压为零，P 型半导体中的空穴（多数载流子）的分布是均匀的；图 7-1b 中，施加了正偏压 U_G（此时 U_G 小于 P 型半导体的阈值电压 U_{th}），在图 7-1a 中的空穴中就产生了耗尽区；施加的电压继续增加，则耗尽区将进一步向半导体内延伸，如图 7-1c 所示，当 $U_G > U_{th}$ 时，用 Φ_S 表示半导体与绝缘体界面上的电势，Φ_S 变得很高，以至于将半导体内的电子（少数载流子）吸引到表面，形成一层很薄但电荷浓度很高的反型层。反型层电荷的存在则表明了 MOS 结构存储电荷的功能。

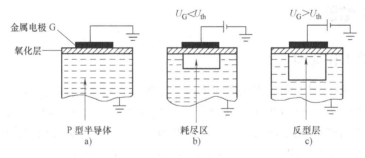

图 7-1　单个 CCD 栅极电压变化对耗尽区的影响

a）栅极电压为零　b）栅极电压小于阈值电压　c）栅极电压大于阈值电压

表面势 Φ_S 与反型层的电荷浓度 Q_{INV}、栅极电压 U_G 有关，Φ_S 与 Q_{INV} 有着良好的反比例线性关系，并用半导体物理中"势阱"的概念来描述。由于氧化物与半导体的交界面处的势能最低，电子被加有栅极电压的 MOS 结构吸引过去，在没有反型层时，势阱的深度和 U_G 成正比例关系，如图 7-2a 的情况；当反型层电荷填充势阱时，表面势收缩，如图 7-2b 所示；随着反型层电荷浓度的继续增加，势阱被填充更多，此时表面不再束缚多余的电子，电子将产生"溢出"现象，如图 7-2c 所示。

3. 电荷的转移

通过按一定的时序在电极上施加高低电平，可以实现光电荷在相邻势阱间的转移，用图 7-3 来示意 CCD 势阱中电荷的转移。

图 7-3 中 CCD 的四个电极彼此靠得很近，假定一开始在偏压为 10V 的（1）电极下面的深势阱中，其他电极加有大于阈值的较低电压（例如 2V），如图 7-3a 所示；一定时刻后，（2）电极由 2V 变为 10V，其余电极保持不变，如图 7-3b 所示；因为（1）、（2）电极靠得很近（间隔只有几

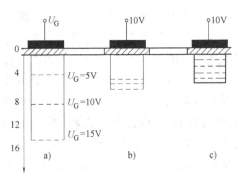

图 7-2　势阱
a) 空势阱　b) 填充 1/3 的势阱　c) 全满势阱

微米），它们各自的对应势阱就将合并在一起，原来在（1）电极下的电荷变为（1）、（2）两个电极共有，如图 7-3c 所示；此后，（1）电极上电压由 10V 变为 2V，（2）电极上 10V 不变，如图 7-3d 所示，电荷就将慢慢转移到（2）电极下的势阱中；最后（1）电极下的电荷就转移到了（2）电极下，如图 7-3e，由此深势阱及电荷包向右转移了一个位置。

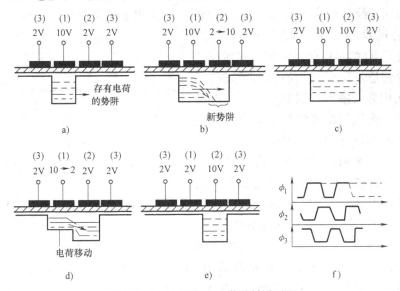

图 7-3　三相 CCD 中电荷的转移过程
a) 初始状态　b) 电荷由（1）电极向（2）电极转移　c) 电荷在（1）（2）电极下均匀分布
d) 电荷继续由（1）电极向（2）电极转移　e) 电荷完全转移到（2）电极　f) 三相转移脉冲

为了实现转移，CCD 电极间的间隙必须很小，电荷才能不受阻碍地从一个电极转移到相邻电极下，电极间的间隙由电极结构、表面态密度等因素决定。

4. 光电荷的输出

光电荷的输出是指在光电荷转移通道的末端，将电荷信号转换为电压或电流信号输出，也称为光电荷的检测。目前 CCD 的主要输出方式有电流输出、浮置扩散放大输出和浮置栅极放大输出。

以电流输出方式为例，如图 7-4 所示，当信号电荷在转移脉冲的驱动下向右转移到末电

极的势阱中后，Φ_2 电极电压由高变低，由于
势阱的提高，信号电荷将通过输出栅（加有恒
定电压）下的势阱进入方向偏置的二极管（图
中 N⁺区）。由 U_D，电阻 R，衬底 P 和 N⁺ 区
构成的方向偏置二极管相当于一个深势阱，进
入到反向偏置二极管中的电荷，将产生输出电
流 I_D，I_D 的大小与注入到二极管中的信号电
荷量 Q_S 成正比。由于 I_D 的存在，使得 A 点的
电位发生变化；I_D 增大，A 点的电位降低，所

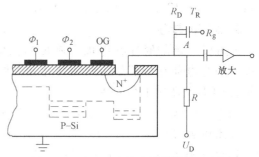

图 7-4　CCD 电流输出模式结构示意图

以可以用 A 点的电位来检测二极管的输出电流 I_D。CCD 的电流输出模式即是用隔直电容将
A 点的电位变化取出，再通过放大器输出。

7.2.3　CCD 图像传感器

1. 线阵 CCD 图像传感器

线阵 CCD 用于高分辨率的一维成像，它每次只拍摄图像场景中的一条线，与平板扫描
仪扫描原理相同。线阵 CCD 的精度高，但速度慢，无法拍摄移动物体，它有两种基本形式：

（1）单沟道线阵 CCD　图 7-5 所示是三
相单沟道线阵 CCD 的结构图，光敏元阵列与转
移区移位寄存器是分开的，移位寄存器被遮挡，
这种器件的光积分（感光）周期里，光栅电极
电压为高电平，光敏区在光的作用下产生光电
荷，并存于光敏 MOS 阵列势阱中。

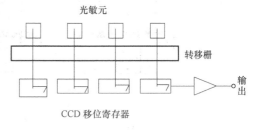

图 7-5　单沟道线阵 CCD 结构

当移位脉冲到来时，线阵光敏阵列势阱中
的信号电荷并行转移到 CCD 移位寄存器中，最
后在时钟脉冲作用下一位一位地移出器件，形成视频脉冲信号。这种结构的 CCD 转移次数
多，效率低，适用于像元较少的摄像器件。

（2）双沟道线阵 CCD　图 7-6 为双沟道线阵
CCD 的结构图，其具有两列移位寄存器 A 和 B，
分别位于像敏阵列的两边。当转移栅为高电平时，
光积分阵列的信号电荷同时按箭头所示方向转移
到对应的移位寄存器中，然后在驱动脉冲的作用
下分别向右转移，最后以视频信号输出。显然，
同样像敏单元的双沟道线阵 CCD 比单沟道线阵
CCD 的转移次数要少一半，总转移效率大大提高，
一般高于 256 位的线阵 CCD 都是双沟道的。

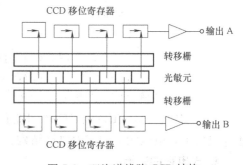

图 7-6　双沟道线阵 CCD 结构

2. 面阵 CCD 图像传感器

面阵 CCD 是二维图像传感器，按其电荷转移方式可分为 3 种：

（1）帧转移型面阵 CCD　如图 7-7 所示，帧转移型面阵 CCD 电荷耦合器件（FT-
CCD）由成像区、存储区和读出寄存器 3 个基本区域组成，由三相脉冲驱动，又称三相驱动

式面阵 CCD 电荷耦合器件。

这种转移结构的优点是：电极结构简单；可以将像素做得很密集，能得到较高的分辨率；由于成像区全部进行光电转换，灵敏度较高。其缺点是：由于成像区和存储区占据同样大小的芯片面积，尺寸较大；由于独立像素都具有双重作用，既是一个光敏元件，又是一个移位寄存器的组成单元，在转移期内，连续入射的景物投射光会继续在光敏元

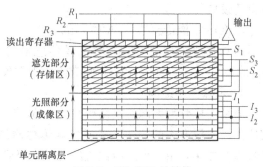

图 7-7　FT-CCD 的结构

件上积累光生电荷，并与正在转移的电荷叠加形成所谓的光"污染"，尤其是在成像区中有小部分被强光照射时，这种"污染"会更严重，将在其下部形成垂直拖尾现象。

（2）行间转移型面阵 CCD 电荷耦合器件

如图 7-8 所示，行间转移型面阵 CCD 电荷耦合器件（IT-CDD）的感光行与垂直位移寄存器相间排列，由转移栅控制电荷的转移和输出。

这种结构的优点是：结构简单，不需要单独的存储区，全部面积比帧转移型小；每个像素的感光部分彼此独立，有可能取得较高的空间频率；由于光生电荷的垂直转移在遮光的垂直转移寄存器中进行，使正常照度下的垂直拖尾减轻。其缺点是：为

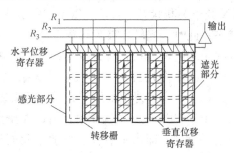

图 7-8　IT-CCD 的结构

了防止漏光，要求遮光条宽度大于存储条宽度，使总的感光面积减小，灵敏度降低；虽然加宽了屏蔽层，仍有部分入射光通过不同路径到达遮光屏蔽层下面的垂直位移寄存器，形成光污染，且由于垂直转移时间较长，对波长较长的红光污染较严重（拖尾呈现红色）。

（3）帧-行转移型面阵 CCD 电荷耦合器件

帧-行转移型面阵 CCD 电荷耦合器件（FIT-CCD）是在行间转移型的基础上加上场存储区而构成的，其结构如图 7-9 所示。

其优点是垂直转移速度快，可有效消除光污染，使垂直拖尾消失；其缺点是尺寸较大，材料利用率较低。这种器件在高档 CCD 摄像机中应用较为广泛。

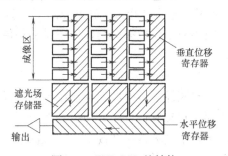

图 7-9　FIT-CCD 的结构

7.2.4　CMOS 图像传感器

互补金属氧化物半导体（CMOS）图像传感器与电荷耦合器件（CCD）图像传感器的研究几乎是同时起步，其优点是功耗小、成本低、速度快，但由于受早期制造工艺水平限制，CMOS 图像传感器分辨率低、噪声大、光照灵敏度弱、图像质量差，没有得到充分的重视和发展，而 CCD 器件因为光照灵敏度高、噪声低等优点一直主宰着图像传感器市场。随着集成电路设计技术和工艺水平的提高，CMOS 图像传感器过去存在的缺点，现在都正在被有效地克服，其固有的优点更是 CCD 器件所无法比拟的，因而它再次成为研究的热点，获

得迅速发展。

CMOS 图像传感器（CMOS Image Sensor，CIS）由许多光敏单元组成，根据敏感单元内是否具有放大功能，CMOS 图像传感器可分为两种基本类型，即无源像素图像传感器（Passive Pixel Sensor，PPS）和有源像素图像传感器（Active Pixel Sensor，APS）。

1. 无源像素结构

光敏二极管型无源像素结构自从 1967 年 Weckler 首次提出以来实质上一直没有大的变化。无源像素传感器的像元结构简单，没有信号放大作用，由一个反向偏置的光敏二极管（MOS 管或 P-N 结二极管）和一个行选择开关管 TX 构成，其结构框图如图 7-10 所示。

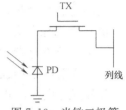

图 7-10　光敏二极管型无源像素结构

光敏二极管用于将入射的光信号转变为光电信号，开关管 TX 的导通与否取决于器件像元阵列的控制电路。在摄像周期开始时，TX 处于关断状态，直至光敏单元完成光电积分过程，TX 转入导通状态；此时，光敏二极管与垂直的列线连通，光敏单元中积累光生电荷被送往列线，由位于列线末端的电荷积分放大器转换为相应的电压量输出（其读出电路保持列线的电压为一常数，并减小像元的复位噪声）；当光敏二极管中存储的信号电荷被读出时，再由控制电路往列线加上一定的复位电压使光敏单元恢复初态，随即再将 TX 关断以备进入下一摄像周期。

由于 PPS 像元结构简单，所以在给定的单元尺寸下，可设计出最高的填充系数（又叫"孔径效率"，即像元中有效光敏单元面积与像元总面积之比）；在给定的设计填充系数下，单元尺寸可设计得最小。并且，由于填充系数高和没有类似许多 CCD 中的多晶硅层叠，无源像素结构可获得较高的"量子效率"（即光生电子与入射光子数量之比），从而有利于提高器件的灵敏度。

但是这种结构存在着两方面的不足：其一，各像元中开关管的导通阈值难以完全匹配，所以即使入射光线完全均匀一致，其输出信号仍会形成某种相对固定的特定图形，即固有图形噪声，这是 PPS 致命的弱点；其二，光敏单元的驱动能量相对较弱，故列线不宜过长以便减小分布参数的影响，且还受多路传输线寄生电容及读出速率的限制，PPS 难以向大型阵列发展。

2. 有源像素结构

有源像素传感器就是在每个光敏像元内引入至少一个（一般为几个）有源晶体管的成像阵列，它具有信号放大和缓冲作用，在像元内设置放大元件，改善了像元结构的噪声性能。由于每个放大器仅在读出期间被激发，所以 CMOS 有源像素传感器的功耗比 CCD 的还小。APS 像元结构复杂，与 PPS 像元结构相比（无源像元的填充系数多在 $60\%\sim80\%$ 之间），其填充系数较小，设计典型值为 $20\%\sim30\%$，与行间转移型 CCD 接近，因而需要一个较大的单元尺寸。随着 CMOS 技术的发展，CMOS 工艺几何设计尺寸日益减小，填充系数将不会成为限制 APS 性能提高的主要因素。

（1）光敏二极管型有源像素结构　1968 年，Nobel 描述了光敏二极管型有源像素传感器（Photodiode-Type APS，缩写为 PD-APS），后来这种像素结构有所改进。光敏二极管型有源像素结构如图 7-11 所示，每个像元包括三个晶体管和一个光敏二极管。

在此结构中，输出信号由源极跟随器予以缓冲以增强像元的驱动能力，其读出功能受与它相串联的行选晶体管（RS）控制。因源极跟随器不再具备双向导通能力，故需另行配备

独立的复位晶体管（RST）。由于有源像元的驱动能力较强，列线
分布参数的影响相对较小，故有利于制作像元阵列较大的器件；
利用独立的复位功能便于改变像元的光电积分时间，因此具有电
子快门的效果；而像元本身具备的行选功能，则对二维图像输出
控制电路的简化有益。因光敏面没有多晶硅层叠，光敏二极管型
APS 量子效率较高，CMOS 光敏二极管型 APS 适宜于大多数中低
性能的应用。

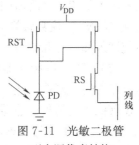

图 7-11　光敏二极管
型有源像素结构

　　（2）光栅型有源像素结构　　由于有源像元中所含的晶体管数
目较多，造成了一些问题：首先，晶体管的增多会使像元中光敏单元的面积相对减小，导致
像元的填充系数明显降低。此外，晶体管的增多会使晶体管的导通阈值不匹配问题更加严
重，从而导致固有图像噪声指标进一步恶化。

　　为了解决有源像元填充系数低的问题，CMOS 器件往往采用 CCD 制造工艺中现有的
"微透镜"技术，这可将有源像元的填充系数提高 2～3 倍；或者使用 CCD 图像传感器中的
电荷转移原理，同时运用相关双取样技术，有效地抑制包括固有图形噪声在内的各类噪声，
使图像质量明显提高。

光栅型有源像素传感器（Photogate-Type APS，缩
写为 PG-APS）就是其中的一种，它是 1993 年由喷气推
进实验室最早研究成功。光栅型有源像素传感器结合了
CCD 和行-列寻址功能的优点，结构如图 7-12 所示，每
个像元采用了五个晶体管。设置 TX 管是为了采用单层
多晶硅工艺，光生电荷积分在光栅（PG）下，TX 开启
前（即输出前），对浮置扩散结点（FD）复位（电压为
V_{DD}）；然后 TX 开启，改变光栅脉冲，使收集在光栅下
的光生电荷转移到扩散结点；最后由源跟随器将光生电
荷转变为电压信号，复位电平与信号电平之差就是传感
器的输出信号。

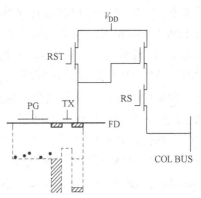

图 7-12　光栅型有源像素结构图

　　由于可以设置 CDS（传感器阵列驱动与控制系统）电路和双 Δ 取样（Delta Difference
Sampling，缩写为 DDS）电路，其读出噪声小，可接近高档 CCD 水平。CMOS 光栅型 APS
适用于高性能科学成像和低光照成像，由于 APS 潜在的性能，目前研究开发的 CMOS 图像
传感器大都是 CMOS 有源图像传感器。

7.2.5　CCD 与 CMOS 图像传感器的比较

　　CCD 与 CMOS 两种传感器在"内部结构"和"外部结构"上都是不同的。CCD 器件的
成像点为 X-Y 纵横矩阵排列，每个成像点由一个光敏二极管和其控制的一个电荷存储区组
成；CCD 仅能输出模拟电信号，输出的电信号还需经后续地址译码器、模数转换器、图像
信号处理器处理，并且还需提供三相不同电压的电源和同步时钟控制电路，电路复杂，速度
慢。CMOS 光电传感器经光电转换后直接产生电压信号，信号读取十分简单，还能同时处
理各单元的图像信息，速度比 CCD 快得多，而且 CMOS 器件的集成度高、体积小、重量
轻，它最大的优势是具有高度系统整合的条件，因为采用数字-模拟信号混合设计，从理论

上讲，图像传感器所需的所有功能，如垂直位移、水平位移暂存器、传感器阵列驱动与控制系统（CDS）、模数转换器（ADC）接口电路等完全可以集成在一起，实现单芯片成像，避免使用外部芯片和设备，极大地减小了器件的体积和重量。

与 CCD 图像传感器相比，CMOS 图像传感器在功耗、制造工艺、速度、集成度方面等有显著优势，两种传感器的具体参数比较如表7-1所示。对于功耗和兼容性，CCD 需要外部控制信号和时钟信号来获得满意的电荷转移效率，还需要多个电源和电压调节器，因此功耗较大；而 CMOS-APS 使用单一工作电压，功耗低，仅相当于 CCD 的 1/10～1/100，还可以与其他电路兼容，具有功耗低、兼容性好的特点。CCD 需要特殊工艺，使用专用生产流程，成本高；而 CMOS 是使用与制造 90％ 半导体器件相同的基本技术和工艺，成品率高，制造成本低。CCD 使用电荷移位寄存器，当寄存器溢出时就会向相邻的像素泄漏电荷，导致亮光弥散，在图像上产生不需要的条纹；而 CMOS-APS 中光探测部件和输出放大器都是

表 7-1 CCD 与 CMOS 图像传感器比较

类　别	CCD	CMOS
生产线	专用	通用
成本	高	低
集成状况	低，需外接芯片	单片高度集成
系统功耗	高（设为1）	低（1/10～1/100）
电源	多电源	单一电源
抗辐射	弱	强
电路结构	复杂	简单
灵敏度	优	良
信噪比	优	良
图像	顺次扫描	同时读取
红外线	灵敏度低	灵敏度高
动态范围	>70dB	>70dB
模块体积	大	小

每个像素的一部分，积分电荷在像素内就被转为电压信号，通过 X-Y 输出线输出，这种行列编址方式使窗口操作成为可能，可以进行平移、旋转和缩放，没有拖影、光晕等假信号，此外，高速性是 CMOS 电路的固有特性，CMOS 图像传感器可以极快地驱动成像阵列的列总线，并且 ADC 具有极快的速率，对输出信号和外部接口干扰具有低敏感性，有利于与下一级处理器连接。CMOS 图像传感器具有很强的灵活性，可以对局部像素图像进行随机访问，增加了工作灵活性。由上述比较可以看出，CMOS 的研究必然会成为今后的热点。

7.3　3D 视觉传感技术

7.3.1　3D 视觉传感原理

单个摄像机的成像过程是 3D 测量空间到 2D 图像平面的透视变换过程，丢失了一维信息，因此仅依靠一个摄像机无法实现 3D 空间测量。3D 视觉传感是指采用一个或多个图像传感器（摄像机等）作为传感元件，在特定的结构设计（空间配置）的支持下，综合利用其他辅助信息，实现对被测物体的尺寸及空间位姿的三维非接触测量。理论研究中有许多基于视觉的原理方法可用于 3D 测量，如纹理梯度法、莫尔条纹法、离焦法、三角交汇法等，但实际研究中发现，基于三角法的主动和被动视觉测量原理具有抗干扰能力强、效率高、精度合适、组成简洁等优点，非常适合面向制造现场的在线、非接触测量，是实际应用的主流。

结构光方法和立体视觉方法是两种最直接的基于三角法的 3D 视觉测量方法。结构光方法是通过构造结构光，使得结构光平面和摄像机之间配置成三角测量关系，依靠被测点成像

光束和结构光平面的交汇光束，求解 3D 信息。立体视觉是采用两个以上的摄像机在空间构成三角配置，利用被测点在多个摄像机中成像位置的不同（所谓"视差"），由多个摄像机的成像光束在空间交汇，由此得到被测点 3D 信息。以结构光方法和立体视觉方法为基础，还衍生出很多其他方法，如多目视觉、移动视觉等。在解决实际测量问题时，有时测量空间较大，相对测量精度要求高，此时采用单元结构光方法或立体视觉方法不能满足要求，需要将多个测量单元组合在一起，构成一个 3D 视觉测量系统。

　　3D 视觉传感是一个定量测量过程，为保证测量精度和量值的统一，需要建立精确的测量模型，研究相应的参数标定方法。一般来说，3D 视觉测量模型包括三个层次：摄像机成像模型、3D 传感器测量模型、3D 测量系统模型，与此对应，标定问题也分为三个层次。

7.3.2　摄像机模型及结构参数标定技术

　　摄像机成像过程是一个三维物体空间到二维图像空间的映射过程，所谓成像模型是指建立这种映射关系的精确定量数学描述。在视觉测量系统中，摄像机是作为一个基本的传感元件（探测图像）使用的，摄像机模型的复杂性及精度直接决定着测量结果的精度。一般来说，描述像机模型有两类方法：一类是基于像机成像过程和自身物理参数的成像模型；另一类是一种抽象的，基于投影变换关系的模型，在视觉测量技术的研究中，前者有明确的物理基础，便于误差校正和补偿，是主要的模型形式。按模型的复杂性与适用范围，成像模型大致可分为：针孔成像模型（Pinhole）、直接线性变换模型（DLT）、摄影测量模型等。

　　针孔成像模型是用一理想的小孔成像来简化实际的像机成像，模型的数学描述简单，能在一定的精度上很好地描述实际使用的大部分像机的成像过程，如图 7-13 所示，P 为物点，Q 为像点，像机针孔模型用数学形式表示

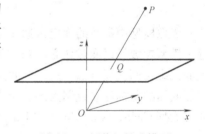

$$q = FMTP \tag{7-1}$$

式中，$q = (x, y)$ 为像点 Q 在摄像机像平面上的坐标；$P = (x_w, y_w, z_w)$ 为 P 在摄像机坐标系中的三维坐标。F 矩阵和摄像机有效焦距有关，该矩阵描述了三维空间

图 7-13　摄像机针孔模型

到二维平面的透视变换；M 矩阵与摄像机坐标系和物体坐标系之间的空间相对关系有关，它是两个坐标系之间旋转关系的描述；T 矩阵则是摄像机坐标系与物体坐标系之间空间平移关系的描述。针孔模型是一线性理想模型，模型中各参数的物理意义明确，模型的解算也较简单，适合于精度要求不高、像机成像质量高的应用场合，是其他模型的基础。

　　在针孔模型中，为简化问题，进行许多假设，使模型理想化。直接线性变换模型（DLT）是对针孔模型的发展，在针孔模型基础上，补充考虑了部分成像因素，使模型接近物理原型，DLT 模型由下式表述

$$q = Ap \tag{7-2}$$

式中，p、q 与式（7-1）中相同；A 为矩阵，可分解为

$$A = \lambda V^{-1} B^{-1} FMT \tag{7-3}$$

这里，λ 表示刻度因子，$\lambda \neq 0$；F、M、T 三个矩阵，它们与针孔模型中具有相同的含义；V、B 两个矩阵是考虑了摄像机成像时，像素坐标系和摄像机坐标系之间的相对位置不确定性及像素坐标系的非正交性引入的补偿矩阵。DLT 模型比较准确地反映了成像过程，

是一个较通用的模型。和针孔模型相比，DLT 考虑的因素多，精度得到改善，在对精度要求不太高的场合，DLT 模型比较实用。但在精度要求高，像机镜头存在明显的畸变时，DLT 模型可能会引入较大的误差。为此，研究一种扩展的 DLT 模型，以 DLT 模型为基础，充分考虑了像机镜头成像时存在的畸变因素，引入了修正因子，补偿畸变误差。扩展 DLT 模型更准确地反映了摄像机成像过程，较全面地考虑了成像过程中误差因素，是一个更一般的模型。

对于高精度的视觉测量，成像器件一般选用高质量的数字成像器件（大尺寸、高填充率、高像素），为充分发挥器件的性能，实现理想的测量精度，需要研究更加精细的成像模型，来精确描述成像的物理过程，一般考虑采用摄影测量模型。摄影测量模型也是以理想的针孔模型为基础，通过增加一项复杂的综合修正因子，来修正实际成像中的像点位置和模型中像点位置之间存在的微小偏差，从而对模型做出精确的补偿。

在摄影测量模型中，假设 (x_u, y_u) 为空间物点 P 在像平面上理想像点坐标（理想透视，不存在任何畸变），实际成像过程中，考虑到各种畸变因素，实际像点位置为 (x_d, y_d)，则

$$x_u = x_d - C_x + \Delta x$$
$$y_u = y_d - C_y + \Delta y \tag{7-4}$$

其中，C_x、C_y 为像面中心，Δx、Δy 为成像综合畸变（修正因子），可采用下列模型：

$$\begin{cases} \Delta x = \bar{x} r^2 k_1 + \bar{x} r^4 k_2 + \bar{x} r^6 k_3 + (2\bar{x}^2 + r^2) P_1 + 2P_2 \bar{x} \bar{y} + b_1 \bar{x} + b_2 \bar{y} \\ \Delta y = \bar{y} r^2 k_1 + \bar{y} r^4 k_2 + \bar{y} r^6 k_3 + 2P_1 \bar{x} \bar{y} + (2\bar{y}^2 + r^2) P_2 \end{cases} \tag{7-5}$$

式中，$\begin{cases} \bar{x} = x_d - C_x \\ \bar{y} = y_d - C_y \end{cases}$，$r = \sqrt{\bar{x}^2 + \bar{y}^2}$

成像模型中参数的确定是通过标定过程实现的，通常分为直接标定法和自标定法。直接标定模型参数可以通过建立已知空间点（控制点）三维坐标 (X_w, Y_w, Z_w) 及其对应成像点的二维像面坐标 (x_d, y_d) 之间的对应关系；对于较小视场的成像，可以通过精确的共面或非共面的靶标建立控制点的三维物点和二维特征像点的对应；对于较大视场的成像，可以通过大型 CMM（Coordinate Measuring Machine，坐标测量机）构造较大空间的三维控制点，如图 7-14 所示。以摄影测量模型为例，由成像模型得到：

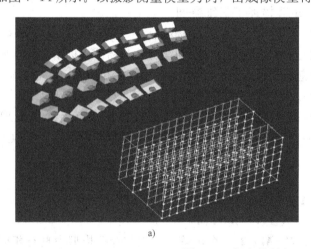
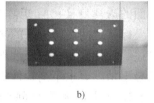

图 7-14　标定控制点

a）CMM 虚拟控制点　b）共面控制点　c）非共面控制点

$$\begin{cases} f_x(X_w, Y_w, Z_w, x_d, y_d, C_x, C_y, f, k_1, k_2, k_3, b_1, b_2, P_1, P_2, \alpha, \beta, \theta, t_x, t_y, t_z) = 0 \\ f_y(X_w, Y_w, Z_w, x_d, y_d, C_x, C_y, f, k_1, k_2, k_3, b_1, b_2, P_1, P_2, \alpha, \beta, \theta, t_x, t_y, t_z) = 0 \end{cases} \tag{7-6}$$

式中，(X_w, Y_w, Z_w) 为控制点空间坐标（已知量），(x_d, y_d) 为控制点对应像点的像素坐标（已知量），f、C_x、C_y、k_1、k_2、k_3、b_1、b_2、P_1、P_2 为模型参数（未知量），α、β、θ、t_x、t_y、t_z 为像机坐标系 $OXYZ$ 到世界坐标系 $O_wX_wY_wZ_w$ 之间的变换关系，即像机姿态外参数（未知量），解算上述非线性方程组，可以得到模型参数。

　　直接标定方法直观，是主要方法，但对于更大的视场空间，设置高精度的三维（二维）控制点非常困难，标定过程繁琐，且标定结果受控制点空间坐标精度的影响，容易产生误差，不能应用于现场环境。直接标定过程需要控制点的三维坐标已知，较好的解决途径是消除标定过程中的这一约束条件，将控制点的空间坐标值作为未知变量代入模型中，在标定过程中，同时解算模型参数和控制点的空间坐标，即采用自标定技术。自标定技术是基于空间光束定向交汇原理的像机标定技术，其基本思路是：在空间简单设置标定控制点，控制点的空间坐标未知，像机在不同的姿态（α^n，β^n，θ^n，t_x^n，t_y^n，t_z^n）条件下，获取视场中控制点的图像，处理得到控制点的像面坐标，如图 7-15 所示。

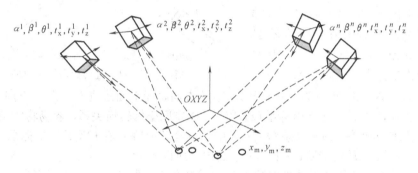

图 7-15　光束定向交汇自标定原理

　　根据光束定向交汇原理，同一控制点在摄像机不同姿态下对应的成像光束在空间应当交汇于一点，由此得到包含像机模型参数和控制点坐标的非线性约束方程组，从中可以解算模型参数、控制点坐标以及像机姿态。自标定的本质是将像机的姿态、控制点的空间坐标以及模型参数均作为未知量，以控制点的成像光束在空间交汇作为已知条件，建立高度非线性的大规模方程组，从中解算像机模型参数，原理上消除了直接标定方法中要求控制点三维坐标已知的局限性。自标定对工作环境要求不高，易于实现，甚至可以实时应用于测量现场环境，标定结果不受控制点坐标精度影响，标定精度高，且标定过程可以和测量过程有机结合，提高系统测量精度，是一种适合大尺寸视觉测量的成像模型参数标定技术。

7.3.3　结构光视觉传感器

　　结构光传感器测量原理如图 7-16 所示，传感器由光平面投射器和 CCD 摄像机组成。设摄像机坐标系为 $OXYZ$，光平面和被测物体相交形成光条 l，记光条上一特征点 P 在 $OXYZ$ 中的坐标为 (X, Y, Z)，光平面在 $OXYZ$ 中的方程已知，特征点 P 在摄像机像素坐标系中的坐标为 (x_m, y_m)，由摄像机数学模型知

$$\begin{cases} x_m = f_x(x, y, z) \\ y_m = f_y(x, y, z) \end{cases} \tag{7-7}$$

又，P 点在光平面内

$$f_{\mathrm{p}}(x, y, z) = 0 \qquad (7\text{-}8)$$

其中，f_{x}、f_{y} 是摄像机的模型函数，可以通过前述的精确摄像机标定过程得到；f_{p} 为光平面在 $OXYZ$ 坐标系中的方程，在标定传感器时精确求得。

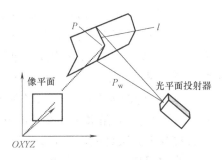

图 7-16　结构光传感器测量原理

联立式（7-7）及式（7-8）可解出被测物体上特征点 P 在坐标系 $OXYZ$ 中的三维坐标。

传感器标定借助一个细丝靶标进行，如图 7-17 所示，细丝靶标上固定 n 个（相互近似平行）细直钢丝 l_1，$\cdots$，l_n。将细丝靶标固定在传感器的工作空间，取细丝方向和光平面的法向一致。光平面入射到靶标细丝上时产生 n 个散射亮点 P_i（$i=1$，$\cdots$，n），P_i 对应像点的像素坐标由计算机处理得到。相应地，P_i 的空间三维坐标（x_{w}，y_{w}，z_{w}）可用另外的空间坐标测量设备测量（如经纬仪坐标测量设备）。设 P_i 在 $OX_{\mathrm{w}}Y_{\mathrm{w}}Z_{\mathrm{w}}$ 坐标系中的坐标为（x_{wi}，y_{wi}，z_{wi}），P_i 对应像点的像素坐标为（x_{di}，y_{di}）。

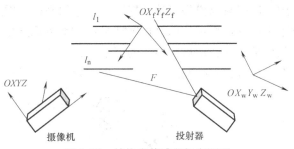

图 7-17　结构光传感器标定原理

在光平面 F 内，取 P_0 点为原点，P_0P_1 为 X 方向，光平面法线方向为 Z 方向，由 X、Z 方向按右手法则，在 F 上建立坐标系 $OX_{\mathrm{f}}Y_{\mathrm{f}}Z_{\mathrm{f}}$。由空间坐标转换关系，容易将 P_i 在 $OX_{\mathrm{w}}Y_{\mathrm{w}}Z_{\mathrm{w}}$ 坐标系中的三维坐标转换到坐标系 $OX_{\mathrm{f}}Y_{\mathrm{f}}Z_{\mathrm{f}}$ 中，设经转换后 P_i 在 $OX_{\mathrm{f}}Y_{\mathrm{f}}Z_{\mathrm{f}}$ 坐标系中的坐标为（x_{fi}，y_{fi}，z_{fi}），因为 P_i 在 $OX_{\mathrm{f}}Y_{\mathrm{f}}Z_{\mathrm{f}}$ 的 xy 平面内，所以 $z_{\mathrm{fi}}=0$。

假设坐标系 $OX_{\mathrm{f}}Y_{\mathrm{f}}Z_{\mathrm{f}}$ 到摄像机坐标系 $OXYZ$ 的旋转矩阵为 $\boldsymbol{R}$，平移矩阵为 $\boldsymbol{T}$，则

$$\rho \begin{bmatrix} x_{\mathrm{ci}} \\ y_{\mathrm{ci}} \\ 1 \end{bmatrix} = \begin{bmatrix} f & 0 & 0 & 0 \\ 0 & f & 0 & 0 \\ 0 & 0 & 1 & 0 \end{bmatrix} \begin{pmatrix} \boldsymbol{R}_{\mathrm{t}} & \boldsymbol{T} \\ 0 & 1 \end{pmatrix} \begin{bmatrix} x_{\mathrm{fi}} \\ y_{\mathrm{fi}} \\ z_{\mathrm{fi}} \\ 1 \end{bmatrix} \qquad (7\text{-}9)$$

采用摄像机一阶径向畸变模型，有

$$
\begin{aligned}
x_{\mathrm{ci}} &= (x_{\mathrm{di}} - c_{\mathrm{x}})(1 + kq_i)/s_{\mathrm{x}} \\
y_{\mathrm{ci}} &= (y_{\mathrm{di}} - c_{\mathrm{y}})(1 + kq_i) \\
q_i &= \sqrt{(x_{\mathrm{di}} - c_{\mathrm{x}})^2 + (y_{\mathrm{di}} - c_{\mathrm{y}})^2}
\end{aligned}
\qquad (7\text{-}10)
$$

展开式（7-9），利用矩阵元素之间的对应关系，得到

$$
\begin{cases}
(x_{\mathrm{fi}} r_7 + y_{\mathrm{fi}} r_8 + t_z) x_{\mathrm{ci}} = f r_1 x_{\mathrm{fi}} + f r_2 y_{\mathrm{fi}} + f t_{\mathrm{x}} \\
(x_{\mathrm{fi}} r_7 + y_{\mathrm{fi}} r_8 + t_z) y_{\mathrm{ci}} = f r_4 x_{\mathrm{fi}} + f r_5 y_{\mathrm{fi}} + f t_{\mathrm{y}}
\end{cases}
\qquad (7\text{-}11)
$$

式中，r_1，$\cdots$，r_9 为 $\boldsymbol{R}_{\mathrm{t}}$ 矩阵中的元素；t_{x} t_{y} t_z 为 $\boldsymbol{T}$ 矩阵中的元素。

$\boldsymbol{R}$ 为旋转矩阵，满足正交约束

$$
\begin{aligned}
r_1^2 + r_4^2 + r_7^2 &= 1 \\
r_2^2 + r_5^2 + r_8^2 &= 1 \\
r_1 r_2 + r_4 r_5 + r_7 r_8 &= 0
\end{aligned}
\qquad (7\text{-}12)
$$

由式（7-9）～式（7-12），采用一般的非线性方程组解法，可以解出 R 矩阵中的元素 r_1，…，r_9，T 矩阵中的元素 t_x t_y t_z。

光平面 F 在摄像机坐标系中的位姿可理解为：经过 $OX_fY_fZ_f$ 坐标系原点，平面法线矢量为 $OX_fY_fZ_f$ 的 Z 轴方向。令 $F_0=(t_x,t_y,t_z)$；$n_0=(r_1,r_4,r_7)\times(r_2,r_5,r_8)$，于是，光平面 F 在 $OXYZ$ 坐标系中的点法式平面方程为

$$n_0(X-F_0)=0 \tag{7-13}$$

式中，$X=(x,y,z)$ 为光平面 F 上的点在 $OXYZ$ 坐标系中的坐标。

式（7-13）表明了光平面在摄像机坐标系中的位姿，是光条结构光传感器的结构参数。

上述方法的精度很大程度上受到 P_i 空间位置精度和对应像点质量的影响，为提高标定精度，已经有很多研究工作试图消除这种影响，并取得了很好的效果。

7.3.4 双目立体视觉传感器

双目立体视觉测量原理如图 7-18 所示。传感器由两台摄像机组成（分别称为左、右摄像机），记左摄像机坐标系为 $OX_1Y_1Z_1$，右摄像机坐标系为 $OX_2Y_2Z_2$，空间被测点 P 在左、右摄像机坐标系中的坐标分别为 (x_1,y_1,z_1)，(x_2,y_2,z_2)，P 点在左、右摄像机像素坐标系中的像素坐标分别为 (x_{1m},y_{1m})，(x_{2m},y_{2m})，由摄像机模型知

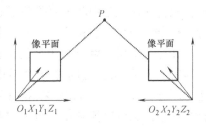

图 7-18 双目立体视觉测量原理

$$\begin{cases}x_{1m}=f_{1x}(x_1,y_1,z_1)\\y_{1m}=f_{1y}(x_1,y_1,z_1)\end{cases} \tag{7-14}$$

$$\begin{cases}x_{2m}=f_{2x}(x_42,y_2,z_2)\\y_{2m}=f_{2y}(x_2,y_2,z_2)\end{cases} \tag{7-15}$$

式中，f_{1x}，f_{1y} 和 f_{2x}，f_{2y} 分别为左、右摄像机的模型函数，通过标定摄像机准确得到。

设左、右摄像机坐标系 $OX_1Y_1Z_1$，$OX_2Y_2Z_2$ 之间的关系可表示为

$$X_2=RX_1+T \tag{7-16}$$

$$X_1=(x_1,y_1,z_1)' \qquad X_2=(x_2,y_2,z_2)'$$

式中，R 为 3×3 阶坐标系间旋转变换矩阵；T 为 3×1 阶坐标系间平移变换矩阵。

R，T 是立体视觉传感器的结构参数，可通过传感器标定求出。

由式（7-14）～式（7-16）解出被测空间点 P 在左摄像机坐标系 $OX_1Y_1Z_1$ 中的三维坐标。

传感器的结构参数是指两个摄像机之间的相互关系，即两个摄像坐标系之间的位姿，标定原理如图 7-19 所示。图中，左摄像机坐标系为 $OX_1Y_1Z_1$，右摄像机坐标系为 $OX_2Y_2Z_2$，靶标坐标系为 $OXYZ$。设 $OXYZ$ 到 $OX_1Y_1Z_1$ 的旋转矩阵为 R_1，平移矩阵为 T_1，$OXYZ$ 到 $OX_2Y_2Z_2$ 的旋转矩阵为 R_2，平移矩阵为 T_2，有

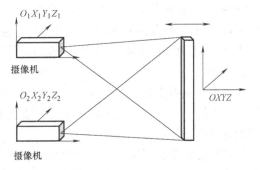

图 7-19 双目立体视觉的标定

$$X_1 = R_1 X + T_1 \qquad (7\text{-}17)$$

$$X_2 = R_2 X_1 + T_2 \qquad (7\text{-}18)$$

式中，$X_1 = (x_1, y_1, z_1)$，为点在 $OX_1Y_1Z_1$ 坐标系中的坐标；$X_2 = (x_2, y_2, z_2)$，为点在 $OX_2Y_2Z_2$ 坐标系中的坐标；$X = (x, y, z)$，为点在 $OXYZ$ 坐标系中的坐标。

由式（7-17）及式（7-18）得

$$X_1 = R_1 R_2^{-1} X_2 + T_1 - R_1 R_2^{-1} T \qquad (7\text{-}19)$$

即，$OX_2Y_2Z_2$ 坐标系到 $OX_1Y_1Z_1$ 坐标系之间的旋转矩阵，平移矩阵分别为

$$R = R_1 R_2^{-1} \qquad (7\text{-}20)$$

$$T = T_1 - R_1 R_2^{-1} T_2 \qquad (7\text{-}21)$$

式（7-20）和式（7-21）即是双目立体传感器的结构参数，其中 R_1，R_2，T_1，T_2 矩阵分别为采用同一靶标标定传感器中两个摄像机同时得到的摄像机外部参数。由以上分析知道：双目立体视觉中两个摄像机的标定，以及摄像机之间关系的结构参数标定可以同时进行，标定工作量可明显减少。

此外，采用光束定向交汇约束也可以很好地解决双摄像机之间位姿关系的标定问题，原理如图 7-20 所示。在双摄像机的重合视场中任意设置控制点（点的空间坐标无需已知）P_i，控制点在两个摄像机中的成像光束必定在空间交汇，以此为约束可以精确求解摄像机之间的空间变换关系。对于较小视场（测量空间）的传感器，也可以采用固定靶标产生控制点。

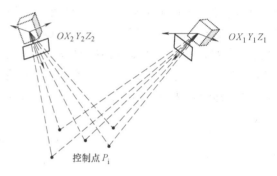

图 7-20   光束定向交汇标定双摄像机位姿

7.3.5   组合视觉测量系统

视觉测量的应用非常灵活，能适用于不同类型的测量任务。通常单个测量单元（视觉传感器）因为摄像机视场及分辨率的限制，只能在保证精度的条件下，满足实现较小测量空间内的测量，而由多个传感器组成的视觉测量系统（组合测量系统）可实现较大空间范围内的测量任务，如图7-21所示。

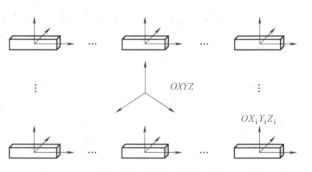

图 7-21   多视觉传感器组成的视觉检测系统

多个传感器安装在刚性支架上形成统一的视觉测量系统，每个传感器实现对大型被测物体（或空间）一个局部区域的测量，所有传感器组合实现对物体多个不同区域的测量，从而实现对被测物体的整体测量。

系统标定是将系统中多个测量传感器坐标系统一到一个测量坐标系下，在大型视觉测量系统中，一般包含数十甚至上百个传感器，且分布空间范围大，姿态任意，系统标定复杂，精度保证困难。一般地，系统标定可以借助一个外部三维坐标测量装置和精密靶标实现，标

定原理如图 7-22 所示。

令传感器（测头）坐标系为 $OX_sY_sZ_s$，外部测量坐标系为 $OX_oY_oZ_o$，靶标坐标系为 $OX_TY_TZ_T$，系统测量坐标系为 $OX_bY_bZ_b$，标定时：首先，测头和外部测量装置同时测量靶标，分别建立测头坐标系 $OX_sY_sZ_s$ 和靶标坐标系 $OX_TY_TZ_T$，靶标坐标系 $OX_TY_TZ_T$ 和外部测量坐标系 $OX_oY_oZ_o$ 之间的关系，此外，用外部测量

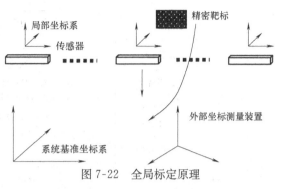

图 7-22　全局标定原理

装置测量系统坐标系（基准点位置），建立外部测量坐标系 $OX_oY_oZ_o$ 和系统坐标系 $OX_bY_bZ_b$ 之间的关系，经过坐标变换链

$$OX_sY_sZ_s \rightarrow OX_TY_TZ_T \rightarrow OX_oY_oZ_o \rightarrow OX_bY_bZ_b$$

可以得到每一个测量坐标系到系统测量坐标系的变换关系，即系统标定。外部测量装置可以选用基于电子经纬仪的工业坐标测量系统或者激光跟踪坐标测量系统。

7.4　智能视觉传感技术

所谓的智能视觉传感技术指的是一种高度集成化、智能化的嵌入式视觉传感技术。它将视觉传感器和数字处理器、通信模块及其他外围设备集成在一起，替代传统的基于 PC 平台（PC-Based）的视觉系统，成为能够独立完成图像采集、分析处理、信息传输的一体化智能视觉传感器。随着嵌入式处理技术和 CCD、CMOS 技术的发展，智能视觉传感器在图像质量、分辨率、测量精度以及处理速度、通信速度方面具有巨大的提升潜力，其发展将逐步接近甚至超越基于 PC 平台的视觉系统。

7.4.1　智能视觉传感器及其结构组成

智能视觉传感器（Intelligent Vision Sensor）通常也称为智能相机（Smart Camera），是近年来视觉检测领域新兴的一项传感技术。它是一种集图像采集、分析处理和信息传输于一体的微小型视觉检测系统，是一种嵌入式视觉传感器。它将传统的视觉传感器（即 CCD 或 CMOS 像机）与数字处理器、通信模块以及其他外围设备集成在一起，从而实现了能够独立完成检测任务的多功能、模块化、高可靠性的智能视觉传感器。

智能视觉传感器一般包括图像采集单元、图像处理单元、图像处理软件、信息存储单元、信息通信单元及显示单元等。智能视觉传感器的结构如图 7-23 所示。

图像采集单元主要由 CCD/CMOS 像机、光学系统、照明系统和图像采集卡组成，将光学影像转换成数字图像，传递给图像处理单元。通常使用的图像传感器件主要有 CCD 图像传感器和 CMOS 图像传感器两种。

图像处理单元通常由数字处理器组成，主要完成图像信息的分析处理工作，对采集到的图像进行预处理、压缩和选择性的存储，结合针对具体检测任务的图像处理软件对图像进行处理和分析。通常采用的数字处理器包括：通用处理器、定制的集成电路芯片（ASIC）、数字信号处理器（DSP）、多媒体数字信号处理器（Media DSP）和现场可编程逻辑阵列（FPGA）。

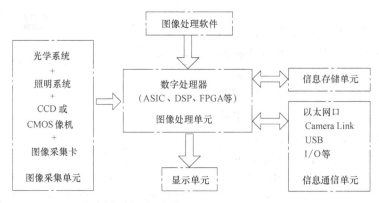

图 7-23　智能视觉传感器结构图

图像处理软件是智能视觉传感器的重要组成部分，一般需要完成三个层次的任务：图像的预处理、图像特征的提取和针对特定检测任务的分析处理。通常的智能视觉传感器所配备的图像处理软件主要有三种：针对具体应用的完整软件、具有图形开发接口的软件包和基本的图像处理算法库。大部分的智能视觉传感器都提供基本的图像处理算法库，使用户可以方便快捷地开发针对具体任务的特定图像处理算法。

信息存储单元负责有选择性地将有用的信息存储起来，以用来显示或传输给其他计算机或控制设备，其存储设备可以选用小型硬盘或存储卡等。信息通信单元是智能视觉传感器的另一个重要组成部分，主要完成智能视觉传感器和其他计算机或计算控制设备之间的图像数据传输和控制信息传递任务。用户可以通过通信单元实现参数设置、数据和程序传输等工作；智能视觉传感器可以将图像和处理结果通过通信单元传输给其他设备。信息通信单元主要提供以太网接口、IEEE 1394、Camera Link、USB 或 I/O 接口等等。

显示单元主要负责显示智能视觉传感器的相关信息，包括传感器的状态信息、检测结果及分析处理的中间状态信息。用户可以通过显示单元查看传感器的状态，进行参数设置，干预指导图像处理过程，读取检测结构等等。

7.4.2　智能视觉传感器的特点及其发展趋势

智能视觉传感器是一种集图像采集、处理、通信及其他功能于一体的高集成度的视觉检测系统，与传统的基于 PC 机（PC-Based）的视觉系统相比，具有自己独特的优点：易学、易用、易维护、安装方便，可在短期内构建起可靠而有效的视觉检测系统，其特点主要表现在以下三个方面：

1）结构紧凑，尺寸小，易于安装在生产线和各种设备上，便于装卸和移动。基于 PC 平台的视觉系统一般由光源、CCD 或 CMOS 相机、图像采集卡、图像处理软件以及 PC 机构成，其结构复杂、体积相对庞大，便携性差。

2）高度的系统集成大大降低了系统的安装和调试难度，提高了系统的稳定性，使系统使用起来更简单方便，构建视觉检测系统更快速。基于 PC 的视觉系统由于其复杂的结构，安装和调试相对困难得多，需要一定的视觉经验。

3）系统配置了功能齐全、性能强大的图像分析处理软件，无需编程，无论是否具有视觉经验，均可方便、简单、快速地使用开发视觉检测方案，从而极大的提高了应用系统的开发速度。基于 PC 的视觉系统的软件一般完全或部分由用户自己开发，难度相对较大，大大减慢了视觉系统的应用开发速度。

目前智能视觉传感技术正处于飞速的发展过程中，今后的发展主要集中在以下三个方面：一是进一步优化系统的体系结构，提高硬件系统的效率和可靠性。智能视觉传感器处理的是二维图像，数据量大、计算复杂。优化系统的结构，提高系统的敏感性能，降低系统的传输损耗和传输时间，改善系统的实时处理能力是一项十分重要的工作；二是开发性能更好、可靠性更高的嵌入式图像处理软件。虽然图像处理算法很多，但是面向嵌入式平台的、具有较好鲁棒性且普遍适用的图像处理算法并不多。设计并实现鲁棒性强、运算速度快的嵌入式图像处理算法是智能视觉传感器开发的重点和难点之一；三是建立智能视觉传感器相关产品标准，包括智能视觉传感器数据接口，智能视觉传感器性能评价指标，智能视觉传感器标准配置等。

7.4.3 典型的智能视觉传感器

目前市场上常见的智能视觉传感器产品主要来源于欧美。比较典型的智能视觉传感器主要有德国 Feith 公司的 CanCam，德国 Vision Component 公司的 VC40XX 系列，加拿大 Matrox 公司的 Iris 系列，美国 Cognex 公司的 InSight 相机和美国 DVT 公司的 Legend 系列。其中欧洲的智能视觉传感器基本上都采用 CCD 图像传感器，而美国的智能视觉传感器则较多使用 CMOS 图像传感器。

德国 Feith 公司的 CanCam 智能视觉传感器如图 7-24 所示。该智能视觉传感器采用 Progressive Scan CMOS 图像传感器，分辨率为 1280×1024，采用 Motorola ColdFire 66MHz 作为处理器，操作系统为 Embedded Linux，具有 64Mb 的 SDRAM 和 8Mb 的 Flash，支持以太网接口和串口 RS232 的数据通信，支持 CAN 总线，提供 SCA Coake 图像处理软件，支持用户编程。

德国 Vision Component 公司的 VC40XX 系列智能视觉传感器如图 7-25 所示。该系列智能视觉传感器功耗 7W，采用 Progressive Scan CCD 图像传感器，分辨率为 640×480，采用 TI TM320C64 400MHz 作为处理器，操作系统为 VCRT，具有 32Mb 的 SDRAM 和 4Mb 的 Flash，同样支持以太网接口和串口 RS232 的数据通信，可选择 VGA 视频输出，提供 VCLIB 基础图像处理函数库，支持用户编程。

图 7-24 Feith 公司的 CanCam

图 7-25 Vision Component 公司的 VC40XX 系列

加拿大 Matrox 公司的 Iris 系列智能视觉传感器如图 7-26所示。该系列智能视觉传感器功耗 9W，同样采用 Progressive Scan CCD 图像传感器，分辨率有 640×480 和 1024×768 两种，采用 Inter ULP Celeron 400MHz 作为处理器，操作系统为 Windows CE. NET，具有 128Mb 的 SDRAM 和 64Mb 的 Flash，同样支持以太网接口和串口 RS232 的数据通信，提供 Mil（图像软件开发工具）基础图像处理函数库，支持用户编程。

图 7-26   Matrox 公司的 Iris 系列

美国 Cognex 公司的 InSight 智能视觉传感器如图 7-27 所示。该智能视觉传感器功耗为 9W，采用 1/3″ CCD 图像传感器，分辨率为 640×480，采用 Specific Image Processor 作为处理器，不支持操作系统，具有 64Mb 的 SDRAM 和 16Mb 的 Flash，同样支持以太网接口和串口 RS232 的数据通信，提供 INSight Explorer 图像处理软件，支持用户编程。

美国 DVT 公司的 Legend 系列智能视觉传感器如图 7-28 所示。该智能视觉传感器功耗大于 5W，采用 1/3″CCD 和 1/3″CMOS 两种图像传感器，分辨率为 640×480，采用 Motorola Power PC/TI DSP 作为处理器，不支持操作系统，具有 32Mb 的 SDRAM 和 16Mb 的 Flash，同样支持以太网接口和串口 RS232 的数据通信，提供专门的图像处理工具，支持用户编程。

图 7-27   Cognex 公司的 InSight

图 7-28   DVT 公司的 Legend 系列

7.5   视觉传感应用技术

视觉测量技术作为一种新型的工业非接触测量手段，在解决工业制造中出现的越来越多的测量问题，尤其是现场、在线的测量难题中显示出巨大的优越性。国内从 20 世纪 80 年代开始研究，研究开发了多个高性能、实用的工业应用系统，反映了视觉测量技术的研究和应用现状。

7.5.1   汽车车身视觉检测系统

在汽车车身制造过程中，分总成或总成上许多关键点（工艺质量控制点）的三维坐标尺寸需要检测，传统的坐标测量机（Coordinate Measuring Machine，CMM）检测方法只能实现离线定期抽样检测，效率低，不能满足现代汽车制造在线检测需求。视觉测量技术很好地解决了这个问题，典型的汽车车身视觉检测系统如图 7-29 所示。

汽车车身视觉检测系统的主体是多个视觉传感器，包括机械运送机构、机械定位机构、电气控制设备、计算机等相关组成部分。每个传感器对应车身总成上一个被测点（或被测区域），传感器的具体类型（结构光传感器或立体视觉传感器）根据实际被测点（或被测区域）的实际状态进行选择，全部视觉传感器通过现场网络总线连接在计算机上，计算机对每一个传感器的测量过程进行控制。

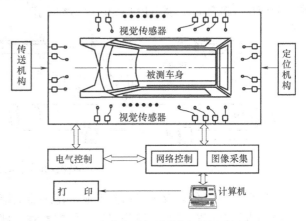

图 7-29　汽车车身视觉检测系统组成原理

汽车车身视觉检测系统的测量效率高，测量工作在计算机的控制下，全部自动完成，通常情况下，一个包含几十个被测点的系统能在几十秒的时间内测量完毕，很好地满足了现代汽车制造对在线实时测量的需求。此外，车身视觉测量系统的组成灵活，系统中传感器的类型和传感器的空间分布可根据不同的车型进行不同的配置，满足不同的应用要求，系统如图 7-30 所示。为进一步提高车身视觉测量系统的柔性和适应性，满足现代汽车多品种共线生产的特点，还研制开发了基于工业机器人平台的柔性视觉测量系统，将视觉非接触测量和工业机器人结合，运用误差实时补偿技术，实现高度柔性自动化测量，如图 7-31 所示。

图 7-30　多传感器车身视觉测量应用系统

图 7-31　基于机器人的柔性视觉测量装置

7.5.2　钢管直线度、截面尺寸在线视觉测量系统

无缝钢管是一类重要的工业产品，在无缝钢管质量参数中，钢管直线度及截面尺寸是主要的几何参数，是控制无缝钢管制造质量的关键，但无缝钢管直线度、截面尺寸的高效率、

在线测量一直没有得到很好解决，原因可归结为：①无缝钢管的制造现场环境恶劣，不允许接触式的测量方法；②无缝钢管的空间尺寸大，大型无缝钢管长度达十几米，要求检测系统具备很大的测量空间。视觉测量技术的非接触、测量范围大的特点非常适合于无缝钢管直线度及截面尺寸的测量，测量原理如图7-32所示。

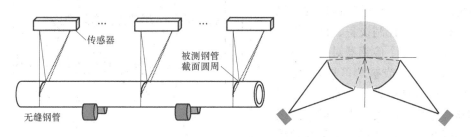

图7-32　无缝钢管直线度、截面尺寸视觉测量

测量系统由多个结构光传感器组成，传感器上结构光投射器投射的光平面和被测钢管相交，得到钢管截面圆周上的部分圆弧，传感器测量部分圆弧在空间中的位置。系统中每一个传感器实现一个截面上部分圆弧的测量，通过适当的数学方法，由圆弧拟合得到截面尺寸和截面圆心的空间位置，由截面圆心分布的空间包络，得到直线度参数。测量系统在计算机的控制下，可在数秒内完成测量，满足实时性要求，应用系统见图7-33。

图7-33　钢管直线度测量系统

7.5.3　三维形貌视觉测量

三维形貌数字化测量技术是逆向工程和产品数字化设计、管理及制造的基础支撑技术。将视觉非接触、快速测量和最新的高分辨力数字成像技术相结合，是当前实现三维形貌数字化测量的最有效手段。三维形貌测量的对象通常是大型、具有复杂表面的物体，受像机视场和测量视角的限制，通常分为局部三维形貌信息获取（测量）和整体拼接两部分，先通过视觉扫描传感器（测头），对被测形貌的各个局部区域进行测量，再采用整体拼接技术，对局部形貌拼接，得到完整形貌。

视觉扫描测头采用基于双目立体视觉测量原理设计，运用激光扫描实现被测特征的光学标记，兼有立体视觉和主动结构光法两者的优点，分辨力约为0.01mm，测量精度在

300mm×200mm 的范围内优于 0.1mm，足以满足大部分的工业产品检测要求。

形貌整体拼接的实质就是将分块局部形貌测量数据统一到公共坐标系下，完成对被测形貌的整体描述。为控制整体精度，避免误差累积，采用全局控制点（分为编码控制点和非编码控制点两种）拼接方法。在测量空间内设置全局控制点，采用高分辨率数码相机从空间不同位置，以不同姿态对全局控制点成像，运用光束定向交汇平差原理，得到控制点的空间坐标并建立全局坐标系。借助全局控制点将扫描测头在每一个测量位置对应的局部测量坐标系和全局坐标系关联，由此实现局部形貌测量数据到全局（公共）坐标系的转换，完成数据拼接。拼接测量原理见图 7-34，实物见图 7-35。

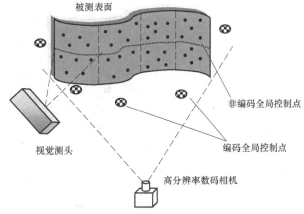

图 7-34　拼接测量原理示意图

7.5.4　光学数码三维坐标测量

制造领域内三维坐标的精密测量主要由坐标测量机（CMM）完成，CMM 是一种通用、标准的精密测量设备，是保证制造精度，控制产品质量的必备测量手段。传统的 CMM 测量是通过导轨机械运动实现的，测

图 7-35　三维形貌测量系统

量机的主体是三个相互正交的精密导轨，其特点是测量精度高、功能强、通用性好，但因为存在机械运动，使得结构复杂、造价高、测量效率低，尤其是对工作环境有很高要求，一般只能安置在专用的测量工作间内使用，不能工作于制造现场环境中。

光学数码柔性坐标测量是一种先进的基于视觉测量原理的现场坐标精密测量技术，它采用先进高精度的数码成像器件作为角度传感器，两台传感器构成空间三角交汇测量配置（立体视觉配置），在 LED（Light Emitting Diode，发光二极管）光学测量靶标的配合下，组成工作范围大、通用的空间坐标测量系统，原理如图 7-36 所示。已经研制的基于高分辨率数字成像的光学数码三维坐标测量系统，

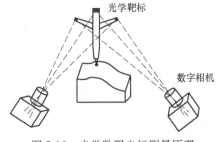

图 7-36　光学数码坐标测量原理

采用 LED 光学控制点技术结合高精度处理算法，可以稳定地实现约 0.01 像素的图像细分精度，并且采用残差修正方法将成像精度提高到 $0.02\sim0.03$ 像素，使得测量精度达到 10×10^{-6} 水平，应用系统如图 7-37 所示。

图 7-37 研制的样机系统

思 考 题

1. 简述计算机视觉、机器视觉及视觉测量的区别与联系。
2. 摄像机模型分几类？用于视觉测量的摄像机模型有何特点？
3. 简要概述摄像机模型参数的标定方法。
4. 简述结构光传感器和双目立体视觉传感器的测量原理。
5. CCD 和 CMOS 之间的区别是什么？各有哪些类型和优缺点。
6. 何为智能相机？其结构及使用特点是什么？

第8章 声表面波传感技术

8.1 概述

声表面波（Surface Acoustic Wave，SAW）是一种能量集中在介质表面传播的弹性波，最早是由英国物理学家瑞利（Rayleigh）在 1885 年研究地震波传播过程时发现的，但由于当时科学技术水平的限制，SAW 一直没有得到实际的应用。直到 1965 年美国的 R. M. White 和 F. M. Volrmov 利用叉指换能器（Interdigital Transducer，缩写为 IDT）直接在压电介质上有效地激励出 SAW 后，SAW 技术才很快地发展起来，相继出现了许多各具特色的 SAW 器件，使这门年轻的学科逐步发展成为新兴的、与声学和电子学相结合的边缘学科。目前 SAW 技术的应用已涉及地震学、天文学、雷达通信及广播电视中的信号处理、航空航天、石油勘探、无损检测、识别定位和传感器等许多学科领域。随着电子学、声学、微平面工艺的飞速发展，SAW 技术的发展也越来越迅速，目前已成为电子、超声领域最为活跃的学科分支之一。

同电磁波与体波相比，声表面波具有以下特点：①声表面波具有较低的传播速度和较短的波长。它们大概是相应电磁波的 10^{-5} 倍，因此在同一频段上，SAW 器件的尺寸比相应电磁波器件的尺寸小得多，这样就可以大幅度减小器件的体积和重量，有利于电子器件的超小型化；②由于声表面波是沿固体表面传播的，且传播速度较慢，这使得时变信号在给定瞬时可以完全呈现在晶体基片表面上，当信号在输入和输出之间行进时，就容易对信号进行注入、提取和变换等处理。这就给声表面波器件带来了极大的灵活性，使它能以非常简单的方式去完成其他技术难以完成的各种功能；③声表面波是晶体表面传播的弹性波，不涉及晶体内部电子的迁移过程，这样使得 SAW 器件具有较强的抗辐射能力和较大的动态范围；④声表面波器件采用单晶材料和用平面工艺制造，故重复性和一致性好，易于大批量生产。

声表面波器件所具有的不同于电磁波和体波的特殊性质使 SAW 器件在许多领域得到了广泛的应用，目前已经研制成功或正在研制的 SAW 器件主要包括：滤波器、延迟线、振荡器、混频器、放大器、卷积器、相关器、编码器、声光调制器、声光偏转器、声光开关、超声马达、射频标签和传感器等。特别是其作为一种快速、超小型的频率控制、选择和信号处理器件，对电子和通信系统的发展起着极为重要的作用。目前，SAW 器件正在朝着 GHz 频段到 10GHz 频段的超高频化发展。可以预测它将在信号检测、信号处理中发挥越来越重要的作用。

利用 SAW 器件研制、开发新一代传感器始于 20 世纪 80 年代，起初人们在研究 SAW 电子器件时发现，外界因素（如温度、压力、磁场、电场、某种气体等）对 SAW 传播特性会造成影响，进而研究了这些影响与外界因素的关系。根据这些函数关系，设计了各种所需结构，用于测量各种化学的、物理的被测参数。声表面波的固有特点使 SAW 传感器具有独特的特点。

（1）**高精度、高灵敏度**　由于 SAW 能量集中在介质表面，对外界物理参量的扰动非常灵敏，因而 SAW 传感器具有很高的灵敏度，它可以检测到常规传感器难以检测到的微小变化。例如：SAW 压力传感器，国外报道的精度可达 0.01%，灵敏度可达 $0.3\times10^{-6}\,f_0$/Pa。若传感器的中心频率 f_0 为 300MHz，检测器能检测出 1Hz 的频率变化，那么该传感器可反应出 0.01Pa 的压力变化，这是非常适用于微压测量的。再如 SAW 温度传感器，其理论分辨率可达 10×10^{-6}℃。法国 Ilmenau 技术研究所于 1992 年已研制出能分辨 1×10^{-3}K 温度变化的 SAW 传感器，并能在 $-50\sim200$℃ 温度范围内进行工作。

（2）**准数字输出**　SAW 传感器工作时以频率信号输出，不需经 A/D 转换便可与微处理机接口，因而既便于传输处理，同时也减小了数字化带来的误差。

（3）**微型化，低功耗**　声表面波传感器为物性型传感器，利用半导体制作工艺，可以使集成化技术得到充分应用，容易将信息敏感器件与信息处理功能电路集成在一起，大大减小传感器的体积和重量，做到传感器微型化。同时因为 SAW 的能量集中在介质表面，因而损耗低，加上 SAW 传感器电路简单，所以整个传感器的功耗很小。这对于煤矿、油井或其他有防爆要求的场合特别重要。

（4）**便于实现无线、无源化**　SAW 器件的工作频率一般在几十 MHz 到几个 GHz，处于射频频段，因而可直接发射，进行遥测。同时利用 SAW 敏感器件的低损耗和压电基片的机电转换特性及其对电磁波能量的储存能力，还可以实现声表面波传感器的无源化。这对于运动部件、密闭腔、易燃、易爆、辐射、高温等特殊环境的检测更为有利。1987 年美国宾西法尼亚大学电子与材料工程中心首次实现了脉冲雷达测量原理的无线 SAW 温度传感器。此后 90 年代初，德国 Siemens 公司开发的挪威奥斯陆汽车过桥收费系统及德国慕尼黑火车进站定位系统，利用了贴在汽车或火车特定部位的 SAW 辨识标签，实现了汽车的不停车收费和达厘米级的控制列车进站停靠位置精度。

（5）**多参数敏感性，抗干扰能力强**　声表面波对压力、温度、气体、湿度、电场、磁场等多种物理、化学量敏感，通过选择合适的基片材料及切向可以制成多种类型的传感器。同时由于声表面波器件利用的是晶体表面的弹性波而不涉及晶体内部电子的迁移过程，因而 SAW 传感器具有良好的抗电磁干扰能力。

（6）**结构工艺性好，便于大批量生产**　SAW 传感器是平面结构，设计灵活；片状外形，易于组合；能比较方便地实现单片多功能化、智能化；安装容易，并能获得良好的热性能和机械性能。SAW 传感器中的关键部件——SAW 谐振器或延迟线，采用半导体平面制作工艺，结构牢固，质量稳定，重复性及可靠性好，易于大批量生产。

尽管 SAW 传感器的历史并不长，在实用化方面尚有很多困难，但由于它的独特优势符合信号系统小型化、数字化、智能化和集成化、高精度的发展方向，因而越来越受到传感器行业的青睐，世界上许多国家对 SAW 传感器的开发研究极为关注。从 20 世纪 80 年代至 90 年代，SAW 传感器在欧美，特别是在日本，获得了迅速发展，出现了十几种类型的 SAW 传感器。近十几年来，SAW 技术、电子技术和微平面工艺的不断发展，使 SAW 振荡器的频率不断提高，器件和电路 Q 值不断增大，为 SAW 传感器的发展提供了良好契机。到目前为止，已经研制出了种类繁多的 SAW 传感器，归纳起来可分为三大类：

（1）**物理量传感器**　力（压力、应力）传感器、转矩传感器、加速度传感器、角速度传感器（陀螺）、温度传感器、位移传感器、倾斜度传感器、磁场传感器、电压传感器、流量传感器、水声传感器等；

（2）化学量传感器　气体传感器、露点传感器、湿度传感器、微质量传感器（微量天平）等；

（3）生物传感器　酶传感器、免疫传感器、液体识别传感器、离子识别传感器等。

8.2　声表面波技术基础知识

8.2.1　声波及声表面波

我们知道，在无边界各向同性固体中传播的声波，根据质点的振动方向（偏振方向），可分为纵波和横波二大类。纵波质点振动平行于传播方向，横波质点振动垂直于传播方向。两者的传播速度取决于材料的弹性常数和密度：

纵波速度
$$u_L = \sqrt{\frac{E}{\rho} \frac{(1-\mu)}{(1+\mu)(1-2\mu)}} \approx \sqrt{\frac{E}{\rho}} \qquad (8-1)$$

横波速度
$$u_S = \sqrt{\frac{E}{\rho} \frac{1}{2(1+\mu)}} \qquad (8-2)$$

式中，E、μ、ρ 分别为材料弹性模量、泊松比和密度。一般 μ 为 $0 \sim 0.5$。

从以上二式可以看出，横波一般比纵波传播的慢。

在一般晶体中，质点振动方向既不平行也不垂直于波的传播方向，质点振动有三个互相垂直的偏振方式，这三个波的速度又各异。声波可以用质点离开平衡位置的位移 ξ_1，ξ_2，ξ_3（三维空间中矢量的分量，$i=1$，2，3）来描述。对于压电体，声的传播还伴随着电场和电势，因此除 ξ_1，ξ_2，ξ_3 外，描述声波的变量还要有电势 φ，一共有四个随空间坐标 X_i（$i=1$，2，3）和时间 t 而变的场量。

从严格意义上说，声表面波泛指沿表面或界面传播的各种模式的波，不同的边界条件和传播介质条件可以激发出不同模式的声表面波。在半无限基片上存在的声表面波有瑞利波（Rayleigh Waves）、漏波（Leaky SAW）、广义瑞利波（Generalized Rayleigh Waves）、水平剪切波（SH-SAW）、电声波（B-G Waves）、兰姆波（Lamb Waves）等。在层状结构的基片存在有乐甫波（Love Waves）、西沙瓦波（Sezawa Waves）、斯东莱波（Stoneley Waves）等。

瑞利波是在半无限基片边界条件下沿介质表面传播的声波，SAW 技术中所应用的绝大部分是瑞利波，在本文中，若无特别说明，SAW 均指各向异性晶体上的瑞利波，它具有以下特点：①非色散波，即波速与频率无关；②质点作椭圆偏振，但偏振平面不一定在弧矢平面（即传播方向与表面法线决定的平面）内，椭圆的主轴也不一定与传播方向或表面法线平行；③质点通常有三个位移分量，并随深度方向呈衰减振荡，能量几乎集中在 $1 \sim 2$ 个波长的深度范围内，频率愈高，集中能量层愈薄；这一特点使 SAW 较体波更易获得高声强，同时该特点也使基片背面对 SAW 传播的影响很小；④波的相速度依赖于晶体的切向和波的传播方向，除沿纯模方向外，能流方向一般也不平行于传播方向。

8.2.2　声表面波的主要性质

1. SAW 的反射及模式转换

SAW 与一般波动一样，当遇到声阻抗不连续时便会发生反射。当压电晶体表面蒸镀上金属指条，就使 SAW 的声阻抗不连续。对于瑞利波，由于其质点作椭圆振动，既有横振动又有纵振动，因此遇到阻抗不连续时，入射波除了以瑞利波形式反射回来外，还有一部分能量在反射时会转换成体波，这种现象称为模式转换。

　　用于激励瑞利波的叉指换能器，就是在压电基片表面上形成形状像两只手的手指交叉状的金属图案，其金属指在基片表面也构成声阻抗不连续区，因此，瑞利波传播时，会在指边缘发生反射，通常因声阻变化不大，因而反射量很小。当叉指换能器的指条数很多，各反射信号的相位不同，有可能出现下列情况：①互相干扰，严重影响器件性能，应设法抑制；②在某个特定频率，各反射波同相叠加，可得到百分之百的反射波，转换的体波能量很少。

2. 波束偏离与衍射效应

　　在各向异性固体中，波的相速度与群速度一般是不一致的，这种现象称波束偏离，相位传播方向与能量传播方向的夹角 ϕ 称为偏离角，如图8-1所示。

　　波束偏离现象会导致能量损失，ϕ 愈大，换能器愈短，距离愈远，能接收的能量愈少。它们之间有这样的关系：

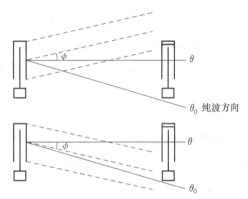

图 8-1　SAW 的波束偏离与衍射效应

$$\tan\phi = \frac{1}{u}\frac{\mathrm{d}\upsilon}{\mathrm{d}\theta} \qquad (8\text{-}3)$$

式中，θ 为 SAW 传播方向；υ 为沿 θ 方向的 SAW 速度。

　　对于各向同性物质，波速与传播方向的变化率 $\dfrac{\mathrm{d}\upsilon}{\mathrm{d}\theta}\approx 0$。

　　即在各向同性材料中：υ 与 θ 无关，$\dfrac{\mathrm{d}\upsilon}{\mathrm{d}\theta}\approx 0 \rightarrow \phi \equiv 0$，不存在波束偏离。

　　各向异性材料中，也存在某些 θ 方向，$\dfrac{\mathrm{d}\upsilon}{\mathrm{d}\theta}= \rightarrow \phi = 0$，不出现波束偏离，称为纯波方向 θ_0。

　　在 θ_0 附近的速度与方向之间的关系可采用抛物线近似表示：

$$\upsilon = \upsilon_0 \left[1 + \frac{r}{2}(\theta - \theta_0)^2\right] \qquad (8\text{-}4)$$

式中，υ_0 为沿纯波方向 θ_0 速度；r 为各向异性因子，体现材料各向异性的程度。

　　由于在纯波方向附近 ϕ 很小，故有：

$$\phi \approx \tan\phi = \frac{1}{\upsilon}\frac{\mathrm{d}\upsilon}{\mathrm{d}\theta} \approx r(\theta - \theta_0) \qquad (8\text{-}5)$$

　　与一般波动一样，声表面波在传播过程也存在着衍射现象，引起波束的发散。

3. 声表面波的衰减

　　声表面波在传播过程能量会逐渐衰减，引起衰减的原因主要有：①波束偏离；②衍射；③表面波与材料热声子相互作用引起的衰减，这是材料固有的，大小取决于材料性质及环境温度，还与频率的平方成正比，温度越低，衰减越小；④材料表面粗糙引起表面波散射；⑤表面波在传播时，不断向空间辐射声波。表面波器件设计时必须有针对性地控制能量衰减，以提高器件的工作性能。

8.2.3　声表面波的激发——叉指换能器

1. 叉指换能器基本结构形式

目前实用的 SAW 都是利用叉指换能器（IDT）在压电介质上激发的，其基本结构形式如图 8-2 所示。叉指换能器的作用是实现声—电换能，激励 SAW 的物理过程为：在发射叉指换能器上施加适当频率的交流电信号后，在压电晶片内部分布有电场，该电场可分解为垂直和水平二个分量（E_v 和 E_h），通过逆压电效应使指条电极间的材料发生垂直于和平行于表面的交变形变（声波），其频率与激励频率一致，此声信号沿基片表面传播，并最终由接收叉指换能器通过压电效应转换为电信号输出。

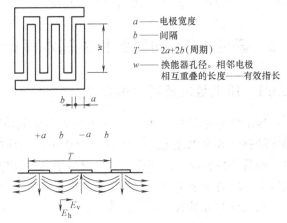

a ——电极宽度
b ——间隔
T ——2a+2b（周期）
w ——换能器孔径。相邻电极相互重叠的长度——有效指长

图 8-2　叉指换能器基本结构

2. 叉指换能器的基本特性

（1）工作频率 f_0　SAW 器件的工作频率即为外加交流电场的同步频率，它由器件材料与叉指周期共同决定，声波波长 λ 与电极周期 T 一致时得到最大激励

$$\lambda = T = v / f_0 \tag{8-6}$$

式中，v 为材料的表面波声速。

当 $a = b$ 时，

$$T = 4a, \quad f_0 = \frac{1}{4} \frac{v}{a} \tag{8-7}$$

（2）工作带宽　SAW 器件的工作带宽取决于叉指对数，有

$$\Delta f = f_0 / N \tag{8-8}$$

式中，f_0 为中心频率（工作频率）；N 为叉指对数。

（3）传递函数　图 8-2 所示为一种等高、等宽、等间距的叉指换能器，是叉指换能器的一种特例。对于一般形式的叉指换能器，如图 8-3 所示。其传递函数为

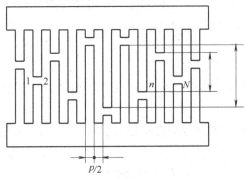

图 8-3　叉指换能器的一般形式

$$H(f) = \sum_{n=1}^{N} (-1)^n \omega_n / \omega_0 \, \mathrm{e}^{-\mathrm{j}2\pi f_n p / v} \tag{8-9}$$

式中，N 为叉指极对数；ω_n 为第 n 对叉指的搭接长度；v 为声表面波传播速度；$p/2$ 为叉指电极宽与指间距；ω_0 为叉指最大搭接长度。

8.3　研究 SAW 问题的相关基本理论

8.3.1　压电效应及其本构方程

压电效应是 1880 年由居里兄弟在 α 石英晶体上首先发现的一种可逆现象，反映了压电晶体的弹性和介电性之间的相互耦合作用，即压电晶体不仅在电场的作用下会产生极化现象，而且在机械应力的作用下也会导致极化。压电本构方程是关于压电体中电位移 D，电场强度 E，应力张量 T 和应变张量 S 之间关系的数学描述，它反映了压电介质中力学行为和电学行为之间相互耦合（机电转换）的作用规律，可以通过热力学理论推导出来

$$\begin{cases} T_{ij} = c_{ijkl}^E S_{kl} - e_{kij} E_k \\ D_i = e_{ikl} S_{kl} + \varepsilon_{ik}^S E_k \end{cases} \tag{8-10}$$

式中，T_{ij} 为应力张量；D_i 为电位移；S_{kl} 为介质的应变张量；E_k 为电场强度；c_{ijkl} 为介质的弹性刚度张量；e_{kij} 为介质的压电张量；ε_{ik} 为介质的介电张量。式中下标变量 i，j，k，l 取值均为 1，2，3，分别代表三个不同的空间坐标方向，并采用 Einstein 求和约定，即单项、乘积项和求导项的重复英文下标表示对该下标的取值范围内求和。今后在本章的公式中，若无特别声明，下标变量的取值范围均为 1，2，3，并采用 Einstein 求和约定。

8.3.2　压电体内的波动方程

压电体内传播的声波可以用质点离开平衡位置的位移 u_i 和电势 φ 来描述，它们是空间坐标 x_i 和时间 t 的函数。在压电体内一般存在五种波：纯声波、纯电磁波、耦合准声波、耦合准电磁波和强化声波。由于在压电晶体材料中的声波速度一般比电磁波速度低 5 个数量级，因此，电磁波的有旋分量和声波的耦合很弱，可以忽略。忽略电磁场有旋分量和声场间的耦合，就可以把准电磁波和准声波都近似看成纯电磁波和纯声波。而我们在压电体波动方程中关心的仅是声波和影响较大的电磁场分量，即声场和准静态场 $\nabla\varphi$。因此在求解时，仅考虑三个声波，而舍去两个电磁波。这种只考虑压电体中准静态场的方法称为准静态近似。

在准静态近似条件下，压电体电场方程为

$$\begin{cases} D_{i,i} = \sigma \\ E_i = -\varphi_{,i} \end{cases} \tag{8-11}$$

式中，$D_{i,i}$ 为电位移分量 D_i 对坐标 x_i 的偏微分；φ 为电势；σ 为自由电荷密度，由于介质为绝缘体，所以在电介质中 σ 为 0。

今后本章的公式中，下标中逗号均表示逗号前的量对"，"号后面下标求偏导数。

这样，压电本构方程变为

$$\begin{cases} T_{ij} = c_{ijkl}^E S_{kl} + e_{kij} \varphi_{,k} \\ 0 = e_{ikl} S_{kl} + \varepsilon_{ik}^S \varphi_{,k} \end{cases} \tag{8-12}$$

同时压电体内的声场量满足物质运动方程

$$T_{ij,j} = \rho \frac{\partial^2 u_i}{\partial t^2} \qquad (8-13)$$

式中，u_i 为声振动的振动位移分量；ρ 为密度。

在线弹性理论中，振动位移 u_i 与应变的关系为

$$S_{ik} = \frac{1}{2}(u_{i,k} + u_{k,i}) = u_{i,k} \qquad (8-14)$$

将式 (8-13) 和式 (8-14) 代入运动方程式 (8-12)，并结合各张量的对称性，就可以得到压电体内的波动方程

$$\begin{cases} c_{ijkl}^E u_{k,lj} + e_{kij}\varphi_{,kj} - \rho \dfrac{\partial^2 u_i}{\partial t^2} = 0 \\ e_{ikl} u_{k,li} - \varepsilon_{ik}^S \varphi_{,ki} = 0 \end{cases} \qquad (8-15)$$

8.3.3　压电介质中的 Christofel 方程

描述声振动的场量为振动位移 u_i 和电势 φ，介质中的声波可认为是平面波，设其解为

$$\begin{cases} u_i = A_i \exp\left[j\xi(n_i x_i - vt)\right] \\ \varphi = A_4 \exp\left[j\xi(n_i x_i - vt)\right] \end{cases} \qquad (8-16)$$

式中，v 为波的传播速度；n_i 为波传播方向的方向余弦（不同于一般数学上的方向余弦，实际是反映振动位移沿 x_i 方向衰减特性的一个因子）；ξ 为波矢，$\xi = \dfrac{\omega}{v}$，ω 是圆频率；A_i 为场量各分量的振幅。

将平面波解式 (8-16) 代入波动方程式 (8-15)，可得

$$\begin{cases} \left[c_{ijkl}^E n_l n_j - \rho v^2 \delta_{ij}\right] A_k + e_{kij} n_k n_j A_4 = 0 \\ e_{ikl} n_l n_i A_k - \varepsilon_{ik}^s n_k n_i A_4 = 0 \end{cases} \qquad (8-17)$$

此式即为压电介质中波传播的 Christofel 方程，其中 δ_{ij} 为 Kronecker 记号，定义为

$$\delta_{ij} = \begin{cases} 1 & i = j \\ 0 & i \neq j \end{cases}$$

各种 SAW 问题的解都是从式 (8-15)、式 (8-16) 及式 (8-17) 出发，结合各个问题的对称性和边界条件来求得，有关详细的求解过程在此不再叙述。

8.3.4　压电基片切型表示

作为声表面波激发和传播载体的压电基片是影响声表面波器件性能的重要因素，由于基片一般都是各向异性的压电晶体，同种材料在不同切割与传播方向上的弹性常数、压电常数和介电常数等都有不同的值，因而激发的声表面波特性也是不同的。因此表征基片属性的因素除了材料和物理尺寸之外，还包括基片的切割与波的传播方向，我们称之为基片的切型或切向。

在声表面波研究领域，压电基片切向有切型符号法和欧拉角法两种不同的表示方法。

1. 切型符号表示

切型符号是 IRE 标准定义的晶体取向的方法。用一组字母 $(X, Y, Z; t, l, w)$ 及角

度来描述。X、Y、Z 表示晶轴；t、l、w 表示晶片的厚度、长度和宽度。用 X、Y、Z 中任两个字母的先后顺序表示晶体基片的厚度和长度的原始方向，用字母 t、l、w 来表示绕三个坐标轴旋转的先后顺序，角度代表在切割位置的晶片应旋转的角度。如切型（YXl）35° 表示在原始位置，晶片厚度方向与 Y 轴重合，长度方向与 X 轴重合。然后，坐标绕 X 轴旋转35° 得到最后的晶片取向，如图 8-4 所示。

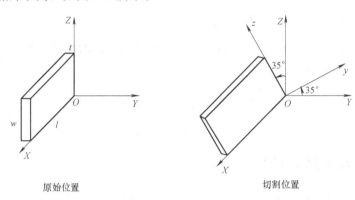

图 8-4　IRE 标准定义的（YXl）35° 切型

有的文献中采用的（$YXwlt$）$\theta\phi\psi$ 表示法就是按 IRE 标准定义的。它用二次旋转（首先绕 Z 轴旋转 θ，然后绕 x' 轴旋转 ϕ 确定基片的切向，然后再把晶片绕法线方向旋转 ψ 确定声表面波的传播方向，如图 8-5 所示。

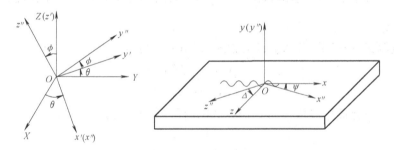

图 8-5　IRE 标准定义的（$YXwlt$）$\theta\phi\psi$ 切型

2. 欧拉角表示

欧拉角表示法是用三个角度来表示从晶轴坐标系 (X, Y, Z) 到声表面波坐标系 (x_1, x_2, x_3) 的变化过程。在声表面波坐标系 (x_1, x_2, x_3) 中，x_1 轴与波的传播方向平行，x_2 轴平行于波的波阵面，x_3 轴为基片的法线方向。从晶轴坐标系 (X, Y, Z) 到声表面波坐标系 (x_1, x_2, x_3)，需要经过三个连续地坐标旋转。如图 8-6 所示，首先绕 Z 轴旋转 θ，得到新坐标系 (X', Y', Z')；然后绕 X' 轴旋转 ϕ，确定了基片的切向，坐标变为 (X'', Y'', Z')；最后绕 Z' 轴旋转 ψ，得到声表面波坐标系。三个旋转角 (θ, ϕ, ψ) 称为欧

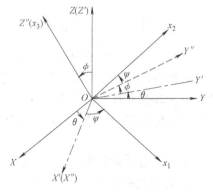

图 8-6　Euler 坐标变换

拉角，它确定了基片的切割和波的传播方向。

由上述定义可知，切型符号法和欧拉角法表示的切向和传播方向的含义是不同的。设欧拉角法旋转角度为 (θ, ϕ, ψ)，切型法号法旋转角度为 (θ', ϕ', ψ')，根据坐标转换可以建立两种表示法之间的联系

$$\begin{cases} \theta = \theta' \\ \phi = \dfrac{\pi}{2} + \phi' \\ \psi = -\psi' \end{cases} \tag{8-18}$$

例如对石英晶体的 ST 切 X 传播，用切型符号法表示其角度为 $(0°, 42.75°, 0°)$，用欧拉角法表示其角度为 $(0°, 132.75°, 0°)$。

8.3.5　张量的坐标转换

材料常数，包括弹性常数、压电常数、介电常数以及密度和热膨胀系数等是进行声表面波传播特性理论计算和器件设计的基础。前文已经提到，由于晶体的各向异性，同种材料在不同切割与传播方向上的材料常数是不同的，一般文献所提供的材料常数都是按晶体固有的 X、Y、Z 轴取向给出的，在实际应用时要按照张量变换规则把晶轴坐标系下的材料常数变换到相应的声表面波坐标系下。因此，有必要对张量的坐标变换规则作一说明。

设原坐标系为 (x_1, x_2, x_3)，转换后的坐标系为 (x_1', x_2', x_3')，则坐标转换矩阵为

$$[\boldsymbol{a}_{ij}] = \begin{bmatrix} \cos(x_1', x_1) & \cos(x_1', x_2) & \cos(x_1', x_3) \\ \cos(x_2', x_1) & \cos(x_2', x_2) & \cos(x_2', x_3) \\ \cos(x_3', x_1) & \cos(x_3', x_2) & \cos(x_3', x_3) \end{bmatrix} \tag{8-19}$$

即坐标转换矩阵的矩阵元 $\boldsymbol{a}_{ij}$ 为新旧坐标轴夹角的反向余弦。

对于一次旋转，绕 x 轴、y 轴和 z 轴坐标转换矩阵分别为

$$\boldsymbol{R}_x(\alpha) = \begin{bmatrix} 1 & 0 & 0 \\ 0 & \cos(\alpha) & \sin(\alpha) \\ 0 & -\sin(\alpha) & \cos(\alpha) \end{bmatrix} \tag{8-20}$$

$$\boldsymbol{R}_y(\alpha) = \begin{bmatrix} \cos(\alpha) & 0 & -\sin(\alpha) \\ 0 & 1 & 0 \\ \sin(\alpha) & 0 & \cos(\alpha) \end{bmatrix} \tag{8-21}$$

$$\boldsymbol{R}_z(\alpha) = \begin{bmatrix} \cos(\alpha) & \sin(\alpha) & 0 \\ -\sin(\alpha) & \cos(\alpha) & 0 \\ 0 & 0 & 1 \end{bmatrix} \tag{8-22}$$

对于三次旋转，设旋转轴依次为 x, y, z，旋转角依次为 α, β, γ，则新坐标系和原坐标系之间的转换矩阵为

$$[\boldsymbol{a}_{ij}] = \boldsymbol{R}_z(\gamma) \cdot \boldsymbol{R}_y(\beta) \cdot \boldsymbol{R}_x(\alpha) \tag{8-23}$$

然后根据转换矩阵就可以得到新坐标系和原坐标系张量的关系。

对于二阶张量：

$$\boldsymbol{\varepsilon}_{ij}' = a_{ik} a_{jl} \varepsilon_{kl} \tag{8-24}$$

对于三阶张量：

$$\mathbf{e}'_{ijk} = a_{il} a_{jm} a_{kn} e_{lmn} \tag{8-25}$$

对于四阶张量：

$$\mathbf{c}'_{ijkl} = a_{im} a_{jn} a_{ko} a_{lp} c_{mnop} \tag{8-26}$$

8.3.6 声表面波特性的理论分析

声表面波特性的理论分析就是根据给定的材料常数（包括弹性常数、压电常数、介电常数、密度、热膨胀系数及其相应的一阶和二阶温度系数常数）按 Christofel 方程和边界条件来计算某个切向条件下的声表面波速度（包括自由化表面和金属化表面）、机电耦合系数（K^2）、能流角（PFA）、延时温度系数（TCD）等特性参数，这是进行 SAW 器件设计的基础和出发点。由于晶体的各向异性，一般文献中给出的材料常数都是基于晶轴的，在对某个切向进行分析时，首选要按着张量的坐标变换法则，将材料常数变换到相应的坐标系中。如 X 切族、Y 切族、Z 切族相应的 Euler 角分别为（90°，90°，0°—180°）、（0°，90°，0°—180°）、（0°—180°，0°，0°），分析时需要对材料常数按此 Euler 角进行转换。

（1）声表面波速度的计算　这是理论分析的关键和出发点，声表面波速度又称相速度，它的计算一般都采用物理概念明确、便于理解和计算的部分波方法，但这种算法中采用了速度试算的数值解法，计算速度很慢，可以对其改进，采用自适应搜索步长与区间的方法，即利用前次计算得到的声表面波速度和机电耦合系数来确定本次计算时的搜索步长与搜索区间，从而大大提高计算效率。

（2）机电耦合系数（K^2）的计算　机电耦合系数反映压电材料的机械能和电能之间相互耦合转化能力，它直接影响到声表面波器件的插损和工作带宽，在声表面波理论中，它的计算比较简单，可直接由公式

$$K^2 = 2 \frac{v_s - v_m}{v_s} \tag{8-27}$$

求得，这里 v_s 和 v_m 分别表示自由化和金属化表面波速度。

（3）能流角（PFA）的计算　能流角又称束偏向角，是指能流速度（能流方向）与相速度（波传播方向）之间的夹角，它反映了声波能量衍射的大小。假设相速度随方向 θ 的变化可以表示为 $v(\theta)$，那么根据能流方向是慢度曲线的法线方向，则能流角 ϕ 可由公式

$$\tan\Phi = \frac{1}{v} \frac{\mathrm{d}v}{\mathrm{d}\theta} \tag{8-28}$$

求出。

（4）延时温度系数（TCD）的计算　延时温度系数反映材料特性受温度影响的大小，对于延迟线型 SAW 器件，假设发射与接收 IDT 之间的距离为 l，声表面波速度为 v，则延迟时间 $\tau = \frac{l}{v}$，延迟时间的温度系数定义为

$$\frac{1}{\tau} \frac{\mathrm{d}\tau}{\mathrm{d}T} = \frac{1}{l} \frac{\mathrm{d}l}{\mathrm{d}T} - \frac{1}{v} \frac{\mathrm{d}v}{\mathrm{d}T} = \alpha_{11} - \frac{1}{v} \frac{\mathrm{d}v}{\mathrm{d}T} \tag{8-29}$$

其中，α_{11} 为材料在波传播方向的热膨胀系数，$\frac{1}{v} \frac{\mathrm{d}v}{\mathrm{d}T}$ 为速度的温度系数。对于 α_{11}，在计算坐标系中由基本值按二阶张量直接变换而得到；对于 $\frac{1}{v} \frac{\mathrm{d}v}{\mathrm{d}T}$，由于 v 与晶体的材料参数有关，

即 $v=v\left[c^E,\varepsilon^S,e,\rho\right]$，$v$ 随温度而变实质是由于材料参数随温度变化而引起的，要求解 TCD，必须首先确定出 v 随温度的变化关系，即 $v(T)=v\left[c^E(T),\varepsilon^S(T),e(T),\rho(T)\right]$，也就是用经过温度修正以后的材料常数来求解相应温度下的相速度。材料修正按下式进行，假设材料参数为 $X(T)$，在 T_0 处按泰勒展开并保留前三项为

$$X(T)=X(T_0)\left[1+\frac{1}{X(T_0)}\frac{dX(T)}{dT}\Bigg|_{T=T_0}(T-T_0)+\frac{1}{2}\frac{1}{X(T_0)}\frac{d^2X(T)}{dT^2}\Bigg|_{T=T_0}(T-T_0)^2\right]$$

$$(8-30)$$

式中一阶和二阶微分分别表示材料常数的一阶和二阶温度系数，这样就可以在一定温度范围内对 $v(T)$ 进行计算，进而求出 TCD。在有的文献中讨论的是频率的温度系数（TCF），TCD 与 TCF 没有本质上差别，两者只相差一个负号，只不过 TCF 更适合表示谐振型器件的温度特性，而 TCD 更适合表示延迟线性器件的温度特性。

表 8-1 中所示为用上述理论计算的常用材料在一些典型切型上的声表面波特性参数。

表 8-1 典型基片材料的 SAW 特性

材 料	切 型	传播方向	波速 /(m/s)	机电耦合系数/%	温度系数 /(ppm/℃)	相对介电常数	传播损耗/(dB/cm) /MHz
石英	Y	X	3159	0.23	−22	4.5	0.82 (1000)
	42.75° Y	X	3158	0.16	0	4.5	0.95 (1000)
LiNbO₃	Y	Z	3485	4.5	−85	38.5	0.31 (1000)
	128° Y	X	4000	5.5	−72	38.5	0.26 (1000)
LiTaO₃	Y	Z	3230	0.74	−37	44	0.35 (1000)
	X	112° Y	3295	0.64	−18	44	—
ZnO (ZnO 膜/玻璃)	X	Z	2675	1.12	—	8.84	2.25 (600)
		$h\approx0.04\lambda$		0.64	−15	—	
		$h\approx0.45\lambda$		1.0	−30	8.5	4.5 (58)
CdS	X	Z	1720	0.62		9.53	—
Li₂GeO₃	Y	Z	3350	0.94	—	9.5	—
PZT_8A		Z	2200	4.3		1000	2.3 (40)

8.4 SAW 传感器技术

8.4.1 SAW 传感器的结构形式与基本原理

声表面波器件包括一个压电材料薄基板（石英晶体或 LiNbO₃等）和采用薄膜工艺制作在基板上的叉指换能器和反射极阵列。叉指换能器受 100～1000MHz 频率的信号激励，由于逆压电效应实现的电→声转换，从而在基板表面一个声波长深度范围内产生表面波。其传

播速度在 $3000 \sim 4000 \mathrm{m/s}$ 左右，即比光速慢 10^5 倍左右。

SAW 传感器一般采用振荡器电路形式，如图 8-7 所示，其中 SAW 振荡器是传感器的核心。SAW 传感器的基本工作原理就是利用了 SAW 振荡器这一频控元件受各种物理、化学和生物量的作用而引起振荡频率的变化，通过精确测量振荡频率的变化，从而实现检测上述物理量及化学量变化的目的。

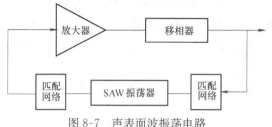

图 8-7　声表面波振荡电路

SAW 振荡器通常有延迟型（SAWD）和谐振型（SAWR）两种结构，如图 8-5 所示。自从 Marnes 于 1969 年提出延迟线振荡器结构后，早期国外报道的 SAW 传感器大部分都采用了这种设计。SAWD 由两个叉指换能器（IDT）的中心距决定相位反馈，由 IDT 的选频作用和反馈放大器产生固定频率的振荡。其振荡频率为

$$f = \frac{v}{l}\left(n - \frac{\phi_E}{2\pi}\right) \qquad (8\text{-}31)$$

式中，v 为 SAW 的传播速度；l 为两个 IDT 之间的距离；n 为取决于电极形状和 l 的正整数；ϕ_E 为反馈回路的相移。

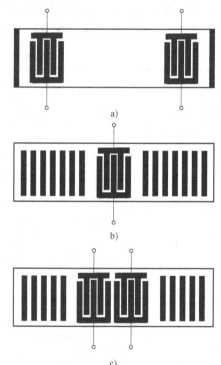

SAWD 设计简单，但它的稳定性较差。进入 20世纪 90 年代以后，谐振型振荡器（如图 8-8b、c 所示）在 SAW 传感器领域得到越来越广泛的应用，这种谐振器由左右两个反射栅阵列构成谐振腔，声表面波在两个反射栅之间来回反射、叠加、共振，形成驻波。对于叉指间隔和反射栅指条间隔均匀分布的 SAWR，SAW 波长 λ 和 IDT 周期长度 l_P 满足

$$\lambda = 2l_P \qquad (8\text{-}32)$$

时，SAW 在谐振腔内谐振，谐振型振荡器的振荡频率为

$$f = \frac{v}{\lambda} = \frac{v}{2l_P} \qquad (8\text{-}33)$$

图 8-8　SAW 振荡器

a）延迟线型　b）单端对谐振器

c）双端对谐振器

SAWR 器件的品质因数 Q 值高、插损小，目前所报道的谐振器的 Q 值已超过 10^9，最小插损为 $1\mathrm{dB}$。由于 Q 值是决定振荡器频率稳定性的重要参数之一，因此这种高 Q 值谐振器结构可以进一步提高 SAW 传感器灵敏度和分辨率。

由式（8-31）和式（8-33）可知，任何量只要能引起 v、l 或 l_P 发生变化，就会使 SAW 振荡器的振荡频率发生变化。通过振荡电路检测出振荡频率的变化就可以建立起频率偏移与待测量之间的关系。

无源遥测是 SAW 传感器的一大优势，从 20 世纪 90 年代中期开始，国内外开始这方面的研究。从结构上看，无线 SAW 传感器也可分为延迟型和谐振型两种，但工作原理不同于

一般的 SAW 传感器，以延迟型为例，如图 8-9 所示，传感器由压电基片、叉指换能器、反射栅及读写器（高频激励／接收装置）组成。工作时读写器发射出脉冲激励信号，由敏感基片的天线接收无线信号，并通过 IDT 将电磁信号转换为声表面波。声表面波经过一段延迟后由反射栅反射回来，再通过 IDT 将信号转换为电磁波信号，并经天线发射出去，再由读写器接收处理。脉冲信号从发射

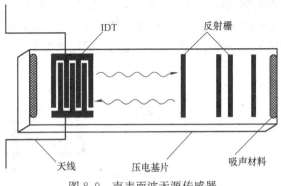

图 8-9 声表面波无源传感器

到接收的返回时间主要由读写器与 IDT 天线的距离 L、IDT 与反射栅之间的距离 l 以及声表面波波速 v 来决定，即脉冲信号从读写器发射到回收的传播时间 τ 为

$$\tau = \frac{2l}{v} + \frac{2L}{c} \tag{8-34}$$

式中，c 为电磁波的传播速度。

在遥测时，读写器与敏感基片之间距离 L 的变化也会引起 τ 的变化，为解决这一问题，在基片上设置多个反射栅，反射栅之间的时延只反映器件本身的状态，而不受读写器与敏感基片之间距离 L 的影响，即

$$\tau_{ik} = \frac{2l_{ik}}{v} \tag{8-35}$$

式中，l_{ik} 为反射栅 i 与反射栅 k 之间的距离。

同样，当基片受到来自外界环境量的影响时，波速 v 及间距 l_{ik} 将发生改变，从而使从反射栅返回来脉冲的时延 τ_{ik} 发生变化。通过测量 τ_{ik} 的变化就可以测出被测量。在实际测量中，由于 τ_{ik} 的变化及其微小，常采用测量相位的方法来代替对时延的测量。

如果相应位置上的反射栅被布置或抽取，则该位置上的脉冲可表示编码 "1" 或 "0"，相同结构的器件就变成了用于目标辨识的 SAW 标签（ID-Tag）。虽然目前 SAW 辨识标签没有随时改写的功能，但与其他类型的辨识标签相比，具有误码率低、读取时间快、作用距离远、不受光遮盖和读取方向影响等优点，因而 SAW 标签是对 IC 射频标签的一个有力补充。

8.4.2 SAW 传感器的信号检测与处理

SAW 传感器的信号检测与处理是将因被测量扰动而引起的 SAW 敏感器件性能参数的变化转换成电信号输出，并进行转换和处理，从而实现测量。信号检测电路一般由 SAW 振荡器电路以及信号调理电路组成，可以采用有线的方式，也可以采用无线遥测方式。

有线信号检测方式的检测电路主要由 SAW 谐振器振荡电路、混频电路、低通滤波及放大电路、频率测量四部分组成，如图 8-10 所示。检测电路的性能，特别是振荡器电路的频率稳定性直接决定了传感器的分辨率、精度、稳定性等性能指标。当外界被测量信息变化时，两个 SAW 振荡器的振荡频率发生不同的变化，混频后输出两个振荡器的差频信号，经低通滤波和放大电路处理后，送频率测量部分。由于硬件不可能做到完全对称，同时温度变

化也会影响电路的性能指标，因此采用差频方式不可能完全消除共模干扰的影响。为了实现高精度的压力测量，在信号处理部分引入了微处理器以实现软件温度补偿，根据具体情况可以采用简单的线性补偿方式，也可以采用诸如专家系统、神经网络等复杂的非线性补偿方式等。

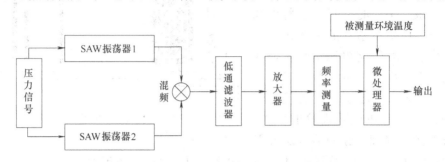

图 8-10　SAW 传感器信号检测与处理电路框图

　　SAW 传感器无线检测方式类似于一个小型雷达系统，可采用类似脉冲雷达原理的无线查询机来收发数据。由于 SAW 传感器为无源传感器，其回波信号十分微弱，这就要求发射接收机系统具有很高的接收灵敏度，以提高系统的测量精度。超外差接收机具有灵敏度高、增益高、选择性好和适应性广的优点，因此一般 SAW 传感器发射接收系统采用这种结构的查询机。图 8-11 为该系统的框图。

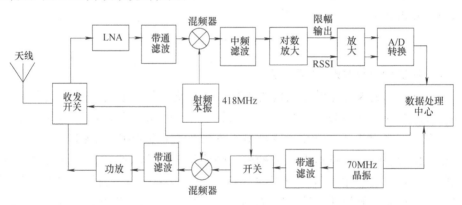

图 8-11　发射接收系统框图

　　图的上半部分为接收机，从天线接收到的信号经过这部分的预处理，送至数据处理中心进行信号检测。图的下半部分为发射机部分，本振信号与偏振信号通过混频器混频后，通过收发开关将其调制成脉冲信号由天线发出。

　　在上述系统中，射频本振是一个核心部件。它作为激励传感器的发射信号和检测回波信号时延的基准而在系统中起着重要的作用。因此，振荡器应具有较高的频率稳定度。此外，SAW 传感器及系统的其他部分均应按本振中心频率设计，否则，将会造成很大的能量损耗而测不到回波信号。

　　如前所述，由于回波信号十分微弱，因此要求接收机具有较高的接收灵敏度，具有较高的信噪比。采用低噪声宽频带放大器（LNA）可达到较高信噪比的要求。此外，为避免接收机受到其他信号的干扰，接收机应具有一定的频率选择性。接收机的选择性主要取决于中频滤波器的带宽。为了有效抑制噪声干扰和获得最佳信号传输，应选择合适的通频带和通带形状。

　　发射机的最大作用距离，也就是发射接收系统与 SAW 传感器之间信号可以有效传输的距离，由雷达方程给出

$$r = \frac{1}{4\pi} \cdot \sqrt[4]{\frac{P_t \lambda_c^4 G_i^2 G_e^2}{k T_0 B N_F D \dfrac{S}{N}}} \tag{8-36}$$

式中，r 为最大作用距离；P_t 为发射机的发射功率；G_i 为发射接收系统天线增益；G_e 为 SAW 器件的天线增益；λ_c 为电磁波波长；$k T_0$ 为接收天线噪声功率；B 为系统带宽；N_F 为系统噪声系数；S/N 为保证足够测量精度时的系统信噪比；D 为 SAW 器件的插损。

　　可见，增大发射功率和天线的增益可以增大有效作用距离。器件插损的增大会减小有效作用距离。要求系统有较高的信噪比时，作用距离就会减小。

　　此外，为防止本振信号窜入接收机而淹没有用信号，要求转换开关有很高的隔离度。

　　通过检测回波信号的相位代替时延的检测可以大大提高检测的精度。相位的检测可以用正交相干波实现。正交检波的原理如图 8-12 所示。

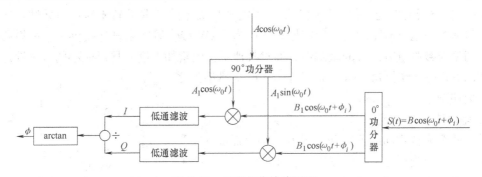

图 8-12　正交相位检波原理

　　设接收机接收的回波信号 $S(t)$ 为

$$S(t) = B\cos(\omega_0 t + \phi_i) \tag{8-37}$$

式中，ϕ_i 表示第 i 个反射栅的相位变化。

　　$S(t)$ 经 $0°$ 功率分配器后，成为相位相同的两路信号，而本振信号 $A\cos(\omega_0 t)$ 经一个 $90°$ 功率分配器后，成为相位相差 $90°$ 的两路信号，分别混频，得到两路反映相位信息的信号

$$\begin{aligned} I(t) &= \frac{1}{4} AB\cos\omega_0 t \cdot \cos(\omega_0 t + \phi_i) \\ &= \frac{1}{8} AB\cos\phi_i + \frac{1}{8} AB\cos(2\omega_0 t + \phi_i) \end{aligned} \tag{8-38}$$

$$\begin{aligned} Q(t) &= \frac{1}{4} AB\sin\omega_0 t \cdot \cos(\omega_0 t + \phi_i) \\ &= \frac{1}{8} AB\sin\phi_i + \frac{1}{8} AB\sin(2\omega_0 t + \phi_i) \end{aligned} \tag{8-39}$$

经低通滤波后，得到两路正交 I、Q 基带信号

$$I = \frac{1}{8} AB\cos\phi_i \tag{8-40}$$

$$Q = \frac{1}{8} AB\sin\phi_i \tag{8-41}$$

由式（8-40）和式（8-41）可得

$$\phi_i = \arctan \frac{Q}{I} \tag{8-42}$$

由于把相位转变成模拟量，因此，这种测量方法的分辨率很高。但实际上，I、Q 两路信号要进行采样、A/D 转换，受电路本身的影响以及 A/D 转换误差的限制，信号的检测精度还是要受到一定的影响。

8.4.3　SAW 传感器的温度补偿

由于 SAW 传感器能感测许多物理量与化学量，所以用它来感测某种物理量或化学量时，其他物理量或化学量（特别是温度）的变化对测量精度的影响就不可忽视。这里将介绍适用于 SAW 传感器的几种温度补偿方法。由于绝大多数被测量作用在 SAW 传感器基体上都是通过基体本身的应变而引起输出频率的变化，所以为分析方便，这里将被测量都用应变取代。

1. 选择零温度系数切型

SAW 传感器的性能在很大程度上是由压电基片决定的。由于晶体的各向异性，在不同切割与传播方向上具有不同的敏感特性，这就为 SAW 传感器优化设计提供了一种思路，选择基片切型对被测量有最大的敏感性，而对其他干扰因素如温度有尽可能小的敏感性。如石英晶体的 ST 切（欧拉角：0，132.75，0）就是典型的零温度系数切型。

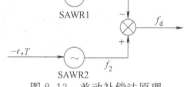

2. 差动法

采用两个完全相同的 SAWR，并在结构上保证一个受拉应力，另一个受压应力，组成如图 8-13 所示测量结构。若取参考温度为 T_0，那么温度对频度率的影响可表示为

图 8-13　差动补偿法原理

$$f(T) = f(T_0) + \frac{\mathrm{d}f}{\mathrm{d}T}(T - T_0) \tag{8-43}$$

式中，$f(T_0)$ 为 T_0 时 SAWR 的中心频率；$\dfrac{\mathrm{d}f}{\mathrm{d}T}$ 为 T_0 时 SAWR 的线性温度系数。

若 SAWR1 受拉应力，那么同时在被测量 ε 和温度 T 的作用下，其输出频率为

$$f_1(\varepsilon, T) = \left[f_1(T_0) + \frac{\mathrm{d}f_1}{\mathrm{d}T}(T - T_0) \right](1 - k\varepsilon) \tag{8-44}$$

若 SAWR2 受压应力，那么同时在被测量 $-\varepsilon$ 和温度 T 的作用下，其输出频率为

$$f_2(-\varepsilon, T) = \left[f_2(T_0) + \frac{\mathrm{d}f_2}{\mathrm{d}T}(T - T_0) \right](1 + k\varepsilon) \tag{8-45}$$

混频后取差输出

$$f_d = \left[f_2(T_0) + \frac{\mathrm{d}f_2}{\mathrm{d}T}(T - T_0) \right](1 + k\varepsilon) - \left[f_1(T_0) + \frac{\mathrm{d}f_1}{\mathrm{d}T}(T - T_0) \right](1 - k\varepsilon) \tag{8-46}$$

差频随温度的变化率

$$\frac{\mathrm{d}f_d}{\mathrm{d}T} = \frac{\mathrm{d}f_2}{\mathrm{d}T}(1 + k\varepsilon) - \frac{\mathrm{d}f_1}{\mathrm{d}T}(1 - k\varepsilon) \tag{8-47}$$

实际中由于 $k\varepsilon \ll 1$，所以上式可忽略应变的影响，得到

$$\frac{\mathrm{d}f_\mathrm{d}}{\mathrm{d}T}=\frac{\mathrm{d}f_2}{\mathrm{d}T}-\frac{\mathrm{d}f_1}{\mathrm{d}T} \tag{8-48}$$

若两个 SAWR 温度特性完全相同，则

$$\frac{\mathrm{d}f_\mathrm{d}}{\mathrm{d}T}=0 \tag{8-49}$$

由以上可看出，以这种结构方式构成的传感器，不仅可以实现温度补偿，而且可以使灵敏度增加。应用这种方法的关键是要求两个 SAWR 温度特性完全相同，实际加工中由于材料、工艺等原因，很难达到完全一致，因而就不可能完全消除温度的影响。

3. 数字补偿法

由前面分析可知，单个 SAW 振荡器的频率输出可表示为

$$f(\varepsilon,T)=f_0(1-k\varepsilon)v(T) \tag{8-50}$$

由此可得

$$\varepsilon=\frac{1}{K}\left(1-\frac{f(\varepsilon,T)}{f_0v(T)}\right) \tag{8-51}$$

对每个 SAWR，它的温度函数 $v(T)$ 是确定值，可通过实验并用曲线拟合法将它求出来。实际中可以通过增加温度测量并用具有运算功能的芯片来实现温度补偿。

4. 浮动零点法

上面介绍的差动补偿法在实际测量中应用是较多的，然而用这种方法只能补偿一部分由共模干扰（例如温度扰）而引起的测量误差。如正在研制的新型的声表面波面压力传感器，在经过差动补偿后，仍然还有约 100Hz/K 的温度误差。用数字补偿法必须要对每个传感器事先进行温度特性测试，同时在传感器工作时，还得附加温度传感器和计算功能，因而，增加了复杂性和成本。浮动零点法是一种新的温度误差校正方法，该方法以差动原理和浮动坐标（相对坐标）为基础，是一种很容易实现的方法。

如图 8-13 所示，两个输出频率分别为 f_1、f_2 的振荡器，是由两个声表面波器件和两个放大器组成，这两个输出频率经混频器和低通滤波器而得到差频 Δf。若环境温度变化，则两个声表面波振荡器的输出频率 f_1 和 f_2 将沿着相同方向变化，即两个频率同时增加或减小，当 f_1 和 f_2 随温度的变化完全相同时，则差频 Δf 就不随温度的变化而变化。对此，可以说温度的影响被完全消除了。显然，这里的差动原理是建立在这样的事实基础上的，即由温度影响或由其他共模干扰而引起的 f_1 和 f_2 的变化要沿着同一个方向，而且被测量引起的 f_1 和 f_2 的变化沿着相反的方向，即被测量变化时，若一个增加，则另一个减小。因此，人们可根据 f_1 和 f_2 的变化方向来判断 Δf 的变化是由于干扰还是由被测量变化而引起的。这就是说，如果两个振荡器频率的变化沿着相同的方向，那么这种变化就是由温度影响或其他共模干扰而引起的；如果这个变化沿着相反方向，则它是由被测量而引的。

然而，实际上两个振荡器的频率 f_1 和 f_2 的变化，即使在相同温度变化影响下或相同的干扰作用下，也不可能完全相同，因而差额 Δf 会随着温度的变化而变化。为了将剩余的温度影响消除掉，数字补偿法是在对被测量进行测量时，也将传感器所处温度测量出来，然后按照事先测得的差频—温度关系曲线，查出对应的差频变化，通过单片机或微处理器将差频的真正变化计算出来。

从理论上讲，这种方法是完全正确的，但实现起来是较困难的，其主要原因是温度传感

器和声表面波元件的热惯性是不完全相同的，以及有不均匀的温度场，所以由温度传感器测到的温度可能与声表面波器件的真实温度不完全相同，因此用这种方法也不可能完全消除温度的影响。

下面以在水面上漂浮的木块来说明浮动坐标原理。如图 8-14 所示，设 XOY 为平面直角绝对坐标系，而 xOy 是建立水平面上的平面直角相对坐标系。该坐标系随着水的状态变化而上升或下降，因此，将 xOy 称作浮动坐标系，Ox 代表水平面。

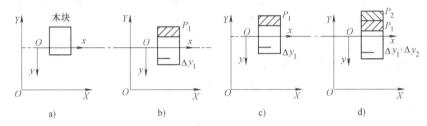

图 8-14　浮动坐标原理

a) 初始状态　b) 在木块上加重 P_1 后状态　c) 水位上升之后状态　d) 在木块上加两个重物后状态

参看初始状态图，在木块 $y=0$ 的位置上做一标志。很显然，该标记在相对坐标系里的位置 y（把它作为可利用的输出信号），仅与木块上附加重量有关，而与水的状态位置 Y 无关（Y 是无用的干扰信号）。这是由于木块随着水的状态变化而浮动。因此可以说，由于利用了浮动坐标系而消除了水状态变化的影响。如图表示，当木块上附加一个重物 P_1 时，木块上标志就要下沉 Δy 距离，即此时 $y=\Delta y_1$，Δy_1 就是重物 P_1 的度量；木块上重物不变化，而水位上升或下降时，用来度量 P_1 的信号仍为 Δy_1，它并不受水位变化的影响。只有当重物发生变化，即在木块上再加一个重物 P_2 时，y 才发生变化，为 $y=\Delta y_1+\Delta y_2$。

若将该例子与前面所提到的声表面波压力传感器测压问题对比，当把水的状态比作温度等干扰影响，将木块上的重物比作被测量，而将木块上标志处于相对坐标系中的位置比作声表面波传感器的输出时，那么就不必担心测量过程中温度变化的影响，因为这样的影响可以被消除。

由上面介绍的差动原理及浮动坐标原理而得到启示，将两者结合，就可以用来消除声表面波传感器在测量过程中温度变化的影响，这就是浮动零点法。

以声表面波谐振式压力传感器为例，参看用来说明浮动零点法原理的图 8-15，可作如下分析：

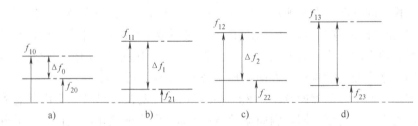

图 8-15　振荡器频率 f_1 和 f_2 的变化

a) 初始状态　b) $P=P_1$ 使 f_1 增加 f_2 减小　c) 温度上升使 f_1 增加 f_2 也增加　d) $P=P_1+P_2$ 使 f_1 增加 f_2 减小

1) 在初始状态有关系式 $\Delta f = \Delta f_0 = f_{10} - f_{20}$

2）当有被测量作用时，f_1 增加，f_2 减小，Δf 增加，并假定差频的增量为 $\mathrm{d}f_1 = \Delta f_1 - \Delta f_0$，它是由被测量的变化而引起的有用信号，将它记为 $f = \mathrm{d}f_1$。

3）当温度增加时，两个振荡器输出频率将同时增加，但很可能增加量不等，此时仍会出现差频增量，不过这样的差频增量 $\mathrm{d}f_2 = \Delta f_2 - \Delta f_1$ 是无用信号，应该放弃它。

4）当被测量增加时，根据浮动原理，f_1 和 f_2 沿着相反方向变化，此时差额的增量 $\mathrm{d}f_3 = \Delta f_3 - \Delta f_2$ 是有用信号，其输出

$$f = \mathrm{d}f_1 + \mathrm{d}f_3$$

以上分析可看出，在整个测量中，不仅要测量两个振荡器输出频率的大小，同时要判断它们的变化方向。在数据处理中，需计算出每一次测量的两个频率之差和它们的变化方向，将每次计算出的差频作为新的零点（像是一个浮动零点），并将差频的变化，依据两个频率 f_1 和 f_2 的变化方向来判断哪些差频是有用信号、哪些是无用信号．将无用信号作为干扰信号舍弃，仅仅把有用信号记下来作为由被测量引起的输出信号。这就意味着，温度或其他共模干扰的影响能被消除。

浮动零点法消除温度对测量的影响，实现起来比较简单，特别适用于具有微机或微处理器的测量系统，因为它不需要用温度传感器测量传感器所处的温度，也不需要事先对每个传感器进行温度特性的标定。这样使结构更简单，工作更可靠，又可以节约成本。

8.5　典型声表面波传感器简介

8.5.1　声表面波压力（应力）传感器

压力传感器是应用最广泛的一类传感器，作为 SAW 传感器家族的主要成员，SAW 压力传感器与其他原理的压力传感器相比，具有准数字化输出，高灵敏度，低功耗，强抗干扰能力，可微型化、无线无源化，可采用半导体平面制作工艺，易于集成和大批量生产等一系列的优点，尤其是无线无源的特点有其独到的应用，可以对旋转和移动等物体或者对在易燃、易爆、高温和有毒场合等恶劣环境的压力进行测量，因而具有很大应用前景和市场潜力。

1974 年，J. F. Dias 和 H. E. Karrer 发表了一篇题为 "Stress effects in acoustic surface wave circuits and applications to pressure and force transducers" 的文章，首次指出通过合理设计，可以利用基片应变对声表面波器件频移的影响来测量位移、力和压力，并第一次使用悬臂梁结构制作了 SAW 力传感器。1975 年 D. E. Cullen 和 T. M. Reeder 设计了第一个延迟线型膜片式声表面波压力传感器，传感器量程为 0～20psi（1psi＝6.89476kPa），测量精度达 1‰。此后，对声表面波压力传感器的开发研究就逐渐开展起来了，基于延迟线型和谐振型振荡器结构，相继提出了膜片式和杠杆式力学结构、双通道温度补偿型结构压力传感器以及近来提出的全石英封装型压力传感器。压力传感器的灵敏度也由原来的 0.5Hz/Pa 左右提高到 10Hz/Pa 左右，测量范围低压在 0～20kPa，高压可达 12MPa。

1. 声表面波压力传感器的基本组成

在外界环境条件作用下，SAW 振荡器的输出信号频率可随着外界热场、力场（如力、压力、加速度场等）、电场、磁场、湿度、气体浓度等的扰动而变化，这主要是由于压电晶体的非线性弹性特性引起的。SAW 压力传感器的研究正是基于 SAW 振荡器对压力的显著

敏感性。SAW 压力传感器设计的基本任务是，通过合理设计，使其对压力具有最大的灵敏度，同时最大限度地减小其对其他量的敏感性。

一般来说，SAW 压力传感器主要由两个基本部分组成：

（1）SAW 器件　SAW 压力传感器采用 SAW 器件作为其基本的压力敏感元件。SAW 器件可以是 SAW 延迟线，也可以是 SAW 谐振器。但就测压来说，SAW 谐振器用得最多，因为它比 SAW 延迟线具有更好的性能。SAW 器件的基本任务是感受外界压力信息。要精心设计 SAW 器件，使它具有高的品质因数及低的插入损耗，同时要使振荡器的振荡频率随外界压力的变化呈线性变化。

（2）信号检测电路　在 SAW 压力传感器中，信号检测电路部分的任务是将因压力扰动而产生的 SAW 敏感器件性能参数的变化转换成电信号输出，从而实现对压力的测量。输出信号一般为频率量。信号检测电路一般由 SAW 振荡器电路以及信号调理电路组成。如果采用多通道测量方案，那么其中还应包括混频电路。

SAW 器件类型的选择也十分重要。SAW 延迟线型是属于传输型器件，它利用的是声波的行波特性，在波的传播方向上，设置的另一个 IDT 将接收到的声波转换成电信号输出。显然，在这些叉指电极中的任何反射都会使得器件性能恶化。而 SAW 谐振器型正是利用这种 SAW 的反射性质，使声波在反射阵列之间进行相干反射、相互叠加，在腔体内形成驻波，发生共振，使振荡幅度达到最大，这样，在一对反射阵列之间就构成了谐振腔。将 SAW 限制在谐振腔内以得到能量存储的目的。因而，SAW 谐振器的 Q 值可以做得很高，插入损耗很小。从电路角度看，谐振器在一个窄频带上呈现大的阻抗变化，其典型的工作带宽是在 $500 < \frac{\Delta f}{f} < 50000$ 范围内，而 SAW 延迟线的工作带宽一般为 $2 < \frac{\Delta f}{f} < 500$。目前所报道的谐振器的 Q 值已超过 10^5，最小插损为 1dB。由于 SAW 谐振器的优异性能，用它制作的振荡器的各方面性能均超过了 SAW 延迟线型振荡器，尤其是其基频高，Q 值高，插损低，频率稳定性好，更适合作为敏感"外场"变化的精密频率源。要制作出高精度 SAW 压力传感器，一般都采用 SAW 谐振器，而不是 SAW 延迟线。

SAW 振荡器通道数的选样，也影响着 SAW 压力传感器的测量精度。假定 SAW 压力传感器采用单通道振荡器结构，即仅在压电膜片上制作一个 SAW 谐振器，由其组成单个 SAW 振荡器，这样，传感器在被测压力 P 及环境温度 T 的作用下（设其他条件不变），输出的频率可近似表示为

$$f(P, T) = f_0 [1 - \alpha P - \beta(T - T_0)] \tag{8-52}$$

式中，f_0 为振荡器未受扰动时的振荡频率；α 为谐振器的频率—压力系数；β 为频率温度系数，参考条件为 $P = 0$，$T = T_0$。

显而易见，这种单通道结构方案，输出频率 f 不仅与被测压力 P 有关，也与温度 T 有关。

一般来说，在令人感兴趣的温度范围内，大多数基片材料的温度灵敏度远比满量程压力灵敏度高。例如，某一采用 Y 切石英的 SAW 压力传感器的压力灵敏度为 1000×10^{-6}。而在 $-65 \sim 125℃$ 温度范围内，Y 切石英的温度灵敏度达到 4000×10^{-6}。这说明，在测量压力的同时，温度的影响不可忽视。因此，单通道振荡器结构的 SAW 压力传感器的精度不高。从上式也可以看出如果采用差频方法，抵消传感器输出中的温度项，而只保留压力项，则可实

现温度补偿。

合理安排两谐振器在石英晶体膜片上的位置，使它们的压力系数之差的绝对值达到最大。同时，由于两谐振器制作在同一基片上，靠得非常近，而且性能参数设计完全一样，因而它们的温度系数可认为相等。当两者经历同样的温度过程时，上式中的温度项就消失了，从而实现了传感器的温度补偿。

由上面分析发现，采用双通道谐振器型振荡器结构不仅可以理想地实现 SAW 压力传感器的温度补偿，而且能够通过合理设计两谐振器位置，使两谐振器的振荡频率随压力的变化而向反方向变化，那么整个传感器的灵敏度也将会大大提高。同时，采用双通道结构还可能排除温度以外的其他环境因素的干扰，这样，就会取得一举多得的效果。

2. 声表面波谐振式压力传感器的基本工作机理

SAW 谐振式压力传感器的原理示意图如图 8-16 所示，当外界压力加到周边固定圆形石英膜片上时，膜片内部各点的应力发生变化，通过石英晶体的非线性弹性行为，石英膜片的材料常数随压力的变化而变化，而 SAW 的传播速度是材料常数的函数，因而，SAW 速度也将发生变化。同时，膜片因受力而产生的形变还导致 SAW 谐振器的结构尺寸的变化，从而造成 SAW 的波长等性能参数的改变。SAW 速度和 SAW 器件结构尺寸的变化最终将导致 SAW 谐振器中心频率的偏移，振荡器的振荡频率也随之发生改变。SAW 谐振式压力传感器中 SAW 振荡器的敏感机理可由框图 8-17 表示。通过合理设计两个 SAW 谐振器的位置，可使两个振荡器通道的振荡频率随压力的变化量尽可能地大，而且变化方向相反，这样，两振荡器的频率经混频器取差频输出，不仅可以减小共模干扰的影响，同时也可提高传感器的压力灵敏度。

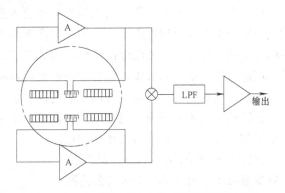

图 8-16 SAW 谐振式压力传感器的原理示意图

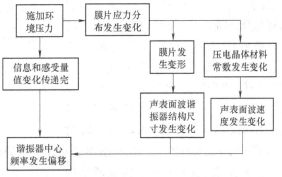

图 8-17 SAW 谐振式压力传感器中 SAW
振荡器的敏感机理

8.5.2 声表面波气体传感器

气体传感器是一种把气体（多为空气）中特定成分检测出来，并将其转换成适当电信号的器件。科学技术的迅速发展大大加剧了各种气体灾害的危险性，人们对污染环境的各种气体越来越重视，从家庭使用的煤气、液化石油气到工厂排出的硫化物，甚至战场环境下的剧毒化学气体，都需要用各种特定的气体传感器来检测。一直以来，各国科学工作者，都在加紧研制灵敏度高、选择性好且小型廉价的多种气体传感器。1979 年，美国科学家提出用 SAW 器件来敏感各种气体成分。他们采用 ST 切石英、LiNbO₃ 做的 SAW 器件检测气相色谱获得成功。此后，SAW 气体传感器的研究工作迅速开展，可检测的气体种类越来越多。

目前可检测的气体主要有 SO_2、水蒸气、丙酮、H_2、H_2S、CO、CO_2、NO_2 等。

相比目前检测特定气体微小浓度的最流行的半导体气敏传感器，SAW 气体传感器输出准数字信号，可简便地与微处理器接口，组成自适应实时处理系统。它与其他类型的气体传感器相比，还具有以下一些特点：①测量精度高、分辨率高、抗干扰能力强，适合远距离传输，测量重复性好；②检测范围宽，在有效测量范围内线性度好；③不需要加热，可在常温下工作；④由于采用半导体平面工艺，因此易于将敏感器与相配的电子器件组合在一起，实现微型化、集成化，且使成本降低。

1. 声表面波气体传感器的工作机理

声表面波器件的波速和频率会随外界环境的变化而发生漂移。声表面波气敏传感器就是利用这种性能在压电晶体表面涂覆一层选择性吸附某气体的气敏薄膜，当该气敏薄膜与待测气体相互作用（化学作用或生物作用，或者是物理吸附），使得气敏薄膜的膜层质量、粘弹性和电导率等特性发生变化，引起压电晶体的声表面波频率发生漂移。气体浓度不同，膜层质量和电导率等变化程度亦不同，即引起声表面波频率的变化也不同。通过测量声表面波频率的变化就可以反应气体浓度的变化。由此基本原理可以看出，在声表面波气体传感器中，敏感膜起着选择识别和富集目标分子的作用，是决定传感器选择性和灵敏度的重要因素；同时，传感器的响应时间、可逆性以及稳定性等也与敏感膜的性质和结构密切相关。目标分子与敏感膜的结合主要是通过范德华力、偶极、氢键以及配位等作用来实现的，不同的作用机制对于传感器的综合性能有着重要的影响。

1979 年出现的第一台 SAW 气体传感器是以单通道 SAW 延迟线振荡器为基础的。在延迟线的两个叉指换能器之间（即 SAW 传播路径）覆盖一层选择性吸附膜，该膜只对所需敏感的气体有吸附作用。吸附了气体的薄膜会导致 SAW 振荡器振荡频率变化。由精确测量频率的变化就可测得所需气体浓度。目前，SAW 气体传感器大部分采用双通道延迟线结构，以实现对

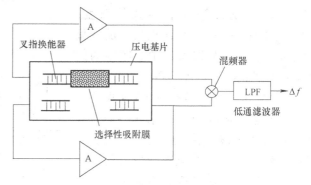

图 8-18　双通道 SAW 气体传感器的结构示意图

环境温度变化的补偿。图 8-18 给出了双通道 SAW 气体传感器的结构示意图。

在双通道 SAW 延迟线振荡器结构中，一个通道的 SAW 传播路径被气敏薄膜所覆盖而用于测量，另一通道未覆盖薄膜而用于参考。两个振荡器的频率经混频取差额输出，以实现对共模干扰的补偿。

在 SAW 气体传感器中，除 SAW 延迟线之外，最关键的部件就是有选择性的气敏薄膜。SAW 气体传感器的敏感机理随气敏薄膜的种类不同而异。当薄膜用各向同性绝缘材料时，它对气体的吸附作用转变为覆盖层密度的变化，SAW 延迟线传播路径上的质量负载效应使SAW 波速发生变化，进而引起 SAW 振荡器频率的偏移。对这种情况，SAW 气体传感器提供的信号可用下面关系式表达

$$\Delta f = f_0^2 h \rho (k_1 + k_2 + k_3) + \frac{\mu_0}{v_R^2} f_0^2 h \left(4k_1 \frac{\lambda_1 + \mu_1}{\lambda_1 + 2\mu_0} + k_2\right) \tag{8-53}$$

式中，Δf 为覆盖层由于吸附气体而引起的 SAW 振荡器频率偏移；$k_1 + k_2 + k_3$ 为压电基片材料常数；f_0 为 SAW 振荡器未受扰动时的振荡频率；h 为薄膜厚度；ρ 为薄膜材料的密度；μ_0 为薄膜材料剪切模量；λ 为薄膜拉莫常数；v_R 为未受扰动时 SAW 相速度。

由上式可知，传感器响应主要取决于薄膜密度的变化。

应当指出，上式只适用于非常薄的膜（膜厚小于波长的 0.2%）。对于较厚的膜，该式只能给出信号幅度的估值。若采用有机膜时，由于其剪切模量非常小，所以上式的第二项可以忽略。此时

$$\Delta f = f_0^2 h \rho (k_1 + k_2 + k_3) \tag{8-54}$$

表 8-2 列出了一些常用压电基片的材料常数 $k_1 + k_2 + k_3$。

表 8-2　一些常用压电基片的材料常数 $k_1 + k_2 + k_3$

基　片	切　型	传播方向	波速/（m/s）	k_1	k_2	k_3
				/10^9 m^2 · s · kg^{-1}		
石英	Y	X	3159.3	−41.65	−10.23	−93.34
LiNbO$_3$	Y	Z	3487.7	−17.30	0	−37.75
LiTaO$_3$	Y	Z	3229.9	−21.22	0	−42.87
ZnO	Z	X+45°	2639.4	−20.65	−55.40	−54.69
Si	Z	X	4921.2	−63.32	0	−95.35

当薄膜采用导电材料或金属氧化物半导体材料时，由于薄膜的电导率随所吸附气体的浓度而变，引起 SAW 波速漂移和衰减，从而振荡频率发生变化。在这种情况下，SAW 气体传感器的输出响应可用下面的关系式表达

$$\Delta f = -\frac{k^2}{2} f_0 \frac{\sigma_0^2 h^2}{\sigma_0^2 h^2 + v_R^2 c_s^2} \tag{8-55}$$

式中，k 为机电耦合系数；c_s 为薄膜材料常数；σ_0 为薄膜电导率。

由上式可见，当采用导电膜或金属氧化物半导体膜时，膜层电导率的变化是 SAW 气体传感器响应的主要贡献者。

2. 敏感薄膜与传感器特性之间的关系

覆盖的薄膜作为 SAW 气体传感器的最直接的敏感部分，其特性与传感器的各项性能指标有着紧密的关系，现作简要分析。

（1）薄膜与传感器的选择件　薄膜的选择性是 SAW 气体传感器的一项重要性能指标。薄膜对气体的选择性决定了 SAW 气体传感器的选择性。不同种类的化学气体需要使用各种不同材料的薄膜，对气体的选择性吸附是对敏感薄膜的最基本要求。目前用于 SAW 气体传感器的敏感膜有乙醇胺薄膜（敏感 SO$_2$）、Pd 膜（敏感 H$_2$）、WO$_3$ 膜（敏感 H$_2$S）、酞青膜（敏感 NO$_2$）等。可以说，只要研制出可选择吸附某种特定气体的敏感膜，那么，检测这种气体的 SAW 传感器也就会出现。研制选择性好的吸附膜是一项艰巨而紧迫的任务。

（2）薄膜与传感器的可靠性　作为传感器，其输出响应必须是可重复和可靠的。SAW 气体传感器输出的可靠性在很大程度上取决于敏感膜的稳定性，具有可逆性和高稳定性也是对敏感膜的基本要求。可逆性就是敏感膜对气体既有吸附作用，又有解吸作用。当待测气体浓度升高时，薄膜所吸附的气体量随之增加。而当浓度降低时，薄膜还应能解吸待测气体。

吸附过程与解吸过程应是严格互逆的，这是气体传感器正常可靠工作的前提。薄膜的稳定性取决于它的机械性质。薄膜中的内应力以及它与基片之间的附着力不合适，都会使薄膜产生蠕变、裂缝或者脱落。而薄膜的机械性质又取决于它的结构，即与薄膜的淀积方法有关。一般用溅射法制备的薄膜，其内应力较小。同时，由于在其制备过程中，注入粒子具有较高的能量，在基片上产生缺陷而增大结合能，所以薄膜的附着力优于用其他方法制备的薄膜。

（3）薄膜与传感器的响应时间　SAW 气体传感器与其他传感器一样，希望它的响应时间越小越好。SAW 气体传感器的响应时间与敏感膜层的厚度及延迟线振荡器的工作频率密切相关。工作频率较高时，由于气体扩散和平衡的速度更快、响应速度相应提高。但较高的工作频率也会产生较大的基底噪声，妨碍了对气体最低浓度的检测。当敏感膜层的厚度减小时，由于气体扩散的时间与膜层厚度的平方成正比，所以就大大减小了传感器的响应时间。实际上除了气体进入膜层时的简单扩散外，还有许多因素（如界面层传送率）对传感器响应时间的确定都起着重要作用。但随着工作频率的提高，更薄膜层的使用，SAW 气体传感器的响应时间可望获得大大降低。

（4）薄膜与传感器的分辨率　SAW 气体传感器的分辨率主要是由敏感薄膜的稳定性决定的。研究表明，其分辨率与所使用膜层的稳定度处于同一数量级。目前，能研制出很高分辨率的气体传感器。例如：声表面波 H_2S 传感器，产生可重复确定响应的 H_2S 的最低浓度低于 10×10^{-9}。

（5）薄膜与传感器其他特性的关系　SAW 气体传感器的线性度和薄膜吸附气体的物理或化学过程有关。增加薄膜所覆盖的 SAW 传播路径长度，可提高 SAW 气体传感器的灵敏度。而在膜层长度一定的情况下，传感器的灵敏度将随工作频率的提高而增大。实验结果表明，SAW 气体传感具有很高的灵敏度。如采用 WO_3 薄膜的 H_2S 浓度传感器，浓度为 10^{-6} 时，其频率变化达 $317Hz$。

当薄膜涂覆在 SAW 延迟路径上时，它不但使被覆盖的延迟线振荡器的振荡频率发生偏移，而且还使 SAW 信号产生衰减。当待测气体浓度足够大时，膜层吸附了足够的气体，以致当 SAW 沿着被膜层覆盖的延迟线传播时，信号很快衰减而使振荡器无法工作。这样就产生了传感器检测上限问题。提高检测上限的一个方法是：减小由气敏膜所覆盖的延迟路径长度，以减小 SAW 衰减，但这样做又可能使传感器的灵敏度降低。所以各项指标在设计时要进行综合考虑。

8.5.3　声表面波标签

作为新一代目标自动识别技术和信息存储传输技术的重要器件，射频标签（Radio Frequency Identificatian，RFID）具有广阔的应用前景。目前 RFID 已在高速公路自动收费、物流管理、邮政航空的自动包裹分拣、仓储图书管理、畜牧业监控管理、车辆防盗等诸多领域取得了实质性的应用，未来的射频识别技术与互联网相结合将构成一个无所不在的全球物联网系统。目前人们研究的热点主要集中在基于 IC 技术的包含有一个微芯片的带芯片式 RFID，这种类型的射频标签在技术上相对成熟一些，也已获得了相对比较广泛的应用，但它在大规模推广应用方面还存在以下弱点：①芯片价格问题，目前 RFID 芯片的价格大都高于 1 美元，对于商品的一个附件，其还不可能像条形码一样应用于普通的单件物品；②识别存在较高的差错率，技术标准也有待统一；③应用环境受限。RFID 应用环境中存在金属物体、高温环境等问题，而且还需要远距离读取或者读取载有金属商品的货盘上的全部商品信息。现有 RFID 技术应付这样的环境能力有限，因此 SAWRFID 应运而生。

1. 基于声表面波技术的 RFID 的工件原理

如图 8-19 所示，声表面波（SAW）射频标签（RFID）芯片主要由压电基片、叉指换能器、标签天线和反射栅组成。其基本工作原理为，在压电基片上制作一个 SAW 叉指换能器（IDT），同时在 SAW 传播路径上分布了一组或多组的反射栅，工作时阅读器发射出高频脉冲激励信号，由敏感基片的天线接收无线信号，并通过 IDT 将电磁信号转换为声表面波。声表面波经过一段延迟后由反射栅反射回来，再通过 IDT 将信号转换为电磁波信号，并经天线发射出去，再由读写器接收处理。根据由反射栅不同位置形成的反射（SAW）脉冲来实现脉冲位置或相位位置编码。

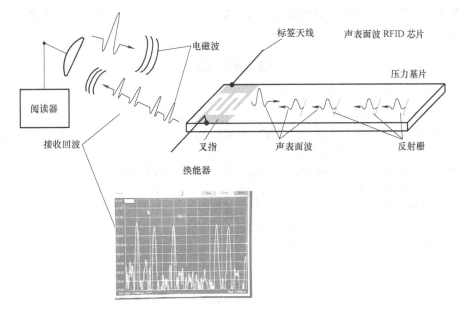

图 8-19　SAW-RFID 系统的组成及工作原理

2. SAW RFID 的应用优势

利用声表面波（SAW）技术实现的 RFID 与传统的利用集成电路（IC）实现的 RFID 相比具有许多独特的优势，如

1）SAW RFID 是纯无源的，要求的发射能量低，相应的接收范围大（可达 10m 以上），且抗电磁干扰能力强。

2）可在金属和液体产品上读取，可用于高温等特殊场合。SAW RFID 的工作机理使其可以应用于金属物品，高温等比较恶劣的环境。SAW 标签在较低功率需求下可达到更长的阅读距离，对装载金属或液体货品的货盘具有更好的穿透能力，这使阅读器系统能够阅读金属货盘内部的物品。

3）结构工艺简单，成本低廉。SAW RFID 的制造工艺过程与半导体相同，且相对简单，在大批量生产时，基于 SAW 的标签系统比其他系统的成本更低。首先，SAW 标签芯片上除了声表面波器件和天线外不需要其他电路，因而芯片本身成本较低。其次，SAW 标签天线比基于 IC 的 RFID 天线更便宜且体积更小。最后，防冲突和误差检测功能模块放在了阅读器里，而不是在标签上，从而降低标签复杂度，降低成本。

4）SAW 射频标签的阅读处理本质上就是恢复返回信号的到达时间。直接到达的时间提供了附属的阅读器和标签之间的距离信息。这个信息也可以用来决定物体的运动速度、运动方向，并区分相邻标签的空间位置，可用于码头、传送带和检测线等。同时阅读信号处理也恢复了返回信号的相移，发射信号和接收信号的相移也提供了一个对标签温度的直接测量。

5）防伪功能强。SAW RFID 的唯一标识号码是在工厂编码的。同时，这个"唯一 ID 号码"执行了廉价 EPC 版本，即数据存储在一个安全的网络数据库里而不是在标签上，因而 SAW 标签很难被仿造。

SAW RFID 的这些独特优点将使其成为射频识别领域的重要一员，是对目前基于 IC 技术 RFID 的有力补充。

思 考 题

1. 什么叫声表面波？有什么特点与用途？
2. 叉指换能器的作用原理是什么？
3. 什么叫声表面波传感器？简述其结构组成和性能特点。
4. 简述 SAW 传感器的信号检测与处理方法。
5. 声表面波传感器为什么要特别注意温度补偿？常用的补偿方法有哪些？
6. 试说明声表面波压力传感器的组成和工作原理。
7. 试说明声表面波传感器的组成和工作原理。
8. 什么是声表面波标签？试说明其工件原理与特点。
9. 举例说明声表面波传感器的应用。

第 9 章　生物传感技术

9.1　概述

生物传感技术是一门由生物、化学、物理、医学、电子技术等多种学科互相渗透成长起来的高新技术，在生物医学、环境监测、食品、医药及军事医学等领域有着重要应用价值。21 世纪是生命科学的时代，随着"人类基因组工作草图"的完成、纳米生物技术和纳微电子加工技术的出现，无论在原理上还是加工技术上都将为生物传感技术带来巨大变革。

生物传感器有以下共同的结构：包括一种或数种相关生物活性材料及能把生物活性表达的信号转换为电信号的物理或化学换能器，二者组合在一起，用现代微电子和自动化仪表技术进行生物信号的再加工，构成各种可以使用的生物传感器分析装置、仪器和系统。

生物传感器的特点：

1) 采用固定化生物活性物质作催化剂，价值昂贵的试剂可以重复多次使用，克服了过去酶法分析试剂费用高和化学分析繁琐复杂的缺点；

2) 专一性强，只对特定的底物起反应，而且不受颜色、浊度的影响；

3) 分析速度快，可以在一分钟内得到结果；

4) 准确度高，一般相对误差可以达到 1%；

5) 操作系统比较简单，容易实现自动分析；

6) 成本低，在连续使用时，每例测定仅需要几分钱人民币；

7) 有的生物传感器能够可靠地指示微生物培养系统内的供氧状况和副产物的产生。

9.1.1　生物传感器的工作原理

以生物活性物质为敏感材料做成的传感器叫生物传感器。它以生物分子去识别被测目标，然后将生物分子所发生的物理或化学变化转化为相应的电信号，予以放大输出，从而得到检测结果。生物体内存在彼此间有特殊亲和力的物质对，如酶与底物、抗原与抗体、激素与受体等，若将这些物质对的一方用固定化技术固定在载体膜上作为分子识别元件（敏感元件），则能有选择性地检测另一方。

生物传感器的选择性与分子识别元件有关，取决于与载体相结合的生物活性物质。为了提高生物传感器的灵敏度，可利用化学放大功能。所谓化学放大功能，就是使一种物质通过催化、循环或倍增的机理同一种试剂作用产生出相对大量的产物。传感器的信号转换能力取决于所采用的转换器。根据器件信号转换的方式可分为：

1) 直接产生电信号；

2) 化学变化转换为电信号；

3) 热变化转换为电信号；

4) 光变化转换为电信号；

5）界面光学参数变化转换为电信号。

9.1.2 生物传感技术的发展历史

1967 年美国的 S. J. 乌普迪克等制出了第一个生物传感器葡萄糖传感器。将葡萄糖氧化酶包含在聚丙烯酰胺胶体中加以固化，再将此胶体膜固定在隔膜氧电极的尖端上，便制成了葡萄糖传感器。当改用其他的酶或微生物等固化膜，便可制得检测其对应物的其他传感器。固定感受膜的方法有直接化学结合法、高分子载体法及高分子膜结合法。现已发展了第二代生物传感器（微生物、免疫、酶免疫和细胞器传感器），研制和开发第三代生物传感器，将生物技术和电子技术结合起来的场效应生物传感器。

由于酶膜、线粒体电子传递系统粒子膜、微生物膜、抗原膜、抗体膜对生物物质的分子结构具有选择性识别功能，只对特定反应起催化活化作用，因此生物传感器具有非常高的选择性。缺点是生物固化膜不稳定。生物传感器涉及的是生物物质，主要用于临床诊断检查、治疗时实施监控、发酵工业、食品工业、环境和机器人等方面。

生物传感器是用生物活性材料与物理化学换能器有机结合的一门交叉学科，是发展生物技术必不可少的一种先进的检测方法与监控方法，也是物质分子水平的快速、微量分析方法。在 21 世纪知识经济发展中，生物传感器技术必将是介于信息和生物技术之间的新增长点，在国民经济中的临床诊断、工业控制、食品和药物分析、环境保护以及生物技术、生物芯片等研究中有着广泛的应用前景。

近年来，随着生物科学、信息科学和材料科学发展的推动，生物传感器技术飞速发展。可以预见，未来的生物传感器将具有以下特点：

（1）功能多样化　未来的生物传感器将进一步涉及医疗保健、疾病诊断、食品检测、环境监测、发酵工业的各个领域。目前，生物传感器研究中的重要内容之一就是研究能代替生物视觉、听觉和触觉等感觉器官的生物传感器，即仿生传感器。

（2）微型化　随着微加工技术和纳米技术的进步，生物传感器将不断地微型化，各种便携式生物传感器的出现使人们在家中进行疾病诊断，在市场上直接检测食品成为可能。

（3）智能化与集成化　未来的生物传感器必定与计算机紧密结合，自动采集数据、处理数据，更科学、更准确地提供结果，实现采样、进样、结果一条龙，形成检测的自动化系统。同时，芯片技术将越来越多地进入传感器领域，实现检测系统的集成化、一体化。

（4）低成本、高灵敏度、高稳定性和高寿命　生物传感器技术的不断进步，必然要求不断降低产品成本，提高灵敏度和稳定性，延长寿命。这些特性的改善也会加速生物传感器市场化、商品化的进程。

9.1.3 生物传感器的分类

生物传感器主要有下面三种分类命名方式：

1）根据生物传感器中分子识别元件即敏感元件的不同，生物传感器可分为酶传感器（固定化酶）、微生物传感器（固定化微生物）、免疫传感器（固定化抗体）、基因传感器（固定化单链核酸）、细胞传感器（固定化细胞器）和组织传感器（固定化生物体组织）等。

2）按照传感器器件检测的原理分类，可分为：热敏生物传感器、场效应管生物传感器、压电生物传感器、光学生物传感器、声波道生物传感器、酶电极生物传感器、介体生物传感器等。

3）按照生物敏感物质相互作用的类型分类，可分为亲和型和代谢型两种。

9.2　生物传感技术的分子识别原理与技术

9.2.1　酶反应

酶催化反应机制的研究是当代生物化学的一个重要课题。近年来，由于 X 射线晶体研究提供了许多酶结构的信息，对一系列酶提出了可能的化学机制，但能否定量解释每个酶的催化能力还值得怀疑。酶促反应动力学（kinetics of enzyme-catalyzed reactions）是研究酶促反应速度及其影响因素的科学。这些因素主要包括酶的浓度、底物的浓度、pH 值（氢离子浓度指数的数值俗称"pH 值"，表示溶液酸性或碱性程度的数值，即所含氢离子浓度的常用对数的负值）、温度、抑制剂和激活剂等。在研究某一因素对酶促反应速度的影响时，应该维持反应中其他因素不变，而只改变要研究的因素。但必须注意，酶促反应动力学中所指明的速度是反应的初速度，因为此时反应速度与酶的浓度呈正比关系，这样避免了反应产物以及其他因素的影响。

酶促反应具有以下几个特点：酶促反应具有一般催化剂的性质；加速化学反应的进行，而其本身在反应前后没有质和量的改变，不影响反应的方向，不改变反应的平衡常数；酶促反应具有极高的催化效率；酶促反应具有高度的专一性。一种酶只作用于一类化合物或一定的化学键，以促进一定的化学变化，并生成一定的产物，这种现象称为酶的特异性或专一性。受酶催化的化合物称为该酶的底物或作用物。

酶对底物的专一性通常分为绝对特异性、相对特异性和立体异构特异性。绝对特异性指一种酶只作用于一种底物产生一定的反应，称为绝对专一性，如脲酶，只能催化尿素水解成 NH_3 和 CO_2，而不能催化甲基尿素水解。相对特异性指一种酶可作用于一类化合物或一种化学键，这种不太严格的专一性称为相对专一性。如脂肪酶不仅水解脂肪，也能水解简单的酯类；磷酸酶对一般的磷酸酯都有作用，无论是甘油的还是一元醇或酚的磷酸酯均可被其水解。一种酶对底物的立体构型的特异要求，称为立体异构专一性或特异性。如 α-淀粉酶只能水解淀粉中 α-1，4-糖苷键，不能水解纤维素中的 β-1，4-糖苷键；L-乳酸脱氢酶的底物只能是 L 型乳酸，而不能是 D 型乳酸。

1. 酶浓度对反应初速度的影响

在一定的温度和 pH 值条件下，当底物浓度大大超过酶的浓度时，酶的浓度与反应初速度呈正比关系（见图9-1）。

2. 底物浓度对反应速度的影响

在酶的浓度不变的情况下，底物浓度对反应初速度影

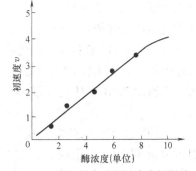

图 9-1　酶浓度对反应初速度的影响

响的作用呈现矩形双曲线（rectangular hyperbola）（见图9-2）。

在底物浓度很低时，反应速度随底物浓度的增加而急聚加快，两者呈正比关系，表现为一级反应。随着底物浓度的升高，反应速度不再呈正比例加快，反应速度增加的幅度不断下

降。如果继续加大底物浓度，反应速度不再增加，表现为 0 级反应。此时，无论底物浓度增加多大，反应速度也不再增加，说明酶已被底物所饱和。所有的酶都有饱和现象，只是达到饱和时所需底物浓度各不相同而已。

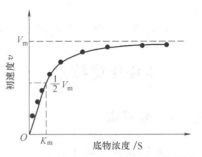

图 9-2　底物浓度对反应初速度的影响

3. pH 值对反应速度的影响

酶反应介质的 pH 值可影响酶分子，特别是活性中心上必需基团的解离程度和催化基团中质子供体或质子受体所需的离子化状态，也可影响底物和辅酶的解离程度，从而影响酶与底物的结合。只有在特定的 pH 值条件下，酶、底物和辅酶的解离情况，最适宜于它们互相结合，并发生催化作用，使酶促反应速度达最大值，这种 pH 值称为酶的最适 pH（optimum pH）值。它和酶的最稳定 pH 值不一定相同，和体内环境的 pH 值也未必相同。

动物体内多数酶的最适 pH 值接近中性，但也有例外，如胃蛋白酶的最适 pH 值约 1.8，肝精氨酸酶最适 pH 值约为 9.8（见表 9-1）。最适 pH 值不是酶的特征性常数，它受底物浓度、缓冲液的种类和浓度以及酶的纯度等因素的影响。

表 9-1　一些酶的最适 pH 值

酶	最适 pH 值	酶	最适 pH 值	酶	最适 pH 值
胃蛋白酶	1.8	过氧化氢酶	7.6	延胡索酸酶	7.8
胰蛋白酶	7.7	精氨酸酶	9.8	核糖核酸酶	7.8

溶液的 pH 值高于和低于最适 pH 值时都会使酶的活性降低，远离最适 pH 值时甚至导致酶的变性失活。测定酶的活性时，应选用适宜的缓冲液，以保持酶活性的相对恒定。

4. 温度对反应速度的影响

化学反应的速度随温度升高而加快。但酶是蛋白质，可随温度的升高而变性。在温度较低时，前一影响较大，反应速度随温度升高而加快，一般地说，温度每升高 10℃，反应速度大约增加一倍。但温度超过一定数值后，酶受热变性的因素占优势，反应速度反而随温度上升而减缓，形成倒 V 形或倒 U 形曲线。在此曲线顶点所代表的温度，反应速度最大，称为酶的最适温度（optimum temperature）。图 9-3 所示为温度对唾液淀粉酶产生麦芽糖活性影响的情况。

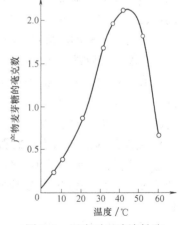

图 9-3　温度对唾液淀粉酶
活性影响

从动物组织提取的酶，其最适温度多在 35～40℃之间，温度升高到 60℃ 以上时，大多数酶开始变性，80℃ 以上，多数酶的变性不可逆。酶的活性虽然随温度的下降而降低，但低温一般不破坏酶。温度回升后，酶又恢复活性。临床上低温麻醉就是利用酶的这一性质以减慢组织细胞代谢速度，提高机体对氧和营养物质缺乏的耐受体，有利于进行手术治疗。

酶的最适温度不是酶的特征性常数，这是因为它与反应所需时间有关，不是一个固定的值。酶可以在短时间内耐受较高的温度；相反，延长反应时间，最适温度便降低。

5. 抑制剂对反应速度的影响

凡能使酶的活性下降而不引起酶蛋白变性的物质称作酶的抑制剂。使酶变性失活（称为酶的钝化）的因素如强酸、强碱等，不属于抑制剂。通常抑制作用分为可逆性抑制和不可逆性抑制两类。

6. 激活剂对酶促反应速度的影响

能使酶活性提高的物质，都称为激活剂，其中大部分是离子或简单的有机化合物。如 $Mg++$ 是多种激酶和合成酶的激活剂，动物唾液中的 α-淀粉酶则受 Cl- 的激活。

9.2.2 微生物反应

利用微生物进行生物化学反应的过程称为微生物反应过程，即将微生物作为生物催化剂进行的反应为微生物反应。酶在微生物反应中起最基本的催化作用，然而微生物反应是由微生物细胞完成的，每一个微生物细胞都是一个相当复杂而完整的系统，不计其数的酶在系统中高度协调地实现自身的功能，最终完成微生物反应。

1. 微生物反应和酶反应的共同特点

1）两者都是生物化学反应，反应所需要的环境相似；

2）微生物细胞中包含各种各样的酶，可以催化所有酶的反应；

3）两者催化的速度近似。

2. 微生物反应的特殊性

1）酶反应需要温和的环境，微生物细胞的膜系统为酶的反应提供了天然的"理想环境"，细胞可以在较长的时间保持一定的催化活性；

2）同一个微生物细胞自身包含数以千计种的酶，显然比单一的酶更适合多底物反应；

3）酶反应需要的辅助因子和能量可以由微生物细胞提供；

4）酶的提纯成本高，有些酶至今未能完全的提纯，相比之下，微生物细胞来源方便，价格低廉。

3. 传感器以微生物为敏感元件的不足之处

微生物传感器作为生物传感器的重要组成部分，其优点显而易见，然而以微生物作为分子识别元件即敏感元件的生物传感器亦存在着自身的不足之处：

1）由于反应过程中往往存在着微生物的生长和死亡，故分析反应的标准不易建立。

2）微生物细胞本身是一个庞大的酶系统，包括自身代谢在内的许多反应并存，难以去除不必要的反应。

3）微生物细胞受环境变化的影响易引起自身生理状态的复杂化，从而导致不期望的反应。

4. 微生物反应的分类方式

微生物反应主要有下面三种分类方式：

1）按照生物代谢流向，微生物反应可以分为同化作用和异化作用。微生物细胞在反应过程中，不断地与外界环境进行物质和能量的交换。同化作用是微生物新陈代谢当中的一个重要过程，是细胞将底物摄入并通过一系列生化反应转变成自身的组成物质，并储存能量的过程。异化作用就是生物的分解代谢，是生物体将体内的大分子转化为小分子并释放出能量的过程，呼吸作用是异化作用中重要的过程。

2）按照微生物对营养的要求，微生物反应可以分为自养性和异养性。自养性微生物是指以 CO_2 作为主要碳源，无机氮化物作为氮源，通过细菌的光合作用或化能合成作用，将无机物制造成有机物，并且储存能量的微生物。自养性微生物其具有代表性的例子是红色无硫细菌、红色硫细菌、绿色硫细菌、硝化细菌、硫细菌、氢细菌、铁细菌等。

3）按照微生物反应对氧的需求与否，微生物反应可以分为好氧反应和厌氧反应。有的微生物在有空气的环境中才易生长繁殖，称之为好气性微生物，此类微生物在反应过程中以分子氧作为电子受体或者质子的受体，受到氧化的物质转变为细胞的组分，如 CO_2 和 H_2O 等。必须在无分子氧的环境中生长繁殖的微生物称为厌气性微生物，一般生活在土壤深处和生物体内。它们在氧化底物时利用某种有机物代替分子氧作为氧化剂，其反应的产物是不完全的氧化产物。与此同时，存在着这样一类微生物，它们既能好氧生长，也能厌氧生长，称为兼性微生物。

9.2.3 免疫反应

免疫指机体对病原生物感染的抵抗能力，可分为自然免疫和获得性免疫。自然免疫是非特异型的，即能抵抗多种病原微生物的损害，如完整的皮肤、黏膜、吞噬细胞、补体、溶菌酶、干扰素等。获得性免疫一般是特异性的，在微生物等抗原物质刺激后才形成（免疫球蛋白等），并能与该抗原产生特异性反应。上述各种免疫过程中，抗原与抗体的反应是最基本的反应。

1. 抗原

（1）抗原的定义　抗原是能够刺激动物体产生免疫反应的物质。从广义的生物学观点看，凡是具有引起免疫反应性能的物质，都可称为抗原。抗原有两种性能：刺激机体产生免疫应答反应和与相应免疫反应产物发生异性结合反应。前一种性能称为免疫原性，后一种性能称为反应原性。具有免疫原性的抗原是完全抗原，那些只有反应原性，不刺激免疫应答反应的称为半抗原。

（2）抗原的分类　通常，根据来源的不同，抗原又可以分为如下几种：

1）天然抗原。来源于微生物和动植物，包括细菌、病毒、血细胞、花粉、可溶性抗原毒素、类毒素、血清蛋白、糖蛋白、脂蛋白等。

2）人工抗原。经化学或其他方法变性的天然抗原，如碘化蛋白、偶氮蛋白和半抗原结合蛋白（DNP 蛋白）。

3）合成抗原。合成抗原是化学合成的多肽分子。

（3）抗原的理化性状　抗原有两种性状：

1）物理性状。完全抗原的分子量较大，通常相对分子质量在 1 万以上。分子量越大，其表面积相应扩大，接触免疫系统细胞的机会增多，因而免疫原性也就增强。抗原均具有一定的分子构型，或为直线或为立体构型。一般认为环状构型比直线排列的分子免疫性强，聚合态分子比单体分子的免疫性强。

2）化学组成。自然界中绝大多数抗原都是蛋白质，既可是纯蛋白，也可是结合蛋白，后者包括脂蛋白、核蛋白、糖蛋白等。此外，还有血清蛋白、微生物蛋白及其多糖、脂多糖（细菌内毒素）、植物蛋白和酶类。近年来证明核酸也有抗原性。

（4）抗原决定簇　抗原决定簇是抗原分子表面的特殊化学基团，抗原的特异性取决于抗原决定簇的性质、数目和空间排列。不同种系的动物血清白蛋白因其末端氨基酸排列的不同，而表现出各自的种属性特异（见表 9-2）。一种抗原常具有一个以上的

表 9-2　免疫传感器的种类

种属	—NH₂ 末端（N 端）	—COOH 末端（C 端）
人	天冬酰胺、丙氨酸	甘氨酸、缬氨酸、丙氨酸、亮氨酸
马	天冬酰胺、苏氨酸	缬氨酸、丝氨酸、亮氨酸、丙氨酸
兔	天冬酰胺	亮氨酸、丙氨酸

抗原决定簇，如牛血清蛋白有 14 个，甲状腺球蛋白有 40 个。

2. 抗体

（1）抗体的定义　抗体是由抗原刺激机体产生的特性免疫功能的球蛋白，又称免疫球蛋白（Ig）。

（2）抗体的结构　免疫球蛋白都是由一至几个单体组成，每个单体由两条相同的分子量较大的重链和两条相同分子量较小的轻链组成，链与链之间通过二硫链及非共价键链连接（见图 9-4）。

每条重链的分子质量为 55000D，由 420～460 个氨基酸组成。各种 Ig 重链的氨基酸组成不同，因而抗原性亦各异，可分为 p、x、μ、s、及 ε，分别构成 IgG、IgA、IgM、IgD 和 IgE。一条重链可分为四个功能区，每一功能区约含 110 个氨基酸，N 端的功能区是重链的可变区（VH），其余为重链的恒定区（CH），分别称为CH₁、CH₂、CH₃。

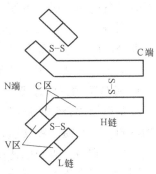

图 9-4　免疫球蛋白（Ig）结构模式图

轻链分子质量为 22000D，由 213～216 个氨基酸组成。每条轻链分为两个功能区，N 端为轻链可变区（VL），约含 109 个氨基酸，余下部分为恒定区（CL）。轻链有两种类型，每一种 Ig 只能含一种类型的轻链，即或为 H 型，或为 λ 型。

在 VL 区和 VH 区都发现了更易变化的区域，称其为高变区。高变区是抗体结合抗原的高度特异性所在，而变化区其他部分主要功能是为高变区提供合适的三维空间结构，以使抗原分子有一合适的浅槽。

（3）抗体的特性　抗体早已用在免疫检测中，其与相应抗原之间的键连接甚至比酶与其基质之间的连接更加有力，特别是对对应的抗原的连接更是如此。事实上，抗体与其相应的抗原有时在不同种类的相同材料之间也有选择性。虽然其缺乏像酶那样的催化活性，但抗体都是超灵敏的，并经常以标记形式应用。

3. 抗原-抗体反应

抗原-抗体结合时将发生凝聚、沉淀、溶解反应和促进吞噬抗原颗粒的作用。

在溶液中，抗原和抗体两个分子的表面电荷与介质中离子形成双层离子云，内层和外层之间的电荷密度差形成静电位和分子间引力。由于这种引力仅在近距离上发生作用，抗原与抗体分子结合时对位十分准确。一是结合部位的形状要互补于抗原的形状；二是抗体活性小心带有与抗原决定簇相反的电荷。然而，抗体的特异性是相对的，表现在两个方面：其一，部分抗体不完全与抗原决定簇相对应。如鸡白蛋白的抗体可与其他鸟类白蛋白发生反应，这种现象称为交叉反应，交叉反应与同源性抗原反应有显著差异；其二，即便是针对某一种半抗原的抗体，其化学结构也可能不一致。

抗原与抗体结合尽管是稳固的，但也是可逆的。调节溶液的 pH 值或离子强度，可以促进可逆反应。某些酶能促使逆反应，抗原-抗体复合物解离时，都保持自己本来的特性。例如，用生理盐水把毒素-抗毒素的中性混合物稀释至原浓度的 1‰时，所得到的液体仍有毒性，说明复合物发生解离。该复合物能在体内解离而导致中毒。

9.2.4　膜技术

膜是指能以特定形式限制和传递各种物质的分隔两相的界面。膜在生产和研究中的使用技术被称之为膜技术，它包括膜分离技术和非分离膜技术。

膜分离技术是一门新兴的高新技术。膜分离是利用膜的特殊性能和各种分离装置单元使溶液和悬浮液中的某些组分较其他组分更快地透过，从而达到分离、浓缩的目的。膜分离技术具有设备简单、操作方便、无相变、无化学变化、处理效率高、节能等特点。它涉及有机合成、高分子化学、化工设计、物理化学等多方面知识，是一个多学科相互交融的科学。

非分离膜技术主要是指一些具有特殊性能的功能膜的应用及其他一些膜过程。能量转换膜、反应膜、膜蒸馏等，都是属于非分离膜技术。

1. 膜分离的工作原理

一是根据混合物的质量、体积和几何形态的不同，用过筛的方法将其分离；二是根据混合物不同化学性质。物质通过分离膜的速度（溶解速度）取决于进入膜内的速度和由膜的一个表面扩散到另一表面的速度（扩散速度）。通过分离膜的速度愈大，透过膜所需的时间愈短，同时，混合物中各组分透过膜的速度相差愈大，则分离效率愈高。现在有许多膜分离技术如微滤（MF）、超滤（UF）、纳滤（NF）、反渗透（RO）、电渗析（ED）、渗透蒸发（PV）、双极膜（BPM）等已经在许多化工企业中得到利用。

2. 膜处理方法

（1）微滤（MF）膜技术　微滤膜是以静压差为推动力，利用筛网状过滤介质膜的筛分作用进行分离。微滤膜是均匀的多孔薄膜，其技术特点是膜孔径均一、过滤精度高、滤速快、吸附量少且无介质脱落等。微滤膜技术主要应用于食品饮料、医药卫生、电子、化工及环境监测等领域。

（2）超滤（UF）膜技术　超过滤是以压差为驱动力，利用超滤膜的高精度截留性能进行固液分离或使不同相对分子质量物质分级的膜分离技术。其技术特点是：能同时进行浓缩和分离大分子或胶体物质。与反渗透相比，其操作压力低，设备投资费用和运行费用低，无相变，能耗低且膜选择性高。超滤膜应用十分广泛，在反渗透预处理、饮用水制备、制药、色素提取等领域都发挥着重要作用，今后其主要用途将是工业废水的处理。在实际连续生产过程中，超滤膜会受有机物、微生物污染及浓差极化现象等影响而引起阻塞，因此研究改善膜的材料、结构、工艺及工作条件，是超滤膜技术发展的主要方向。

（3）纳滤（NF）膜技术　纳滤膜是在反渗透膜的基础上发展起来的，因具有纳米级的孔径故名纳滤。纳滤技术是超低压反渗透技术的延续和发展分支，早期被称作低压反渗透膜技术或松散反渗透膜技术。目前，纳滤膜技术已从反渗透膜技术中分离出来，成为独立的分离技术。纳滤膜技术对单价离子或相对分子质量低于 200 的有机物截留较差，而对二价或多价离子及相对分子质量介于 200～1000 的有机物有较高脱除率。纳滤膜具有荷电，对不同的荷电溶质有选择性截留作用，同时它又是多孔膜，在低压下透水性高。纳滤膜可脱除污水中农药、表面活性剂及三氯甲烷前驱物，非常适用于污水处理。

(4) 反渗透(RO) 膜技术　反渗透（又称高滤）过程是渗透过程的逆过程，推动力为压力差，即通过在待分离液一侧加上比渗透压高的压力，使原液中的溶剂被压到半透膜的另一侧。反渗透系统由反渗透装置及其预处理和后处理三部分组成。反渗透技术的特点是无相变、能耗低、膜选择性高、装置结构紧凑、操作简便、易维修和不污染环境等。反渗透技术在大规模海水脱盐、苦盐水脱盐中已取得重大成就，是 21 世纪淡化领域的主导技术。在城市废水的深度处理中，利用反渗透技术以及纳滤技术对二级排放液进行最后的脱盐软化以及COD、BOD 微量有机物重金属离子的最后脱除，并已取得公认的效果。

(5) 电渗析(ED) 膜技术　电渗析是一个电化学分离过程，是在直流电场作用下以电位差为驱动力，通过荷电膜将溶液中带电离子与不带电组分分离的过程。该分离过程是在离子交换膜中完成的。电渗析系统通常由预处理设备、整流器、自动控制设备和电渗析器等组成，其技术特点是对分离组分选择性高，对预处理要求较低，能量消耗低，装置设备与系统应用灵活，操作维修方便，装置使用寿命长，原水回收率高和不污染环境等。电渗析技术在去除水和废水以及各种溶液中的荷电物质方面应用广泛，如海水淡化，苦咸水脱盐，海水浓缩制盐，乳精、糖、酒、饮料等的脱盐净化，锅炉给水、冷却循环水软化，废水中高价值物质的回收与水的回用，废酸、废碱液净化与回收等。

(6) 渗透蒸发(PV) 膜技术　渗透蒸发是一个压力驱动膜分离过程，它是利用液体中两种组分在膜中溶解度与扩散系数的差别，通过渗透与蒸发，达到分离目的的一个过程。PV 膜分离技术已在无水乙醇的生产中实现了工业化，它与传统的恒沸精馏制无水乙醇相比，可大大降低运行费用，且不受气液平衡的限制。另外，在工业废水处理中，可去除废水中少量有毒有机物（如苯、酚及含氯化合物等），其设备投资和运行费用较低。近年来，对渗透蒸发技术的研究虽然进展很快，但它单独使用的经济性并不好，工业上多使用集成过程或组合过程，以达到优化的目的。

(7) 双极膜(BPM) 技术　双极膜是由阴离子交换膜和阳离子交换膜叠压在一起形成的新型分离膜。阴阳膜的复合可以将不同电荷密度、厚度和性能的膜材料在不同的复合条件下制成不同性能和用途的双极膜，如水解离膜，一、二价离子分离膜，防结垢膜，抗污染膜，低压反渗透脱硬膜。其中水解离膜应用较广，由它可派生出许多用途，如酸碱生产、烟道气脱硫、食盐电解等。双极膜在酸碱性工业废液的净化回收、含氟废液的处理以及稀溶液中染料的分离等方面的应用优势更为明显。几种主要的膜分离过程及传递机理如表 9-3 所示。

表 9-3　几种主要的膜分离过程及传递机理

膜　过　程	推　动　力	传　递　机　理	透　过　物	截　留　物	膜　类　型
微滤 MF	压力差	颗粒大小形状	水、溶剂溶解物	悬浮物颗粒纤维	多孔膜
超滤 UF	压力差	分子特性大小形状	水、溶剂小分子	胶体和超过截留分子量的分子	非对称性膜
纳滤 NF	压力差	离子大小及电荷	水、一价离子	多价离子有机物	复合膜
反渗透 RO	压力差	溶剂的扩散传递	水、溶剂	溶质、盐	非对称性膜、复合膜

（续）

膜 过 程	推动力	传 递 机 理	透 过 物	截 留 物	膜 类 型
电渗析 ED	电位差	电解质离子的选择传递	电解质离子	非电解质大分子物质	离子交换膜
渗透蒸发 PV	压力差	选择传递	易渗的溶质或溶剂	难渗的溶质或溶剂	均相膜、复合膜、非对称性膜

3. 膜技术的集成应用

每一种膜技术都有其特定的性能和适用范围能够解决一定的分离问题，但是在实际生产过程中，仅仅依靠一种膜技术完成例如废水深度处理或精细物料分离之类的任务，其结果往往难以令人满意。集成各种膜技术，优化各种膜的分离性能，可以达到一种膜技术根本无法实现的效果。几种常用的膜集成技术及应用见表 9-4。

表 9-4　几种常见的膜集成技术及应用

膜集成技术	适合的工业生产
微滤/反渗透	纺织印染废水、电厂锅炉给水、电镀废水处理等
纳滤（超滤）/反渗透	皮革工业废水、化肥工业废水处理等
反渗透	氯化铵废水、酸性矿山废水处理等
电渗析/超滤/反渗透	海带废水处理等

9.3　生物传感器仪器技术及其应用

9.3.1　酶传感器

酶传感器是生物传感器领域中研究最多的一种类型。酶传感器是将酶作为生物敏感基元，通过各种物理、化学信号转换器捕捉目标物与敏感基元之间的反应所产生的与目标物浓度成比例关系的可测信号，实现对目标物定量测定的分析仪器。与传统分析方法相比，酶传感器是由固定化的生物敏感膜和与之密切结合的换能系统组成，它把固化酶和电化学传感器结合在一起，因而具有独特的优点：

1）它既有不溶性酶体系的优点，又具有电化学电极的高灵敏度；

2）由于酶的专属反应性，使其具有高的选择性，能够直接在复杂试样中进行测定。

1. 酶传感器的基本结构

酶传感器的基本结构单元是由物质识别元件和信号转换器组成。当酶膜上发生酶促反应时，产生的电活性物质由基体电极对其响应。基体电极的作用是使化学信号转变为电信号，从而加以检测，基体电极可采用碳质电极、Pt 电极及相应的修饰电极。

2. 酶传感器的工作原理

当酶电极浸入被测溶液，待测底物进入酶层的内部并参与反应，大部分酶反应都会产生或消耗一种可被电极测定的物质，当反应达到稳态时，电活性物质的浓度可以通过电位或电流模式进行测定。因此，酶传感器可分为电位型和电流型两类传感器。电位型传感器是指酶电极与参比电极间输出的电位信号，它与被测物质之间服从能斯特关系。而电流型传感器是以酶促反应所引起的物质量的变化转变成电流信号输出，输出电流大小直接与底物浓度有关。电流型传感器与电位型传感器相比较具有更简单、直观的效果。

3. 酶的固定方法

酶的固定是相当重要的一个环节。合适的固定化方法应当满足：

1) 酶固定化后活性应尽可能少受影响，保证传感器的高灵敏度和高选择性；

2) 固定化方法对被测对象的传质阻力小，保证传感器的快速响应；

3) 酶固定化牢固，不易洗脱，保证传感器有较长的使用寿命。

酶固定化方法有多种，大致可分为以下四类：

1) 吸附法：将酶通过静电引力、范德华力、氢键等作用力固定在电极表面，过程简单，但稳定性差。

2) 包埋法：在温和的条件下形成聚合物的同时，将酶包埋在高聚物的微小格子中，或用物理方法将其包埋在凝胶中的方法。

3) 共价结合法：是酶蛋白分子上的官能团和固相支持物表面上的反应基团之间形成化学共价键连接，从而使酶固定的方法。

4) 交联法：将传感器表面预先组装上一层具有特定基团的载体膜，再通过 1-乙基-3-碳化二亚胺、N-羟基琥珀酰亚胺或戊二醛等偶联活化剂分别以羧基氨基键形式或席夫碱形式等将酶键合到电极表面。如图 9-5 所示。

这些方法通常会联合使用，或互相改进，以获得最佳的性能。

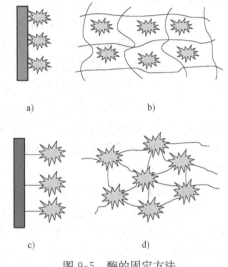

图 9-5　酶的固定方法
a) 吸附固定法　b) 包埋固定法
c) 共价结合法　d) 交联法

4. 酶传感器的分类

生物传感器按换能方式可分为电化学生物传感器和光化学生物传感器 2 种。下面集中介绍电化学酶传感器和光化学酶传感器。

5. 电化学酶传感器

基于电子媒介体的葡萄糖传感器，具有响应速度快、灵敏度高、稳定性好、寿命长、抗干扰性能好等优点，尤为受到重视。二茂铁由于有不溶于水、氧化还原可逆性好、电子传递速率高等优点，得到了广泛的研究和应用。目前研究的重点是防止二茂铁等电子媒介体的流失，从而提高生物传感器的稳定性和寿命。

提高传感器稳定性的主要方法是利用环糊精作为载体，形成主客体结构。如可以以 β-环糊精与戊二醛缩合而成的聚合物（β-CDP）为主体，电子媒介体二茂铁为客体，形成稳定的包络物，制成了葡萄糖、乳糖生物传感器。由于包络物的形成，避免了二茂铁的流失，生物传感器的稳定性得到提高，使用寿命得到延长。也可以电子媒介体 1,1-二甲基二茂铁为客体与 β-CDP 形成稳定的主客体包络物。用牛血清白蛋白—戊二醛交联法，把葡萄糖氧化酶（GOD）和主客体包络物固定到电极上，成功制成了葡萄糖传感器。该传感器具有稳定性高、选择性好和较长的使用寿命等优点，线性响应范围为 0.01～18mmol/L。利用二茂铁也可以制成组织传感器。

提高传感器稳定性的另一种方法是在电极表面覆盖一层 Nafion 膜。如以基于丝网印刷技术制作的碳糊电极为基底电极，用二茂铁为电子媒介体，Nafion 修饰厚膜碳糊电极制成了葡萄糖传感器。Nafion 膜既可以防止二茂铁的流失，又可以防止抗坏血酸、尿酸的干扰，具有防污能力。该传感器的检测上限可达 18mmol/L，响应时间小于 60s。

6. 光化学酶传感器

将具有分子识别功能的 β-葡萄糖苷酶和能进行换能反应的 Luminol 分别固定在壳质胺和大孔阴离子交换剂的柱中，组成流动注射系统。苦杏仁苷在 β-葡萄糖苷酶催化下分解生成的 CN-（分子识别反应）与溶解氧反应生成超氧阴离子自由基，继而同 Luminol 反应产生化学反应（换能反应）。这一新型生物传感器的化学发光强度与苦杏仁苷量在 1～200μg 之间呈良好线性关系，检出限为 0.3μg，相对标准偏差为 3.1%，并具有良好选择性。每次测定时间为 2min，β-葡萄糖苷酶柱寿命为 6 个月，Luminol 柱可使用 200 次以上。或者以碳糊为固定化载体，将 GOD 固定在碳糊电极上，制成了光导纤维电化学发光葡萄糖生物传感器。葡萄糖的酶催化反应、鲁米诺的电化学氧化和化学发光反应可以在电极表面同时发生。该传感器制作简单，响应时间仅为 10s，线性范围宽，葡萄糖浓度在 $1.0\times10^{-5}\sim2.0\times10^{-2}$mol/L 范围内与发光强度呈线性关系，检出限为 6.4×10^{-6}mol/L，可应用于市售饮料中葡萄糖的测定。

7. 酶传感器中应用的新技术

(1) 纳米技术 固定化酶时引入纳米颗粒能够增加酶的催化活性，提高电极的响应电流值。孟宪伟等首次研究了二氧化硅和金或铂组成的复合纳米颗粒对葡萄糖生物传感器电流响应的影响，其效果明显优于这 3 种纳米颗粒单独使用时对葡萄糖生物传感器的增强作用，复合纳米颗粒可以显著增强传感器的电流响应。

(2) 基因重组技术 周亚凤等将黑曲霉 GOD 基因重组进大肠杆菌、酵母穿梭质粒，转化甲基营养酵母，构建出 GOD 的高产酵母工程菌株。重组酵母 GOD 比活力达 426.63 u/mg蛋白，是商品黑曲霉 GOD 的 1.6 倍，催化效率更高。重组酵母 GOD 的高活力特性可有效提高葡萄糖传感器的线性检测范围。

(3) 提高传感器综合性能的其他技术 提高固定化酶活力的根本方法是保持酶的空间构象不发生改变。如唐芳琼等考察了磺基琥珀酸双 2-乙基己基酯钠盐（AOT）反胶束包埋酶对 GOD 构象和催化活性的影响。结果发现随 GOD/AOT 比值的减小，响应电流大大增加，这意味着大大增加了酶的催化活性和酶构象的稳定性。

9.3.2 微生物传感器

1. 微生物的特征

微生物包括细菌、真菌和病毒三大类。细菌从形态上来看，个体非常微小，只有用高倍显微镜或电子显微镜才能看到，分为三类：球菌、杆菌和螺旋菌三种；真菌主要有酵母菌、霉菌、蘑菇三类；病毒是一种非常低等的生命形式，分为三大类：地位病毒、植物病毒和细菌病毒。

总的来说微生物有以下三大特征：

（1）体积小　微生物体积小，往往需要借助显微镜才能看清。微生物的"小"不仅表现在其个体大小上，而且也表现在它们多为单细胞生物，多细胞的微生物也不存在着高等生物中所见的那种功能分化的组织。

（2）繁殖快　微生物的代谢活性很高，细菌这样的生物细胞面积与体积之比远大于高等生物，其繁殖速度也是远远高于一般生物。

（3）分布广　微生物随处可见，在地球上无特定的分布，亦是其特征之一。

2. 微生物传感器的类型

微生物传感器是以活的微生物作为敏感材料，利用其体内的各种酶系及代谢系统来测定和识别相应底物。它是由固定化微生物膜和电化学装置组成的。微生物的固定方法主要有吸附法、包埋法、共价交联法等，其中以包埋法用得最多，常用的微生物有细菌和酵母菌。转换器件可以是电化学电极或场效应晶体管等，其中以电化学电极为转换器的称为微生物电极。微生物传感器的种类很多，可以从不同的角度分类。

根据微生物与底物作用原理的不同，微生物传感器可分为如下两类：

（1）测定呼吸活性型微生物传感器　微生物与底物作用，在同化样品中有机物的同时，微生物细胞的呼吸活性有所提高，依据反应中氧的消耗或二氧化碳的生成来检测被微生物同化的有机物的浓度。

（2）测定代谢物质型微生物传感器　微生物与底物作用后生成各种电极敏感代谢产物，利用对某种代谢产物敏感的电极即可检测原底物的浓度。

根据测量信号的不同，常见的微生物传感器可分为如下两类：

（1）电流型微生物传感器　换能器输出的是电流信号，根据氧化还原反应产生的电流值测定被测物。常用 O_2 电极作为基础电极。

（2）电位型微生物传感器　换能器输出的是电位信号，电位值的大小与被测物的活度有关，二者呈能斯特响应。常用的电极为各种离子选择性电极、CO_2 气敏电极、NH_3 气敏电极等。

基于上述分类方法，常见的微生物传感器有电化学微生物传感器、燃料电池型微生物传感器、压电高频阻抗型微生物传感器、热敏电阻型微生物传感器、光微生物传感器等。

1975 年 Divies 制成了第一支微生物传感器，由此开辟了生物传感器发展的又一新领域。据报道，至今已有几十种微生物传感器，其中有些已经商品化。针对不同类型的微生物，开发研制了不同类型的微生物传感器，微生物传感器及其特性见表 9-5。

表 9-5　微生物传感器及其特性

传感器检测对象	微　生　物	固　定　法	电化学器件	稳定性 /dB	响应时间 /min	测量范围/（mg/L）
葡萄糖	P. fluorescens	包埋法	O_2 电极	14 以上	10	5～20
脂化糖	B. lactofermentem	吸附法	O_2 电极	20	10	20～200
甲醇	未鉴定菌	吸附法	O_2 电极	30	10	5～20
乙醇	T. brassicae	吸附法	O_2 电极	30	10	5～30
醋酸	T. brassicae	吸附法	O_2 电极	20	10	10～100
蚁酸	C. butyricum	包埋法	燃料电池	30	30	1～300

（续）

传感器检测对象	微　生　物	固　定　法	电化学器件	稳定性/dB	响应时间/min	测量范围/（mg/L）
谷酰胺酸	E. Coli	吸附法	CO_2 电极	20	5	10～800
已胺酸	E. Coli	吸附法	CO_2 电极	14 以上	5	10～100
谷胺酸	S. flara	吸附法	O_2 电极	14 以上	5	20～1000

3. 电化学微生物传感器

电化学微生物传感器主要分为电流型微生物传感器和电位型微生物传感器。

电流型微生物传感器是指工作中，微生物敏感膜与待测物质发生反应后，通过检测某种物质的含量变化，最终输出为电流信号的传感器。电流型传感器常用的信号转换器件有氧电极、燃料电池型电极以及过氧化氢电极等，最常用的是氧电极。大多数的微生物传感器是利用微生物体内的酶进行反应，而这些酶中有不少特别是各种氧化酶在催化底物反应时要用溶解氧作为辅助试剂，从而可以用氧电极测定反应中消耗的氧量。具体的传感器有甲烷微生物传感器、细菌总数传感器、硝酸盐微生物传感器和致癌微生物传感器等。

电位型微生物传感器是指工作时，通过信号转换器件转换后输出信号为电位的微生物传感器。电位型传感器的电位值与被测粒子活度之间的关系符合能斯特方程。如用谷氨酸棒状杆菌为酶源制备的尿素传感器，就是将培养好的湿菌体放在玻璃片上，加海藻酸钠溶液，调制成浆糊状并铺成薄层，放入氯化钙溶液中固化成膜，用两片透析膜夹住固化好的膜紧贴于氨电极表面，根据电极电位响应便可对尿素含量进行测定。

4. 压电高频阻抗型微生物传感器

压电高频阻抗型微生物传感器是基于高频压电晶体频率对溶液介质性质变化具有灵敏的响应特性制成的。微生物在生长过程中与外界溶液进行物质能量的交换，改变培养液的化学成分，使得培养液的阻抗发生变化，导致培养液的电导率和介电常数改变。例如姚守拙等采用单脱开电极或串联电极压电传感器监测微生物的生长。当培养的微生物的数量超过某一阈值时晶体振荡频率产生突跃。从接种微生物开始到压电传感器检测出突变，即到培养液性质参数出现突变被检测出所需要的时间称为频率测出时间（FDT）。在微生物增代时间固定时，FDT 与待测微生物数量之间有线性关系，所以可以通过测定 FDT 来测定微生物含量。

5. 燃料电池型微生物传感器

微生物传感器在发展初期，其应用一直被限定于间接的方式，即微生物作为生物催化剂起到一个敏感"元件"的作用，再与信号转换器（pH 电极或氧电极等）相结合，成为完整的微生物传感器。而燃料电池型微生物传感器能直接给出电信号。微生物在呼吸代谢过程中可产生电子，直接在阳极上放电，产生电信号。但是微生物在电极上放电的能力很弱，往往需要加入电子传递的媒介物——介体，起到增大电流的作用。微生物燃料电池产生信号的机理如图 9-6 所示。

微生物可作为燃料电池中的生物催化剂，它在对有机物发生同化作用的同时，呼吸代谢作用增强并产生电子，通过介体放大电流。作为介体的氧化-还原电对试剂可以把微生物的呼吸过程直接有效地同电极联系起来。电化学氧化过程产生的流动电子，用电流或其他方法进行测量，在适当条件下此信号即成为检测底物的依据。基于这一原理，已研制出多种燃料电池型微生物传感器。

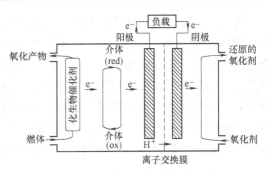

图 9-6　微生物燃料电池信号产生机理图

燃料电池型微生物传感器是生物传感器新技术，这种新技术响应时间较短，其敏感机理是信号的传递，即电与微生物分解代谢的早期步骤相联系，这就避免在间接法中对分析物响应过程微生物要达到传代稳定状态的需要。

6. 其他类型的微生物传感器

（1）光微生物传感器　其原理是利用具有光合作用的微生物在光照作用下将待测物转变成电极敏感物质或者利用微生物本身释放氧的性质，将微生物固化后结合氧电极、氢电极实现对某种物质的测定。

（2）酶-微生物混合性传感器　为了使敏感膜的性能更加完善，可以使用由酶和微生物混合构成的敏感材料。

（3）利用细胞表层物质的传感器　此类传感器是根据细胞表层上的糖原、膜结合蛋白等物质对抗体、离子、糖等的选择性识别作用，将其与细胞的电极反应相结合，研制出新型的传感器，诸如变异反应传感器、识别革兰阴性菌和革兰阳性菌的传感器等。

7. 微生物传感器在环境中的应用实例

纯的生物分子如酶、抗体等能为各种生物传感器提供识别元件，尽管这些提纯的生物分子具有高的反应活性，但它们通常昂贵且稳定性差。因此，在环境监测生物传感器中，一般将整个微生物细胞如细菌、酵母、真菌用做识别元件。这些微生物通常从活性泥状沉积物、河水、瓦砾和土壤中分离出来。利用微生物的新陈代谢机能发展的微生物传感器可进行污染物的检定和分析。

（1）BOD 微生物传感器　生化需氧量（BOD）的测定是微生物传感器的一个典型应用。传统方法测 BOD 需要 5 天，而且操作复杂，BOD 微生物传感器只需要 15 分钟就能测出结果。该传感器由氧电极和微生物固定膜组成（利用的微生物有假单胞菌、异常汉逊酵母、活性淤泥菌、丝孢酵母菌、枯草芽孢杆菌等）。当加入有机物（如葡萄糖）时，固定化的微生物分解有机物，致使微生物呼吸作用增加，从而导致溶解氧减少，因而使氧电极电流响应下降，直到被测溶液向固化微生物膜扩散的氧量与微生物呼吸消耗的氧量之间达到平衡，便得到相应的稳定电流值。

（2）藻类污染的监测　赤潮水域一些小浮游生物暴发性繁殖引起水色异常的现象称为赤潮，主要发生在近海海域。赤潮使水域的生态系统遭到严重破坏。对引起赤潮的浮游生物的监测已成为一个重要课题。一种名叫查顿埃勒（chattonclla）的浮游生物是引起赤潮的重要物种，国外已研究出监测这种浮游生物的生物传感器。原理为检测这种生物或共代谢产物产生的化学发光。此外，探测其他引起赤潮的藻类生物传感器也得到发展。如监测蓝藻菌的生物传感器的作用机理是：这种藻类细胞存在一种藻青素，它能发出一种独特的荧光光谱，通过测量这种荧光可进行有效监测。

（3）硫化物微生物传感器　常用于硫化物的测定方法为分光光度法和碘量法，前者显色条件不易控制、操作繁琐；后者试剂消耗量大、成本高。微生物传感器法是一种设备简单、操作简便、成本低的新方法。硫化物微生物传感器的制备过程：从硫铁矿附近酸性土壤中分离筛选的一株专一性好、自养、好氧的氧化硫硫杆菌，将适量菌体夹于两片乙酸纤维素膜之间、制成夹层式微生物膜；将氧电极的内腔注满电解液，在金阴极表面覆盖聚四氟乙烯薄膜，再将夹层膜紧贴在聚四氟乙烯膜上，制成硫化物微生物传感器。硫杆菌将 S^{2-} 转化为 SO_4^{2-} 而耗氧，导致传感器输出电流下降。与空白样的电流值之差为传感器对该浓度 S^{2-} 的响应值。该传感器对 S^{2-} 的测定线性范围为 $0.03\sim3.00mg/L$，测定一个样品需 $2\sim3min$。

9.3.3 免疫传感器

1. 免疫传感器的定义

1990 年 Henry 等提出了免疫传感器的概念，但免疫传感器的雏形可以追溯到 1975 年 Janata 报道的免疫电极。

免疫传感器（immunosensor）是将免疫测定技术与传感技术相结合的一类新型生物传感器。免疫传感器依赖于抗原和抗体之间特异性和亲和性，利用抗体检测抗原或利用抗原检出抗体（见图 9-7）。并非所有的化合物都有免疫原性，一般分子量大、组成复杂、异物性强的分子，如生物战剂和部分毒素具有很强的免疫原性，而小分子物质，如化学战剂和某些毒素则没有免疫原性。但免疫传感器更适合于研制能连续、重复使用的毒剂监测器材。免疫分析法选择性好，如一种抗体只能识别一

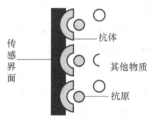

图 9-7 抗体之间的特异性结合

种毒剂，可以区分性质相似的同系物、同分异构体，甚至立体异构体，且抗体比酶具有更好的特异性，抗体与抗原的复合体相对稳定，不易分解。

2. 免疫传感器的结构

免疫传感器在结构上与传统生物传感器一样，可分为生物敏感元件、换能器和信号数据处理器三部分（见图 9-8）。生物敏感元件是固定抗原或抗体的分子层；换能器是将识别分子膜上进行的生化反应转变成光、电信号；信号数据处理器则将电信号放大、处理、显示或记录下来。当待测物与分子识别元件特异性结合后，所产生的复合物通过信

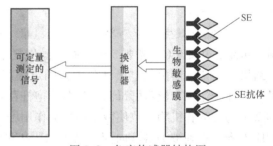

图 9-8 免疫传感器结构图

号转换器转变为可以输出的电信号和光信号，从而达到分析检测的目的。

3. 免疫传感器的特点

与传统仪器相比，免疫传感器具有如下的优点：

1）抗原—抗体特异性结合决定了免疫传感器的高灵敏度，不受其他干扰，降低了检出下限；

2）检测时间短，通常只需要几分钟或几十分钟；

3）免疫传感器成本低，易于被检测部门和企业接受；

4）免疫传感器轻巧方便，可随身携带；

5）操作简便，不需专业培训。

免疫传感器的基本原理是免疫反应，利用抗体能识别抗原并与抗原结合的功能而制成的生物传感器称为免疫传感器。它是利用固体化抗体（或抗原）膜与相应的抗原（或抗体）的特异反应，此反应的结果使生物敏感膜的电位发生变化。例如，用心肌磷脂胆固醇及磷脂抗原固定在醋酸纤维膜上，就可以对梅毒患者血清中的梅素抗体产生有选择性的反应，其结果使膜电位发生变化。图 9-9 为这种免疫传感器的结构原理图。图中 2、3 两室间有固定化抗原膜，而 1、3 两室之间没有固定化抗原膜。在 1、2 两室内注入 0.9% 的生理盐水，当在 3 室内倒入食盐水时，1、2 室内电极间无电位差。若 3 室内注入含有抗体的盐水时，由于抗体和固定化抗原膜上的抗原相结合，使膜表面吸附了特异的抗体，而抗体是具有电荷的蛋白质，从而使抗原固定化膜带电状态发生变化，因此 1、2 室内的电极间有电位差产生。

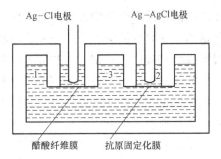

图 9-9　免疫传感器原理图

根据上述原理，可以把免疫传感器的敏感膜与酶免疫分析法结合起来进行超微量测量。它是利用酶为标识剂的化学放大。化学放大就是指微量酶（E）使少量基质（S）生成多量生成物（P）。当酶是被测物时，一个 E 应相对许多 P，测量 P 对 E 来说就是化学放大，根据这种原理制成的传感器称为酶免疫传感器。目前正在研究的诊断癌症用的传感器把 α 甲胎蛋白（AFP）作为癌诊断指标。它将 AFP 的抗体固定在膜上组成酶免疫传感器，可检测 10^{-9} g AFP。这是一种非放射性超微量测量方法。表 9-6 列出了目前的一些免疫传感器。

表 9-6　免疫传感器的种类

传感器名称	被测物质	受　体	变换器件
免疫传感器	白脘	抗白脘	Ag-AgCl 电极
酶免疫传感器	白脘	抗白脘（放氧酶标记）	O_2 电极
酶免疫传感器	免疫球蛋白菁氨酸（IgG）	抗 IgG（放氧酶标记）	O_2 电极
免疫传感器	绒毛膜促性腺激素 HcG	抗 HcG	TiO_2 电极
酶免疫传感器	绒毛膜促性腺激素 HcG	抗 HcG（放氧酶标记）	O_2 电极
酶免疫传感器	甲胎蛋白（AFP）	抗 AFP（放氧酶标记）	O_2 电极
酶免疫传感器	乙型肝炎表面抗原（HbsAg）	抗 HBs（PoD）标记	I^- 电极
免疫传感器	Siphylis	心类脂质	Ag-AgCl 电极
免疫传感器	血型	血型物质	Ag-AgCl 电极
免疫传感器	各类抗体	抗原-束缚脂体（TPA$^+$ 标记）	TPA$^+$ 电极

4. 免疫传感器的分类

1975 年至今，短短 30 年，免疫传感器经历了突飞猛进的发展，其种类繁多，成为生物传感器家族中的一朵奇葩。免疫传感器主要有：酶免疫传感器、电化学免疫传感器（电位型、电流型、电导型、电容型）、光学免疫传感器（标记型、非标记型）、压电晶体免疫传感器、表面等离子共振型免疫传感器和免疫芯片等。

（1）光学免疫传感器　对一个生物系统的反应物或产物吸收或发出的电磁射线进行测

定已在免疫传感器中流行起来，其中所用的是一批最大而且或许是最有前途的换能器，称为光学换能器。光学换能器可用来响应紫外线或可视射线，也可响应生物或化学发光产物，还能适用于含光纤的装置。早期光学系统是以分光光度测定法、固定在柱上的酶和待测产物的吸光度为基础的。后来，酶被固定在尼龙圈上，系统与流动注射或气泡分析仪相连。

光学免疫传感器可分为间接式（有标记）和直接式（无标记）两种。前者一般是用酶或荧光作标记物来提供检测信号，但因为受检测的光水平较低，所以需要复杂的检测仪器。后者占了目前使用的光学免疫传感器中绝大部分，包括衰减式全内反射、椭圆率测量法、表面等离子体共振（SPR）、单模双电波导、光纤波导、干扰仪和光栅耦合器等多种形式。其原理在于内反射光谱学，它由两种不同折射率（RI）的介质组成；低 RI 介质表面固定了抗原或抗体，也是加样品的地方；高 RI 介质通常为玻璃棱镜，在前者下方。当入射光束穿过高 RI 介质射向两介质界面时，便会折射进入低 RI 介质。但一旦入射光角度超过一定角度（临界角度）时，光线在两介质面处便会全部向内反射回来，同时在低 RI 介质表面产生一高频电磁场，称消失波或损失波。该波沿垂直于两介质界面的方向行进一段很短的距离，其场强以指数形式衰减。样品中的抗体或抗原若能与低 RI 介质表面的固定抗原或抗体结合，则会与消失波相互作用，使反射光的强度或极化光相位发生变化，变化值与样品中抗体或抗原的浓度成正比。

光学免疫传感器通常被称为光极，相对于电极有一系列优点（如不需要参考电极等），已被广泛应用。但是，它仍可能遇到诸如外界光线的干扰、迟钝的反应时间和试剂相遗漏等问题，大规模生产的费用也通常比一般的电化学装置高。不过，由于光学免疫传感器能对抗原-抗体的相互作用进行实时监测，可能会克服或让人忽略这些不足。也许光学与电化学方法相结合是一种潜在的途径（如电化学界面上的 SPR 或电化学引起的发光），将会受到广泛关注并发展。

（2）压电晶体免疫传感器　压电石英晶体免疫传感器（piezoelectric quartzcrystal immunosensor）作为一种新型生物传感器，是利用石英晶体对质量变化的敏感性，结合生物识别系统（抗原抗体特异性结合）而形成的一种自动化分析检测系统，具有灵敏度高、特异性好、响应快、小型简便等特点。可对多种抗原或抗体进行实时快速、在线连续的定量测定及反应动力学研究，克服了酶联免疫分析法（ELISA）、放射免疫分析法（RIA）、荧光免疫分析法（FIA）等免疫检测方法费时、昂贵、标记及操作繁琐等缺点，具有极广泛的发展前景及临床使用价值，成为生物传感器领域的研究热点。

工作原理：免疫反应可分为特异性反应和非特异性反应两个阶段。特异性反应阶段，反应在数秒钟内完成，但不出现可见反应现象。压电石英晶体免疫传感器将抗原或抗体固定于传感器电极表面形成敏感膜，利用抗原与抗体特异性结合后产生的微小质量变化，通过免疫传感器进行快速、灵敏的检测。单克隆抗体的使用，可进一步提高反应的灵敏度与特异性。而非特异性反应阶段，过程缓慢，需数分钟、数小时乃至数日，出现沉淀、凝集、溶血等可见反应现象。通常的免疫学检测方法，大都基于这一阶段的可见反应现象而设计，因此检测费时、复杂。抗原、抗体间通过弱结合力相结合，这种结合具有可逆性，利用化学试剂等可破坏这种作用力，从而使传感器可再生使用。

压电石英晶体免疫传感器的基本结构如图 9-10 所示，主要由石英晶体、频率检测电路和数据处理系统等组成。

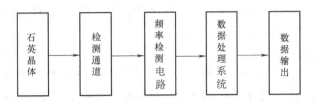

图 9-10　压电石英晶体免疫传感器结构示意图

（3）表面等离子体共振型免疫传感器　如图 9-11 所示，该传感器包括一个镀有薄金属镀层的棱镜，其中金属层成为棱镜和绝缘体之间的界面。一束横向的磁化单向偏振光入射到棱镜的一个面上，被金属层反射，到达棱镜的另一面。反射光束的强度可以测量出来，用来计算入射光束的入射角 θ 的大小。反射光的强度在某一个特殊的入射角度 Φ_w，SP 突然下降，就在这个角度，入射光的能量与由金属-绝缘体交接面激励产生的表面等离子共振（或"SPR"）相匹配。将一层薄膜（如生物膜）沉淀在金属层上，绝缘物质的折射系数会发生改变。折射系数依赖于绝缘物质和沉淀膜的厚度和密度的大小。测试陷波角的值，沉淀膜的厚度和密度就可以推导出来。

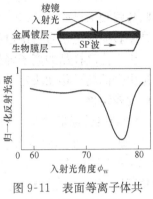

图 9-11　表面等离子体共振型免疫传感器

（4）电化学免疫传感器

1）电位测量式。1975 年 Janata 首次描述了用来监测免疫化学反应的电位测量式换能器。这种免疫测试法的原理是先通过聚氯乙烯膜把抗体固定在金属电极上，然后用相应的抗原与之特异性结合，抗体膜中的离子迁移率随之发生变化，从而使电极上的膜电位也相应发生改变。膜电位的变化值与待测物浓度之间存在对数关系，因此根据电位变化值进行换算，即可求出待测物浓度。1980 年，Schasfoort 将先进的离子敏感性场效应转换器（ISFET）技术改进后引入到免疫传感器中，用于检测抗原-抗体复合物形成后导致的电荷密度与等电点变化，检测下限达到了 $1\sim10\times10^{-8}$mol/L。1992 年 Ghindilis 用乳糖酶标记胰岛素抗体，与样品中的胰岛素抗体竞争结合固定在电极上的胰岛素。乳糖酶能催化电极上的氧化还原反应，从而使电极上的电位增加。该法操作快速，电位变化明显，有利于免疫反应的动力学分析。不过，虽然电位测量式免疫传感器能进行定量测定，但由于未解决非特异性吸附和背景干扰等问题，所以并未得到多少实际应用。

2）电流测量式。电流测量式免疫传感器代表了生物传感中高度发达的领域，已有部分产品商品化。它们测量的是恒定电压下通过电化学室的电流，待测物通过氧化还原反应在传感电极上产生的电流与电极表面的待测物浓度成正比。此类系统有高度的敏感性，以及与浓度线性相关性等优点（比电位测量式系统中的对数相关性更易换算），很适于免疫化学传感。

1979 年 Aizawa 第一次报导了检测免疫化学反应的电流测量式传感器，用于检测人绒毛膜促性腺激素（HCG）。在该系统中，HCG 单克隆抗体被固定在氧电极膜上，过氧化氢酶标记的 HCG 和样品中的 HCG 竞争并与之结合，前者与固定抗体结合后可催化氧化还原反应，产生电活性物质，从而引起电流值的变化。此后，电流测量式免疫传感器一般都靠标记，且标记物都是酶类，包括乳糖酶、碱性磷酸酶和辣根过氧化物酶等。近些年，一些新的具有电化学活性的化合物（如对氨基酚及其衍生物、聚苯胺）和金属离子也在电流测量式免疫传感器中被用作该类免疫传感器的标记物。

3）电导率测量式。电导率测量法可大量用于化学系统中，因为许多化学反应都产生或消耗多种离子体，从而改变溶液的总电导率。通常是将一种酶固定在某种贵重金属电极上（如金、银、铜、镍、铬），在电场作用下测量待测物溶液中电导率的变化。例如，当尿被尿激酶催化生成离子产物 NH_4^+ 时，后者引起溶液电导率增加，其增加值与尿浓度成正比。

1992 年 Sandberg 描述了一种以聚合物为基础的电导率测量式免疫传感器。它与常规的酶联免疫吸附试验（ELISA）原理基本相同，只是后者的结果是通过颜色来显示，而它则是将结果转换成电信号（即电导率）。

由于待测样品的离子强度与缓冲液电容的变化会对这类传感器造成影响，加之溶液的电阻是由全部离子移动决定的，使得它们还存在非特异性问题，因此电导率测量式免疫传感器发展比较缓慢。

5. 免疫传感器的实际应用

（1）在微生物检测中的应用　　Tahir 等人采用电化学免疫传感器技术检测大肠杆菌 O157：H7 可以在 10min 内完成分析，检测精度可达 10CFU/mL。Plomer 等人利用肠道细菌共同抗原的单克隆抗体跟共同抗原特异性结合的特点来检测食物和饮用水中所有的肠道细菌。这种技术抗肠道细菌的抗体包被在晶体表面，然后浸入含有细菌的液体中进行测定，根据包被晶体的频率变化，从而测出肠道的细菌数量。从频率与大肠杆菌的坐标图上来看，在 $1 \times 10^6 \sim 1 \times 10^9$ cell/mg 范围内呈线性关系。总大肠杆菌数作为水质卫生学指标，具有重要意义。常规计数方法需要 3～6 天，难以满足检测需要。电化学免疫传感器的研究进展对此提供了一条新的途径。

（2）在环境污染物、重金属检测中的应用　　工业废水中的有机污染物（如多氯联苯，多环芳烃等）也具有分布广、危害大的特点。2002 年 P. Kreuzer 等人采用电化学免疫传感器分析研究海洋食物毒素。2002 年 K. A. Faehnrich 等采用一次性免疫电极检测多环芳烃，分析不同免疫反应过程对灵敏度的影响，在实际水样的测量中达到 0.18ng/mL 精度。

6. 免疫传感器的发展趋势

免疫传感器的发展主要呈现以下几个趋势：

1）标记物的种类层出不穷，从酶、荧光发展成胶乳颗粒、胶体金、磁性颗粒和金属离子等；

2）向微型化、商品化方向发展，廉价的一次性传感表面大有潜力可挖；

3）酶免疫传感器、压电免疫传感器和光学免疫传感器发展最为迅速，尤其是光学免疫传感器品种繁多，目前已有几种达到了商品化。它们代表了免疫传感器向固态电子器件发展的趋势；

4）与计算机等联用，向智能型、操作自动化方向发展；

5）应用范围日渐扩大，已深入到环境监测、食品卫生等工业和临床诊断等领域，以后者尤为突出；

6）继续提高其灵敏度、稳定性和再生性，使其更简便、快速和准确。

随着分子生物学、材料学、微电子技术和光纤化学等高科技的迅速发展，免疫传感器会逐步由小规模制作转变为大规模批量生产，并在大气监测、地质勘探、通信、军事、交通管理和汽车工业等方面起着日益广泛的作用。

9.3.4　基因传感器

1. 基因传感器的原理及分类

传感技术是信息科学的三大技术之一，是信息获取的重要手段。利用传感技术获取生物的信息是生物信息学发展的要求和必然。因此，随着生物信息学的发展，获取基因信息的基因传感器的概念应运而生。所谓基因传感器，其原理就是通过固定在传感器或称换能器探头表面上的已知核苷酸序列的单链 DNA 分子（也称为 ssDNA 探针），和另一条互补的 ssDNA 分子（也称为目标 DNA）杂交，形成的双链 DNA（dsDNA）会产生出一定的物理信号，最后由换能器反应出来，如图 9-12 所示。基因传感器的出现使对目的 DNA 的测量时间大大缩短，不仅省去了放射性标记的危险性，而且节约了电泳操作时间，操作简单、无污染、既可定性又可定量，且灵敏度高、选择性好，显示出诱人发展前景。

目前研究和开发的基因传感器从信息转换手段可分为电极电化学式、压电式、石英晶体振荡器（QCM）质量式、场效应管式、光寻址式及表面等离子谐振（SPR）光学式 DNA 传感器等。

2. 电化学基因传感器

电化学式基因传感器是以电极为换能器，也就是将 ssDNA 探针固定在金电极、碳糊电极或玻璃电极等表面上，然后浸入含有目标 ssDNA 分子的溶液中，此时电极上的 ssDNA 探针与溶液中的互补序列的目标 DNA 单链分子杂交，其原理如图 9-12 所示。

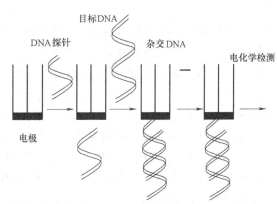

图 9-12　电化学基因传感器检测原理示意图

利用循环伏安法可检测出双链 DNA 的杂交信号。不过，信号提取并不那么简单，实验中需加入具有电化学活性的指示剂。在使用碳糊电极的电化学测量中，一般在溶液中加入三价的阳离子金属化合物作为 dsDNA 杂交指示剂，该阳离子具有可逆的电子氧化作用，它以静电的方式与 DNA 双链的螺旋相结合，其电活性使得微分脉冲或循环伏安法测量电流增大，提高了检测的灵敏度。

电化学基因传感器也可以不用指示剂来检测 DNA 的杂交，因为电活性剂的加入使得电化学信号的本底加大，使得检测的分辨率降低。过去检测不到 DNA 杂交的本征信号是由于探针上鸟嘌呤基的存在，它不能检测含鸟嘌呤的目标分子。解决这个问题的办法是在电极上固定不含鸟嘌呤基的次黄（嘌呤核）苷探针，当嘌呤核苷与目标胞核嘧啶形成基对时，它的氧化信号就从鸟嘌呤的响应中很好地分离出来了。这样 DNA 杂交的信号就直接方便地检测出来了。

电化学原理检测基因传感器提供了一种简单的、可靠的和价廉的 DNA 杂交测试方法。它具有较高的灵敏度，可探测出微克级的双链 DNA 分子，可以制作成微电极形式。同时，它与目前的 DNA 生物芯片技术兼容，其不足之处是不能完全定量检测，因为电极制备的每一个过程并非定量进行。电化学基因传感器的研究与发展方向是微型化、阵列化、快速、实时检测。

3. 压电基因传感器

压电基因传感器是把声学、电子学和分子生物学结合在一起的新型基因传感器。它的基本原理如图 9-13 所示。换能器在压电介质中激发声波，以声波作为检测的手段。传感器的表面首先固定单链的 DNA（DNA 探针），然后加入含有互补 DNA 链的待测溶液，进行

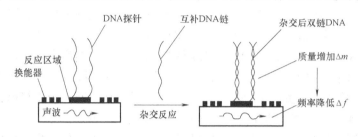

图 9-13　压电基因传感器示意图

DNA 杂交反应。杂交后形成双链 DNA 结构，使传感器表面的重量增加，从而影响声波的频率。对压电传感器，其表面的重量增加 Δm 和声波的频率降低 Δf 存在定量关系

$$\Delta f = -k f_0^2 \Delta m / A$$

其中，k 是和器件材料有关的常数，对不同的声波振动模式，k 的具体表达式会有所不同。f_0 是反应前传感器的频率，A 是反应区域的面积。负号表示重量的增加会引起频率的降低。

压电基因传感器的检测方式可以分为主动式和被动式两种。

在压电基因传感器的应用中，大多数采用的是主动式。这种方法又称为振荡器法，它把传感器元件接在振荡器放大电路中，作为电路的频率控制元件，用频率计来检测电路的振荡频率。这种方法只测量一个电路参数，就是晶体的谐振频率。通常的振荡电路是在晶体两端加上放大电路，构成正反馈回路。其优点是简单，便于构成实用的测量设备。

在被动法中，压电晶体作为外部元件接在测量仪器的测量端，比如阻抗分析仪或频谱仪。测量仪器在晶体两端激发不同频率的正弦波并记录晶体输出的信号。将记录的数据和晶体的等效电路模型结合起来，就能得到等效电路中的参数随时间变化的情况。这些参数和质量的吸附、液体的接触等情况相关，从而能提供晶体在液体中反应的丰富信息。被动法的缺点是设备复杂，优点是它提供的信息比振荡器方法多。

压电基因传感器的应用研究最主要集中在 DNA 的杂交反应研究。Fawcett 等人最先开始用压电传感器来检测杂交反应。他们在传感器表面固定聚肌苷酸（Poly I）和聚腺苷酸（Poly A），分别检测聚胞苷酸（Poly C）和聚尿苷酸（Poly U）。Okahata 等人用 27MHz 的 QCM 作核酸的杂交动力学研究，测定了相关的动力学常数。他们还检测了各种因素对杂交反应的影响，包括：错配碱基的个数、核酸链的长度、杂交温度、溶液离子强度。

4. 质量式基因传感器

质量式基因传感器是以石英晶体振荡器（QCM）为换能器，与电化学基因传感器一样，也是将单链的 DNA 探针固定在电极表面上，且固定的方法也与前者相同，然后浸入含有被测目标 ssDNA 分子的溶液中，当电极上的 ssDNA 探针与溶液中的互补序列的目标 ssDNA 分子杂交，QCM 的振荡频率就会发生变化。QCM 基因传感器可以进行定量分析，定量固

定 ssDNA 探针，定量检测杂交目标 dsDNA。QCM 是一种非常灵敏的质量传感器，可以检测到亚纳克级的物质。晶体的振荡频率随电极上质量的增加而减少。

质量基因传感器一般采用基频为 9MHz 的石英晶体作为换能器，并在晶体的表面蒸发 100nm 厚的铜薄膜作为电极，ssDNA 探针通过硫基结合在电极的表面。1ng 的物质附着在晶体上可使振荡频率减少 0.95Hz。一般情况下，ssDNA 探针只有 20～30 个碱基，而目标 DNA 分子的长度可能是探针的几十或上千倍。因此，杂交后的 dsDNA 会引起晶体表面质量的较大变化，很容易由频率的变化达到测量的目的。

提高 QCM 基因传感器的灵敏度有几种方法：一是提高晶体的基频，这样做可能导致稳定性的降低；二是利用生物技术 PCR 放大 DNA 的浓度，这样使得检测的过程复杂化了，成本提高了；三是在 QCM 电极上制作多层膜，这样会有更多的杂交产物。QCM 传感已经用于检测很多生物化学物质，比如用于免疫反应检测，抗原抗体反应等。

5. 场效应管基因传感器

它是在场效应管的栅区固定一条含有十几到上千个核苷酸单链 DNA 片段，当待测物分子与敏感栅作用时，发生电荷转移，使阈电压偏移，其改变量 ΔV_T，可用 I_D 保持恒定时的漏电压表示。该传感器的灵敏度可达 10^{-9} 级，响应时间小于 10s，便于多道测量，可微型化，实现在体测量。

6. 光寻址基因传感器

该传感器是电解质、绝缘层、半导体硅衬底三层结构，当在电解质溶液与半导体衬底之间加直流偏置电压，用调制光束（10kHz 调制的红外光）照射时，外部光电流与偏压及照射部位对应的光电流有关。它可进行连续动态监测，且灵敏度高，为 10～13mol，并采用光寻址代替导线接触。

7. SPR 基因传感器

光学方法是最成熟和最好的生物敏感技术，因为它有两个最重要的优点：非破坏性和高灵敏度。其中最引人注目的技术就是表面等离子体谐振 SPR（Surface Plasma Resonance）生物敏感技术。SPR 作为换能器，其对基因敏感的原理仍然如电化学式或 QCM 式基因传感器一样，只是检测的信号为光学信号。SPR 基因传感器通常将已知的单链 DNA 分子固定在几十纳米厚的金属（金、银等）膜表面，加入与其互补的目标 DNA，两者结合（杂交）将使金属膜与溶液界面的折射率上升，从而导致谐振角改变。如果固定入射角度，就能根据谐振角的改变程度对互补的目标生物分子进行定量检测。SPR 基因传感器可以进行无标记的 DNA 杂交反应的检测，可以进行原位和实时的在线检测。SPR 传感器的精度取决于多个因素：入射光的稳定性，光电转换的精度，机加工的精度以及被测物质的折射率和分子的大小等。该传感器灵敏度为 10×10^{-15} mol/mm^2 量级，响应时间小于 5min。

SPR 传感器发展的方向一是它的微型化集成化，即在敏感元件上集成更多的器件；另一方向是多组分，即同一敏感器件可以测量不同的生化成分，既提高仪器的使用效率，也完善了 SPR 测量机理。中国科学院电子学研究所传感技术国家重点实验室已于几年前研制出 SPR 传感器，用于气体敏感、生物敏感的研究。目前，基于 SPR 的生物器及系统已逐渐成熟，其中最为著名的是 BIACORE 系列生化仪器。它们是在瑞典平彻大学 Iiedberg 等人的研究基础上，基于 Kretschmann 结构，采用专门的 SPR 系统和独立的微机配合，用于基因序列分析、抗原抗体分析等方面的自动分析系统。

8. 基因传感器的应用实例

（1）病毒感染类疾病的诊断　在传统方法中，病毒感染的诊断是采用免疫法，通过检测感染后病毒基因表达的抗原蛋白来间接诊断。由于从病毒感染到血糖中可检测到抗原蛋白浓度之间有一定的时间差，故免疫法诊断存在滞后性，不利于尽早发现和治疗疾病。利用基因传感器，可以在 20min 内，在每毫升纳克水平上直接检测到病原微生物的存在。武汉病毒研究所使用化学免疫法固定乙型肝炎病毒（HBV）的 DNA 探针，用来与牛肠磷酸酶标记的互补探针杂交，利用光动力计测量因杂交引入的牛肠磷酸酶释放的光强度，证实了 DNA 传感器进行 HBV 诊断的可行性。吴少惠等人通过阳极氧化法，将 HBV 的 DNA 探针固定在镀金的石英晶体表面，组装成石英晶体传感器。用该传感器去检测 HBV 的 DNA，检测了 6 个 HBV 血清样品，证明其稳定性能满足临床 HBV 的诊断要求。Bianchi 等人用化学免疫法制成 I 型爱滋病毒 DNA 表面等离子体传感器，并用该传感器检测了血清 HIV-IDNA 的不对称 PCR 产物，证实该法诊断 HIV-I 不仅操作简单，快速准确，且杂交后的传感器经酸变性后还可重复使用。

（2）基因遗传病的诊断　Tombelli 等人将人载脂蛋白 E 基因含第 112 位密码子突变基因的 25 个碱基的探针，制成 DNA 石英晶体传感器，用于检测发生突变的载脂蛋白 E 基因的 PCR 扩增产物，结果表明 DNA 传感器不仅能准确诊断单碱基突变引起的基因病，而且杂交后的传感器以碱变性处理后，可重复使用 5 次以上。应用 DNA 传感器检测 DNA 与抗癌药物相互作用时产生的信号，为抗癌药物的动力学和药理学研究提供了一种新的手段。

9.3.5　微悬臂梁生物传感器

微悬臂梁生物传感器是以微悬臂梁作为换能元件，在微悬臂梁的一面涂有生物敏感层，当被测物质吸附到生物敏感层后，微悬臂梁的表面应力或共振频率发生变化。通过检测微悬臂梁的弯曲变形或共振频移就可以测量吸附到敏感层上的生物分子。

微悬臂梁是一种采用体硅加工技术和表面加工技术制备而成的微结构，常用于微机电系统（MEMS）中，其尺寸非常微小，长度和宽度一般在微米范围，而厚度在亚微米范围。微悬臂梁具有多种结构形式，可工作在静态和动态模式下，有多种激励和检测方法，在微小力检测、生物、化学、环境检测等诸多方面具有非常广泛的应用。

1. 微悬臂梁的结构形式

微悬臂梁具有多种结构形式，不同结构一般具有不同的用途。图 9-14 所示为几种微悬臂梁的常规形状，图 9-14a 所示为矩形结构，这种结构加工方便，使用也最广泛；图 9-14b 所示为 T 形结构，它是为了增加反射面积；图 9-14c 所示的 U 形结构增加了微悬臂梁的形变，一般用于加速度计；图 9-14d 所示的三角形结构微悬臂梁一般用于 AFM，它的顶端有一个三角锥；音叉形的微悬臂梁结构如图 9-14e 所示，主要是用在角速度的检测上；图9-14f 所示的桥式结构一般用于压力测量。

2. 微悬臂梁的工作模式

微悬臂梁具有两种基本工作模式，分别是弯曲模式和共振模式，它们也分别被称为静态模式和动态模式，如图 9-15 所示。

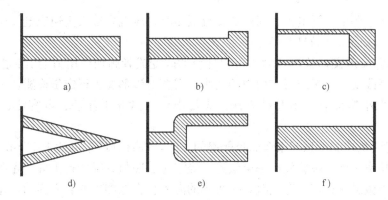

图 9-14　微悬臂梁的几种常规形状

a）矩形微悬臂梁　b）T 形微悬臂梁　c）U 形微悬臂梁
d）三角梁式微悬臂梁　e）音叉式微悬臂梁　f）矩形桥式结构

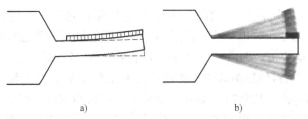

图 9-15　微悬臂梁的两种工作模式
a）弯曲模式　b）共振模式

（1）弯曲模式——静态模式　弯曲模式是指微悬臂梁在外界环境改变或力的作用下，其表面质量或表面应力发生变化，引起微悬臂梁的弯曲，通过检测微悬臂梁弯曲量的大小，就可以得出引起其弯曲的物理量或化学量。

（2）共振模式——动态模式　微悬臂梁的共振模式是通过检测微悬臂梁共振频率的变化得到引起其共振频率变化的物理量或化学量。例如，当在微悬臂梁上涂上敏感层，吸附到微悬臂梁上的分子质量变化后，微悬臂梁的共振频率就会发生变化，这在生化传感器中经常使用。在共振模式下，微悬臂梁具有很宽的动态范围，同时它还具有很高的分辨率。

3. 微悬臂梁的激励与检测方法

（1）微悬臂梁的激励方法　激励微悬臂梁振动或弯曲的方法主要有光热激励、声波激励、磁致激励和压电机械激励等四种。

1）光热激励是用光纤耦合激光束，垂直指向微悬臂梁的表面。在微悬臂梁的表面，激光束的能量被部分吸收。这样就可以建立一个时间/温度的函数关系，如果调制激光束的密度，就会驱动微悬臂梁周期性地弯曲。

2）声波激励是用一个小型扬声器产生声波，声波通过空气传播到微悬臂梁后就会在微悬臂梁上造成压力差，迫使微悬臂梁振动。但是在液体环境中，液体的流动会造成声波共振，这就对微悬臂梁的检测产生一定影响。

3）磁致激励是利用螺线管产生外部磁场，外部磁场直接激励微悬臂梁振动。

4）压电激励是目前最常使用的激励微悬臂梁振动的方法，将压电叠堆固定在微悬臂梁固定端，当在压电叠堆上下电极之间施加交流电压时，压电叠堆由于逆压电效应，会产生相应的机械变形，从而带动微悬臂梁振动。

（2）微悬臂梁形变的检测方法　外界环境的改变或者施加作用力会引起微悬臂梁的形变，要得到环境改变的情况或者作用力的大小，需要对该形变进行定量检测。一般来说，检测微悬臂梁的微小弯曲有以下几种方法：光反射法、激光干涉法、电容法、压阻法和压电法。

1）光反射法是检测微悬臂梁弯曲最普遍的方法，垂直分辨率可达 10^{-11} m。它的基本原理是用一个低功率激光二极管发出一束激光，经聚焦后照射到梁的自由端，光反射后由光电探测器收集。当微悬臂梁产生弯曲时，接收到的激光会在探测器的表面移动，光点的位移正比于梁的弯曲，这个位移可由光敏二极管检测。

2）激光干涉法是使原光纤光束和从微悬臂梁背面发射的光发生干涉，通过精确控制从微悬臂梁背面发射的光，就可以改变干涉条纹，干涉条纹的改变情况反映了微悬臂梁的弯曲情况。干涉法的精度相当高，可以获得 10^{-12} 的垂直分辨率。

3）电容法是将微悬臂梁作为电容的一极，微悬臂梁的弯曲会产生电容两极间距离的变化，从而引起电容值的变化。电容法比较适用于检测微悬臂梁的静态弯曲，用这种方法可以检测到 1×10^{-18} F 的电容值，对应于微悬臂梁的纳米级的位置偏移。

4）压阻法是利用材料的压阻效应，测量应力和电阻值的变化关系，它适用于微弱信号的检测和放大。压敏电阻一般集成在微悬臂梁结构中，它们的电阻能很容易地使用惠斯顿电桥，通过测量电压信号来表征电阻的值。4 个尺寸完全相同的电阻组成对称的惠斯顿电桥，其中两个传感力敏电阻连接到所要检测的微悬臂梁上，另两个参考电阻连到参考梁上，压敏电阻集成在微悬臂梁上或基体上。当微悬臂梁产生形变时，微悬臂梁上电阻阻值的变化使惠斯顿电桥的输出信号发生变化。

5）压电法就是将压电薄膜镀在微悬臂梁上或微悬臂梁直接由压电材料制成。当微悬臂梁弯曲时，表面应力变化，产生压电电流。

4. 微悬臂梁传感器的应用实例

微悬臂梁最初是用于微小力的检测，主要是用在 AFM 上，近年来随着微悬臂梁传感技术的不断发展，它的测量对象越来越多，不仅能用于微小力检测，还能对温度、热能、磁场和质量等物理量进行测量，应用领域也扩大到生物检验、化学分析、环境监测、气味成分鉴定、DNA 检测等场合。下面对微悬臂梁的应用做一些简单的介绍。

使用微悬臂梁结构，可以探测多种不同物理量的变化，这些变化都可以等效成对微悬臂梁结构施加微小作用力。扫描力显微镜（AFM）和扫描探针显微镜（SPM）是微悬臂梁结构探测微小力最成功的应用，见图 9-16。微悬臂梁的使用使 AFM 能够检测到针尖和样品间纳米级的作用力。

5. 微悬臂梁化学气敏传感器

微悬臂梁化学气敏传感器主要分为两种传感模式，一种是形变式，即通过敏感膜吸附分子引起表面应力变化；另一种是谐振式，即依靠粘附特定的

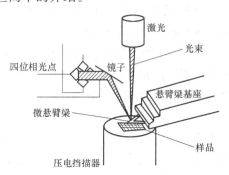

图 9-16　微悬臂梁在 AFM 上的使用

细胞引起的质量变化而改变微悬臂梁的谐振频率。

Britton 等人设计制作了静电测量的形变式微悬臂梁气体传感器,用于检测氢气和汞蒸气。多晶硅微梁利用标准工艺 MUMPS 制作完成,在微悬臂梁工作固定端附近,分别淀积 Au 或 Pd,作为汞蒸气和氢气的敏感源。氢气的最小检测浓度为 100×10^{-6},汞蒸气为 10×10^{-9}。他们还设计制作了 RF 遥感数据读取芯片,可以实现远距离检测有毒有害物质。

Baselt,D. R. 等人开发了一种微悬臂梁氢气传感器。该传感器利用溅射在微梁上的钯吸附氢气探测静电电容。不过,温度、湿度都会削弱探测信号的幅度,降低该传感器的灵敏度。

6. 微悬臂梁生物传感器

微悬臂梁生物传感器是以微悬臂梁作为换能元件,在微悬臂梁的一面涂有生物敏感层,当被测物质吸附到生物敏感层后,微悬臂梁的表面应力或共振频率发生变化。通过检测微悬臂梁的弯曲变形或共振频移就可以测吸附到敏感层上的生物分子。

英国剑桥大学的 Moulin 等人通过微悬臂梁传感器,利用胆固醇在动脉里的不同积累引起梁表面引力的不同,来区分脂蛋白和氧化脂蛋白。微悬臂梁表面涂一层肝磷脂作为敏感层,肝磷脂对脂蛋白吸收比对氧化脂蛋白吸收大得多,因此通过测量微悬臂梁形变随时间的变化曲线而区分两种不同蛋白质,此技术可用于早期动脉硬化的诊断。

7. 基于微悬臂梁阵列的微传感器

单个微悬臂梁在使用时,只能对某一特定分析物的响应较明显,而在实际测量中,需要测量一个环境中多种分析物的质量,如果每次测量一种分析物,那么就要多次测量,每次测量前还要更换敏感层,同时与被测环境的多次接触会破坏环境本身,影响测量结果,对于这种复杂分析物的测量,采用悬臂梁阵列能达到很好的效果。同时,微悬臂梁阵列可以用其中一些梁作为参考,这些梁对分析物不起反应,将响应的微悬臂梁变化减去这些没有变化的梁,就可以排除背景信号和其他一些因素的干扰,实现差分测量。无论是在气体还是液体环境中,微悬臂梁阵列都是一种非常适合于快速测量的探测装置。

基于微悬臂梁阵列的生化传感器具有许多独特的优点:如灵敏度非常高、选择性多、可批量生产、价格低廉、操作简便、快速、动态响应得到改善、尺寸大大缩小、高精度、高可靠性、易制作成多元素的传感器阵列,可实现电子、机械系统集成的芯片等,并且不需要对样品进行预处理,适合现场和在线监测,容易实现连续测定与自动测定。它可成为对化学成分、生物分子作实时、在线的探测工具。这些特点是其他许多类型传感器难以做到的。

9.3.6　生物芯片技术

生物芯片技术是 20 世纪 80 年代末才发展起来的,是一项融电子学、生命科学、物理学于一体的崭新技术。生物芯片技术的本质是生物信号的平行分析,它利用核酸分子杂交、蛋白亲和原理,通过荧光标记技术检测杂交或亲和与否,可迅速获得所需信息。它将生命的化学过程转化为一种可控的静态形式,用计算机对生物样品进行检测、分析,使许多生物化学和分子生物学实验能在非常小的空间范围内,以非常快的速度完成。

1. 生物芯片的种类

生物芯片可分为 DNA 芯片、蛋白质芯片以及芯片实验室三类。

(1) DNA 芯片　DNA 芯片又称基因芯片、DNA 阵列或寡核苷酸阵列,它是目前技术最完善、应用最广泛的一种芯片技术。1996 年，美国 Affymatrix 公司的 Fodor 等将硅技术、半导体技术、分子生物学技术融合在一起创造了世界上第一块 DNA 芯片。DNA 芯片技术是用荧光标记的待测样品与有规律地固定在芯片片基上的大量探针按碱基配对原理进行杂交，通过激光共聚焦荧光检测系统对芯片进行扫描，使用计算机进行荧光信号强度的比较和检测的技术。

(2) 蛋白质芯片　是生物芯片中极有挖掘潜力的一种芯片，它是高通量、微型化和自动化的蛋白质分析技术。它利用蛋白质分子间的亲和作用，检测样品中存在的特异蛋白。目前，蛋白质芯片主要分两种：一种类似于 DNA 芯片，即在固相支持物表面高密度地排列探针蛋白点阵，可特异地捕获样品中的靶蛋白，然后通过检测器对靶蛋白进行定性或定量分析。另一种就是微型化的凝胶电泳板，在电场作用下，样品中的蛋白质通过芯片上的孔道分离开来，经喷雾直接进入质谱仪进行检测，以确定样品中蛋白质的分子量及种类。

(3) 芯片实验室　各国对人类基因组的研究，已从基因结构方面转移到基因组功能的研究上，标志着人类在基因组测序完成后已进入未知基因功能研究的后基因组时代。这就需要采用更有效的技术以利用大量的 DNA 及蛋白质信息，由此促使许多研究机构和工业界开始构建缩微芯片实验室。建立这种新概念型实验室的最终目的是将生命科学研究中的许多不连续的分析过程如样品制备、生物化学反应和目标基因分离检测等繁琐的实验操作，通过采用像集成电路制作中的半导体光刻加工那样的缩微技术，移植到芯片上进行，使其连续化、微型化。这与当年将数间房屋大小的计算机缩微成现在的笔记本式的计算机有异曲同工之妙。所以，芯片实验室是最理想的生物芯片，它是一种微型化、无污染、全功能的"实验室"，包含了运算电路、显示器、检测以及控制系统，在"随身听"大小的一间"实验室"里可一次性完成芯片制备、样品处理、靶分子和探针分子的杂交或亲和，以及信号的检测、分析。

2. 生物芯片的应用

(1) DNA 芯片的应用

1) DNA 测序。据杂交测序原理，用短的标记寡核苷酸探针与靶 DNA 杂交，计算机扫描分析杂交谱可以重建靶 DNA 序列。用 DNA 芯片技术进行 DNA 测序具有快速、准确等特点。Mark chee 等用含 135000 个寡核苷酸探针的阵列测定了全长为 16.6kb 的人线粒体基因组序列，准确率达 99%。Hacia 等用含有 48000 个寡核苷酸的高密度微阵列分析了黑猩猩和人 BR-CAI 基因序列差异，结果发现在外显子 11 约 3.4kb 长度范围内的核酸序列同源性在 83.5%～98.2%之间，提示了二者在进化上的高度相似性。

2) 基因诊断。已知人类有 6000 多种疾病与基因有关，所以基因诊断，尤其是致病基因的诊断对人类的健康和发展至关重要。DNA 芯片可以用于大规模筛选由点突变、插入及缺失等基因突变引起的疾病。用于基因诊断的芯片是针对靶基因特别设计的，可利用分子杂交进行特定的基因确认。如 Affrmetrix 公司，把 P53 基因全长序列和已知突变的探针集成在芯片上，制成 P53 基因芯片，将在癌症早期诊断中发挥作用。目前已有检测艾滋病病毒相关基因、囊性纤维化相关基因，肿瘤抑制基因 P53 等 20 余种 DNA 芯片。

3) 基因表达的研究。利用 DNA 芯片技术进行基因表达谱研究具有极大的优势。因转录水平的变化能灵敏地反映细胞表达状态，如细胞类型、所处阶段及反应敏感性等，DNA 芯片技术可直接检测 mRNA 的种类及丰富度，是研究基因表达的有力工具。只需一次实验，

DNA 芯片便能检测上千万种基因的表达，构成一幅完整的基因表达图谱。

4）毒理学研究。人类的许多疾病是受环境因子的影响引起的，由于毒素无论直接还是间接几乎都要改变基因的表达模式，故 DNA 芯片技术可用于鉴定潜在的致病因素实验时，研究者可将许多与毒素作用相关的基因固定在一张芯片上，研究这些在生命活动中发挥基本作用且已被很好研究过的基因的表达，可以快速确定由于某一毒素产生特征性的基因表达模式，作为这一毒素的标记；或由一组毒素产生的基因表达上一系列共同的改变作为这一组毒素的标记。在同一实验系统内，这些标记的总和构成了一幅由于有毒化合物作用产生的基因表达图。由此可按图索骥地根据待测化合物产生的基因表达模式与实验结果的匹配情况，判断这种化合物的毒性、类型及可能的作用机制。

5）药物安全性研究。以动物实验为基础开发的潜在新药，迫切需要建立一种检测药物功效和安全性的指标。DNA 芯片技术可用于检测动物或人的靶细胞或非靶组织中的毒性反应，确定临床治疗用药的最大剂量。它可在发现明显的组织毒性以前检测到病人的毒性反应和一些不可预测的不良反应，从而可避免药物的毒性作用在全身组织的扩散。

（2）蛋白质芯片的应用　蛋白质芯片能同时检测生物样品中与某种疾病或环境因子损伤可能相关的全部蛋白质含量变化情况，对监测疾病的进程和预后及判断治疗效果有重要意义。由于蛋白质芯片的探针蛋白特异性高、亲和力强，受其他杂质影响小，所以对生物样品的要求较低，故可简化样品的前处理，甚至可直接利用生物材料进行检测。同时，由于疾病的发生、发展与某些蛋白质的变化有关，所以利用蛋白质芯片还可直接筛选出与靶蛋白作用的化合物，从而大大推进药的开发。此外，蛋白质芯片有助于了解药物或毒物与其效应相关蛋白质的相互作用，从而可将化学的作用与疾病联系起来，促进药物学和毒理学的研究。

（3）芯片实验室的应用　许多感染性疾病的及时确诊、准确治疗和正确预后，往往需要从全血中分离出特异的微生物作为必要的证据。芯片实验室可防止污染，使分析过程自动化，能大大提高分析速度和多样品分析能力，且设备体积小，便于携带，成为诊断感染性疾病最理想和最具潜力的一种生物芯片。

1998 年 6 月，Nanogen 公司的我国旅美学者程京博士领导的一个课题组，首次用芯片实验室从被大肠杆菌污染的血液中，成功地分离出了细菌，使其释放 DNA 和 RNA，通过蛋白酶 K 将其消化并纯化，再进行特异性的 DNA/RNA 杂交反应，确定了芯片上含有的细菌种类和数量，利用这种方法可以准确快速地大量检测遗传性、家族性、地方性和流行性疾病，甚至癌症等其他疾病。

思 考 题

1. 举例说明你所知道的生物传感器。
2. 生物传感器的特点有哪些，而其中哪几个又是最突出的特点。
3. 试结合文献阐述生物传感器的特点及其他方面的应用。
4. 请列举影响反应速度的各种因素。
5. 试说明温度变化时，反应速度都如何变化。
6. 阐述微生物反应与酶反应的异同点。
7. 简述抗原的理化性状。
8. 简述抗体的结构与特性。

9. 简述抗原-抗体反应的基本原理。

10. 试简述膜分离技术的工作原理，并分析各技术的适用场合。

11. 试列举酶传感器的特点。

12. 举例说明酶的固定方法，并思考如何将各种方法联合使用。

13. 通过查找资料，试列举酶传感器的应用。

14. 微生物反应与酶反应的异同点有哪些？

15. 微生物的特征及微生物传感器的分类如何？

16. 常见的微生物传感器及其工作原理是什么？

17. 阐述免疫传感器研究现状。

18. 试列举目前免疫传感器存在的主要缺陷。

19. 除了文中所提到的内容外，免疫传感器还将向哪方面发展以及有可能在哪方面得到广泛应用？

20. 试说明免疫传感器的发展如何更好地形成商品化和产业化。

21. 关于基于免疫反应的传感器的研究与发展还可能产生哪些创新？

22. 试简述基因传感器的原理。

23. 结合几种基因传感器的工作特性，试分析其优缺点及发展方向。

24. 简述微悬臂梁生物传感器的工作原理。

25. 简述微悬臂梁的几种结构形式，以及不同结构具有的不同用途。

26. 简述微悬臂梁传感器的多种应用。

27. 试举例说明生物芯片在医学上的应用。

第 10 章　化学传感技术

10.1　概述

化学传感器是对各种化学物质敏感并将其浓度转换为电信号进行检测的器件或装置。对比于人的感觉器官，化学传感器大体对应于人的嗅觉和味觉器官。但并不是单纯的人器官的简单模拟，还能感受人的器官不能感受的某些物质，如 H_2、CO。化学传感器必须具有检测化学物质的形状或分子结构选择性俘获的功能（接受器功能）和将俘获的化学量有效转换为电信号的功能（转换器功能）。

化学物质种类繁多，形态和性质各异，而对于一种化学量又可用多种不同类型的传感器测量或由多种传感器组成的阵列来测量，也有的传感器可以同时测量多种化学参数，因而化学传感器的种类极多，分类各不一样，转换原理各不相同且相对复杂，加之多学科的迅速融合，使得人们对化学传感器的认识还远远不够成熟和统一。通常人们按照传感方式、结构形式、检测对象等对其分类。

化学传感器在生物、工业、医学、地质、海洋、气象、国防、宇航、环境检测、食品卫生及临床医学等领域有着越来越重要的应用，已成为科研领域一个重要的监测方法和手段。随着计算机技术的广泛使用，化学传感器的应用将更趋于快速和自动化。

10.1.1　化学传感器的工作原理

化学传感器是一种强有力的、廉价的分析工具，它可以在干扰物质存在的情况下检测目标分子，其传感器原理如图 10-1 所示。

图 10-1　化学传感器原理示意图

化学传感器的构成一般由识别元件、换能器以及相应电路组成。当分子识别元件与被识别物发生相互作用时，其物理、化学参数会发生变化，如离子、电子、热、质量和光等的变化，再通过换能器将这些参数转变成与分析物特征有关的可定性或定量处理的电信号或者光信号，然后经过放大、储存，最后以适当的形式将信号显示出来。传感器的优劣取决于识别元件和换能器的合适程度。通常为了获得最大的响应和最小的干扰，或便于重复使用，将识别元件以膜的形式并通过适当的方式固定在换能器表面。

识别元件也称敏感元件，是各类化学传感器装置的关键部件，能直接感受被测量（一般为非电量），并输出与被测量成确定关系的其他量的元件。其具备的选择性让传感器对某种或某类分析物质产生选择性响应，这样就避免了其他物质的干扰。换能器又称转换元件，是可以进行信号转换的物理传感装置，能将识别元件输出非电量信息转换为可读取的电信号。

10.1.2　化学传感技术的发展历史

化学传感器的产生可以追溯到 1906 年，化学传感器研究的先驱者 Cremer 首先发现了玻璃薄膜的氢离子选择性应答现象，发明了第一支用于测定氢离子浓度的玻璃 pH 电极，从此揭开了化学传感器的序幕。随着研究的不断深入，基于玻璃薄膜的 pH 传感器于 1930 年进入实用化阶段。在 20 世纪 30 年代提出 pH 玻璃电极之后，出现了各种基于 Nernst（能斯特）定律的电位法离子选择性电极、气敏电极、场效应晶体管传感器，接着，基于光化学、体声波、表面声波等技术的光纤传感器、声波传感器等传感器相继问世，显示了各自的优缺点和应用价值。但在 20 世纪 60 年代以前，化学传感器的研究进展缓慢，期间仅 1938 年有过利用氯化锂作为湿度传感器的研究报告，此后，随着卤化银薄膜的离子选择应答现象、氧化锌对可燃性气体的选择应答现象等新材料、新原理的不断发现及应用，化学传感器进入了新的时代，发展十分迅速，压电晶体传感器、声波传感器、光学传感器、酶传感器、免疫传感器等各种化学传感器得到了初步应用和发展，电化学传感器则在这一时期取得了长足的进步，占到了所有传感器的 90% 左右，而离子选择电极曾一度占据主导地位，达到了所有化学传感器的半数以上。直到 20 世纪 80 年代后期，随着化学传感器的方法与技术的扩展和微电子等技术在化学传感器的进一步应用，基于光信号、热信号、质量信号的传感器得到了充分的发展，大大丰富了化学传感器的研究内容，从而构成了包括电化学传感器、光化学传感器、质量传感器及热化学传感器在内的化学传感器大家族。这个时候，电化学传感器的绝对优势才逐步开始改变，化学传感器进入了百家争鸣的时期。

随着化学传感器的不断发展，其具有的高选择性、高灵敏度、响应速度快、测量范围宽等特点得到了人们的广泛重视，成为环境保护与监测、工农业生产、食品、气象、医疗卫生、疾病诊断等与人类生活密切相关的分析技术与手段，并成为当代分析化学主要的发展趋向之一。1982 年，由日本学者清山哲郎、盐川二郎、铃木周一、笛木和雄等编著的《化学传感器》一书出版以来，有关化学传感器的国际学术会议经常召开。1983 年第一届化学传感器国际学术会议在日本福冈召开，由著名学者清山哲郎等九大名誉教授作为大会的组织委员长，这次大会为国际化学传感器的发展奠定了基础。此后，从 1990 年第三届国际化学传感器会议开始，在欧、美、日及亚洲其他国家轮流举行。与此同时，与化学传感器相关的其他各种国际化学会议如生物传感器国际学术会议、欧洲传感器会议、东亚化学传感器会议等也先后召开，并且化学传感器在国际纯粹化学与应用化学联合会召开的国际化学会议中也占重要地位。

在我国，科研工作者在化学传感器的研究方面进行了不少富有成效的工作，并且全国性化学传感器学术会议亦在如火如荼地进行中。这一切表明，化学传感器的开发研究是当今世界一个十分活跃的领域，非常引人注目。

10.1.3　化学传感器的分类

化学传感器的结构形式有两种：一种是分离型传感器。如离子传感器，液膜或固体膜具有接受器功能，膜完成电信号的转换功能，接受和转换部位是分离的，有利于对每种功能分别进行优化；另一种是组装一体化传感器。如半导体气体传感器，分子俘获功能与电流转换功能在同一部位进行，有利于化学传感器的微型化。

化学传感器的类型划分如图 10-2 所示，按传感方式，可分为接触式与非接触式化学传感器。按检测对象，化学传感器分为气体传感器、湿度传感器、离子传感器和生物传感器。

气体传感器的传感元件多为氧化物半导体，有时在其中加入微量贵金属作增敏剂，增加对气体的活化作用。对于电子给予性的还原性气体如氢、一氧化碳、烃等，用 N 型半导体，对接受电子性的氧化性气体如氧，用 P 型半导体。将半导体以膜状固定于绝缘基片或多孔烧结体上做成

图 10-2　化学传感器的分类

传感元件。气体传感器又分为半导体气体传感器、固体电解质气体传感器、接触燃烧式气体传感器、晶体振荡式气体传感器和电化学式气体传感器。

湿度传感器是测定环境中水气含量的传感器，分为电解质式、高分子式、陶瓷式和半导体式湿度传感器。

离子传感器是对离子具有选择响应的离子选择性电极。它基于对离子选择性响应的膜产生的膜电位。离子传感器的感应膜有玻璃膜、溶有活性物质的液体膜及高分子膜，使用较多的是聚氯乙烯膜。

生物传感器是对生物物质敏感并将其浓度转换为电信号进行检测的仪器。生物传感器的优点是对生物物质具有分子结构的选择功能。

10.2　气敏化学传感技术及其应用

10.2.1　引言

随着科学技术的发展，工业废气、汽车尾气、室内有毒气体、可燃可爆气体以及其他的有害气体，也伴随着人民生活水平的提高而直接威胁着人们的生命和财产安全，为了保护人类赖以生存的自然环境，避免不幸事故的发生，防患于未然，必须对各种有害气体或可燃性气体进行有效、准确地检测与控制。

1962 年，日本学者清山哲郎等人首先报道了半导体金属氧化物的气敏特性，并进一步做了理论研究，他们首先导入了"气体检测器"（Gas Detector）的概念，并于当年研制出第一个 ZnO 半导体薄膜气敏传感器。随后不久，美国研制成功了烧结型的 SnO_2 陶瓷气敏传感器，随后氧化物薄膜（SnO_2，CdO，Fe_2O_3，NiO）的传感器相继问世。经过几十年的发展，半导体气敏传感器已经具有了一定的规模，达到了一定的水平，并开始应用于工业生产和日常生活中气体泄漏检测和环境检测等中。

根据被检测和控制气体对象，气体传感器可分为：可燃性气体传感器、有毒有害气体传感器和氧传感器等。根据气体传感器的工作原理及制作材料，气体传感器又可分为半导体式气体传感器、固体电解质气体传感器、接触燃烧（亦称催化燃烧）式气体传感器、表面声波气体传感器、伏安特性气敏传感器、浓差电池式气敏传感器、石英谐振式气体传感器、光学

式气体传感器等。由于每一种气体有其独特的物理和化学特性，所以对于各种不同的气体就需要不同的传感器来测定。表 10-1 列举了已经研究、开发出的各类传感器及其可检测的气体种类。

表 10-1　各种气体传感器可检测的气体种类

传感器种类	CO	CO_2	H_2S	NH_3	HCN	HCl	$COCl_2$	Cl_2	NO_x	SO_2	O_2	CH_4	C_3H_8	H_2	H_2O
半导体气体传感器			○	○				○	○		○	○	○	○	○
固体电解质传感器	○										○		○	○	○
接触燃烧式传感器	△										○	○	○		
有机半导体气体传感器	○		○						○	○					
电化学式气体传感器		○		○	○	○	○	○			○			○	
高分子电解质气体传感器	△	○							○			○			○

注：○好；△不太好

近年来，随着传感器技术相关研究的进展以及材料科学的进步，气体传感器发展迅速，其主要发展方向有：低功耗、多功能、集成化；新气敏材料与制作工艺的研究开发；生物芯片的开发应用；纳米技术和蓝牙技术的开发应用等。

10.2.2　气敏传感器的主要特性

1. 稳定性

稳定性是指传感器在整个工作时间内基本响应的稳定性，取决于零点漂移和区间漂移。零点漂移是指在没有目标气体时，整个工作时间内传感器输出响应的变化。理想情况下，一个传感器在连续工作条件下，每年零点漂移小于 10%。区间漂移是指传感器连续置于目标气体中的输出响应变化，表现为传感器输出信号在工作时间内的降低。理想情况下，一个传感器在连续工作条件下，每年区间漂移小于 10%。

2. 灵敏度

灵敏度是指传感器输出变化量与被测输入变化量之比，主要依赖于传感器结构所使用的技术。大多数气敏传感器的设计原理都采用生物化学、电化学、物理和光学原理。在设计之初首先要考虑的是选择一种敏感技术，它对目标气体的阈限制（TLV-Thresh-Old Limit Value）或最低爆炸限（LEL-Lower Explosive Limit）的百分比的检测要有足够的灵敏性。

3. 选择性

选择性也被称为交叉灵敏度，它可以通过测量由某一种难以避免的干扰气体的浓度所产生的传感器响应来确定。这个响应等价于一定浓度的目标气体所产生的传感器响应。这种特性在追踪多种气体的应用中是非常重要的，因为交叉灵敏度会降低测量的重复性和可靠性，理想传感器应具有高灵敏度和高选择性。

4. 抗腐蚀性

抗腐蚀性是指传感器暴露于高体积分数目标气体中的能力。在气体大量泄漏时，探头应能够承受期望气体体积分数的 $10 \sim 20$ 倍。在返回正常工作条件下，传感器漂移和零点校正值应尽可能小。

另外，从经济性方面考虑，气敏传感器还应具备以下条件：

1) 低成本；
2) 长寿命；
3) 易于标定和维护；
4) 无需复杂的外围设备；
5) 所产生的电信号不需要由复杂的电子电路来处理。

10.2.3　半导体气敏传感器

半导体气敏传感器是目前广泛应用的气体传感器之一。当气体吸附于半导体表面时，引起半导体材料的总电导率发生变化，使得传感器的电阻随气体浓度的改变而变化，这就是电阻型半导体气敏传感器的基本原理。

按照敏感机理分类，半导体气敏传感器可分为电阻型半导体式、非电阻型半导体式等类型，主要用来检测气体的类别和浓度（见表 10-2）。电阻型半导体气敏元件是根据半导体接触到气体时其阻值的改变来检测气体的浓度；非电阻型半导体气敏元件则是根据气体的吸附和反应使其某些特性发生变化对气体进行直接或间接的检测。

表 10-2　半导体气敏传感器的分类

类型	检测原理	具有代表性的气敏元件及材料	检测气体
电阻型	表面电阻控制型	SnO_2、ZnO、In_2O_3、WO_3、V_2O_5、$\beta\text{-}Cd_2SnO_4$、有机半导体、金属酞	可燃性气体、如 C_2H_2 CO、$C\text{-}Cl_2\text{-}F_2$、NO_2 等
	体电阻控制型	$\gamma\text{-}Fe_2O_3$、$\alpha\text{-}Fe_2O_3$、CoC_3、Co_3O_4、$Ia_{1-x}Sr_x$ $CoSrO_3$、TiO_2、CoO、$CoO\text{-}MgO$、Nb_2O_5 等	可燃性气体、如 O_2、C_nH_{2n}、NO_2
非电阻型	二极管整流作用	Pd/CdS、Pd/TiO_2、Pd/ZnO、Pt/TiO_2、Au/TiO_2、Pd/MoS	H_2、CO、SiH_4 等
	晶体管（FET）气敏元件	以 Pd、Pt、SnO_2 为栅极的 MOSFET	H_2、CO、H_2S、NH_3
	电容型	$Pd\text{-}BaTiO_3$、$CuO\text{-}BaSnO_3$、$GuO\text{-}BaTiO_3$、$Ag\text{-}GuO\text{-}BaTiO_3$ 等	CO_2

1. 电阻型

从电阻型半导体气敏传感器的工作方式、敏感机理和敏感过程不难看出，这类传感器是利用吸附作用引起的表面化学反应和体原子价态变化来识别化学物质的，即这类传感器检测的是化学反应产生的量，以及由吸附、化学反应引起的化学量的变化，所以这类气敏传感器属于化学传感器。由于金属氧化物以及与气体作用形式的多样性，要完整统一的解释这类传感器的敏感机理比较困难。气敏材料与气体的作用方式可以分为两大类：表面吸附控制型和体电阻型。

（1）**表面吸附控制型**　表面吸附控制型是利用半导体表面吸附气体引起电导率变化的气敏元件。这种传感器最先应用，因为其具有结构简单、造价低、检测灵敏度高、响应速度快等优点，市售半导体传感器大都属于这种类型。

现以 N 型金属氧化物为例对吸附原理进行说明，图 10-3 为 N 型半导体吸附气体能带图，图 10-3a 表示半导体的负离子吸附。由于气体分子的电子亲和能 A 比半导体的功函数 w 大，故原子的能级要比半导体的费米能级 E_F 低，吸附后电子从半导体移动到原子，形成负离子吸附。由于电子的转移，积累空间电荷，使表面静电势增加，能带向上弯曲，形成表面空间电荷层，阻碍电子继续向表面移动。随着电子迁移量的增加，表面静电势也增大，电子迁移越来越困难，最后达到如图 10-3b 所示的平衡态。如若 A 为原子的电子亲和能，w 为半导体的功函数，β 为静电力和其他作用力引起的原子和半导体间的相互作用能，则开始时吸附亲和能为 $A-w+\beta$，吸附后由于能带弯曲形成空间势垒 V_s，至平衡态 $A-w-V_s+\beta=0$。N 型半导体的负离子吸附使功函数增大，使作为多数载流子的导电电子减少，从而使表面电导率降低。E_D 为原子接受电子的能级，E_V 为表面层势能级。

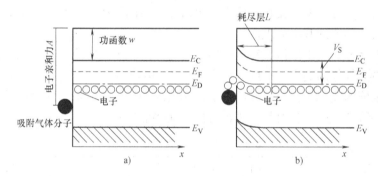

图 10-3　N 型半导体吸附气体能带图
a）吸附前　b）吸附后

半导体气敏传感器常使用催化剂来获得较高的灵敏度和稳定性。催化剂能提供一些活性中心择优吸附，以此提高反应物的浓度。另外催化剂还能提供低活性能的反应途径。选择适当的催化剂也是气体传感器研究的一项重要内容。

以 SnO_2 气敏传感器为例，当有铂等催化剂存在时，空气中的氧在催化剂表面的分解反应为

$$催化剂+O_2\rightarrow催化剂+2O$$

这种吸附可接近一个单分子层，分解后的氧同时溢流到 SnO_2 表面。即催化剂表面的氧流向载体表面，使催化剂表面的氧浓度呈梯度分布，这些氧在金属氧化物表面俘获电子形成离子吸附氧

$$O+e\rightarrow O^-$$

这个过程最终将达到平衡，平衡时，金属氧化物表层的自由电子减少，甚至被耗尽形成后势垒。可见催化剂加速了氧的分解，流到 SnO_2 表面的分解氧导致其稳态反应，从而提高了传感器的灵敏度。催化剂的粒径越小，越容易分散到 SnO_2 晶粒表面和晶粒间，使得半导体表面的耗尽区相互交叠，影响传感器的电阻。同时由于催化剂表面浓度较高，使得催化剂和支

撑 SnO_2 的费米能级降低，其作用等效于产生了高的表面势垒，加强了对传感器的电阻控制，提高了灵敏度。在气-固反应中，固体表面活性中心位置的多少特别重要。但 N 型金属氧化物半导体的活性中心很少，使用催化剂后，可以提供丰富的活性中心，有利于半导体表面的气-固反应，而且不同类型的活性中心有利于不同气体，使得传感器拥有良好的选择性。

（2）体电阻型　体电阻型是气体反应时，半导体组成产生变化而使电导率变化的气敏元件。这种类型的传感器主要包括复合氧化物系气体传感器、氧化铁系气体传感器和半导体型 O_2 传感器等。

主要的体电阻型气体敏感材料有 $\gamma\text{-}Fe_3O_3$，以及 TiO_2、某些钙钛矿结构材料等。以 $\gamma\text{-}Fe_3O_3$ 为例介绍。

氧化铁通常有三种形态：Fe_3O_4、$\gamma\text{-}Fe_2O_3$ 和 $\alpha\text{-}Fe_2O_3$，他们的基本性质如表 10-3 所示。$\gamma\text{-}Fe_2O_3$ 的结构比较稳定，在 600℃ 以下不会发生相变，但是，如图 10-4 所示，在一定温度下接触和脱离还原性气体时与 Fe_3O_4 之间可以发生可逆的氧化 $\longleftrightarrow$ 还原反应。普通的 $\alpha\text{-}Fe_2O_3$ 是没有气敏性的。

表 10-3　氧化铁的性质

种类	Fe_3O_4	$\gamma\text{-}Fe_2O_3$	$\alpha\text{-}Fe_2O_3$
晶体结构	反尖晶石 （$a=8.379Å$）	尖晶石 （$a=8.339Å$）	刚玉石 $a=5.03Å$ $a=13.73Å$
颜色	黑色	褐色	红褐色
电阻率/ （Ω·cm）	$\leqslant 10^{-2}$	$\geqslant 10^8$	$\geqslant 8$
气敏性	无	有	一般无

Fe_3O_4 与 $\gamma\text{-}Fe_2O_3$ 之间的氧化 $\longleftrightarrow$ 还原反应可用下式表示：

$$Fe^{3+}[\Delta_{1/3}Fe^{3+}_{5/3}]O_4 \Leftrightarrow [\Delta_{(1-y)/3}Fe^{2+}yFe^{3+}_{(5-2y)/3}]O_4 \qquad (10\text{-}1)$$

式中，y 为还原度（$0 \leqslant y \leqslant 1$）；$\Delta$ 为阳离子空位。

式中左边是 $\gamma\text{-}Fe_2O_3$ 的结构表达式，Fe 呈现三价离子，右边当 $y=1$ 时的结构表达式，它是 Fe_2O_3 与 FeO 的混合体，Fe 离子分别为三价和二价。在一定温度下，$\gamma\text{-}Fe_2O_3$ 接触还原性气体时，反应向右进行，形成与还原性气体浓度相对应的连续固溶体。y 值越大，还原程度越高，产生的二价铁离子越多，这时如下式所示，Fe^{3+} 与 Fe^{2+} 交换电子的几率越大，导致电导率增大。

$$Fe^{2+} \Leftrightarrow Fe^{3+} + e$$

一旦脱离还原性气体，产生的 Fe^{2+} 在空气中被氧化为 Fe^{3+}，氧化 $\longleftrightarrow$ 还原反应将向左进行，重新变为 $\gamma\text{-}Fe_2O_3$，恢复原来的高阻态。由于 $\gamma\text{-}Fe_2O_3$ 与 Fe_3O_4 之间电导率相差 10 个数量级以上，所以反应前后体电阻变化相当明显，由此看出，$\gamma\text{-}Fe_2O_3$ 是一种体电阻控制型气体敏感材料。这种气敏机理可用图 10-4 所示模型说明。

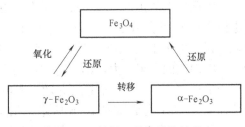

图 10-4　铁的三种结构的关系

γ-Fe_2O_3气敏感应体是多孔径烧结体，气体可通过开放孔进入内部。通常，由于表面吸附，晶粒表面会形成势垒，组织电荷的移动。当接触还原性气体时，可通过交换电荷降低粒界表面势垒，提高电导率。这种调制表面电阻的敏感机理对 γ-Fe_2O_3 也有一定的贡献。但是在还原性气体检测浓度范围内（0.05～0.5vol%），气敏感应体的电阻变化主要还是取决于氧化⟷还原反应。就是说，体电阻效应起主导作用。

2. 非电阻型

前面已经介绍了，非电阻型半导体气敏元件则是根据气体的吸附和反应使其某些特性发生变化对气体进行直接或间接的检测。场效应晶体管（Field-Effect Transistor，FET）是现代微电子学的主要组成部分，它是基于自由载流子向半导体中可控注入的有源器件。近年来，有半导体性质的有机材料逐渐得到研究者的关注，对有机场效应晶体管（Organic Field-Effect Transistor，OFET）的研究也日益普及，有机半导体可以在一个有机分子的区域内控制电子，使分子聚合体构成有特殊功能的器件——分子晶体管，使电路集成度与计算机运行速度得到很大的提高。2003 年 Butko 等成功地在单个的并四苯单晶体表面制作了第一个场效应管。

场效应晶体管已成为晶体管领域中一个最活跃的部分。本节以金属-氧化物-半导体场效应晶体管（MOSFET）为例介绍。

N 型沟道 MOSFET 的结构如图 10-5 所示。P 型衬底上有两个相距较近的 N 型区，分别叫做源扩散区和漏扩散区。扩散区之间的硅表面上有一层薄氧化膜，膜上有一个由蒸发光刻的金属电极，这个电极覆盖在两个扩散区之间，叫做栅极（用字母 G 表示）。在扩散区制作了欧姆接触，并引出电机引线，接正电极的 N 型区称为漏极（用字母 D 表示），则另一个 N 型区成为源极（用字母 S 表示）。

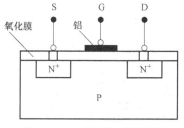

图 10-5　N 型沟道 MOSFET
的结构示意图

从结构示意图可以看出：N 型源极和漏极之间隔着 P 型衬底，就像两个"背靠背"连在一起的二极管。当在源极、漏极之间施加一定电压时，由于 P 型衬底阻隔，电流不能通过（只有极微小的 P-N 结反向电流）。这是栅极上没有施加电压的情况。

当在栅极上加正电压并达到一定值时，栅极下面会产生一个电场，吸引 P 型硅体内的电子到表面附近。这使得栅极下的硅表面形成了一个含有大量电子的薄层，这是一个能导电的 N 型层，称为反型层。反型层形成的导电沟道将源扩散区和漏扩散区连起来，当在漏极、源极之间施加一定电压时，会有电流通过。

增大栅极上的正电压时，反型层中的电子增加，导电沟道的电阻会减小，从而使产生的电流增加。反之，减小栅极上的正电压时，反型层中的电子减少，导电沟道的电阻增大，则流过沟道的电流减小。当漏极电压 V_{DS} 一定时，漏电流 I_D 随栅源电压 V_{GS} 的变化而变化，其关系如图 10-6 所示。由关系图看出，当栅源电压 $V_{GS} < V_T$ 时，漏电流 $I_D = 0$；当 $V_{GS} > V_T$ 时，产生一定的漏电流 I_D，并且 I_D 随 V_{GS}

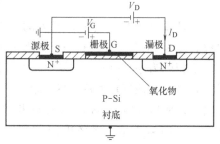

图 10-6　N 型增强沟 MOSFET 的结构与
工作时外电路接法示意

的增加而变大。栅源电压 V_T 表示晶体管不导电的临界值，通常称为开启电压或者阈电压。

当 $V_{GS}=0$ 时，晶体管的漏、源扩散区之间不导电；当 $V_{GS}>V_T$ 时，硅表面形成 N 型导电沟道，晶体管才导电，这就是 N 型沟道 MOSFET。

10.2.4 固态电解质气敏传感器

固体电解质是一类介于普通固体与液体之间的特殊固体材料，由于其粒子在固体中具有类似于液体中离子的快速迁移特性，因此又称快离子导体或超离子导体。固体电解质又称为快离子导体，是指在固体状况下具有与熔盐或电解质水溶液同等数量级电导率的物质，在通常条件下，固体的电导以电子或空穴作为电的载体，金属和半导体即是如此，然而固体电解质却是以离子为电荷的载体，离子在固体中移动传输电荷。迄今为止，人们已经发现的固体电解质已有数百种之多，它们除了在一定的温度内具有快离子导电性之外，还各具特性，因而各有其不同的用途。目前，对固体电解质一般有以下两种分类方法。

按导电离子的种类，固体电解质可分为三类：

（1）阴离子固体电解质　阴离子作为载流子占绝对优势的固体电解质；

（2）阳离子固体电解质　阳离子作为载流子占绝对优势的固体电解质；

（3）混合型固体电解质　阴离子和阳离子都具有不可忽视的导电性。

按固体电解质的工作温度也可分为三类：

（1）低温固体电解质　该类电解质在室温或室温以下就是良好的固体电解质；

（2）中温固体电解质　该类电解质在室温至 300℃时具有良好的导电性；

（3）高温固体电解质　该类电解质只有在高温下才是良好的导电体。

目前研究开发的固体电解质型气体传感器主要以无机盐类化合物如 ZrO_2，Y_2O_3，KAg_4I_5，K_2CO_3，LaF_3 等为固体电解质，其工作原理一般为电化学电位式，即利用电化学电池的电动势 EMF 来检测待测气体的体积分数，据报道此种类型的气体传感器主要用于在高温下检测 O_2，H_2，SO_X，NO_X，卤素等。表 10-4 介绍了目前主要的固体气敏传感器。

表 10-4　固体气敏传感器分类

检测原理、现象	具有代表性的气敏元件及材料	检测气体
电池电动势	$CaO-ZrO_2$、$Y_2O_3-ZrO_2$、$Y_2O_3-TiO_2$、LaF_3、KAg_4I_5、$PbCl_2$、$PbBr_2$、K_2SO_4、Na_2SO_4、$\beta-Al_2O_3$、$LiSO_4^-$、Ag_2SO_4、K_2CO_3、$Ba(NH_3)_2$、$SrCe_{0.95}Yb_{0.05}O_3$	O_2、卤素、SO_2、SO_3、CO、NO_X、H_2O、H_2
混合电位	$CaO-ZrO_2$、$Zr(HPO_4)_2 \cdot nH_2O$、有机电解质	CO、H_2
电解电流	$CaO-ZrO_2$、YF_6、LaF_3	O_2
电流	$Sb_2O_3 \cdot nH_2O$	H_2

ZrO_2 氧传感器是最具有代表性的固体电解质气体传感器。该传感器的特点是气敏材料中吸附待测气体派生的离子与电解质中的移动离子相同，原理简单。

1. 测氧原理

如图 10-7 所示，在氧化锆电解质（ZrO_2 管）的两侧面分别烧结上多孔铂（Pt）电极，在一定温度下，当电解质两侧氧浓度不同时，高浓度侧（空气）的氧分子被吸附在铂电极上与电子（4e）结合形成氧离子 O^{2-}，使该电极带正电，O^{2-} 离子通过电解质中的氧离子空位迁移到低氧浓度侧的 Pt 电极上放出电子，转化成氧分子，使该电极带负电。两个电极的反应式分别为：

参比侧：$O_2 + 4e \longrightarrow 2O^{2-}$

测量侧：$2O^{2-} - 4e \longrightarrow O_2$

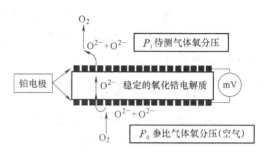

图 10-7　氧化锆测氧原理

这样在两个电极间便产生了一定的电动势，氧化锆电解质、Pt 电极及两侧不同氧浓度的气体组成氧探头即所谓氧化锆浓差电池。两级之间的电动势 E 由能斯特公式求得：

$$E = \frac{RT}{nF} \ln \left(\frac{P_0}{P_1} \right) \tag{10-2}$$

式中　E 为浓差电池输出；n 为电子转移数；R 为理想气体常数；T 为绝对温度；F 为法拉第常数；P_1 为待测气体氧浓度百分数；P_0 为参比气体氧浓度百分数。

该分式是氧探头测氧的基础，当氧化锆管处的温度被加热到 $600 \sim 1400\,℃$ 时，高浓度侧气体用已知氧浓度的气体作为参比气，如用空气，则 $P_0 = 20.6\%$，将此值及公式中的常数项合并，再考虑到实际氧化锆电池存在温差电势、接触电势、参比电势、极化电势，从而产生本地电势 C_{mv}（新锆头通常为 $\pm 1mV$），实际计算公式为：

$$P_0 = 20.6\% C_{mv} = 0.0496 T \ln (0.2095/P_1) \pm C_{mv} \tag{10-3}$$

可见，如能测出氧探头的输出电动势 E 和被测气体的绝对温度 T，即可算出被测气体的氧分压（浓度）P_1，这就是氧化锆氧探头的基本检测原理。

2. 结构类型及工作原理

氧化锆氧浓差电池用于实际检测中，主要需要解决的问题是，氧化锆检测头，反应电极及将被测气体与参比气（空气）严格隔离的问题（也叫做氧探头的密封问题）。实际应用过程中，最难以解决的是密封问题和反应电极问题。

下面对一些氧探头的结构类型加以说明。以检测方式不同分，氧化锆氧探头基本上可以分为两大类：采样检测式氧探头及直插式氧探头。

（1）采样检测式氧传感器　采样检测方式是通过导引管，将被测气体导入氧化锆检测室。检测室通过加热元件把氧化锆加热到工作温度（750℃以上）。氧化锆一般采用管状，电极采用多孔铂电极（如图 10-8）。采样检测的优点是不受检测气氛温度的影响，通过采用不同的导流管可以检测各种温度气氛中的氧含量。由于采样式检测方式的灵活性，因此运用在许多工业在线检测上。采样检测的缺点是反应时间慢；结构复杂，容易影响检测精度；在被检测气氛杂质较多时，采样管容易堵塞；多孔铂电极容易受到气氛中的硫、砷等的腐蚀以及细小粉尘的堵塞而失效；加热器一般用电炉丝加热，寿命不长。

在被检测气体温度较低（$0 \sim 650\,℃$），或被测气氛较

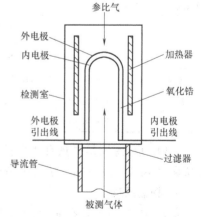

图 10-8　采样检测氧化锆传感器
结构原理图

清洁时，采样式检测方式工作较好，如制氮机测氧、实验室测氧等。

（2）直插式检测方式 直插式检测是将氧化锆直接插入高温被测气体，直接检测气体中的氧含量。这种检测方式应用在被检测气氛温度在 700～1150℃ 时（特殊结构还可以用于 1400℃ 的高温），利用被测气氛的高温使氧化锆达到工作温度，不另外用加热器（如图 10-9）。直插式氧探头的技术关键是陶瓷材料的高温密封问题和电极问题。

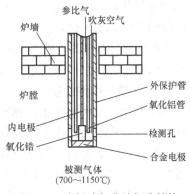

图 10-9 直插式氧化锆探头结构原理图

以下列举了几种直插式氧探头的结构形式。

1）整体氧化锆管式。这种形式是从采样检测方式上采用的氧化锆管的形式上发展起来的。就是将原来的氧化锆管加长，使氧化锆可以直接伸到高温被测气体中。这种结构不存在高温密封问题，很容易解决密封问题。

2）直插式氧化锆氧传感器。由于直插式氧探头的工作环境恶劣，且对其检测精度、工作稳定性和工作寿命都要求较高，需采用新的技术，克服传统氧化锆氧探头的不足。

由于需要将氧化锆直接插入检测气氛中，对氧探头的长度有较高要求，一般直插式氧探头的有效长度在 500～1000mm 左右，特殊的环境长度可达 1500mm。因此直插式氧探头很难采用传统氧化锆氧探头的整体氧化锆管状结构，而多采取技术要求较高的氧化锆和氧化铝管连接的结构。因此密封性能是这种氧化锆氧探头的最关键技术之一。目前国际上最先进的连接方式，是将氧化锆与氧化铝管永久的焊接在一起，其密封性能极佳。与采样式检测方式比，直插式检测有显而易见的优点：氧化锆直接接触气氛，检测精度高，反应速度快，维护量较小。

10.2.5 其他气敏传感器

1. 接触燃烧式气体传感器

接触燃烧式气体传感器（见图 10-10）又称为载体催化气体传感器，它只能测量可燃气体。又分为直接接触燃烧式和催化接触燃烧式，原理是气敏材料在通电状态下，可燃气体在表面或者在催化剂作用下燃烧，由于燃烧使气敏材料温度升高从而电阻发生变化。后者因为催化剂的关系具有广普特性，应用更广。

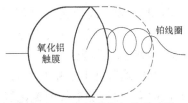

图 10-10 接触燃烧气体传感器

它的结构是在铂丝螺旋圈外涂上氧化铝，氧化铝外面再涂上铂钯催化剂。接触燃烧气体传感器常用公式表示为

$$R_T = R_0 (1 + \alpha \Delta T) \tag{10-4}$$

式中，R_0 为气体传感器初始阻值；R_T 为催化气体传感器变化后阻值；α 为铂丝的温度系数；ΔT 为铂丝的温度增量。

由于 R_T 的变化较小，因此这种器件在测量中一般接在电桥路中从而作为电桥的一个臂（见图 10-11）。为了补偿因气体热传导、风速、空气湿度以及电源电压变动所引起的测量误差，一般在电桥中接入一个补偿元件。

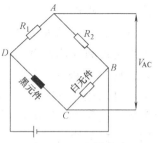

图 10-11 电桥电路

这个元件同催化气体传感器的结构相同，所不同的是其外部不涂催化剂，其因外部呈白色常称为白元件。而接触燃烧式气体传感器外观呈黑色，故常称其为黑元件。当催化气体传感器与可燃性气体接触时，产生燃烧现象，其内阻发生变化，电桥有输出信号，输出信号大小与气体浓度成正比。

2. 电化学气体传感器

利用电化学原理的气体传感器主要采用恒电位电解方式和伽伐尼电池方式工作。即当气体存在于由 Pt、Au 等贵金属电极、比较电极和电解质（固态或液态）组成的电池中时，气体会与电解质发生反应或在电极表面发生氧化-还原反应，而在两个电极之间有电流或电压的输出，凡是利用这类特性来检测气体成分及浓度的传感器，统称为电化学气体传感器。这类气体传感器的特征是它的结构与通常的电池系统类似，而电解质可以是电解质溶液（包括水溶液和非水电解质溶液及固态化电解质凝胶），也可以是固体电解质。

电化学传感器的构成是：将两个反应电极——工作电极和对电极以及一个参比电极放置在特定电解质中，然后在反应电极之间加上足够的电压，使透过涂有重金属催化剂薄膜的待测气体进行氧化还原反应，再通过仪器中的电路系统测量气体电解时产生的电流，然后由其中的微处理器计算出气体的浓度。

目前，可以检测到特定气体的电化学传感器包括：一氧化碳、硫化氢、二氧化碳、一氧化氮、二氧化氮、氨气、氯气、氢氰酸、环氧乙酸、氯化氢等。

3. 光纤气敏传感器

光线气敏传感器的检测方法主要有三类。

1）基于内电解质溶液的酸碱平衡理论。气体进入电解质溶液，使溶液的 pH 值发生变化，通过检测 pH 值的变化实现对气体的检测。一些酸性气体或碱性气体（如 NH_3、SO_3、CO_2、H_2S 等），可用这种方法测量。

2）基于被测气体与固定化试剂直接发生反应的特性。

3）基于膜上离子交换原理，敏感膜可采用中性载体（PVC，Polyvinyl chloride polymer，聚氯乙烯）膜，这类光纤气敏传感器是近年来才发展起来的，由于采用了中性载体，提高了传感器的选择性。

光纤传感器可用于井下瓦斯（甲烷）气体的遥感分析，此外还有用于井下的小型光纤 CO 报警器，可检测空气中硫化氢、二氧化硫等有毒气体的光纤气敏传感器。

4）光学式气体传感器主要包括红外吸收型、光谱吸收型、荧光型等等，常用的主要以红外吸收型为主。红外吸收型的原理是：不同气体分子化学结构不同，对不同波长的红外辐射的吸收程度就不同，因此，不同波长的红外辐射依次照射到样品物质时，某些波长的辐射能被样品物质选择吸收而变弱，产生红外吸收光谱，故当知道某物质的红外吸收光谱时，便能从中获得该物质在红外区的吸收峰。同一种物质不同浓度时，在同一吸收峰位置有不同的吸收强度，吸收强度与浓度成正比关系。不同气体分子化学结构不同，对应于不同的吸收光谱，而每种气体在其光谱中，对特定波长的光有较强的吸收。通过检测气体对光的波长和强度的影响，便可以确定气体的浓度。由于不同气体对红外波吸收程度不同，通过测量红外吸收波长来检测气体。目前因为它的结构关系一般造价颇高。

其他比较常用的气敏传感器还有热传导式、红外线吸收散式等。

10.3　化学离子选择电极及其应用

10.3.1　引言

在已有的电位型化学传感器中，离子传感器是研究最多且最成熟的，它也称作离子选择电极（ion-selective electrode，ISE）。ISE 设计为对某种特定离子具有的响应要大于对其他离子的响应。这是一种电位型测定装置，即相对于合适的参考电极所测得的电极电位，与待测离子的活度（或浓度）的对数成正比，此类装置通常具有快速的响应。多数 ISE 具有线性区域约 $10^{-6} \sim 1\text{mol/L}$，其作用机制按照浓差电池原理，其中含一选择性膜产生一定电位，这是由待测离子透过该膜的浓度差造成的。与其他类型的传感器相比，离子选择电极具有方便、快速、灵敏、较准确及价格低廉等优点，特别适合于现场在线分析检测，因此受到了国内外很多分析者的重视，对这方面的研究也越来越多，很多离子选择电极已经进入了商业化使用，这是其他类型的传感器无法比拟的。

根据电极薄膜的不同形式分类，可分为固态（密封的）电极、气体敏感电极、液体薄膜电极，其中液体薄膜电极又分为传统的液体薄膜电极和塑料液体离子交换电极（通常称为 PVC 薄膜电极）；根据是否要求独立的参比电极分类，可分为复合电极和分体式电极两类。离子选择电极分类如图 10-12 所示。

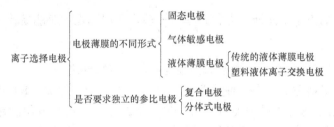

图 10-12　离子选择电极分类

固态电极是离子选择电极的最基本形式，它有永久安装在电极端部的敏感膜，通过此膜产生离子电位，电极用于测定各种形态的离子。固态电极对于多数无机药剂是耐用的，并可用于一些有机溶剂。固态电极无需充填溶液因此可以干储存，事实上无需维护，附带一条抛光带可以用来清洗电极。气体敏感电极用于含有溶解的气体的溶液，气体敏感电极有渗气而不渗离子的薄膜（通常用硅橡胶制成）。可溶性气体通过薄膜扩散到小体积的填充液中，填充液是每种电极特有的。气体与填充溶液反应，使填充溶液的 pH 值改变。这一改变则由内部 pH 敏感元件测量。液体薄膜电极的特点是以惰性多孔膜储存不溶水的液体离子交换剂。这种薄膜使样品和液体离子交换剂能够接触但尽量将混合减至最小。

复合电极把敏感和参比元件置于一个探头，十分方便。适用于在不宜放两支电极的地方进行测量，例如，氯化物型复合电极用于确定水中残留氯气。而分体式电极由离子选择电极半电池和参比电极半电池组成，可选择单液接或双液接参比电极。单液接电极含有均匀迁移的各种盐溶液，具有与标准甘汞电极相当的电位。双液接电极能改变外填充溶液以防止与样品的相容性问题，用于测量腐蚀剂和有机溶液很理想。

其中最常用的离子选择电极是晶体膜电极，其敏感膜是由导电性难溶盐的晶体制成，厚约 $1\sim2\text{mm}$，如氟化镧、硫化银、卤化银等。晶体膜电极因膜材料性质不同又分为均相膜电极和非均相膜电极两类。均相膜电极的敏感膜是由一种纯固体材料单晶或单种化合物或几种化合物均匀混合压片制成的。非均相膜电极除上述电活性物质外，还有高混合惰性支持体。

氟离子选择电极是最具代表性的均相晶体膜电极，目前已有性能很好的商品，它与 pH 玻璃膜电极是现阶段性能最理想的两种电极。

离子选择电极在生物、医学、工业、农业、海洋、地质、气象、国防等领域有着越来越重要的应用，已成为分析化学中一个重要的检测方法和手段，随着计算机技术的广泛应用，离子选择电极的应用将更加广泛和趋于自动化。

10.3.2　离子敏选择电极的原理及基本构造

1. 能斯特（Nernst）方程

离子选择性电极（ISE）具有将溶液中某种特定离子的活度转换成一定电位的功能。人们把电极的电位随离子活度变化的特征称为响应。若电极电位响应变化服从于能斯特方程式，这种响应就称为能斯特响应。即

$$E=E^0+\frac{RT}{nF}\ln\left(\frac{a_{Ox}}{a_R}\right) \tag{10-5}$$

式中，E^0 为常数；E 为电池电动势；n 为转移电子数；R 为常数，$R=8.314\text{J}/(\text{mol}\cdot\text{K})$；$F$ 为法拉第常数，$F=96487\text{C/mol}$；T 为温度；a_{Ox}、a_R 为活度，即理想的热力学浓度。

若电极的电位响应小于能斯特方程斜率（$\frac{RT}{nF}$），我们称之为亚能斯特响应，反之，就称为超能斯特响应。

具有能斯特响应是膜/水界面离子选择性电极的基本特性之一。

科研工作者在早期考虑了在一种浓度下氧化类（Ox）或还原类（R）电极的电位，浓度通常为 1mol/L。现在考虑不同浓度对电极电位产生的影响，这对电位测定法在分析中的应用是非常重要的。基本能斯特方程是从基础热力学方程导出对数关系式，其方程如下

$$\Delta G=RT\ln K$$

所以，半电池反应可写作

$$Ox+ne^-=R$$

能斯特方程式如下：

$$E=E^0+\frac{RT}{nF}\ln\left(\frac{a_{Ox}}{a_R}\right) \tag{10-6}$$

式中，ΔG 为吉布斯（Gibbs）自由能；e^- 为电子；K 为平衡常数，对于稀溶液可取作和（通常）浓度一样的值。

通常以 10 的次方关系来表示浓度更加有用，所以较多采用以 10 为底数的对数关系式而较少采用以 e 为底的自然对数关系式。因此将能斯特方程改写为

$$E=E^0+2.303\frac{RT}{nF}\log_{10}\left(\frac{[Ox]}{[R]}\right) \tag{10-7}$$

式中常数取为：$R=8.314\text{J}/(\text{K}\cdot\text{mol})$ 和 $F=96486.7\text{C/mol}$。T 为温度值。而对还原性物质，R 通常是金属，在这种情况中有一恒定浓度（活度）为 1。故在取 T 为 293K 时的能斯

特方程简化为

$$E = E^0 + 0.06 \lg [\mathrm{Ox}] \tag{10-8}$$

在实际中遇到的情况可将上式普遍化。式中 E^0 和 $2.303RT/nF$ 可以是未知量也可能偏离理论值：

$$E = K + S \lg [\mathrm{Ox}] \tag{10-9}$$

此方程为能斯特方程非常实用的形式。

2. 离子敏选择电极基本构造

如图 10-13 所示，电极腔体是用玻璃或者高分子聚合物材料制成的，敏感膜用粘结剂或机械方法固定于电极腔体的顶端，内参比电极常采用银-氯化银丝，内参比溶液一般为响应离子的强电解质和氯化物溶液。

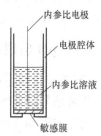

图 10-13　离子选择
电极的基本构造

将离子选择电极侵入含有一定活度的待响应离子的溶液中时，选择性敏感膜仅允许响应离子（待测）由薄膜外表面接触的溶液进入电极内部溶液。而内部溶液中含有一定活度的平衡离子，由于薄膜内外离子活度不同，响应离子由活度高的试样溶液向活度低的内充溶液扩散时会有一瞬间的通量，因离子带有电荷，此时电极敏感膜两侧电荷分布不均匀，即形成了双电层结构，产生一定的电位差，亦称作相间电位，此电位即为离子选择电级的电极电位。其与溶液中响应离子的活度之间的定量关系符合 Nernst 方程，其电极电位为

$$E = k \pm \frac{RT}{nF} \ln a_i \tag{10-10}$$

式中，E 为电极的电极电位；k 为常数项；R 为摩尔气体常数，$R = 8.31441 \mathrm{J} \cdot \mathrm{mol}^{-1} \cdot \mathrm{K}^{-1}$；$T$ 为热力学温度；F 为法拉第常数，$F = 96486.7 \mathrm{C} \cdot \mathrm{mol}^{-1}$；$a_i$ 为响应离子的活度。

如果以常用对数表示，并将有关常数代入式（10-9），可写为

$$E = k \pm \frac{0.059}{n} \lg a_i \ （25℃） \tag{10-11}$$

这是离子选择电极定量计算的最基本关系式。

单个电极的绝对电势目前是无法测量的，只有当两个半电池之间用导线连接才能组成一个完整的电测量回路。测定时，一般将离子选择电极与外参比电极（常用饱和甘汞电极）组成电池，在接近零电流条件下测量电池电动势（复合电极则无需另外的参比电极）。由于参比电极产生固定的参比电势，因此通过测量电池的电动势就可以计算出试样溶液中待测离子的活度。由于在外参比电极与试液接触的膜（或盐桥）的内外两个界面上也有液接电位存在，所以测得的电位值还包括这一液接电位。因此，在测量过程中，应设法减小或保持液接电位为稳定值，从而不影响测量结果。离子选择电极的典型测量装置如图 10-14 所示。

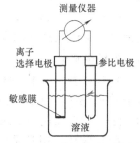

图 10-14　典型的离子选择
电极测量装置图

离子选择电极直接测定某一离子的活度。溶液中某物质的浓度是指一定体积或质量溶液（溶剂）中含有某物质（溶质）的实际数量。实际上，分散在溶液中的离子之间会发生相互作用，这种"作用"将会使某种离子的物理或化学性质受到"约束力"，削弱了它们本身参

与化学反应或离子交换的作用。这时离子的真实浓度会变得小于理想浓度。这种"有效"的真实"浓度"称为活度。活度与浓度之间的偏差可用活度系数来校正。两者之间的关系可表示为

$$a_i = r_i c_i \qquad\qquad (10\text{-}12)$$

式中，a_i 为某种离子 i 在溶液中的活度；c_i 为 i 离子的浓度；r_i 为 i 离子的活度系数（又称校正系数）。

活度系数随离子强度的改变而发生变化，当溶液的离子强度保持不变时，离子的活度系数也为一恒定值，这一关系在离子选择电极分析中非常重要。

10.3.3　pH 玻璃电极

pH 玻璃电极是一种不同于包括氧化还原体系的电极，它是将溶液中 H 离子活度转换为一定电势信号的化学传感器。pH 玻璃电极是一种既古老又年轻并广泛应用的电化学分析仪器，它是一种非晶体膜电极。它的产生可追溯到一个世纪以前，发展至今仍居 pH 测量仪器的首要地位。pH 玻璃电极首先由 Cremer 和 Haber 等人研制成功，并随其配套仪器的完善而投入使用，从而推动了整个电分析化学的发展。

前期 pH 测量大都应用液体充填式玻璃电极。随着需要测量 pH 值的领域的日益广泛，要求玻璃电极对环境的适应性必须增强，传统玻璃电极容易破碎的缺点便日渐突出。为了克服液体充填式玻璃电极这一大缺点，科学家们纷纷试图研制全固态玻璃电极以及非玻璃型 pH 电极（如金属-金属氧化物 pH 电极、溶剂聚合膜中性载体 pH 电极、氢离子敏感场效应晶体管、光纤 pH 传感器等）。总体看来，每一种非玻璃型 pH 电极的综合性能目前还没有超过玻璃 pH 电极，其应用范围很受限制，所以在 pH 测量过程中，pH 玻璃电极仍为使用首选。特别是在食品与发酵、临床医学、美容以及造纸业都有广泛使用。

1. 玻璃电极的结构组成与性能

pH 玻璃电极是最早用来测定溶液酸度的一种离子选择性电极。发展至今，电极的形式虽变化各异，但其基本结构主要都是由以下几部分组成：

（1）**敏感玻璃膜**　这是电极的关键部分，它起到将溶液中离子浓度转变成电压信号（膜电位）的作用。

（2）**内导体系**　它的作用是将膜电位稳定地传输，通常由内参比电极和内参比溶液组成，也有用金属导体与膜直接接触的。

（3）**导线**　将内导体系传输的膜电位馈送到仪器，由于敏感膜上产生的直流信号的内阻很高（最高可达 1000Ω），因此要用高绝缘的屏蔽线。

（4）**腔体**　通常是由高绝缘的、化学稳定性好的玻璃制成。传统 pH 玻璃电极的结构是在腔体管（电极支杆）的一端熔接着很薄的球泡状敏感玻璃膜，腔体内装有内参比溶液（常用含 KCl 的混合磷酸盐缓冲溶液）和内参比电极（银/氯化银电极或甘汞电极），如图 10-15 所示。

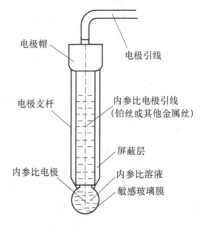

图 10-15　传统 pH 玻璃电极的结构

随着玻璃电极应用领域的不断扩大，为适应临床医学及生物化学等领域的需要，玻璃电极的制作工艺一直朝微型、甚至超微型方向发展。玻璃电极按其大小可分为通用型、小型、微型、超微型；按其构形可分为球泡形、锥形、平板形、针形、矛形、毛细管形等。这些电极不论种类如何多，形状如何变化，都没有超越内充液体这一制作工艺，其结构仍然属于液体接触式。

液体接触式玻璃电极的内部溶液分别与内参比电极和玻璃膜间存在电势差。随着腔体玻璃及膜玻璃与被测溶液之间相互作用，内部溶液的成分在不断地变化，且内参比电极的性能也在逐渐变化，因此内部的电势差实际上并不是随时间的推移而保持恒定，从而影响电极的稳定性，使其不能在高温下操作。同时，内部电势随时间逐渐漂移又要求不断地标定玻璃电极，这不仅使它们的应用复杂化，并且许多情况下不可能长时间使用，在连续自动控制中电极的互换性也受到电势漂移的影响。此外，液体接触式玻璃电极还具有其他明显的缺点，如不能在多种空间位置使用，在摇晃、旋转、振动状态下及在介质温度骤变或在有辐射的条件下它们的性能变得很差，很容易破碎，且碎后其内充溶液会污染被测液，这些缺点极大地限制了其在医学上的应用。液体接触式玻璃电极内部的参比电极需使用贵金属（如铂或银），增加了电极的制造成本。与液体充填式玻璃电极相比较，固体接触式玻璃电极具有很多优点：

1）固体接触式玻璃电极在任何空间位置都能使用，可以垂直、水平、甚至上下颠倒使用，并且能够经受住旋转、震动、摇晃、甚至失重。

2）许多这种类型的电极能够在超过 100℃ 或在低于 0℃ 下使用，这分别有利于高温消毒和冬季运输。

3）电极响应快，一般不超过 20s，时间稳定性和电势重现性往往高于液体充填式玻璃电极。

4）电极一旦破损，不会污染被测物。

5）在制作工艺上比内充液体式玻璃电极更易微型化。

6）很多电极构造中不需要贵金属，价格低廉。

由此看来，固体接触式玻璃微电极更值得推广，尤其是医学领域。

2. 玻璃电极目前情况

目前最有应用前景的还属改良的玻璃电极，尤其是内部固体接触式玻璃电极，这种电极已于 20 世纪 80 年代开始发展。1985 年 Feldly 和 Nagy 采用 AgF 接触玻璃敏感膜，1990 年 Cheng 等人采用银胶接触玻璃膜，1995 年范宏斌、余瑞宝采用银导电胶和银丝代替内溶液和内参比电极，分别制得固体接触型 pH 玻璃电极。但这些方法工艺较复杂，电极性能不理想（如电位不稳定），至今未见有定型产品面世。内部碱金属合金固体接触式玻璃电极国内尚罕见报道。国外 20 世纪初，Trumpler 使用碱金属作为内部接触物质研制出玻璃电极，但这种电极如在溶液中破损将会爆炸。20 世纪后期，俄罗斯科学家相继研制出 3 种具有可逆性的固体材料与电极玻璃膜的接触型玻璃电极：碱金属合金/玻璃、玻璃/玻璃、氧化铜/玻璃，其中碱金属合金/玻璃之间的电化学可逆性接触具有良好的特性而被常用。

现今，国内已开始进行固体合金电极的研制，但还未完全引进医用微型玻璃电极的技术及制造工艺。至于医用微型玻璃电极，从 20 世纪 80 年代开始，前苏联科学院列宁格勒硅酸盐研究所与列宁格勒大学进行了这方面的研究，当时主要用于观察宇航员在飞行过程中胃内

pH 值的变化和克里姆林宫保健局为高干诊断疾病用,研究与生产均处于保密状态。苏联解体后,此工作陷于停顿。1992 年,大连轻工业学院与俄罗斯科学院圣·彼得堡硅酸盐研究所以及圣·彼得堡大学签订了合作研究协议,同 Shultz 院士和 Belystin 教授合作,进行了固体可逆接触式微型玻璃电极成分与性能的研究,并与 Lepnev 博士协作,试制出微型玻璃电极样品,已获得中国专利(实用新型)。

10.3.4 晶体膜电极

1. 晶体膜电极的结构及其工作原理

晶体膜电极的薄膜一般都是由难溶盐经过加压或拉制成单晶、多晶或混晶的活性膜。由于制备敏感膜的方法不同,晶体膜电极可细分为均相膜电极和非均相膜电极两种。前者由一种或几种化合物的晶体均匀组合而成,而后者除了晶体敏感膜外,还加入了其他材料以改善电极传感性能,例如加入某种惰性材料,如硅橡胶、聚氯乙烯、聚苯乙烯、石蜡等,其中电活性物质对膜电极的功能起决定性作用。电极的机制是,由于晶格缺陷(空穴)引起离子的传导作用。接近空穴的可移动离子移动至空穴中,一定的电极膜,按其空穴大小、形状、电荷分布,只能容纳一定的可移动离子,而其他离子则不能进入。晶体膜就是这样限制了除待测离子外其他离子的移动而显示其选择性。

跟其他离子选择性电极类似,晶体膜电极由电极管、内参比电极、内充液和敏感膜四部分组成,常见结构如图 10-16 所示。

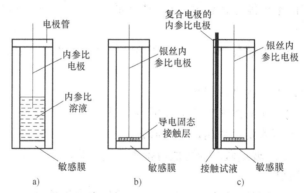

图 10-16 晶体膜电极结构

a) 带内参比溶液电极 b) 无内参比溶液电极 c) 复合电极

2. 氟离子选择性电极

LaF_3 很早就被用来作为固体电解质的离子选择电极,由于其灵敏度高,操作简便、干扰较少,并能在连续自动分析中使用,颇受科研工作者的重视。它主要用于室温检测溶液中氟离子浓度。目前已研究了数十种离子选择电极,多数已得到广泛的应用。我国稀土资源丰富,微量稀土元素加入钢、铸铁和有色金属中,将改善这些材料的多种性能,这就需要对其中的稀土元素进行有效的监测。LaF_3 作为固体电解质可构成稀土元素镧的成分传感器,对熔体铝或碳饱和铁液中的镧进行检测,通过电池的电动势,计算出其中镧的活度。近年来还将 LaF_3 单晶、薄膜做成室温工作的固体电解质传感器,进行室温气体中的氟、氢、氧、一氧化碳的研究等。

基于以上原因,LaF_3 单晶敏感膜的氟离子选择性电极比较常见,其敏感膜为厚约 1~

2mm 的 LaF_3 单晶，掺杂少量 EuF_2 或 CaF_2 以增加膜导电性。[18]F 同位素实验证明是晶格内 F^-（非 La^{3+}）的移动使 LaF_3 单晶在室温下具有离子导电性，因 F^- 离子半径小且电荷小，易脱离原位并微移，导致空穴导电。内参比溶液一般为 0.1mol/L NaCl + 0.1mmol/L NaF，其中 Cl^- 的加入是为了稳定 Ag/AgCl 内参比电极的电位；F^- 的加入是为了稳定单晶 LaF_3 膜内参比溶液一侧的膜电位。该电极的膜电位满足

$$\Delta\varphi_F = -\frac{RT}{F}Ln\frac{\alpha_{F^-,\text{外}}}{\alpha_{F^-,\text{内}}} = K - \frac{RT}{F}\ln \alpha_{F^-} \tag{10-13}$$

该电极在 α_{F^-} 约为 $0.1\sim5\times10^{-7}$mol/L 的范围呈能斯特响应，α_{F^-} 检测下约为 10^{-7}mol/L，接近于 LaF_3 的溶解度。测量时的主要干扰是共存的 OH^-，故需用总离子强度调节缓冲剂（TISAB，total ionic strength adjustment buffer）调解到溶液 pH5～6.5。OH^- 干扰机理为：①因 OH^- 与 F^- 离子半径相当，OH^- 替代 F^- 参与离子交换，产生正干扰；②表面反应 $LaF^- + 3OH^- \rightarrow La(OH)_3 + 3F^-$ 使 LaF_3 晶体膜表面上 F^- 活性增大，产生正干扰。

该电极所用 TISAB 的组成为 1mol/LNaCl + 0.25mol/L 冰醋酸 + 0.75mol/LNaAc + 0.001mol/L 柠檬酸钠水溶液（pH5.0），主要作用是：①维持离子强度；②恒定溶液 pH 值；③掩蔽干扰金属离子，F^- 可与样品中可能存在的 Fe^{3+} 等金属离子配合，而 TISAB 中的柠檬酸盐与 Fe^{3+} 配合释放出游离 F^-（也可用 EDTA 钠盐取代柠檬酸盐）。

3. 其他晶体膜电极

（1）Ag_2S 晶体膜电极　将 Ag_2S 粉末压制成 Ag_2S 膜，可制成膜电极响应 Ag^+ 和 S^{2-}。Ag_2S 晶体具有离子导电性，Ag^+ 为其离子导电性的电荷传递者。

Ag_2S 晶体膜电极可以定量测量 Ag^+、S^{2-}、CN^- 活度。

（2）Ag_2S-MS 晶体膜电极（$M^{2+} = Cu^{2+}$、Cd^{2+}、Pb^{2+}、…）　将 Ag_2S 和 MS 粉末混合物压制成膜，该膜可敏感 M^{2+}。

（3）Ag_2S-AgX（X=Cl，Br，I）晶体膜电极　因 $K_{SP}(AgX) \ll K_{SP}(MS)$，故

$$a_{Ag^+} = \frac{K_{SP}(AgX)}{a_{X^-}} \tag{10-14}$$

$$\Delta\varphi_M = K + \frac{RT}{F}\ln a_{Ag^+} = K'''' - \frac{RT}{F}\ln a_{X^-} \tag{10-15}$$

这里 AgX 也具有离子导电性，故 AgX 膜对银离子和卤素阴离子也有能斯特响应，加入 Ag_2S 是为了降低电极内阻和 AgX 的光敏性，改善电极性能。

10.3.5　活动载体膜电极

活动载体电极是指其活性材料是一种带有电荷的或电中性的能在膜相中流动的载体物质，亦称为液态膜电极。

液态膜电极与晶体电极、玻璃电极明显不同，它是由浸有某种液体离子交换剂的惰性多孔膜作电极膜制成的。通过液膜中的敏感离子与溶液中的敏感离子交换而被识别和检测。如图10-17 所示。

活性载体物质一般溶解在有机溶剂（如磷酸硝基芳香族化合物等）中并浸在惰性微孔膜支持体上，惰性微孔膜用烧结玻

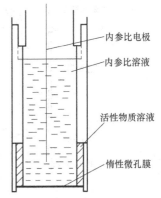

内参比电极
内参比溶液
活性物质溶液
惰性微孔膜

图 10-17　液态膜电极结构图

璃、陶瓷或高分子聚合物制成，膜材料厚约 $0.1\sim2mm$，膜上分布孔径小于 $1\mu m$ 的微孔，孔与孔之间上下左右彼此相连。敏感膜经过化学处理是疏水性的。液态膜将试液和内充液隔开，活性载体物质选择性的与待测粒子发生选择性离子交换反应或形成络合物。如图 10-18 所示。I^+ 为待响应离子，可自由的迁移通过膜界面，活性载体离子 S^- 被陷于有机膜相中。待测溶液中的共存离子 X^- 被排除在膜相之外。由于只有响应离子能通过膜，从高浓度向低浓度扩散，因此破坏了两相界面附近电荷的均匀性，建立双

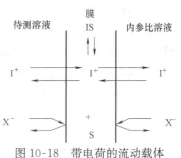

图 10-18　带电荷的流动载体膜电极结构示意图

电层，产生相间电位。其选择主要取决于活性载体与响应离子形成的络合物的稳定性及响应离子在有机溶剂中的活度。

液膜电极的显著优点是：改变敏感膜中的活性物质，可以制成对各种离子敏感的电极，拓展了可测定离子的范围，提高了离子选择电极的选择性。因此，液体膜电极已成为近年来离子选择电极发展的主要方向之一，其中活性物质离子在体积离子交换剂中一直是研究的热点和重点。

根据活动载体膜电极的荷电性，活动载体膜电极又分为带正电荷的载体电极，如硝酸根离子电极等；带负电荷的载体电极，如钙离子电极等；中性载体电极，如钾离子电极等。

1. 钙离子选择电极

1967 年 Ross 首次研制了液态膜钙离子选择电极，使得离子选择电极的研究有了重大突破，在离子选择电极发展史上有着重要的历史意义。钙的生理作用广泛而复杂，在此之前一直缺乏直接测定离子化钙的方法，钙离子选择电极的成功研制使许多与钙代谢有关的疾病的研究成为可能。

电极结构：电极中内充液为 $0.1mol/LCaCl_2$ 水溶液，插入 Ag/AgCl 丝构成内参比电极。液体离子交换剂为 $0.1mol/L$ 磷酸二癸钙溶于二正辛苯基磷酸中，底部用多孔膜如纤维素、渗析管、素烧瓷片、烧结玻璃等插入含钙离子待测液中，即构成钙离子选择液膜电极。图10-19中是两种常用的钙离子选择电极。其中流通钙电极具有稳定性好、平衡时间短、所需样品体积小等优点。

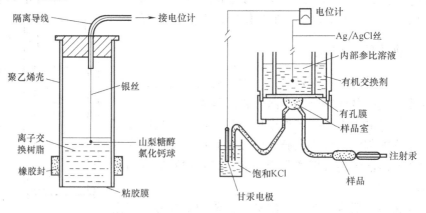

图 10-19　钙离子选择电极

2. 中性载体膜电极

在生物体中所发现的各种环状、链状的抗生素，具有诱导离子穿过生物膜的功能，它们能够载着离子沿着离子梯度相反方向把离子从低浓度区域带到高浓度区域。

1969 年，瑞士科学家 Simon 等根据中性载体（具有未成对电子）抗菌素分子对碱金属离子具有选择性络合作用原理，制成了以缬氨霉素为活性材料的中心载体液态膜钾离子电极。这种电极的抗钠离子干扰性能要比钾离子玻璃电极好。之后我国也相继研制了硝酸根离子和氟硼酸根离子选择电极，其性能超过了国外的商品电极。1971 年，Moody 及 Thomas 等首先将液态膜电极的活性材料固着在聚氯乙烯（PVC）膜相中，制成 PVC 膜电极，从而将液态膜电极改进为使用方便的塑料膜电极，大大提高了电极的性能。具体地说，PVC 膜电极具有下列优点：

1) 使用寿命长，一般可达半年至一年；

2) 耗费活性材料少；

3) 电极膜电是不受压力及机械搅动的影响；

4) 电极膜容易洗干净。

早期的非 PVC 液膜电极存在着液膜中液体离子交换剂流失造成电极性能不稳定和电极使用寿命短、电极制作困难和价格昂贵的缺点，而 PVC 膜电极制作把离子交换机与有机溶剂固定在惰性基体 PVC 膜片上，模糊了"液膜"与"固膜"的界限，弥补了非 PVC 液膜电极的不足。

3. 带正电荷的载体电极

与阳离子相比，阴离子选择电极一直是研究的难点。近年来，这方面的研究取得了较大的进展。Gorski 等以萨罗汾锆（zirconium（IV）-salopHens）为活性物质制成的电极对氟离子具有非常高的选择性。Ortuño 等研究了以三胺（2-氨基乙基）为离子载体的 NO_3^- 离子选择电极，该电极的选择性比现有的 NO_3^- 电极提高了近 10 倍。Park 等将三氟乙酰癸基苯与亲油性的阴离子交换剂混合固着到 3-异氰基丙基-三乙氧基甲硅烷与十六烷基-三甲氧基甲硅烷和混合溶胶-凝胶膜上，制成 CO_3^{-2} 电极的选择性远远高于以同样材料为活性物质的 PVC 膜电极。Shin 等制成了基于环氧聚氨树脂的 Cl^- 的分析。Broncova 等将中性红电聚合到铂电极上，该电极对柠檬酸根具有很好的选择性，可用于饮料中柠檬酸根的检测。

此外，除了最常用的聚氯乙烯膜基体外，一些具有优异性能的新的膜基体如硫系玻璃、硅橡胶、环氧聚氨脂橡胶、聚砜等也相继出现，大大扩展了液膜电极的应用范围。目前，在实际分析中应用较多的液态膜电极有 Ca^{2+}，Mg^{2+}，Cu^{2+}，Pb^{2+}，Hg^{2+}，Na^+，K^+，NH_4^+，NO_3^-，Cl^- 等离子电极。

Freiser 等在 PVC 液膜电极的基础上，提出了结构简单的涂料电极，它是一种不需要内参比溶液的微量毛细管式电极，其结构和体积得到了简化小型化（见图 10-20）。该电极对特定离子的相应同样符合 Nernst 方程式，选择性能与 PVC 膜电极相似，有时表现出比 PVC 更高的选择性，它特别适用于生物、医学和环境科学的研究领域。

随着超分子学科的发展，冠醚、环糊精、杯芳烃及分子印迹聚合物等具有高度选择性的功能大分子活性载体物质的开发为离子选择性电极

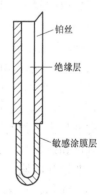

铂丝

绝缘层

敏感涂膜层

图 10-20　微量膜
电极结构图

的应用开辟了更广阔的前景。

10.3.6 离子选择性场效应晶体管

离子选择性场效应晶体管（ion-sensitive field effect transistor，ISFET）传感器的结构与原理：离子选择性电极是利用离子感应膜发生的膜电位（也称为界面电位）来进行检测的。正是利用这种感应膜才得到了 ISFET。这种器件利用离子或分子选择性敏感膜层取代金属-氧化物-半导体场效应晶体管的栅极。利用绝缘层直接与溶液相接触，也可获得离子选择性响应，即去掉 MOS 结构仪器的金属电极，并用作为栅极的离子感应膜来取代它。利用的是通过溶液中的特定离子能使此膜的界面产生膜电位，而此膜电位又能引起沟道电流变化这一现象。所以 ISFET 传感器是在 MOSFET 基础上制成的对特定离子敏感的离子检测器件，是集半导体制造工艺和普通离子电极特性于一体的新型传感器，其结构和测量的电路如图 10-21 所示。

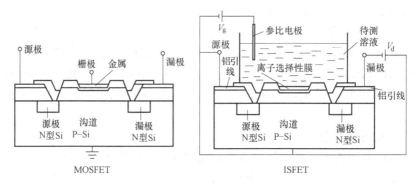

图 10-21　ISFET 结构和测量电路图

在一高纯 P 型薄硅片上扩散两个高掺杂的 N 形区，分别作为源极 S 和漏极 D，源漏极间的硅片表面覆盖氧化物 SiO_2 薄层（有时其上还有 Si_3N_4），再沉积一金属层，构成栅极 G。这样栅极到硅片为金属-氧化物-半导体机构。在栅极/源极间施加电压 V_g、漏极/源极间施加电压 V_d，则流过漏极/源极的电流 I_d 是 V_g 和 V_d 的函数。若将金属栅极去掉，代之以离子选择性电极的离子敏感膜，并经待测溶液和参比电极组成栅极/源极回路，则离子敏感膜/溶液界面的膜电位将叠加在 V_g 上，并引起 I_d 信号的变化。在 MOSFET 的非饱和区内 I_d 与响应离子的活度之间仍有类似于能斯特公式关系，这就是 ISFET 定量测定的基本原理。

ISFET 的电流电压特性如图 10-22 所示，漏极电流 I_d 在漏源之间的电压 U_{ds} 低时，依赖于 U_{ds} 而流动，但 U_{ds} 升高时，由于漏极一侧的耗尽层宽度变大，便与 U_{ds} 无关而趋于饱和（饱和区域），以公式表示如下：

非饱和区域：

$$I_d = C[(U_{gs} - U_T)U_{ds} - U_{ds}^2/2]$$

$$(10-16)$$

饱和区域：

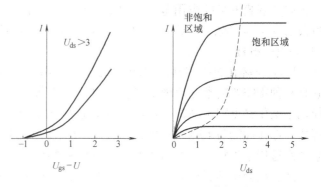

图 10-22　ISFET 电流电压特性图

$$I_d = C \ (U_{gs}^* - U_T)^2 / 2$$
$$U_{gs}^* = U_{gs} + \ (\Phi_0 - \Phi_r) \tag{10-17}$$

式中，U_T 为绝缘物与半导体之间的阈值电压；C 为由 FET 尺寸所决定的常数；U_{gs} 为栅压（偏压）；Φ_0 为参比电极电位；Φ_r 为感应膜界面电位。

若 Φ_0 不变，则 I_0 随着 U_{gs} 而变化。另外，当 U_{gs} 不变时，I_d 随着 Φ_0 而变化。如果把 Φ_0 项包括在 U_T 中，阈值电压 U_T 可能发生位移。

ISFET 有下列特点：

1) 离子敏感膜沉积在微小硅片上，可制成全固态结构。体积和质量与普通晶体管相似，可以使离子选择性电极微型化。

2) 在一片硅片上排列几种离子敏感材料，可发展成多元敏感微型探针。

3) 没有内参溶液，适应的温度范围宽，尤其对高温、高压测定有利。

4) 器件杂散电容小，工作频带宽，且可将其设置在低输入阻抗的前置放大器内，制成集成电路，测量线路简单。

ISFET 栅极上的离子敏感选择性膜是决定 ISFET 工作性能优劣的关键，但是它的专一性不是绝对的，会不同程度地受到干扰离子的影响，因此 ISFET 的性能指标应该反映这方面的性能。

1. 能斯特（Nernst）响应

ISFET 的功能是将溶液中被测离子的活度转换成一定的电流（电压）输出。换句话说，ISFET 的漏极电流（或输出电压）随着离子活度的变化而变化，这种现象称为响应。在一定的离子活度变化范围内，如果这种响应符合 Nernst 方程，就称为 Nernst 响应。它的特点是溶液中离子活度的对数与 ISFET 的漏极电流（或输出电压）呈线性关系

$$I_{ds} = a \ (k + E_{REF} \pm \frac{RT}{z_i F} \ln a_i) \tag{10-18}$$

式中，a，k，E_{REF} 分别是与器件几何尺寸、结构、栅源电压、漏源电压等有关的常数；R，T，z_i，F，a_i 分别表示气体常数，绝对温度，离子的价数，法拉第常数，待测离子的活度。

2. 选择系数

ISFET 的 Nernst 响应是依靠离子敏感膜上的某种响应离子的交换反应和膜内电荷的迁移来完成的。但是在实际的体系中，一般情况下总是存在着多种离子。如果非待测离子也参与上述两种过程，将对检测产生干扰。为了进一步说明这个问题，采用如下普遍的 Nernst 方程

$$\phi_I = \phi_0 \pm \frac{2.303 RT}{z_i F} \lg \left[a_i + \sum k_{i,j} a_j^{z_i / z_j} \right] \tag{10-19}$$

式中，ϕ_I 是 Nernst 电位，其值取决于敏感膜材料、离子吸附、离子交换等因素；ϕ_0 为常数；a_i，a_j 分别表示待测离子和干扰离子的活度；$k_{i,j}$ 为选择系数，它表示非待测离子所引起的干扰，是判断器件选择性优劣的重要标准。多种干扰离子的存在所产生的误差可由下式进行估计

$$误差 = \frac{k_{i,j} a_j^{z_i / z_j}}{a_i} \times 100\%$$

当 $k_{i,j} \ll 1$ 时，表明器件对待测离子的选择性好；

当 $k_{i,j}=1$ 时，表明器件对待测离子和干扰离子的影响相等，选择性差；

当 $k_{i,j}\gg1$ 时，表明器件对干扰离子的响应超过了待测离子。

显然，我们希望 $k_{i,j}$ 越小越好。

电位选择性系数的测定方法主要有分别溶液法和混合溶液法两种，前者指干扰离子和待测离子分别在不同溶液中测量，后者则在同一个溶液中测量。两法测的结果不完全相同，且电位选择性系数并非一个严格的常数，只是针对特定条件下的干扰离子对被测主要离子干扰程度的一种量度。

3. 线性范围和检测下限

线性范围是指 ISFET 在测量过程中得到的校正曲线的直线部分，即为符合 Nernst 方程的部分。检测下限是指 ISFET 在溶液中能够测量待测离子的最低活度，也就是校正曲线的直线延长线和曲线的水平切线的交点所对应的活度。

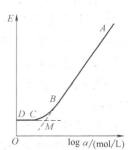

图 10-23　电池电动势 E 对活度 α 的典型响应曲线

实际测量中离子选择性电极只是在一定的活度区间与被测离子活度的对数呈线性关系。受共存离子、试剂空白、活性物溶解度等的影响，活度太低或太高时会偏离这种线性关系曲线。若以被测离子浓度取代活度作图，则往往比被测离子活度的线性区域更窄些，以离子选择性电极和参比电极组成的电池进行测试，电池电动势 E 对活度 α 的典型响应曲线如图 10-23 所示。线性范围即 AB 段所对应的活度范围，B 点以下的活度改变所引起的电位变化变得越来越小，在 DE 段几乎不敏感。分别将 AB 线和 DE 线延长交至 C 点，C 点对应的离子活度就是该离子选择性电极的检测下限。

4. 斜率、转换系数及响应时间

斜率是指 Nernst 响应范围内，待测离子的活度变化 10 倍时所引起电位的变化值。它反映了 ISFET 的转换功能。响应时间一般定义为从 ISFET 和参比电极接触到待测溶液起，到器件输出电压比稳定电压相差 1mV 所需的时间，也有定义为器件电流值达到平衡值的 95% 所需要的时间。电极响应时间往往在 1s 以内到数分钟范围，一般浓度越高响应时间越短。若先用电极测试一个高的试液浓度，再测低的浓度，测敏感膜内可能有较大的待测离子残留，使膜界面平衡到低浓度试液一般需要较长时间（记忆失效），从而对低浓度测量造成一定影响。所以离子选择性电极测量时，为实现快速稳定的响应需要：恒速搅拌待测溶液以加快传质平衡；一般采用待测浓度由低到高的顺序；测量前须用空白溶液或纯水清洗到空白电位。

影响离子选择性电极响应时间快慢的因素有：①敏感膜的组分和性质；②膜的厚度；③膜表面的光洁度；④参比电极的稳定性；⑤液接电位的稳定性；⑥溶液的组成与浓度（在浓溶液中比在稀溶液中的响应要快）；⑦搅拌速度；⑧温度等。

离子选择电极经过长期使用会逐渐老化，此时电极响应时间延长、斜率偏低而逐渐失效。电极的使用寿命是指电极保持其 Nernst 响应功能的时间长短。影响电极使用寿命的主要因素有：①电极的类型和膜的组成结构；②使用的次数及使用的环境条件，如温度、待测溶液的酸碱性以及干扰离子的污染等。

ISFET 可广泛使用于离子选择性电极的现有离子敏感膜，但与常规离子选择型电极相比, ISFET 是一种高输入阻抗、低输出阻抗的装置, 不需要 pH 机等高阻抗电位测量器, 信号干扰小, 响应时间较快, 易集成, 易微型化, 在生物医学测试中有广泛应用前景。目前, 除了研究各种灵敏度选择性更优的离子敏感膜外, ISFET 的封装、集成化 (包括参比电极) 和多功能化, 减小响应信号的漂移, 提高稳定性和可靠性等是目前 ISFET 研究的主要课题。

10.3.7 离子选择性电极的特点及应用

自 20 世纪初, 离子选择电极被应用以来, 一直都受到分析工作者的广泛重视, 对其研究也不断深入。近几十年来, 离子选择电极的研制技术不断创新, 性能不断完善和发展, 目前已商品化的电极达几十种。离子选择电极的广泛应用是由其特点决定的, 与其他现代定量仪器分析法相比, 离子选择电极具有许多独特的优点。

1. 离子选择电极的特点

1) 离子选择电极的测定不受溶液颜色、浑浊度、悬浮物等因素的影响, 这样可方便的进行原液、原位分析, 很适合需要快速得到分析数据的场合。

2) 分析速度快, 典型的单次分析只要 1~2min。所需设备简单, 操作方便, 仪器及电极均可携带, 适合现场测定。

3) 电极输出为电信号, 不需要经过转换就可以直接方法测量记录。因此, 容易实现自动、连续测量及控制。

4) 电极法测量的范围广, 灵敏度高, 一般可达 4~6 个浓度数量级差, 而且电极的响应为对属性质, 因此在整个测量范围具有同样的准确度。

5) 能制成微型电极, 甚至做成管径小于 $1\mu m$ 的超微型电极, 可用于单细胞及活体检测。

6) 离子选择电极法还有一些独特之处, 离子电极电位所响应的是溶液中给定离子的活度, 而不是一般分析中离子的总浓度。这在某些场合下具有重要的应用。

2. 离子选择电极的应用

总的来说, 离子选择电极的主要应用范围可归纳为科学研究、环境监测、临床医学及工农业生产四大方面。

离子选择性电极是一个半电池 (气敏电极除外), 必须和适当的参比电极组成完整的电化学电池。在一般情况下, 内、外参比电极的电势及液接电势保持不变, 电池的电动势的变化完全反映了离子选择性电极膜电势的变化, 因此它可直接用作以电势法测量溶液中某一特定离子活度的指示电极。表征离子选择性电极基本特性的参数有选择性、测量的动态范围、响应速度、准确度、稳定性和寿命等。离子选择性电极的敏感膜是一种选择性穿透膜, 对不同离子的穿透具有相对选择性。离子选择性电极测定离子所需设备简单, 便于现场自动连续监测和野外分析, 能用于有色溶液和混浊溶液, 一般不需进行化学分离, 操作简便迅速, 可以分辨不同离子的存在形态, 在阴离子分析方面有明显的优点, 已广泛地应用于各种工业分析、临床化验、药品分析、环境监测等各领域, 也是研究热力学、动力学、配位化学的工具。

下面列举离子选择电极在各个领域内的应用情况。

(1) 科学研究方面的应用 离子选择电极反应的是离子的活度, 这为分析化学研究带来了某些不便，但正是由于这一特性，离子选择电极可用于研究生化机理、化学反应的平衡常数，如解离常数、络合无稳定常数、难溶性盐的溶度积常数以及活度系数等，并能作为研究热力学、动力学、电化学等基础理论的工具。目前离子选择电极已经成为许多化学实验室必备的手段。

国内科研工作者提出了一种利用金属阳离子选择性电极测定弱酸强碱盐水解平衡常数的方法，并用 Ca^{2+} 选择电极对 Na_2CO_3，$Na_2C_2O_4$ 的水解平衡常数进行测定，测定值和文献相一致。

随着膜材料研究的发展，不同形式的敏感膜相继问世。无机难溶盐固体膜电极和液体离子交换膜电极不断研制成功，能检测的阳离子数目已达几十种。同时由于离子选择电极具有适应性广、响应快、价格便宜、可与其他仪器共用等特点，使得离子选择电极在各类化学平衡体系的常数测定中有广泛的应用前景。

（2）环境检测方面的应用　在水质和土壤监测中，离子选择电极分析法是仅次于光度法和原子吸收法而被经常有效使用的测定技术之一。离子选择电极作为自动检测仪器的发送器，在水、气的现场连续自动监测、有害气体报警、土壤现场分析等方面，具有突出的优点。一些国家已将若干项电位分析法确定为标准方法。但是由于有些离子选择电极的检测下限不够低，抗干扰能力不够强，某些操作技术条件要求较高，致使其应用还不广泛。但是可以肯定，它的应用和发展前景是十分广阔的。

下面是一个具体例子，汞是一种危害人体健康的重金属，它能够在生物体内累积，通过食物链转移到人体内。最典型的例子就是 1953 年发生在日本熊本县水俣湾的水俣病，最终确认是由附近的化工厂在生产乙醛时排放的汞和甲基汞废水污染造成的。可见汞中毒会对整个社会产生极其恶劣的影响，因此，如今汞优先被列在全球环境监控系统清单上。尤其是海水环境下高浓度的 Cl^- 会引起无机汞和有机汞的络合，这样河流中悬浮物和沉积物中的汞进入海洋后就会解析出来，如此会导致海水中的毒性汞的浓度增大。因而对汞的监测是很有必要的。通过浙江大学生物传感器国家专业实验室与俄罗斯圣彼得堡大学化学传感器实验室的国际合作项目，由俄罗斯圣彼得堡大学制备了新型的硫属玻璃汞离子选择电极通过对汞在水溶液中存在形态可能性的讨论，采用近似海水成分的缓冲溶液体系对汞离子选择电极进行了标定。实验结果表明，在缓冲溶液体系中，自由汞离子浓度和总汞的浓度存在着较好的线性关系。此外，在实际海水体系中由于汞离子浓度和总汞的浓度相差很大，直接利用汞离子选择电极来进行测量，需要对海水中与汞容易形成络合体系的元素进行掩蔽，或者采用富集的方式使得自由汞的浓度提高，在汞离子选择电极的检测下限（$10\sim19mol/L$）以上，利用自由汞和总汞之间的线性关系，可以通过检测自由汞离子浓度来检测海水中总汞浓度，该方法对于海水含量元素的直接在线检测具有重要的实际应用前景。

（3）生物医学分析中的应用　离子选择电极是一种电化学敏感器，它的特点是可对某特定离子做出选择性响应。这里考虑采用"选择性"而不用"特异性"的提法，是因为能够排除所有其他离子的干扰而只对某一种离子有所响应的电极并不多见。如果再进一步加以说明，可以把离子选择电极看成是一个能产生电位的敏感膜。即离子选择膜两侧的溶液存在着电位差，其数值可在零电流条件下进行测定。这个独特而又令人感兴趣的现象，给分析化学开创了一个广阔的领域。最近 15 年来，电位分析法逐渐发展成为一种颇为成熟的分析方法，它的成功发展已经超越了学科之间的界限，事实上它在科学的每一个领域都得到了应用。其中包括它对生物医学分析的渗透，其特点在这里可以得到充分的发挥。

从方法内在的特性来考虑，把离子选择电极用于临床化验，效果是显著的。首先，电极的响应值取决于溶液中离子的活度，而不管其浓度如何。这是很有意义的，因为活度恰好是考虑生物学问题的一个重要物理量。其次，对于像全血这样一些混浊的样品，许多其他的测定方法无能为力，而离子选择电极却能有效地发挥作用。样品中有一些颗粒存在并不影响它的测定，只是在如何选择恰当的标准样品这个问题上有些争议。

以电极为主要元件的分析仪器并未能如所期望的那样为临床医生所接受，原因是多方面的，然而最主要的因素，还在于早期的传感器质量低劣。近年来随着仪器的质量提高，设计更为合理，许多缺点已经得到改进，所以新的仪器就比较受人欢迎。据文献估计，电极型的分析仪器其数量明显增多，使用也已经日渐普遍。此外，由综述文章的数量也可看出涉及离子选择电极的一般文献正以惊人的速度猛增。

离子选择电极在生物化学方面的应用，有着十分引人注目的发展前景。由于对敏感电极及测定装置的基本性质有了进一步的了解，其应用已扩大到药物和生物制药的研究中去。而对于测定装置的标定标准等难题，通过厂家和临床医生共同协商，一定会得到妥善的解决。可插入体内的检测装置也是未来发展的趋势，但是要能得到广泛使用，还有许多问题需要研究。然而，通过临床医生和生物分析化学家的共同努力，实现这个想法则仅仅是个时间的问题。

（4）工农业生产方面的应用　农林部门已利用离子选择电极测定土壤中钾、氨态氮、硝态氨等某些微量元素和有毒元素的含量，盐强度也可利用微型电极测定活性植株中营养离子的转移状况得到。

水质分析是离子选择电极能较好发挥作用的地方。工业用水与废水、天然水中的 10 种离子，例如常见的 K^+，Na^+，Ca^{2+}，Cu^{2+}，Cl^-，F^-，S^{2+} 等均可用相应电极测定，Al^+，SO_2 等可用电位滴定间接测定。在我国，已将 pNa、pCl 电极作为测定火电厂铝炉蒸汽冷凝水 Cl^-，Na^+ 的含量标定方法。卫生部门也把若干种电极法作为环城监测和饮水分析的推广方法，特别是水中的 F，Ca，I 等离子的测定和分离，用电极法较为简便快速。

从离子选择电极的应用情况来看，其未来的发展方向是：

1）继续提高 ISE 的选择性。这是保证被测品不经过特殊分离直接进行测定的基本条件。

2）研制具有长期稳定性、长寿命的坚固耐用的 ISE。这对于工农业生产自动控制、环境在线监测等方面有着重要的意义。

3）开发对身体无毒的微型电极，这是临床分析及药理研究中非常需要发展的电极。如将药物 ISE 用于体内药物有效浓度的在线检测，就可以改变离体测量费时且不能反映基体实际状态的情况，有利于指导合理治疗及用药。体内在线检测要求 ISE 的体积很小，且对身体无毒害作用。

经过一个世纪的发展，离子选择电极的结构及敏感膜材料不断得到改进，性能也越来越完善。随着此电极的选择性及灵敏度的不断提高，ISE 可用于进行微量甚至含量分析。但是，离子选择电极也存在一些不足之处，如有一些电极在测定中易被其他因素干扰，准确度不够高等，这些均影响到离子选择电极在某些领域的使用。随着科研工作者的努力，这些不足将在日后有所改善。

思 考 题

1. 简述化学传感器和生物传感器的区别。

2. 试述概念：气体传感器，气敏元件的选择性，阴离子吸附，阳离子吸附，物理吸附，化学吸附。

3. 影响气体传感器气敏特性的因素有哪些？

4. 简述半导体气敏传感器的概念和分类。

5. 半导体气体传感器的敏感机理有哪些，请简要说明之。

6. 气体传感器有哪些类别？

7. 无机半导体气体传感器的加热电阻丝有什么作用？

8. 简述改善气敏元件的气体选择性的常用方法。

9. 试说明医用二氧化碳气体分析仪的工作原理。

10. 试述离子选择电极在各个领域中的应用。

第11章　前沿传感技术

11.1　概述

传感技术是现代科技的前沿技术，是当今世界令人瞩目的高新技术之一，多学科、多种高新技术的交叉融合，推动了新一代传感器的诞生与发展。发展集成化、微型化、智能化、网络化传感器已成为传感技术的主流和方向。

本章将选择其他章节较少涉及的几种典型的前沿传感技术做简单介绍。受篇幅的制约，大多只介绍相关传感的一般常识，以期抛砖引玉。要了解更全面的知识，请阅读相关参考文献。

11.2　微机电传感器

11.2.1　微传感器

传感器微型化，是当今传感器技术的主要发展方向之一，也是微机械电子（微机电）系统（Micro-Electro Mechanical Systems，MEMS）技术发展的必然结果。MEMS 技术，是当前蓬勃发展的前沿技术，微传感器是目前最为成功、最具有实用性的微机械电子系统装置。微传感器包括三个层面的含义：

1) 单一微传感器。它的一个显著特点就是尺寸小（一般敏感元件的尺寸从毫米级到微米级、有的甚至达到纳米级），在加工中，主要采用精密加工、微电子技术以及 MEMS 技术，使得传感器的尺寸大大减小。

2) 集成微传感器。将微小的敏感元件、信号处理器、数据处理装置封装在一块芯片上，形成集成的传感器。

3) 微传感器系统。包括微传感器、微执行器，可以独立工作。此外，还可以由多个微传感器组成传感器网络或者通过其他网络实现异地联网。

微传感器具有一系列的优点：①体积小，重量轻；②功耗低；③性能好；④易于批量生产，成本低；⑤便于集成化和多功能化；⑥提高智能化水平。

11.2.2　微机电传感器的基础理论和技术基础

微机电传感器技术不仅涉及元件和系统的设计、材料、制造、测试、控制、集成、能源以及与外界连接等许多方面，还涉及到许多的学科领域和技术领域，如微电子技术、微机械技术、微动力学、物理学、化学、材料科学、生物医学、计量科学等。

1. 基础理论

随着尺寸的缩小，物质的一些宏观特性发生了变化，很多原来在普通尺寸下适用的理论也随之发生类似纳米效应那样的变化，如力的尺寸效应、微结构的表面效应、微观摩擦机理等，因此需要研究微动力学、微流体力学、微热力学、微摩擦学、微光学、微结构等。

表 11-1 汇总了一些物理量随长度 L 变化的关系式和尺寸效应。通常，体积或质量比例于 L^3，运动方程式中外力等于惯性力 f_i 和摩擦力 f_f 的和，惯性力和粘性力分别比例于 L^4、L^2。当 L 变小时，惯性力相对减小，而粘性力相对增大。因此，很小的物体运动时摩擦问题不容忽视，尤其在流体中存在着很大的粘性阻力。对于固体的固有振动频率而言，由于它与 L 成反比例变化，这意味着 L 越小响应速度越快。另一方面，热传导量比例于 L，这意味着微观领域较利于散热。这种由于尺寸的变化而产生的特殊效应称为尺寸效应，即尺寸的减少将引起响应频率、加速度特性以及单位体积功率等一系列性能的变化。

表 11-1　物理参数的关系式和尺寸效应

参　　数	记　　号	关　系　式	尺 寸 效 应	备　　注
长度（代表尺寸）	L	L	L	
表面积	S	$\propto L^2$	L^2	
体积	V	$\propto L^3$	L^3	
质量	m	ρV	L^3	ρ：密度
压力	f_p	Sp	L^2	p：压力，S：面积
重力	f_g	mg	L^3	g：重力加速度
惯性力	f_i	$m\,d^2x/dt^2$	L^4	x：位移量，t：时间
摩擦力	f_f	$uS/d\,dx/dt$	L^2	u：粘性系数，d：间隔
弹性力	f_e	$eS\Delta L/L$	L^2	e：杨氏弹性模量
线性弹性系数	K	$2UV/(\Delta L)^2$	L	U：单位体积伸长所需能量
固有振动频率	ω	$\sqrt{(K/m)}$	L^{-1}	
转动惯量	I	amr^2	L^5	α：常数，r：旋转体的半径
重力产生的挠度	D	m/K	L^2	
雷诺数	Re	f_i/f_f	L^2	
热传导	Q_c	$\lambda\Delta TA/d$	L	ΔT：温度差，λ：热传导率，A：断面积
热对流	Q_t	$h\Delta TS$	L^2	h：温度传导率
热辐射	Q_r	CT^4S	L^2	C：常数
静电力	F_e	$\varepsilon SE^2/2$	L^0	ε：介电常数，E：电场
电磁力	F_m	$\mu SH^2/2$	L^4	μ：导磁率，H：磁场强度
热膨胀力	F_T	$eS\Delta L(T)/L$	L^2	压力类似

在微机电系统中，涉及多种基础理论方面的研究。包括微机械学、微电子学、微流体力学、微热学、微摩擦学、纳米生物学等。微机械学主要是在微观的范围内以力学、机械特性等为基础研究内容的学科，其主要的研究对象是微器件和微部件。微电子学主要是在"半导体物理与器件"的基础上形成的一门涉及固体物理、器件和电子学三个领域的新学科，研究的中心问题主要是集成电路与芯片的设计和制造。微流体力学主要是研究流体在微观领域的运动过程中，由于受到尺寸效应的影响而产生的变化。微热学主要是研究微机电系统所用材料由于受尺寸效应影响，其导热率、材料密度和热容的变化情况。微摩擦学主要是研究微米以下尺度的相对运动界面的摩擦、磨损、润滑性能和机理，通常也称为分子摩擦学或纳米摩擦学。

2. 基础技术

微机电系统的基础技术主要涉及设计技术、加工技术、材料技术、测量技术、集成与控制技术等。

（1）设计技术　设计技术主要是微机电系统设计方法的研究。目前，在微机电系统设计中，主要有自底向上设计（Bottom-up）、自顶向下设计（Top-down）和中间相遇设计（Meet-in-the-Middle）等设计方法。每种设计方法都有其自身的优缺点，但相对来说，中间相遇设计法是比较可行的方法。在这种方法中，利用宏观模型，即利用元件的简化模型来进行研究，只要这些模型描述不同物理状态的特性，就能够在系统层面上进行花费合理的仿真。开展计算机辅助设计（CAD）是微机电系统设计的主要发展方向之一，是解决微机电系统设计的根本出路所在。无论在机械设计还是在电子设计方面，都有很多复杂而成熟的CAD系统，有效地提高了设计效率，但这些系统对微机电系统设计而言都不适用。CAD系统对微机电系统的研究是至关重要的，许多研究机构和公司开展了大量的有关CAD系统研究和开发，目前已开发出一些较为完整的通用的或专用的CAD系统，这些系统在微机电系统的研究和微机电系统的产品开发上发挥了重要的作用。其中比较有代表性的CAD系统有美国麻省理工学院（MIT）和微观世界公司（Microcosm）开发的MEMCAD、密歇根大学开发的CAEMEMS、智能传感器公司（Intellisense）开发的Intelli-CAD、瑞士联邦技术研究所开发的SOLIDIS和ANSYS公司开发的MEMSpro等系统。

（2）材料技术　在微机电传感器中，材料起着举足轻重的作用，对于传统的几何成型、微机电系统的加工工艺和特性等有着重要的影响。一般来说，微机电系统所用的材料按性质可以分为三类：结构材料、功能材料和智能材料。结构材料是指那些具有一定机械强度，用于构造微机电系统器件结构基体的材料，如硅晶体等；功能材料是指具有特定功能的材料，如压电材料、光敏材料等；智能材料是指那些具有结构功能化和功能多样化的材料组合体，它模糊了结构与功能的明显界限，一般具备传感、制动和控制三个基本要素，能够模仿人类或生物的某些特定行为，对外界信息激励具有较强的自适应能力。常见的智能材料有形状记忆材料、电致伸缩材料、电流变与磁流变材料等。

（3）微加工技术　由于微机电系统技术涉及的面很广，采用的材料品种很多，加工的方法也就五花八门，并且发展趋势的变化很快，原来的加工方法不断改进，新的加工方法不断产生。

由于微机电系统中使用最多的材料是硅，所以对硅的微加工是微机电系统加工中的重要部分。这一部分的技术有很多与集成电路制造中常用的技术是通用的，如氧化、掺杂、光刻、腐蚀、外延、淀积、钝化等。这些加工技术都是微机电系统加工中可能用到的工艺。但是，光有这些工艺方法，还远不能满足微机电系统的要求，微机电系统中还有一些独特的加工技术，通过常规集成电路制造中的工艺技术与这些独特的加工技术结合，才能加工出满足微机电系统所要求的器件。在硅微加工技术方面，主要有体硅微加工技术和表面硅微加工技术。除了硅的微加工技术外，在微机电系统中还有其他一些加工方法，并且不断有新的方法出现，如键合技术、LIGA技术、准分子激光加工技术等。这些方法大大丰富了微机电系统技术，促进了微机电系统的发展。

1）硅微加工主要包括体硅微加工和表面硅微加工。

体硅微加工技术是最早在生产中得到应用的技术，是以单晶硅材料为加工对象，通过在硅体上有选择地去除一部分材料，从而获得所需的微结构。体硅微加工技术常用方法有化学刻蚀和离子刻蚀。化学刻蚀是基于化学反应，对材料的某些部分进行有选择地去除，以形成所需的结构构形；离子刻蚀是利用高频辉光放电产生的活性粒子与被腐蚀材料发生物理和化学反应，达到刻蚀目的的。

表面硅微加工技术是通过蒸镀和淀积方法，在硅基表面上形成各种薄膜，通过对这些薄膜的加工，使其与硅基一起构成一个复合的整体。这些薄膜有多晶硅膜、氮化硅膜、二氧化硅膜、合金膜及金刚石膜等。这些薄膜所起的作用各不相同，有的作为敏感膜，有的作为介质膜起绝缘作用，有的作为衬垫层起尺寸控制作用，有的起耐腐蚀、耐磨损作用。

①化学气相淀积（CVD）法是把含有构成薄膜元素的一种或多种化合物、单质气体供给基片，借助于气相作用或在基片上的化学反应生成所需的薄膜。

②物理气相淀积（PVD）是通过能量或动量使被淀积的原子（也可能是分子或原子团）逸出，经过一段空间飞行后落到衬底上面而淀积成薄膜的方法。

③牺牲层技术。牺牲层实际上是一层作为中间层的薄膜，在后续工序中这层薄膜将被去除，因此这种薄膜被称为牺牲层。通过牺牲层技术就可以得到一个空腔或使其上面的结构材料"悬浮"起来，以形成各种运动机构。

2）键合技术是指不用胶和黏合剂而将材料层融合到一起，形成很强的键的一种加工方法。键合技术主要通过加电、加热或加压的方法，使材料层很好地连接在一起。主要方法有静电键合（或称阳极键合）、热键合、金属共熔键合、低温玻璃键合和冷压焊键合等。常用的互联材料有金属（合金）和硅、玻璃和硅、硅和硅以及金属和金属等。

①阳极键合。又称静电键合或场助键合。阳极键合技术可将玻璃、金属及合金在静电场作用下键合在一起，中间不需要任何黏合剂。键合界面具有良好的气密性和长期稳定性。阳极键合技术已被广泛使用。

②硅-硅直接键合两硅片通过高温处理可以直接键合在一起，中间无需任何黏结剂和夹层，也无需外加辅助电场。这种技术是将硅晶片加热至1000℃以上，使其处于熔融状态，分子力导致两硅片键合在一起。这种技术称为硅熔融键合，或直接键合。它比采用阳极键合优越，因为它可以获得硅-硅键合界面，实现材料的热膨胀系数、弹性系数等的最佳匹配，得到硅一体化结构。其键合强度可以达到硅或绝缘体自身的强度量值，且气密性好。这些都有利于提高产品的长期稳定性和温度稳定性。

③玻璃封接键合用于封接的玻璃多为粉状，通常称为玻璃料，它们由多种不同特征的金属氧化物组合而成，其不同比例的组成成分，热膨胀系数就不同。这样的玻璃料是由玻璃厂家专门制成的，一般有两种基本形态：非晶态玻璃釉和晶态玻璃釉。前者为热塑性材料，后者为热固性材料。若在它们中添加有机黏合剂，便形成糊状体，且易用丝网印制法形成所需要的封接图案，这样的材料称为封接玻璃或钎料玻璃。

④金属共熔键合指在被键合的一对表面间夹上一层金属材料膜，形成三层结构，然后在适当的温度和压力下实现熔接。共熔键合常用的材料是金-硅和铝-硅等。

⑤冷压焊键合指在室温、真空条件下，施加适当的压力，完成件与件之间的接合。

3）LIGA技术是德文光刻（Lithographie）、电铸（Galvanoformung）和注塑（Abformung）三词的缩写。LIGA工艺是一种基于X射线光刻技术的三维微结构加工技术，通过电铸成型和铸塑工艺，形成深层微结构。利用LIGA技术可以加工各种金属、塑料和陶瓷等材料，得到大深宽比的精细结构，其加工深度可达几百微米。与其他立体微加工技术相比，LIGA 有如下特点：

①可制作高度达数百至 $1000\mu m$，深宽比大于 200，侧壁平行线偏差在亚微米范围内的三维立体微结构；

②对微结构的横向形状没有限制，横向尺寸可小到 $0.5\mu m$，加工精度可达 $0.1\mu m$；

③用材广泛，金属、合金、陶瓷、聚合物、玻璃都可作为 LIGA 加工的对象；

④与微电铸、注塑巧妙结合可实现大批量复制生产，成本低。

LIGA 的主要工艺步骤如下：在经过 X 光掩模制版和 X 光深度光刻后进行微电铸，制造出微复制模具，并用它来进行微复制工艺和二次微电铸，再利用微铸塑技术进行微器件的大批量生产。

由于 LIGA 所要求的同步 X 射线源比较昂贵，所以在 LIGA 的基础上产生了准 LIGA 技术，用紫外光源代替同步 X 射线源，虽然不能达到 LIGA 加工的工艺性能，但也能满足微细加工中的许多要求。由 LIGA 工艺发展起来的还有 SLIGA（SacnficiaL LIGA）、M^2LIGA（Moving Mosk LlCA）、抗蚀剂回流 PRLIGA（Photoresist Reflow LIGA）等。

4）准分子激光加工技术是利用高分辨率的准分子激光（Excimer Laser）束，直接在硅片等基体材料上刻出微细图形，或直接加工出微型结构。

准分子激光波长极短，聚焦光斑直径能达到微米量级。功率虽相对较小，但由于光子能量高、发散角小，所以功率密度却可高达 $10^8 \sim 10^{10}$ W/cm。根据加工的具体方式不同，准分子激光直写加工可以分为激光直接刻蚀、气体辅助刻蚀、激光诱导化学气相淀积（LCVD）和表面处理（包括氧化、退火、掺杂）等。准分子激光直接刻蚀和气体辅助刻蚀是通过去除材料得到微型结构的主要加工手段，在直写加工中占据非常重要的地位。

准分子激光加工技术很好地将激光技术、CAD/CAM 技术、材料技术、微细加工技术等有机地结合起来。可以利用计算机进行设计、利用数控技术直接加工，其柔性高，生产周期短，生产成本可以大大降低。

5）特种精密加工技术包括三种形式：电火花加工、激光束加工、超精密机械加工。

电火花加工是以低电压高电流密度的放电使工件表面局部熔化并气化的蚀除加工方法。其特点之一是加工阻力极小，不仅可以加工导电材料，而且可以加工单晶硅之类的半导体材料，可适用于制作微机电系统中的构件。线电极电火花磨削（WEDG）成型法是其中最有前途的放电加工方法。它可以加工不同形状的孔，加工精度不受电极损耗的影响，具有较高的加工效率，并且加工精确度高，表面粗糙度可达镜面的等级。目前的微细电火花加工机床可进行形状精确度为 $\pm 1\mu m$，半径为 $2.5\mu m$ 任意形状的成型加工。

激光束加工是通过激光发生器将高能量密度的激光进一步聚焦后照射到工件表面。光能被吸收瞬时转化为热能。根据能量密度的高低，可以实现打小孔、打微孔、精密切削、加工精微防伪标记、激光微调、动平衡、打字、焊接和表面热处理等。近年来用激光加工的原理来录制激光唱片、电视、录像，可以存储非常高的信息密度。

超精密机械加工是用硬度高于工件的工具，将工件材料进行切削加工。目前所用的工具有车刀、钻头、铣刀等。目前在微机电系统技术中应用的超精密机械加工主要有以下几种加工技术：①钻石刀具微切削加工。由于钻石刀具有很好的切削特性，并且可加工各种不同的非铁材料，既可制造非常微小而精确性要求高的工件，又可得到非常好的表面粗糙度。典型的钻石刀具刃口半径达 $0.01\mu m$，采用钻石刀具微切削技术可加工直径 $25\mu m$ 的轴。②微钻孔加工。目前微钻头最小直径为 $2.5\mu m$。由于钻头直径很小，在微细加工中钻头前端的晃动直接影响加工精确度和钻头的寿命，要求采取适当的措施，减少钻头的晃动。③微铣削加工。微铣削加工基本上和传统的铣削加工原理是相同的，而它的主要目的是希望能制造微小铣刀。目前已研制出利用钻石刀具微切削加工制造直径为 $75\mu m$ 的微铣刀。④微磨削与研磨加工。超精密磨削是在一般精密加工基础上发展起来的。超精密研磨包括机械研磨、化学机械研磨、浮动研磨等。

（4）微测量技术　是微机电传感器技术的重要组成部分，它为加工过程提供了定性或定量评判，是保证加工质量、研究加工规律和提高加工水平的基础。微机电传感器检测主要包括以下三个方面：材料特性检测、结构的性能检测和综合性能检测。

在微机电传感器材料特性检测中，主要是测定材料的各种性能指标，例如对硅晶材料特性检测包括：①薄膜力—应变检测；②材料内部应力检测；③材料破坏强度检测；④薄膜破坏的韧性检测；⑤疲劳试验等。对非硅晶材料特性检测包括：①拉伸与压缩试验；②硬度试验；③牵引试验；④微小压缩试验等。

在系统构件的检测上可分为两大类：表面几何参数的检测和机械特性的检测。表面几何参数的检测包括：构件的三维尺寸、轮廓、膜厚、表面粗糙度等。

机械特性的检测包括：力、运动、传动特性（动态特性、静态特性、机械效率）、耐久性（疲劳强度、耐磨损性、耐腐蚀性、耐热性等）等。

对微机电传感器的性能检测主要是通过对系统的输入量和输出量的检测来实现，这种方法可以对所测试的系统特性进行量化。在微机电系统中，激励和检测对系统性能的影响要远大于对精密机械技术的影响。从原理上讲，微机电传感器作为一种机电装置，其检测原理与一般机电系统没有本质的区别，不同之处在于对于一些微机电传感器，由于其输出量极小，因此对测试仪器的灵敏度、分辨力要求更高。

（5）集成与控制技术　系统集成是微机电系统发展的必然趋势，它包括系统设计、微传感器和微执行器与控制、通信电路以及微能源的集成等。

11.2.3　几种典型微机电传感器

微机电系统技术起源于微型硅传感器的发展，微传感器已经成为微机电系统的三大组成部分之一。根据微传感器检测对象所属分类的不同，可将传感器分为物理量传感器、化学量传感器以及生物量传感器，而其中每一大类又包含许多小类，如物理量传感器包括力学的、光学的、热学的、声学的、磁学的等多种传感器，化学量传感器又分为气敏传感器和离子敏传感器，而生物传感器可分为酶传感器、免疫传感器、微生物传感器、细胞传感器、组织传感器和 DNA 传感器等。目前，很多微传感器已能大批量生产，而且部分微传感器，如力学传感器已取得了巨大的商业成功，形成产业化，微传感器正在向集成化、智能化、多功能化的方向发展。

1. 力微传感器

（1）力传感器的工作原理　力和压力传感器是将力或压力信号转变为电压或电流信号的装置，应用极为广泛，是支撑工业过程自动化的四大传感器之一。对力与压力传感器的微型化以及集成化、智能化的研究，是力和压力传感器的重要发展方向，并且已经取得了很大的进展，在实际应用中正发挥着越来越重要的作用。

力的测量可以有许多方法，一般情况下，由于力的作用，能够引起物体的变形，因此只要能够测得变形量，就能够测到力。在这种通过物体变形来测量力的系统中，一般由弹性元件来感受力的作用，产生弹性变形，再由敏感元件将这种变形转换成另一种信号输出。如图 11-1 所示即为一般力传感器的组成。

（2）电容式硅微加速度计　质量块的位移也可以用电容的方式测量，如图 11-2 所示是电容式硅微加速度计的截面图，该加速度计由一个与两端固定的梁带动中央的质量块构成，质量块的位移由其上下金属电极的电容信号读出。

图 11-1　力传感器的组成　　　　图 11-2　电容式硅微加速度计的截面图

该系统中的串联电容为

$$C_1 = \frac{\varepsilon A}{x_1}, \quad C_2 = \frac{\varepsilon A}{x_2} \tag{11-1}$$

式中，ε 为空气的介电常数；A 为电极面积；x_1、x_2 为质量块的上、下位移。

由于质量块的位移 x_{out} 与加速度成正比，因此每个电容器的电容也与加速度成正比：

$$\frac{\delta C}{C} = \frac{x_{out}}{x} \propto x \tag{11-2}$$

该电容器的非线性在 $\pm 1g$ 的加速度范围内小于 0.5%，电容范围为 $12\sim10\text{pF}$，温度偏差为 $20\mu g/\text{K}$。

2. 微陀螺

（1）微陀螺工作原理　传统的机械式陀螺通常是利用一个高速旋转转子的角动量守恒原理来测量角速度。测量高速旋转的角速度微传感器也可称为微陀螺或微机械陀螺。在微机电系统中要加工出如此高速旋转的复杂的转子系统是非常困难的。几乎所有的微机械陀螺都放弃了采用高速旋转的转子的设计，而是利用振动元件来测出角速度，因此微机械陀螺又被称为微机械振动陀螺。

振动陀螺的工作原理是基于科氏效应，通过一定形式的装置产生并检测科氏加速度。科氏加速度是由法国科学家科里奥利（G. G. Coriolis）于1835 年首先提出的出现在旋转坐标系中的表征加速度，其与旋转坐标系的旋转速度成正比，如图 11-3 所示。

一个在转动的盘子上从中心向边缘作直线运动的球，它在盘子上所形成的实际轨迹是一曲线。该曲线的曲率与转动速率是有关系的，实际上，如果从盘子上面观察，则会看到球有明显的加速度，即科氏加速度。此加速度 a_c 由盘子的角速度矢量 $\boldsymbol{\Omega}$ 和球做直线运动的速度矢量 $\boldsymbol{v}$ 的矢积得出

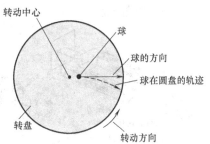

图 11-3　科氏效应示意图

$$a_c = 2v \times \boldsymbol{\Omega} \tag{11-3}$$

因此，尽管并无实际力施加于球上，但对于盘子上方的观察点而言，产生了明显的正比于转动角速度的力，这个力就是科氏力。若球的质量为 m，则科氏力的值可表示为

$$F_c = 2m \cdot (v \times \boldsymbol{\Omega}) \tag{11-4}$$

在微机械陀螺中，一般是利用一定的振动质量块来检测科氏力 F_c，如图 11-4 所示。质量块 P 固连在旋转坐标系的 XOY 平面，如果假设沿 X 轴方向以相对旋转坐标系的速度 v 运动，旋转坐标系绕负 X 轴以角速度 ω 旋转，则根据科氏效应原理，质量块 P 在旋转坐标系的正 Y 轴上产生科氏力，且此哥氏力与作用在质量块 P 上的输入角速度 ω 成正比，并会引起质量块在 Y 轴方向的位移。通过测量此位移信息就可获得输入角速度 ω 的信息。

具体来说，振动陀螺是通过一定的激振方式，使陀螺的振动部件受到驱动而工作在第一振动模态（又称驱动模态）（如图 11-4 所示质量块 P 沿 X 轴的运动）。当与第一振动模态垂直的方向有旋转角速度输入时（如图 11-4 所示沿 Z 轴的旋转加速度 ∞），振动部件因科氏效应产生了一个垂直于第一振动模态的第二振动模态（又称敏感模态）（如图 11-4 所示质量块沿 Y 轴产生的位移），该模态直接与旋转角速度成正比。

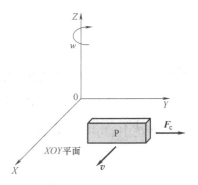

图 11-4 振动陀螺工作原理

（2）微陀螺示例 微机械陀螺可采用多种分类方法进行分类，如振动结构、材料、驱动方式、检测方式和工作模式、加工方式等。按振动结构可将微机械陀螺划分成线振动结构和旋转振动结构；按材料可将微机械陀螺划分为硅材料和非硅材料陀螺；按驱动方式可将微机械陀螺分为静电式驱动、电磁式驱动和压电式驱动等；按检测方式可将微机械陀螺划分成电容性检测、压阻性检测、压电性检测、光学检测和隧道效应检测等；按检测方式可将微机械陀螺划分成电容性检测、压阻性检测、压电性检测、光学检测和隧道效应检测等；按加工方式可以将微机械陀螺划分成体微机械加工、表面微机械加工、LIGA 等。

在线振动结构里又可划分成正交线振动结构和非正交线振动结构。正交线振动结构指振动模态和检测模态相互垂直，如振动音叉结构（图 11-5）、振动平板结构（图 11-6）、加速度计振动陀螺等。而非正交线振动结构主要指振动模态和检测模态共面且相差 45°的振动结构，如薄壁半球共振陀螺，以及在此基础上发展形成的共振环结构陀螺和共振圆柱结构陀螺（图 11-7），在旋转振动结构中有振动盘结构陀螺和旋转盘结构陀螺等，这种类型陀螺多属于表面微机械双轴陀螺。

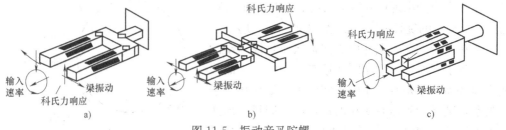

图 11-5 振动音叉陀螺

a）单音叉 b）双音叉 c）多音叉

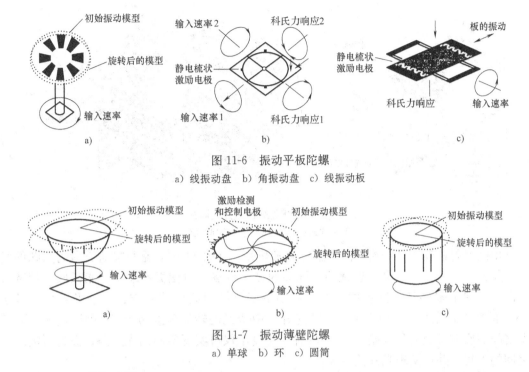

图 11-6　振动平板陀螺

a) 线振动盘　b) 角振动盘　c) 线振动板

图 11-7　振动薄壁陀螺

a) 单球　b) 环　c) 圆筒

3. 微型光学传感器

（1）微传感器在光学方面的应用　微传感器在光学方面的应用越来越广泛。利用微机电系统和纳米制造技术，现已开发出许多用于传感、通信及显示系统的分立式或阵列式微型光学器件。它们可以实现传统光学设备所能实现的如折射、衍射、反射及致偏等功能，而且体积小、质量轻、功耗低。

这些微器件包括光纤传感器、光开关、光显示器、光调制器、光学对准器、光度头、变焦距反射镜、集成光编码器、微光谱仪及微干涉器等。它们又各有主要的应用场合，例如光开关，主要应用于光纤通信系统，而光显示器的主要应用领域，则有投影显示、通信设备以及测量显示等。

（2）光开关阵列　光开关在系统通信保护、系统监测及全光交换技术中具有重要的作用。在光通信网络中直接使用光开关切换光信号可避免光/电和电/光的转换过程，从而提高光通信容量和开关速度，并可保持光波长不变。

用微电子机械系统（MEMS）技术制作的光开关，将微机械结构、微致动器和微光学元件在同一衬底上集成，结构紧凑，重量轻，易于扩展。此种光开关同时具有机械光开关和波导光开关的优点，又克服了它们的缺点。据美国通信工业研究会预测，MEMS 光开关产品将逐步超过传统光开关数量，成为市场的主导产品。

采用 2D 开关结构的开关阵列见图 11-8，开关由上电极阵列、下电极阵列和准直光纤阵列组成。上电极阵列在硅片上制作，包括微反射镜和扭臂驱动结构的上电极；采用具有倾斜下电极的扭臂驱动结构，并用偏一定角度的硅片制作倾斜下电极阵列。根据开关阵列总体尺寸、硅的各向异性腐蚀特性、高斯光束的传播特点以及驱动电压等综合因素的限制，确定反射镜的尺寸：厚度为 $100\mu m$，高度为 $180\mu m$，长度为 $450\mu m$。

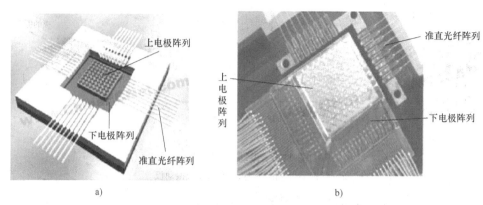

图 11-8 2D 开关结构的开关阵列

a) 开关阵列示意图 b) 开关阵列的照片

利用微反射镜改变光传输方向的微机械光开关（见图 11-9），是目前研究最为活跃的光开关制作方法之一。基于微反射镜的光开关的显著特点是对偏振不敏感，能耗低和带宽较宽。因此出现了多种基于微镜的光开关，如基于可倾斜微镜的一维、二维光开关及基于 MEMS 的反射式光开关。前两种结构的光开关中微镜的转动角度为 ±9°，因而其两种开关状态之间的反射光最大角度差为 18°。这种小角度不仅可实现不同的光通路，而且可消除光路之间的串扰，并可实现光开关矩阵。

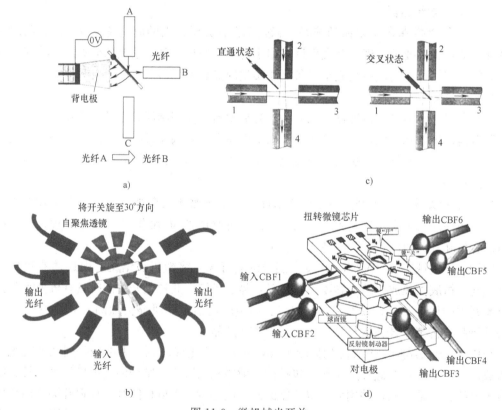

图 11-9 微机械光开关

a) 微机械 1×4 光开关 b) 微机械 1×8 光开关 c) 微机械 2×2 光开关 d) 微机械 2×2 光开关

这种开关多采用静电驱动微平面镜阵列来改变自由空间传输的光束方向，以进行输入光与输出光之间的多路转换。由于目前微光机电系统（MOEMS）体系结构上的限制，自由空间光开关只能利用光纤或光波导作为传光材料。因为光传输过程中的发散，自由空间光开关损耗较大。

11.3　软测量与软传感器

11.3.1　软测量概述

美国国家仪器公司（NI）于 1986 年提出"软件就是仪器"的口号，开辟了"虚拟仪器"的崭新测量概念。虚拟仪器突破了传统仪器以硬件为主体的模式，使用者操作具有测试软件的电子计算机进行测量，犹如操作一台虚设的测量仪器。虚拟仪器（亦称虚拟仪表）是计算机技术与仪器技术深层次结合产生的仪器仪表全新概念。它通过计算机硬件资源、仪器仪表测控硬件与数据分析、过程通信及图形用户界面的软件之间的有效结合，实现仪器功能，是一种功能意义上的而非物理意义上的仪器仪表概念。

之后，软测量、软传感、软传感器、软仪表等概念应运而生。它们与虚拟仪器仪表一样，其共同特点都是用计算机软件来取代传统仪器中硬件功能。软测量方法与软传感、软传感器技术本质上是一致的，只不过后者作为一种依赖程度较小的独立产品，从数据处理能力、处理方式上与前者稍有不同。他们概念基本相同，在测量中不存在直接的物理传感器或仪器实体，而是利用其他由直接物理传感器实体得到的信息，通过数学模型计算手段得到所需检测信息的一种功能实体。

软测量技术（Soft sensing Techniques）被认为是具有吸引力和卓有成效的方法，它一般是根据某种最优准则，通过选择一些容易测量且与主导变量（Primary Variable）密切联系的二次变量（或称辅助变量，Secondary Variable）来预测主导变量，它所建立的软测量模型可以完成一些实际硬件检测仪器所不能完成的测量任务。软测量的参数一般不是某个特定的物理/化学参量，而是针对具体的应用问题，采用较易直接测得的工艺参数（二次测量变量），通过数学模型的计算，得到难以测量或根本无法直接测量的关键变量值。因此，这是一种间接的测量方法。在软测量中，敏感元件可以是一个，也可以是多个，数据采集通道由传感器输出的多元信息曲线不作任何筛选和辨别地进行获取和读入，再通过相应的信息处理手段得到与所需被测参量相关的检测信息。

软测量概念首先产生于工业过程的实际需要，是目前过程控制行业中令人瞩目的技术，无论工业过程的控制、优化还是监测，都离不开对过程主导变量的检测。软测量技术根据间接测量的思路，利用易于获取的其他测量信息，通过计算来实现对被测变量的估计。软测量提出的基本思想是把自动控制理论与生产过程知识有机结合起来。目前，软测量的成功应用大多在那些与控制技术结合紧密的行业，如炼油化工常减压塔、分馏塔、催化裂化、炼油装置方面，且多在大型计算机控制系统内应用，如：Inferential Control 公司、Setpoint 公司、DMC 公司等都有以商品化软件形式推出的软测量技术产品，其价格昂贵，国内有些软测量技术，也多用在计算机控制系统中。最近有报道称，已成功把软测量技术用于在线成分检测分析仪的研发中。随着对软测量原理与技术研究的输入，软测量技术的应用将更加广泛。

软测量技术目前尚处于起步阶段，其理论体系及所涵盖的技术内容也因各人的理解不同而有所区别。它作为一门技术还很不成熟，有许多理论和实际应用问题值得进一步探讨，所以现场实施时切不可受现有一些方法的约束，应结合具体问题，具体分析。

11.3.2 软测量技术基本原理

软测量的基本思想是把自动控制理论与生产工艺过程知识有机结合起来，应用计算机技术对于一些难于测量或暂时不能测量的重要变量（称之为主导变量），选择另外一些容易测量的变量（称之为辅助变量或二次变量），通过构成某种数学关系来推断和估计，以软件代替硬件（传感器、仪器）功能。其软测量技术的三要素是软测量技术的适用性、数学模型的建立和数学模型的校正。

1. 软测量技术的数学描述和结构

软测量技术的理论根源是 20 世纪 70 年代 Brosillow 提出的推断控制。推断控制的基本思想是采集过程中比较容易测量的辅助变量（Secondary Variable），通过构造推断估计器来估计并克服扰动和测量噪声对过程主导变量（Primary Variable）的影响。推断控制策略包括估计器和控制器的设计，两部分的设计可以独立进行，给设计带来极大的便利。控制器的设计可采用传统或先进控制方法；估计器的设计是根据某种最优准则，选择一组既与主导变量有密切联系，又容易测量的辅助变量，通过构造某种数学关系，实现对主导变量的在线估计。软测量技术正好体现了估计器的特点。在以软测量的估计值作为反馈信号的控制系统中，软测量仪表除了能"测量"主导变量，还可估计一些反映过程特性的工艺参数，如精馏塔的塔板效率、反应速率和催化剂的活性等，为实现产品质量的实时检测与控制奠定基础。

（1）软测量的数学描述　软测量的目的就是利用所有可以获得的信息求取主导变量的最佳估计值，即构造从可测信息集 θ 到 $\hat{y}$ 的映射。可测信息集 θ 包括所有的可测主导变量 y（y 可能部分可测）、辅助变量 θ、控制变量 u 和可测扰动 d_1。图 11-10 表示过程的输入输出关系。

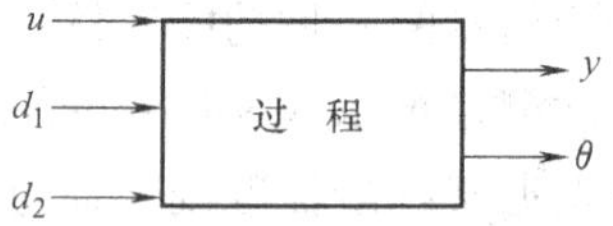

图 11-10　过程的输入输出关系
y—主导变量　θ—可测的辅助变量
d_1—可测扰动　d_2—不可测扰动
u—控制变量

$$\hat{y} = f(d_1, u, \theta) \tag{11-5}$$

f 为估计函数关系，即软测量模型。在实际生产中，工况处于平稳操作状态时，式（11-5）所示的软测量模型可以简化为式（11-6）表示的稳态模型

$$\hat{y} = k\theta \tag{11-6}$$

在这样的框架结构下，软测量的性能主要取决于过程的描述、噪声和扰动的特性、辅助变量的选取以及最优准则。显然实现软测量的基本方法是构造一个数学模型，但软测量模型不同于一般意义下的数学模型，它强调的是通过辅助变量 θ 获得对主导变量 y 的最佳估计，而一般的数学模型主要反映 y 与 u 或 d 之间的动态或稳态关系。

（2）软测量的结构　软测量技术的核心是建立工业对象的精确可靠的模型。初始软测量模型是对过程变量的历史数据进行辨识而来的。在现场测量数据中可能含有随机误差甚至粗大误差，必须经过数据变换和数据校正等预处理，将真实信号从含噪声的混合信号中分离出来，才能用于软测量建模或作为软测量模型的输入。软测量模型的输出就是软测量对象的实时估计值。在应用过程中，软测量模型的参数和结构并不是一成不变的，随着时间迁移工况和操作点可能发生改变，需要对它进行在线或离线修正，以得到更适合当前状况的软测量模型，提高模型的适用范围。如图 11-11 所示的软测量结构，表明了在软测量中各模块之间的关系。

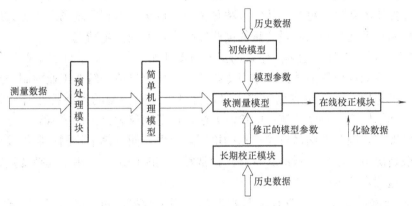

图 11-11　软测量结构

2. 影响软测量性能的主要因素

软测量是选择与被估计变量相关的一组可测变量，构造某种以可测变量为输入、被估计变量为输出的数学模型，用计算机软件实现重要过程变量的估计。软测量估计值可作为控制系统的被控变量或反映过程特征的工艺参数，为优化控制与决策提供重要信息。软测量技术主要由 4 个相关要素组成：①中间辅助变量的选择；②数据处理；③软测量模型的建立；④软测量模型的在线校正。其中③是软测量技术最重要的组成部分。

（1）中间辅助变量的选择　辅助变量的选择确定了软测量的输入信息矩阵，因而直接决定了软测量模型的结构和输出。辅助变量的选择包括变量类型、变量数量和检测点位置的选择。这三个方面是互相关联、互相影响的，不但由过程特性决定，还受设备价格和可靠性、安装和维护的难易程度等外部因素制约。这些中间辅助变量对估计值的影响不能被忽视。

1）变量类型的选择。可以根据以下原则选择辅助变量：①灵敏性：能对过程输出或不可测扰动作出快速反应；②特异性：对过程输出或不可测扰动之外的干扰不敏感；③过程适用性：工程上易于获得并能达到一定的测量精度；④精确性：构成的软测量估计器满足精度要求；⑤鲁棒性：构成的软测量估计器对模型误差不敏感。

辅助变量的选择范围是对象的可测变量集。遗憾的是以上选择原则难以用定量的形式表示，而现代工业某些对象具有数百个检测变量，面对如此庞大的可测变量集，若采用定性分析的方法对每个变量逐一进行判断，工作量非常大，简直不可能实现。现在主要根据工业对象的机理、工艺流程以及专家经验来选择辅助变量。

2）变量数目的选择。辅助变量数量的下限是被估计的变量数，然而最优数量的确定目前尚无统一的结论。有关文献指出：应首先从系统的自由度出发，确定辅助变量的最小数量，再结合具体过程的特点适当增加，以更好地处理动态性质等问题。一般来说，原始辅助变量数目、类型很多，往往有数十个，并且相关程度差异较大，为了运行方便，有必要对输入变量进行适当的降维处理。而根据灵敏、准确、特异性以及鲁棒性强的原则，常用的选择方法有两种：一种是通过机理分析的方法，找到那些对被测变量影响大的相关变量；另一种是采用主元分析、部分最小二乘法等统计方法进行数据相关性分析，剔除冗余的变量，降低系统的维数。它们的思想是对各原始辅助变量与主导变量之间的相关性进行分析，根据分析所得相关性的强弱，以决定哪些适合作为建模用的辅助变量。如在相关的气相温度变量、压力变量之间选择压力变量。更为有效的方法是主元分析法，即利用现场的历史数据作统计分析计算，将原始辅助变量与被测量变量的关联度排序，实现变量精选。

3）检测点位置的选择。检测点位置的选择方案十分灵活。对于许多工业工程，与各辅助变量相对应的检测点位置的选择是相当重要的。采用奇异值分解或工业控制仿真软件等方法进行检测点的选取，在使用软测量技术时，检测位置对模型的动态特性有一定影响。因此，对输入中间辅助变量各个检测点的检测方法、位置和仪表精确度等需有一定要求。典型的例子就是精馏塔，因为精馏塔可供选择的检测点很多，而且每个检测点所能发挥的作用各不相同。一般情况下，辅助变量的数目和位置常常是同时确定的，用于选择变量数目的准则往往也被用于检测点位置的选择。

（2）**输入数据的预处理** 软仪表是根据过程测量数据经过数值计算而实现软测量的，其性能很大程度上依赖于所获过程测量数据的准确性和有效性。为了保证这一点，一方面，在数据采集时，要注意数据的"信息"量，均匀分配采样点，尽量拓宽数据的涵盖范围，减少信息重叠，避免某一方面信息冗余，否则会影响最终建模的质量。另一方面，对采集来的数据进行适当的处理，因为现场采集的数据必然会受到不同程度环境噪声的影响而存在误差，因此对软测量数据的处理是软测量技术实际应用中的一个重要方面。测量数据处理包括数据预处理和二次处理。

1）数据预处理。由于工业现场采集的数据具有一定随机性，数据预处理主要是消除突变噪声和周期性波动噪声的影响。为提高数据处理的精确度，除去随机噪声，可采用数据平滑方法如时域平滑滤波和频域滤波法等。

2）数据二次处理。根据软测量采用的系统建模方法及其机理不同，须对预处理后的数据进行二次处理，如采用神经网络方法进行系统建模需要对预处理后的数据进行归一化处理，采用模糊逻辑方法需对预处理后的数据进行量化处理。

（3）**数学模型的建立** 软测量模型是软测量技术的核心。它不同于一般意义下的数学模型，强调的是通过辅助变量来获得对主导变量的最佳估计。

1）机理方法。机理模型通常由代数方程组或微分方程组组成。在对工业对象的物理化学过程获得了全面清晰的认识后，通过列写对象的平衡方程（如物料平衡、能量平衡、动量平衡、相平衡等）和反映流体传热传质等基本规律的动力学方程、物性参数方程和设备特性方程等，确定不可测主导变量和可测辅助变量的数学关系，建立估计主导变量的精确数学模型。机理建模的应用受模型准确程度的影响，而且由于要求解方程组计算量大，收敛慢，难以满足在线实时估计的要求，对模型进行简化必然会降低模型的精度。计算时间和计算精度的矛盾制约了机理建模的应用。由于大多数实际过程，尤其是化工过程存在着严重的非线性和不确定性，难以单独采用机理方法，但可以借助已知的对象特性确定经验模型的结构或辅助变量，再利用经验方法确定模型的具体参数。这种方法目前应用最广泛。

2）经验方法。经验模型是根据测量对象的外特性来描述其动态行为的模型。由测量数据直接求取模型的方法称为系统辨识；根据既定模型结构由测量数据确定参数的方法称为参数估计。如：①基于自适应推理模型方法。该方法将状态估计、参数估计和自适应控制原理用于获得软测量模型。设计方法可分为基于状态空间模型和基于过程输入输出模型两种方法。②基于回归分析方法。回归分析方法是一种经典的建模方法，不需建立复杂的数学模型，只要收集大量过程参数和质量分析数据，运用统计方法将这些数据中隐含的对象信息进行浓缩和提取，从而建立主导变量和辅助变量之间的数学模型。根据采用的数学方法的不同，可以将回归分析方法分为线性回归和非线性回归。

3）基于人工智能的方法。人工智能技术因无需对象精确的数学模型，成为软测量技术中建模的有效方法。人工神经网络、模糊技术等模仿人脑的逻辑思维，用于处理模型未知或不精确的控制问题，在软测量中也得到大量的应用。

（4）数学模型的修正　由于过程的随机噪声和不确定性，所建数学模型与实际对象间有误差，如果误差大于工艺允许的范围时，应对数学模型进行校正。校正方法可以采用自学习方法，也可根据当前数据进行重新建模。采用卡尔曼—布西观测器进行状态估计时，可通过闭环校正进行数学模型修正。

3. 软测量技术的实现

随着计算机技术的发展，PC 与台式工作站已成为测量应用领域的标准控制平台。带有用户接口程序库、仪器仪表驱动程序库、测试执行程序及分析库的虚拟仪器仪表应用软件包极大提高了仪器仪表系统的开发效率。这些仪器仪表系统包括 GPIB（IEEE 488.2）、VXI-bus、插入式数据/图像采集板、串行与工业网络等 4 类 I/O 接口。

对用户来说，建立软测量技术控制方案的关键还是软件。软测量系统软件主要分为 4 层结构：测试管理层、测试程序层、仪器驱动层和 I/O 接口层。目前，PC 软硬件资源不断丰富与发展，已出现了虚拟仪器软件标准，使这些软件层的设计均以"与设备无关"为特征，大大改善了开发环境。由于虚拟仪器的本质是面向对象的，不同开发人员采用不同工具开发的测试程序很方便地集成在一个系统中。同时，提供通信功能的图形化虚拟仪器测试测量系统的工具化软件在逐步完善，解决了对开发人员编程能力和硬件掌握要求高、开发周期长、软件移植与维护难的问题。目前 HP 公司的 HP VEE 及 NI 公司的 LabVIEW 是两种非常适用的图形化虚拟仪器编程工具。

11.3.3　软测量技术的应用

1. 软测量技术的应用条件

软测量技术作为一种新的检测与控制技术，与其他技术相似，只有在其适用范围内才能充分发挥自身优势，因此，必须对其适用条件进行分析。通过软测量技术所得到的过程变量估计值必须在工艺过程所允许的精确度范围内；能通过其他检测手段根据过程变量估计值对系统数学模型进行校验，并根据两者偏差确定数学模型校正与否；直接检测被估过程变量的自动化仪器仪表，或较贵或维护困难；被估过程变量应具有灵敏性、精确性、鲁棒性、合理性及特异性。

2. 工程化实施步骤

软测量是一种工程实用技术，设计一个软测量估计器的工作可以分为以下步骤：

（1）二次变量的选择　二次变量的选择就是从可测变量集中确定适当数目的变量，构成辅助变量集。二次变量的选择是建立软测量模型的第一步，它对于软测量的成功与否相当重要，其选择一般是从机理入手分析，若缺乏机理知识，则可用回归分析的方法找出影响被估计变量的主要因素,但这需要大量的观测数据。二次变量的选择包括变量类型、变量数量和检测点的选择。这三个方面是互相关联、互相影响的,由过程特性决定,此外还受设备价格和可靠性、安装和维护的难易程度等外部因素制约。

(2)现场数据采集与处理　从现场采集的测量数据,由于受到仪表精确度的影响,一般都不可避免地带有误差,若将这些测量数据直接用于软测量,则会导致软测量的精度下降,甚至完全失败。即输入数据的正确性和可靠性关系到软仪表的输出精度,而它们常因自身特点或外部噪声不能直接作为软仪表的输入。因此,输入数据的预处理(数据变换和误差处理)成为软测量技术中必不可少的一步。

(3)软测量模型结构选择　软测量模型是软测量技术的核心。它不同于一般意义下的数学模型,强调的是通过二次变量来获得对主导变量(即待测变量)的最佳估计。应根据生产工艺特点来选择模型的类型。

(4)软测量模型的在线校正　软测量模型建立后并不是一成不变的,由于随时间推移,测量对象的特性和工作点都可以发生变化,因此必须考虑模型的在线校正才能适应新工况。

(5)软测量模型的实施　软测量模型的实施是用计算机软件来进行模型的计算。常见的实施平台有单片机汇编程序、工业 PC 的汇编高级语言、DCS 运算模块和可编程语言。

3. 软测量技术在工业中的应用

软测量技术已经在过程控制与优化中得到了越来越广泛的应用。其中报道最多的是推断控制,推断控制是由美国的 Brosilow 和 Tong 等人提出的,将一些过程变量(如温度、压力、流量等)测量信息(称为辅助变量),通过建立某种数学关系来推断难以直接测量或测量滞后太大的关键过程变量(称为主导变量),以软件来代替硬件(如传感器)功能,从而实现对主导变量(如产品成分等)的控制,改善控制品质。近年来,国内外都有不少人将推断控制的涵义扩大,凡是采用推断变量的控制,即基于软测量的控制,统称为推断控制。如图 11-12 所示,y 代表被控制变量的设定值,开关 S 代表成分分析仪的采样输出或长周期的人工分析取样,这些数据将用于软仪表的在线校正。

图 11-12　推断控制模型

在这样的框架下,控制器和软仪表是相互独立的,因而它们的设计可以独立进行。如果软仪表能达到一定的精度,能够"代替"硬仪表实现某种参数的测量,那么软仪表就能够与几乎所有的反馈控制算法结合构成基于软仪表的控制。如采用模式识别软仪表和 PID 控制器,实现对某催化裂化装置粗汽油蒸气压的控制;基于工艺机理分析的软仪表和现代控制方法构成的反馈系统,产品质量的多变量控制等。

软仪表的输出也可以作为优化系统所需的测量变量。很显然,这种控制(或优化)系统的性能与软仪表的性能有着极大的关系,经过数十年的发展,控制和优化算法已经有了丰富的成果,而软测量技术则成为问题的瓶颈。在尚未解决过程参数,尤其是质量参数的"硬"测量技术前,开发高性能的软测量仪表是提高控制系统性能的关键。

在许多工业生产过程中,存在许多无法或难以用传感器直接检测的变量,但这些变量同时又是需要加以严格控制、与产品质量密切相关、决定操作过程成败的重要参数,典型的例子如产品组分的浓度、精馏塔的塔顶/塔底产品质量、化学反应器中的反应速率和反应物浓度、生物发酵罐中的生物量参数、高炉铁水的含硅量、电热连续结晶机槽内的物料组分、多相流动系统特性的各种信息、高温流体的流量、密闭容器内工作过程中的瞬态温度、高参数下（高温、高压、高瞬态）温度的变化规律、冶金企业热轧生产线上加热炉中大型板坯内的温度分布等。为了解决这类变量的检测，基于软测量思想的检测技术得到了广泛的应用，发展迅速。

4. 研究展望

软测量技术已经在测量控制中取得不少有意义的成果，但目前尚未形成系统的理论。由于工业过程的复杂性决定了不可能只采用一种技术就可以完美地解决过程建模和控制问题，因此将各种技术有机结合起来，已成为现今研究和应用的潮流。

（1）与控制技术结合　好的检测手段是精确控制的基础。因此，将软测量技术与各种控制方法相结合将推动过程工业的更快发展。同时，飞速发展的通信技术为现场检测数据的实时传播提供了便利的条件，尤其采用基于现场总线的智能仪表后，在一台仪表中实现多个回路的控制将成为可能。

（2）与计算机技术结合　实现软测量技术软件化、通用化，将大大提高软测量技术的可用性，降低应用难度，拓宽其应用领域。

（3）与虚拟仪器系统集成　虚拟仪器技术综合运用了计算机软件技术、智能测试技术、模板及总线的标准化技术、数字信号处理（DSP）技术、图形处理技术及高速专用集成电路（ASIC）制造技术等，虚拟仪器是建立在标准化、系列化、模块化、积木化的硬件与软件平台上的一个完全开放的仪器集成系统。软测量方法与虚拟仪器技术具有内在和密切的结构上的联系。二者的结合将成为现代测试系统发展的主流，在诸多工业过程难测参数中亦将展示其优势。

（4）与传感器硬件结合　软测量方法的发展带动传感器技术的软件和硬件紧密结合，共同发展，集高速数据处理能力和直接传感器实体为一体的新一代传感器产品将会有更广阔的前景。

（5）与因特网技术结合　利用不断普及和发展 Internet 资源，在更广泛的领域里有效地利用各种数据信息，发展真正意义的网络协同软测量，实现基于 Internet 的广域交互检测控制网络。

11.4　模糊传感器

11.4.1　模糊理论与模糊传感器

1. 模糊理论简述

概念是思维的基本形式之一，它反映了客观事物的本质特征。人类在认识过程中，把感觉到的事物的共同特点抽象出来加以概括，这就形成了概念。比如从白雪、白马、白纸等事物中抽象出"白"的概念。一个概念有它的内涵和外延，内涵是指该概念所反映的事物本质属性的总和，也就是概念的内容。外延是指一个概念所确指的对象的范围。例如"人"这个概念的内涵是指能制造工具，并使用工具进行劳动的动物，外延是指古今中外一切的人。

所谓模糊概念是指这个概念的外延具有不确定性，或者说它的外延是不清晰的，是模糊的。例如"青年"这个概念，它的内涵我们是清楚的，但是它的外延，即什么样的年龄阶段内的人是青年，恐怕就很难说清楚，因为在"年轻"和"不年轻"之间没有一个确定的边界，这就是一个模糊概念。

人具有运用模糊概念的能力。"人"是个万能的传感器，人类思维的重要特征之一就是能对模糊事物进行识别和判断。人对外界信号采取的是一种高级模糊运算，从而使人能够利用外来的模糊信息，做出准确而有效的判断。

传统的传感器测量是一种数值测量。它将被测量映到实数集合中，以数值符号的形式来描述被测量状态，因此称之为数值传感器。它一方面具有精度高、无冗余的优点，另一方面又存在测量结果不易理解，数值存储量大和涉及人类自身行为以及某些高层逻辑信息难以描述的问题。

模糊性是精确性的对立面，但不能消极地理解模糊性代表的是落后的生产力，恰恰相反，我们在处理客观事物时，经常借助于模糊性。例如用"好"与"坏"、"高"与"低"、"美"与"丑"、"大"与"小"、"差不多"、"大概"之类的模糊观念做分析判断。

人们对模糊性的认识往往同随机性混淆起来，其实它们之间有着根本的区别。随机性是其本身具有明确的含义，只是由于发生的条件不充分，而使得在条件与事件之间不能出现确定的因果关系，从而事件的出现与否表现出一种不确定性。而事物的模糊性是指我们要处理的事物的概念本身就是模糊的，即一个对象是否符合这个概念难以确定，也就是由于概念外延模糊而带来的不确定性。

1965 年美国加州大学控制论学者扎德（L. A. Zadeh）教授提出模糊集合的概念，以模糊逻辑推理模仿人类的思考模式，描述日常生活中之事物，以弥补明确的值来描述事物的缺点。扎德教授认为，在实用上有必要将传统明确集合（Crisp Set）中绝对属于的概念扩充至相对属于的概念；即允许论域中的元素在某种程度上是属于该集合，同时也可以在某种程度上不属于该集合，强调具有"亦此亦彼的模糊概念集合"便称之为"模糊集合（fuzzy set）"。

模糊理论是以模糊集合为基础，其基本精神是接受模糊性现象存在的事实，而以处理概念模糊不确定的事物为其研究目标，并积极的将其严密的量化成计算机可以处理的信息，不主张用繁杂的数学分析即模型来解决模型。

2. 模糊传感器

模糊传感器的研究是模糊逻辑技术应用中发展较晚的一个分支，其最早的研究见于 20 世纪 80 年代末，Foulloy L 发表的论文"An Ultrasonic Fuzzy Sensor"，文中提出了模糊传感器的概念，并在距离测量中，将测量结果用"远"、"近"等自然语言符号进行描述。尽管目前尚无严格、公认的定义，但一般认为，模糊传感器是以数值测量为基础，能产生和处理与其相关测量的符号信息的传感器件。由上述定义可以看出，模糊传感器是在经典传感器数值测量的基础上，经过模糊推理与知识集成，以自然语言符号描述的形式输出测量结果。可见，信息的符号表示与符号信息系统的研究是模糊传感器研究的基石。模糊传感器是以数值量为基础，能产生和处理与其相关测量的符号信息的传感器件。

模糊传感器是近年来学者们极为关注的研究课题，目前测量学术界对它看法还不一致。尽管大量的文献中频频出现模糊传感器、符号传感器、模糊符号传感器，乃至模糊测量等术语，但不管怎样表述，模糊传感器的确是测量学科发展到一定高度后，所必须面对的问题。获取被测量的模糊信息，是在不同测量对象中普遍存在的客观现象。模糊逻辑在传感器测量领域的应用，模糊传感器的出现，不仅拓宽了经典测量学科，而且使测量科学向人类的自然语言理解方面迈出了重要的一步。

3. 模糊传感器的研究对象

传统的传感器是数值传感器，它将被测量映射到实数集中，以数值符号来描述被测量状态，即对被测对象给以定量的描述。这种方法既精确又严谨，还可以给出许多定量的算术表达式，但随着测量领域的不断扩大与深化，由于被测对象的多维性，被分析问题的复杂性或信息的直接获取、存储方面的困难等等原因，只进行单纯的数值测量且对测量结果以数值符号来描述，这样做有很大缺陷。

（1）某些信息难以用数值符号来描述　例如在产品质量评定中，人们常用的是"优"、"次优"、"合格"、"不合格"，也可用数字 1、2、3、4 来描述，但数字在这里已失去通常的测量值的意义，它仅作为一个符号，不能来表征被测实体的具体特征。

（2）很多数值化的测量结果不易理解　如在测量人体血压时，人们更关注的是：老年人的血压是否正常，青年人的血压是否偏高。而实测的数据往往不能被普通人读懂，因而满足不了人们的需求。

因此，有待用新的测量理论和方法来补充。模糊传感器正是顺应人类的生活实践、生产与科学实践的需要而提出的。

11.4.2　模糊传感器的结构

1. 模糊传感器的基本功能

模糊传感器作为一种新型的智能传感器，它具有智能传感器的基本功能，即学习、推理联想、感知和通信功能。

（1）学习功能　模糊传感器的重要功能之一是学习功能。人类知识积累的实现、测量结果的高级逻辑表达等都是通过学习功能实现的。能够根据测量任务的要求学习有关知识是模糊传感器与传统传感器的重要差别。模糊传感器的学习功能是通过有导师学习算法和无导师学习算法完成的。

（2）推理联想功能　模糊传感器在接收到外界信息后，可以通过对人类知识的集成而生成的模糊推理规则实现传感器信息的综合处理，对被测量的测量值进行拟人类自然语言的表达等。对于模糊血压计来说，当它测到一个血压值后，首先通过推理，判断该值是否正常，然后用人类理解的语言，即"正常"或"不正常"表达出来。为了实现这一功能，推理机制和知识库（存放基本模糊推理规则）是必不可少的。

（3）感知功能　模糊传感器与传统传感器一样可以感知敏感元件确定的被测量，但是模糊传感器不仅可以输出数量值，而且可以输出易于人类理解和掌握的自然语言符号量，因此必须具有数值/符号转换器。

（4）通信功能　模糊传感器具有自组织能力，不仅可以进行自检测、自校正、自诊断等，而且可以与上级系统进行信息交换。

2. 模糊传感器的基本结构

模糊传感器是一种智能测量设备，由简单选择的传感器和模糊推理器组成，将被测量转换为适于人类感知和理解的信号。由于知识库中存储了丰富的专家知识和经验，它可以通过简单、廉价的传感器测量相当复杂的现象。符号控制器的基本特征之一就是物理量到符号信息的转换。

（1）逻辑框图   模糊传感器的简化结构图如图 11-13 所示，其逻辑结构可以分为转换部分和符号处理与通信部分。从功能上看，有信息调理与转换层、数值/符号转换层、符号处理层、指导信息层和通信层。这些功能有机地集成在一起，完成数值/符号转换功能。

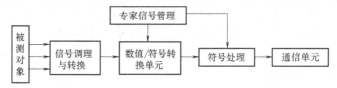

图 11-13   模糊传感器结构示意图

（2）物理结构框图   与上述结构相对应，一种典型的基本物理结构如图 11-14 所示。由图可知，模糊传感器以 CPU 为核心，以传统测量为基础，采用软件实现符号的生成与处理，在人机智能接口的支持下实现有导师学习功能，通过通信单元实现与外部的通信。

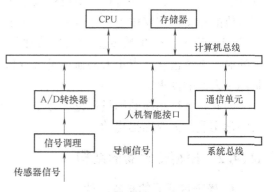

（3）多维模糊传感器结构   模糊传感器分为一维模糊传感器和多维模糊传感器。一维模糊传感器结构通常适于较简单的、仅有一个被测量的被测对象。但是在绝大多数情况下，被测对象不仅所处环境复杂，易受多种干扰，而且有时要测量的几个被测量相互关联，则需要采

图 11-14   模糊传感器的基本物理结构

用几个传感器同时测量，从而构成多维模糊传感器。图 11-15 为多维模糊传感器的结构框图。

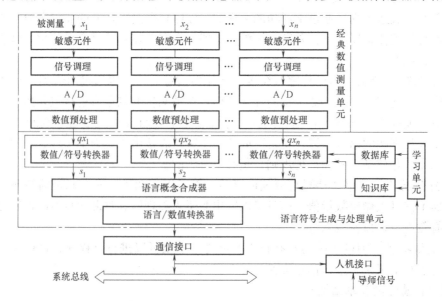

图 11-15   多维模糊传感器结构

从图中可以看出，由敏感元件、信息调理以及 A/D 组成的基础测量单元完成传统的传感测量任务。由数值预处理、数值/符号转换器、语言概念合成器、语言/数值转换器、数据库、知识库及学习单元构成语言符号生成与处理单元，实现模糊传感器的核心工作——数值/符号转换，即模糊变换。单一被测量的一维情况只是多维模糊传感器的一个特殊情况。

知识库中存放的知识主要有符号量及其隶属函数、合成概念的规则、被测对象的背景知识及测量系统的有关知识等。知识库中经验隶属函数可通过模糊统计、选择比较等方法产生。对不同测量对象具体确定相应的隶属函数时，既可在知识库中经验隶属函数的基础上，通过模糊语言关系自动产生，也可在导师指导下通过学习和训练来产生和修正隶属函数，这正是设计学习单元的主要目的。调整好的符号量和隶属关系放入知识库中。通过调整符号量的隶属函数，可使模糊传感器适于不同测量目的。

通过对一组采样样本的训练，模糊传感器可自动产生一个概念序列，放在数据库中。有数值测量结果送入时，按最大隶属度原则选一符号量输出，即实现了数值/符号转换。

语言概念合成器主要用来实现合成多个语言概念。语言概念的合成是建立在经验知识基础上的，不能通过公式计算，须利用知识库中的经验知识通过模糊推理实现。为实现有导师学习，还必须具有输入设备，用户通过它实现对传感器的控制和调整概念。语言/数值转换器则可将语言符号转换为数值量。

通信接口实现模糊传感器与上级系统之间的信息交换，把测量结果（数值量与符号量）输出到系统总线，并从系统总线接收上级系统的命令。人机接口是模糊传感器与操作者进行信息交流的通道。

11.4.3　模糊传感器的应用

目前，模糊传感器已被广泛应用，而且已进入平常百姓家，如模糊控制洗衣机中布量检测、水位检测、水的浑浊度检测，电饭煲中的水、饭量检测，模糊手机充电器，以及模糊距离传感器、模糊温度传感器、模糊色彩传感器等。随着科技的发展，科学分支的相互融合，模糊传感器也应用到了神经网络、模式识别等体系中。

1. 模糊血压传感器

（1）模糊血压传感器的功能　测量血压是医学领域检查心血管疾病的一种常用手段。医学专家测得就诊者的血压后，还需了解其性别、年龄、职业、生活环境、饮食习惯等，才可判断其血压是正常、偏高还是偏低。模糊血压传感器就是为实现上述医学专家所完成的功能而设计的。

（2）隶属函数产生过程　为实现上述功能，首先根据有关不同年龄、性别、职业人群的正常血压历史数据，建立模糊血压传感器的知识库。其次，医学专家依据临床经验定义属概念（如血压"正常"这个模糊概念）及其相应的初始隶属函数。然后，模糊血压传感器根据属概念通过语义关系产生其他新概念（如血压"偏高"与"偏低"），进而得出新概念初始隶属函数。最后，模糊血压传感器通过学习调整各概念的初始隶属函数，以满足实际测量要求。

建立隶属函数的流程如图 11-16 所示。首先，对应某年

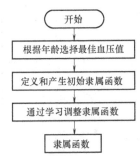

图 11-16　建立隶属函数的流程

龄段，选择一个最佳血压值口，单位为 KPa，以此定义属概念初始隶属函数并通过概念产生办法建立新概念初始隶属函数。新概念血压"正常"初始隶属函数 μ_{n0} 为

$$\mu_{n0} = e^{-k(p-a)^2} \tag{11-7}$$

新概念血压"偏高"初始隶属函数 μ_{h0} 为

$$\mu_{h0} = \begin{cases} 0 & p \leqslant a \\ 1 - e^{-k(p-a)^2} & p > a \end{cases} \tag{11-8}$$

新概念血压"偏低"初始隶属函数 μ_{l0} 为

$$\mu_{l0} = \begin{cases} 0 & p \leqslant a' \\ 1 - e^{-k'(p-a')^2} & p > a' \end{cases} \tag{11-9}$$

式中，k、k' 为大于零的常数；p 为实测血压值；a' 为某一给定血压值。

图 11-17 所示为某种情况下的初始隶属函数曲线。如前所述，性别、年龄、职业等对正常血压值的范围都有影响，还需根据不同人对隶属函数作相应调整，模糊传感器通过学习可实现这一功能。

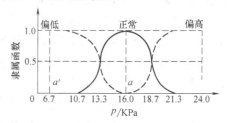

图 11-17　血压"偏高"、"正常"、"偏低"隶属函数

（3）模糊血压传感器的工作过程　建立和调整各个概念的初始隶属函数之后，就可由测得的就诊者的血压值 p，计算出 3 个隶属度，然后根据最大隶属度原则，得出血压正常与否的结论。

2. 模糊温度传感器

（1）硬件结构　模糊温度传感器由热敏元件、信号调理单元、A/D 转换器及典型的单片机系统组成，如图 11-18 所示。单片机系统采用 8279 作为键盘、显示器和导师指导信号接口。模糊温度传感器是以传统数值测量为基础的，而输出则有数值法和符号两种。由于符号输出具有较大的冗余，敏感元件可以采用较低测量准确度的器件，如热敏电阻器。图 11-19 是接口电路图。A 为仪用放大器。由图可知：

$$U_t = \frac{R_1 R_4 - R_2 R_t}{(R_1 + R_t)(R_2 + R_4)} U \tag{11-10}$$

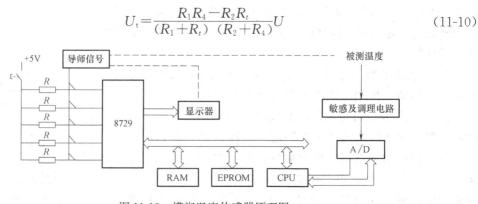

图 11-18　模糊温度传感器原理图

（2）数值/符号变换原理　模糊温度传感器采用简单线性划分、多级映射原理实现数

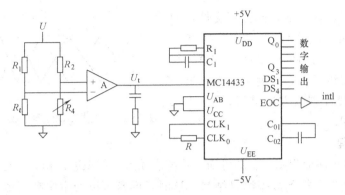

图 11-19　模糊温度传感器接口电路图

值/符号的变换。被测温度范围是 $0\sim$ 120℃，则按照很冷、冷、较冷、不冷不热、较热、热、很热七个语言概念划分基础概念。第一级、第二级子概念也按照线性划分的原理进行划分。图 11-20 是线性划分、多级映射生成语言概念的示意图。

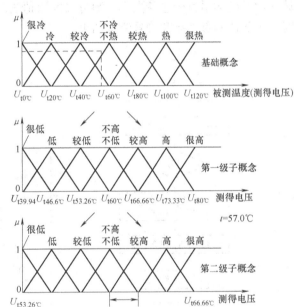

图 11-20　数值/符号变换原理示意图

在传统的数值测量完成，即在 A/D 转换结束后进行传感器的非线性校正。假定被测温度为 57.5℃，按照线性划分七个语言概念，$U_{t57.5℃}$ 落在不热不冷、较冷两个语言概念交集中。为提高语言变量描述细节的程度，采用多级映射进行第一级子概念和第二级子概念的映射。由图 11-20 可知，第一级子概念映射 $U_{t57.5℃}$ 落在不高不低、较低两个语言概念交集中，而在第二级子概念映射 $U_{t57.5℃}$ 落在较低、低两个语言概念交集中。用符号表示，有

$$U_{t57.5℃} = （不热不冷/较冷，不高不低/较低，较低/低）$$

如果利用最大隶属函数判别准则，还可以表示为

$$U_{t57.5℃} = （不热不冷，不高不低，较低）$$

3. 有导师学习

有导师学习是指基于知识系统在实际的学习过程中需要通过给定的输入输出数据所进行的一种学习方法。

首先，按照线性划分的方法对被测量整个范围进行划分，得到被测量与符号表示有线性关系的结果。然后，改变被测量状态，同时将模糊传感器切换到训练状态。这时，如果显示的结果与导师的结果不一致，则要通过调整来选择出此温度下对应的符号结果。这相当于前面介绍过的 $\mu=1$ 的特征点。改变被测量，将整个被测范围导师的经验按照上述方法将特征

点固定下来。最后，按照隶属函数正交性，即 $\sum \mu_{ij}$，确定整个隶属函数曲线。图 11-21 是一例三角形隶属函数学习后的函数曲线。第一级子概念映射与第二级子概念映射可以采用这个方法，也可以按线性划分方法进行。图 11-22 是训练模块流程图。

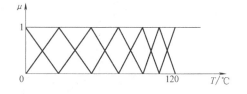

图 11-21　人类知识经验集成后的隶属函数曲线

4. 主程序流程

图 11-23 是主程序流程图。由图可知，系统启动后，首先进行初始化处理，然后进行数据采集和线性化处理，得到数据测量结果。这时，键盘可以产生中断（也可以查询键盘状态），决定系统工作在测量方式还是训练方式，如果是训练，则转到训练模块；如果是测量，则读入学习到的语言概念参数，对测得温度数值进行符号转换，转换结束后进行显示处理，同时显示数值测量结果和符号测量结果。

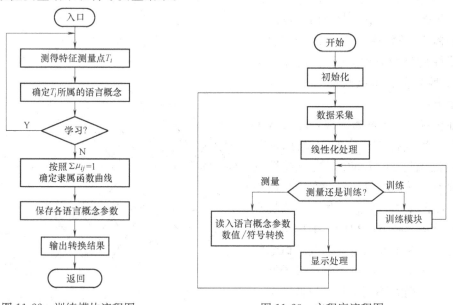

图 11-22　训练模块流程图　　　　　图 11-23　主程序流程图

11.5　混沌测量

11.5.1　混沌理论概述

1972 年 12 月 29 日，美国麻省理工学院教授、混沌学开创人之一 E. N. 洛伦兹在美国科学发展学会第 139 次会议上发表了题为《蝴蝶效应》的论文，提出一个貌似荒谬的论断：在巴西一只蝴蝶翅膀的拍打能在美国得克萨斯州产生一场龙卷风，并由此提出了天气的不可准确预报性。时至今日，这一论断仍为人津津乐道，更重要的是，它激发了人们对混沌学的浓厚兴趣。今天，伴随计算机等技术的飞速进步，混沌学已发展成为一门影响深远、发展迅速的前沿科学。

混沌理论（Chaos Theory）是一种兼具质性思考与量化分析的方法，用以探讨动态系统中（如：人口移动、化学反应、气象变化、社会行为等）无法用单一的数据关系，而必须用整体、连续的数据关系才能加以解释及预测的行为。与我们通常研究的线性科学不同，混沌学研究的是一种非线性科学，而非线性科学研究似乎总是把人们对"正常"事物、"正常"现象的认识转向对"反常"事物、"反常"现象的探索。混沌是指发生在确定性系统中的貌似随机的不规则运动，一个确定性理论描述的系统，其行为却表现为不确定性——不可重复、不可预测，这就是混沌现象。混沌现象起因于物体不断以某种规则复制前一阶段的运动状态，而产生无法预测的随机效果。所谓"差之毫厘，失之千里"正是此一现象的最佳注解。具体而言，混沌现象发生于易变动的物体或系统，该物体或系统在行动之初极为单纯，但经过一定规则的连续变动之后，却产生始料未及的后果，也就是混沌状态。但是此种混沌状态不同于一般杂乱无章的混乱状况，这种混沌现象经过长期及完整分析之后，可以从中理出某种规则。

进一步研究表明，混沌是非线性动力系统的固有特性，是非线性系统普遍存在的现象。牛顿确定性理论能够完美处理的是线性系统，而线性系统大多是由非线性系统简化来的。因此，在现实生活和实际工程技术问题中，混沌是无处不在的。

混沌不是偶然的、个别的事件，而是普遍存在于宇宙间各种各样的宏观及微观系统中，万事万物，莫不混沌。混沌也不是独立存在的科学，它与其他各门科学互相促进、互相依靠，由此派生出许多交叉学科，如混沌气象学、混沌经济学、混沌数学等。混沌学不仅极具研究价值，而且有现实应用价值，能直接或间接创造财富。

混沌的发现和混沌学的建立，同相对论和量子论一样，是对牛顿确定性经典理论的重大突破，为人类观察物质世界打开了一个新的窗口。所以，许多科学家认为，20 世纪物理学永放光芒的三件事是：相对论、量子论和混沌学的创立。

混沌是非线性系统所特有的属性，任何一个线性系统都不可能产生混沌。在数学上，线性问题只是非线性问题的特殊情况，在物理上，真实的系统总是非线性的。从特征上来看，线性系统同非线性系统存在以下三个方面的不同：

1）运动的形式不同。线性系统典型地在空间和时间上表现为光滑、规则运动；而非线性系统往往会表现出从光滑变为混沌运动，看上去像随机行为。

2）对于线性系统来说，当它的参数有微小的变化时，其响应曲线仍然是光滑的；而对于非线性系统来说，参数小的变化可能产生运动轨迹巨大的、量的差异。

3）线性系统中孤立或局部的脉冲通常会随着时间而传播、衰减；而非线性系统由于可以存在高度相干稳定的局部结构，例如湍流中的涡流可以长时间维持。

混沌系统的表现具有复杂性和貌似随机性，它不是周期运动，也不是准周期运动，具有逼近于高斯白噪声的统计特性，有良好的自相关性和低频宽带的特点。需要指出的是：混沌的随机性与噪声的随机性不同。噪声的随机性自始至终均是随机的，而混沌是遵守决定性方程的，在一定条件下，出现了貌似随机性，因而这种随机与噪声有所不同。有人称为"假随机"或"貌似随机"。混沌的貌似随机是由于非线性方程对初值敏感而造成的。

总结混沌现象可知有如下几个基本特征：

1）内在随机性。从确定性非线性系统的演化过程看，它们在混沌区的行为都表现出随机不确定性。然而这种不确定性不是来源于外部环境的随机因素对系统运动的影响，而是系统自发产生的。

2）初值敏感性。对于没有内在随机性的系统，只要两个初始值足够接近，从它们出发的两条轨线在整个系统过程中都将保持足够接近。但是对具有内在随机性的混沌系统而言，从两个非常接近的初值出发的两个轨线在经过长时间演化之后，可能变得相距"足够"远，表现出对初值的极端敏感，即所谓"失之毫厘，谬之千里"。蝴蝶效应正说明这一点。

3）非规则的有序。混沌不是纯粹的无序，而是不具备周期性和其他明显对称特征的有序态。确定性的非线性系统的控制参量按一定方向不断变化，当达到某种极限状态时，就会出现混沌这种非周期运动体制。但是非周期运动不是无序运动，而是另一种类型的有序运动。混沌区的系统行为往往体现出无穷嵌套自相似结构，这种不同层次上的结构相似性是标度变换下的不变性，这种不变性体现出混沌运动的规律。

混沌理论研究已有几十年历史，从上个世纪 90 年代开始，混沌科学与其他科学相互渗透，无论是在生物学、心理学、数学、物理学、化学、电子学、信息科学，还是天文学、气象学、经济学，甚至在音乐、艺术等领域，混沌都有重要的应用，研究热点由混沌科学本身的理论研究转向应用混沌的研究。同时，混沌理论也被应用于检测技术，国内外很多专家学者正投身于这一领域，并取得了一些可喜的进展。

11.5.2　混沌在测量中的应用

1. 引言

传统的测量技术以线性方法为主，强调的是稳定、平衡和均匀性，例如放大器若不稳定则该放大器就不能用。人们很难想象极不稳定的系统能用于高精度的测量，但是用"混沌"方法的非线性观点却以不稳定、非平衡和不均匀性作为它的基本特征，非线性系统就是在不稳定、非平衡的状态中来提取信息、处理信息，从而来显示它特有的优点的；例如狗嗅觉感受细胞差不多 30～45 天要全部换一次，是一个极不稳定的系统。但狗鼻子却能闻到几公里以外的气味，其灵敏度远远超过现有的工程技术水平。传统测量与混沌测量是两类截然不同的观念，是一个全新的测量概念。混沌测量具有极高的灵敏度和极高的分辨力，而且它还具有极强的适应能力，是很有发展前途的领域。

2. 测量原理

混沌系统中最重要的一个性质是初值敏感性和参数敏感性，即所谓蝴蝶效应。初值敏感性是指混沌系统中初值有一微小变化就会引起混沌轨道的很大变化；同样，参数敏感性是指当混沌系统的参数有一微小变化时，经过一定时间的演化，其混沌轨道也将发生显著的变化。因此，混沌测量具有极高的灵敏度和极高的分辨力。

混沌理论应用于测量领域是最近几年才发展起来的一个崭新研究方向，有许多问题还有待于解决，但其潜在的应用前景激励着人们继续推动这一研究不断向前发展。混沌测量目前一些成功应用有基于达芬（Duffing）振子的频率测量；基于初值敏感性的电压、电阻、电容、电感的测量；基于猎取法的临界值检测；基于 MWM（Maximum Weight Matching）算法的信号分离技术；基于费根鲍姆（Feigenbaum）映射的灵敏度测试等。

下面简单介绍基于混沌系统初值敏感性的检测技术。

3. 基于混沌系统初值敏感性的检测技术

基于混沌系统初值敏感性的检测技术的基本思想就是把蝴蝶效应倒过来应用，将敏感元件作为混沌电路的一部分，其敏感参数随待测量变化而变化，并使系统的混沌轨道变化，测出混沌轨道的变化从而得到被测量。如基于混沌理论的频率测量、温度测量、电阻电容电感测量等。

但是，并非所有的混沌系统都能用于测量，充分条件有待进一步研究，但作为一个可测量的混沌系统，至少应满足系统遍历空间内不存在不动点、排序性好、混沌轨道的漂移量小于某一值、线性度满足要求等条件。

（1）轨道泛函空间 B　对于一个混沌系统，不同的初值就会有不同的轨道，我们把所有这些轨道支撑起来的轨道空间称为轨道泛函空间 B，在 B 中每一个元就是一条轨道，如果初值空间 x 和轨道空间 B 是一一对应的，我们就容易确定 B 是一度量空间。如果我们能找到 B 空间中一个距离定义，则我们可以按定义确定 B 中两点之间距离 d，d 就反映了初值之间的差值，这就是混沌测量的思想。

假定有一混沌系统如图 11-24 所示，MC，OD，$\cdots$ 等是斜率为 k_3、间距为 $CD = \tau$ 的斜线。A 点处以斜率为 k_1 上升到 x_1，然后以 k_2 为斜率下降到 E，这样继续下去，形成 Ax_1Ex_2 $Hx_3Rx_4\cdots$ 的运动轨道。为讨论方便，我们令 x_1 到水平轴的距离 x_1B 的大小值等于 x_1，其他各点峰值以此类推。如果以 x_1 作为初值，则不同的 x_1 就有不同的轨道 $x_1x_2x_3\cdots x_nx_{n+1}\cdots$ $= \{x_i\}$，当 $k_1k_2k_3$ 满足如下关系式

$$\frac{k_3 - k_2}{k_2\,(k_1 + k_3)} > 1 \tag{11-11}$$

系统呈混沌态。我们用这些混沌轨道建立起一个轨道空间 B，B 内每一元与初值 x_1 是一一对应的。

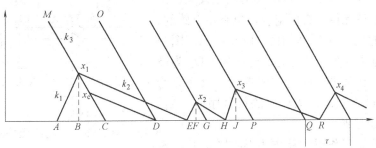

图 11-24　混沌测量的轨道模型

（2）B 空间中的距离　按符号动力学原理定义 B 中的距离。取图 11-24 中轨道峰值点作为一序列 $\{x_i\} = x_1x_2x_3\cdots$，序列中 x_n 与 x_{n+1} 之间的关系可以按图中几何方法求得叠代式

$$x_{n+1} = \begin{cases} \dfrac{k_1\,(k_3 - k_2)}{k_2\,(k_3 - k_1)}x_n - \dfrac{k_1k_3}{k_3 - k_1}\tau & x_n < x_c \\[3mm] \dfrac{k_1\,(k_3 - k_2)}{k_2\,(k_3 - k_1)}x_n - \dfrac{2k_1k_3}{k_3 - k_1}\tau & x_n \geqslant x \end{cases} \tag{11-12}$$

这是一个倒锯齿形叠代式，见图 11-25，其中 x_c 就是图 11-24 中的 x_c，

则

$$x_c = \frac{k_3k_2}{k_3 - k_1}\tau \tag{11-13}$$

按符号动力学方法把 x_i 与 x_c 相比较：当 $x_i > x_c$ 时，则把 x_i 改为 1；当 $x_i < x_c$ 时，则把 x_i 改为 0。这样可以把序列 $\{x_i\}$ 变为符号序列 $\{a_i\}$，其中 $a_i = 1$ 或 0。由这些符号序列建立一个序列空间 S。S 与 B 一一对应，由符号动力学可知，根据图 11-25 中映射函数都是下降的，所以它的奇偶性实际是与符号序列的位有关，也即奇数位为奇，偶数位为偶，根据这一

排序规律，我们给出一个映射轨道的距离定义。

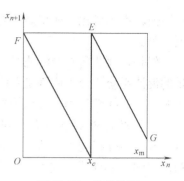

设 B 空间中有二条轨道，其相应的峰值点序列：$x_1 x_2$ $x_3 \cdots x_n \cdots = \{x_i\}$，$y_1 y_2 y_3 \cdots y_n \cdots = \{y_i\}$，在 S 空间可得两个相应的符号序列

$$a_1 a_2 a_3 \cdots a_n \cdots = \{a_i\}, \quad b_1 b_2 b_3 \cdots b_n \cdots = \{b_i\} \quad (11\text{-}14)$$

定义 B 空间中这两条轨道的距离

$$d(X, Y) = \left| \sum_{i=1}^{\infty} \frac{a_i - b_i}{2^i} (-1)^{i+1} \right| \quad (11\text{-}15)$$

初值之间的差值可以用下式确定

$$|y_1 - x_1| = f[d(x, y)] \quad (11\text{-}16)$$

图 11-25　叠代关系

如果 x_1 作为测量系统的零点，如果我们能把被测信号变为混沌系统的初值 y_1，在测量中我们可以得到 $d(x_1, y_1)$，则按式（11-16）就可以求得 y_1 值。

当图 11-25 中 Fx_c、EG 直线斜率为 -2 时，x_c 为 $0 - x_m$ 的中点，则很显然，可以证明

$$|y_1 - x_1| = Pd(x, y) \quad (11\text{-}17)$$

其中，P 为常数，则可认为此混沌测量系统是线性的。从式（11-12）出发容易证明，调整 $K_1 K_2 K_3$，x 与 B 空间之间可以成为 $P = 1$ 的等距离映射，因此式（11-16）就成为

$$d(x, y) = |y_1 - x_1|, \quad \text{当 } y_1 > x_1 \text{ 时，} y_1 = d(x, y) + x_1 \quad (11\text{-}18)$$

总之，有了式（11-16）关系就可以用 $d(x, y)$ 来测量初值。

（3）测量电路　测量电路可采用恒流式或恒压式混沌电路，敏感元件时有用电容，也有用电感的。恒流式混沌电路的工作原理如图 11-26 所示。图中 S_1、S_2、S_3 为电子开关，C 为充放电电容，U_S 为被测值，P 为电压比较器，G 为逻辑单元，其中 δ 为输入的时钟脉冲，$\varepsilon(x_j)$ 为输出的符号序列，X_1、X_2 为恒流源或恒压源。

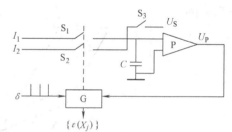

图 11-26　恒流式混沌测量原理图

当该电路开始工作时，首先由 S_3 闭合，S_1、S_2 断开，C 电容充电使 $U_C = U_S$。然后待周期为 τ 的脉冲序列 δ 中的一个脉冲到达 G（逻辑电路）时，G 的输出信号使 S_3 断开，S_2 闭合，电容以 I_2 开始放电，这就是图 11-27 中 x_1 到 A 点的过程。当 U_C 降为 0 时，比较器翻转，U_P 由低电平变为高电平，此时相当于图 11-27 中的 A 点。此时逻辑单元 G 接受到比较器 P 的信号，使得 S_2 断开，S_1 闭合，开始以 I_1 充电；当下一个脉冲 δ 到来时，充电结束（图中 Ax_2 过程），G 使 S_1 断开，S_2 闭合，整个电路又进入新一轮的冲放电过程。这样周而复始的充放电使 U_C 变化，便可得 $S_3 \to \infty$ 时的混沌态曲线图，如图 11-27 所示。只要适当调整 I_1、I_2 和 τ，就可以使电路处于混沌态。

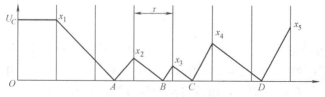

图 11-27　混沌轨道

对于 RC 充电过程，电容上的电压 U_C 为

$$U_C = \frac{1}{C}\int_0^1 I_1 \mathrm{d}t = \frac{1}{C}I_1 t = k_1 t \tag{11-19}$$

RC 放电过程，电容上的电压 U_C 又为

$$U_C = \frac{1}{C}\int_0^1 I_2 \mathrm{d}t = \frac{1}{C}I_2 t = k_2 t \tag{11-20}$$

根据图 11-24 以及式（11-19）、（11-20）可得峰值点电压 $x_n \to x_{n+1}$ 的叠代关系

$$x_{n+1} = \begin{cases} \dfrac{k_1}{k_2}x_n + 2k_1\tau & x_n \geqslant x_c \\ \dfrac{k_1}{k_2}x_n + k_1\tau & x_n < x_c \end{cases} \tag{11-21}$$

由式（11-21）可转化成下式

$$x_{n+1} = \frac{k_1}{k_2}x_n + [1+\varepsilon(x_n)]k_1\tau \tag{11-22}$$

其中式（11-22）中，

$$\varepsilon(x_n) = \begin{cases} 1 & x_n \geqslant x_c \\ 0 & x_n < x_c \end{cases} \tag{11-23}$$

当 $1 < |k_1/k_2| = \alpha \leqslant 2$ 时，式（11-22）所示的叠代关系是倒的锯齿，是一典型的混沌映射。假定有一初值 x_1，那么就有一条混沌轨道。利用符号动力学原理，可得到一串与峰值点对应的符号序列 $\{\varepsilon(x_i)\}$。初值为零的符号序列是 010101……。从而根据式（11-15）便可求出 x_1 和 0 之间的轨道距离

$$d(X_i,0) = \left| \sum_{i=1}^{\infty} \frac{\varepsilon(x_i) - \varepsilon(0)}{\alpha^i}(-1)^{i+1} \right| \tag{11-24}$$

将式（11-24）右边展开，得

$$d(X_i,0) = \left| \sum_{i=1}^{\infty} \frac{\varepsilon(x_1)-0}{\alpha^i}(-1)^2 + \frac{\varepsilon(x_2)-0}{\alpha^i}(-1)^3 + K + \frac{\varepsilon(x_n)-\varepsilon(n)}{\alpha^i}(-1)^{n+1} + K \right| \tag{11-25}$$

此外，将式（11-22）进行逆叠代可得

$$x_n = -\left(\frac{[1+\varepsilon(x_n)]\tau k_1}{\alpha} - \frac{x_{n+1}}{\alpha} \right) \tag{11-26}$$

将式（11-26）进行 n 次的逆叠代，便有如下结果

$$x_1 = k_1\tau \sum_{i=1}^{\infty} \frac{1+\varepsilon(x_i)}{\alpha^i}(-1)^{i+1} + \frac{x_{n+1}}{\alpha^n}(-1)^n \tag{11-27}$$

则当 $n \to \infty_n$ 时，式（11-27）右边的后半部分便趋向于 0，则有

$$x_1 = k_1\tau \sum_{i=1}^{\infty} \frac{1+\varepsilon(x_i)}{\alpha^i}(-1)^{i+1} \tag{11-28}$$

对比式（11-25）与式（11-28）右边，则可得

$$x_1 = k_1\tau \times d(x_1, 0) \tag{11-29}$$

从而只要从逻辑单元 G 中得到符号序列 $\{\varepsilon(x_i)\}$，就可以按式（11-29）得到 x_1，而 $x_1 = U_S$，这就实现了对 U_S 的测量。

11.6 仿生传感器

11.6.1 仿生学概述

生物具有的功能迄今为止比任何人工制造的机械都优越得多，仿生学就是要在工程上实现并有效地应用生物功能的一门学科。例如关于信息接受（感觉功能）、信息传递（神经功能）、自动控制系统等，这种生物体的结构与功能在机械设计方面给了很大启发。如将海豚的体形或皮肤结构（游泳时能使身体表面不产生紊流）应用到潜艇设计原理上。苍蝇是细菌的传播者，谁都讨厌它。可是苍蝇的楫翅（又叫平衡棒）是"天然导航仪"，人们模仿它制成了"振动陀螺仪"。这种仪器目前已经应用在火箭和高速飞机上，实现了自动驾驶。苍蝇的眼睛是一种"复眼"，由 3000 多只小眼组成，人们模仿它制成了"蝇眼透镜"。"蝇眼透镜"是用几百或者几千块小透镜整齐排列组合而成的，用它作镜头可以制成"蝇眼照相机"，一次就能照出千百张相同的相片。这种照相机已经用于印刷制版和大量复制电子计算机的微小电路，大大提高了工效和质量。"蝇眼透镜"是一种新型光学元件，它的用途很多。苍蝇没有"鼻子"，但是它的嗅觉特别灵敏，远在几千米外的气味也能嗅到。原来，苍蝇的"鼻子"——嗅觉感受器分布在头部的一对触角上。自然界形形色色的生物，都有着怎样的奇异本领？它们的种种本领，给了人类哪些启发？模仿这些本领，人类又可以造出什么样的机器？这些问题的研究催生了一门新兴科学——仿生学。

仿生学（Bionics）一词是 1960 年由美国 J. E. 斯蒂尔根据拉丁文"bios"（生命方式的意思）和字尾"nic"（"具有……的性质"的意思）构成的。他认为"仿生学是以研究、模仿生物系统的方式，或是以具有生物系统特征的方式，或是以类似于生物系统方式工作的系统的科学"。

仿生学是生物学、数学和工程技术学相互渗透而结合成的一门新兴的边缘科学。仿生学的任务就是要研究生物系统的优异能力及产生的原理，并把它模式化，然后应用这些原理去设计和制造新的技术设备。

仿生学的主要研究方法就是提出模型，进行模拟。其研究程序大致有以下三个阶段：首先是对生物原型的研究，根据生产实际提出的具体课题，将研究所得的生物资料予以简化，吸收对技术要求有益的内容，取消与生产技术要求无关的因素，得到一个生物模型；第二阶段是将生物模型提供的资料进行数学分析，并使其内在的联系抽象化，用数学的语言把生物模型"翻译"成具有一定意义的数学模型；最后依据数学模型制造出可在工程技术上进行实验的实物模型。当然在生物的模拟过程中，不仅仅是简单的仿生，更重要的是在仿生中有创新。经过实践、认识、再实践的多次重复，才能使模拟出来的东西越来越符合生产的需要。这样模拟的结果，使最终建成的机器设备将与生物原型不同，在某些方面甚至超过生物原型的能力。例如今天的飞机在许多方面都超过了鸟类的飞行能力，电子计算机在复杂的计算中要比人的计算能力迅速而可靠。

仿生学的基本研究方法使它在生物学的研究中表现出一个突出的特点，就是整体性。从仿生学的整体来看，它把生物看成是一个能与内外环境进行联系和控制的复杂系统。它的任务就是研究复杂系统内各部分之间的相互关系以及整个系统的行为和状态。生物最基本的特征就是生物的自我更新和自我复制，它们与外界的联系是密不可分的。生物从环境中获得物质和能量，才能进行生长和繁殖；生物从环境中接受信息，不断地调整和综合，才能适应和进化。长期的进化过程使生物获得结构和功能的统一，局部与整体的协调与统一。仿生学要研究生物体与外界刺激（输入信息）之间的定量关系，即着重于数量关系的统一性，才能进行模拟。为达到此目的，采用任何局部的方法都不能获得满意的效果。因此，仿生学的研究方法必须着重于整体。

仿生学的研究内容是极其丰富多彩的，因为生物界本身就包含着成千上万的种类，它们具有各种优异的结构和功能供各行业来研究。自从仿生学问世以来的几十年内，仿生学的研究得到迅速的发展，且取得了很大的成果。就其研究范围可包括电子仿生、机械仿生、建筑仿生、化学仿生等。随着现代工程技术的发展，学科分支繁多，在仿生学中相应地开展对口的技术仿生研究。例如：航海部门对水生动物运动的流体力学的研究；航空部门对鸟类、昆虫飞行的模拟、动物的定位与导航；工程建筑对生物力学的模拟；无线电技术部门对于人神经细胞、感官官和神经网络的模拟；计算机技术对于脑的模拟以及人工智能的研究等。仿生学的研究课题多集中在以下三种生物原型的研究，即动物的感觉器官、神经元、神经系统的整体作用。之后在机械仿生和化学仿生方面的研究也随之开展起来，近些年又出现新的分支，如人体的仿生学、分子仿生学和宇宙仿生学等。

从仿生学的诞生、发展，到现在短短几十年的时间内，它的研究成果已经非常可观。仿生学的问世开辟了独特的技术发展道路，也就是向生物界索取蓝图的道路，它大大开阔了人们的眼界，显示了极强的生命力。

11.6.2　仿生传感器的工作原理

仿生传感器是一种采用新的检测原理的新型传感器，它采用固定化的细胞、酶或者其他生物活性物质与换能器相配合组成传感器。这种传感器是近年来生物医学和电子学、工程学相互渗透而发展起来的一种新型的信息技术。这种传感器的特点是性能好、寿命长。在仿生传感器中，比较常用的是生体模拟的传感器。

仿生传感器按照使用的介质可以分为：酶传感器、微生物传感器、细胞传感器、组织传感器等。从图 11-28 中可以看出，仿生传感器和生物学理论的方方面面都有密切的联系，是生物学理论发展的直接成果。如尿素传感器是一种生体模拟的传感器。它是由生体膜及其离子通道两部分构成。生体膜能够感受外部刺激影响，离子通道能够接收生体膜的信息，并进行放大和传送。当膜内的感受部位受到外部刺激物质的影响时，膜的透过性将产生变化，使

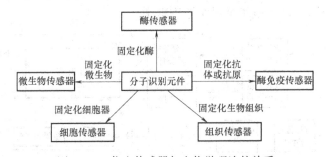

图 11-28　仿生传感器与生物学理论的关系

大量的离子流入细胞内，形成信息的传送。其中起重要作用的是生体膜的组成成分膜蛋白质，它能产生保形网络变化，使膜的透过性发生变化，进行信息的传送及放大。

生体膜的离子通道，由氨基酸的聚合体构成，可以和聚合物合成嵌段共聚物，形成传感器使用的感应膜。生体膜的离子通道的原理基本上与生体膜一样，在电极上将嵌段共聚膜固定后，如果加感应 PLG 保形网络变化的物质，就会使膜的透过性发生变化，从而产生电流的变化，由电流的变化，便可以进行对刺激性物质的检测。

目前，虽然已经发展成功了许多仿生传感器，但仿生传感器的稳定性、再现性和可批量生产性明显不足，所以仿生传感技术尚处于幼年期。因此，以后除继续开发出新系列的仿生传感器和完善现有的系列之外，生物活性膜的固定化技术和仿生传感器的固态化值得进一步研究。

下面以电子鼻为例，介绍仿生传感器的基本情况。

11.6.3　电子鼻

1. 电子鼻简介

电子鼻是利用气体传感器阵列的响应图案来识别气味的电子系统，可以在几小时、几天甚至数月的时间内连续地、实时地监测特定位置的气味状况。

如图 11-29 所示，电子鼻主要由气味取样操作器、气体传感器阵列和信号处理系统三种功能器件组成。电子鼻识别气味的主要机理是在阵列中的每个传感器对被测气体都有不同的灵敏度，例如，一号气体可在某个传感器上产生高响应，而对其他传感器则是低响应；同样，对二号气体产生高响应的传感器对一号气体则不敏感。归根结底，整个传感器阵列对不同气体的响应图案是不同的，正是这种区别，才使系统能根据传感器的响应图案来识别气味。

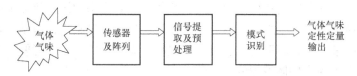

图 11-29　电子鼻结构框图

电子鼻是由多个性能彼此重叠的气敏传感器和适当的模式分类方法组成的具有识别单一或复杂气味能力的装置。

2. 电子鼻技术原理

由于香气组成成分复杂，仅用单个气体传感器是无法评定香气质量的，于是，气体传感器阵列应运而生。图 11-30 为电子鼻系统原理框图。

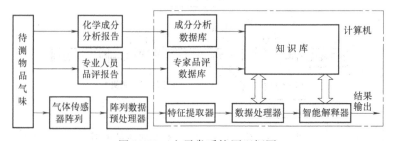

图 11-30　电子鼻系统原理框图

从功能上讲，气体传感器阵列相当于生物嗅觉系统中的大量嗅感受器细胞，智能解释器相当于生物的大脑，其余部分则相当于嗅神经信号传递系统。电子鼻系统至少在以下几个方面模拟了人的嗅觉功能：

1）将性能彼此重叠的多个气体传感器组成阵列，模拟人鼻内的大量嗅感受器细胞，借助精密测试电路，组成对气味瞬时敏感的阵列检测器；

2）气体传感器的响应经滤波、A/D 转换后，将对研究对象而言的有用成分和无用成分加以分离，组成多维有用响应信号的数据处理器；

3）利用多元数据统计分析方法、神经网络方法和模糊方法将多维响应信号转换为感官评定指标值或组成成分的浓度值，组成被测气味结果定性分析的智能解释器。

只对一种气味分子有敏感响应即具有理想选择性能的气敏器件是不存在的。假设用两种气体传感器测量由两种浓度分别为 C_1、C_2 的简单成分组成的混合气体，随着相对体积分数的变化，可得到两条等响应曲线。一般地说，即使有标准参考气体，由单个传感器的响应也不能推断某种气体的存在，而由这两条等响应曲线的交点就可近似确定某待测气体的组成与体积分数。若适当数目的 n 个传感器同时测量某一由 m 种成分组成的气味，则得到一个 n 维响应向量，可望据此近似确定各组成成分的体积分数。对复杂成分气味，n 条等响应曲线的交点同样是一个 n 维向量，可以据此用模式分类或非线性拟合方法对之进行定性分析，以确定气味的类别或强度，如图 11-31 所示。

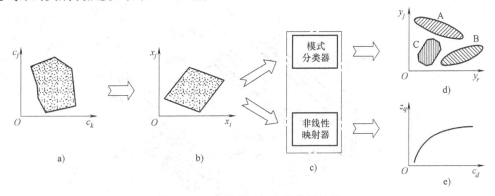

图 11-31　电子鼻对气味的分析过程

a）气味成分空间　b）传感器响应空间　c）智能解释器　d）气味类别　e）气味强度

3. 电子鼻传感器的基本类型

在电子鼻系统中，气体传感器阵列是关键因素。除基本的气相色谱（Gas Chromatography，GC）分析法以外，电子鼻传感器的主要类型还有导电型传感器、压电类传感器、场效应传感器、光纤传感器等。

导电性传感器的基本特点是，其置于挥发性化合物（Volatile Organic Compounds，VOC）时的响应形式是电阻值发生变化。此类传感器中与 VOC 相接触的活性材料是锡、锌、钛、钨或铱的氧化物，衬底材料一般是硅、玻璃、塑料，发生接触反应需满足 200～400℃ 的温度条件，因此在底部设置了加热器（图 11-32）。氧化物

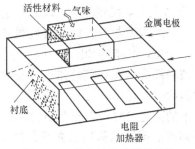

图 11-32　导电性传感器的结构

材料中用铂、钯等贵重金属搀杂形成两条金属接触电极。与 VOC 的相互作用改变了活性材料的导电性，使两电极之间的电阻发生变化，这种电阻变化可用单臂电桥或其他电路来测量。事实上，一个传感器的活性材料总是设计的对某些特定气味响应最灵敏。

压电类传感器的基本特点是，与 VOC 的接触响应形式体现为频率的变化。它又分为石英晶体微量天平（Quartz Crystal Microbalance，QCM）传感器和声表面波（SAW）传感器两种。QCM 传感器的结构如图 11-33 所示，一个几毫米直径的石英谐振盘，盘面敷有聚合物材料，每面有一个与导线相连的金属电极。当该传感器受振荡信号激励时，便谐振于特征频率（10～30MHz），而一旦气体分子被吸收到

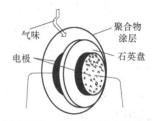

图 11-33   QCM 传感器的结构

聚合物涂层表面，就增加了该盘的质量，因此降低了谐振频率，谐振频率的高低与所吸收的气体分子质量成反比。QCM 传感器对不同气体的响应、选择性可通过调整谐振盘聚合物涂层来改变，而减小石英晶体的尺寸和质量，并减小聚合物涂层的厚度，则可进一步缩短传感器的响应时间和恢复时间。

金属氧化硅场效应管传感器（MOSFET）的工作原理是：VOC 与催化金属材料相接触所生成的反应产物（如氢）会扩散通过 MOSFET 的控制极来改变器件的导电物性。结构如图 11-34，有一个 P 型衬底和在衬底上扩散的两个掺杂浓度很高的 N 型区，两个 N 区的金属

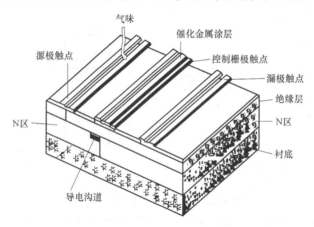

图 11-34   场效应传感器的结构

触点分别称为源极和漏极。器件的灵敏度和选择性可通过改变金属接触剂的类型和厚度以及改变工作温度来改变。MOSFET 的优点之一是可依托 IC 制造工艺，批量生产、质量稳定。

光纤传感器对气体化合物的响应形式是光谱色彩发生变化，其结构如图 11-35 所示。传感器的主干部分是玻璃纤维，在玻璃纤维的各面敷有很薄的化学活性材料涂层。化学活性材料涂层是固定在有机聚合物矩阵中的荧光染料，当与 VOC 接触时，来自外部光源的单频或窄频带光脉冲沿光纤传播并激励活性材料，使其与 VOC 相互作用反应。这种反应改变了染料的极

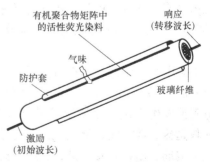

图 11-35   光纤传感器的结构

性，从而改变了荧光发射光谱。只要对许多敷有不同染料混合物的光纤器件构成的传感器阵列产生的光谱变化进行检测分析，就可以确定对应的气体化合物成分。

4. 电子鼻的应用

随着工业技术，特别是石油、化工、煤炭、冶金、汽车等重工业的迅速发展，在我们的生活环境中充斥着各种易燃、易爆、有毒的气体，对我们的身体健康造成极大的危害，甚至会导致爆炸、火灾等事故。气体的危害程度和它的浓度有直接关系，而人的感觉系统对各种气体的敏感性不高，且没有定量判断能力，因而开发出能感知并判别气体种类、浓度的智能设备仪器就变得十分重要，其中基于气敏传感器的电子鼻最适合用于监测这些气体。随着生活水平的提高，在食品加工业、酒类检测、烟草鉴别、化妆品生产、室内空气检测等新领域，电子鼻也有着十分广阔的应用前景。

思 考 题

1. 什么叫尺寸效应？在微机电领域，物质的宏观特性发生了什么变化？
2. 举例说明微传感器的特点。
3. 什么是软测量技术？它主要包括哪几方面内容？
4. 简述软测量技术的原理与应用。
5. 简述模糊理论与模糊传感器原理结构。
6. 什么叫混沌理论？它在测量中有何应用？
7. 举例说明仿生学在测量中的应用。
8. 简述仿生传感器的原理与应用。

第2篇参考文献

[1] 浦昭邦，赵辉. 光电测试技术 [M]. 北京：机械工业出版社，2005.

[2] 贾伯年，俞朴，宋爱国. 传感器技术 [M]. 东南大学出版社，2007.

[3] 强锡富. 传感器 [M]. 北京：机械工业出版社，2001.

[4] 井口征士. 传感工程 [M]. 蔡萍，刘志刚，译. 北京：科学出版社，2001.

[5] 贾云得. 机器视觉 [M]. 北京：科学出版社，2000.

[6] 蔡萍，赵辉. 现代检测技术及系统 [M]. 北京：高等教育出版社，2002.

[7] 洪水棕. 现代测试技术 [M]. 上海：上海交通大学出版社，2002.

[8] 吕泉. 现代传感器原理及应用 [M]. 北京：清华大学出版社，2006.

[9] 朱若谷. 激光应用技术 [M]. 北京：国防工业出版社，2006.

[10] 王惠文. 光纤传感技术与应用 [M]. 北京：国防工业出版社，2001.

[11] 赵勇. 光纤传感原理与应用技术 [M]. 北京：清华大学出版社，2007.

[12] 孙圣和，等. 光纤测量与传感技术 [M]. 哈尔滨：哈尔滨工业大学出版社，2000.

[13] 赵勇. 光纤光栅及其传感技术 [M]. 北京：国防工业出版社，2007.

[14] 饶云江，王义平，朱涛. 光纤光栅原理及应用 [M]. 北京：科学出版社，2006.

[15] 李川，张以谟，等. 光纤光栅：原理、技术与传感应用 [M]. 北京：科学出版社，2005.

[16] 郭凤珍，于长泰. 光纤传感技术与应用 [M]. 杭州：浙江大学出版社，1992.

[17] 吕海宝，等. 激光光电检测 [M]. 长沙：国防科技大学出版社，2000.

[18] Marr D. 视觉计算理论 [M]. 姚国正，等译. 北京：科学出版社，1988.

[19] 吴立德. 计算机视觉 [M]. 上海：复旦大学出版社，1993.

[20] 郑南宁. 计算机视觉与模式识别 [M]. 北京：国防工业出版社，1998.

[21] 马颂德，张正友. 计算机视觉—计算理论与算法基础 [M]. 北京：科学出版社，2003.

[22] 张广军. 机器视觉 [M]. 北京：科学出版社，2005.

[23] 叶声华，邾继贵. 视觉测量技术及应用 [J]. 中国工程科学，1999，1 (1).

[24] Tsai，RY. A Versatile Camera Calibration Technique for High-Accuracy 3D Machine Vision Metrology Using Off-the-Shelf TV Cameras and Lenses [G]. IEEE Journal of Robotics and Automation，1987，RA-3 (4)：323-341.

[25] Fraser C S. Digital camera self-calibration [G]. ISPRS J Photogramm & Remote Sensing，1997，52：149-159.

[26] Shortis M，Fraser C S. Current trends in close range optical 3D measurement for industrial and engineering applications [G]，Survey Review，1991，31 (242)：188-200.

[27] Beyer H A. Digital Photogrammetry in Industrial Application [G]. IAPRS，1995，30 (5)：373-378.

[28] 邾继贵，杨学友，叶声华. 车身三维尺寸视觉检测及其最新进展 [J]. 汽车工艺与材料，2002 (3)：22-25.

[29] Zhu J G，Ye S H，Yang X Y. On-Line Industrial 3D Measurement Techniques for Large Volume Objects [G]，KEY ENG MAT，2005 (295-296)：423-428.

[30] 许芬. 智能视觉传感器及其应用 [J]. 中国仪器仪表，2007 (4)：26-28.

[31] 王庆有. CCD 应用技术 [M]. 天津：天津大学出版社，2000.

[32] Bill Drafts. Acoustic wave technology [J]. IEEE transaction on Microwave theory and Techniques，2001，49 (4)：795-802.

[33] Wohltjen H. Acoustic wave sensor—theory，design，and Physico-Chemicals [J]. San Diego：Academic press，1997.

[34] Pohl A. Review of wireless SAW sensors [J]. IEEE transaction On Ultrasonics, Ferroelectrics and Frequency Control，2000，47 (2)：317-332.

[35] 吉小军，韩韬，施文康. LGS 压电晶体及其声表面波特性的理论分析 [J]. 压电与声光，2004，26 (2)：135-138.

[36] Springer A，et al. Wireless identification and sensing using surface acoustic wave devices [J]. Mechatronics，1999 (9)：745-756.

[37] 陈明，范东远，李岁劳. 声表面波传感器 [M]. 西安：西北工业大学出版社，1997.

[38] 李源. 声表面波力、温度传感器及其无源遥测的研究 [D]. 北京：清华大学精密仪器与机械学系，1997.

[39] Schimetta G，Dollinger F. A Wireless Pressure Measurement System Using a SAW Hybrid Sensor [J]. IEEE MTT-S Digest，2000：1407-1410.

[40] Jungwirth M，Scherr H. Micromechanical precision pressure sensor incorporating SAW delay lines [J]. Acta Mechanical，2002，158 (3-4)：227-252.

[41] Schimetta G，Dollinger F. Optimized design and fabrication of a wireless pressure and temperature sensor unit based on SAW transponder technology [J]. IEEE MTT-S International Microwave Symposium Digest，2001 (3)：355-358.

[42] Suriyawattanakul L，Surareungchai W，Sritongkam P，et al. The use of co-immobilization of Trichosporon cutaneum and Bacillus licheniformis for a BOD sensor [J]. Applied microbiology and biotechnology，2002，59 (1)：40-44.

[43] 钱军民. 我国酶传感器研究新进展 [J]. 石化技术与应用，2002 (5).

[44] 司士辉. 生物传感器 [M]. 北京：化学工业出版社，2002：50-60.

[45] 杜晓燕，王德才，陈文华，等. BOD 微生物传感器和 BOD 快速测定仪的研制 [J]. 传感器技术，1998，17 (4)：27 – 32.

[46] 蔡强. 电化学免疫传感器在环境污染检测中的研究进展 [J]. 传感技术学报，2004，3 (9)：526-530.

[47] 张波. 压电石英晶体免疫传感器及其应用 [J]. 国外医学：生物医学工程分册，2002，25 (3)：112-116.

[48] 陈昕，周康源，顾宇. 压电基因传感器研究进展 [J]. 应用声学，2004 (1).

[49] 余翔. 膜技术的应用 [J]. 科技信息：科学教研，2007 (32).

[50] 马原松，石毅. 生物芯片的研究现状与展望 [M]. 安徽：农业科学出版社，2006：1304.

[51] 左伯莉，刘国宏. 化学传感器原理及应用 [M]. 北京：清华大学出版社，2007.

[52] 吕泉. 现代传感器原理及应用 [M]. 北京：清华大学出版社，2006.

[53] 彭军. 传感器与检测技术 [M]. 西安：西安电子科技大学出版社，2003.

[54] 陈长庆，等. 气敏传感器的发展 [J]. 材料导报，2003，17 (1)：33-35.

[55] 尤克，等. 气敏传感器及其应用 [J]. 仪表技术与传感器，2007 (7)：78-80.

[56] 胡卫军，邹绍芳，等. 汞离子选择电极在海水痕量元素检测中的应用 [J]. 传感技术学报，2007，20 (6)：1215-1218.

[57] 刘湘军，等. 金属氧化物气敏传感器 [J]. 广州大学学报：自然科学版，2007，5 (6)：42-46.

[58] 黄敏桐. 气敏传感器在工业和民用领域的应用 [J]. 福建建材，2006 (4)：1-3.

[59] 肖夏. 氧化锆的测氧原理和使用维护 [J]. 仪器仪表标准化与测量，2007 (6)：46-48.

[60] 蒋蓁，罗均，谢少荣. 微型传感器及其应用 [M]. 北京：化学工业出版社，2005.

[61] 章吉良，周勇，戴旭涵，等. 微传感器——原理、技术及应用 [M]. 上海：上海交通大学出版社，2005.

[62] 俞金寿，刘爱伦，张克进. 软测量技术及其在石油化工中的应用 [M]. 北京：化学工业出版社，2000.

[63] 董永贵. 传感技术与系统 [M]. 北京：清华大学出版社，2006.

[64] 李勇，邵诚. 软测量技术及其应用与发展 [J]. 工业仪表与自动化装置，2005 (5).

[65] 洪文学，韩峻峰，周少敏. 模糊传感器研究的现状与展望 [J]. 传感器技术，1996 (5).

[66] Foulloy L，Mauris G. An Ultrasonic Fuzzy Sensor [C]. Proc Int Conf Robot Vision and Sensory Controls，1988：161-170.

[67] 彭军. 传感器与检测技术 [M]. 西安：西安电子科技大学出版社，2003.

[68] 徐甲强，张全法，范福玲. 传感器技术 [M]. 哈尔滨：哈尔滨工业大学出版社，2004.

[69] 刘君华. 智能传感器系统 [M]. 西安：西安电子科技大学出版社，1999.

[70] 童勤业，严筱刚，孔军，薛宗琪. "混沌"理论在测量中的应用 [J]. 电子科学学刊，1999，21 (1).

[71] 黄文高，童勤业. 测量技术中的混沌方法 [J]. 浙江大学学报，2001，35 (5).

[72] 张健，等. 基于混沌理论的检测技术进展 [J]. 电子器件，2005，28 (2).

[73] 黄文高，童勤业. 电容式混沌测量 [J]. 电子与信息学报，2002，24 (9).

[74] 金文光，童勤业. 混沌测量电路的改进 [J]. 浙江大学学报：理学版，2001，28 (6).

[75] 童勤业，严筱刚，钱鸣奇. 混沌测量的一种改进方案 [J]. 仪器仪表学报，2000，21 (1).

第3篇 现代传感系统

第 12 章 现代传感系统概述

现代传感系统是传感器及其应用系统的总称,实现信息量采集、处理、远程操作及资源共享,高效完成复杂、艰巨的测量控制任务,综合体现了信息获取、处理、传输及利用等信息获取各个环节的技术集成优势,是现代测量控制技术与仪器仪表重要的发展方向之一。

12.1 现代传感系统的组成特点和发展趋势

12.1.1 现代传感系统的组成及特点

现代传感系统由传感器节点、通信网络、中央处理服务器、处理电路和相关软件组成,集成了传感器技术、分布式测量技术、计算机技术、网络通信技术、现场总线技术、智能仪器技术、虚拟仪器技术等,可以满足现代测量、控制和数据处理的多种需求。现代传感系统具有以下特点:

(1) 协作性 现代传感系统中各分散的基本功能单元通过网络互连,进行数据传输,实现资源共享,协同工作,完成大型、复杂的测量任务。各节点设备功能可动态配置,信息量大、速度快、信息数字化,可远距离传输,系统监控不受地域限制,系统结构开放、灵活。

(2) 自治性 现代传感系统具有根据已有知识和经验、以理性的方式进行推理和学习的功能。能感知自身状态和所处环境的变化,能在不需要其他实体的干预情况下,通过主动行为来适应这种变化并做出适当响应。

(3) 灵活性 用户可以根据功能需要选择不同供应商提供的设备、不同类型的传感器和测量设备,构成传感系统。用通信协议来协同设备间的联系,实现信息交换、融合和资源共享,互联设备间、系统间的信息安全传送,实现系统信息的统一、协调处理。

(4) 开放性 可以根据单一任务和多任务组成不同规模的传感系统,规模可大可小。系统还可以根据新任务的需要,不断地添加新的传感单元;也可以随着某任务的完成或因传感单元发生故障,使某些传感单元退出系统,而不会影响整个传感系统的正常运行。

(5) 可扩展性 系统为完成特定任务而组织在一起时,各单元之间合理地分配任务,相互协作,解决由单一单元不能完成的复杂问题。针对不同的测量任务,系统可以随时增加或除去某个硬件而不必改变结构。系统可以增加新的测量功能而不需重新设计,软件可以不断升级,功能不断扩展。

(6) 智能化　系统具有自诊断、自修正和自保护功能，能确定故障位置、识别故障状态等，传感测量、补偿计算、工程测量处理与控制等功能可以在系统内完成；可以随时诊断设备的运行状态，提供可选择的运行操作方案；可以根据不同的测量要求，选择合理的工作流程，对信息进行综合分析处理，对运行状态进行预测。

(7) 集成化　现代传感系统的软、硬件支持平台具有很好的集成性。硬件上可将原来分散的、各自独立的传感器集成为具有多敏感功能的传感系统，实现多参数测量，全面反应被测对象的综合信息。软件支持平台可帮助用户将多个测量设备集成到单个系统，利用网络或总线技术为接入设备提供标准接口，可以组建不同规模的测试系统，具有再开发、可重组性。软、硬件的模块化处理，方便了系统集成，减小了维护工作量。

(8) 网络化　系统利用通信网络、总线和各种标准接口，不受时空制约地把所需的信息采集、传输、处理、控制等组成一个统一的整体。

12.1.2　现代传感系统的发展趋势

在计算机技术、网络通信技术、智能传感器技术、数据融合技术和 MEMS 等技术推动下，现代传感系统发展出现如下发展趋势：

(1) 网络化　计算机技术与网络技术的飞速发展，可将分散在不同地理位置、具备不同功能的测试设备联系在一起，使昂贵的硬件设备及软件系统在网络上得以共享，减少了设备重复投资。操作者可在任何地点、任意时间获取测量信息（或数据），干预系统运行。

现代传感系统网络化的最大优势是可以实现资源共享，使已有资源得到充分利用，从而实现多系统、多专家的协同测试与诊断。通过网络技术，用户可以完成单机不能完成的工作，使用远程数据库的强大功能和海量存储，对数据进行存取和共享；重要数据实现多机备份，提高了系统的稳定性；实现了整个测控过程的高度自动化、智能化，同时减少硬件的设置，有效降低了系统的成本。另外，由于网络不受地域限制，使网络化传感系统能够实现远程测试，测试人员可以不受时间和空间的限制，随时随地获取所需的信息，特别是对于有危险的、环境恶劣的、不适合人员现场操作的场合。网络化传感系统还可以实现被测设备的远距离测试与诊断，从而提高测试效率，减少测试人员的工作量。

(2) 智能化　现代传感系统采用超大规模集成电路技术，嵌入式系统（Embedded system，ES）将 CPU、存储器、A/D 转换器和输入、输出功能集成在一起，降低了系统复杂性，简化了系统结构。同时，充分利用了计算机的计算和存储能力，对传感器的数据进行处理，并能对其内部工作状况进行调节，使采集的数据最佳，并且可以自补偿、自校准和自诊断等。由于具备数据处理、双向通信、信息存储和记忆以及数字量输出等功能，从而可以完成图像识别、特征检测和多维检测等复杂任务。整个传感系统利用分布式算法，可以对数据进行独立处理，提高了系统的智能化。

(3) 数据融合　现代传感系统常常由覆盖到监测区域的多个传感器节点组成。鉴于单个传感器节点的监测范围和可靠性限制，在部署网络时，需要使传感器节点达到一定的密度以增强整个网络的鲁棒性和监测信息的准确性，有时甚至需要使多个节点的监测范围互相交叠。这种监测区域的相互重叠，导致邻近节点报告的信息存在一定程度的冗余。

数据融合的功能是针对上述情况对冗余数据进行网内处理，即中间节点在转发传感器数据之前，首先对数据进行综合，去掉冗余信息，在满足应用需求的前提下将需要传输的数据量最小化。在网内进行数据融合，可以在一定程度上提高网络收集数据的整体效率。数据融合减少了需要传输的数据量，可以减轻网络的传输拥塞，降低数据的传输延迟；即使有效数据量并未减少，但通过对多个数据分组进行合并，减少了数据分组个数，可以减少传输中的冲突碰撞现象，也能提高传输通道的利用率。数据融合技术能够充分发挥各个传感器的特点，利用其互补性、冗余性，提高测量信息的精度和可靠性，增加了数据的收集效率，延长系统的使用寿命。

（4）微功耗和微型化　传感器工作时一般离不开电源，在野外现场或远离电网的地方，往往使用电池或太阳能等供电，开发微功耗的传感器及无源传感器是必然的发展方向。各种控制仪器设备的功能越来越强，要求各个部件体积越小越好，这就要求发展新的材料及加工技术。传感器的微型化不仅仅是尺寸上的缩微与减少，而且是一种具有新机理、新结构、新作用和新功能的微型系统，主要体现为：尺寸上的缩微和性质上的增强性，各要素的集成化和用途上的多样化，功能上的系统化、智能化和结构上的复合性。

现代传感系统是一个多学科交叉的产物，包含了众多的高新技术，被众多的产业广泛采用。

12.2　分布式测量系统

12.2.1　分布式测量系统及其特征

随着现代科技及工业的发展，测量任务日趋复杂，测量的现场化、远程化、网络化要求不断提高，单机、本地化的集中测量系统有时难以满足应用需求，地域分散、数据海量、环境复杂的测试场合将越来越多。

分布式测量系统（Distributed Measurement Systems，DMS）通过 Internet（因特网）、Intranet（内部网）或无线网络等，把分布于不同地方、独立完成特定功能的本地测量设备和测量计算机连接起来，允许在不同地理位置的多个用户与不同地理位置的多个仪器交互，以完成特定的测试任务，达到测量资源共享、协同工作、分散操作、集中管理、测量过程监控和设备诊断等目的。它是计算机技术、网络通信技术及测量技术发展并紧密结合的产物。这种测量系统可实现测量设备的动态配置，测量数据的资源共享，增加了系统的灵活性、移植性和扩展性。

在分布式测量系统内使用不同厂家的测试仪器、操作系统和网络协议等产品，虽然可以满足局部设备的最优选择，但在这种异质分布式测量系统要实现各个层次上的互操作变得相对困难，相互之间缺乏直接有效的信息交换和共享，增加了测量系统内部与外部集成的困难。此时，测量系统中仪器与计算机间的通信协议设计就显得尤为重要。计算机网络的快速发展，为分布式测量系统的实现提供了条件和手段，实现了资源和信息的共享。现有的TCP/IP 协议为分布式测量系统的计算机（服务器）网络间通信，提供了较好的互联功能。分布式测量系统还包含特殊的测量仪器，仪器与计算机间通信又具有一些独特的要求。

测量仪器和设备本身千差万别，通信接口种类繁多。比如 RS-232/485、USB、IEEE-488、IEEE-1394、GPRS、CDMA 等，这是测量系统的异构性。仪器通过不同的传输硬件互联，相互之间需要直接实时的信息传递，这样就构成了仪器间的对等性。另外，分布式测量系统还具有异质性，即各个测量仪器或设备功能不同，采集速度和需要的信息不同，导致通信内容性质不同。针对这种测量系统中网络间的通信和交互，在设置通信协议时，一般采用层次式通信协议栈的方式建立设备系统软件和服务交换程序间的链接，实现系统内数据的共享和信息交互。该协议栈位于物理层之上，对下屏蔽不同设备系统和通信协议的异构性，对上根据不同的应用在设备间建立逻辑通道，完成消息发送和接收工作，解决系统网络的异构和对等需求。

分布式测量系统采用测量分散、功能分散、危险分散、操作集中、管理集中等理念，加强了使用者的安全感和信任感，随着大规模集成电路、计算机技术、通信技术和智能仪器的发展，新通信协议不断涌现，分布式测试系统的分布式数据采集，集中化的分析管理，网络化的资源共享特征越来越明显，其优势也越来越突出。

12.2.2　典型分布式测量系统的组成结构

分布式测量系统以网络为基础，测量中心服务器为核心，由测量中心服务器、现场测试子系统和数据查询子系统组成，具有开放互联能力，支持网上测试应用服务的功能。如基于以太网的测量系统包括挂接在以太网上的管理计算机、测控设备、以太网关转换器、管理服务器和测量设备（仪器）。以太网测控系统需要提供一个现场总线转接网关，将具有 RS-232/RS-485 接口现场设备整合到网络中，或是采用国际标准 TCP/IP 通信协议，可与 Internet/Intranet 直接整合。分布式测量系统是一种层次结构，典型系统一般分为三层：客户层、管理层和现场测量层，其基本结构如图 12-1 所示。

客户层是由一台或多台计算机（或终端设备）组成，以网络互联方式接入测量系统，负责与普通用户的交互。普通用户可以完成试验浏览、试验预约和数据查询、分析处理等过程。

管理层是分布式测量系统的事务响应和事务处理中心，同时也是测量数据的处理、存取和交换中心。测量中心服务器负责完成用户的数据处理请求，控制测量服务器、响应与处理测量请求，同时实现对仪器的操作和反馈。

现场测量层主要由测试仪器和数据采集设备构成，主要任务是响应测试中心的测试请求，并完成数据采集和调理工作（信号放大、滤波和转换等）。其中测试仪器又分为本地测试仪器和网络测试仪器，本地测试仪器采用多种接口、协议和总线直接与测试服务器互连，在测试服务器的管理和控制下，根据测试用户的测试请求，完成测试任务，并将结果数据逐级返回给测试用户；网络测试仪器可以是具有直接连入广域网能力的测试仪器，也可以是以具有网络互连能力的计算机为核心组成的一个计算机测试子系统。

典型的分布式测量系统主要有主从分布式网络系统与串行总线式网络系统。在主从分布式网络系统中，用单片机来构成网络的通信控制总站与各个功能子站系统。通信控制总站通过标准总线和串行总线与主机相连，因此主机可以采用一般通用计算机系统，它享用网络系统中所有的信息资源，并对其进行调度指挥。通信控制总站是一个单片机应用系统，除了完成主机对各功能子站的通信控制外，还协助主机对各功能子站进行协调、调度，大大减轻了主机的通信工作量，从而实现了主机的间歇工作方式。通信控制总站通过串行总线与各个安放在现场的具有特定功能的子站系统相连，形成主从式控制模式。串行总线形式的测量系统一般由多单片机或多 CPU 以局部网络方式构成。每个单片机或 CPU 独自构成一个完整的应

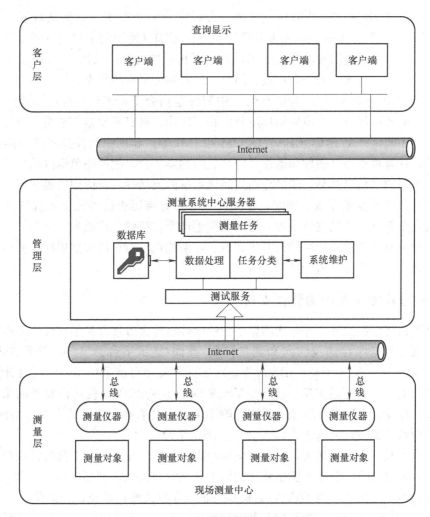

图 12-1　典型的分布式测量系统结构

用系统,应用系统中均有串行口驱动器,它们都连接在系统总线上。各个应用系统的优先、主从关系由多机系统硬件、软件设定。

分布式测量系统根据网络结构的不同,可以分为以下三种方式:

(1) 基于 Client/Server(C/S,客户机/服务器)模式的分布式测量系统　系统基于 C/S 体系结构,采用 Socket 编程技术实现客户端和测量服务器端的通信。用户通过 Client 程序及时地控制远端测量仪器及其他信息和命令的交换。测量服务器通过监听并接收测试客户端的请求,采集和分析现场被测对象的数据,测量客户端主要负责与测量服务器建立连接,分析测量结果。

C/S 模式具有简单、直观的特点,能实现资源共享,但该模式将自主行为实体简单地划分为"客户端"和"服务器"两类,二者之间的信息交互是一种非对等关系,即仅限于测试客户主动请求/阻塞和测量服务器被动响应。因此,限制了测量系统的开放性和通用性。

(2) 基于 Web 技术的分布式测量系统　Web 技术以 HTTP 协议(Hypertext Transfer Protocol,超文本传输协议)为基础,采用 HTML 语言实现三层结构,测量服务器与测量客户端间通过 Web 测试服务器建立联系。远程客户要获取现场的测试数据，首先通过 Web 测试服务器，然后 Web 测试服务器调用相应的 CGI（通用网关接口）或 ISAPI（因特网服务应用接口）程序读取现场测试数据，并进行相应的处理。采用 Web 技术为测试客户端远程调用提供了一个统一的平台，具有简单、高效和跨平台的优点。

（3）基于中间件的分布式测试系统　中间件是指介于系统软件和应用程序之间的软件，屏蔽底层的通信细节，支撑异构环境开发和互操作，具有开发语言透明、可移植性强等特点。典型的中间件产品有 CORBA、DCOM 和 JMI 等。利用中间件技术可以避免测试应用系统和具体计算机平台（硬件和操作系统）之间的紧耦合，把网络范围内的测试应用对象无缝集成，实现测试信息共享，满足分布式测试系统的灵活性、跨应用的集成性、对象之间的互操作性等方面的技术要求。同时，中间件技术具有将历史遗留测试系统进行封装的能力，从而避免重新开发现场测试系统，提高劳动生产率，节约生产成本。

以上三种分布式测量系统结构各有优缺点，在系统设计时可以根据规模、测试要求和成本等因素综合考虑，选择合适的系统结构。

12.2.3　分布式测量系统的软件支持

随着计算机技术的发展，分布式测量系统的软件结构大致涉及底层硬件驱动程序、网络通信协议实现、数据库存储及访问和测量控制/查询/显示平台开发等。开发工具主要有 VB、C++ Builder、VC、C♯、JAVA 等。在实际开发中可能采用不同的工具开发不同的模块，例如数据库开发可以采用 Delphi、VB 或 SQL Sever2000。仪器控制界面采用 VB 或.NET 等等。开发语言和开发环境对系统影响不大，主要看相互之间信息交互的网络平台，下面主要介绍目前最流行的基于 JAVA 语言的测量平台开发。

JAVA 语言是一种功能强大，类型安全的面向对象的开发工具，其典型特点是可在各平台上运行。在此模式下，分布式测试系统的服务器和客户端软件都用 JAVA 开发。

从软件运行的角度看，以 JAVA 技术为基础的分布式测试系统，完成测量任务的测试方法由 Applet 和 Application 两个 JAVA 组件组成。Applet 依赖 JAVA AWT 软件包以提供人机接口服务。Applet 通过浏览器可以动态地从测量服务器上下载，通过客户端/服务器模式与运行在服务器上的其他 Applet 进行交互。Application 组件依赖 JAVA 的面向对象机制，包含 Java Server（JS）和测试方法线程。

JS 连续运行并侦听测量要求，测量要求被接受后即建立一个新的线程实例来启动并完成测量任务。为达到并发控制的目的，该模式的分布式测试系统采用一种模拟异步消息而彼此通信的有限状态机，即基于 ACTOR 的软件框架体系。这样多个并行、无冲突的测试方法管理着具体的一组物理仪器，每个测试方法都会根据客户需要产生具体的实例线程服务用户。当并行访问产生冲突时，调度程序只允许在一个仪器上运行一个测试方法的实例线程，该线程运行后，才让其他的测试方法开始工作。

除了基于 JAVA 开发平台的网络系统，还有基于.NET 开发的其他结构，其基本原理大致相同，这里不再详细讨论。

12.2.4　分布式测量系统的设计开发

为实现系统测量功能，满足测量要求，提高系统设计效率，保证系统研制效益，设计人员必须遵循正确的设计原则来设计分布式测量系统。

无论是主从分布式网络系统还是串行总线式网络系统，在系统设计时必须考虑以下几个基本因素：系统功能及技术指标，系统可靠性，系统可操作性和维护成本等。分布式系统设计一般采用从整体到局部（自顶向下，Top-Down）的设计原则：分析测量系统总体功能需求和技术指标，制定总体设计要求；根据总体设计需求，将复杂要求简单化，分解为相对独立的任务，制定详细的设计方案和实施策略。这些任务还可以逐级向下分，直到任务足够简单，容易实现为止。

测量系统开发过程大致分为三个阶段：

（1）确定设计目标，制定任务书和设计方案

1）调研。结合客户需求从技术和财力等方面进行仔细分析，确定测量系统的指标和功能。

2）确定设计任务。用《测量系统任务说明书》或《测量系统功能说明书》细化具体任务。明确项目系统名称、用途、特点及简要设计思想；详细列举技术指标、功能、系统规模、系统操作要求和开发成本等；制定设计目标和验收标准。

3）拟定执行方案。采用自顶向下的方式制定总体执行方案。

（2）系统软硬件开发和调试　进一步细化总体执行方案，实施测量系统的具体软硬件开发，完成局部任务（功能）的调试。在分布式测量系统软硬件开发时，系统尽量采用"以软代硬"的方法，压缩开发成本。

（3）系统软硬件联合调试、综合性能测试和评估　以局部功能实现为基础，完成系统内信息交互，保证系统整体性能要求。系统开发时联调工作非常复杂，也是关键步骤之一，应根据系统复杂程度预留足够的时间，以完成相应工作，并根据设计要求完成系统综合性能测试和评估。

详细的设计原则和开发步骤可以参见相关专著。

12.3　现场总线系统

现场总线（Fieldbus）被誉为测控领域的计算机局域网，是现代测量和自动化技术发展的一个重要里程碑。现场总线使控制系统和现场设备之间有了通信能力，并组成信息网络，为实现企业信息集成和企业综合自动化提供了保障，提高了系统的运行稳定性。现场总线技术已成为现代传感系统的重要技术支撑。

国际电工委员会（International Electrotechnical Commission，IEC）在 IEC61158 标准中对现场总线的定义是：安装在制造和过程区域的现场装置与控制室内的自动控制装置之间的数字式、串行、多点通信的数据总线。换句话说，现场总线是以单个分散、数字化、智能化测量和控制设备作为网络节点，节点间通过总线连接实现信息交互，共同完成自动控制功能的网络系统和控制系统。以现场总线为基础的全数字控制系统称为现场总线控制系统（Fieldbus Control System，FCS）。

现场总线技术的主要特征是采用数字式通信方式取代传统设备级的 4～20mA（模拟量）和 24VDC 开关量信号，使用一根电缆连接所有现场设备，具有物理过程封闭，覆盖范围大，可连接设备数量大，连接接口成本低，操作实时性高，数据传输完整、有效，可以满足

恶劣使用环境等优点。

12.3.1 现场总线系统的体系结构

现场总线系统的体系结构如图 12-2 所示，具有总线接口的传感变送器、控制模块等设备通过总线与控制器相连并形成网络。各个现场总线控制器再与位于车间的控制计算机形成车间级的监控网。每个现场设备都具有微处理器和通信单元，可以与阀门、开关等执行机构直接传送信号，控制系统功能能够不依赖中央控制室的计算机而在现场直接完成，实现彻底的分散控制。而在传统的集散控制系统（Distributed Control System，DCS）中，控制模块、I/O 模块等都位于中央控制室内。

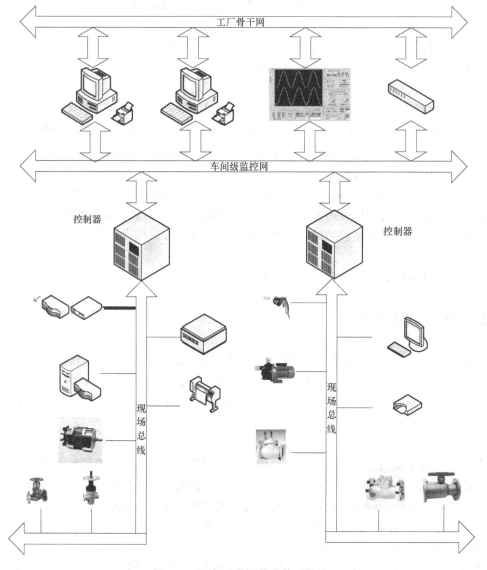

图 12-2 现场总线系统的体系结构

12.3.2　典型现场总线协议

下面介绍几种当前应用范围较广、影响较大的典型现场总线协议。

1. PROFIBUS

PROFIBUS（Process Field Bus）是德国国家标准 DIN19245 和欧洲标准 EN50170 的现场总线标准，其产品在世界市场上已被普遍接受，市场份额占欧洲首位。目前支持 PROFIBUS 标准的产品超过 1500 多种，分别来自国际上 250 多个生产厂家。1985 年组建了 PROFIBUS 国际支持中心，1989 年 12 月建立了 PROFIBUS 用户组织（PNO）。目前在世界各地相继组建了 20 个地区性的用户组织，企业会员近 650 家。1997 年 7 月组建了中国现场总线专业委员会，并筹建 PROFIBUS 产品演示及认证实验室。PROFIBUS 协议标准由三个兼容部分组成：PROFIBUS-DP（分布式外设）、PROFIBUS-FMS（现场总线信息规范）、PROFIBUS-PA（过程自动化），其相互关系及协议层次结构如图 12-3 所示。

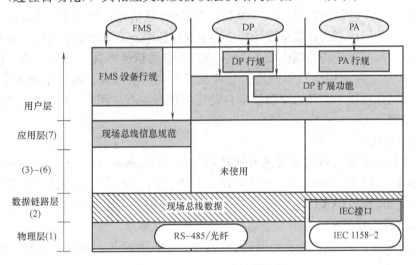

图 12-3　PROFIBUS 协议结构

2. LonWorks 总线

LonWorks 现场总线全称为 Lon Works NetWorks，即分布式智能控制网络技术。它是美国 Echelon 公司于 1992 年推出的局部操作网络，最初主要用于楼宇自动化，但很快就发展到工业现场。目前 LonWorks 应用领域主要包括工业控制、楼宇自动化、数据采集、SCADA 系统等。LonWorks 技术为设计和实现可互操作的控制网络提供了一套完整、开放、成品化的解决途径。

LonWorks 技术的核心是神经元芯片（Neuron Chip），该芯片内部装有 3 个微处理器：MAC 处理器完成介质访问控制，网络处理器完成 OSI 的 3~6 层网络协议，应用处理器完成用户现场控制应用。各个处理器之间通过公用存储器传递数据。神经元芯片具有强大的通信能力，集采集、控制于一体，一个神经元芯片加上几个分离元件便可构成一个独立的控制单元。LonTalk 是 LonWorks 的网络通信协议，固化在神经元芯片内。LonTalk 协议直接面向对象，实现了实时性和接口直观、简洁等现场总线的应用要求。

3. 基金会现场总线

基金会现场总线（Foundation Fieldbus，FF）是 1994 年由 ISP 基金会和 World FIP（北美）两大集团合并成立的 FF 基金会组织开发的。FF 由两部分组成，即 H1 低速现场总线及 H2 高速现场总线。H1 的通信速率为 31.25 kbps，H2 的通信速率为 1 Mbps 和 2.5 Mbps，后发展成速率为 100 Mbps 的 HSE（High Speed Ethernet），H1 可以与 HSE 通过 FF 的连接设备连接。FF 的通信模型以 ISO/OSI 开放系统模型为基础，采用了物理层、数据链路层、应用层，并在其上增加了用户层，各厂家的产品在用户层的基础上实现。目前，FF 现场总线的应用领域以过程自动化为主，如化工、电力厂实验系统、废水处理、油田等行业。

4. CAN 现场总线

控制器局域网络（Controller Area Network，CAN）现场总线由德国博世（Bosch）公司为解决汽车控制装置间的通信问题而提出，目前已由 ISO/TC22 技术委员会批准为国际标准 ISO 11898（通信速率小于 1Mbps）和 ISO 11519（通信速率小于 125kbps）。CAN 是一种多主方式的串行通信总线，基本设计规范要求高位速率、高抗电磁干扰性，能够检测出总线的任何错误。与其他现场总线比较，CAN 总线具有通信速率高、容易实现、性价比高等特点。CAN 产品主要应用于汽车制造、公共交通车辆、机器人、液压系统和分散型 I/O，另外在电梯、医疗器械、工具机床和楼宇自动化等场合均有应用。CAN 总线在众多领域具有强劲的市场竞争力。

5. HART 总线

可寻址远程传感变送器高速通道开放通信协议（Highway Addressable Remote Transducer，HART）是美国 Rosement 公司于 1985 年推出的一种用于现场智能仪表和控制室设备之间的通信协议。HART 装置支持具有相对低的带宽、适度响应时间的通信，目前 HART 技术已经十分成熟，并成为全球智能仪表的工业标准。

如图 12-4 所示，HART 协议采用基于 Bell202 标准的 FSK 频移键控信号，在 4～20mA

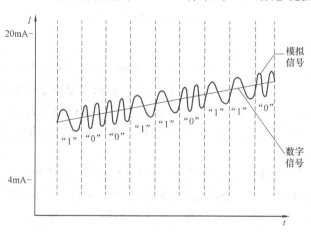

图 12-4　HART 协议中的信号调制

模拟信号上叠加幅度为 0.5mA 的数字信号进行双向数字通信。一般的 HART 总线逻辑"1"为 1200Hz，逻辑"0"为 2200Hz，数据传输率为 1.2kbps。现在也出现了 4.8kbps 的高速

HART 总线。由于 FSK 信号的平均值为 0，不影响传送给控制系统模拟信号的大小，保证了与现有模拟系统的兼容性。

HART 按命令方式工作。HART 定义了三类命令：①通用命令，这是所有设备都理解、执行的命令；②行为命令，所提供的功能可以在许多现场设备（尽管不是全部）中实现，这类命令包括最常用的现场设备功能库；③特殊设备命令，以便于工作在某些设备中实现特殊功能，这类命令既可以在 HART 基金会中开放使用，又可以为开发此命令的公司所独有。在现场设备中这三类命令通常同时存在。

HART 采用统一的设备描述语言 DDL。现场设备开发商采用 DLL 描述设备特性，由 HART 基金会负责登记管理这些设备描述并编辑设备描述字典，主设备运用 DDL 技术来理解设备的特性参数而不必为这些设备开发专用接口。由于模拟数字混合信号制的原因，难以开发出一种能满足各设备开发商要求的通信接口芯片。HART 利用总线供电，可满足本质安全防爆要求。

6. DeviceNet

DeviceNet 是一种低成本的通信连接也是一种简单的网络解决方案，有着开放的网络标准。DeviceNet 基于 CAN 技术，传输率为 125kbit/s 至 500kbit/s，网络的最大节点为 64 个，通信模式为生产者/客户（Producer/Consumer）模式，采用多信道广播信息发送方式。位于 DeviceNet 网络上的设备可以自由连接或断开，不影响其他设备，设备的安装布线成本较低。DeviceNet 总线的组织结构是 Open DeviceNet Vendor Association（开放式设备网络供应商协会，简称"ODVA"）。DeviceNet 的直接互联性不仅改善了设备间的通信质量而且提供了相当重要的设备级阵地功能。

7. CC-Link

控制与通信链路系统（Control&Communication Link，CC-Link）标准可以将控制数据和信息数据以 10Mbit/s 高速传送至现场网络，具有性能卓越、使用简单、应用广泛、节省成本等优点，在亚洲占有较大份额。CC-Link 解决了工业现场配线复杂的问题，具有优异的抗噪性能和兼容性。CC-Link 是一个以设备层为主的网络，同时也可覆盖较高层次的控制层和较低层次的传感层。2005 年 7 月 CC-Link 被中国国家标准委员会批准为中国国家标准指导性技术文件。

8. WorldFIP

WorldFIP 在欧洲市场占有重要地位，尤其是在法国占有率大约为 60％。PSA 目前在汽车生产线采用的标准就是 WorldFIP 总线。WorldFIP 的特点是具有单一的总线结构来适用不同的应用领域需求，没有任何网关或网桥，用软件办法来解决高速和低速的衔接。WorldFIP 与 FFHSE 可以实现"透明联接"，并对 FF 的 H1 进行了技术拓展，如速率等。在与 IEC61158 第一类型的连接方面，WorldFIP 做得最好。

9. INTERBUS

INTERBUS 采用国际标准化组织 ISO 的开放化系统互联 OSI 简化模型（1，2，7 层），即物理层、数据链路层、应用层，具有强大的可靠性、可诊断性和易维护性。INTERBUS 采用集总帧型数据环通信，具有低速度、高效率的特点，严格保证了数据传输的同步性和周期性，实时性、抗干扰性和可维护性非常出色。INTERBUS 广泛地应用到汽车、烟草、仓储、造纸、包装、食品等工业，成为国际现场总线的领先者。

目前上述几种现场总线在我国不同行业和企业都有应用，总线种类繁多，标准不统一，相互不开放，为设备的维护、升级带来一定的困难。

12.3.3　现场总线仪表

现场总线仪表（Fieldbus Instrument）或称为现场总线设备（Fieldbus Device）是继基地式气动仪表、电动单元组合式模拟仪表、集散控制系统（DCS）仪表后的新一代仪表系统。与目前其他现场仪表相比，现场总线仪表具有以下优点：

（1）全数字式　这是现场总线技术的显著特征，采用全数字式通信可以提高传输距离和通信可靠性。

（2）精度高　仪表的智能化和数字化从根本上提高了测量和控制的精度，消除了模拟通信中数据传送所产生的误差。

（3）互操作性　不同厂家的设备可以相互通信，相互兼容。只要符合同一现场总线标准的仪表都可以互相连接和交换数据，为用户在系统构建初期产品的选择和后期维护更换带来了极大的便利。

（4）系统成本低　一方面，一个设备可以实现多变量测量。另一方面，现场总线系统的接线比较简单，如一对双绞线就可以连接多个设备，现场布线的成本大大降低，后期维护方便，成本低。

现场总线仪表包括现场总线变送器、现场总线执行器和阀门定位器等类型。如 Smar 公司的 LD302 压力变送器、FY302 阀门定位器、TT302 温度变送器，ABB 公司的 TP82TE 电导率变送器、V1000/S1000 涡街流量变送器等等。近来，日本横河（Yokogawa）推出了具有现场分布控制、PID 调节等功能的第二代现场总线仪表，如图 12-5 所示。

a)　　　　　　　　　　　　　　　　　　b)

图 12-5　日本横河的第二代现场总线仪表

a) YTA 系列温度变送器　b) EJA 系列差压变送器

现场总线仪表一般由传感器、信号调理、A/D 转换、CPU、存储器、显示和总线接口等模块组成，有的仪表还应用了数字信号处理器（DSP），典型结构如图 12-6 所示。

下面以 HART 协议智能温度变送器为例，介绍基于现场总线仪表的实现。

HART 协议智能温度变送器包括测控部分和通信部分，连接 HART 协议智能温度变送

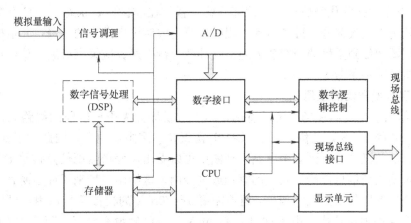

图 12-6　现场总线仪表的典型结构

器的两条线既是电源线，又是 4～20mA 输出（控制）信号线和 HART 信号线。温度变送器的输出不再局限于只是通过电流值单纯地反映测量温度，而是通过数字信号把诸如环境温度、输出电流、电流百分比、温度传感器类型、量程、控制设定值、偏差、PID 参数、报警信息、自检信息、运行状况、设备类型、ID 号以及软硬件版本号等传送给需要这些信息的监控设备。主机也可以将指令下传给温度变送器，从而改变其性能以满足不同现场的需要。

1. 温度变送器的硬件结构

测控部分主要采集传感器测量数据，并根据要求以标准信号输出测量值或控制值。图 12-7 为测控部分原理图，其用户控制信息来自于网络，无需用户在本地操作，缩小了变送器的体积，可以把它和传感器设计成一体化结构，为设计符合本质安全要求的现场设备提供了可能。这种基于 HART 协议的变送器必须注意功耗问题。从图 12-7 中可以看出流过整个变送器的电流包括 I_1 和 I_2，I_1 是系统真正的消耗，I_2 是流过调整管 VT_1 并被变送器输出的控制电流，它们的总和为环路的电流（4～20mA）。要保持环路电流的稳定就必须确保 I_1 不变，而数字电路处在静态或工作状态时它们的功耗是不同的，往往通过提高变送器总的储能水平使器件工作时超出的电流能由系统自身补充，避免 I_1 的波动对总电流稳定性的影响。

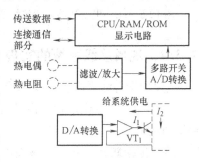

图 12-7　测控部分原理图

通信部分的主要任务是保证上、下位机可以按照 HART 协议正常通信。

2. 温度变送器的软件结构

测控部分的软件程序包括数据采集、数据处理、控制运算、输出控制和自我诊断等部分。程序通过组态信息判断采样信号的类型，自动设置采样放大倍数，针对不同传感器类型选择相应的非线性补偿，实现冷端温度补偿等功能。

通信部分程序是 HART 协议数据链路层和应用层的软件实现，是整个 HART 智能变送器软件设计的关键，变送器的互操作性也在这里得到体现。HART 通信为主从方式，变送器只有在主机询问时才应答。为保证通信响应的实时性，智能变送器模块的通信程序采用串行中断接收/发送。初始化完成后，通信部分就一直处在准备接收状态。一旦上位机有命令发来，程序就进入接收部分。准备应答过程中主要完成对主机命令的解释，并根据命令执行相应操作，把要回传到主机的内容放入通信缓冲区等待发送。应答完成后，从机进入接收状态，等待主机的下一条命令。

3. 智能温度变送器的应用

图 12-8 给出了变送器现场安装示意图，图中虚线部分为用户以前的线路和设备，实线部分为用户安装的 HART 设备。由于 HART 协议允许多主机共存，因此对于变送器来说，它可以把自己的信息同时送到多个主站。从图中可以看出，变送器把信息传给 PC 监控站的同时，又通过网关把信息传给了其他的管理或测控网，这给用户带来了许多便利。如果用户系统只需要变送器所传送的数字信号，而不需要 4～20mA 的模拟信号，用户可以采用如图 12-9 所示的多从站通信结构。由于这时 4～20mA 信号已经没有意义，每个 HART 设备环路的电流只需要能保持设备正常工作即可，因此 HART 协议规定每个环路电流为 4mA，并且在同一个电源回路中最多可连接 15 台 HART 设备。如果要实现一个复杂的控制系统，可以把图 12-8 和图 12-9 两种连接方式结合起来，再配上相应的上位机及其软件就可以构成一个简单的现场总线控制系统（FCS）。

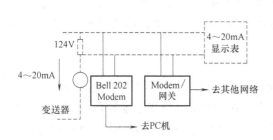

图 12-8　HART 变送器替代传统变送器

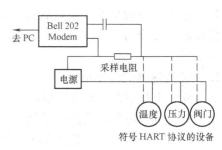

图 12-9　多从站通信示意图

12.3.4　现场总线系统的实现

组建现场总线系统首先要选择适当的现场总线类型，需要考虑以下因素：

（1）网络的拓扑结构　设计合理的结构，采用网桥等中继设备，能够有效提高网络的传输性能。

（2）传输距离　每种现场总线都有其一定传输距离要求，在不能够满足需要的情况下可以采用中继器。

（3）传输速度　传输速度必须满足测量系统需要，保证整个系统的实时性。

（4）负载能力　每种总线网络可串行负载数量有一定的限制，如果负载需要扩展，需要考虑采用拓扑结构和扩展设备。

（5）节点功能　现场总线上每一个节点都是一个智能单元，在保证功能的前提下，每个节点和主控器分担不同的任务，为保证整个系统的可靠，在节点硬件成本合理增加的基础上，每个节点应尽量完成较多的计算任务，减少现场总线的数据传输量，提高系统的可靠性。

（6）空间分布　现场总线系统各个节点分布在不同空间，系统拓扑结构往往与空间分布密切相连，选择合适的拓扑结构，可提高系统可靠性、降低系统成本。

（7）总线开放程度　有的总线协议是开放的，有的是不开放的，有的提供芯片级支持，而有的总线只提供设备级的支持。测试设备设计中，要受到温度、湿度、空间等使用条件限制，组建系统时应根据这些因素，决定是否从每个节点的最底层硬件设计开始还是选购现有产品设计。

下面结合 CAN 总线讨论某船舶振动测试系统的设计，如图 12-10 所示。

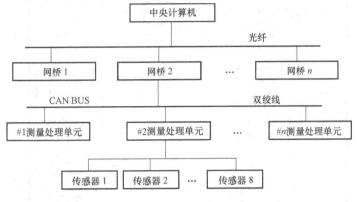

图 12-10　船舶振动测试系统

船舶动力系统产生的振动对船舶性能有较大影响，需要实时监控，监控要求如下：①同时监控多个舱室中的振动；②每个舱室有多个区域有振动源，每个区域设计 8 个传感器；③整个系统具有较好的扩展性，不仅监控舱室的数量可以扩展，而且每个舱室内监控的区域也可以扩展；④满足 $-40 \sim 120℃$ 温度范围；⑤系统总线距离在 500m 左右，每个舱室内总线距离在 100m 以内；⑥监控 10Hz～10kHz 频率范围的振幅。

由于受到温度、湿度、空间及开放程度等因素的影响，直接采用现有的一些总线设备产品难以满足使用需要。CAN 总线是一个开放的协议，并提供芯片级的支持，在传输速度和可靠性上能够满足系统需要。

系统设计双层网络系统，上层采用光纤传输，实现舱室间到中央计算机的数据传递，光纤介质传输距离长，抗干扰能力强，完全能够满足系统上层（网桥和计算机）信息的传输需要。系统设计了专用的网桥，每个舱室一个网桥，每个网桥通过双绞线介质连接舱内的测量处理单元。布线距离在 100m 以内。每个测量处理单元连接 8 个测量传感器，实现一个区域的覆盖。

测量处理单元完成前端数据采集处理任务，单元构成如图 12-11 所示。

测量处理单元采用电流源传感器，传感器输出信号经放大、滤波等预处理后，由 PIC18F248 内置的模数转换电路实现 A/D 转换。每个测量处理单元包含 8 个 PIC18F248 单片机，各负责采集 1 路传感器信号，采集后的数据在 CPLD-XC95288/144 的管理下存入 RAM（CY7C1009）中，在 CPLD 的管理下交替与 8 个单片机和 DSP 芯片 TMS320LF2812 相连，所有数据由 DSP 进行处理，处理结果结合时间信息等其他辅助信息由 PIC18F448 单片机发送到 CAN 总线上。

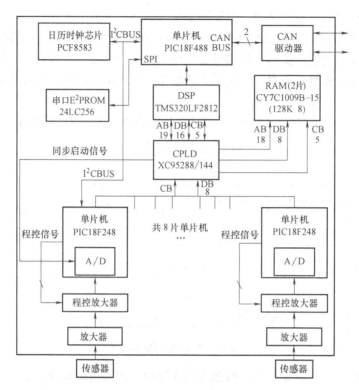

图 12-11　单元控制结构图

12.4　虚拟仪器

12.4.1　虚拟仪器的组成与特点

　　飞速发展的计算机技术和网络技术为新型测控仪器的产生提供了基础。20 世纪 80 年代，美国国家仪器公司（National Instrument，NI）提出了虚拟仪器的概念。所谓虚拟仪器（Virtual Instrument，VI）是指以通用计算机为硬件平台，利用相应具有高性能测试功能的硬件作为输入/输出接口，结合高效灵活的仪器软件，在计算机屏幕上虚拟出仪器面板和交互功能，通过鼠标或键盘实施操作的仪器。

　　虚拟仪器的构成如图 12-12 所示。

　　虚拟仪器由计算机、应用软件和仪器硬件

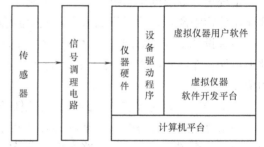

图 12-12　虚拟仪器的构成

组成。无论哪种虚拟仪器系统，都是将仪器硬件搭载到 PXI/Compact PCI、台式 PC、笔记本电脑、掌上电脑或工作站等各种计算机平台，配备专用应用软件构成。根据计算机总线的标准，仪器硬件可能有 PCMCIA、PXI、PCI、1394、USB 等不同的接口形式。图 12-13 是 NI 公司的虚拟仪器体系。

　　虚拟仪器通过软件将计算机硬件资源与仪器硬件有机的融合为一体，把计算机强大的计算处理能力和仪器硬件的测量、控制能力结合在一起，大大缩小了仪器硬件的成本和体积，并通过软件实现对数据的显示、存储以及分析处理。

　　虚拟仪器是一种全新的仪器设计理念，与传统仪器相比具有鲜明的技术特点，如表 12-1 所示。

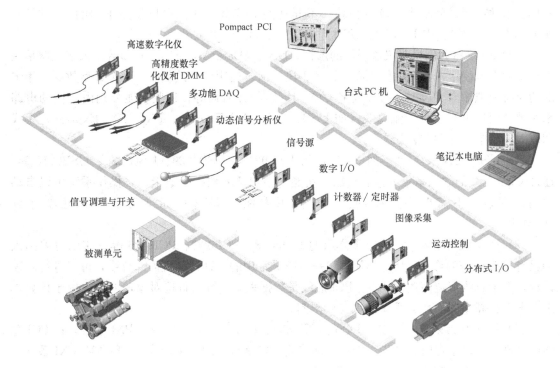

图 12-13　NI 的虚拟仪器体系

表 12-1　　虚拟仪器与传统仪器的对比

项　　目	传 统 仪 器	虚 拟 仪 器
功能	厂家定义	用户自定义
可连接设备	厂家定义	可与任何网络外设连接
维护费用	高	低
技术更新	周期长（5～10 年）	周期短（0.5～1 年）
价格	较高	较低
构架	固定	开放、灵活、可重复配置使用
二次开发	无法自己编程硬件	可自己编程硬件
显示	厂家定义	用户自定义
记录	厂家定义	用户自定义
测试过程	手动设置	编程设置

12.4.2　虚拟仪器的硬件支持

从虚拟仪器的组成看,计算机是虚拟仪器的硬件平台,作为输入/输出接口的具有高性能测试功能的硬件是硬件支持的核心。仪器制造商提供了具有不同功能的仪器硬件模块,如高速数字化仪、高精度 DMM、动态信号分析仪、信号源、数字 I/O、计数器/定时器、图像采集、运动控制、分布式 I/O 等模块。不同功能的仪器模块又可以使用不同的接口标准,如 PCMCIA、PCI、PXI、VXI、USB 等以适应不同的计算机平台。

以 DAQ 仪器为例说明仪器硬件的选择。DAQ(Data Acquisition)即数据采集仪器是一种典型的虚拟仪器,具有性价比高、设计手段灵活、通用性强的优点。一个典型数据采集卡的功能有模拟输入、模拟输出、数字 I/O、计数器/计时器等,这些功能分别由相应的电路来实现。用户可在多种主流总线(如 USB、PCI、PCI Express、PXI、PXI Express、无线和以太网)中选择 DAQ 仪器。

(1)USB 数据采集卡　如 NI 公司的 USB9219、USB9229、USB9239、USB6216 等。通过 USB 总线的数据采集卡具有热插拔功能,用户插入数据采集卡后,操作系统可以自动检测并安装,不需要用户手动配置,使用方便。USB2.0 标准使设备吞吐率达到 480Mbits/s。

(2)PCI 数据采集卡　如 NI 公司的 PCI6023、PCI6220、PCI6236 等。使用时需插入到具有 PCI 插槽的计算机中。PCI 总线是目前最常用的一种计算机内部总线,可以进行高速传输,理论总线带宽高达 1Gb/s。PCI 总线是数据采集系统的首选对象,但往往由于计算机上的 PCI 插槽数量有限,系统扩展受到限制。

(3)PXI 数据采集卡　如 NI 公司 PXI7852、PXI6239 等,应用于 PXI 平台,在 PCI 总线的基础上增加了定时、同步、冷却、环境测试等规范,缩短了台式 PC 和高端 VXI 系统的距离,适应了工业应用的需要。

(4)以太网接口数据采集设备　如 NI 公司的 CompactRIO 和 Compact FieldPoint 系列产品为工业测量和控制应用提供了具有以太网通信的模块化 I/O。只要权限许可,网络上的任何一台计算机都能访问通过以太网进行通信的设备,方便实现分布式和远程测控系统。

各种总线的性能对比如图 12-14 所示。

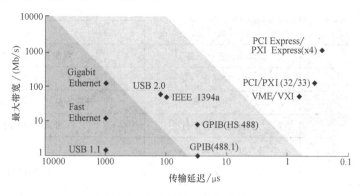

图 12-14　常见总线带宽和传输延迟

12.4.3　虚拟仪器软件标准与开发环境

虚拟仪器的研制和开发中软件技术发挥着越来越大的作用，因而就有了"软件就是仪器"的说法。虚拟仪器软件发展的两个突出标志是开放性测试系统软件标准的建立和先进的图形化编程开发环境的应用。

1. 软件标准

虚拟仪器的发展经历了三个阶段。第一阶段利用计算机增强传统仪器的功能，使用通信总线（GPIB 等）控制台式仪器；第二阶段开放式的仪器构成，出现了插卡式仪器和仪器总线（VXI、PXI 总线等），计算机成为仪器的重要组成部分；第三阶段虚拟仪器框架得到了广泛认同和采用，虚拟仪器成为主流，虚拟仪器平台成为标准工具，产生了虚拟仪器软件标准。可编程仪器标准命令（Standard Commands for Programmable Instruments，SCPI）和虚拟仪器软件体系（Virtual Instruments Software Architecture，VISA）成为重要的软件标准。

（1）SCPI　可编程仪器标准命令（SCPI）已经在 GPIB、VXI 和串行口仪器产品中得到广泛的应用，SCPI 与过去仪器语言的根本区别在于 SCPI 命令描述的是人们正在试图测量的信号，而不是正在用以测量信号的仪器。相同的 SCPI 命令可用于不同类型的仪器，并具有可扩展性，可以随着仪器功能的增强而扩大，适用于仪器的更新换代。

（2）VXI Plug&Play 与 VISA　20 世纪 90 年代，随着 VXI 总线标准的建立和 VXI 仪器的发展，程控仪器驱动软件与编程环境的标准化成为测试与仪器领域广泛关注的问题。最有实力的仪器厂商（HP、Tek 等）联合成立了 VXI 即插即用系统联盟（VXI Plug&Play Systems Alliance），提出了即插即用（VXI Plug&Play，VPP）标准。VPP 标准的目标是使任何满足该标准的计算机 I/O 设备、仪器和软件能够一起工作，实现多个系统供应商提供的硬件和软件产品的互操作性，为用户提供一体化测试与测量系统解决方案。

VPP 实际上是由软件 I/O 层和仪器驱动器组成的底层软件。

VPP 规定的软件 I/O 层被称为 VISA，它包含了统一的仪器控制结构，与操作系统、编程语言、硬件接口无关的应用程序编程接口等。VISA 的内部结构是一个先进的面向对象的结构，这一结构使得 VISA 在接口无关性、可扩展性和功能上都有很大的提高。VISA 体系结构如图 12-15 所示。

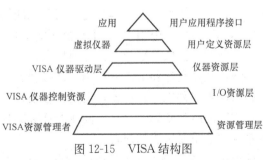

图 12-15　VISA 结构图

VPP 规定的仪器驱动器包括 C 函数库文件、交互的软面板可执行程序、知识库文件和帮助文件。仪器驱动器是应用程序实现仪器控制的桥梁，虚拟仪器驱动器是仪器程控代码、高级软件编程与先进人机交互技术相结合的产物。仪器驱动器负责处理与专门仪器通信和控制的具体过程，通过封装复杂的仪器编程细节，为用户提供了简单的函数接口，使用户不需要对仪器硬件有专门的了解，就可以使用这些硬件。仪器驱动器的外部结构和内部结构分别如图 12-16、图 12-17 所示。VPP 仪器驱动器由仪器生产厂家提供，VPP 还定义了包括操作系统、编程语言在内的测试系统软件框架。VPP 具有如下技术特点：①互操作性。不同厂家的硬件、软件可以一起工作，便于集成，确保效率；②可移植性。仪器驱动的源代码可以移植到测试程序，提高软件的可重用性和可维护性；③多功能性。软面板可以用于演示、熟悉仪器功能，方便集成和调试。

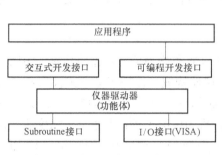

图 12-16　仪器驱动器的外部结构

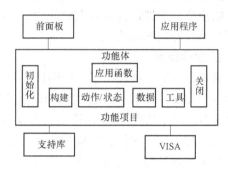

图 12-17　仪器驱动器的内部结构

（3）IVI　1998 年 9 月，仪器测试界成立了 IVI（Interchangeable Virtual Instruments）基金会，致力于在 VPP 兼容框架基础上定义一系列标准仪器编程模型。IVI 可互换虚拟仪器驱动器是一种基于状态管理的仪器驱动器体系结构，使建立在仪器驱动器基础上的测试程序独立于仪器硬件，以互操作性和可互换性为目标，提升了仪器驱动程序的标准化水平。通过为仪器类制定统一规范，使测试工程师获得了更大的硬件独立性，减少了软件维护和支持费用，缩短了仪器编程时间。对于寿命长的测试系统，在更换陈旧仪器时无需改动测试软件；一个测试软件包能适用于不同仪器硬件构成的测试系统；测试代码能被移植到不同的仪器上；当仪器故障或需要校准时，测试系统能不间断运行。

2. 虚拟仪器软件开发环境

虚拟仪器软件开发环境是虚拟仪器技术的重要组成部分。目前常用的可编程语言 Visual C++、Visual Basic 等都可以用作虚拟仪器开发环境。虚拟仪器开发软件要求编程简单、易于理解和修改；具有强大的人机交互界面设计能力，易于实现各种复杂的仪器面板；具有数据可视化分析能力，提供丰富的仪器和总线接口硬件驱动程序。

以 NI 公司的 LabVIEW 和 HP 公司的 HP-VEE 为代表的图形化编程语言环境是目前开发虚拟仪器的最佳软件平台。其主要特点是：①系统提供多种测试、控制和数据分析功能图标；②编程就是设计和定义流程图，连接功能图标；③继承了传统语言的结构化、模块化等优点；④提供多种工具和对象，实现面板设计、数据可视化，简化了系统开发，缩短了开发周期；⑤以网络为基础，可将不同测控任务的仪器和设备连接成一个分布式虚拟仪器系统，避免系统功能重复造成的浪费。

虚拟仪器概念是 LabVIEW 的精髓，每一个虚拟仪器程序（Virtual Instruments，VI）都由前面板（Front Panel）、程序框图（Block Diagram）、图标/连接器（Icon/Connector）组成。

前面板用于设置输入数值和观察输出量，用于模拟真实仪表的前面板。在前面板上，输入量被称为控制（Controls），输出量被称为显示（Indicators）。控制和显示以各种图标形式出现在前面板上，如旋钮、开关、按钮、图表、图形等，这使得前面板直观易懂。每一个前面板都对应着一段程序框图。

程序框图用 LabVIEW 图形编程语言编写，可以把它理解成传统程序的源代码。程序框图由端口、节点、图框和连线构成，其中端口用来传递前面板的控制和显示数据，节点用来实现函数和功能调用，图框用来实现结构化程序控制命令，而连线代表程序执行过程中的数据流，定义框图内的数据流动方向。

图标/连接器是子 VI 被其他 VI 调用的接口，图标是子 VI 在其他程序框图中被调用的节点表现形式；而连接器则表示节点数据的输入/输出口，就像函数的参数，用户必须指定连接器端口与前面板的控制或显示一一对应。LabVIEW 的强大功能归因于它的层次化结构，用户可以把创建的 VI 程序当作子程序调用，以创建更复杂的程序，而这种调用的层次是没有限制的。

LabVIEW 提供了 3 个浮动图形化模板，用于创建和运行程序，包括工具模板（Tools Palette）、控制模板（Controls Palette）和功能模板（Functions Palette）。工具模板为编程者提供各种用于创建、修改和调试 VI 程序的工具，例如：操作、定位、标注、连线、探针、断点、颜色等用于对前面板的各种对象进行操作、对框图程序中的对象进行连线及进行程序调试等。工具模板可以在前面板和框图程序窗口中使用。控制模板用于给前面板添加输入控制和输出显示，如：数值控制/显示对象，字符串对象，数组与簇，图形等。控制模板只有前面板窗口打开时才可以使用。功能模板是创建框图程序的工具，LabVIEW 框图编程的所有函数都按功能分类分布在功能模板的各个子模板中，如：结构子模板、数字子模板、数组子模板、定时与对话框子模板、文件 I/O 子模板、仪器驱动子模板、数据采集子模板、数据分析子模板等。功能模板只有框图程序打开时才可以使用。LabVIEW 的图形化操作模板可以随意在屏幕上移动，并可以放置在屏幕的任意位置。

LabVIEW 的图形化编程方法使得开发设计人员编写检测、数据采集、监控等程序更加简单。LabVIEW 的简单易用使得虚拟仪器的概念在学术界和工程界被广泛接受，虚拟仪器概念的延伸和扩展又使得 LabVIEW 的应用更加广泛。从 1986 年 NI 公司推出 LabVIEW 以来，软件功能不断强大。2006 年，NI 公司推出了中文版 LabVIEW8.2，LabVIEW 目前最新版本为 8.6。

12.4.4　网络化虚拟仪器

随着科学技术的飞速发展和信息化要求的不断提高，传统的单机测量仪器已不能满足被测量及处理的信息量越来越大、被测对象的空间分布日趋分散的要求，随着计算机网络技术的不断发展和渗透，把网络技术应用到虚拟仪器领域是虚拟仪器发展的必然趋势。网络化虚拟仪器是网络技术与虚拟仪器技术相结合的产物。它将虚拟仪器的功能分解，通过网络再将这些功能连接起来组成一个网络化的虚拟仪器系统，可以实现分布式数据采集、分布式数据存储、数据网络传输、远程测控、分布式处理等丰富的网络测控功能。

网络化虚拟仪器是在虚拟仪器的基础上增加网络通信能力，具有测量仪器和网络服务器的双重功能。根据客户端和服务器的不同，网络化虚拟仪器包括基于 Client/Server 模式的虚拟仪器和基于 Web 的网络化虚拟仪器。

1. 基于 Client/Server 模式的网络化虚拟仪器

Client/Server 模式是实现远程测控系统的一种常用方法。基于 Client/Server 模式的网络化虚拟仪器将仪器的不同功能模块分解到不同的计算机上，利用 Client/Server 技术将各模块连接起来，数据通过网络传输，如图 12-18 所示。一台计算机作为服务器采集数据，并将数据传递给其他作为客户的计算机，同时这台计算机也可以作为客户接收其他计算机传来的数据和指令。不同的计算机执行不同的功能，实现不同的客户/服务器角色，通过网络环境实现数据的远程测控和处理。

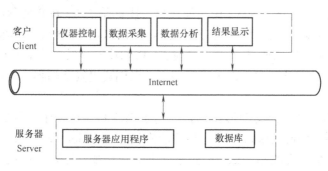

图 12-18   基于 Client/Server 模式的网络化虚拟仪器

客户端应用程序首先打开一个服务器的连接，发送命令到服务器并得到反馈信息。如果连接正确，则开始接收服务器传来的数据；否则返回错误信息。最后关闭与服务器的连接。服务器端应用程序首先进行初始化等，然后开始等待客户端的连接命令，与客户端的连接一旦建立，根据客户端的命令传输相应的数据，直到连接关闭；服务器程序不断地重复上述过程，直到服务器被关闭。

采用 Client/Server 模式构建的网络化虚拟仪器具有地理分散性、安全性高、系统处理速度快、数据完整性好等优点，但同时也带来了升级困难、跨平台性差、开放性差、系统资源耗费大等缺点。

2. 基于 Web 的网络化虚拟仪器

基于 Web 的虚拟仪器是虚拟仪器技术与面向 Internet 的 Web 技术的有机结合。虚拟仪器的主要工作是把传统仪器的前面板移植到普通计算机上，利用计算机的资源处理相关的测试需求。基于 Web 的虚拟仪器则更进一步，它把仪器的前面板移植到 Web 页面上，通过Web 服务器处理相关的测试需求。基于 Web 的网络化虚拟仪器模型如图 12-19 所示。

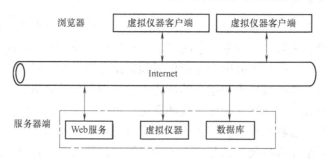

图 12-19   基于 Web 的网络化虚拟仪器

基于 Web 的虚拟仪器也属于 Client/Server 的一种，但是其客户端更加简单，只需要浏览器环境，通过网络向 Web 服务器发出请求，Web 服务器收到客户端的请求后将虚拟仪器客户端发到 Web 浏览器，客户端便可以来完成相应的任务，主要的应用程序在服务器上。客户端工作量小，成本低，应用程序的维护更加简单。

12.4.5 虚拟仪器应用设计

虚拟仪器适应了现代测试系统的网络化、智能化发展趋势，已经广泛应用于航空航天、军工、核工业、通信、交通、汽车、医疗、教育等领域。本节以一个简单的温度监测系统说明虚拟仪器的设计过程，这是一个典型的 DAQ 仪器，其构成如图 12-20 所示。

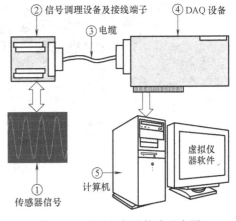

图 12-20 DAQ 仪器构成示意图

1. 需求分析和制定技术方案

设计虚拟仪器时，首先针对测试任务作详细的需求分析，明确测试项目、测试指标、应用环境、经费预算、系统未来扩展等问题，选择计算机平台；根据系统被测参数的类型和精度要求选择合适的传感器及仪器硬件，制定技术方案，给出详细的系统结构框图。本例中可选择具有 PCI 接口的台式 PC 作为计算机平台，选择 AD590 作为温度传感器，选择 NI 公司的 PCI6220 M 系列低成本数据采集卡作为仪器硬件，它是一款具有 16 路 250kS/s 采样速率、16bit 采样精度的多功能数据采集卡。

2. 选择操作系统和系统软件开发环境

选用台式 PC 通常应用的 WindowsXP 作为操作系统，选用 NI 公司的 LabVIEW 作为软件开发环境。LabVIEW 是一种图形化的开发语言，用来进行数据采集和控制、数据分析和数据表达，其主要特点如下：

1）LabVIEW 使用"所见即所得"的可视化技术建立人机界面，提供大量仪器面板中的控制对象，如表头、按钮、指示灯等，用户还可以自己建立、编辑控制对象，以满足实际工作的要求。

2）LabVIEW 使用图标表示功能模块，图标间的连线表示数据传递，编程简单明了、清晰易懂。

3）LabVIEW 通过程序调试功能。用户可以单步运行程序，在源代码中设置断点、设置探针，以观察程序执行过程中数据流的变化。

4）LabVIEW 继承了传统编程语言结构化和模块化的特点，这对于建立复杂应用，重复使用代码至关重要。

5）LabVIEW 提供了大量函数库供用户直接调用。从基本的数学函数、字符串处理函数、数组运算函数和文件 I/O 函数到高级的数字信号处理和数值分析函数，从底层的 VXI 仪器、数据采集卡和总线接口硬件的驱动程序到世界各大仪器厂商的 GPIB 仪器的驱动程序，LabVIEW 都有现成的模块帮助用户迅速便捷地组建自己的应用程序。

6）LabVIEW 是一个开放式的开发平台，提供 DLL 库接口和 CIN 节点，用户可以在 LabVIEW 平台上使用由其他软件平台编译的模块。

7）借助 DDE、ActiveX 等技术扩充系统的开发能力。

3. 硬件的安装

本实例中选择电流型温度传感器 AD590，通过对电流的测量得到所需的温度值。输出

电流 $I = (273 + T)\mu A$，当 AD590 的电流通过一个 $10k\Omega$ 的电阻时，测量电压 $U = (2.73 + T/100)V$。采用图 12-21 所示的电路对传感器信号进行放大，实现温度为 0℃时输出电压 U_o 为 $-10V$，温度为 50℃时 U_o 为 0V，温度为 100℃时 U_o 为 $+10V$。

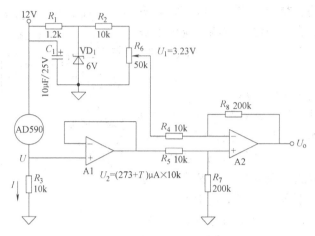

图 12-21　信号放大电路

将 PCI6220 装入到计算机中，同时安装好 DAQ 卡的驱动程序，运行 Measurement & Automation Explorer（MAX）软件可以显示出计算机上已安装的 DAQ 设备，如图 12-22 所示，可以应用 MAX 检查 DAQ 设备的设置或者测试 DAQ 设备的组件。将传感器信号连接到信号调理电路进行放大，放大后的信号通过电缆接入到 DAQ 卡的模拟输入端。

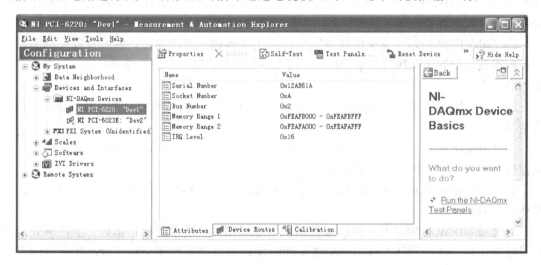

图 12-22　Devices and Interfaces 部分展开的 MAX

4. 应用软件编程调试

本例中需要通过编写 LabVIEW 程序，采集温度数据进行分析处理并实时显示。创建一个 VI 程序，用 LabVIEW 控件模板放入一个图表和两个数字指示控件，用于实时显示采集的温度趋势和分析出的温度最大值、最小值，放入一个"停止"按钮作为控制量控制整个程序的停止。前面板如图 12-23 所示。

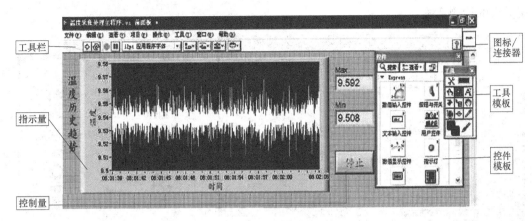

图 12-23　VI 前面板

VI 的程序框图包含了与前面板控件对应的端点、函数节点、常数以及连线。通过函数模板放入需要的函数，用工具模板提供的连线工具等进行连线，实现仪器的功能。程序框图如图 12-24 所示。

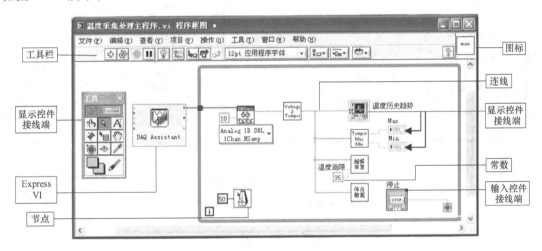

图 12-24　VI 程序框图

系统主程序由电压采集、电压至温度转换、监控温度最值、温度超限报警、保存数据等部分组成。使用 DAQ Assistant 设定采集卡参数，读取的数据经过转换后用于显示并处理。趋势图"温度历史趋势"显示实时采集的数据，同时在 Max 和 Min 数字显示栏中显示出温度的最大值和最小值。

LabVIEW 编程中可以方便调用子 VI 以实现模块化编程。例如电压至温度转换，实现将采集到计算机的电压数据线性转换至需测量的温度值。

子 VI 的设计同样需要设计前面板、程序框图，并且要用 LabVIEW 的图标编辑功能编辑子 VI 的图标，用于标识这个 VI，采用连线工具对连接器端子进行定义，建立控件与连接器端子的联系，用于交换数据。电压转换成温度子 VI 的前面板、程序框图如图 12-25a 所示，程序框图窗口中应用的函数模板如图 12-25b 所示。

可以看出，使用 LabVIEW 实现虚拟仪器设计简单、方便，可以根据需要快速搭建适合应用需求的检测系统。

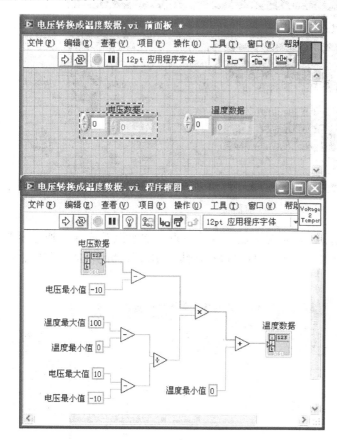

a)   b)

图 12-25　电压转换成温度的子 VI

a) 前面板和程序框图　b) 函数模板

思　考　题

1. 现代传感系统的基本结构是什么?

2. 什么是分布式测量系统? 分布式测量系统有什么结构特征?

3. 什么是现场总线系统? 其典型协议都有哪些, 简要说明各有什么特点?

4. 促使现场总线仪表产生的两个因素是什么?

5. 简述现场总线仪表有哪些优点?

6. 虚拟仪器与传统仪器有什么不同?

7. 在学习工作过程中应用过的仪器, 哪些是虚拟仪器构造的? 请举几个实例。

8. 试从各个方面比较分布式测量系统、现场总线系统、虚拟仪器。

第 13 章　多传感器数据融合

多传感器数据融合是针对一个系统中使用多个（种）传感器这一特定问题而提出的信息处理方法；是将来自多传感器或多源的信息和数据进行综合处理，从而对观测对象形成准确结论的过程。

13.1　多传感器数据融合概述

传感器是智能化系统感知外部世界信息的"感官"。一个智能化的检测、控制系统使用尽可能多的传感器来获得对有关周围环境的客观认识，或者更新、优化已有的认识。在多传感器系统中，各种传感器检测到的信息可能具有不同的特征：时变的或者非时变的，实时的或者非实时的，稳态的或者动态的，模糊的或者确定的，精确的或者不完整的，可靠的或者不可靠的，相互支持、互补的或者相互矛盾、冲突的。与单一传感器信息获取方式相比，多传感器数据融合能有效地利用多传感器资源。与经典信号处理方法相比，多传感器数据融合所处理的传感信息具有更复杂的形式，而且通常处于不同的层次。数据融合的目的是基于各独立传感器的观测数据，通过融合导出更丰富的有效信息，获得最佳协同效果，发挥多个传感器的联合优势，提高传感器系统的有效性和鲁棒性，消除单一传感器的局限性。

人类对客观事物的认知过程是多源数据的融合过程。在这个认知过程中，人类通过多种传感器（视觉、听觉、触觉、嗅觉等感官）获取客观对象不同质的信息，或通过同类传感器（如双耳）获取同质而不同量的信息，大脑对这些感知信息依据某种规则进行组合和处理，形成对客观事物的理解和认识。人类感官具有不同的度量特征，可获取不同空间范围内的各种信息（图像、声音、气味以及物理形状等），但人类把这些信息或数据转换成对周围环境的认识，还需要足够的先验知识。人的先验知识越丰富，综合信息处理能力就越强。人本身就是一个高级的信息融合系统，人类对复杂事物的综合认识、判断与处理过程具有自适应性。

这种由感知到认知的过程是生物体的多传感器数据融合过程，这一处理过程是复杂的，也是自适应的。人们希望用机器来模仿这种过程，其中多传感器数据融合技术是关键。多传感器数据融合利用多个传感器资源，通过对多传感器及其观测信息的合理支配和使用，把由多传感器获得的信息依据某种准则进行组合，以形成被测对象的一致性解释或描述。

13.1.1　多传感器数据融合过程

多传感器数据融合系统的结构如图 13-1 所示。数据融合过程主要由数据校准、相关、识别、估计等部分组成。其中校准与相关是识别和估计的基础，数据融合在识别和估计中进行。

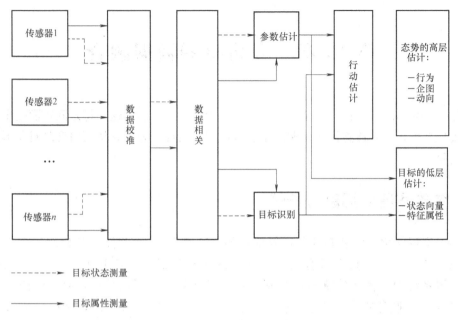

图 13-1　数据融合系统的构成

1. 数据检测

多传感器不间断扫描观测对象，输出检测数据。扫描过程中，各传感器进行独立的测量和判断，并将各种测量参数（对象特性参数和状态参数等）报告数据融合中心。

2. 数据校准

若各传感器在时间和空间上是独立的或异步工作的，则必须利用数据校准统一各传感器的时间和空间基准。

3. 数据相关

数据相关又称数据关联。将收集到的观测数据与其他传感器的观测数据以及该传感器过去的观测数据进行关联处理，判别不同时间和不同空间的数据是否来自同一对象。在此基础上，将收集到的每个新的观测数据指派给以下假设中的一个：

（1）新增对象观测集　建立目前尚未观测到的新观测对象。

（2）已存在对象观测集　根据以往观测到的对象标记、更新或补充数据。

（3）虚警　传感器观测不形成一个实际对象，删除数据。

4. 参数估计

参数估计也称目标跟踪。传感器每次扫描结束后即将新的观测结果与数据融合系统原有的观测结果进行融合，对下一次扫描可能获得的参数进行预测。预测值被反馈给随后的扫描过程，以便进行相关处理，调整扫描状态。参数估计单元的输出是目标的状态估计值。

5. 对象识别

对象识别也称属性分类或身份估计。根据多传感器的观测结果形成一个多维的特征向量，其中每一维代表对象的一个独立特征。若被观测对象有多个类型且每类对象的特征已知，则可将实测特征向量与已知类型的特征向量进行比较，从而确定对象的类别。对象识别可看作是对象属性的估计和比较。

6. 行为估计

将所有对象数据集（目标状态和类型）与此前确定的可能态势行为模式相比较，以确定哪种行为模式与对象的状态最匹配。行为估计单元的输出是态势评定、威胁估计以及目标趋势等。

校准、相关、识别和估计贯穿于整个多传感器数据融合过程，既是融合系统的基本功能，也是制约融合性能的关键环节。

13.1.2　多传感器数据融合的形式

多传感器数据融合分为数据级融合、特征级融合和决策级融合三种基本形式，如图 13-2 所示。

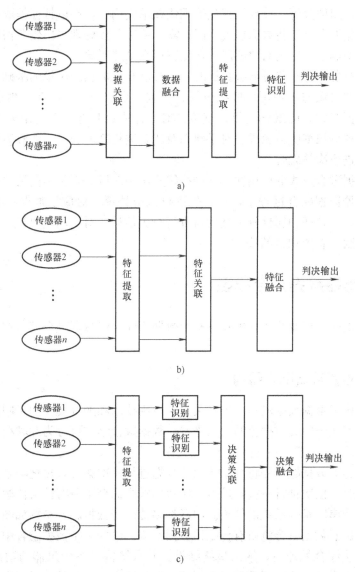

图 13-2　多传感器数据融合的形式

a）数据级融合　b）特征级融合　c）决策级融合

如果多传感器数据是同质的，原始数据可以直接融合，称为数据级融合。数据级融合直接对未经预处理的传感器原始观测数据进行综合和分析，其优点是保持尽可能多的客体数据，基本不发生数据丢失或遗漏，缺点是处理数据量大，实时性差。多传感器测量同一物理量时就是这种情况，如两个图像传感器获得的对象在同一时刻的数据或者一个图像传感器获得的对象在不同时刻的数据可以直接进行数据融合。用运动物体的相邻两帧图像相关计算物体运动速度就是一种数据级融合。

如果多传感器数据是不同质的，就必须使用特征级融合和决策级融合。

特征级融合从不同质的传感器数据中提取数据的特征表达，构成特征向量供估计和识别使用，按照特征信息对多传感器数据进行分类、综合和分析。特征级融合亦称文件级数据融合，其优点是既保持足够数量的重要数据，又经过可容许的数据压缩，可以提高处理的实时性。在模式识别、图像分析、计算机视觉等现代技术应用中，都以特征提取为基础。特征级数据融合不可避免地会有某些数据损失，因而需对传感器预处理提出较严格的要求。漫画是特征级融合的典型例子，它用对象的局部典型特征来描述对象。

决策级融合在各传感器和各低级数据融合中心已经完成相应决策的基础上，根据一定准则和每个传感器的决策与决策可信度执行综合评判，形成决策。决策级融合从具体问题出发，充分利用特征级融合的最终结果，直接针对具体决策目标，融合结果直接影响决策结论。教练在比赛现场根据队员表现、对手状态及比赛进程部署战术、调整策略的过程，事实上就是在不断地进行决策融合。

多传感器数据融合形式的应用在实际中往往无法绝对区分，更多的情况是交替使用或联合使用。多传感器数据融合过程中，一般先进行低级处理，对应于数据级融合和特征级融合，输出的是状态、特征和属性等。然后再进行行为估计，对应的是决策级融合，输出的是抽象结果，如威胁、企图和目的等。

13.2 多传感器数据融合模型

尽管不同层次的数据融合所处理和分析的数据不同，但数据融合模型在实现结构上往往具有共同之处。

13.2.1 多传感器数据融合结构

数据融合结构可根据数据流程、控制关系、应用技术和融合规模的不同而划分为不同的类型。从传感器和融合中心数据流的关系来看，数据融合结构可分为并联型、串联型、混联型和网络型四种。

串联型多传感器数据融合先将两个传感器数据进行一次融合，再把融合结果与下一个传感器数据进行融合，依次进行下去，最后一次数据融合综合了所有前级传感器数据所携带的信息，输出将作为串联融合系统的结论。串联型多传感器数据融合结构如图13-3所示。

并联型多传感器数据融合将所有传感器数据都输入给同一个数据融合中心，融合中心对各信息按适当方法综合处理后，输出最终结果。并联结构中各传感器的输出之间不存在影响，比较适合解决时空多传感器数据融合问题，但当输入数据量较大时要求数据融合中心的处理速度很快。并联型多传感器数据融合结构如图13-4所示。

混联型多传感器数据融合结构如图 13-5 所示。混联融合方式是串联融合和并联融合的结合，或总体串联，局部并联；或总体并联，局部串联。

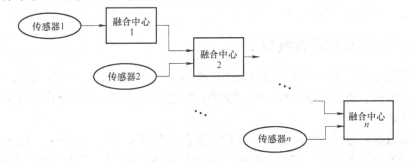

图 13-3　串联型多传感器数据融合

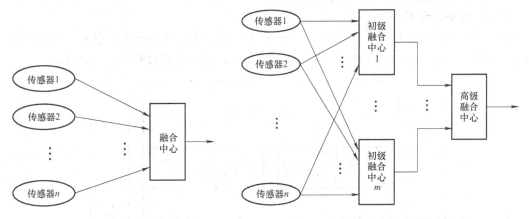

图 13-4　并联型多传感器数据融合　　　　　图 13-5　混联型多传感器数据融合

实际上，串联型融合方式在很大程度上是两个传感器并联融合的多级型式，由并联融合推出最终结论。

网络型数据融合结构比较复杂，多在大型数据融合系统中运用。

从数据融合的控制关系来看，反馈型多传感器数据融合过程中，传感器或数据融合中心的处理方式及判断规则受数据融合中心最终结论或中间结论的影响。数据处理依赖于一个反馈控制过程，这种反馈可以是正反馈，也可以是负反馈。反馈控制可分为融合结论对传感器的控制、对数据融合中心的控制，以及中间结论对传感器的控制三种，如图 13-6～图 13-8 所示。

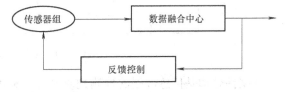

图 13-6　结论对传感器的反馈控制

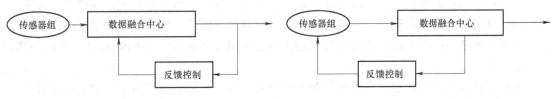

图 13-7　结论对融合中心的反馈控制　　　　图 13-8　中间结论对传感器的反馈控制

对传感器的控制多体现在对传感器策略、精度的控制，对传感器跟踪目标的跟踪控制等。对融合中心的控制包括对融合中心判断规则的控制、对融合中心数据融合方式的控制、对融合中心某一参数的控制等。

13.2.2 多传感器数据融合模型

多传感器数据融合系统的模型设计是多传感器数据融合的关键问题，取决于实际需求、环境条件、计算机、通信容量及可靠性要求等，模型设计直接影响融合算法的结构、性能和融合系统的规模。

多传感器数据融合模型实际上是一种数据融合的组织策略，根据任务、要求和设计者认识不同，模型设计千差万别。目前流行的有多种数据融合模型，其中 JDL（Joint Directors of Laboratories）数据融合模型最具通用性。

1. JDL 数据融合模型

JDL 数据融合模型如图 13-9 所示，数据融合过程包括五级处理和数据库、人机接口支持等。五级处理并不意味着处理过程的时间顺序，实际上，处理过程通常是并行的。

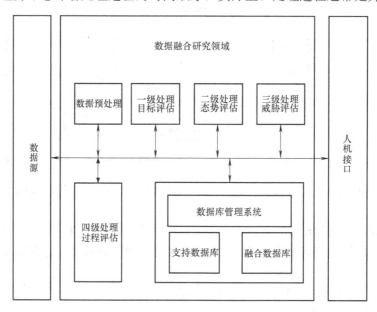

图 13-9 JDL 数据融合模型

数据预处理是传感数据的检测判决融合，利用滤波、门限判决等方法优化检测数据，根据观测时间、传感器类型、信息属性和特征等对数据进行分选和归类。控制进入下级处理的信息量，提高检测信息的利用率。

目标评估包括数据校准、关联、属性参数估计等，建立实体属性的表征和描述，为更高级别的融合过程提供辅助信息。通过数据校准将时域上不同步、空间域上属于不同坐标系的多源观测数据进行时空对准，将多源数据纳入到统一的参考框架中，同时对目标进行预测，保持对目标的连续跟踪。

态势评估包括态势提取、态势分析和态势预测。利用大量不完整的数据构造目标态势的一般表达，为前级处理提供关联说明。通过目标实体合并、协同关系分析与推理等明确目标动向，并对目标实体的未来位置和部署进行预测和推理。

威胁评估是对目标实体未来实力和发展趋势的评价，包括综合环境判断、威胁等级判断及辅助决策。由于 JDL 模型源于军事应用，因而保持了"威胁"这样的表述。

过程评估是一个更高级的处理阶段。通过优化约束和自适应反馈，对整个融合过程进行实时监控与评价，实现多传感器自适应数据获取和处理，资源的有效利用和传感器的优化管理，提高数据融合系统的性能。

JDL 数据融合模型的五级分层功能在军事应用系统中的具体表现如图 13-10 所示，数据来源包含利用多种手段获得的传感信息和环境监视/跟踪数据。辅助信息包括人工情报、先验信息和环境参数等。融合功能包括第一级处理、预滤波、采集管理、第二级处理、第三级处理、第四级处理、第五级处理、数据库管理、支持数据库、人机接口和性能评估。

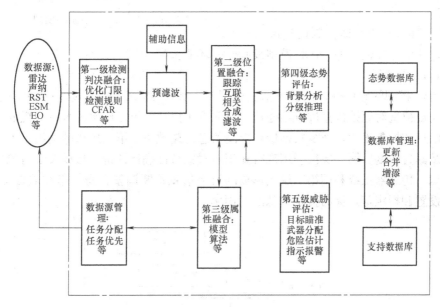

图 13-10　军事应用中的五级分层数据融合模型

1) 第一级处理是数据融合。通常根据所选择的检测准则产生最优门限，形成检测输出。预滤波根据信息特征控制进入下级处理的信息量，以避免融合系统过载而导致瘫痪。

2) 第二级处理获得目标的位置量和速度。通过综合来自多传感器的位置信息建立目标的航迹和数据库，包括数据校准、关联、跟踪、滤波、预测、航迹关联及航迹融合等。

3) 第三级处理是属性融合。对来自多个传感器的目标属性数据进行组合，形成对目标身份的联合估计，用于目标属性融合的数据包括雷达横截面积、脉冲宽度、重复频率、红外谱或光谱等。

4) 第四级处理包括态势提取与评估。建立目标态势的一般性描述，对前几级处理产生的兵力分布情况做合理的解释，对复杂战场环境进行正确分析，导出敌我双方兵力分布推断，给出意图、告警、行动计划与结果。

5) 第五级处理是威胁程度处理。从有效打击敌人的需求出发，估价敌方的杀伤力和威胁等级，估计我方的薄弱环节，并针对敌方意图给出提示和告警。

2. Boyd 控制环

Boyd 控制环是一个四级数据融合模型，如图 13-11 所示。Boyd 控制环与 JDL 模型相似，但更充分地考虑了融合结论对融合过程的影响。Boyd 控制环包括四个处理环节：

1) 观测环节获取目标信息，与 JDL 模型的数据预处理功能相当。

2) 定向环节确定对象的基本特征，与 JDL 模型的目标评估、态势评估和威胁评估功能相当。

3) 决策环节确定最佳评估，制定反馈控制策略，与 JDL 模型过程优化与评估功能相当。

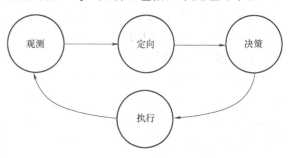

图 13-11 Boyd 控制环模型

4) 执行环节利用反馈控制调整传感系统状态，获取额外数据等。JDL 模型没有这一环节。

3. Waterfall 模型

Waterfall 模型的数据融合过程包括三个层次，如图 13-12 所示。第一层次基于传感模型和物理测量模型对原始数据进行预处理，提取有用信息。第二层次进行特征提取和特征融合以获取信息的抽象表达，减少数据量，提高信息传递效率，第二层次的输出是关于对象特征的估计及其置信度。第三层次利用现有知识对对象特征进行评价，形成关于对象、事件或行为的认识。传感器系统利用第三层次形成的反馈信息不断调整自身状态和数据准备策略，进行重新设置和标定等，提高传感信息的利用率。

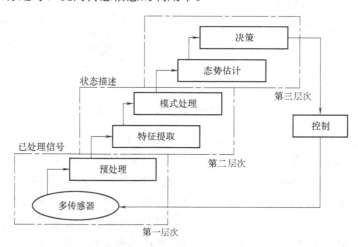

图 13-12 Waterfall 模型

4. Dasarathy 模型

Dasarathy 模型充分注意到传感器数据融合中数据融合、特征融合和决策融合三者往往交替应用或联合使用的事实，根据所处理信息的类型对数据融合功能进行了归纳，明确了五种可能的融合形式，如表 13-1 所示。实际应用中可以根据具体情况选择合适的算法对融合形式进行组合。

表 13-1   Dasarathy 模型的五种数据融合形式

输 入 形 式	输 出 形 式	符 号 表 示	功 能 定 义
数据	数据	DAI－DAO	数据融合
数据	特征	DAI－FEO	特征选择与提取
特征	特征	FEI－FEO	特征融合
特征	决策	FEI－DEO	模式识别与处理
决策	决策	DEI－DEO	决策融合

5. OMNIBUS 模型

OMNIBUS 模型是 Boyd 控制环、Dasarathy 模型和 Waterfall 模型的混合, 既体现了数据融合过程的循环本质, 用融合结论调整传感器系统的状态, 提高信息融合的有效性, 又细化了数据融合过程中各个环节的任务, 改善了数据融合实现的可组合性。OMNIBUS 模型结构如图 13-13 所示。

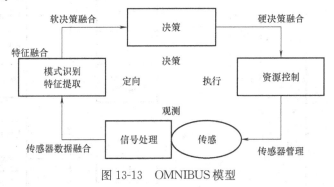

图 13-13   OMNIBUS 模型

6. 多传感器集成融合模型

在多传感器集成融合模型中, 根据传感器所提供信息的等级参加不同融合中心的数据融合, 低等级的传感器输出原始数据或信号, 高等级的传感器输出特征或抽象符号信息, 融合结论在最高等级的融合中心产生, 辅助信息系统为各融合中心提供资源, 包括各种数据库、知识表达、特征解析、决策逻辑等。多传感器集成融合模型是一种串行融合结构, 满足传感数据特性存在等级差别的应用需求。可以用嵌入式系统实现多传感器集成融合模型中的各级融合中心, 且可与传感器集成。多传感器集成融合模型如图 13-14 所示。

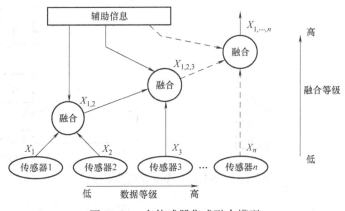

图 13-14   多传感器集成融合模型

13.3　多传感器数据融合技术

20 世纪 80 年代以来，多传感器数据融合技术成为数据处理和决策支持的有效方法。多传感器数据融合技术涉及计算机科学、专家系统、决策论、认识论、概率论、数字信号处理、模糊逻辑和神经网络等多学科领域，虽然还未形成完整的理论体系，但已在众多应用领域依据具体应用背景形成了许多成熟并且有效的融合方法。

13.3.1　多传感器数据融合算法的基本类型

多传感器数据融合方法很多，总体上可概括为物理模型、参数分类和基于知识的模型方法三类，如图 13-15 所示。

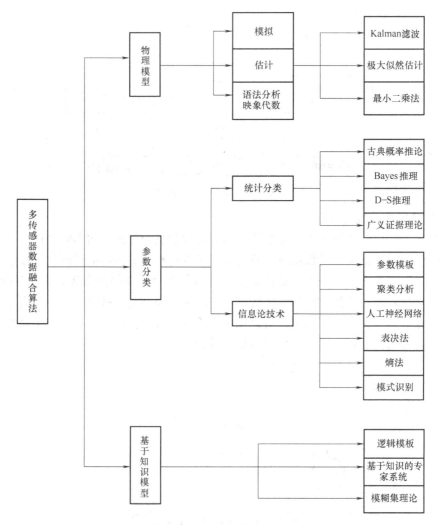

图 13-15　多传感器数据融合算法分类

1. 物理模型

根据物理模型模拟出可观测或可计算的数据，并把观测数据与预先存储的对象特征进行比较，或将观测数据特征与物理模型所得到的模拟特征进行比较。比较过程涉及计算预测数据和实测数据的相关关系。如果相关系数超过一个预先设定的值，则认为两者存在匹配关系（身份相同）。

预测一个实体特征的物理模型必须建立在识别对象的物理特征基础上，每一种对象或每一类型对象都可能需要建立一个物理模型。例如用信号模拟的方法来预测发射机的发射情况，就必须首先明确发射机覆盖区域范围、场强分布要求，明确信号能量与场能转换过程，明确影响发射性能的因素等。在实际应用中，物理模型可能十分复杂，因而需要庞大的软件支持，即使物理模型相对简单，处理过程也可能十分复杂。

这类方法中，Kalman（卡尔曼）滤波技术最为常用。

2. 参数分类技术

参数分类技术依据参数数据获得属性说明，在参数数据（如特征）和一个属性说明之间建立一种直接的映象。参数分类分为有参技术和无参技术两类，有参技术需要身份数据的先验知识，如分布函数和高阶矩等；无参技术则不需要先验知识。

常用的参数分类方法包括 Bayesian 估计、D-S 推理、人工神经网络、模式识别、聚类分析及信息熵法等。

3. 基于认知的方法

基于认知的方法主要是模仿人类对属性判别的推理过程，可以在原始传感器数据或数据特征基础上进行。

基于认知的方法在很大程度上依赖于一个先验知识库。有效的知识库利用知识工程技术建立，这里虽然未明确要求使用物理模型，但认知建立在对待识别对象组成和结构有深入了解的基础上，因此，基于认知的方法采用启发式的形式代替了数学模型。当目标物体能依据其组成及相互关系来识别时，这种方法尤其有效。

选择一个合适的融合算法受制于应用对象和应用需求，实际上，常常利用多种融合算法的组合进行多传感器数据融合。可以预见，神经网络和人工智能等新概念、新技术在多传感器数据融合中将起到越来越重要的作用。

13.3.2　Kalman 滤波

Kalman 滤波实时融合动态的低层次传感器冗余数据，只需当前的一个测量值和前一个采样周期的预测值就能进行递推估计。如果系统具有线性动力学模型，且系统噪声和传感器噪声可用白噪声模型来表示，Kalman 滤波为融合数据提供了统计意义下的最优估计。

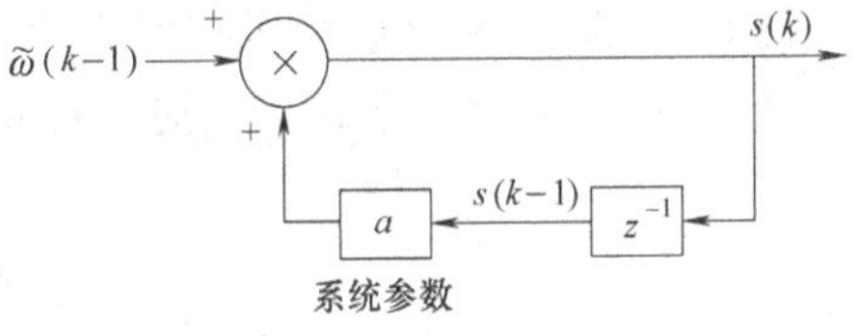

离散序列的一阶自回归模型如图 13-16 所示。

图 13-16　一阶自回归模型

$$s(k) = as(k-1) + \tilde{\omega}(k-1) \quad (13-1)$$

式中，$s(k)$ 是 k 时刻的序列值；a 为模型的系统参数，$0 < a \leqslant 1$；$\tilde{\omega}(k-1)$ 为零均值的白噪声序列，亦称为动态噪声或系统噪声，$E[\tilde{\omega}(k)] = 0, E[\tilde{\omega}(i)\tilde{\omega}(j)] = \sigma_\omega^2 \delta(i,j)$。

实际中的很多序列都适合用这种自回归模型来描述。例如，飞机以某一速度飞行，飞行员可以根据飞行条件作机动飞行，所产生的速度变化取决于两个因素：系统总的响应时间和由于加速度随机变化造成的速度随机起伏。若用 $s(k)$ 表示 k 时刻的飞行速度，用 $\tilde{\omega}(k)$ 表示改变飞机速度的各种外在因素，如云层及阵风等。这些随机因素对飞机速度的影响是通过参数 a（代表飞机的惯性和空气阻力等影响）完成的。

一维离散序列的线性观测方程

$$x(k) = s(k) + n(k) \tag{13-2}$$

式中，$x(k)$ 是观测序列；$s(k)$ 是状态信号序列；$n(k)$ 是白噪声序列，常称为测量噪声。$n(k)$ 也是均值为零，方差为 σ_n^2 的加性白噪声序列，它是来自观测过程中的干扰，与信号模型中的状态噪声 $\tilde{\omega}(k)$ 不相关，满足下列条件

$$E\left[n\left(k\right)\right] = 0$$
$$E\left[n\left(i\right)n\left(j\right)\right] = \sigma_n^2 \delta\left(i, j\right)$$
$$E\left[\tilde{\omega}\left(k\right)n\left(j\right)\right] = 0$$

根据上述信号模型及观测模型，按照最小均方准则，Kalman 滤波的递推算法结构如图 13-17 所示。

$$s'(k) = as'(k-1) + b(k)\left[x(k) - as'(k-1)\right] \tag{13-3}$$

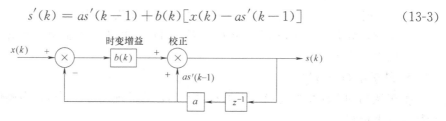

图 13-17   一维 Kalman 滤波器

Kalman 滤波可以实现不同层次的数据融合。集中融合结构在系统融合中心采用 Kalman 滤波技术，可以得到系统的全局状态估计信息。传感器数据自低层向融合中心单方向流动，各传感器之间缺乏必要的联系。分散融合结构在对每个节点进行局部估计的基础上，接受其他节点传递来的信息进行同化处理，形成全局估计。分散融合结构网络中，任何一个节点都可以独立做出全局估计，某一节点的失效不会显著地影响系统正常工作，其他节点仍可以对全局做出估计，有效地提高了系统的鲁棒性和容错性。

13.3.3   基于 Bayes 理论的数据融合

假设有 N 个传感器用于获取未知对象的数据，每个传感器提供一个关于对象属性的说明。设 O_1，O_2，$\cdots$，O_m 为所有可能的 m 个对象，D_i 表示第 i 个传感器对于对象属性的说明。O_1，O_2，$\cdots$，O_m 实际上构成了观测空间的 m 个互不相容的穷举假设，有

$$\sum_{i=1}^{N} P(O_i) = 1 \tag{13-4}$$

$$P(O_i \mid D_j) = \frac{P(D_j \mid O_i)P(O_i)}{\sum_{i=1}^{n} P(D_j \mid O_i)P(O_i)} \qquad i = 1, 2, \cdots, n; j = 1, 2, \cdots, m \tag{13-5}$$

基于 Bayes 方法进行数据融合的过程如图 13-18 所示：

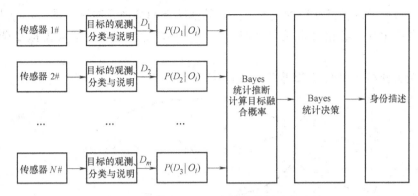

图 13-18　基于 Bayes 方法的数据融合过程

1) 将每个传感器关于对象的观测转化为对象属性的说明 D_1，D_2，$\cdots$，D_m；

2) 计算每个传感器关于对象属性说明的不确定性 $P(D_j|O_i)$　$i=1$，2，$\cdots$，n；$j=1$，2，$\cdots$，m。

3) 计算对象属性的融合概率

$$P(O_i|D_1,D_2,\cdots,D_m)=\frac{P(D_1,D_2,\cdots,D_m|O_i)P(O_i)}{\sum_{i=1}^{n}P(D_1,D_2,\cdots,D_m|O_i)P(O_i)}\quad i=1,2,\cdots,n;j=1,2,\cdots,m$$

(13-6)

如果 D_1，D_2，$\cdots$，D_m 相互独立，则

$$P(D_1，D_2，\cdots，D_m|O_i)=P(D_1|O_i)\,P(D_2|O_i)\cdots P(D_m|O_i) \tag{13-7}$$

4) 应用判定逻辑进行决策。若选取 $P(O_i|D_1，D_2，\cdots，D_m)$ 的极大值作为输出，这就是所谓的极大后验概率（MAP）判定准则

$$P(O_j)=\max_{1\leqslant i\leqslant m}\{P(O_i|D_1，D_2，\cdots，D_m)\} \tag{13-8}$$

运用 Bayes 方法中的条件概率进行推理，能够在出现某一证据时给出假设事件在此证据发生的条件概率，能够嵌入一些先验知识，实现不确定性的逐级传递。但它要求各证据之间都是相互独立的，当存在多个可能假设和多条件相关事件时，计算复杂性增加。另外，Bayes 方法要求有统一的识别框架，不能在不同层次上组合证据。

13.3.4　基于神经网络的数据融合

人工神经网络源于大脑的生物结构，神经元是大脑的一个信息处理单元，包括细胞体、树突和轴突，如图 13-19 所示。

神经元利用树突整合突触所接收到的外界信息，经轴突将神经冲动由细胞体传至其他神经元或效应细胞。神经网络使用大量的处理单元（即神经元）处理信息，神经元按层次结构

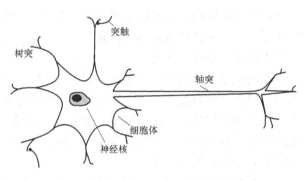

图 13-19　生物神经元

的形式组织，每层上的神经元以加权的方式与其他层上的神经元连接，采用并行结构和并行处理机制，具有很强的容错性以及自学习、自组织及自适应能力，能够模拟复杂的非线性映射。

常用的人工神经元模型（PE 模型）如图 13-20 所示。

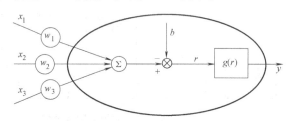

图 13-20   人工神经元模型

模型输出

$$y = g\left[\left(\sum_i w_i \cdot x_i\right) - b\right] \tag{13-9}$$

式中，x_i 是模型的输入，其分配权重为 w_i；b 是模型的偏值；g 为转换因子。式（13-9）表示的模型非常简单，但当由这些模型做为节点构成多级网络时，可以表达任意复杂的逻辑关系。典型的多级前馈感知模型如图 13-21 所示。

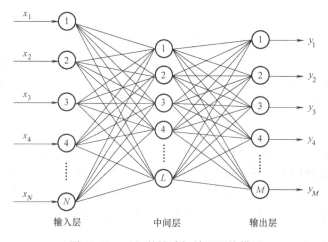

图 13-21   三级前馈感知神经网络模型

神经网络的结构、功能特点和强大的非线性处理能力，恰好满足了多源信息融合技术处理的要求，人工神经网络以其泛化能力强、稳定性高、容错性好、快速有效的优势，在数据融合中的应用日益受到重视。

如果将数据融合划分为三级，并针对具体问题将处理功能赋予信息处理单元，可以用三层神经网络描述融合模型。第一层神经元对应原始数据层融合。第二层完成特征层融合，并根据前一层提取的特征，做出决策。对于目标识别，输出就是目标识别结论及其置信度；对于跟踪问题，输出就是目标轨迹及误差。输出层对应决策融合，决策层的输入输出都应该是软决策及对应决策的置信度。

融合模型的全并行结构对应神经网络的跨层连接。决策信息处理单元组的输出可以作为原始数据层数据融合单元组的输入，对应数据融合模型的层间反馈。数据融合模型的内环路对应前向神经网络中层内的自反馈结构。不论在数据融合的哪个层次，同层各个信息处理单元组或同一信息处理单元组的各个信息处理单元之间或多或少地存在联系。

人工神经网络信息融合具有如下性能：

1) 神经网络的信息统一存储在网络的连接权值和连接结构上，使得多源信息的表示具有统一的形式，便于管理和建立知识库。

2) 神经网络可增加信息处理的容错性，当某个传感器出现故障或检测失效时，神经网络的容错功能可以使融合系统正常工作，并输出可靠的信息。

3) 神经网络具有自学习和自组织功能，能适应工作环境的不断变化和信息的不确定性对融合系统的要求。

4) 神经网络采用并行结构和并行处理机制，信息处理速度快，能够满足信息融合的实时处理要求。

13.3.5 基于专家系统的数据融合

专家系统（Expert system）是一个具有大量专门知识与经验的程序系统，根据某领域一个或多个专家提供的知识和经验，进行推理和判断，模拟人类专家的决策过程，以便解决那些需要人类专家处理的复杂问题。基于专家系统的数据融合是一种模拟人类专家解决领域问题的计算机决策系统。

专家系统具有如下特点：

1) 启发性。专家系统能运用专家的知识和经验进行推理、判断和决策。现实上只有一小部分人类活动（约占 8%）可以用数学来描述，而大部分工作和知识都是非数学性的，如法律等。在化学和物理学科，大部分也依靠推理进行思考。专家系统在解决不能进行数学描述的问题方面具有优势。

2) 透明性。专家系统能够解释本身的推理过程和回答用户提出的问题，用户能够了解推理过程，提高对专家系统的信赖感。例如，一个医疗诊断专家系统诊断某病人患有肺炎，而且必需用某种抗生素治疗，那么，专家系统将会向病人解释为什么需用抗生素治疗，用哪一种抗生素治疗等，就像一位医生面对病人。

3) 灵活性。专家系统能不断地增长知识，修改原有知识，不断更新，不断充实和丰富系统内涵，完善系统功能。

一个典型的专家系统由知识库、推理器和接口三部分组成，如图 13-22 所示。知识库组织事实和规则。知识库包括两部分：一部分是已知的同当前问题有关的数据信息；另一部分是进行推理时要用到的一般知识和领域知识，这些知识大多以规则等形式表示。推理器由知识库中有效的事实与规则，在用户输入的基础上给出结果。接口是用户与专家系统间的沟通渠道，是人与系统进行

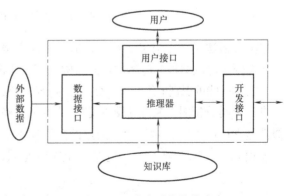

图 13-22 专家系统的构成

信息交流的媒介，为用户提供了直观方便的交互作用手段。接口的功能是识别与解释用户向系统提供的命令、问题和数据等信息，并把这些信息转化为系统的内部表示形式。另一方面，接口将以用户易于理解的形式给用户提供系统得到的结论和作出的解释。

　　建立专家系统首先要确认需解决的问题，根据需求明确相关的知识并将其概念化，由这些概念组成一个系统的知识库。其次是制定涵盖上述知识的规则，建立专家系统的过程如图 13-23 所示。测试用于检验专家系统各个环节的完整性。在专家系统的建立过程中，需求、概念、组织结构与规则是不断完善的，往往需要不断更新。建立专家系统的关键在于知识的获取与知识表达。

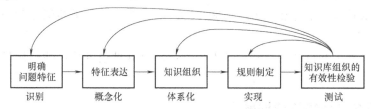

图 13-23　专家系统的建立过程

13.3.6　基于聚类分析的数据融合

　　对于没有标示类别或没有明确特征的数据样本集，可以根据样本之间的某种相似程度进行分类，相似的归一类，不相似的归为另一类或另一些类，这种分类方法称为聚类分析。如图 13-24 所示。

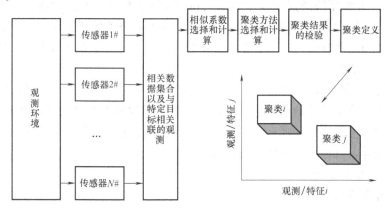

图 13-24　多传感器数据融合的聚类分析

　　聚类分析法是一组启发式算法，适用于对象类型数量不明确时的应用。

　　聚类分析法试图根据传感数据的结构或相似性将数据集分为若干个子集。将相似数据集中在一起成为一些可识别的组，并从数据集中分离出来，众多的不同特征可用不同的聚类来表征。

　　进行聚类分析时，首先需要确定一种规则来确定数据集的分离原则，寻找各个类之间的相似性是常用的办法。对于两个给定的数据样本 X_i 和 X_j，几种常见的相似性度量如：

点积
$$X_i g X_j = |X_i||X_j| \cos(X_i, X_j)$$
(13-10)

相似性比
$$S(X_i, X_j) = \frac{X_i g X_j}{X_i g X_i + X_j g X_j - X_i g X_j}$$
(13-11)

欧几里德距离 $\qquad d(X_i, X_j) = \sum_{k=1}^{n}(X_{ik} - X_{jk})^2$ $\qquad$ (13-12)

加权欧几里德距离 $\qquad d(X_i, X_j) = \sum_{k=1}^{n}W_k(X_{ik} - X_{jk})^2$ $\qquad$ (13-13)

规范化相关系数 $\qquad \mathrm{dep}(X_i, X_j) = \dfrac{X_i g X_j}{\sqrt{(X_i g X_i)(X_j g X_j)}}$ $\qquad$ (13-14)

在不规则粒子的测量中，人们并不关心粒子的直径究竟是多少，而是关心粒子的种类及其统计特性（平均直径、方差等）。聚类分析适于解决这类问题。

假设 $\widetilde{A}$、$\widetilde{B}$ 两种粒子的大小分布分别满足

$$\mu_{\widetilde{A}}(x) = \mathrm{e}^{-\left(\frac{x-a_1}{b_1}\right)^2}$$
$$\mu_{\widetilde{B}}(x) = \mathrm{e}^{-\left(\frac{x-a_2}{b_2}\right)^2}$$
$\qquad$ (13-15)

式中，a 表示平均直径；b 表示直径方差。

定义运算

$$\widetilde{A} \bigcirc \widetilde{B} = \bigvee_{x \in X}\left[\mu_{\widetilde{A}}(x) \wedge \mu_{\widetilde{B}}(x)\right]$$
$\qquad$ (13-16)

$$\widetilde{A} \odot \widetilde{B} = \bigwedge_{x \in X}\left[\mu_{\widetilde{A}}(x) \vee \mu_{\widetilde{B}}(x)\right]$$
$\qquad$ (13-17)

其中，$\wedge$、$\vee$ 分别表示对 X 中的所有元素取最大值和最小值。这样，$\widetilde{A}$、$\widetilde{B}$ 两种粒子在大小分布上的相似程度可以描述为

$$(\widetilde{A}, \widetilde{B}) = \frac{1}{2}\left[\widetilde{A} \bigcirc \widetilde{B} + (1 - \widetilde{A} \odot \widetilde{B})\right]$$
$\qquad$ (13-18)

显然，$(\widetilde{A}, \widetilde{B})$ 是一个 $[0, 1]$ 上的数。由式（13-15）

$$(\widetilde{A}, \widetilde{B}) = \frac{1}{2}\left[\mathrm{e}^{-\left(\frac{a_1-a_2}{b_1+b_2}\right)^2} + 1\right]$$
$\qquad$ (13-19)

对于任意不规则粒子的情形，可以通过考察粒子在大小分布上的相似程度来进行粒子识别。

聚类分析算法能够挖掘数据中的新关系，可以用于目标识别和分类。但在聚类过程中加入了启发和交互，带有一定的主观倾向性。一般说来，相似性度量的定义、聚类算法的选择、数据排列的次序等都可能影响聚类结果。

13.4 多传感器数据融合技术的应用

军事应用是多传感器数据融合技术诞生的源泉，主要用于军事目标（舰艇、飞机、导弹等）的检测、定位、跟踪和识别等。近年来，随着传感技术、人工智能、计算机技术的飞速发展，多传感器数据融合技术的应用范围正在不断扩大，几乎涉及社会生活的各个领域。这里只希望通过简单的实例对多传感器数据融合技术的应用情况和局限性做简单概括。多传感器数据融合技术其实离大家很近。

13.4.1 人体对气温的感受

人对气温的感受可能与多个因素有关，最主要的因素是温度和湿度，然而即使在相同温

度和湿度条件下，不同人对气温的感受也是不一样的，这是因为无法用简单测量温度和湿度的方法来表达人的感受。

之所以不能用简单的温度和湿度的值来表达人的感受，是因为用布尔逻辑来描述人的感受不符合实际。布尔逻辑用真/假两个值表示事物的属性，所能形成的温度测量结论如图13-25所示，输入的微小变化会导致输出质的变化。然而实际中没有理由认为 37.01℃ 热而 36.99℃ 就不热。

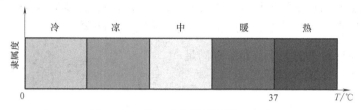

图 13-25　基于布尔逻辑的温度表示

模糊逻辑用多值的隶属函数 μ_A（$\mu_A \in [0,1]$）描述对象的属性，所能形成的温度描述如图 13-26 所示，微小的输入变化所引起的输出变化也是比较小的，这符合人的感受描述。

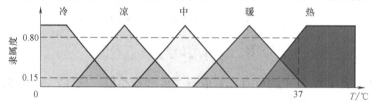

图 13-26　温度信息模糊化表示

经模糊化处理后，温度数据转换为关于感受的多值数据，如 37℃ 对应于模糊输入值：冷（0.0）、凉（0.0）、中（0.0）、暖（0.15）、热（0.80），换句话说，大多数人会认为 37℃ 比较热，而不会有人认为 37℃ 冷。类似地湿度数据模糊化处理如图 13-27 所示，65％ 的湿度参数对应于模糊输入值：低（0.0）、中（0.0）、高（0.68）、很高（0.20）。

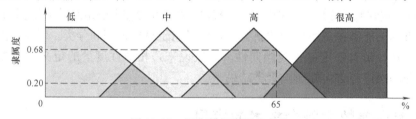

图 13-27　湿度数据模糊化表示

基于模糊逻辑的温度和湿度数据融合系统如图 13-28 所示，温度和湿度测量数据经模糊处理后，由专家系统根据融合规则形成结论，再将结论进行去模糊处理。

图 13-28　基于模糊逻辑的温度和湿度数据融合系统

可以构造模糊关系矩阵来描述温度和湿度数据融合的全部情形，如表 13-2 所示。

表 13-2　模糊关系矩阵

温度 湿度	冷	凉	中	暖	热
低	不舒适	不舒适	不舒适	不舒适	不舒适
中	不舒适	尚可	舒适	尚可	不舒适
高	不舒适	尚可	尚可	尚可	不舒适
很高	不舒适	不舒适	不舒适	不舒适	不舒适

融合结论可以用"IF…THEN…"语句来形成。如：

'IF'温度：热'AND'湿度：高'THEN'不舒适。

'IF'温度：中'AND'湿度：中'THEN'舒适。

'IF'温度：暖'AND'湿度：低'THEN'不舒适。

13.4.2　管道泄漏检测中的数据融合

当管道发生泄漏时，由于管道内外的压差，泄漏处流体迅速流失，压力迅速下降，同时激发瞬态负压波沿管道向两端传播。在管道两端安装传感器拾取瞬态负压波信号可以实现管道的泄漏检测和定位，如图 13-29 所示。

泄漏点定位公式

$$X = \frac{(L + a\Delta t)}{2} \qquad (13\text{-}20)$$

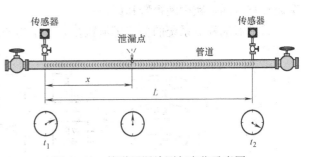

图 13-29　管道泄漏检测与定位示意图

式中，a 为负压波在管道中的传播速度；Δt 为两个检测点接收负压波的时间差；L 为所检测的管道长度。

实际上，为了保证泄漏检测的灵敏度、准确性和泄漏点定位精度，需要采取多种技术措施。

负压波在管道中的传播速度受传送介质的弹性、密度、介质温度等实际因素的影响

$$a = \sqrt{\frac{K/\rho}{1 + [(K/E)(D/e)]C_1}} \qquad (13\text{-}21)$$

式中，a 表示负压波的传播速度；K 为介质的体积弹性系数；ρ 表示介质密度；E 为管材的弹性系数；D 为管道直径；e 为管壁厚度；C_1 表示与管道工艺参数有关的修正系数。

显然，温度变化将影响传送介质的密度，负压波在管道中的传播速度不再是一个常数，为了准确地对泄漏点进行定位，需要利用温度信息校正负压波的传播速度。

式（13-20）表明，泄漏点的定位与管道两端获取负压波信号的时间差 Δt 有关。提高泄漏点的定位精度，不仅需要在负压波信号中准确捕捉泄漏发生的时间，还需要将两端获取的负压波信号建立在同一个时间基准上。

不仅如此，由于不可避免的现场干扰、输油泵振动等因素的影响，负压波信号被淹没在

噪声中，准确捕捉泄漏发生的时间点并不是一件容易的事，在小泄漏情况下更是如此。

根据质量守恒定律，没有泄漏时进入管道的质量流量和流出管道的质量流量是相等的。如果进入流量大于流出流量，就可以判断管道沿线存在泄漏。对于装有流量计的管道，利用瞬时流量的对比有助于区分管道泄漏与正常工况：管道发生泄漏时，上游端瞬时流量上升、压力下降，下游端瞬时流量下降、压力下降；正常工况下，两端流量、压力同时上升或下降。

管道运行时，正常的调泵、调阀所激发的声波信号可能与泄漏激发的负压波信号具有相同特征，造成泄漏检测的错误判断。在管道的两端各增加一个传感器，可利用辨向技术正确识别泄漏，如图 13-30 所示。调泵、调阀所激发的声波信

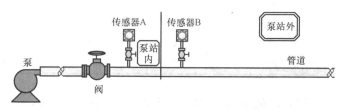

图 13-30　信号辨向技术示意图

号先到达传感器 A，后到达传感器 B，而泄漏激发的负压波信号则先到达传感器 B，后到达传感器 A。两个传感信号的相关处理可以准确区分信号来源。

有效利用泵、阀的控制信号也能达到准确获取泄漏所激发的负压波信号的目的，甄别工况调整与泄漏，减少漏报警和误报警。

管道泄漏检测系统的多传感器数据融合结构如图 13-31 所示。

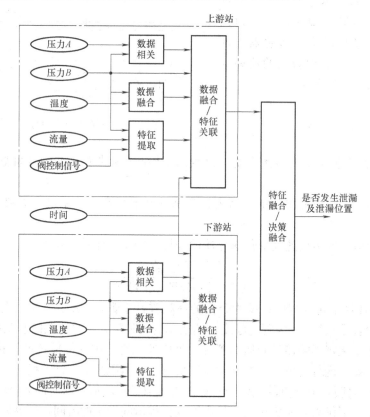

图 13-31　管道泄漏检测系统的多传感器数据融合结构

13.4.3 医学咨询与诊断专家系统

图 13-32 所示是斯坦福（Stanford）大学建立的细菌感染疾病诊断和治疗计算机咨询专家系统（MYCIN 系统）。

MYCIN 系统由咨询、解释和规则获取 3 个子系统组成。系统所有信息都存放在 2 个数据库中：静态数据库存放咨询过程中用到的所有规则，它实际上是专家系统的知识库；动态数据库存放关于病人的信息，以及到目前为止咨询中系统所询问的问题。每次咨询，动态数据都会更新一次。MYCIN 系统的决策过程主要依据医生的临床经验和判断、试图用产生式规则的形式体现专家的判断知识，以模仿专家的推理过程。

MYCIN 系统通过与医生的对话收集病人的基本情况，结合临床检验、检查信息做出合理诊断，列出可能的处方，然后在与医生进一步交互的基础上选择适合于病人的处方。医生经常需要在信息不完全或不十分准确的情况下，决定病人是否需要治疗，应选择什么样的方案治疗等。

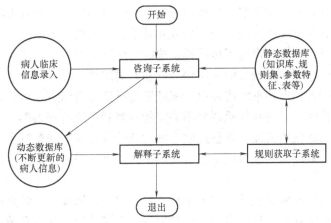

图 13-32 MYCIN 系统信息流程

中医诊断是一个典型的多传感器信息融合过程。中医的望、闻、问、切，主要依靠医生的视觉、触觉、听觉、嗅觉等感觉器官收集病情资料，进行综合分析，对疾病的病位和病性等做出判断。各种传感器获取病人的神、形、色、态、舌、语言、呼吸、分泌、排泄、脉搏、皮肤、四肢及生活起居、发病过程、病史等信息，通过分析形成诊断特征，结合化学检验、物理检查等现代化医疗手段，利用神经网络、专家系统等技术模拟中医辨证思维过程，结合医生的知识及临床经验得出辨证结果。中医诊断的信息融合过程如图 13-33 所示。

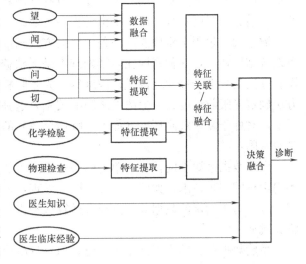

图 13-33 中医诊断的信息融合过程

中医诊断的信息融合过程涉及视觉、嗅觉、听觉及触觉四种不同的传感器，每一种传感器又依观察对象和部位不同可能有很多个。观察病人全身或局部的神、色、形、态的变化，以获得与疾病有关的资料，作为分析内脏病变的依据，这是同类传感信息的融合。观察病人分泌物、排泄物的气味、颜色及其变化，以协助辨别疾病的虚、实、寒、热等，这是不同类传感信息的融合。人们都希望找老中医就诊，这涉及传感信息与医生知识和临床经验的融合。现代一些诊疗手段如化学检验、物理检查、影像诊断等已经成为中医现代化的内容之一，这是中医诊断方法的延伸，而从信息融合的角度来看，这是多传感器信息融合技术的拓展。

未来的智能中医诊断系统，将在中医诊断信息获取与分析的基础上，融入中医诊断知识的数据挖掘、中医辨证认知逻辑等，利用先进技术手段解决中医诊断信息化过程中的关键问题。实现中医诊断智能化，多传感器数据融合技术占有重要地位。

13.4.4　多传感器数据融合技术的局限性

多传感器数据融合充分利用多个传感器资源，通过对多传感器及其观测信息的合理支配和使用，把多传感器在空间或时间上的冗余或互补信息，依据某种准则进行组合，以获得被测对象的一致性解释和描述，提高了传感器系统的有效性和鲁棒性，能有效消除单个传感器的局限性。但是多传感器数据融合的应用仍然存在其局限性。

多传感器数据融合结果并不能代替单一高精度传感器测量结果。尽管多个传感器的组合可以增强系统的健壮性，但这些传感器并不一定能检测到系统所感兴趣的目标特征。例如列车运行过程中，列车的载重情况、运行速度、振动特性等对诊断列车轮系工作状态提供了有价值的信息，但这些数据却无法直接给出轴瓦的工作温度。采用一个温度传感器直接测量温度要简单易行得多。

数据融合处理不可能修正预处理或单个传感器处理时的错误。也就是说后一级的数据融合处理不能弥补前一级处理过程中造成的信息损失。当信号的特征没有被正确提取时，数据融合得到的结论肯定是错误的，数据融合不可能修正这些特征。例如在管道泄漏检测中，如果负压波信号中泄漏发生的时间特征点没有准确获得，泄漏定位的准确性就没有保证，其他的技术措施如时间对准、流量平衡等都不可能改变这种结果。

数据融合过程中希望能用一种简单的方式来描述传感器性能。传感器模型的不准确将导致融合结果错误，这种错误在后续处理中是无法修复的。例如利用光吸收机理测量粉尘时，没有办法建立粒子尺寸、构成、浓度等与光吸收特性关系的数学模型，而是利用现场标定的方法确定光吸收程度与粉尘浓度之间的关系，这种相对关系用任何融合技术都无法改变。实际上，对处于复杂观测环境（如复杂噪声环境）的传感器，用模型来准确描述传感器的性能是非常困难的。

由于数据来源不同，一种单一的融合算法可能难以实现预想的融合效果，往往需要综合各门学科的多种技术，如信号处理，图像处理，模式识别，统计估计，自动推理理论和人工智能等。对于给定的数据如何选择合适算法来进行有效的信息融合是数据融合技术发展所面临的挑战。

虽然数据融合的应用已相当广泛，但数据融合至今并未形成基本的理论框架和有效的广义融合模型及算法，绝大部分工作都是围绕特定应用领域内的具体问题来展开的。也就是说，目前对数据融合问题的研究都是根据问题的种类，各自建立直观融合准则，并在此基础上形成所谓最佳融合方案，充分反映了数据融合技术所固有的面向对象的特点，难以构建完整的理论体系。这妨碍了人们对数据融合技术的深入认识，使数据融合系统的设计带有一定的盲目性。

数据融合技术面临的另一个挑战就是缺乏对数据融合技术和数据融合系统性能进行评估的手段。如何建立评价机制，对数据融合系统进行综合分析，对数据融合算法和系统性能进行客观准确的评价，是亟待解决的问题。

随着新型传感器的不断涌现，以及现代信号处理技术、计算机技术、网络通信技术、人工智能技术以及并行计算的软硬件技术等相关技术的飞速发展，多传感器数据融合必将成为未来现代传感系统的重要技术支撑。

思 考 题

1. 什么是多传感器数据融合？多传感器数据融合的实质是什么？
2. 多传感器数据融合与信号处理的区别是什么？
3. 比较不同数据融合形式的特点、结构和适应性，并用实例说明。
4. 总结不同数据融合方法的基本思想、组织结构和适用条件。
5. 阅读相关文献，收集三个本章没有介绍的多传感器数据融合方法和应用案例。
6. 为什么多传感器数据融合技术存在局限性？
7. 试举一例，说明多传感器数据融合的机理、过程、算法结构，分析传感器数据融合的效果。

第 14 章　智能传感技术

智能传感技术是涉及微机械电子技术、计算机技术、信号处理技术、传感技术与人工智能技术等多种学科的综合密集型技术，它能实现传统传感器所不能完成的功能。

14.1　智能传感器概述

14.1.1　智能传感器

智能传感器的概念最初是美国宇航局（National Aeronautics and Space Administration，NASA）在开发宇宙飞船的过程中形成的。为保证整个太空飞行过程的安全，要求传感器的精度高、响应快、稳定性好，同时具有一定的数据存储和处理能力，能够实现自诊断、自校准、自补偿及远程通信等功能，而传统传感器在功能、性能和工作容量方面显然不能满足这样的要求，于是智能传感器便应运而生。

对智能传感器，目前尚无统一确切的定义。早期，人们简单地认为智能传感器是将"传感器与微处理器组装在同一块芯片上的装置"。随着智能传感技术的发展，基于其构成特点和功能特征，人们普遍认为，智能传感器是"将一个或多个敏感元件和信号处理器集成在同一块硅或砷化锌芯片上的装置"，"一种带微处理机并具有检测、判断、信息处理、信息记忆、逻辑思维等功能的传感器"。所以智能传感器是引入了微处理器并扩展了传感器功能，使之具备人的某些智能的、有信息处理功能的新概念传感器。

14.1.2　智能传感器的结构

智能传感器主要由传感器、微处理器（或微计算机）及相关电路组成，其基本结构如图14-1所示。

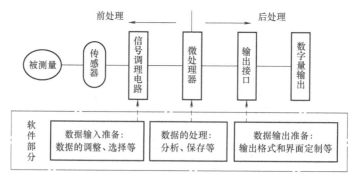

图 14-1　智能传感器基本结构框图

传感器将被测量转换成相应的电信号，送到信号调理电路中，经过滤波、放大、模—数转换后送到微处理器。微处理器对接收的信号进行计算、存储、数据分析和处理后，一方面通过反馈回路对传感器与信号调理电路进行调节以实现对测量过程的调节和控制，另一方面将处理后的结果传送到输出接口，经过接口电路的处理后按照输出格式和界面定制输出数字化的测量结果。智能传感器中微处理器是智能化的核心，图中的软件部分的运算及其相关的调节与控制只有通过它才能实现。

智能传感器的实现结构形式既可以是分离式的，也可以是集成式的。按实现结构形式的不同，智能传感器可以分为模块式、混合式和集成式三种形式。模块式智能传感器为初级的智能传感器，它由许多相互独立的模块组成（如将微计算机、信号调理电路模块、输出电路模块、显示电路模块和传感器装配在同一壳体内）。由于集成度不高而导致体积较大，但在目前的技术水平下，仍不失为一种实用的结构形式。混合式智能传感器将传感器、微处理器和信号处理电路做在不同的芯片上，是目前智能传感器采用较多的结构形式。集成式智能传感器将一个或多个敏感器件与微处理器、信号处理电路集成在同一硅片上，集成度高、体积小是智能传感器发展的方向。

14.1.3 智能传感器的基本功能

智能传感器比传统传感器在功能上有极大拓展，几乎包括仪器仪表的全部功能，主要表现在：

（1）逻辑判断、统计处理　智能传感器能够对检测数据进行分析、统计和修正，能进行非线性、温度、噪声、响应时间、交叉感应以及缓慢漂移等误差补偿，还能根据工作情况调整系统状态，使系统工作在低功耗状态和传送效率优化的状态。

（2）自检、自诊断和自校准　这是智能传感器的标志之一，智能传感器可以通过对环境的判断和自诊断进行零位和增益等参数的调整。可以借助其内部检测线路对异常现象或故障进行诊断。操作者输入零值或某一标准值后，自校准程序可以自动地进行在线校准。

（3）软件组态（复合敏感）　智能传感器设置多种模块化的硬件和软件，用户可以通过操作指令，改变智能传感器的硬件模块和软件模块的组合形式，以达到不同的应用目的，完成不同的功能，实现多传感、多参数的复合测量。

（4）双向通信和标准化数字输出　智能化传感器具有数字标准化数据通信接口，能与计算机或接口总线相连，相互交换信息。这是智能传感器的又一标志。

（5）人机对话　智能传感器与仪表等组合在一起，配备各种显示装置和输入键盘，使系统具有灵活的人机对话功能。

（6）信息存储与记忆　可以存储各种信息，如装载历史信息、校正数据、测量参数、状态参数等。对检测数据的随时存取，大大加快了信息的处理速度。

根据应用场合的不同，目前推出的智能传感器选择具有上述全部功能或一部分功能。智能传感器具有高的准确性、灵活性和可靠性，同时采用廉价的集成电路工艺和芯片以及强大的软件来实现，具有高的性能价格比。

14.2　智能传感器的关键技术

不论智能传感器是分离式的结构形式还是集成式的结构形式，其智能化核心为微处理器，许多特有功能都是在最少硬件基础上依靠强大的软件优势来实现的，而各种软件则与其实现原理及算法直接相关。

14.2.1　间接传感

间接传感是指利用一些容易测得的过程参数或物理参数，通过寻找这些过程参量或物理参数与难以直接检测的目标被测变量的关系，建立传感数学模型，采用各种计算方法，用软件实现待测变量的测量。智能传感器间接传感核心在于建立传感模型。模型可以通过有关的物理、化学、生物学方面的原理方程建立，也可以用模型辨识的方法建立，不同方法在应用中各有其优缺点。

1. 基于工艺机理的建模方法

机理建模方法建立在对工艺机理深刻认识的基础上，通过列写宏观或微观的质量平衡、能量平衡、动量平衡、相平衡方程以及反应动力学方程等来确定难测的主导变量和易测的辅助变量之间的数学关系。基于机理建立的模型可解释性强、外推性能好，是较理想的间接传感模型。机理建模具有如下几个特点：①不同对象的机理模型无论在结构上还是在参数上都千差万别，模型具有专用性；②机理建模过程中，从反应本征动力学和各种设备模型的确立、实际装置传热传质效果的表征到大量参数（从实验室设备到实际装置）的估计，每一步均较复杂；③机理模型一般由代数方程组、微分方程组或偏微分方程组组成，当模型结构庞大时，求解计算量大。

2. 基于数据驱动的建模方法

对于机理尚不清楚的对象，可以采用基于数据驱动的建模方法建立软测量模型。该方法从历史输入输出数据中提取有用信息，构建主导变量与辅助变量之间的数学关系。由于无需了解太多的过程知识，基于数据驱动建模方法是一种重要的间接传感建模方法。根据对象是否存在非线性，建模方法又可以分为线性回归建模方法、人工神经网络建模方法和模糊建模方法等。

线性回归建模方法是通过收集大量辅助变量的测量数据和主导变量的分析数据，运用统计方法将这些数据中隐含的对象信息进行提取，从而建立主导变量和辅助变量之间的数学模型。

人工神经网络建模方法则根据对象的输入输出数据直接建模，将过程中易测的辅助变量作为神经网络的输入，将主导变量作为神经网络的输出，通过网络学习来解决主导变量的间接传感建模问题。该方法无需具备对象的先验知识，广泛应用于机理尚不清楚且非线性严重的系统建模中。

模糊建模是人们处理复杂系统建模的另一个有效工具，在间接传感建模中也得到应用，但用得最多的还是将模糊技术与神经网络相结合的模糊神经网络模型。

3. 混合建模方法

基于机理建模和基于数据驱动建模这两种方法的局限性引发了混合建模思想，对于存在简化机理模型的过程，可以将简化机理模型和基于数据驱动的模型结合起来，互为补充。简化机理模型提供的先验知识，可以为基于数据驱动的模型节省训练样本；基于数据驱动的模型又能补偿简化机理模型的特性。虽然混合建模方法具有很好的应用前景，但其前提条件是必须存在简化机理模型。

需要说明的是，间接传感模型性能的好坏受辅助变量的选择、传感数据变换、传感数据的预处理、主辅变量之间的时序匹配等多种因素制约。

14.2.2　线性化校正

理想传感器的输入物理量与转换信号成线性关系，线性度越高，则传感器的精度越高。但实际上大多数传感器的特性曲线都存在一定的非线性误差。

智能传感器能实现传感器输入—输出的线性化。突出优点在于不受限于前端传感器、调理电路至 A/D 转换的输入—输出特性的非线性程度，仅要求输入 x—输出 u 特性重复性

图 14-2　智能传感器线性化校正原理框图

好。智能传感器线性化校正原理框图如图 14-2 所示。其中，传感器、调理电路至 A/D 转换器的输入 x—输出 u 特性如图 14-3a 所示，微处理器对输入按图 14-3b 进行反非线性变换，使其输入 x 与输出 y 成线性或近似线性关系，如图 14-3c 所示。

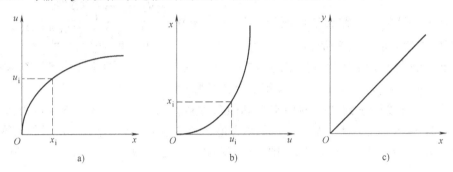

图 14-3　智能传感器输入—输出特性线性化

a）输入 x—输出 u 特性　b）反非线性 u—x 特性　c）智能传感器输入 x—输出 y 特性

目前非线性自动校正方法主要有查表法、曲线拟合法和神经网络法三种。

1. 查表法

查表法是一种分段线性插值方法。根据准确度要求对非线性曲线进行分段，用若干折线逼近非线性曲线，如图 14-4所示，将折点坐标值存入数据表中，测量时首先查找出被测量 x_i 对应的输出量 u_i 处在哪一段，再根据斜率进行线性插值，求得输出值 $y_i = x_i$。插值表达式的通式为

$$y_i = x_i = x_k + \frac{x_{k+1} - x_k}{u_{k+1} - u_k}(u_i - u_k) \quad (k = 1, 2, 3, \cdots, n)$$

$$(14\text{-}1)$$

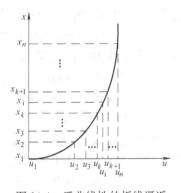

图 14-4　反非线性的折线逼近

式中，k 为折点的序数，折线条数为 $n-1$。

2. 曲线拟合法

曲线拟合法通常采用 n 次多项式来逼近反非线性曲线，多项式方程的各个系数由最小二乘法确定。步骤如下：

1）对传感器及其调理电路进行静态实验标定，得到校准曲线。假设标定点的数据输入 x_i：x_1，x_2，x_3，$\cdots$，x_N；输出 u_i：u_1，u_2，u_3，$\cdots$，u_N 为标定点个数。

2）设反非线性曲线拟合多项式方程为

$$x_i(u_i) = a_0 + a_1 u_i + a_2 u_i^2 + a_3 u_i^3 + \cdots + a_n u_i^n \tag{14-2}$$

式中，n 的数值由所要求的准确度来确定；a_0，a_1，a_2，a_3，$\cdots$，a_n 为待定常数。

3）根据最小二乘法原则求解待定系数 a_0，a_1，a_2，a_3，$\cdots$，a_n。

曲线拟合法的缺点在于当有噪声存在时，利用最小二乘法原则确定待定系数时可能会遇到病态的情况而无法求解。

3. 神经网络法

利用神经网络来求解反非线性特性拟合多项式的待定系数。图 14-5 为函数链神经网络结构图。图中，1，u_i，u_i^2，$\cdots$，u_i^n 为函数链神经网络的输入值，u_i 为静态标定实验中获得的标定点输出值；W_j（$j=0$，1，2，$\cdots$，n）为网络的连接权值（对应于反非线性拟合多项式 u_i^j 项的系数 a_j）；z_i 为函数链神经网络的输出估计值，其第 k 步输出估计值为 $z_i(k) = \sum_{j=0}^{n} u_i W_j(k)$，与标定点输入值 x_i 比较的估计误差为 $e_i(k) = x_i - z_i(k)$；神经网络算法调节网络连接权的调节式为 $W_j(k+1) = W_j(k) + \eta e_i(k) u_i^j$，$W_j(k)$ 为第 k 步第 j 个连接权值，

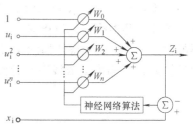

图 14-5　函数链神经网络

η 为学习因子（直接影响到迭代的稳定性和收敛速度）。神经网络算法不断调整连接权值 $W_j(j=0,1,2,\cdots,n)$ 直至估计误差 $\lceil e_i(k) \rceil$ 的均方值达到足够小，此时结束学习过程，得到最终的连接权值 W_0，W_1，W_2，$\cdots$，W_n（即求得多项式的待定系数 a_0，a_1，a_2，a_3，$\cdots$，a_n）。

14.2.3　自诊断

智能传感器自诊断技术俗称"自检"，要求对智能传感器自身各部分，包括软件资源和硬件资源进行检测，以验证传感器能否正常工作，并提示相关信息。

传感器故障诊断是智能传感器自检的核心内容之一，自诊断程序应判断传感器是否有故障，并实现故障定位、判别故障类型，以便后续操作中采取相应的对策。对传感器进行故障诊断主要以传感器的输出为基础，一般有硬件冗余诊断法、基于数学模型的诊断法和基于信号处理的诊断法等。

1. 硬件冗余诊断法

对容易失效的传感器进行冗余备份，一般采用两个、三个或者四个相同传感器来测量同一个被测量（见图 14-6），通过冗余传感器的输出量进行相互比较以验证整个系统输出的一致性。一般情况下，该方法采用两个冗余传感器可以诊断有无传感器故障，采用三个或者三个以上冗余传感器可以分离发生故障的传感器。

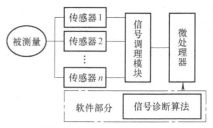

图 14-6　硬件冗余诊断法示意图

2. 基于数学模型的诊断法

通过各测量结果之间或者测量结果序列内部的某种关联，建立适当的数学模型来表征测量系统的特性，通过比较模型输出与实际输出之间的差异来判断是否有传感器故障。

（1）参数估计诊断法　故障致使模型参数发生变化，通过参数的估计值与正常值之间的偏差情况来判断传感器是否发生故障。基本步骤如下：①通过标定建立被测量对象的输入

输出模型：$y(t)=f(x(t)，\theta(p))$，其中 θ 为模型参数，p 为过程参数；②通过测量获得传感器的输入输出系列，估计模型参数序列 $\hat{\theta}$ 和过程参数序列 $\hat{p}$；③根据参数变化序列的统计特性，判断传感器故障，如有故障则进行故障的分离、估计和决策。

（2）状态估计诊断法　通过估计系统的状态，并结合数学模型进行故障诊断。基本步骤如下：①由观测序列 $Y=(y_1，y_2，\ldots，y_n)^{\mathrm{T}}$ 重构被控过程（对象）状态 $X=(x_1，x_1，\ldots，x_n)^{\mathrm{T}}$，并构造残差序列（包括各种故障序列、基本残差序列）；②通过构造适当的模型并采用统计检验方法检测故障，并做进一步的分离、估计和决策。

3. 基于信号处理的诊断法

直接对检测到的各种信号进行加工、交换以提取故障特征，回避了基于模型方法需要抽取对象数学模型的难点。基于信号处理的诊断方法虽然可靠，但也有局限性，如某些状态发散导致输出量发散的情况，该方法不适用；另外，阈值选择不当，也会造成该方法的误报或者漏报。目前常用的基于信号处理的诊断方法有：

（1）直接信号比较法　在正常情况下，被测量过程的输入输出应该在正常范围变化：$X_{\min}(t) \leqslant X(t) \leqslant X_{\max}(t)$，$Y_{\min}(t) \leqslant Y(t) \leqslant Y_{\max}(t)$。此外，也可以通过输入输出量的变化率是否满足：$X_{\min}(t) \leqslant X(t) \leqslant X_{\max}(t)$，$Y_{\min}(t) \leqslant Y(t) \leqslant Y_{\max}(t)$，来判断是否发生了故障。

（2）基于主成分分析（Principal Components Analysis，PCA）的方法　在有一定相依关系的 n 个参数 m 个样本值构成的数据集合中，通过建立较小数目的综合变量，使其更集中地反映原来的 n 个参数中所包含的变化信息。应用 PCA 可以得到测量变量在不同的时间序列中的统计特性（如平方预测误差 SPE、得分向量标准平方和 Hotelling T^2 等），将采样测量信息的统计特性与正常情况下建立的统计数学模型比较，判断其是否在置信区间或控制限内，是则为正常，否则为存在故障。

（3）基于小波变换的诊断方法　利用小波变换，求得输入输出信号的奇异点，去除输入突变引起的极值点，则其余的极值点就对应于系统故障。这种方法不需要系统的数学模型，有较高的灵敏度，抗噪声能力强。

4. 基于人工智能的故障诊断法

（1）基于专家系统的诊断方法　在故障诊断专家系统的知识库中，储存了某个对象的故障征兆、故障模式、故障成因、处理意见等内容，专家系统在推理机构的指导下，根据用户的信息，运用知识进行推理判断，将观察到的现象与潜在的原因进行比较，形成故障判据。

（2）基于神经网络的诊断方法　可利用神经网络强大的自学习功能、并行处理能力和良好的容错能力，神经网络模型由诊断对象的故障诊断事例集经训练而成，避免了解析冗余中实时建模的需求。

14.2.4 动态特性校正

在利用传感器对瞬变信号实施动态测量时，传感器由于机械惯性、热惯性、电磁储能元件及电路充放电等多种原因，使得动态测量结果与真值之间存在较大的动态误差，即输出量随时间的变化曲线与被测量的变化曲线相差较大。因此，需要对传感器进行动态校正。

在智能传感器中，对传感器进行动态校正的方法大多是用一个附加的校正环节与传感器相连（见图 14-7），使合成的总传递函数达到理想或近乎理想（满足准确度要求）状态。主要方法有：

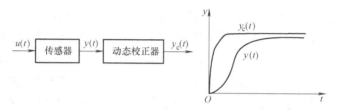

图 14-7 动态校正原理示意图

（1）用低阶微分方程表示传感器动态特性　使补偿环节传递函数的零点与传感器传递函数的极点相同，通过零极抵消的方法实现动态补偿。该方法要求确定传感器的数学模型。由于确定数学模型时的简化和假设，这种动态补偿器的效果受到限制。

（2）按传感器的实际特性建立补偿环节　根据传感器对输入信号响应的实测参数以及参考模型输出，通过系统辨识的方法设计动态补偿环节。由于实际测量系统不可避免地存在各种噪声，辨识得到的传感器动态补偿环节存在一定误差。

对传感器特性采取中间补偿和软件校正的核心是要正确描述传感器观测到的数据信息和观测方式、输入输出模型，然后再确定其校正环节。

14.2.5　自校准与自适应量程

1. 自校准

自校准在一定程度上相当于每次测量前的重新定标，以消除传感器的系统漂移。自校准可以采用硬件自校准、软件自校准和软硬件结合的方法。

用标准激励或校准传感器进行实时自校准的电路如图 14-8 所示。

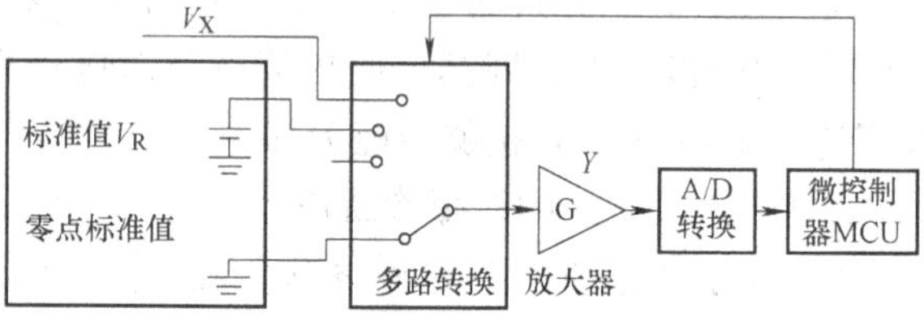

智能传感器的自校准过程通常分为以下三个步骤：

（1）校零　输入信号的零点标准值，进行零点校准；

图 14-8 有标准激励或校准传感器自校准电路示意图

（2）校准　输入信号标准值 V_R；

（3）测量　对输入信号 V_X 进行测量。

实际中，可以采用多点校准来提高精度，表示为多项式形式

$$C_0 + C_1 x_i + C_2 x_i^2 + \cdots + C_n x_i^n = P_i \quad (i = 1, 2, \cdots, m) \tag{14-3}$$

式中，x_i 为输入信号；m 为输入信号数；P_i 为对应的输出值；C_i 为多项式系数。

根据不同的 i 值，多点校准的矩阵表示为

$$P = V\beta + \varepsilon \tag{14-4}$$

其中　$P = \begin{bmatrix} P_1 \\ P_2 \\ \vdots \\ P_m \end{bmatrix}$，$V = \begin{bmatrix} 1 & x_1 & x_1^2 & x_1^n \\ 1 & x_2 & x_2^2 & x_2^n \\ \vdots & \vdots & \vdots & \vdots \\ 1 & x_m & x_m^2 & x_m^n \end{bmatrix}$，$\beta = \begin{bmatrix} C_1 \\ C_2 \\ \vdots \\ C_n \end{bmatrix}$，$\varepsilon = \begin{bmatrix} \varepsilon_1 \\ \varepsilon_2 \\ \vdots \\ \varepsilon_m \end{bmatrix}$

式（14-4）适用于任何模型，并可以最小二乘法估计多项式系数矩阵 **β**，估计误差为 **ε**。

2. 自适应量程

智能传感器的自适应量程，要综合考虑被测量的数值范围，以及对测量准确度、分辨率的要求等诸因素来确定增益（含衰减）挡数的设定和确定切换挡的准则，这些都依具体问题而定。图 14-9 所示的是一个改变电压量程的例子：在电压输入回路中插入四量程电阻衰减器，每个量程相差 10 倍，在每个量程中设置两个数据限，上限称升量程限，下限称降量程限，上限通常在满刻度值附近取值，下限一般取为上限的 $1/10$。智能传感器在工作中通过判断测量值是否达到上下限来自动切换量程。

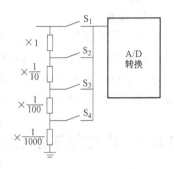

图 14-9　自适应量程电路

14. 2. 6　电磁兼容性

传感器的电磁兼容性是指传感器在电磁环境中的适应性，即能保持其固有性能，完成规定功能的能力。它要求传感器与在同一时空环境的其他电子设备相互兼容，既不受电磁干扰的影响，也不会对其他电子设备产生影响。电磁兼容性作为智能传感器的性能指标，受到越来越多的重视。例如：TC65 制定了 IEC61000－4《工业过程测量和控制的电磁兼容性》标准；汽车用电子传感器执行 ISO11452 系列汽车零部件电磁兼容测试标准。

智能传感器的电磁干扰包括传感器自身的电磁干扰（元器件噪声、寄生耦合、地线干扰等）和来自传感器外部的电磁干扰（宇宙射线和雷电、外界电气电子设备干扰等）。一般来说，抑制传感器电磁干扰可以从减少噪声信号能量、破坏干扰路径、提高自身抗干扰能力几个方面考虑。

1. 电磁屏蔽

屏蔽是抑制干扰耦合的有效途径。当芯片工作在高频时，电磁兼容问题十分突出。较好的办法是，在芯片设计中就将敏感部分用屏蔽层加以屏蔽，并使芯片的屏蔽层与电路的屏蔽相连。在传感器内，凡是受电磁场干扰的地方，都可以用屏蔽的办法来削弱干扰，以确保传感器正常工作。对于不同的干扰场要采取不同的屏蔽方法，如电屏蔽、磁屏蔽、电磁屏蔽，并将屏蔽体良好接地。

2. 接地

接地是消除传导干扰耦合的重要措施。在信号频率低于 1MHz 时，屏蔽层应一点接地。因为多点接地时，屏蔽层对地形成回路，若各接地点电位不完全相等时，就有感应电压存在，容易发生感性耦合，使屏蔽层中产生噪声电流，并经分布电容和分布电感耦合到信号回路。

3. 元器件选用

采用降额原则并选用高精密元器件，以降低元器件本身的热噪声，减小传感器的内部干扰。

4. 合理设计电路板

传感器所处空间往往较小，多属于近场区辐射。设计时应尽量减少闭合回路所包围的面积，减少寄生耦合干扰与辐射发射。在高频情况下，印制线路板与元器件的分布电容与电感不可忽视。一个过孔可增加 0.6pF 电容，一个接插件可引入 4～20nH 电感，元件直接焊接比使用 IC 座好，板上的过孔要尽量少。只要导线长度达到信号波长的 1/20，导线就成了天线，过长的元件引脚会以大线效应发射高频信号。

5. 滤波

滤波是抑制传导干扰的主要手段之一。由于干扰信号具有不同于有用信号的频谱，滤波器能有效抑制干扰信号。提高电磁兼容性的滤波方法，可分为硬件滤波和软件滤波。π 型滤波是许多标准上推荐的硬件滤波方法。软件滤波依靠数字滤波器，是智能传感器所独有的提高抗电磁干扰能力的手段。

14.3   智能传感器系统的总线标准

智能传感器具有数字标准化数据通信接口，能与计算机直接或通过接口总线相连，相互交换信息。规范（标准）要求不仅仅是定义和示范硬件，由于技术难度（众多类型网络互联和用户习惯的继承等）和商业利益，许多制造商最终决定的、为人们所广泛接受的规范，大多是成为既成事实的实际标准。因此，难免出现多种协议共存的局面。

考虑智能传感器总线技术的实际状况以及逐步实现标准化、规范化的趋势，本节按基于典型芯片级的总线、USB 总线和 IEEE 1451 智能传感器接口标准来阐述智能传感器总线标准。

14.3.1   基于典型芯片级的总线

1. 1-Wire 总线

1-Wire 总线是单线串行总线，由 DALLAS 半导体公司于 20 世纪 90 年代推出，1-Wire总线通过单条连接线解决了控制、通信和供电问题，具备电子标识、传感器、控制和存储等多种功能，提供传统 IC、超小型 CSP（Chip Scale Package，芯片级封装）、不锈钢铠装 iButtons 等封装形式。具有结构简单、成本低、节省 I/O 资源、便于总线扩展和维护等优点，适用于单个主机系统控制一个或多个从机设备，在分布式低速测控系统（约 100kbit/s 以下的速率）中有着广泛应用。基于单线芯片构成微型局域网 MicroLAN，使得 1-Wire 总线成为现场总线技术中的佼佼者。

（1）1-Wire 单总线器件的硬件结构   如图 14-10 所示，由序列号、接收控制、发射控制和电源存储电路等组成，由单总线、电源和地三端引出。单总线器件通过内部的接收和发送控制电路来与主机进行数据传输，单总线器件（从机）与主机通过一个漏极开路或三态端口连接至单总线上，其内部等效电路如图 14-11 所示。单总线通常外接上拉电阻（参考值为 4.7kΩ）确保总线在闲置状态时为高电平，以允许设备在不发送数据时释放总线。

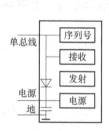

图 14-10   单总线器件的硬件结构

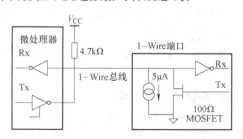

图 14-11   内部等效电路

不同单总线器件的挂接通过序列号来进行区分，单总线器件在生产时都被激光刻录一个 64bits 二进制 ROM 码，是器件唯一的序列号，具体格式是：从低位起第 1B（8bits）是器件的家族代码，表示产品的分类；接下来的 6B（48bits）是每个器件唯一的 ID 号；最后 1B（8bits）是前 56bits 的 CRC 校验码。同一种类型的器件有 2^{48} 个 ID 号，确保了在总线上不会产生地址冲突。

单总线器件采用 CMOS 技术，耗电量小（工作时只有毫瓦级），可采用寄生方式供电（即不单独供电），这样在单总线空闲时给电容充电就可以工作。在寄生方式供电时，为了保证单总线器件在 EEPROM 写入等工作状态下具有足够的电源电流，必须在总线上提供 MOSFET 强上拉。单总线技术的作用距离一般为 200m，并允许挂上百个器件，实现多点测控。

单总线的数据传输通常以 16.3kb/s 的速率通信，一般用于对速度要求不高的测控或数据交换系统中，超速模式下，可设定传输速率为 100kb/s 左右。

（2）1-Wire 单总线器件的时序　访问 1-Wire 器件要求遵循标准的 1-Wire 协议，支持 16kb/s 的正常速率及 142kb/s 的高速模式。1-Wire 协议定义了复位脉冲、应答脉冲、写 0、写 1、读 0 和读 1 等几种时序。所有的单总线命令序列（初始化、ROM 命令、功能命令）都是由这些基本的信号类型组成的。除了应答脉冲外，时序均由主机发出同步信号，命令和数据字节的低位在前。1-Wire 总线协议时序图如图 14-12 所示。

图 14-12a 所示为初始化时序。主机通过一个持续时间大于等于 480μs 的低电平来产生 Tx 复位脉冲。然后释放总线，并进入 Rx 接收模式。与此同时，产生一个由低电平到高电平的跳变。当有从机检测到该上升沿时，会在延时 15～60μs 后产生一个持续时间为 60～240μs 的低电平作为应答脉冲发还给主机。一旦主机接收到应答脉冲，则表明有从机在线，主机便可开始对从机进行 ROM 命令和功能命令的操作。

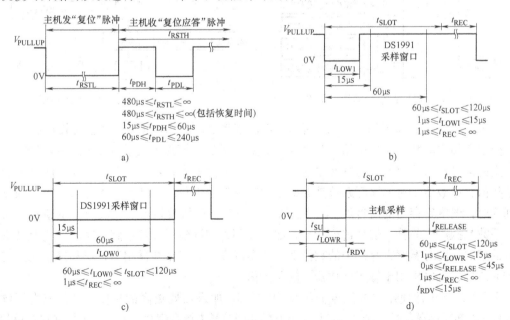

图 14-12　1-Wire 总线协议时序图

a）初始化时序图　b）写 1 时序图　c）写 0 时序图　d）读 0、1 时序图

图 14-12b、c、d 所示分别为写 0、写 1 和读时序。在每一个时序中，总线传输一位数据。四种时序均始于主机产生的低电平。在"写"过程中，主机先通过一个 $15\mu s$ 的低电平释放总线。然后，若保持 $60\mu s$ 以上的低电平，则可以向从机写入 0；若保持 $60\mu s$ 以上的高电平，则向从机写入 1。在"读"过程中，由主机发出读时序，从机接收到读时序后就会通过低/高电平来发送数据 0/1。由于从机发送的数据只能在 $15\mu s$ 内保持有效，所以主机必须在 $15\mu s$ 内采样总线状态。任何两个独立时序之间至少需要 $1\mu s$ 的恢复时间。

（3）基于 1-Wire 总线的 DS18B20 型智能温度传感器   DS18B20 是原美国 DALLAS 半导体公司继 DS1820 之后新推出的一种改进型智能温度传感器，产品除具备一般单总线器件的特点以外，还具有如下的应用特性：①供电电压扩大为 3.0～5.5V；②3 引脚 PR－35 封装或 8 引脚 SOIC（small outline integrated circuit，小外形集成电路）封装；③实际应用中不需要外部任何元器件即可实现测温；④测量温度范围在－55～125℃之间，测温不确定度可达 0.5℃；⑤数字温度计的分辨率用户可以从 9～12bit 选择；⑥用户可自设定非易失性的温度报警上、下限值；⑦具有电源反接的保护电路。

图 14-13 所示为 DS18B20 的内部结构，主要包括寄生电源、温度传感器、64bit 激光 ROM 单线接口、存放中间数据的高速暂存器（内含便笺式 RAM）、温度上下限值的 TH 和 TL 触发器、8 位循环冗余校验（Cyclical Redundancy Chec，CRC）发生器等。

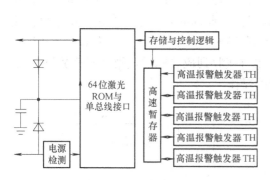

图 14-13   DS18B20 的内部结构示意图

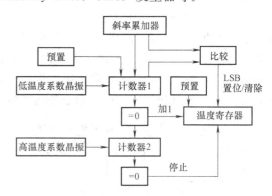

图 14-14   DS18B20 测温原理框图

DS18B20 的测温原理如图 14-14 所示，低温度系数晶振的振荡频率受温度影响很小，用于产生固定频率的脉冲信号送给计数器 1。高温度系数晶振随温度变化其振荡率明显改变，所产生的信号作为计数器 2 的脉冲输入。计数器 1 和温度寄存器被预置在－55℃所对应的一个基数值。计数器 1 对低温度系数晶振产生的脉冲信号进行减法计数，当计数器 1 的预置值减到 0 时，温度寄存器的值将加 1，计数器 1 的预置将重新被装入，计数器 1 重新开始对低温度系数晶振产生的脉冲信号进行计数，如此循环直到计数器 2 计数到 0 时，停止温度寄存器值的累加，此时温度寄存器中的数值即为所测温度。斜率累加器用于补偿和修正测温过程中的非线性，其输出用于修正计数器 1 的预置值。

DS18B20 在正常使用时的测温分辨率为 0.5℃，如果需要更高的精度，可采取直接读取 DS18B20 内部暂存寄存器的方法，将 DS18B20 的测温分辨力提高到 0.0625℃。根据连接在单片机 I/O 口上线路的长短、阻抗、分布电容等参数的不同，一个 I/O 口上可挂接 30～50 片 DS18B20。使用一个具有 16 个 I/O 口的单片机就可以组建一个包含数百个测温点的小型测温网络（见图 14-15）。

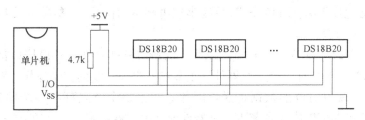

图 14-15　基于 DS18B20 的小型测温网络

2. I²C 总线

I²C（Inter-Integrated Circuit）总线是 Philips 公司于 20 世纪 80 年代推出的一种用于 IC 器件之间的二线制串行扩展总线，它可以有效地解决数字电路设计过程中所涉及到的许多接口问题。1998 年推出 2.0 版本后，I²C 总线实际上已经成为一个国际标准，在超过 100 种不同的 IC 上实现而且得到超过 50 家公司的许可，并在 2000 年推出 2.1 版本。由于具有卓越的性能、简便的操作方法和丰富的接口器件，I²C 总线在消费类电子产品、智能仪器仪表和工业测控领域得到越来越多的应用。I²C 总线的特点主要表现在：①简化硬件设计：总线只需要两根线，即串行数据线（SDA）和串行时钟线（SCL）；②器件地址的唯一性：每个连接到总线的器件都可以通过唯一的地址和一直存在的简单的主机/从机关系软件设定地址；③允许有多个主 I²C 器件：总线上允许有多个主 I²C 器件，I²C 总线协议中有冲突监测和仲裁机制，以防止通信中的数据丢失或错误；④多种通信速率模式：I²C 总线在标准模式下的速率为 100kbit/s，快速模式下为 400kbit/s，高速模式下为 3.4Mbit/s；⑤节点可带电接入或撤出：I²C 总线上每一个节点都是漏极开路或集电极开路结构，尽管各个节点必须共地，但可以做到各个节点电源独立，可以实现节点的带电接入或移出（热插拔）。

I²C 总线具有十分完善的总线协议，在协议软件支持下，可自动处理总线上任何可能的运行状态。

（1）I²C 总线容量与驱动能力　I²C 总线的外围扩展器件一般都为 CMOS 器件，而总线又有足够的电流驱动能力，因此总线上扩展的节点数由电容负载确定（不由电流负载能力决定），而电容负载又与总线长度及节点数目直接相关。每个实际节点器件的 I²C 接口都有一定的等效电容，等效电容的存在会造成总线传输的延迟，从而有可能引起数据传输的出错。通常 I²C 总线负载能力为 400pF，据此可计算出总线长度及节点数目的限制数量。总线上每个外围器件都有一个器件地址，总线上扩展外围器件时也要受器件地址限制。

（2）总线的电气结构　I²C 总线接口内部为双向传输电路，如图 14-16 所示。总线端口输出为开漏结构，总线上必须有上拉电

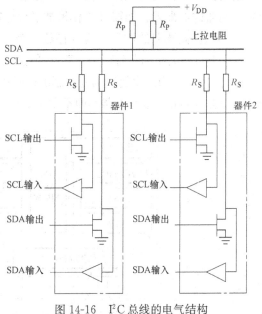

图 14-16　I²C 总线的电气结构

阻 R_P。R_P 与电源电压 V_{DD}、SDA/SCL 总线串接电阻 R_S 有关，可参考有关数据手册进行选择，通常可选 5～10kΩ。

（3）总线节点的寻址方式　挂接到总线上的所有外围器件、外设接口都是总线上的节点。在任何时刻总线上只有一个主控器件（主节点）实现总线的控制操作，对总线上的其他节点寻址，分时实现点对点的数据传送，因此总线上每个节点都有一个固定的节点地址。I^2C 总线上的单片机都可以成为主节点，其器件地址由软件给定，存放在 I^2C 总线的地址寄器件中，称为主器件的从地址。在 I^2C 总线的多主系统中，单片机作为从节点时，其从地址才有意义，总线上所有的外围器件都有规范的器件地址。

（4）I^2C 总线时序　I^2C 总线上数据传递时序如图 14-17 所示。总线上传送的每一帧数据均为 1B。启动 I^2C 总线后，传送的字节数没有限制，只要求每传送 1B 后，对方回应一个应答位。发送时，首先发送的是数据的最高位。每次传送开始有起始信号，结束时有停止信号。在总线传送完 1B 后，可以通过对时钟线的控制使传送暂停。

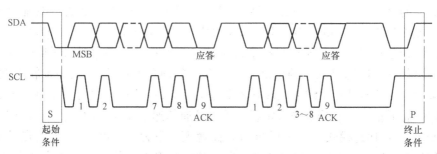

图 14-17　I^2C 总线时序

（5）基于 I^2C 接口的集成数字温度传感器 LM75A　LM75A 是基于 I^2C 接口的集成数字温度传感器，它既可以作为温度测量装置使用，还可以作为温度控制装置使用。LM75A 数字温度传感器的功能框图如图 14-18 所示，它内部包含多个数据寄存器：①配置寄存器：用来存储器件的配置，如器件工作模式、OS 工作模式、OS 极性和 OS 故障队列；②温度寄存器：用来存储读取的数字温度（存放一个 11bit 的二进制补码）；③设定点寄存器：用来存储可编程的过热关断和滞后限制。器件通过 2 线的串行 I^2C 总线接口与控制器通信；包含一个开漏输出（OS），当温度超过编程限制的值时该输出有效；有 3 个可选的逻辑地址管脚，使得同一总线上可同时连接 8 个器件而不发生地址冲突。LM75A 的管脚配置见表 14-1。

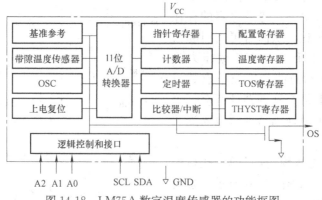

图 14-18　LM75A 数字温度传感器的功能框图

表 14-1　LM75A 管脚描述

管脚编号	助记符	描述
1	SDA	I^2C 串行双向数据线，开漏输出
2	SCL	I^2C 串行时钟输入
3	OS	过热关断输出，开漏输出
4	GND	地
5	A2	数字输入，用户定义的地址位 2
6	A1	数字输入，用户定义的地址位 1
7	A0	数字输入，用户定义的地址位 0
8	V_{CC}	电源

　　LM75A 在应用时与总线和其他外围器件的典型连接方法（见图 14-19）。利用内置的分辨率为 0.125℃ 的带隙传感器来测量器件的温度，并将模数转换得到的 11bit 二进制补码数据存放在器件的温度寄存器中，寄存器的数据可随时被 I^2C 总线上的控制器读出。控制器通过总线对 LM75A 的操作有：读/写配置寄存器，包括 OS 故障队列编程、OS 极性选择、OS 工作模式选择和器件工作模式选择；读温度寄存器；读/写过温关断阈值 TOS 寄存器和滞后 THYST 寄存器。

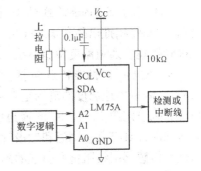

图 14-19　LM75A 典型应用接线图

　　LM75A 的主要应用特性：①提供环境温度对应的数字信息，直接表示温度；②可以对某个特定温度做出反应，可以配置成中断或者比较器模式（OS 输出）；③小型 8 脚封装：SO-8 和 TSSOP-8；④具有 I^2C 总线接口，同一总线上最多可连接 8 个器件；⑤电源电压范围：2.8~5.5V；⑥温度范围：-55~115℃；⑦提供 0.125℃ 分辨率的 11bitADC；⑧温度精度：-25~100℃ 时为 ±2℃，-55~125℃ 时为 ±3℃；⑨可编程温度阈值和滞后设定点；⑩低功耗设计，工作电流为 250μA，掉电模式为 3.5μA。

3. SMBus 总线

　　SMBus（System Management Bus）最早由 Intel 公司于 1995 年发布，以 Philips 公司的 I^2C 总线为基础，面向于不同系统组成芯片与系统其他部分间的通信，与 I^2C 类似。随着其标准的不断完善与更新，SMBus 已经广泛应用于 IT 产品之中，另外在智能仪器、仪表和工业测控领域也得到了越来越多的应用。

　　（1）SMBus 拓扑图　图 14-20 所示为典型的 SMBus 总线拓扑结构，包括 5V 直流电源、上拉电阻 R_P、器件 1（总线供电）和器件 2（自供电）；数据线 SMBDAT 和时钟线 SMBCLK（均为双向通信线）。由于器件 SCL 端、SDA 端都是漏极或集电极开路，故当总线空闲时，这两条线总能保持高电平，便于器件检测总线状态。SMBus 的标准传输速率是 100~200kHz，但实际上最大速率可达系统时钟频率的 1/10（传输速率取决于硬件条

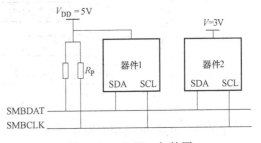

图 14-20　SMBus 拓扑图

件和用户设置)。当总线上接有不同速率的器件时,可以通过延长 SCL 低电平时间的方法来实现同步通信。

(2) SMBus 的通信时序　当 SCL 为低电平时,SDA 的状态可以在数据传输过程中不断改变;但当 SCL 为高电平时,SDA 状态的改变就有了特定的意义,包括下面四种情况:①SCL 为高电平,SDA 上出现一个下降沿将启动一次传输过程;②SCL 为高电平,SDA 上出现一个上升沿将结束一次传输过程;③SCL 为高电平,采样到 SDA 为低电平(应答条件 ACK),接受器件将发送信号确认数据传输;④SCL 为高电平,采样到 SDA 为高电平(非应答条件 NACK),当接受器件不能产生 ACK 时,发送器件将接收到 NACK。一般而言,在数据传输过程中,如果接收到 NACK 信号,就表示所寻址的从器件没有准备好或不在总线上。另外,SMBus 总线可以工作在主、从两种方式,工作方式由 SMBOSTA (状态寄存器)、SMBOCN (控制寄存器)、SMBOADR (地址寄存器) 和 SMBODAT (数据寄存器) 所决定。

(3) 基于 SMBus 总线的多通道智能温度传感器 MAX6697　MAX6697 是 MAXIM 公司于 2005 年推出的基于 SMBus 总线的 7 通道智能温度传感器。它可以适配 6 只远程测温二极管搭建多通道温度检测系统。

MAX6697 的性能特点包括:①精确测量多点温度:测量远程温度的范围是 $-40\sim125℃$,测量本地温度的范围是 $0\sim125℃$,最高测温精度可达 $\pm1℃$;②使用方式灵活:用户可分别设定第 1、4、5、6 通道的温度报警阈值,报警输出可作为中断信号或控制信号;③多功能:具有远程测温和二极管故障检测功能,通过选择"寄生阻抗抵消"模式,还能抵消远程传感器引线阻抗所引起的测温误差;④低功耗:电源电压范围是 $3.0\sim5.0V$,正常工作电流为 500mA,待机电流仅为 $30\mu A$。

MAX6697 的内部结构如图 14-21 所示,主要包括温度传感器、多路开关、输入缓冲器、基准电压源、模/数转换器、逻辑控制电路、计数器、地址指针寄存器、状态寄存器、远程温度寄存器、本地温度寄存器、超温设定值寄存器、严重超温设定值寄存器、报警响应地址寄存器、报警运算单元电路以及 SMBus 总线接口等模块。

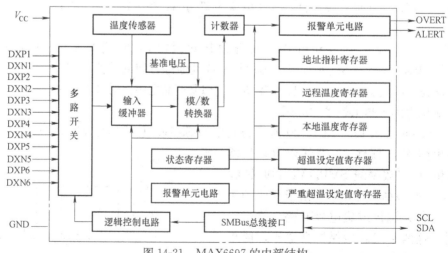

图 14-21　MAX6697 的内部结构

MAX6697 的典型应用电路如图 14-22 所示。远程温度传感器 $VT_1\sim VT_6$ 均作为 PN 结使用,分别放置在远程被控装置 1~6 上的适当位置。当某一路的温度超过了所设定温度时,

$\overline{\text{ALERT}}$ 将输出低电平信号，一旦出现异常情况，即被测温度超过了严重越限温度时，$\overline{\text{OVERT}}$ 将输出低电平信号。在实际应用中，为了减小输入通道的噪声干扰，通常在 DXP 与 DXN 之间并联一个 2.2 nF 的电容。

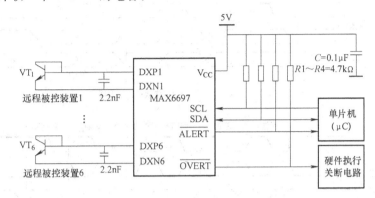

图 14-22 MAX6697 的典型应用电路图

4. SPI 总线

SPI（Serial Peripheral Interface）总线是 Motorola 公司推出的一种同步串行外设接口技术。SPI 总线的特点主要表现在：①高效的、全双工、同步的通信总线；②四线制；③可同时发送、接收串行数据；④可支持主机或从机工作，频率可编程；⑤具有写冲突保护、总线竞争保护等功能。

（1）SPI 总线的连接结构 SPI 总线由串行时钟线（SCK）、主机输入/从机输出数据线（MISO）、主机输出/从机输入数据线（MOSI）、从机选择线（$\overline{\text{CS}}$）组成。主 SPI 的时钟信号（SCK）用于保持传输同步。工作时，移位寄存器中的数据从主输出引脚（MOSI）逐位输出（高位在前），同时从输入引脚（MISO）接收到的数据也逐位移到移位寄存器（高位在前）。一个字节发送完成后，下一个字节数据写入移位寄存器。其连接结构如图 14-23 所示。

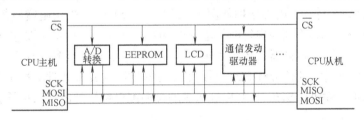

图 14-23 SPI 总线连接结构图

（2）SPI 总线的时序 为了进行数据交换，对串行同步时钟极性（CPOL）和相位（CPHA）进行相应的配置。如果 CPOL＝0，串行同步时钟的空闲状态为低电平；如果 CPOL＝1，串行同步时钟的空闲状态为高电平。如果 CPHA＝0，数据将在串行同步时钟的第一个跳变沿（上升或下降）被采样；如果 CPHA＝1，数据将在串行同步时钟的第二个跳变沿（上升或下降）被采样。一般而言，SPI 主设备和与之通信的从设备时钟相位和极性应该一致。SPI 总线时序如图 14-24 所示。

值得注意的是，SCK 信号线由主设备控制，因此，在一个基于 SPI 的设备中，至少有一个主控设备。这样的传输方式允许数据一位一位的传送，允许暂停。主设备可以通过对 SCK 时钟线的控制来完成对通信过程的控制。但是 SPI 总线也存在缺点，即没有指定的流

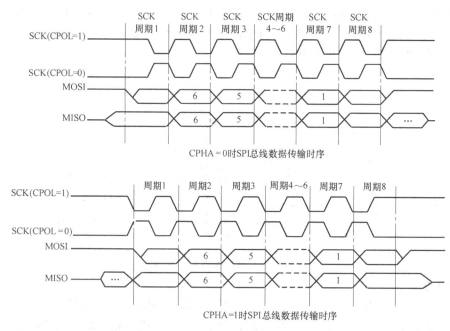

图 14-24 SPI 总线时序图

程控制，没有应答机制确认是否接收到数据。

（3）基于 SPI 总线的 LM74 智能温度传感器 LM74 是美国国家半导体公司（NSC）生产的基于 SPI 总线接口的智能温度传感器。它的特点包括：①内含温度传感器和 13 位 Σ-Δ 式 A/D 转换器，测温范围是 $-55\sim125\,℃$，在 $-10\sim65\,℃$ 范围内的测温精度为 $\pm2.25\,℃$（最大值），分辨率可达 $0.0625\,℃$，温度/数据的转换时间为 280ms；②有连续转换模式和待机模式；③电源电压范围是 $3.0\sim5.5\mathrm{V}$，正常工作电流约为 $310\mu\mathrm{A}$，待机电流仅为 $7\mu\mathrm{A}$。

LM74 采用 SO-8 封装，内部结构如图 14-25 所示。SI/O 为采用施密特触发器的串行数据输入/输出端；SC、$\overline{\mathrm{CS}}$ 分别为串行时钟输入端和片选输入端。内部主要包括：温度传感器电路、13 位 Σ-Δ 式 A/D 转换器、控制逻辑、温度寄存器、产品标号寄存器和三线串行接口等部分。LM74 可以适配各种带有 SPI 总线接口的单片机或者微处理器构成温度检测系统。LM74 与 Motorola 公司的 68HC11 单片机构成的典型测量系统如图 14-26 所示。

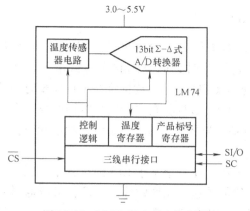

图 14-25　LM74 的内部电路框图

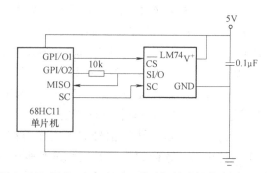

图 14-26　LM74 与 68HC11 单片机构成的典型测量系统

14.3.2　USB 总线

USB 是通用串行总线（Universal Serial Bus）的英文缩写。它不是一种新的总线标准，而是应用于 PC 领域的新型总线技术。1994 年由 Intel、Compaq、Microsoft、IBM 等世界著名的 7 家计算机公司和通信公司共同推出，旨在统一各种 PC 机外设接口，并具备连接一体化、软件自动"侦测"以及热插拔的功能。先后已经制订了 USB1.0、USB1.1 和 USB 2.0 等规范，USB 3.0 规范的技术样本也已经公布。与此同时，USB 总线接口开始在智能仪器及传感系统中推广应用。

USB 总线之所以能被广泛接受，主要表现在：①速度快：USB1.1 支持高速模式，传输速率为 12 Mbit/s，比标准串口大约快 100 倍；USB2.0 支持全速模式，传输速率为 480Mbit/s；USB 3.0 的目标是达到 4800Mbit/s。②连接简单快捷：可以在正运行的电脑上安全地连接或断开一个 USB 设备而不需要重启系统。当 USB 设备插入时，主机枚举此设备并加载所需的驱动程序。③无须外接电源和低功耗：USB 总线可提供最大 5V 的电压，500mA 的电流。USB 设备在长时间不用的时候，省电电路和代码会自动关闭它的电源，此时设备上的电流只有 $500\mu A$，但仍然能够在需要的时候做出反应。④支持多连接：USB 总线可以同时挂接多个 USB 设备，理论上可达 127 个，且不损失带宽。⑤良好的兼容性：USB 总线标准具有良好的向下兼容性。

1. USB 的物理接口和电气特性

USB 的电气接口由四线构成，用以传送信号和提供电源，如图 14-27 所示。USB 信号使用分别标记为 D_+ 和 D_- 的双绞线传输，它们各自使用半双工差分信号并协同工作，以抵消长导线的电磁干扰；V_{BUS} 和 GND 是电源线，

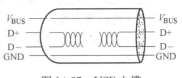

图 14-27　USB 电缆

提供电源。当设备在全速传输时，要求接 1.5（$1\pm5\%$）kΩ 的上拉电阻，并且在 D_+ 和 D_- 线上分别接入串联电阻，其阻值为 29～44Ω。

USB 主机或根集线器对设备提供的对地电源电压为 4.75～5.25V，设备能吸入的最大电流值为 500mA。USB 设备的电源供给有自给方式（设备自带电源）和总线供给两种方式，USB 集线器是前一种方式。

2. USB 的系统组成和拓扑结构

一个典型的 USB 系统包含三类硬件设备：USB 主机（Host）、USB 外设、集线器（Hub），如图 14-28 所示。其物理连接是一种分层的菊花链结构，集线器是每个星形结构的中心，从 USB 的物理拓扑结构可以看出每一段的连接都是点对点的。

（1）USB 主机在一个 USB 系统中　当且仅当有一个 USB 主机时，主机有以下功能：管理 USB 系统；每毫秒产生一帧数据；发送配置请求对 USB 设备进行配置操作；对总线上的错误进行管理和恢复。

（2）USB 外设在一个 USB 系统中　USB 外设和集线器总数不能超过 127 个。USB 外设接收 USB 总线上的所有数据包，通过数据包的地址域来判断是不是发给自己的数据包；若地址不符，则简单地丢弃该数据包；若地址相符，则通过响应 USB 主机的数据包与 USB 主机进行数据传输。

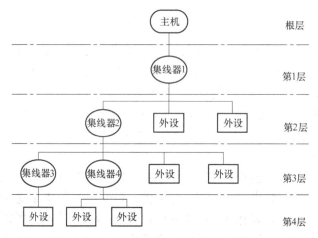

图 14-28 USB 系统拓扑结构图

（3）集线器用于设备扩展连接　所有 USB 外设都连接在 USB Hub 的端口上。一个 USB 主机总与一个根集线器相连。集线器为其每个端口提供 100mA 电流供设备使用。同时，集线器可以通过端口的电气变化诊断出设备的插拔操作，并通过响应 USB 主机的数据包把端口状态汇报给 USB 主机。一般来说，USB 设备与集线器间的连线长度不超过 5m，USB 系统的级联不超过 5 级（包括根集线器）。

3. USB 的传输方式

针对设备对系统资源需求的不同，在 USB 规范中规定了四种不同的数据传输方式。

（1）等时传输方式　该方式用来连接需要连续传输，且对数据的正确性要求不高而对时间极为敏感的外部设备。等时传输方式以固定的传输速率连续不断地在主机与 USB 设备之间传输数据，在传送数据发生错误时，USB 并不处理这些错误，而是继续传送新的数据。

（2）中断传输方式　该方式传送的数据量很小，但这些数据需要及时处理，以达到实时效果。

（3）控制传输方式　该方式用来处理主机 USB 设备的数据传输。包括设备控制指令、设备状态查询及确认命令。当 USB 设备收到这些数据和命令后，将依据先进先出（FIFO）的原则按队列方式处理到达的数据。

（4）批传输方式　该方式用来传输要求正确无误的数据。

在这些数据传输方式中，除等时传输方式外，其他三种方式在数据传输发生错误时，都会试图重新发送数据以保证其准确性。

4. USB 交换的包格式

USB 的信息传输以事务处理的形式进行，每个事务处理由标记包、数据包、握手包三个信息包（Packed）组成。其格式如下：

标记包	数据包	握手包

其中，标记包为事务处理的类型、USB 设备的地址等；数据包为需要传输的内容，其大小由事务类型来确定；握手包则向发送方提供反馈信息，通知对方数据是否已接收到。每个包

都是由几个字段组成的，其格式如下：

同步字段	标识字段（PID）	具体内容	循环冗余校验码（CRC）	结束标志

以数据包中的数据字段为例，其格式如下：

（MSB）											（LSB）
D_7	D_0	D_1	D_2	D_3	D_4	D_5	D_6	D_7		D_0	

字节 $N-1$　　　　　　　　　字节 N　　　　　　　　　字节 $N+1$

5. USB 系统软件组成

USB 系统软件由主控制器驱动程序（Universal Host Controller Driver，UHCD）、设备驱动程序（USB Device Driver，USBDD）和 USB 芯片驱动程序（USB Driver，USBD）组成。其中，UHCD 完成对 USB 交换的调度，并通过根 HUB 或其他的 HUB 完成对交换的初始化，在主控制器与 USB 设备之间建立通信信道；USBDD 是用来驱动 USB 设备的程序，通常由操作系统或 USB 设备制造商提供；USBD 在设备设置时读取描述寄存器以获取 USB 设备的特征，并根据这些特征，在请求发生时组织数据传输。

USB 设备驱动程序必须遵循 Windows98 及其以后版本所定义的 Win32 驱动程序模型（WDM），它的扩展名为 .sys。WDM 定义了一个基本模型，用于处理所有类型的数据。Win32 驱动程序有内核模式和用户模式两种工作模式。当 CPU 运行于内核模式时，所运行的程序没有任何操作系统的限制。任务可以运行特权级指令，对任何 I/O 设备有全部的访问权，还能够访问任何虚拟地址和控制虚拟内存硬件。当 CPU 运行于用户模式时，硬件可以防止特权指令的执行，并进行内存和 I/O 空间的引用检查。操作系统限制任务对各种 I/O 操作的访问，并捕捉违反系统完整的任何行为。在用户模式中，如果运行的代码不通过操作系统中的某种门机制，就不能进入内核模式。

USB 是使用标准 Windows 系统 USB 类驱动程序访问 USB 类驱动程序接口。USBD .sys是 Windows 系统中的 USB 类驱动程序，它使用 UHCD .sys 来访问通用的主控制器接口设备，或者使用 OpenHCI .sys 访问开放式主控制器接口设备；USBHUB .sys 为根集线器和外部集线器的 USB 驱动程序。

6. USB 智能传感器

2005 年日本欧姆龙公司推出带 USB 接口的激光型及电涡流型两种系列的传感器，多个传感器可以共用一个 USB 接口。2006 年 4 月日本山形大学展示出新研制的"USB 转换器"，使用该装置，可将显示物质酸、碱性程度的"氢离子浓度（pH）"等测量传感器与 USB 接口连接起来。日本 Thanko 公司 2006 年推出一款 USB 皮肤传感器，通过 USB 线与 PC 相连，用户可以用它查看悄然爬上额头的第一条细纹，或者检验去头屑香波是否真的有效。2007 年安捷伦公司也推出 Agilent U2000 系列基于 USB 的功率传感器。

14.3.3　IEEE-1451 智能传感器接口标准

智能传感器发展非常迅速，不同类型的智能传感器陆续推出，如果能统一不同智能传感器接口与组网协议，实现与现有测量仪表、现场总线的"即插即用"连接，降低布线成本，并为将来系统升级维护和扩展打下基础，这对传感器开发者和用户都大有裨益。为此，美国国家标准技术研究所 NIST 和 IEEE 仪器与测量协会传感技术委员会联合组织制定了

IEEE 1451传感器与执行器的智能变换器接口标准（Standard for Smart Transducer Interface for Sensors and Actuators）。

1. IEEE 1451 概况

制定 IEEE 1451 的目标是开发一种软硬件的连接方案，使变换器同微处理器、仪器系统或网络相连接，标准不仅允许厂家生产的传感器支持多种网络，还允许用户根据实际情况选择传感器和（有线或无线）网络，并支持"即插即用"，最终实现各个厂家产品的互换性与互操作性。IEEE 1451 的特点在于：①基于传感器软件应用层的可移植性；②基于传感器应用的网络独立性；③传感器的互换性（使用"即插即用"方案将传感器连接到网络中）。

IEEE 1451 系列标准把数据获取、分布式传感与控制提升到了一个更高的层面，并为建立开放式系统铺平了道路。它通过一系列技术手段把传感器节点设计与网络实现分隔开来，这其中包括传感器自识别、自配置、远程自标定、长期自身文档维护、简化传感器升级维护以及增加系统与数据的可靠性等。为了尽可能使智能功能接近实际测量和控制点，IEEE 1451 将功能划分成网络适配处理器模块（Network Capable Application Processor，NCAP）和智能变

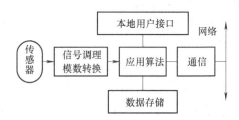

图 14-29 IEEE 1451 定义的智能传感器功能模型

换器接口模块（Smart Transducer Interface Module，STIM ）两个模块。图 14-29 和图 14-30分别为 IEEE 1451 定义的智能传感器功能模型和分为 STIM 及 NCAP 的智能传感器模型。

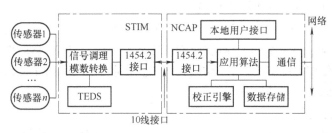

图 14-30 分为 STIM 及 NCAP 的智能传感器模型

IEEE 1451 系列标准可以分为面向软件接口、硬件接口的两大类。软件接口部分由 IEEE 1451.0 子标准、IEEE 1451.1 子标准组成；到 2007 年为止，硬件接口部分是由 IEEE 1451.X（X 代表 2～7）组成。软件接口部分借助面向对象模型来描述网络智能变换器的行为，从而定义出一套使智能变换器接入不同测控网络的软件接口规范。通过定义通用功能、通信协议及电子数据表的格式，以达到加强 IEEE 1451 系列标准之间的互操作性。硬件接口部分主要是针对智能传感器的具体应用对象而提出来的。

IEEE 1451 系列标准体系和特征如表 14-2 所示，IEEE 1451 系列标准工作关系图见图14-31。

表 14-2　IEEE 1451 系列标准体系和特征

代　号	名称与描述	状　态	TIM 到 NCAP 通信	NCAP 与外部网络通信	是否采用 1451.0 通用 TEDS 和命令	主　要　特　点
IEEE 1451.0-2007	智能变换器接口标准	颁布标准	所有	是，NCAP	是	定义了 1451 所有成员接口的通用特征
IEEE 1451.1-1999	网络适配器信息模型	颁布标准	—	—	否	网络与 NCAP、NCAP 与 NCAP、NCAP 与 TIM 之间通信：面向对象软件提纲
IEEE 1451.1（修订）	网络适配器信息模型	修订中	—	—	是	网络与 NCAP、NCAP 与 NCAP、NCAP 与 TIM 之间通信：面向对象软件提纲
IEEE 1451.2—1997	变换器与微处理器通信协议和 TEDS 格式	颁布标准	增强的 SPI 接口和协议	是，NCAP	否	点对点、NCAP 与 TIM 通信采用增强的 SPI
IEEE 1451.2（修订）	变换器与微处理器通信协议和 TEDS 格式	修订中	UART/RS232 RS422/RS485	是，NCAP	是	点对点、NCAP 与 TIM 通信采用通用的串行通信标准
IEEE 1451.3—2003	分布式多点系统数字通信与 TEDS 格式	颁布标准	HPNA	是，NCAP	否	多点分布式、高速内部总线
IEEE 1451.4—2004	混合模式通信协议和 TEDS 格式	颁布标准	MAXIM/Dallas 单线通信协议	否	否	低成本小容量 TEDS，利用现有的模拟传感器
IEEE 1451.5—2007	无线通信协议和 TEDS 格式	颁布标准	无线通信—蓝牙、802.11 和 802.15.4	是，NCAP	是	TIM 与 NCAP 采用无线通信协议
IEEE.P1451.6	CANopen 协议变换器网络接口	开发中	CANopen 通信协议	是，NCAP	是	TIM 与 NCAP 采用无线通信协议，应用于本质与非本质安全系统
IEEE.P1451.7	RFID 系统通信协议和 TEDS 格式	开发中	RFID 系统通信协议	是，NCAP	是	处理 RFID 基础结构中的传感器的整合问题

注：本表状态参考数据至 2008 年 4 月

从表 14-2 中可以看出，目前 IEEE 1451 变换器接口包括点对点接口 UART/RS-232/RS-422/RS-485/（IEEE P1451.2 子标准）、多点分布式接口（IEEE 1451.3 子标准、家庭电话线联盟通信协议）、数字和模拟信号混合模式接口（IEEE 1451.4 子标准，1-wire 通信协议）、蓝牙/802.11/802.15.4 无线接口（IEEE 1451.5 子标准），CAN 总线使用的接口（IEEE P1451.6 子标准，用于本质安全系统 CANopen 协议）、USB 接口（IEEE P1451.7 子标准，RFID 系统通信协议）。

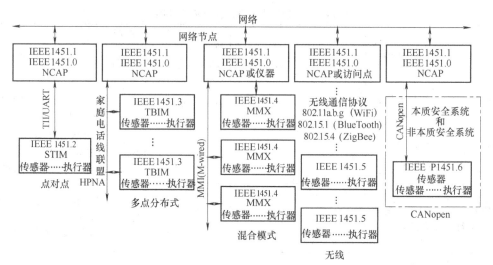

图 14-31   IEEE 1451 系列标准工作关系图

2. 面向软件接口的 IEEE 1451 子标准

（1）IEEE 1451.0 子标准   尽管 IEEE 1451 系列标准的几个子标准之间有共同的特征，但却不存在通用的功能、通信协议和 TEDS 格式设置，这影响了这些标准之间的互操作性。IEEE 1451.0 就是为解决这一问题而提出来的，它通过定义一个包含基本命令设置和通信协议中独立于 NCAP 到变换器模块接口的物理层，简化了不同物理层未来标准的制定程序，为不同的物理接口提供通用、简单的标准。IEEE 1451.0 为 IEEE 1451.X 提供了如下通用功能：①热交换性能；②状态报告；③自检性能；④服务响应消息；⑤从传感器阵列采集信号的同步（IEEE 1588）；⑥应用编程接口 API；⑦变换器间操作的命令集；⑧变换器电子数据表单（TEDS）特性。图 14-32 为 IEEE 1451.0 智能变换器接口模块图。

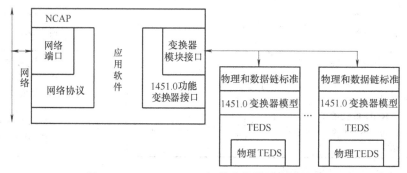

图 14-32   IEEE 1451.0 智能变换器接口模块图

IEEE 1451.0 标准的主要特点包括：①变换器与网络无关，变换器制造商不必关注具体的网络；②可扩展的构造技术，不同类型的应用提供简单的解决方案；③ IEEE 1451 的实现与计算机语言及所用系统操作平台无关；④利用校正引擎补偿方法解决传感器/执行器的非线性问题。

（2）IEEE 1451.1 子标准   IEEE 1451.1 定义了智能变换器的对象模型，用面向对象语言对传感器的行为进行描述。通过这个模型，原始传感器数据借助标定数据来进行修正并产生一个标准化的输出。这个模型还定义了一个独立于网络的应用编程接口（API），以及如何将数据发送到网络，使传感信息与任何基于网络的传感器应用程序之间的通信成为可能

（见图 14-33）。对象模型由数据结构的定义及规范所组织的操作构成。智能传感器对象模型包括传感器对象模型和传感器总线接口。从软件体系结构上分析，这个信息模型通过分层对象构成了一个机箱模型，它由基板和插卡组成（类似于 PC 机的机箱基板上是通用总线，而各个插卡代表了不同的功能，可以插入基板中）。在机箱模型中，插卡采用模块（由类组成）表示，代表了模型中功能的最高层次。模块类组成了插入机箱中的主要功能块，创建了各种设备的类型（基本结构见图 14-34）。

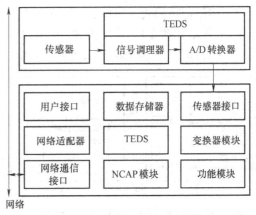

图 14-33　IEEE 1451.1 标准模型

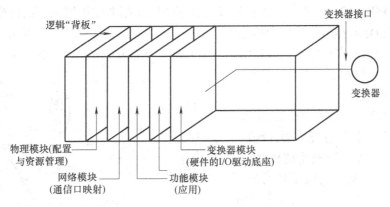

图 14-34　IEEE 1451.1 基本框架

物理模块属性信息中有制造商标识符、序列号、硬件与软件版本号，还存有其他类构件的数据结构。变换器模块抽象了那些在物理上连接到 NCAP I/O 系统的变换器所有功能。功能模块提供给变换器设备一个框架区，用以存放应用定制代码（包含有若干参数列表，用以支持对内部数据的远程网络访问）。网络模块通过使用网络中性的程序接口，抽象了对网络的所有访问（提供基于远程过程调用的交互机制，既支持用户/服务器模式也支持发布/订阅模式）。

1) 网络适配器（NCAP）。NCAP 包括校正机（将传感器经 A/D 转换输出数值转换成经过误差校准、温度补偿及相应变换后所得到的用户数值）、应用程序和网络通信接口三部分。IEEE 1451.1 标准为智能传感器提供了物理及逻辑上的规范

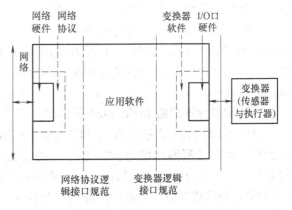

图 14-35　网络智能变换器模型

（如图 14-35 所示），实线代表系统的物理元件，而虚线代表了逻辑上的概念。传感器和执行器构成了一个通过接口和微处理机或微控制器相连的变换器。

2）网络通信模式。IEEE 1451.1 标准提供了两种网络通信模式：用户/服务器模式（如图 14-36 所示）和发布/订阅模式（如图 14-37 所示）。网络软件提供了一个代码库，代码库含有 IEEE 1451.1 与网络之间的呼叫例程。

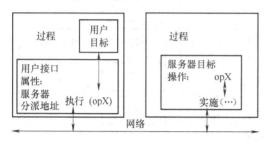

图 14-36　IEEE 1451.1 的用户/服务器模式

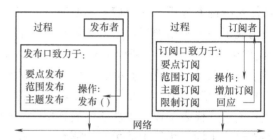

图 14-37　IEEE 1451.1 的发布/订阅模式

用户/服务器模式由用户端的操作和服务器端的操作两个应用层面上的操作来支持，提供了一个远程目标操作运行风格的信息服务，可进行一对一通信。发布/订阅模式由两种操作（发布口向对象发布信息、订阅口增加订阅和来自发布方的回应）支持，是一种发布方发布信息后不关心接收的方式，可进行一对多和多对多通信。

3）IEEE 1451.1 实例。IEEE 1451.1 的附录展示了一个传感器和执行器的 NCAP 如何处理污水治理系统的例子，如图 14-38 所示，例子提供了执行这一标准的严格实施方案，展示了一个 PID 控制系统（在测量和设定值的基础上周期性地利用 pH 传感器测量数据）控制水泵的转速。

图中，测量结果记录在数据库中，用于自动控制系统，或为自控系统的操作员提供显示。污水处理系统的功能分

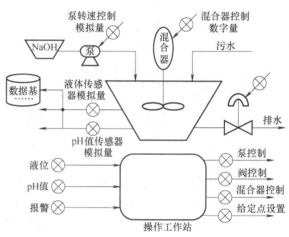

图 14-38　污水处理系统实例

为三个 NCAP，即水位控制、pH 值控制用简易的 NCAP（分别实施以满足安全要求）和操作系统的一个 PC NCAP（作为系统操作界面和数据管理系统，软件开发功能将使 1451.1 得到充分利用）。

3. 面向硬件接口的 IEEE 1451 子标准

（1）IEEE 1451.2 子标准　IEEE 1451.2 标准提供了将传感器和变换器连接到一个数字系统，尤其是到网络的方式。该标准通过提供标准的智能传感器接口模块（STIM）、STIM 和 NCAP 间的接口（TII），统一网络化智能传感器基本结构。通过一个电子数据表格（TEDS），使传感器模块具有即插即用的兼容性。图 14-39 为 IEEE 1451.2 标准的变换器接口的连接规范框架。

1）智能变换器接口模块（STIM）。STIM 的功能主要是向 NCAP 传输数据和状态信息。STIM 借助于 TII 连接到 NCAP，它与网络的通信是透明的。一个 STIM 能够支持单个或多个通道，它既可与传感器也可与执行器相连接，每一个 STIM 最多可与 255 个变换器通

道相连接。通常认为变换器是
STIM 的一部分，这是由于为了提
供关键的自辨识特征（正常使用
时变换器不能与 STIM 分开）。从
NCAP 的角度来看，STIM 可以看
作是一个存储设备，其中的数据
和功能实现可以通过相应的功能
地址获取，每一个功能地址包括
了被访问通道和需要实现的功能，
每个 STIM 可以接 255 个通道。

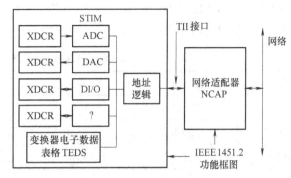

图 14-39　IEEE 1451.2 标准的变换器接口的连接规范框架

　　STIM 软件包括：通信、数据转换、信号处理算法、NCAP 查询响应和初始化某些服务
查询信息。STIM 必须响应的四个关键特征包括：STIM 探测响应、传感器/执行器访问的
应答、传感器/执行器管理任务的响应和在某些情况下对此任务的初始化、响应和支持
TEDS 管理的功能，这使 STIM 和 NCAP 进行信息交互来支持 IEEE 1451.0 命令和服务集。
STIM 的内部软件还有查询、转换和储存模拟传感器的数字化数据功能。STIM 还提供校正
和校正引擎方法来修正和补偿传感器的非线性和多变量校正。最后，STIM 内部的软件支持
与 NCAP（或其他的 STIM）双向通信，以获得更多的高级通信功能。

　　2）电子数据表格（TEDS）。TEDS 是一个用电子格式写的数据表，表格存储了所有传
感器通道对应的传感器类型、物理单位、数据模型、校正模型以及厂商 ID 等信息。当电源
加到 STIM 上时，这些数据可以提供给 NCAP 及系统的其他部分。当 NCAP 读入一个
STIM 中 TEDS 数据时，NCAP 可以知道与这个 STIM 通信速度、通道数及每个通道上变换
器的数据格式，并且知道所测量对象的物理单位和知道怎样将所得到的原始数据转换为国际
标准的单位，完成传感器的即插即用。

　　协议定义了 8 种数据表格，并可以自由扩展。其中，Meta TEDS 和 Channel TEDS 是
必备的，其他的可以选择使用。Meta TEDS 主要是描述 TEDS 的数据结构、STIM 极限时
间参数和通道组信息；Channel TEDS 包括对象范围的上下限、物理单位、启动时间、自检
结果、不确定性、数据模型、校准模型和触发参数；Calibration TEDS 包括最后校准日期、
校准周期和所有的校准参数，支持多节点的模型；Application Specific TEDS 主要应用于特
殊的对象；Extension TEDS 用于 1451.2
标准，以备在未来工业应用中的功能扩
展；另外两个是 Channel Identification
TEDS 和 Calibration Identification TEDS。

　　3）变换器独立接口 TII。TII 是
IEEE 1451.2 协议定义的点对点数字接
口，实现 NCAP 与 STIM 之间短距离同
步数据传输，它通过 10 根按照 SPI 标准
串行通信方式的引脚连接在一起（见图
14-40，引脚定义见表 14-3）。信号线

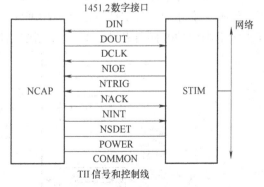

图 14-40　TII 接口信号线与控制线示意图

DIN、DOUT、DCLK 和 DIOE 完成数据通信；NTRIG、NACK 触发和应答信号；NINT 信号用于 STIM 主动服务请求；NSDET 用来检测 STIM 模块是否存在。

表 14-3　TII 接口引脚信号定义

线	逻 辑	驱 动 者	功 能
DIN	正逻辑	NCAP	从 NCAP 到 STIM 传输地址和数据
DOUT	正逻辑	STIM	从 STIM 到 NCAP 传输数据
DCLK	正逻辑	NCAP	DIN 和 DOUT 上的正上升沿锁存数据
IOE	低电平激活	NCAP	启动地址或数据传输
NTRIG	负沿	NCAP	执行触发功能
NACK	负沿	STIM	有两个功能：触发应答和数据传输应答
NINT	负沿	STIM	由 STIM 用作向 NCAP 请求任务
NSDET	低电平激活	STIM	由 NCAP 检测 STIM 存在与否
POWER	N/A	NCAP	提供+5V 电压
COMMON	N/A	NCAP	公共端信号或地

4）国际标准单位的表示。IEEE 1451.2 采用 10 位的二进制代码来描述变换器敏感或可执行的物理单位。按照 SI 规定的 7 个基本物理量来表示所有被测物理量。7 个基本物理量为：长度（m）、质量（kg）、时间（s）、电流（A）、温度（K）、物质量（mol）和光强（cd）。按照 IEEE 1451.2 标准制造和校准的变换器将能够即插即用到任何系统去，并且系统在显示大多数数据时不用进行任何的修改。

5）校准数学模型。

传感器存在输入输出非线性，温度、电源漂移交叉敏感参量影响等问题。这些问题通过电路、材料和工艺改进无法完全解决。因此，往往通过软件手段对传感器进行校正。IEEE 1451 协议采纳了这种思想，定义了校正 TEDS 并存储于 STIM 中。NCAP 获取校正 TEDS，通过校正引擎实现传感器校正，体现了传感器"智能"的特点。修正引擎从 TEDS 中读入校准参数（包括每个通道校准模型、被测物理量单位、校准系数等）和传感器的实际输出，并将其转换为实际的输入物理量值（其物理模型可用图 14-41 来表示）。修正引擎功能强大，它在为大范围内的变换器提供标准的方式描述校准常数和修正系数方面，具有很大的潜力。

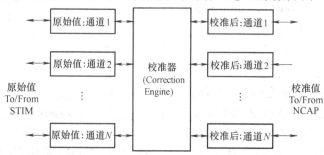

图 14-41　智能网络化传感器校准器一般模型（多输入多输出）

IEEE 1451. 2 规定的 STIM 中每个通道的校准函数可以用下面多项式函数式表示

$$\sum_{i=0}^{D(1)} \sum_{j=0}^{D(2)} \cdots \sum_{p=0}^{D(n)} C_{i,j,\ldots,p} [X_1 - H_1]^i [X_2 - H_2]^j \cdots [X_n - H_n]^p \tag{14-5}$$

式中，X_n 为从传感器输出或向执行器输入的变量值；H_n 为输入变量的偏移值；$D(n)$ 为输入变量的阶数；$C_{i,j,\ldots,p}$ 为多项式每一项的系数。

这些参数都存储在 STIM 的 TEDS 中。为了避免多项式的阶数过高，可以将曲线分成若干段（每段分别有变量多少、漂移值和系数数目等内容）。

（2）IEEE 1451.3 子标准　IEEE 1451.3 标准，即分布式多点系统数字通信和变换器电子数据表格式（Digital Communication and Transducer Electronic Data Sheet（TEDS）Formats for Distributed Multidrop Systems）。它定义了一个标准的物理接口（该接口以多点设置的方式连接多个物理上分散的传感器），同时还定义了 TEDS 数据格式、电子接口、信道区分协议、时序同步协议等，并且在物理上允许 TEDS 不被嵌入到传感器中。此标准定义以一种"小总线"（mini-bus）方式实现变换器总线接口模型（TBIM），这种小总线因足够小且便宜可以轻易的嵌入到传感器中，从而允许通过一个简单的控制逻辑接口进行最大量的数据转换。IEEE 1451.3 与 IEEE 1451.2 一样，它没有对信号调理、信号转换和 TEDS 数据在各应用中的使用方式进行指定规范。

图 14-42 所示为 IEEE 1451.3 分布式多点变换器接口图。图中，一条单一的传输线既被用作支持变换器的电源，又用来提供总线控制器与变换器总线接口模型 TBIM 的通信，这条总线可具有一个总线控制器和多个 STIM；网络适配器（NCAP）包含了总线的控制器，并支持很多不同终端、NCAP 和变换器总线的网络接口。如果变换器总线存在于网络的内部，则总线控制器只能设计在 NCAP 中；否则，总线控制器应该设置在主机或其他的设备中。一个变换器总线接口模型 TBIM 里面可以设置多个不同的变换器。这个标准既允许以相对较低的采样速率和合适的时序要求来设计和生产简单的设备，同时，也可兼容高达几兆带宽和小到纳秒的时序要求的设备。也就是说，这两种不同频谱的设备能够和平的共处于同一条总线上。

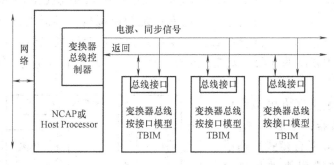

图 14-42　IEEE 1451.3 分布式多点变换器接口连接关系图

所有 STIM 都包含有五个通信函数，如表 14-4 所示。这些通信函数将在一个物理传输媒介上最少利用其中两个通信通道。通信通道将与启动变换器的电源共享这个物理媒介。对高功耗的变换器来说，通过通信电缆共享也许是不够的，这时可提供外电源来驱动变换器。

表 14-4　TBIM 通信函数

函　　数	功　能　描　述
总线管理通信函数	提供一个系统必需的基本能力来识别在变换器总线上的 TBIM，并决定它们之间的通信能力
TBIM 通信函数	提供 TBIM 的通信能力，允许总线控制器控制 TBIM 或以比总线通信通道更快速的读取控制结构的内容
数据传输函数	用来从 TBIM 到总线控制器传输数据或从总线控制器到 TBIM 传输数据
同步函数	提供在多个 TBIM 之间同步行动的信息，也可作为一些系统的简单时钟，以及作为其他系统的一个更复杂的功能
触发函数	触发是来自总线控制器命令中的一个特殊的命令，或命令 TBIM 做出某些行动，或者 TBIM 在将来的某个时间做出某些动作。这个函数提供了一个通信通道来为 TBIM 接受触发命令

　　最简单的系统只含有总线管理通信通道，它被用作所有的通信通道。总线通信通道置于一个固定的频率，或至少是一个小频率，保证每一个总线控制器都能使用。对最简系统来说，STIM 通信函数、同步函数、触发函数和数据传输函数都共享同样的通信通道。

　　IEEE 1451.3 中定义了几种 TEDS。对某些存储器容量特别小或特殊环境不允许 TEDS 存储于 STIM 中的，可把 TEDS 置于远程服务器上，这种远程的 TEDS 在 IEEE 1451.3 中称作虚拟 TEDS。

　　通信 TEDS、模型总体 TEDS 和变换器特定的 TEDS 是三种必需的 TEDS。通信 TEDS 定义了 STIM 的通信能力，每一个 STIM 中只有一个通信 TEDS；模型总体 TEDS 定义了 STIM 的总体特征，每一个 STIM 中只有一个模型总体 TEDS；变换器特定的 TEDS 描述了每个变换器的特点，每一个变换器都有一个变换器特定的 TEDS。一般情况下，这些 TEDS 的容量只有几百个字节大小，STIM 的存储器的大小需求依赖于 STIM 中变换器的数量。

　　(3) IEEE 1451.4 子标准　IEEE 1451.4 子标准，即混合模式通信协议和变换器电子数据表格式（Mixed-mode Communication Protocols and Transducer Electronic Data Sheet (TEDS) Formats）。标准主要致力于基于已有传统的模拟量变换器连接方法，提出一个混合模式智能变换器通信协议，混合模式接口支持模拟接口对现场仪器的测量和数字接口对 TEDS 的读写。使用紧凑的 TEDS 对模拟传感器的简单、低成本的连接，使传统型模拟传感器也能"即插即用"。

　　IEEE 1451.4 定义允许模拟量传感器（如压电传感器、变形测量仪）以数字信息模式（或混合模式）通信的标准，目的是传感器能进行自识别、自设置。此标准同时建议数字 TEDS 数据的通信将与使用最少量的线（远远少于 IEEE 1451.2 标准所需的 10 根线）的传感器的模拟信号共享。一个 IEEE 1451.4 的变换器包括一个变换器电子数据表格（TEDS）和一个混合模式的接口（MMI）。如图 14-43 所示为 IEEE 1451.4 智能传

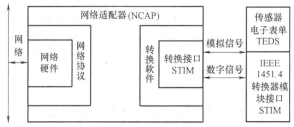

图 14-43　IEEE 1451.4 智能传感器原理图

感器原理图。

1）电子数据表格（TEDS）。IEEE 1451.4 的变换器 TEDS 以 IEEE 1451.2 的 TEDS 为基础，对 TEDS 进行重新定义，以使存储单元最小化。TEDS 包含一个仪器设备或测量系统对传感器进行识别、校正、连接及如何正确使用传感器数据的信息。IEEE 1451.4 TEDS 设计的主要要素有：帮助用户的相关信息、即插即用功能、支持所有的变换器类型、开放性以满足个别需求和与 IEEE 1451.2 兼容。具体内容包括：①识别参数（如生产厂家、模块代码、序列号、版本号和数据代码）；②设备参数（如传感器类型、灵敏度、传输带宽、单位和精度）；③标定参数（如最后的标定日期、校正引擎系数）；④应用参数（如通道识别、通道分组、传感器位置和方向）。

TEDS 具体分为基本 TEDS、标准模式 TEDS 和开放的用户区（如表 14-5，表 14-6 所示）。开头的 64 位为用来对传感器进行标识的基本 TEDS，包括传感器的制造商、型号、版本号和序列号等。中间为存有与该传感器相关技术信息的标准模式 TEDS，包括测量范围、输出范围、灵敏度、功率以及校准信息等信息参数。TEDS 文档中的二进制数据必须根据相应的模板格式才能转换成有意义的传感器参数，制造商也可以自己定义子模板来代替标准模板。最后一部分为用于存放驻留在传感器中自定义数据和信息的开放用户区，包括传感器位置（ID 代码）、附加维修信息或其他自定义信息等。选择器用来指明下一个区的内容，最后用扩展结束选择器来表示模板 TEDS 结束，下一个区为开放的用户区。

表 14-5 标准 TEDS 结构
基本 TEDS（64 bit）
选择器（2 bit）
模板号（8 bit）
标准模板 TEDS（ID＝25～39）
选择器（2 bit）
扩展结束选择器（1 bit）
开放的用户区

表 14-6 带有校准模板的标准 TEDS 结构
基本 TEDS（64 bit）
选择器（2 bit）
模板号（8 bit）
标准模板 TEDS（ID＝25～39）
选择器（2 bit）
模板号（8 bit）
校准模板 TEDS（ID＝40～42）
选择器（2 bit）
扩展结束选择器（1 bit）
开放的用户区

实际上对一个传感器的 TEDS 进行配置可有两种形式，一种是 TEDS 驻留在嵌入式的 EEPROM 中；另一种是 TEDS 不放在传感器中，而以文档形式存放在本地计算机或能通过网络访问的数据库中，即虚拟 TEDS，这样很多的传统模拟传感器无须内置 EEPROM 就能实现 TEDS 的功能。

要在 TEDS 中存储有意义的信息，必须精确定义 TEDS 中的每个 bit，对所有的传感器，基本 TEDS 可按统一格式定义；但由于不同类的传感器要存储不同的参数，因此标准 TEDS 每 bit 的内容无法统一定义，而采用模板对一类传感器参数进行定义和描述。标准中定义了许多的 TEDS 模板，例如加速计、电阻式传感器、麦克风等都有规定的模板号（25～39）。

2）混合模式接口（MMI）。IEEE 定义了两线的 I 类接口、多线的 II 类接口两类混合接口模式，混合模式接口的数字部分通信协议基于 Dallas 公司的单总线协议。

I 类接口（见图 14-44）把模拟和数字两根信号线，按分时复用，主要用于恒流源供电的传感器（加速计、麦克风等），由测量系统通过信号线进行恒流供电。模拟信号定义为正电压，而数字信号转换为负电压。VD_1 和 VD_2 作为开关选择输出是模拟信号还是数字信号。在模拟输出中，当数据采集系统提供电流源为正时，VD_1 导通、VD_2 截止，传感部分的信号经放大器接至输出端；当数据采集系统提供电流源为负时，VD_1 截止、VD_2 导通，TEDS 的数字信号接至输出端。

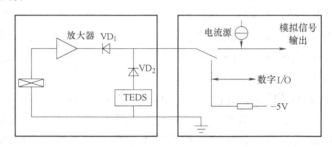

图 14-44　Ⅰ类双线接口

Ⅱ类接口（见图 14-45）将数字和模拟信号分开连接，即在不改变传感器的模拟输入/输出的基础上平行的加入 TEDS 电路，这样使得很多不适合将模拟和数字信号共用一线的传感器可以使用 TEDS，例如热电偶、热敏电阻、电桥式传感器等。这类传感器在模拟信号连接中没有二极管，需要增加用于数字 TEDS 通信的导线，模拟信号和数字信号的通信可同时完成。

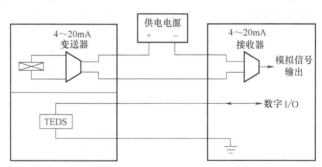

图 14-45　4～20mA 输出传感器的Ⅱ类多线接口

（4）IEEE 1451.5 子标准　IEEE 1451.5 标准，即无线通信与变送器电子数据表格式（Wireless Communication Protocols and Transducer Electronic Data Sheet（TEDS）Formats）。标准定义的无线传感器通信协议和相应的 TEDS，旨在现有的 IEEE 1451 框架下，构筑一个开放的标准无线传感器接口，以满足工业自动化等不同应用领域的需求。无线通信方式上可以采用 4 种标准，即：IEEE 802.11 标准、Bluetooth 标准、ZigBee 标准和 6LoWPAN 标准。对于用户选择哪一种无线通信技术，还要考虑无线技术在耗电量、传输距离、数据传输速率及接收/发送部件的成本等方面的因素。

IEEE 1451.5 标准定义了适用于各种无线通信技术的通用规范。如图 14-46 所示，从左到右，NCAP IEEE 1451.0 服务与 NCAP IEEE 1451.5 通信模块通过 IEEE 1451.0/5 通信 API 连接；NCAP IEEE 1451.5 通信模块与 WTIM IEEE 1451.5 通信模块通过 IEEE 1451.5 无线通信物理层进行通信；在 WTIM 中，WTIM IEEE 1451.0 服务与 WTIM IEEE 1451.5

通信模块通过 IEEE 1451.0/5 通信 API 连接。

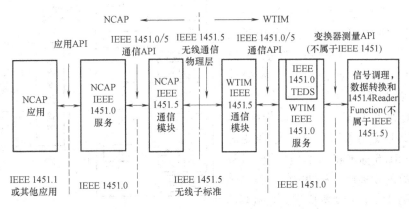

图 14-46 IEEE 1451.5 无线子标准功能框图

NCAP 将来自外部网络的命令发送到与 WTIM 相连的变送器，并在它们之间传送数据。一个 NCAP 可以通过无线方式连接多个 WTIM，一个 WTIM 也可与多个变送器相连。图 14-47 为 IEEE 1451.5 两种典型的连接方案。

IEEE 1451.5 标准定义了 IEEE 1451.0/5 通信应用编程接口（API）、IEEE 1451.5 物理层 TEDS 和 1451.5 标准命令集，其参考模型、物理层 TEDS 和命令集遵循 IEEE 1451.0 标准。

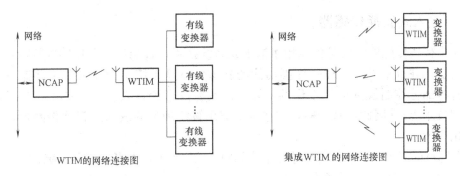

图 14-47 IEEE 1451.5 两种典型的连接方案

IEEE 1451.5 标准还制订出无线数据通信过程中的通信数据模型和通信控制模型。IEEE 1451.5 标准必须要对数据模型进行具有一般性的扩展以便允许多种无线通信技术可以使用，它主要包括两个方面：一方面为变送器通信定义一个通用的 QoS（Quality of Service，服务质量）机制，它能够对任何无线电技术进行映射服务；另一方面对于每一种无线发送技术都有一个映射层用来把无线发送具体配置参数映射到 QoS 机制中。在 IEEE 1451.5 中，针对有稳定电源提供的设备就采用 IEEE 1451.1 标准中已定义的客户机/服务器模型；对于靠电池提供电源的设备，由于能量限制，就采用发布/订阅模型，以便传感器所进行的读取能够达到 QoS 要求。

（5）IEEE P1451.6 提议标准　IEEE P1451.6 提议标准，即用于本质安全和非本质安全应用的高速、基于 CANopen 协议的变换器网络接口（A High-speed CANopen-based Transducer Network Interface for Intrinsically Safe and Non-intrinsically Safe Applications），

主要致力于建立在 CANopen 协议网络的
多通道变送器模型上。定义一个安全的
CAN 物理层，使 IEEE 1451 标准的电子数
据表（TEDS）和 CANopen 对象字典
（Object Dictionary）、通信消息、数据处
理、参数配置和诊断信息一一对应，使
IEEE 1451 标准和 CANopen 协议相结合，
在 CAN 总线上使用 IEEE 1451 标准变送
器。IEEE 1451.6 标准将为本质安全（IS）
定义一个开放的物理层。标准中 CANopen
协议采用 CiA DS 404 设备描述。图 14-48
为 IEEE P1451.6 标准网络接口简图。

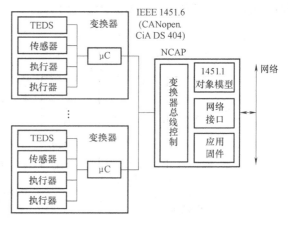

图 14-48　IEEE P1451.6 标准网络接口简图

14.4　智能传感器技术新发展

随着微机械电子、人工智能、计算机技术的快速发展，智能传感器的"智能"含义不断
深化，许多智能传感新模式陆续出现。下面介绍近年来智能传感器中两个研究热点——嵌入
式智能传感器和阵列式智能传感器。

14.4.1　嵌入式智能传感器

嵌入式智能传感器一般是指应用了嵌入式系统技术、智能理论和传感器技术，具备网
络传输功能，并且集成了多样化外围功能的新型传感器系统。经典智能传感器一般是使
用单片机再加上控制规则进行工作的，较少涉及智能理论（人工智能技术、神经网络技
术和模糊技术等）。因此，基于嵌入式系统来应用智能理论的嵌入式智能传感器，具有更
高智能化程度。

一个完整的嵌入式智能传感器总体结构如图 14-49 所示，由多传感器系统、嵌入式系统
两大部分组成。其中嵌入式系统由智能
模块、人机交互模块、网络接口模块等
组成。智能模块通常由集成在嵌入式系
统中的知识库、推理引擎、知识获取程
序和综合数据库四部分组成。知识库用
于存放嵌入式智能传感器运行过程中所
需要的专家知识、经验及传感器的基本

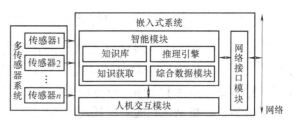

图 14-49　嵌入式智能传感器

参数，知识库里的知识是推理引擎发出命令的根据；综合数据模型用于存储原始数据、常用
数据和各种参量；推理引擎根据传感器及综合数据中的数据，利用知识库中的知识进行思
维、判断、推理，并修改嵌入式智能传感器的各种参数；知识获取指从数据集合中自动抽取
隐藏在数据中的那些有用信息的非平凡过程，这些信息的表现形式为规则、概念、规律及模
式等，它可帮助分析历史数据及当前数据，并从中发现隐藏的关系和模式，进而预测未来可
能发生的行为。

嵌入式系统采用嵌入式操作系统来实现人机交互模块、网络接口模块的灵活操作。操作系统（如 Windows CE、Linux、μC/OS-II、VxWorks 等）具有多任务调度能力、完备的层次化、模块化体系和良好的实时性能。嵌入式软件开发采用 C 语言等高级语言来进行，辅以 Windows CE Platform、Qt/E 等专用的嵌入式 IDE 环境，既提高软件性能，又缩短开发周期。

图 14-50 为应用于液态乙醇浓度在线检测的嵌入式智能传感器原理结构图。本传感器上电后，通过触摸屏 TFT-LCD（Sharp 公司 3.5 寸的集"TFT LCD"和触摸屏于一体的显示模块）的可视化界面操作设置各传感采集通道的开关状态和采集数据类型（包括温度、湿度、乙醇浓度、pH 值和压力）。设置完成后，传感器开始正常工作，多传感器系统实时检测环境中各种传感量的大小，将检测到的各参数数值传送到 32 位 DSP（TMS000F2812）进行基于多尺度理论插值、解耦自校正人工智能处理，将各传感数据根据定义好的通信协议进行数据打包，通过串行口传送到 32 位嵌入式 ARM9（S3C2440）中，传感数据借助触摸屏的 LCD 人机交互界面进行显示。网络接口模块中的以太网控制器（AX88796）将接收到的数据进行 TCP 数据打包，通过 RJ45 接口（HR911105A 型）将其传送到 Internet 上。在 Internet 上，上位机实时接收发送上来的测量信息，根据环境需要，向嵌入式智能传感器发送相应的控制命令。嵌入式智能传感器接收到发送过来的控制命令后执行相应的操作，实时地调节环境参数，使其保持在一个合适的范围之内。本嵌入式智能传感器具有适应性、透明性、交互性，可以有效地进行推理，其液态乙醇浓度检测范围为 100-70000mg/L，响应时间 ≤15s，测量误差小于±2%。

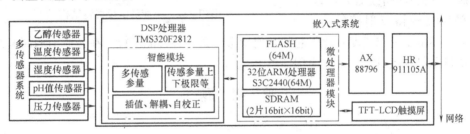

图 14-50　嵌入式智能传感器应用

14.4.2　阵列式智能传感器

客观世界中的许多复杂过程，需要能够处理来自多个信号源的信号传感器系统，这推动了阵列式智能传感模式的出现。阵列式智能传感器即为将多个传感器排布成若干行列的阵列结构，并行提取检测对象相关特征信息并进行处理的新型传感器系统。阵列中的每个传感器都能测量来自空间不同位置的输入信号并能提供给使用者以空间信息。

阵列式智能传感器总体结构如图 14-51 所示，由三个层次组成。第一层次为传感器组的阵列实现集成，称为多传感器阵列；第二层次是将多传感器阵列和预处理模块阵列集成在一起，称为多传感器集成阵列；第三层次是将多传感器阵列、预处理模块阵列和处理器全部集成在一起时，称为阵列式智能传感器。

阵列式智能传感器的功能是由其中各个传感器的类型和特性决定的。根据集成的传感器组类型，其主要功能分类如表 14-7 所示。

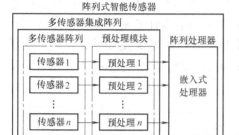

图 14-51 阵列式智能传感器总体结构

表 14-7 功能分类

传感器组类型		特 性	特 殊 功 能
同 质		加法器	信号放大，提高信噪比
		或逻辑	并行备份，可靠性增强
		投票逻辑	失败与成功
异质	完全不同	多路复用器	多变量同时监视
		嵌入处理器	相关变量自动互相补偿
	相似响应	嵌入处理器	多变量数据中提取特征

　　机械阵列传感器是一种被广泛应用的陈列式智能传感器。如精密装配过程中普遍应用机器人夹钳搬运元件，其中触觉传感器陈列帮助机器人夹钳感知被夹物的重量、形状和质地等多种信息，使机器人能灵巧地夹起形状各异、质地脆弱的物体。又如采用硅微机械加工方法制备的有源微反射镜，实际上是一个机械陈列式智能传感器。图 14-52 为美国 IBM 公司和德州仪器公司联合设计的可变形微反射镜结构，

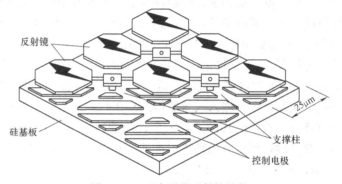

图 14-52 可变形微反射镜结构

此结构可补偿由工艺或温度变化引起的几何变形，是一种智能微镜。在光通信的高速路由选择、投影显示等领域具有广阔的应用前景。

思 考 题

1. 什么叫智能传感器？智能传感器具有哪些基本功能？
2. 智能传感器中如何处理非线性问题？
3. 智能传感器中如何进行自检？
4. 为达到传感器的电磁兼容性要求，应从哪些方面提高传感器的自身抗干扰能力？
5. 试分析智能传感器总线标准，并举例说明。
6. 1-Wire 总线的特点是什么？
7. I^2C 总线的特点是什么？
8. SPI 总线的特点是什么？
9. USB 总线的特点是什么？
10. 试分析智能传感技术的发展趋势。

第 15 章 无线传感器网络

无线传感器网络（wireless sensor network，WSN）利用集成化的微型传感器协作地实时感知、采集和监测对象或环境的信息，用微处理器对信息进行处理，并通过自组织无线通信网络以多跳中继方式传送，将网络化信息获取和信息融合技术相结合，使终端用户得到需要的信息。

15.1 网络组成

15.1.1 无线传感器网络的网络结构

无线传感器网络的网络结构如图 15-1 所示，通常包括传感器节点（sensor node）、汇聚节点（sink node）和管理站（manager station）。大量传感器节点部署在监测区域（sensor field）附近，通过自组织方式构成网络。传感器节点获取的数据沿着其他传感器节点逐跳地进行传输，在传输过程中数据可能被多个节点处理，经过多跳后路由到汇聚节点，最后通过互联网或卫星到达管理站。用户通过管理站对传感器网络进行配置和管理，发布监测任务以及收集监测数据。传感器节点通常是一个微型的嵌入式系统，它的处理能力、存储能力和通

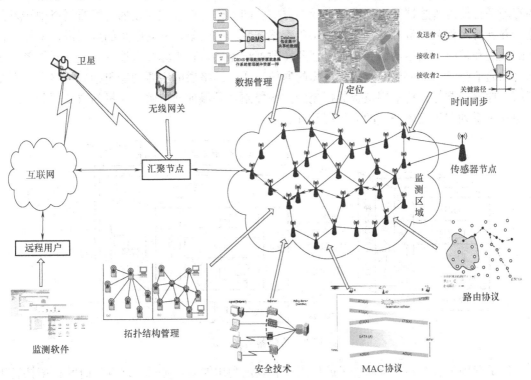

图 15-1 无线传感器网络的网络结构

信能力相对较弱，通常用电池供电。汇聚节点的处理能力、存储能力和通信能力相对较强，它连接传感器网络与 Internet 等外部网络，实现两种协议栈之间的通信协议转换，同时发布管理节点的监测任务，把收集的数据转发到外部网络。

15.1.2　传感器节点

传感器节点的基本组成如图 15-2 所示。

传感器节点包括如下几个单元：传感器模块（由传感器和模数转换器组成）、处理器模块（由嵌入式系统构成，包括 CPU、存储器、嵌入式操作系统等）、无线收发模块（由无线通信器件组成）以及能量供应模块。传感器模块用于感知、获取外

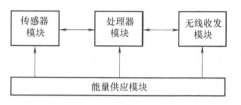

图 15-2　传感器节点结构

界的信息，被监测的物理信号决定了传感器的类型；处理器模块负责协调节点各部分的工作，对感知部件获取的信息进行必要的处理和保存，控制感知部件和电源的工作模式等；无线收发模块负责与其他传感器节点进行无线通信，交换控制消息和收发采集数据；能量供应模块为传感器节点提供运行所需的能量。

15.1.3　无线传感器网络协议栈

传感器网络汇聚节点和传感器节点的协议栈如图 15-3 所示，由以下五部分组成：物理层、数据链路层、网络层、传输层、应用层，与互联网协议栈的五层协议相对应。同时由于无线传感器网络通信的特殊性，协议栈增加了能量管理、移动管理、任务管理三个平台。这些管理平台使得传感器节点能够以高效的方式协同工作，在节点移动的传感器网络中转发数据，并支持多任务和资源共享。物理层负责感知数据的收集，并对收集的数据进行采样、信号的发送和接收、信号的调制解调等任务；数据链路层负责媒体接入控制和建立网络节点之间可靠通信链路，为邻居节点提供可靠的通信通道；网络层的主要功能包括分组路由、网络互联、拥塞控制等；传输层负责数据流的传输控制，是保证通信服务质量的重要部分；应用层包括一系列基于监测任务的应用层软件。

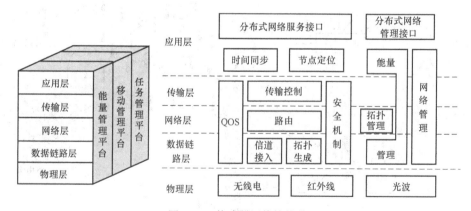

图 15-3　传感器网络协议栈

能量管理负责控制节点对能量的使用，有效地利用能源，延长网络存活时间；拓扑管理

负责保持网络的连通和数据有效传输；网络管理负责网络维护、诊断，并向用户提供网络管理服务接口，通常包括数据收集、数据处理、数据分析和故障处理等功能；QoS（Quality of Service，服务质量）为应用程序提供足够的资源使它们按用户可以接受的性能指标工作；时间同步为传感器节点提供全局同步的时钟支持；节点定位确定每个传感器节点的相对位置或绝对的地理坐标。

15.1.4　无线传感器网络的特点

无线传感器网络因其节点的能量、处理能力、存储能力和通信能力有限，其设计的首要目标是能量的高效利用，也是其区别于其他无线网络的根本特征。

（1）能量资源有限　网络节点由电池供电，其特殊的应用领域决定了在使用过程中，通过更换电池的方式来补充能量是不现实的，一旦电池能量用完，这个节点也就失去了作用。因此在传感器网络设计过程中，如何高效使用能量来最大化网络生命周期是传感器网络面临的首要挑战。

（2）硬件资源有限　传感器节点是一种微型嵌入式设备，大量的节点数量要求其低成本、低功耗，所携带的处理器能力较弱，计算能力和存储能力有限。在成本、硬件体积、功耗等受到限制的条件下，传感器节点需要完成监测数据的采集、转换、管理、处理、应答汇聚节点的任务请求和节点控制等工作，这对硬件的协调工作和优化设计提出了较高的要求。

（3）无中心　无线传感器网络是一个对等式网络，所有节点地位平等，没有严格的中心节点。节点仅知道与自己毗邻节点的位置及相应标识，通过与邻居节点的协作完成信号处理和通信。

（4）自组织　无线传感器网络节点往往通过飞机播撒到未知区域，或随意放置到人不可到达的危险区域，通常情况下没有基础设施支持，其位置不能预先设定，节点之间的相邻关系预先也不明确。网络节点布撒后，无线传感器网络节点通过分层协议和分布式算法协调各自的监控行为，自动进行配置和管理，利用拓扑控制机制和网络协议形成转发监测数据的多跳无线网络系统。

（5）多跳路由　无线传感器网络节点的通信距离有限，一般在几十到几百米范围内，节点只能与它的邻居直接通信，对于面积覆盖较大的区域，传感器网络需要采用多跳路由的传输机制。无线传感器网络中没有专门的路由设备，多跳路由由普通网络节点完成。同时，因为受节点能量、节点分布、建筑物、障碍物和自然环境等因素的影响，路由可能经常变化，频繁出现通信中断。在这样的通信环境和有限通信能力的情况下，如何设计网络多跳路由机制以满足传感器网络的通信需求是传感器网络面临的挑战。

多跳路由可分为簇内多跳和簇间多跳 2 种，簇内多跳指簇内的一个传感器节点传递信息时借助本簇内的其他节点中继它的信息到簇头节点（当整个传感器网络场作为一个簇时，基站就为簇头节点），簇间多跳指一个簇头节点的信息通过其他簇头节点来中继它的信息到达基站。

（6）动态拓扑　在传感器网络使用过程中，部分节点附着于物体表面随处移动；部分节点由于能量耗尽或环境因素造成故障或失效而退出网络；部分节点因弥补失效节点、增加监测精度而补充到网络中，节点数量动态变化，使网络的拓扑结构动态变化。这就要求无线传感器网络具有动态拓扑组织功能和动态系统的可重构性。

（7）节点数量多　为了获取精确的信息，在监测区域通常部署大量的传感器节点，数量可能达到成千上万甚至更多。传感器节点被密集地随机部署在一个面积不大的空间内，需要利用节点之间的高度连接性来保证系统的抗毁性和容错性。这种情况下，需要依靠节点的自组织性处理各种突发事件，节点设计时软硬件都必须具有鲁棒性和容错性。

（8）可靠性　由于传感器节点的大量部署不仅增大了监测区域的覆盖，减少洞穴或盲区，而且可以利用分布式算法处理大量信息，降低了对单个节点传感器的精度要求，大量冗余节点的存在使得系统具有很强的容错性能。

传感器网络集信息采集和监测、控制以及无线通信于一体，能量的高效利用是设计的首要目标。无线传感器网络是一个以应用为牵引的无线网络，是一个以数据为中心的网络，用户使用传感器网络查询事件时，更关心数据本身和出现的位置、时间等，并不关心哪个节点监测到目标。不同的应用背景要求传感器网络使用不同的网络协议、硬件平台和软件系统。

15.2　通信协议

15.2.1　物理层

物理层协议涉及无线传感器网络采用的传输媒体、选择的频段以及调制方式。目前，无线传感器网络采用的传输媒体主要包括射频、超声波、红外线和超宽带等，其中以射频方式的使用最为普遍。从已有的技术产品看，基于射频模块结合单片机的方案比较成熟，取得了应用性的成就，符合无线传感器网络的构成特点，应用广泛。

红外线传输方式的最大优点是不受无线电干扰，但对非透明物体的透过性差，只能在一些特殊的应用场合使用。

最近兴起的超宽带技术（Ultra Wide Band，UWB）因其收发信机结构简单、空间传输容量大、抗干扰能力强、隐蔽性能好、多径分辨能力强等优势，受到业界关注。UWB 脉冲的宽度在 1ns 以下，占用的带宽在 1GHz 以上，采用抵达时间（Time-of-arrival，TOA）方法测距，理论上可以达到厘米级的测距精度，但在复杂多径和非视距（NLOS）的影响下，UWB 的测距和定位精度很难达到理论极限。从信号的传播角度来说，应该以射频的方式为基础，以射频与通用系统的融合为研究重点，同时采用超宽带的定位优势弥补射频方式的不足。

15.2.2　MAC 协议

无线传感器网络的介质访问控制（Medium Access Control，MAC）子层运行在物理层之上，MAC 协议直接控制节点的射频模块，负责在传感器节点之间分配无线信道资源并决定无线通信的使用方式，MAC 协议的好坏直接影响信道的利用率、整个网络的 QoS 以及节点电池的寿命。与传统有线网络 MAC 协议不同的是，无线传感器网络 MAC 协议除了使共享信道的多个节点尽可能公平接入信道和无冲突地传输帧外，还重点考虑节省节点的能量和提高 MAC 协议的可扩展性。此外，由于传感器节点能力受限，MAC 协议本身不能太复杂。

MAC 层的能耗主要来自于空闲侦听、碰撞冲突、控制消息和串音等方面，尤以空闲侦听最显著。如果节点 1% 的时间处在传输模式，那么 97% 的能耗在空闲侦听时产生。因此，

MAC 层必须最小化空闲侦听时间。基于这个原因，许多协议采用关闭收发器尽可能延长睡眠模式的机制。目前，根据不同的信道使用方式可将 MAC 协议分为基于竞争的 MAC 协议、基于调度的 MAC 协议和混合的 MAC 协议。

1. 基于竞争的 MAC 协议

基于竞争的 MAC 协议按需使用信道。当节点需要发送数据时，通过竞争方式使用无线信道，如果数据产生碰撞，就按照某种策略重发，直到数据发送成功或放弃发送。典型的基于竞争的 MAC 协议是 CSMA。目前应用较为广泛的自组织网络 MAC 协议是 IEEE802.11 的分布式协调工作模式（DCF），采用带冲突避免的载波侦听多路访问（CSMA/CA）协议。相继出现的 S-MAC、T-MAC 以及 Sift 协议都是在 IEEE802.11 MAC 协议的基础上提出的。

IEEE 802.11 MAC 协议有分布式协调（Distributed Coordination Function，DCF）和中心协调（Point Coordination Function，PCF）两种访问控制方式，其中 DCF 方式是 IEEE 802.11 协议的基本访问控制方式。IEEE802.11 分布式协调工作模式下，载波侦听机制通过物理载波侦听和虚拟载波侦听来确定无线信道的状态。物理载波侦听由物理层提供，而虚拟载波侦听由 MAC 层提供。由于在无线信道中难以监测到信号的碰撞，因而只能采用随机退避的方式来减少数据碰撞概率。节点在进入退避状态时启动一个退避计时器，当计时达到退避时间后结束退避状态。为了对无线信道访问的优先级进行控制，IEEE802.11MAC 协议规定了三种帧间间隔：优先级最高的最短帧间间隔 SIFS、应用于 PCF 方式下的帧间间隔 PIFS 和应用于 DCF 方式下的帧间间隔 DIFS。IEEE 802.11 MAC 协议中通过立即主动确认机制和预留机制来提高性能。预留机制要求源节点和目标节点在发送数据帧之前交换简短的控制帧，以减少节点间使用共享无线信道的碰撞概率。

为了减少节点能量的消耗，提高网络的扩展性，在 IEEE802.11MAC 协议基础上提出了 S-MAC（Sensor-MAC）协议。S-MAC 协议采用周期性的休眠机制来控制节点的能量消耗，并在邻居节点之间形成睡眠簇减少节点的空闲侦听时间，通过数据处理和融合来减少数据通信量和控制消息在网络中的通信延迟。

在 S-MAC 协议中，周期长度受限于延迟要求和缓存大小，活动时间依赖于消息速率。T-MAC（Timeout-MAC）协议在 S-MAC 协议的基础上提出，在保持周期长度不变的基础上，根据通信流量动态地调整活动时间和用突发方式发送信息，以减少空闲侦听时间。T-MAC 协议虽然可以根据网络通信情况动态调节空闲侦听时间，但也会带来一些问题，如早睡问题。另外，T-MAC 协议对网络动态拓扑结构变化的适应性仍在进一步研究中。

在传感器网络中，当一个事件发生时，往往会有多个邻近节点同时监测到该事件，并同时竞争共享的无线信道来发送消息，从而形成邻近节点监测和发送数据的空间和时间相关性。由此提出了传感器网络基于事件驱动的 Sift MAC 协议。Sift MAC 协议通过在不同时隙上采用不同的发送概率，使得在短时间内部分节点能够无冲突地通告事件，减少消息的传输延迟，并降低能量消耗。

2. 基于调度的 MAC 协议

基于调度的 MAC 协议通过集中控制点预先安排其控制的所有节点，从而在互相独立的子信道中接入共享媒质，目前有时分复用（TDMA）、频分复用（FDMA）和码分多址（CDMA）等方案。基于 TDMA 的 MAC 协议在无线传感器网络中得到了广泛应用，TDMA 机制为每个节点分配独立的数据发送或接收时隙，节点在空闲时隙内转入睡眠状态。这非常适合传感器网络节省能量的需求，如 DEANA、TRAMA 以及 DMAC 都是基于 TDMA 的 MAC 协议。

DEANA 协议将时间帧分为两个阶段：随机访问阶段和周期性调度访问阶段。随机访问阶段由多个连续的信令交换时隙组成，用于处理节点的添加、删除以及时间同步等。周期性调度访问阶段由多个连续的数据传输时隙组成，某个时隙会分配给特定发送和接收节点用来收发数据，而其他节点处于睡眠状态，能部分解决串音问题。

TRAMA 协议将时间划分为连续时隙，根据局部两跳内的邻居节点信息，采用分布式选举机制确定每个时隙的无冲突发送者。TRAMA 协议包括邻居协议 NP、调度交换协议 SEP 和自适应时隙选择算法 AEA。NP 协议使节点以竞争方式使用无线信道，调度交换协议 SEP 用来建立和维护发送者和接收者的调度信息，AEA 算法根据当前两跳邻居节点内的节点优先级和一跳邻居的调度信息，决定节点在当前时隙的活动策略。

为了减少无线传感器网络的能量消耗和减少数据的传输延迟，针对这种数据采集树结构提出了 DMAC 协议。DMAC 协议通过自适应占空比机制、数据预测机制和 MTS 机制，动态调整路径上节点的活动时间，解决了同一父节点的不同子节点间的相互干扰问题，以及不同父节点的邻居节点之间干扰带来的睡眠延迟问题。DMAC 协议适用于边缘源节点数据流量小而中间融合节点数据流量大的传感器网络。

3. 混合接入的 MAC 协议

混合接入的 MAC 协议结合了以上两种接入方式的优点，在某一阶段采用基于竞争的接入方式，在另一阶段则采用基于调度的接入方式，具有代表性的有 G-MAC 协议。

由于传感器网络是与应用相关的网络，当应用需求不同时，网络协议需要根据应用类型或应用目标特征定制，没有任何一个协议能够适应所有的应用。

15.2.3 路由协议

路由协议的任务是在传感器节点和汇聚节点之间建立路由，可靠地传递数据。由于无线传感器网络资源受限，路由协议要遵循的设计原则包括不能执行太复杂的计算、不能在节点保存太多的状态信息、节点间不能交换太多的路由信息等。

在无线传感器网络中，节点能量有限且一般没有补充，路由协议需要高效利用能量，同时传感器网络节点数目往往很大，节点只能获取局部拓扑结构信息，路由协议要能在局部网络信息的基础上选择合适的路径。根据不同环境对无线传感器网络的要求不同，无线传感器网络的路由协议可以分为数据查询路由、能量最优路由、位置信息路由和可靠路由。

1. 数据查询路由

数据查询路由协议需要不断查询传感器节点采集的数据，查询节点发出任务查询命令，传感器节点向查询节点报告采集的数据。在这类应用中通信流量主要是查询节点和传感器节点之间的命令和数据传输，同时传感器节点的采样信息在传输路径上通常要进行数据融合，通过减少通信流量来节省能量。具有代表性的协议有定向扩散协议（Directed Diffusion，DD）和传闻路由协议（Rumor Routing）等。

定向扩散协议 DD 是一种以数据为中心的路由协议，它的主要特点是在数据扩散的过程中，计算出代价较低的数据通路，从而进行方向明确的数据传输。DD 协议可以分为周期性的兴趣扩散、梯度建立和路径加强三个阶段。在兴趣扩散阶段，汇聚节点周期性地向邻居节点广播兴趣消息；在梯度建立阶段，把兴趣匹配的数据发送到梯度上的邻居节点，并按照梯度上的数据传输速率设定传感器模块采集数据的速率。在路径加强阶段，节点通过正向加强机制来建立优化路径，并根据网络拓扑的变化修改数据转发的梯度关系。

对于数据传输量较小的传感器网络，定向扩散协议 DD 的查询扩散和路径增强机制会带来相对较高的能耗，传闻路由协议 Rumor 克服了这种使用洪泛方式建立转发路径带来的开销过大问题。传闻路由协议 Rumor 使用查询消息的单播随机转发，让事件区域中传感器节点的代理消息和汇聚节点发送的查询消息同时扩散传播，当两种消息的传输路径交叉在一起时就会形成一条汇聚节点到事件区域的路径。

2. 能量最优路由

能量最优路由协议以高效利用网络能量为主要目的，从数据传输中的能量消耗出发，讨论最优能量消耗路径以及最长网络生存期等问题。具有代表性的协议有能量路由协议和能量多路径路由协议等。

能量路由根据传输路径上的能量要求和传感器节点的剩余能量，选择路由路径。能量策略包括：传感器节点到汇聚节点经过节点的剩余能量和最大的路由；传感器节点到汇聚节点跳数最小的路由；传感器节点到汇聚节点路径能耗最低的路由；传感器节点到汇聚节点的传输路径生存周期最长的路由。

如果频繁的使用早先获得的一条最优路径，会导致此路径上的节点较快的将能量耗尽，出现消息路由中断，由此提出了能量多路径路由，它根据通信路径上节点的剩余能量和路由消耗，为每一条路径赋予一定的选择概率，从而使网络均衡的使用能量，延长生存周期。

3. 位置信息路由

位置信息路由协议需要知道目的节点的精确或者大致地理位置，并把节点的位置信息作为路由选择的依据，从而完成节点路由功能。位置信息路由可以降低系统专门维护路由协议的能耗。具有代表性的协议有 GPSR 协议、GEAR 协议和 GEM 协议等。

GPSR（Greedy Perimeter Stateless Routing，贪婪的周边无状态路由协议）协议将每个网络节点进行统一编址，各节点利用贪心算法尽量沿直线转发数据。由于数据传输过程中，节点总是向欧氏距离最靠近目的节点的邻居转发消息，从而出现空洞区域，导致数据无法传输。原则上可以利用右手法则沿空洞周围传输来解决此问题。

GEAR（Geographical and Energy Aware Routing，地理路由）路由协议根据事件区域的地理位置信息，建立汇聚节点到事件区域的优化路径，避免了洪泛传播方式，从而减少了路由建立的开销。GEAR 路由协议中查询消息传播包括传送到事件区域和在事件区域内传播两个阶段。在前一阶段，根据事件区域的地理位置，将汇聚节点发出的查询命令传送到区域内距汇聚节点最近的节点。在后一阶段，从该节点将查询命令传播到区域内的其他所有节点。GEAR 路由协议利用了节点的地理位置信息，因此要求节点固定不动或移动性不强。

GEM（Generic Equipment Model）路由协议是一种适用于数据中心存储方式的地理路由协议，通过在网络中选择不同的负责节点实现不同事件监测数据的融合和存储。GEM 路由根据节点的地理位置信息，将网络的实际拓扑结构转化为用虚拟极坐标系统表示的逻辑结构。网络中的节点形成一个以汇聚节点为根的带环树，每个节点用到树根的跳数距离和角度范围来表示，节点间的数据路由通过这个带环树实现。GEM 路由不依赖于节点精确的位置信息，适用于拓扑结构相对稳定的传感器网络。

4. 可靠路由

可靠路由协议应用于对通信的服务质量有较高要求的场合，以保证链路的稳定性和通信信道的质量。目前可靠路由协议主要从两个方面考虑：一是利用节点的冗余性提供多条路径以保证通信可靠性；二是建立对传输可靠性的估计机制从而保证每跳传输的可靠性。具有代表性的协议有 SAR 协议、HREEMR 协议、ReInForM 协议和 SPEED 协议等。

SAR（segmentation and reassembly）协议以基于路由表驱动的多路径方式满足网络低能耗和鲁棒性要求，在每个源节点和汇聚节点之间生成多条路径，以每个树落在汇聚点有效传输半径内的节点为根，枝干的选择满足规定的 QoS 要求。它不仅考虑了每条路径的能源，还考虑了端到端的延迟需求和待发送数据包的优先级。SAR 协议不适合大型网络和拓扑频繁变化的网络。

HREEMR（Highly−Resilient，Energy−Efficient Multipath Routing）协议在 DD 协议的基础上提出，通过维护多条可用链路以提高路由的可靠性。HREEMR 协议采用与 DD 协议相同的本地化算法建立源节点和汇聚节点之间的最优路径，同时构建多条与最优路径不相交的冗余路径，保证最优路径失效时协议仍能正常运行。

ReInForM（Reliable Information Forwardingusing Multiple Paths）协议从数据源节点开始，考虑可靠性需求、信道质量以及传感器节点到汇聚节点的跳数，决定需要的传输路径数目以及下一跳节点数目和相应的节点，实现可靠的数据传输。源节点根据传输的可靠性要求计算出需要的传输路径数目后，选择若干邻居节点转发信息并给每个节点按照一定比例分配路径数目，源节点将分配的路径数发给邻居节点。邻居节点在接收到源节点的数据后，将自己也视为源节点，重复上述选路过程。

SPEED 协议是一个实时路由协议，在一定程度上实现了端到端的传输速率保证、网络拥塞控制以及负载平衡机制。SPEED 协议首先交换节点的传输延迟，使用延迟估计机制得到网络的负载情况，并判断网络是否发生拥塞；然后，节点利用局部地理信息和传输速率信息进行路由选择，通过邻居反馈策略保证网络传输速率在一个全局定义的传输速率阈值之上，并使用反向压力路由变更机制避开拥塞和路由空洞。

15.2.4　时间同步

在无线传感器网络的应用中，如果没有空间和时间信息，传感器节点采集的数据就没有任何价值。无线传感器网络中的时间同步使网络中部分或所有节点拥有相同的时间基准，即不同节点有相同的时钟，或者节点可以彼此将对方的时钟转换为本地时钟，保证不同节点记录信息的一致性。时间同步是分布式系统的一个重要基础，也是无线传感器网络的一项基础支撑技术。准确的时间同步是实现传感器网络自身协议运行、数据融合、协同睡眠及定位等的基础。

准确估计消息包的传输延迟，通过偏移补偿或漂移补偿方法对时钟进行修正，是无线传感器网络中实现时间同步的关键。目前，绝大多数时间同步算法基于对时钟偏移进行补偿。传感器网络中节点的本地时钟依靠对自身晶振中断计数实现，晶振的频率误差和初始计时时刻不同，使得节点之间的本地时钟不同步。如果能估算出本地时钟与物理时钟的关系或者本地时钟之间的关系，就可以构造对应的逻辑时钟以达成同步。近年来提出了多种时间同步机制，从不同方面满足传感器网络的应用需要，比较典型的有 RBS 协议、TPSN 协议、mini-sync 和 tiny-sync 同步协议、DMTS 协议及 LTS 协议等。

RBS（Reference Broadcast Synchronization）机制是基于接收者—接收者的时间同步，它通过接收节点对时抵消发送时间和访问时间。一个节点广播发送时间参考分组，广播域内的两个节点都能够接收到这个分组。每个接收节点采用本地时钟记录参考分组的到达时间，然后交换记录时间来确定它们之间的时间偏移量，其中一个接收节点可以根据这个时间差值更改本地时间，实现时间同步。RBS 机制不依赖于发送节点与接收节点的时间关系，从消息延迟中去除所有发送节点的非确定性因素，减少了每跳的误差积累，可应用于多跳网络。

TPSN（Timing-sync Protocol for Sensor Networks）采用层次结构实现整个网络节点的时间同步。在网络中有一个获取外界时间的节点称为根节点，作为整个网络系统的时钟源。所有节点按照层次结构进行逻辑分级，表示节点到根节点的距离。通过基于发送者—接收者的节点对方式，每个节点与上一级的一个节点同步，从而所有节点都与根节点同步。

mini-sync 和 tiny-sync 是简单的轻量时间同步机制，假设节点的时钟漂移遵循线性变化，因此两个节点之间的时间偏移也是线性的，通过交换时标分组来估计两个节点间的最优匹配偏移量，算法仅需要非常有限的网络通信带宽、存储容量和处理能力等资源。为了降低算法的复杂度，mini-sync 和 tiny-sync 同步协议还通过约束条件丢弃冗余分组。

DMTS（Delay Measurement Time Synchronization）协议基于对同步消息在传输路径上所有延迟的估计，实现节点间的时间同步，是一种灵活的、轻量的和能量高效的时间同步机制。在 DMTS 协议中，选择一个节点作为时间主节点广播同步时间分组，所有接收节点测量这个时间广播分组的延迟，设置它的时间为接收到分组携带的时间加上这个广播分组的传输延迟，这样所有接收到广播分组的节点都与主节点进行时间同步。DMTS 协议无需复杂的运算和操作，计算开销小，需要传输的消息条数少，能够应用在对时间同步要求不是非常高的传感器网络中，能够实现全部网络节点的时间同步。

LTS（Lightweight Time Synchronization）同步协议适用于低成本、低复杂度的传感器节点时间同步，以最小化能量开销为目标，具有鲁棒性和自配置性。LTS 同步协议采用两种方式进行：集中式多跳同步算法首先构造低深度的生成树，然后以树根为参考节点依次向叶节点进行逐级同步，最终达到全网同步；分布式多跳同步算法在任何节点需要重同步时都可以发起同步请求，从参考节点到请求节点路径上的所有节点采用节点对的同步方式，逐跳实现与参考节点的时间同步。当所有节点需要同时进行时间同步时，集中式多跳同步算法更为高效，当部分节点需要频繁同步时，分布式机制更为高效。LTS 同步协议通过减少时间同步的频率和参与同步的节点数目，在满足同步精度要求的同时，降低节点的通信和计算开销，减少网络能量的消耗。

15.2.5　定位

对于无线传感器网络而言，没有位置标定的信息采集、处理和传输是没有实际意义的。例如目标监测与跟踪、基于位置信息的路由、智能交通、物流管理等许多应用都要求网络节点提供自身的位置，并在通信和协同过程中利用位置信息完成应用要求。另一方面，准确的位置信息、较低的能量消耗、定位系统综合性能的协调最优化又可以为无线传感器网络应用和协议栈建设提供有力支持。传感器节点自身定位就是根据少数已知位置的节点（锚节点），按照某种定位机制确定自身的位置。传感器节点定位过程中，未知节点在获得对于邻近锚节点的距离或获得邻近的锚节点与未知节点之间的相对角度后，可以使用多边测量法、三角测量法或者两种方法的混合运用来计算自己的位置。

根据定位过程中是否需要测量实际节点间的距离，定位方法主要分为基于距离的定位方法和距离无关的定位方法。

1. 基于距离的定位

基于距离的定位方法需要测量相邻节点间的绝对距离和方位，并利用节点间的实际距离来计算未知节点的位置，例如 TOA 方法、TDOA 方法、AOA 方法和 RSSI 方法等。

TOA（Time Of Arrival）方法通过测量信号传播时间来测量距离。最典型的应用是 GPS（全球定位系统），GPS 系统需要昂贵的设备和较大的能量消耗来达到与卫星的精确同步。基于 TOA 的定位精度相对高，但要求节点间保持精确的时间同步，因此对传感器节点的硬件和功耗提出了较高的要求。

TDOA（time difference of arrival）方法通过记录两种不同信号的到达时间差，依据信号的传播速度，直接把时间差转化为距离。TDOA 技术在有基础设施支持的系统中已经应用，近年来开始应用于无线传感器网络中，例如 AHLos 定位系统等。TDOA 技术测距误差小，有较高的精度，但要求节点有较高的硬件支持和能耗，这对于节点受限的无线传感器网络来说是一个挑战。

AOA（angle of arrival）方法通过阵列天线或多个接收器结合来得到相邻节点发送信号的方向，从而确定节点的位置。同样，因为附加的定位设备成本和功耗较大，使其难于适合大规模无线传感器网络。

RSSI（Received Signal Strength Indicator）方法通过接收节点测量接收功率，计算传播损耗，使用理论或经验的信号传播模型将传播损耗转化为距离。比较典型的应用如 RADAR 和 SpotOn 定位系统。对于射频信号的传播来说，多径衰落、干扰和无规律的信号传播等特性导致难以准确测距，所以定位系统的更佳方案是采用 RSSI 技术与其他方法结合来综合测量。

2. 距离无关的定位

距离无关的定位方法无需测量节点间的绝对距离或方位，而是利用节点间的估计距离计算节点位置，例如质心算法、DV-Hop 算法、Amorphous 算法和 APIT 算法等。

质心算法是通过未知节点接收所有在其通信范围内的信标节点的信息，并将这些信标节点的几何质心作为自己的估计位置来定位。质心算法完全基于网络连通性，无需信标节点和未知节点之间的协调，比较简单和容易实现，不要求节点有附加的硬件支持。但是由于节点的无线信号传播模型并不是理想的球形，而且质心估计的精确度与信标节点的密度和分布有很大关系，导致这种算法的定位精度相对不高。

DV-Hop 算法源于传统网络中的距离向量路由机制，分为三个阶段：在第一个阶段，通过广播信标节点的自身位置信息分组，未知节点得到距离信标节点的最小跳数；在第二个阶段，信标节点计算平均每跳距离并广播给距离自己较近的未知节点，未知节点通过平均每跳距离和第一阶段收集的最小跳数估计自己到信标节点的跳段距离；在第三个阶段，未知节点利用第二阶段中记录的到各个信标节点的跳段距离，使用三边测量法或极大似然估计法计算自身坐标。DV-Hop 算法的精度比质心法高，且节点不需要附加的硬件支持，实现简单。但由于使用跳段距离代替直线距离，因此存在一定误差。

Amorphous 算法类似于 DV-Hop 算法，但需要预先知道网络的密度，并离线计算网络的平均每跳距离。

APIT（Approximate Point In Triangle）算法使用信标节点构成若干个三角形，通过测试未知节点是在每个三角形内部还是外部来达到定位的目的。APIT 算法的理论基础是最佳三角形内点测试法 PIT。未知节点首先收集其邻近信标节点的信息，然后从这些信标节点组成的集合中任意选取三个信标节点。逐一测试未知节点是否位于每个三角形内部，最后计算包含目标节点的所有三角形的重叠区域，将重叠区域的质心作为未知节点的位置。APIT 算法的定位精度高，对无线信号的传播不规则性和传感器节点随机部署的适应性强，性能稳定。同时，算法对网络的连通性提出了较高的要求。

质心算法、DV-Hop、Amorphous 和 APIT 算法是分布式算法，计算简单，通信量低，具有良好的扩展性。总的来说，距离无关的定位机制受环境因素的影响小，且节点不用附加额外的测距模块，因而节点简单、费用低，适合大规模的无线传感器网络应用。

15.2.6　拓扑结构控制

对于自组织的无线传感器网络而言，网络拓扑控制对网络性能影响很大。良好的拓扑结构不仅能提高路由协议和 MAC 协议的效率，而且拓扑结构的控制还与网络整体性能的优化存在着密切的联系，为时间同步、数据融合及目标定位技术提供支撑基础。因此研究拓扑控制对无线传感器网络而言具有重要意义。

拓扑控制研究的问题是：在保证一定的网络连通质量和覆盖质量前提下，一般以延长网络的生命期为主要目标，兼顾通信干扰、网络延迟、负载均衡、简单性、可靠性及可扩展性等其他性能，形成一个优化的网络拓扑结构。无线传感器网络是与应用相关的，不同的应用对底层网络拓扑控制设计目标的要求也不相同。

拓扑控制算法从管理方式可划分为节点功率控制和分簇拓扑控制两类，其中节点功率控制机制指通过设置或动态调整节点的发射功率，在保证网络拓扑结构连通、双向连通或者多连通的基础上，使得网络中节点的能量消耗最小，延长整个网络的生存时间，同时尽量避免隐终端和暴露终端问题。分簇机制采用分层结构形成处理和转发数据的骨干网络，其中非簇头节点可通过空闲休眠策略来达到节能目的。功率控制适用于网络规模相对较小、对兴趣数据准确性和敏感度要求较高的网络环境，而分簇控制适用于部分节点能实行休眠策略的大规模网络。

在功率控制方面，已经提出了 LMA 和 LMN 等基于节点度数的算法，以及 LMST、DRNG、DLSS 等基于邻近图的算法。目前，大量的研究工作主要集中在分簇拓扑控制方面，包括 LEACH 算法、TopDisc 算法、HEED 算法和 GAF 算法等。

1. 基于节点度数的算法

本地平均算法 LMA（local mean algorithm）和本地邻居平均算法 LMN（local mean of neighborsalgorithm）是两种周期性动态调整节点发射功率的算法。它们之间的区别在于计算节点度的策略不同。本地平均算法 LMA 假设开始时所有的节点都有相同的发射功率，每个节点定期广播自身的信息，邻居节点收到信息后统计出自身的邻居数。如果某节点的邻居数较小，则它在一定范围内增大发射功率；反之，减小发射功率。本地邻居平均算法 LMN 与本地平均算法 LMA 类似，只是在计算节点度的策略上采用将所有邻居节点的邻居数求平均值作为自己的邻居数。这两种算法对无线传感器节点的要求不高，可以保证收敛性和网络的连通性。

2. 基于邻近图的算法

基于邻近图的功率控制算法中，所有节点都使用最大功率发射形成拓扑图，并按照一定的规则求出该图的邻近图，邻近图中每个节点以自己所邻接的最远通信节点来确定发射功率。基于邻近图的算法使节点确定自己的邻居集合，并调整适当的发射功率，可以在建立连通网络的同时，节省网络能耗。

3. 分簇拓扑控制算法

LEACH（Low-Energy Adaptive Clustering Hierarchy）算法是一种自适应分簇拓扑算法，它分为簇的建立和数据通信两个阶段，并且周期性的执行。在簇的建立阶段，相邻节点动态地形成簇，随机产生簇头，以保证各节点可以等概率地担任簇头，使得网络中的节点相对均衡地消耗能量；在数据通信阶段，簇内节点把数据发送给簇头，簇头进行数据融合并把结果发送给汇聚节点。

HEED（Hybrid Energy Efficient Distributed clustering）算法以 LEACH 算法为基础，针对 LEACH 算法簇头分布不均匀问题进行了改进。它以簇内平均可达能量作为衡量簇内通信成本的标准，并在簇头选择标准以及簇头竞争机制上采用不同算法，提高了成簇速度。同时，把节点剩余能量作为一个参量引入算法，用于表示成簇后簇内的通信开销，使得选出的簇头更适合担当数据转发任务，网络拓扑更加合理，网络能耗更加均匀。

GAF（Geographic Adaptive Fidelity）算法是基于地理位置的分簇算法，它的执行过程包括两个阶段。在虚拟单元格划分阶段，GAF 算法根据节点的位置信息和通信半径，把监测区域划分成虚拟单元格，将节点按照位置信息划入相应的单元格，保证相邻单元格中的任意两个节点都能够直接通信；在簇头节点的选择阶段，节点周期性地进入睡眠和工作状态，从睡眠状态唤醒之后与本单元内其他节点交换信息，以确定自己是否需要成为簇头节点，只有簇头节点保持活动，其他节点为睡眠状态。

TopDisc 算法是基于图论中最小支配集问题的算法，它利用三色算法或四色算法对节点的状态进行标记，解决骨干网拓扑结构的形成问题。在 TopDisc 算法中，开始由网络中的一个节点发送用于发现邻居节点的查询消息。查询消息携带发送节点的状态信息在网络中传播，算法依次为每个节点标记颜色。根据节点颜色判别簇头节点，并通过反向寻找查询消息的传播路径在簇头节点间建立通信链路。

15.3　硬件平台

典型的无线传感器网络中硬件平台由传感器节点、网关节点和数据监控中心等组成。传感器节点应具有端节点和路由的功能：一方面实现数据的采集和处理；另一方面实现数据的融合和路由，对本身采集的数据和收到的其他节点数据进行综合，转发路由到网关节点。传感器节点数目庞大，通常采用电池供电，传感器节点的能量一旦耗尽，该节点就不能实现数据采集和路由功能，直接影响整个传感器网络的健壮性和生命周期。网关节点往往个数有限，而且能量常常能够得到补充。网关节点通常使用多种方式（如 Internet、Modem、卫星或移动通信网络等）与外界通信。数据管理中心主要由数据库、管理软件以及 PC 机（服务器）构成，这里不做讨论。本节重点介绍传感器节点和网关的构成、设计和开发。

15.3.1 传感器节点

传感器网络节点作为一种微型化的嵌入式系统，构成了无线传感器网络的基础层支撑平台。大部分节点采用电池供电，工作环境通常比较恶劣，而且数量大，更换困难，所以低功耗是无线传感器网络重要的设计准则之一，从无线传感器网络节点的硬件设计到整个网络各层的协议设计都把节能作为设计目标，以最大限度地延长无线传感器网络的寿命。其次，传感器节点在设计时还须考虑其他要求，如：模块化、集成化和微型化等。无论从节点的软件设计到硬件开发，模块化设计是提高节点通用性、扩展性和灵活性的有效途径。集成化以满足节点集数据采集、处理和转发等功能于一身的需求。微型化可以满足大规模布撒、提高隐蔽性的应用需求。

表 15-1 是目前常用的几种无线传感器网络节点，大多数节点都采用成熟的商用器件组成。下面分别围绕处理器模块、通信模块和传感器节点设计具体讨论无线传感器网络节点的设计和开发。

表 15-1　常用无线传感器网络节点

节点名称	处理器（公司）	射频收发	电磁类型	发布日期/年
WeC	AT90S8535（Atmel）	TR1000	Lithium	1998
Rene	ATmega163（Atmel）	TR1000	AA	1999
Mica	ATmega128L（Atmel）	TR1000	AA	2001
Mica2	ATmega128L（Atmel）	CC1000	AA	2002
Mica2Dot	ATmega128L（Atmel）	CC1000	Lithium	2002
Mica3	ATmega128L（Atmel）	CC1020	AA	2003
Micaz	ATmega128L（Atmel）	CC2420	AA	2003
Toles	MSP430F149（TI）	CC2420	AA	2004
Zebranet	MSP430F149（TI）	9Xstream	Batteries	2004
XYZnode	ML67Q500x（OKI）	CC2420	NiMn	2005
BTNode	ATmega128L（Atmel）	CC1000 & ZV4002	AA	2005

1. 处理器模块

处理器单元是传感器网络节点的核心，与其他单元一起完成数据的采集、处理和收发。处理器芯片的选择在传感器节点设计中至关重要。一般需要满足以下几点要求：低功耗、低成本、高效率、支持休眠和足够的 I/O 口等。此外，节点设计时还需考虑稳定性和安全性。稳定性主要指节点能在一定的外部环境变化范围内正常工作。安全性是要防止外界因素造成节点的数据修改。

目前传感器节点中常用的处理器芯片有两类：一类是以 TI 公司的 MSP430F1XX 系列为代表的低能耗微控制器，这类芯片以卓越的低功耗性能而备受业界青睐，工作电压为 1.8V，实时时钟待机电流的消耗仅为 $1.1\mu A$，而工作模式电流低至 $300\mu A$（1MHz），唤醒过程仅需 $6\mu s$。Toles 节点和 ZebraNet 节点就是采用 MSP430 系列的微控制器，功耗非常低。Intel、SamSung、Philips 和 Motorola 等公司也有一些类似低功耗产品。另一类采用基于 ARM 核的处理器。该类节点的能量消耗比采用微控制器大，但多数支持 DVS（动态电压调节）或 DFS（动态频率调节）等节能策略，其处理能力比一般的微控制器强很多，适合图像等高数据量业务的应用。加州大学伯克利分校开发的 Mote 系列节点就使用了该系列的处理器。随着高性能 DSP 价格的降低，也有一些传感器节点开始选择性价比较好的 DSP 处理器。处理器的选择应该根据应用需求考虑系统要求，再考虑功耗等问题。

2. 通信模块

利用无线通信方式交换节点数据，首先需要选择合适的传输媒体。理论上无线通信可采用射频、激光、红外或超声波等载体。不同的通信方式有各自的优缺点。利用超声波作为通信媒质，通信距离短，方向敏感，且易被干扰。利用激光作为传输媒体，功耗比用电磁波低，更安全，但只能直线传输，易受大气环境影响，传输具有方向性。红外线传输不需要天线，但也具有方向性，距离短。超宽带（UWB）具有发射信号功率谱密度低、系统复杂度低、对信道衰落不敏感、安全性好、数据传输率高、能提供数厘米的定位精度等优点，是高精度定位要求中理想的通信方式，但其传输距离只有 10m 左右，且穿透性差。Bluetooth 工作在 2.4GHz 频段，传输速率可达 10Mbps，但传输距离只有 10m 左右，完整协议栈 250kB，不适合使用在无线传感器网络中。在无线传感器网络中应用最多的是基于 ZigBee 协议的芯片和其他一些普通射频芯片。ZigBee 是一种近距离、低复杂度、低功耗、低数据速率、低成本的双向无线通信技术，完整的协议栈 32kB，可以嵌入各种设备中，同时支持地理定位功能。目前市场上常见的支持 ZigBee 协议的芯片制造商有 Chipcon 和 Freescale 等公司。Chipcon 公司的 CC2420 芯片应用较多，Toles 节点和 XYZ 节点都采用该芯片。Freescale 提供 ZigBee 的 2.4GHz 无线传输芯片有 MC13191、MC13192、MC13193。

面向应用的无线传感器网络，其通信指标各不相同，通信协议还没有标准化。因此，可以自定义通信协议的普通射频芯片是一种理想的选择。从性能、成本、功耗方面考虑，Chipcon 公司的 CC1000 和 RFM 公司的 TR1000 可以作为应用的选择。这两种芯片各有所长，CC1000 灵敏度高一些，传输距离更远，TR1000 功耗低一些。从表 15-1 可知 WeC、Rene 和 Mica 节点均采用 TR1000 芯片；Mica 系列节点主要采用 Chipcon 公司的芯片。还有一类无线芯片本身集成了处理器，例如 CC2430 在 CC2420 的基础上集成了 51 内核的单片机；CC1010 在 CC1000 的基础上集成了 51 内核的单片机，芯片集成度进一步提高。WiseNet 节点也采用 CC1010 芯片。

事实上，在无线传感器节点设计时，不同通信方式的收发芯片可以通过普通供应商购买，每种器件都有各自的优缺点，没有最优器件。在硬件设计时，应在满足需求基础上从功耗、数据率、通信范围和稳定性等角度合理选择。

3. 传感器模块

能监测各种物理量的传感器应用已经非常广泛，种类繁多。目前市场也出现了大量支持低功耗模式的传感器，从而降低了节点的能耗。实际应用根据覆盖面积要求选择合理的传感器，如何确定一个传感器覆盖面积，保证测量精度是节点设计时需要考虑的重要因素。

15.3.2 网关节点设计

在无线传感器网络应用中，通常需要将采集的信息进行远距离传输。例如在恶劣或战场环境中感知区域难以接近，或远程监控场合等。美国的 Crossbow 公司曾推出具有以太网通信功能的汇聚节点产品并得到应用。哈佛大学的科研人员在位于厄瓜多尔境内的唐古拉瓦火山附近部署了小范围的无线传感器网络，采集次声波信号并传送至汇聚节点，通过接入无线 MODEM 将数据转发到 9km 外火山监测站的一台 PC 上。国内一些大学和科研机构也提出了有关解决方案。具有这种功能的节点称之为网关节点。

比较典型的有两种网关：一种是基于以太网的有线通信网关节点；另一类是基于无线通信方式（GPRS、GSM 和 CDMA 等）的网关节点。虽然以太网通信稳定可靠，但需要具备相应的接入条件，这在许多应用情况下难以实现；无线通信移动性好，但易受到网络覆盖面的约束。这种单一通信方式的网关节点在实用性和网络可靠性方面受到限制，北京航空航天大学自主研发了一种有线与无线通信相结合，具有短消息发送功能的多通信方式复合网关节点。

网关节点接收传感器节点发送来的采集数据（如温度、湿度、加速度、坐标等信息），通过有线（串口或 USB 电缆）或无线方式与 PC 或服务器相连。网关节点的功能包括两个方面：一是通过汇聚节点获取无线传感网络的信息并进行转换，二是利用外部网络进行数据转发，总体结构如图 15-4 所示。

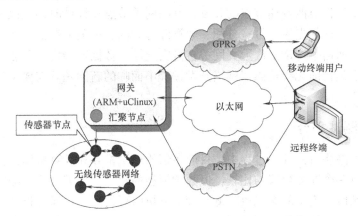

图 15-4 网关系统结构示意图

网关节点在无线传感器网络与外部网络进行数据通信的过程中，具有数据通信量大，节点要求高的特点，处于承上启下的地位，是数据传输的中枢节点。在网关节点中通信体系的设计至关重要，也是一大技术难点。一般将通信体系分为两个模块进行开发，即：①网关与汇聚节点通信模块；②网关与外部网络通信模块。

1. 网关与汇聚节点通信模块

网关节点中央处理器一般选择处理能力强，计算速度快的高档处理器，一般软件系统的设计主要为嵌入式系统，例如 μClinux 和 WinCE 等。网关与汇聚节点间的通信主要是读取汇聚节点的数据，一般采取串行通信方式。

在设计网关与汇聚节点之间的串口通信程序时，基于嵌入式操作系统的网关节点软件开发需要定义数据包的格式、长度以及每个字节所代表的意义。其次，打开串口设置硬件属性。最后，调用读取和存储函数进行数据的读取与存储。数据包读取完成后，调用相应的转换函数将这些原始数据解析为用户可知的信息，发送至缓冲区内。

2. 网关与外部网络通信

网关与外部网络的通信主要是指将无线传感器网络的数据进行转发的过程，可以灵活选择以太网、MODEM 以及 GPRS 通信方式。

1) 以太网通信方式设计。考虑到对数据传输的可靠性要求较高，一般采用面向连接的 TCP 客户机—服务器模型。利用 socket 机制设计以太网通信软件。

2) MODEM 通信方式设计。利用公共电话网（PSTN）作为数据传输载体，与 socket 通信逻辑过程大体相似。

3) GPRS 通信方式设计。在网关的 GPRS 通信方式设计中，一般选用成熟的无线通信模块，如 SIMCOM 公司生产的 SIM100 是 GSM/GPRS 双频模块，主要为语音传输、短消息和数据业务提供无线接口，它集成了完整的射频电路和 GSM 的基带处理器，适合于开发一些 GSM/GPRS 的无线应用产品，应用范围十分广泛。在实际应用中，网关节点并不需要语音、传真等功能，在设计电路时将其略去，节省成本与硬件空间。

在应用软件的开发过程中，考虑到汇聚节点数据的读取、存储以及利用多通信方式转发的过程中必然涉及到多任务的互斥和同步，利用多线程机制来处理，不仅能改善程序结构，还能提高系统运行效率。

网关节点开发过程类似普通节点的开发，好的网关节点在设计时还应该考虑不同网络通信时的融合质量、事件优先级、带宽分配、数据停等时间、网关上存储排队队列长度、抖动控制、业务容量、通信平均请求次数、网关自身安全性、数据容错性、负载大小以及网关移动性等问题。这也是目前无线传感器网络开发过程中面临的新问题，需要从软、硬件角度进一步综合研究。

15.3.3　WSN 测试平台

在无线传感器网络研究开发过程中，目前多依赖理论推导和计算机模拟仿真。理论分析推导虽然可以进行多个同类协议的比较，但数学模型的建立往往需要将实际问题进行大量简化，降低计算复杂度。模型的简化也降低了理论分析的可信度。仿真分析并不能考虑实际应用环境中节点状态、无线通信环境及网络的不稳定性等问题。单纯仿真存在性能缺陷，甚至是设计错误。无线传感器网络的应用大都具有不可回收性，即节点部署后，不能再次收回重新修改。因此，在无线传感器网络走向应用前，迫切需要一个能模拟实际环境的测试平台，用来验证真实环境下无线传感器网络的各种协议和算法的综合性能（通信质量、能耗分布以及误码率等），分析和测试节点状态、通信环境和网络性能等因素可能给网络质量带来的各种影响，避免因建模假设带来的理论误差，最大限度的保证通信协议和传感网络的可靠性。可见，WSN 测试平台在无线传感器网络设计中占有重要地位。

测试平台通过部署一定规模的专用节点，模拟监测环境，综合评测无线传感器网络在未来应用中可能出现的错误或故障，并加以分析和调试。为进一步量化评估网络综合性能，研究网络行为和监控技术等提供重要的软硬件基础。该平台为无线传感器网络从理论设计到大规模应用提供了重要的开发和测试手段。

无线传感器网络测试平台设计主要包括硬件和软件两部分。硬件部分主要包括：上层服务器、专用网关和数据处理终端、测试专用节点等，图 15-5 是一般无线传感器网络测试平台体系结构示意图。其中用户访问网络服务器、测试仿真服务器和数据存储服务器构成了上层服务器平台。具有多网通信功能的高速数据处理终端和网关是连接上层服务与底层节点的关键设备，其设计过程类似无线传感器网络的网关。对于测试平台中使用的节点，在常规节点基础上增加了有线通信接口和复位调试等功能。

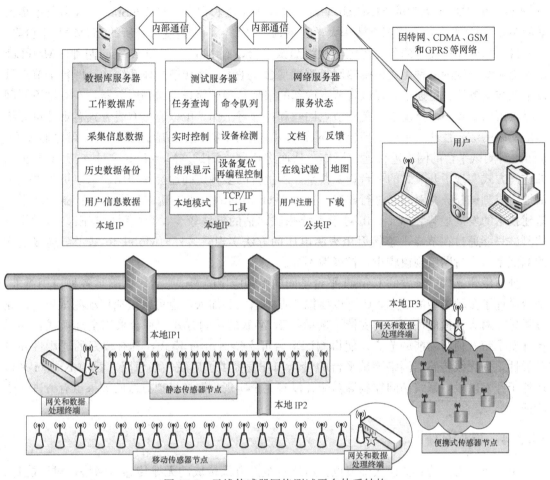

图 15-5　无线传感器网络测试平台体系结构

　　测试平台的重要作用就是监测并发现网络设计时的错误和故障，并指导分析和调试工作。测试平台可以监测设计过程中的故障或错误，如图 15-6 所示。Ramanathan 提出一种传感网络测试平台收集信息表，其中包括：邻居表、链路表、数据包长度、路径丢失和去向。不同表格代表不同的网络信息：根据邻居表可以找出网络中的孤立节点或丢失节点；链路质量可以根据链路表进行分析等。另外测试平台还可以借助有线通信方式，可以验证无线通信方式的传输误码率，丢包率，网络负载，协议缺陷等参数。

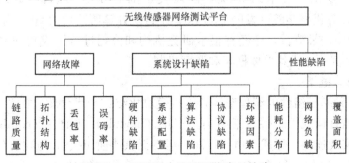

图 15-6　测试平台监测网络常见故障

相对成熟的 WSN 测试平台有：哈佛大学的 MoteWorks 平台，俄亥俄州立大学的 Kansei 平台，麻省理工大学的 MistLab 平台，加州大学洛杉矶分校的 EmStar 平台和斯坦福大学的 WiSNAP 平台，台湾国立清华大学的 WSNTB 平台，中科院计算所的 SNMAP 平台等。

目前综合评价较好的无线传感器网络测试平台，有 MoteLab 和 Kansei 两种。MoteLab 是哈佛大学开发的一种无线传感器网络测试平台，采用全连接模式体系结构，即每个节点可以单独与服务器进行通信，可以将节点内部的采集与调试信息发送到服务器，在测试不同网络时，可以实现在线重编程，免除节点回收和再部署工作。可以通过有线方式客观评价无线通信网络的综合性能。平台支持包括 Web 方式在内的多种用户访问方式，用户可以通过 Internet 对测试平台的网络进行远程操作，从而进行网络测试。MoteLab 这种支持 Web 页面的访问方式实现了开放式的平台资源共享，所提供的多种访问途经使得用户可以更为方便灵活地完成测试任务并对网络进行监控。这种 Web 访问的方式逐渐成为无线传感器网络平台搭建技术的发展趋势。MoteLab 对于系统测试评估的方法较少，测试手段有限，如对能量的测试只能通过在节点上连接万用表测电压的方法实现。另外，MoteLab 基于全连接模式的测试平台支持网络规模较小，扩展性不强。

俄亥俄州立大学开发的 Kansei 平台是面向多种应用的测试平台。为满足各种应用需求，平台设计了多种类型的节点，既可以模拟节点的消亡和加入，也可以模拟移动测试环境。充分考虑了对大规模应用环境的支持，选择基于 Web 的访问方式。平台采用全连模式，同时还开发了带有侦听功能的节点，使得测试平台可支持 Sniffer 模式，具有较好的通用性和可扩展性，为无线传感器网络测试平台的设计和开发提供了启发性的思路。目前 Kansei 平台还处于开发阶段，系统访问控制等功能并没有完全实现，混合模拟方法的效果也有待进一步验证。

15.3.4　操作系统

由大量带有多传感器模块的节点，通过自组网方式构成的无线传感器网络，对于能量、内存单元、处理能力和存储单元等有限的节点而言，要实现节点间的协同工作，满足多传感器数据采集、通信、计算和存储等程序的并发性要求，提高软件的重用性，开发专用的无线传感器网络操作系统具有重要意义。

操作系统作为无线传感器网络应用的一项重要支撑技术，吸引了国内外众多的优秀团队参与研究。目前国内外比较成熟的无线传感器网络操作系统有：加州大学伯克利分校的 TinyOS，加州大学洛杉矶分校的 SOS，瑞士苏黎世联邦理工大学的 BTnode OS，康奈尔大学的 Magnet OS，科罗拉多大学的 MOS，汉城大学的 SenOS，欧洲 EYES 项目组研发的 PEEROS 和瑞士计算机科学院开发的 Contiki，中科院计算所开发的 GOS 等。

TinyOS 系统使用最流行，已经有很多研究机构和公司进行了成功的移植和商业开发。下面以 TinyOS 为例，介绍其总体框架和调度机制。

1. TinyOS 总体框架

TinyOS 是一种基于组件的编程架构，支持模块化结构和事件驱动的程序设计。应用程序由一个或多个组件构成。组件包括两类：模块（module）和配置（configuration），组件间通过配置文件实现连接，形成可执行程序。组件提供或使用接口，这些接口是双向的并且是访问组件的唯一途径。每个接口都定义了一组函数，包括命令（command）和事件

(event)两类。命令由接口的提供者实现；事件则由接口的使用者实现。组件由下到上可以分为硬件抽象组件、综合抽象组件、高层抽象组件。高层抽象组件向底层组件发出命令，底层组件向高层组件发送事件。除了操作系统提供的处理器初始化、系统调度和 C 运行时库（C Run-Time）3 个组件是必需的以外，每个应用程序可以非常灵活地选择和使用操作系统组件。

TinyOS 的物理层硬件为框架的最底层，传感器、收发器以及时钟等硬件能触发事件的发生，交由上层处理，相对下层的组件也能触发事件交由上层处理，而上层会发出命令给下层处理。为了协调各个组件任务的有序处理，需要操作系统采取一定的调度机制。

2. TinyOS 调度机制

TinyOS 提供了任务和事件两级调度。事件可以看作是不同组件之间传递状态信息的信号，TinyOS 中程序的运行正是由一个个事件驱动。事件处理程序只根据本组件的当前状态做少量的工作，主要工作则由其抛出的任务完成。任务可以看作是原子操作，尽管它可以被事件处理程序暂时中断，但必须执行到底。任务实际上是一种延时计算机制，一般用于对事件要求不高的应用中。任务之间是平等的，没有等级之分。任务调度遵循 FIFO 模式，即任务之间不抢占，而事件（大部分情况下事件是中断）可抢占任务，事件与事件之间也能相互抢占。

为了减少中断服务程序的运行时间，降低中断响应延迟，中断服务程序的设计应尽可能地精简，以此来缩短中断响应时间。TinyOS 把一些并不需要的中断服务程序中立即执行的代码以函数的形式封装成任务，在中断服务程序中将任务函数地址放入任务队列，退出中断服务程序后由内核调度执行。内核使用的是一个循环队列来维持任务列表。

虽然 TinyOS 被广泛应用，但在一些具体应用场合可能会因为节点发送信息过于频繁，或采集信息量过大，导致节点过载。为避免这种基于任务调度过载，在设计调度策略时，需采用修正策略加以处理，目前文献中常用的有以下 4 种处理方式：

1）基于优先级的任务调度。即根据任务的重要程度不同，给每个任务赋予一定的优先级。调度时让处于就绪状态的任务按由高到低的顺序执行。

2）基于时限的任务调度。根据每个实时任务的截止时间，确定任务的优先级，任务的绝对截止时间越近，任务的优先级越高；任务的绝对截止时间越远，则优先级越低。当有新的任务就绪时，任务的优先级就可能需要调整，这实质上是一种动态调度方法。

3）基于时限的优先级调度。它是上述两种方法的结合。高优先级任务先运行，当任务的优先级相同时，由任务的时限来决定哪个任务先执行。

4）分级调度。实质上也是一种基于优先级的调度，它把调度结构看作是一个有向非循环图，调度时采用深度遍历。

TinyOS 操作系统除使用上述调度机制外，还有内存分配、能量管理、通信机制等众多模块。另外，TinyOS 采用基于组建的类 C 编程语言，其基本思想和 C 语言类似，开发者在 C 语言基础上对硬件描述进行了封装，具体定义与语法可以参见操作系统手册及相关帮助文档。

15.4 无线传感器网络应用实例

无线传感器网络节点微小，价格低廉，部署方便，隐蔽性高，可自主组网，在军事、农业、环境监控、健康监测、工业控制、智能交通和仓储物流等领域具有广阔的应用前景。随着传感网络研究的深入，无线传感网络逐渐渗透到人类生活的各个领域（如图 15-7 所示）。下面介绍几个最新的无线传感器网络应用案例。

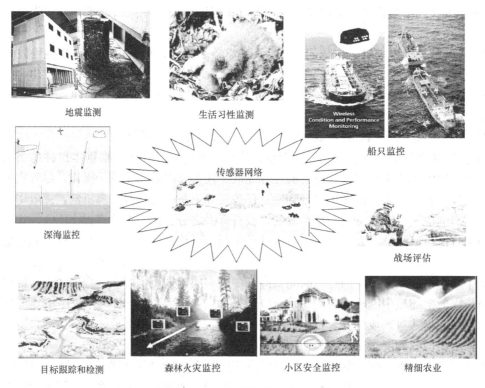

图 15-7　无线传感器网络应用示例

15.4.1　军事应用

无线传感器网络研究初期，正是在 DARPA 资助下，在军事领域获得了多项重要应用。利用无线传感器网络能够实现单兵通信、组建临时通信网络、反恐作战、监控敌军兵力和装备、战场实时监视、目标定位、战场评估、军用物资投递和生化攻击监测等功能。例如，美军开展的 C4KISR 计划、Smart Sensor Web、灵巧传感器网络通信、无人值守地面传感器群、传感器组网系统、网状传感器系统 CEC 等。目前国际许多机构的研究课题仍然以战场需求为背景。利用飞机抛撒或火炮发射等装置，将大量廉价传感器节点按照一定的密度部署在待测区域内，对周边的各种参数，如震动、气体、温度、湿度、声音、磁场、红外线等各种信息进行采集，然后由传感器自身构建的网络，通过网关、互联网、卫星等信道，传回监控中心。NASA 的 Sensor Web 项目，将传感器网络用于战场分析，初步验证了无线传感网络的跟踪技术和监控能力。另外，可以将无线传感网络用作武器自动防护装置，在友军人员、装备及军火上加装传感器节点以供识别，随时掌控情况避免误伤。通过在敌方阵地部署各种传感器，做到知己知彼，先发制人。另外，该项技术利用自身接近环境的特点，可用于智能型武器的引导器，与雷达和卫星等相互配合，可避免攻击盲区，大幅度提升武器的杀伤力。

15.4.2　城市生命线

被称为城市生命线的水、电、煤气和石油等网络，纵横交错，埋在地下，出现问题很难发现，维护极其困难，泄露、爆炸等事故造成社会和经济损失巨大。2007 年，麻省理工学院和 Intel 的研究人员，采用无线传感器网络对城市水管网进行监测，获取水压、水位以及水的质量等信息，判断水位、泄漏和污染情况。北京航空航天大学采用压力和超声传感器网络监测城市天然气管网，已完成了专用节点的开发及试验平台的构建。无线传感器网络的应用将大幅提高城市生命线的安全性。

15.4.3　健康监测

1. 人体健康监测

为更好的对冠心病、脑溢血等高危病人进行 24 小时健康监测，不妨碍病人的日常起居和生活质量，无线传感器网络有广阔的应用前景。台湾无线感测网络中心对台北市的一家医院进行了远程健康监测的初步应用：通过在老年人身上佩戴血压、脉搏、体温等微型无线传感器，经过住宅内的传感器网关，将数据发送给医院，医生可以远程了解老年人的健康状况。

2004 年 Intel 开发了家庭健康监测无线传感器网络，直接将硅基传感器嵌入在鞋、家居或家电等设备中，在病人或老年人身上安装各种采集体温、血压、脉搏和呼吸等信息的节点，医生可以随时掌握监控对象的状态。

基于无线传感器网络的设计思想，在公寓内安装包括温度、湿度、光、红外、声音和超声等多个传感节点，根据这些节点收集的信息，实时了解人员的活动情况。采用多传感器信息融合技术，可以准确地判断出被监测人的行为，如：做饭、睡觉、看电视、淋浴等，从而对老年人健康状况进行全面监测。

2. 建筑物健康监测

建筑物健康监测是无线传感器网络应用的又一领域，包括：建筑物结构监测、古建筑物保护、楼宇和桥梁的健康监测等。日本富士通公司在建筑物上安装联网的地震传感器，为处于地震带的民居提供更好的监测预警机制。清华大学和香港科技大学把无线传感器网络节点绑定在鸟巢钢架结构上，对施工过程中钢结构进行应力、压力分析等。

对珍贵的古建筑进行保护，是文物保护单位长期以来的一个工作重点。将具有温度、湿度、压力、加速度、光照等传感器的节点布放在重点保护对象当中，无需拉线钻孔，便可有效地对建筑物进行长期监测。此外，对于珍贵文物，在保存地点的墙角、天花板等位置，监测环境的温度、湿度是否超过安全值，可以更妥善地保护展品的品质。

在桥梁监测中，利用适当的传感器，例如压电传感器、加速度传感器、超声传感器、湿度传感器等，可以有效地构建一个三维立体的防护监测网络，用于监测桥梁、高架桥、高速公路等环境。对许多老旧的桥梁，桥墩长期受到水流的冲刷，传感器能够放置在桥墩底部、用以感测桥墩结构；也可放置在桥梁两侧或底部，搜集桥梁的温度、湿度、震动幅度、桥墩被侵蚀程度等，能减少事故造成的生命财产损失。

15.4.4 环境监测

无线传感器网络给生态环境监测提供了便利的技术手段。2002 年，由 Intel 的研究小组和加州大学伯克利分校以及巴港大西洋大学的学者把无线传感器网络技术应用于监视大鸭岛海燕的栖息情况。位于缅因州海岸大鸭岛上的海燕由于环境恶劣，海燕又十分机警，研究人员无法采用常规方法进行跟踪观察。为此他们使用了包括光、湿度、气压计、红外传感器、摄像头在内的近 10 种传感器类型、数百个节点，系统通过自组织无线网络，将数据传输到 300 英尺外的基站计算机内，再由此经卫星传输至加州的服务器。全球的研究人员都可以通过互联网察看该地区各个节点的数据，掌握第一手的环境资料，为生态环境研究者提供了一个极为便利的平台。

2005 年，澳洲的科学家利用无线传感器网络探测北澳大利亚蟾蜍的分布情况。利用蟾蜍叫声响亮而独特的特点，选用声音传感器作为监测手段，将采集到的信息发回给控制中心，通过处理，了解蟾蜍的分布、栖息情况。

2008 年 1 月新加坡政府与哈佛大学、麻省理工学院合作，成立了环境监测与建模研究中心。计划在未来几年内，采用无线传感器网络实现新加坡国内海陆空一体化的自然环境监测。实现新加坡的国界、大气污染、海域、空气质量及空域信息监测等。

15.4.5 大型场馆安全监测

全球各地的体育馆、博物馆、展览馆、剧院和火车站等大型场馆内人口密度高、流动频繁，其安全监测、物品管理等都给管理者带来挑战，这也是无线传感器网络应用的另一领域。

英国国家博物馆利用无线传感器网络设计了报警系统，将节点放在珍贵文物或艺术品的底部或背面，通过侦测灯光的亮度是否改变，测量物品是否遭受到振动等，来确保展览品的安全。另外，传感器网可以与馆内火警喷水网络的控制系统连接。如果一个传感器群监测到过热或烟尘或两者都有，它可以自动与网络中的其他群通信并确定这是否是一个真实事件并相应做出反应。通过确定传感器群周围的温度和烟尘，传感器网可以精确查出火源位置，在需要区域打开喷水装置，并优选安全逃离通道。

思 考 题

1. 无线传感器网络有哪几部分组成？每部分的作用是什么？
2. 无线传感器网络的协议栈分几层？每层的作用是什么？
3. 无线传感器网络具有哪些特点？
4. 无线传感器网络的网络层和数据链路层的通信协议有哪些？怎样分类？作用是什么？
5. 无线传感器网络的定位和时间同步技术有哪些？
6. 无线传感器节点硬件由哪几部分组成？
7. 为什么要搭建无线传感器网络测试平台？测试平台作用包括哪些？硬件结构又分几部分？
8. 举例说明无线传感器网络在工程实际和人民日常生活中的应用。

第 3 篇参考文献

[1] 阳宪惠. 现场总线技术及其应用 [M]. 2 版. 北京：清华大学出版社，2008.

[2] Waldemar Nawrocki. Measurement Systems and Sensors [M]. Artech House Publishers，2005.

[3] 李正军. 现场总线及其应用技术 [M]. 北京：机械工业出版社，2005.

[4] 刘君华. 智能传感器系统 [M]. 西安：西安电子科技大学出版社，2004.

[5] 周浩敏，钱政. 智能传感技术与系统 [M]. 北京：北京航空航天大学出版社，2008.

[6] 杨乐平，李海涛，肖凯，等. 虚拟仪器技术概论 [M]. 北京：电子工业出版社，2003.

[7] 秦树人. 虚拟仪器 [M]. 北京：中国计量出版社，2004.

[8] Hall DL，Llinas J. Handbook of Multisensor Data Fusion [M]. Boca Raton，FL：CRC Press，2001.

[9] Carriveau G W. SENSOR DATA FUSION：A BRIEF OVERVIEW [C]. 5th International Conference on Technology and the Mine Problem，Monterey，California，2002.

[10] Swanson DC. Signal Processing for Intelligent Sensor Systems [M]. New York：Marcel Dekker，2000.

[11] Esteban J，et al. A Review of data fusion models and architectures：towards engineering guidelines [J]. Neural Comput & Applic，2005 (14)：273-281.

[12] 杨万海. 多传感器数据融合及其应用 [M]. 西安：西安电子科技大学出版社，2004.

[13] 滕召胜，罗隆福，童调生. 智能检测系统与数据融合技术 [M]. 北京：机械工业出版社，2000.

[14] Song E Y，Lee K B. STWS：A unified Web service for IEEE 1451 smart transducers [J]. IEEE TRANSACTIONS ON INSTRUMENTATION AND MEASUREMENT，2008，57 (8)：1749-1756.

[15] Kao I，Kumar A，Binder J. Smart MEMS flow sensor：Theoretical analysis and experimental characterization [J]. IEEE SENSORS JOURNAL，2007，7 (5-6)：713-722.

[16] Vellidis G，Tucker M，Perry C，et al. A real-time wireless smart sensor array for scheduling irrigation [J]. COMPUTERS AND ELECTRONICS IN AGRICULTURE，2008，61 (1)：44-50.

[17] Dolinsky J K. Embedded intelligence simplifies sensor configuration and operation [J]. CONTROL SOLUTIONS，2001，74 (4)：56.

[18] Viegas V，Pereira M，Girao P. A brief tutorial on the IEEE 1451.1 standard [J]. IEEE INSTRUMENTATION & MEASUREMENT MAGAZINE，2008，11 (2)：38-46.

[19] Akyildiz I F，Su W，Sankarasubramaniam Y. Wireless Sensor Networks：a Survey [J]. Computer Networks，2002，38 (4)：393-422.

[20] 孙利民，李建中，陈渝，等. 无线传感器网络 [M]. 北京：清华大学出版社，2005.

[21] 于海斌，曾鹏，等. 智能无线传感器网络系统 [M]. 北京：科学出版社，2006.

[22] 李善仓，张克旺. 无线传感器网络原理与应用 [M]. 北京：机械工业出版社，2008.

[23] 卡拉维. 无线传感器网络-体系结构与协议 [M]. 王永斌，屈晓旭，译. 北京：电子工业出版社，2007.